Tutorium Allgemeine Relativitätstheorie

Benjamin Bahr

Tutorium Allgemeine Relativitätstheorie

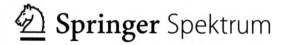 Springer Spektrum

Benjamin Bahr
TNG Technology Consulting GmbH
München, Deutschland

ISBN 978-3-662-63417-2   ISBN 978-3-662-63419-6   (eBook)
https://doi.org/10.1007/978-3-662-63419-6

Die Deutsche Nationalbibliothek verzeichnet diese Publikation in der Deutschen Nationalbibliografie;
detaillierte bibliografische Daten sind im Internet über http://dnb.d-nb.de abrufbar.

Planung/Lektorat: Margit Maly, Christian Gaß
Springer Spektrum ist ein Imprint der eingetragenen Gesellschaft Springer-Verlag GmbH, DE und ist ein
Teil von Springer Nature.
Die Anschrift der Gesellschaft ist: Heidelberger Platz 3, 14197 Berlin, Germany

Inhaltsverzeichnis

Einleitung

Was ist Relativitätstheorie?

Was wir heute *Relativitätstheorie* nennen, ist gegen Ende des 19., Anfang des 20. Jahrhunderts entstanden. Sie ist eine relativistische Weiterentwicklung der klassischen Mechanik und der Schwerkraft, die im 17. Jahrhundert maßgeblich von Sir Isaac Newton und Gottfried Wilhelm Leibniz entwickelt worden waren, und seither die Grundlage eines Großteils der Physik bildeten.

Eigentlich bedeutet*relativistisch*, dass Größen vom Beobachter abhängen. Die Relativitätstheorie ist allerdings zu so einem fundamentalen Baustein in der Physik geworden, dass das Wort „relativistisch" heute einfach „folgt den Prinzipien der Relativitätstheorie" bedeutet. Zwei der wichtigsten dieser Prinzipien kann man wie folgt zusammenfassen:

1. Die Lichtgeschwindigkeit hat für alle Beobachter denselben Wert, egal wie diese sich zueinander bewegen.
2. Schwerkraft ist eine Folge der Krümmung von Raum und Zeit durch Masse bzw. Energie.

Obwohl diese beiden Aussagen scheinbar nichts miteinander zu tun haben, wurzeln sie in derselben geometrischen Beschreibung von Raum, Zeit und Materie.

Die *Spezielle Relativitätstheorie* (SRT) folgt nur dem Prinzip der vom Beobachter unabhängigen Lichtgeschwindigkeit und ignoriert alles, was mit der Schwerkraft zu tun hat. Sie ist sozusagen „Relativitätstheorie light". Die volle Relativitätstheorie wird daher im Gegenzug auch *Allgemeine Relativitätstheorie* (ART) genannt.

Die ART enthält die SRT als Spezialfall, und es hat sich eingebürgert, Studierenden zuerst die SRT beizubringen, und dann anschließend auf die ART zu verallgemeinern. So machen wir das in diesem Buch auch.

Was enthält dieses Buch?

Teil I: Grundlagen SRT

Dieser Teil ist eine Einführung in die SRT, und bereitet den Boden für die Konzepte, die man in der ART benötigt.

1 **Newtonsche Mechanik:** In diesem Kapitel werden die Grundlagen der klassischen Mechanik wiederholt. Es geht es um die Umrechnung von Koordinaten-

systemen verschiedener Beobachter ineinander, sowie das Konzept der Scheinkräfte, das in Kap. 4 wieder auftaucht.

2 Spezielle Relativitätstheorie: In diesem Kapitel werden die Grundlagen der SRT erklärt und die verschiedenen Paradoxa beleuchtet, die sich dabei scheinbar auftun.

3 Mathematische Grundlagen der SRT: Hier wird die für die SRT nötige Mathematik eingeführt.

4 Das Äquivalenzprinzip: Um den Schritt von SRT zu ART besser zu verstehen, werden in diesem Kapitel das Äquivalenzprinzip, sowie relativistische Scheinkräfte behandelt.

Teil II: Geometrie

Dieser Teil ist der mathematische und geometrische Kern des Buches. Hier wird die Sprache eingeführt, in der man die ART beschreibt.

5 Tensorkalkül auf Mannigfaltigkeiten: In diesem Kapitel werden Mannigfaltigkeiten, also allgemeine Räume mit beliebigen Koordinatensystemen, behandelt, wie auch die Raumzeit eine ist, sowie das Konzept der Tensorfelder auf ihnen.

6 Metriken und kovariante Ableitung: Hier begegnet uns das bereits in Kap. 4 schon betrachtete Konzept der Metrik wieder. Auf einer Mannigfaltigkeit erlaubt es die Metrik, Tensorfelder überhaupt vernünftig abzuleiten.

7 Der Riemannsche Krümmungstensor: Sobald eine Metrik auf einer Mannigfaltigkeit vorhanden ist, kann man deren Krümmung berechnen. In diesem Kapitel lernen wir, wie das genau funktioniert, und was die Krümmung in der Relativität anschaulich bedeutet.

8 Die Einstein-Gleichungen: In diesem Kapitel schlagen wir die Brücke zur Physik und versuchen, das Newtonsche Gravitationsgesetz in der Geometrie wiederzufinden, was zu den Einstein-Gleichungen führt.

9 Symmetrien und Erhaltungssätze: Hier werden die wichtigen Konzepte von Symmetrien der Metrik behandelt, was uns im Rest des Buches erlaubt, z. B. über Metrik mit Rotationssymmetrie zu sprechen.

Teil III: Anwendungen

In diesem Teil können wir die Früchte unserer harten Arbeit ernten, und uns mit spannenden physikalischen Phänomenen beschäftigen, die mit der Relativitätstheorie zu tun haben.

10 Die Schwarzschild-Metrik: Dies ist eine sehr wichtige Lösung der Einstein-Gleichungen, die die von einer Punktmasse erzeugte Raumzeitkrümmung beschreibt. Man kennt sie als Schwarzes Loch, aber sie dient auch als Modell für das Gravitationsfeld unserer Erde oder anderer Punktmassen.

11 Kosmologie: Eine faszinierende Schlussfolgerung aus der ART ist, dass sich das Universum in seiner Gestalt verändern kann. In diesem Kapitel legen wir die Grundlagen der Kosmologie dar, und sprechen über den Urknall, die Rotverschiebung und die Ausdehnung des Universums.

12 Gravitationswellen: Erschütterungen in der Raumzeit können sich wellenartig fortpflanzen. Diese sogenannten Gravitationswellen konnten in den letzten Jahren experimentell direkt nachgewiesen werden (Abbot (2016), oder auf `https://www.ligo.org`). Hier behandeln wir die Grundlagen dieses faszinierenden Phänomens.

Elemente dieses Buches

Zu jedem Kapitel gibt es eine **Zusammenfassung**, die die wichtigsten Ergebnisse aus dem Kapitel auflistet. Dort kann man noch einmal alle wichtigen Konzepte und Formeln aus dem Kapitel aufgelistet finden.

Im Buch verteilt sind **Verweise**. Sie sind durch Kästen mit Symbolen und Seitenangaben gekennzeichnet. Auf den genannten Seiten finden sich kurze Exkurse, einige zusätzliche Hintergrundinformation, historische Anekdoten, mathematische Zusammenhänge, etc., die für das Verständnis des Inhalts zwar nicht unbedingt notwendig, aber doch spannend zu wissen sind.

Ein historischer Verweis

Auf jeden Fall sehr ans Herz legen möchte ich die **Aufgaben**, die sich am Ende jedes Kapitels finden. Es lohnt sich wirklich zu versuchen, sie durchzuarbeiten! Als Hilfestellung kann man sich zu jeder Aufgabe erst einmal Tipps geben lassen. Die Lösungen der Aufgaben finden sich am Ende des Buches.

Wie man dieses Buch benutzen kann

Man kann dieses Buch auf mehrere Arten und Weisen lesen:

- **Von vorne nach hinten:** Sicher die langsamste, aber auch die gründlichste Art und Weise, sich in die Relativitätstheorie einzuarbeiten. Gut, wenn man Zeit hat, und nicht gerade nächsten Monat eine Klausur ansteht.
- **Vorlesungsbegleitend:** Es gibt einiges in diesem Buch, was als Grundlage oder weiterführendes Material zur Relativitätstheorie gedacht ist, sich aber nicht unbedingt in einer Vorlesung zum Thema finden wird. Diese Teile kann man beim ersten Lesen auch durchaus überspringen. Diese eher optionalen Kapitel sind im Inhaltsverzeichnis und im Text selbst mit einem **Sternchen** gekennzeichnet.
- **Als Nachschlagewerk:** Beim Erstellen des Buches wurde versucht, den Inhalt so modular wie möglich zu gestalten. Das ist bei der ART nicht immer möglich, aber trotzdem sollen die Zusammenfassungen, die vielen Beispiele und Verweise helfen, sich auch zurechtzufinden, wenn man das Buch irgendwo in der Mitte aufschlägt.

Die vielen Indizes!

Es gibt grob zwei Methoden, die ART zu lernen: die „Mathematikermethode", in der abstrakte mathematische Konzepte vorgestellt werden, und die „Physikermethode", in der mit handhabbaren Formeln hantiert wird.

Beide haben Vor- und Nachteile: Die Mathematikermethode ist schön und klar, aber die Größen sind oft sehr abstrakt, und für Einsteiger nicht besonders anschaulich. Die Physikermethode erlaubt es, Dinge wirklich auszurechnen, aber die Formeln werden schnell hässlich und unübersichtlich.

Es ist ein bisschen eine Glaubens- und Stilfrage, welche Methode man besser findet. Dieses Buch ist im Kern ein Buch für Physikerinnen und Physiker. Wir landen hier irgendwo auf der Seite der Physikermethode, machen aber immer mal wieder Ausflüge auf die Mathematikerseite. Am Ende führt das dazu, dass die Formeln leider ziemlich viele Indizes haben. Wenn man aber an physikalischen Fragestellungen interessiert ist, also z. B. ausrechnen will, was passiert, wenn man in ein Schwarzes Loch fällt, oder wie alt das Universum ist, dann kommt man da leider nicht ganz drum herum.

Keine Panik!

Man soll nicht um den heißen Brei herumreden: Relativitätstheorie ist schwer! Sie ist nicht nur schwer, weil sie die intuitiven Vorstellungen von Raum, Zeit, Gleichzeitigkeit, usw. auf den Kopf stellt. Sie ist auch schwer, weil sie auf mathematischen Konzepten beruht, die oft erst im Masterstudium auftauchen.

Und obwohl diese Konzepte auf im Grunde sehr natürlicher und ästhetischer Geometrie beruhen, sehen sie, in Formeln ausgeschrieben, auf den ersten Blick ganz grässlich aus!

Aber: keine Panik! Auch wenn es im ersten Moment einschüchternd wirken mag, dieses Buch versucht, die Konzepte so gründlich und schonend wie möglich beizubringen. Viele Rechenschritte werden gründlich ausgeführt. Es gibt zahlreiche Beispiele und Übungsaufgaben, die helfen sollen, die Mathematik zu üben und zu begreifen. Ganz wichtige Empfehlung: Machen Sie die Aufgaben, und rechnen Sie die Beispiele durch!

Und keine Panik, wenn Dinge im ersten Moment überwältigend scheinen. Relativitätstheorie braucht Zeit!

Teil I

Grundlagen

1 Newtonsche Mechanik

Übersicht

Die Newtonsche Mechanik befasst sich mit der Bewegung von Körpern, die dabei meistens idealisiert als punktförmig angenommen werden. Das erscheint erst einmal wie eine unzulässige Verallgemeinerung, aber für viele Situationen ist es doch hinreichend gut. Das liegt vor allem an zwei Dingen: Zuerst einmal kann man jedem Körper seinen Schwerpunkt zuordnen. Verschiedene Kräfte, die an verschiedenen Stellen eines ausgedehnten Körpers angreifen, kann man auch einfach aufaddieren, und so tun, als würden sie im Schwerpunkt angreifen – zumindest um die Bewegung dieses Schwerpunktes zu beschreiben. Bei der Bewegung von, sagen wir einmal, Planeten um die Sonne interessiert man sich häufig (aber nicht immer) nur für die Position des Planeten, also die Position des Schwerpunktes. Der zweite Grund ist, dass sich ausgedehnte Körper, die eine kugelsymmetrische Massenverteilung haben, ein Schwerefeld erzeugen, als sei die gesamte Masse des Körpers im Schwerpunkt konzentriert (siehe z. B. Abb. 1.1 und Abb. 1.2).

Es ist also häufig sinnvoll, einen Körper durch einen Punkt zu idealisieren, und wir werden dies im Folgenden auch meist tun.

© Springer-Verlag GmbH Deutschland, ein Teil von Springer Nature 2022
B. Bahr, *Tutorium Allgemeine Relativitätstheorie*,
https://doi.org/10.1007/978-3-662-63419-6_1

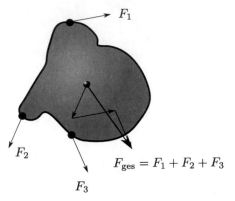

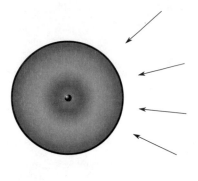

Abb. 1.1 Die Summe aller Kräfte greift am Schwerpunkt an.

Abb. 1.2 Das Schwerefeld eines rotationssymmetrischen Körpers.

1.1   Raum und Zeit

Eng verknüpft mit dem Aufenthalts-ort eines Körpers ist der Begriff des Raumes. Der **Raum** ist bei Newton wie eine Bühne, auf der sich physi-kalische Objekte wie Schauspieler be-wegen. Aufgrund von Beobachtungen

> Der Raumbegriff bei Des-cartes und Newton: S. 33

schrieb Newton dem Raum gewisse, für ihn und seine Zeitgenossen durchaus ein-leuchtende Eigenschaften zu.

> Der Raum besitzt die Struktur eines **dreidimensionalen affinen eu-klidischen Raumes E.**

Das bedeutet auch, dass der Raum E **homogen** und **isotrop** ist. Homogenität bedeutet, dass kein Ort besonders ausgezeichnet ist, während Isotropie bedeutet, dass alle Richtungen im Raum gleichberechtigt sind. Zusätzlich bedeutet die affine Struktur, dass es im Raum das Konzept der geraden Linien gibt.

Bei Newton spielt die Zeit eine spezielle Rolle.

> Die **Zeit** verläuft gleichförmig, vom Ort und Beobachter unabhängig.

Damit besitzt die Zeit die Struktur eines eindimensionalen affinen Raumes. Sie gilt als absolut, was bedeutet, dass die Zeit für alle Beobachter, und an allen Orten mit derselben Geschwindigkeit abläuft. Das bedeutet: Wenn zwei Beobachter ihre Uhren synchronisieren, und diese Uhren immer ganz genau sind und nicht kaputtgehen, zeigen sie auch noch nach Jahren denselben Wert, egal wo die beiden Beobachter gewesen sind und was sie gemacht haben.

Das Wesen der Zeit selbst war für Newton genau so rätselhaft wie für alle anderen Menschen seiner Zeit, aber in der Mechanik geht es nicht darum, ihre Natur zu klären, sondern nur, sie als Rechenmittel zu verwenden. Die von Newton postulierte Absolutheit der Zeit ermöglicht das, denn man kann Bewegungen als einen von der Zeit abhängigen Ort beschreiben.

> Die Angabe von Ort und Zeit bezeichnet ein **Ereignis**.

Sowohl im Ort als auch in der Zeit wird darüber hinaus ein Begriff von Länge und von Dauer festgelegt. Das heißt, es ist prinzipiell möglich anzugeben, wie groß der Abstand zwischen zwei Orten ist beziehungsweise wie viel Zeit zwischen zwei Zeitpunkten vergeht. Mit dieser Struktur wird E sogar zu einem euklidischen Raum, in dem man auch sagen kann, wie groß der Winkel zwischen sich schneidenden Geraden ist.

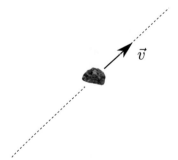

Abb. 1.3 Das erste Newtonsche Gesetz besagt, dass sich ein ohne Einwirkung äußerer Kräfte bewegender Körper geradlinig und gleichförmig bewegt, also mit konstanter Richtung und Geschwindigkeit.

1.2 Die Newtonschen Gesetze

Fundamental für die Mechanik sind die drei Newtonschen Gesetze, die die Bewegung von (punktförmigen) Objekten im Raum beschreiben. Sie lauten:

Erstes Newtonsches Gesetz: Ein kräftefreier Körper, auch **inertialer Beobachter** genannt, bewegt sich im Raum entweder gar nicht, oder entlang einer geraden Linie mit konstanter Geschwindigkeit („geradlinig und gleichförmig").

Zweites Newtonsches Gesetz: Die Bewegung eines Körpers ändert sich gemäß der Summe der an ihn angreifenden Kräfte. Die Gesamtkraft ist proportional zur Änderung der Geschwindigkeit, und der Proportionalitätsfaktor wird **träge Masse** genannt und mit m_I bezeichnet.

Drittes Newtonsches Gesetz: Wirkt ein Körper mit einer Kraft auf einen anderen, so wirkt dieser zweite Körper auch auf den ersten, und zwar mit einer gleich großen entgegengesetzten Kraft („*actio* gleich *reactio*").

Kräftefrei bedeutet hier, dass der (als punktförmig angenommene) Körper keinerlei physikalischem Einfluss anderer Körper ausgesetzt ist.

Was genau eine Kraft ist, wird dabei eigentlich nicht wirklich definiert, es gibt aber zu Newtons Zeit verschiedene wohlbekannte Beispiele. Dazu zählen z. B. Reibungs- und Stoßkräfte, aber auch die allgegenwärtige Schwerkraft, die uns für den Rest dieses Buches beschäftigen soll. Elektrische und magnetische Kräfte sind zwar prinzipiell bekannt, aber noch so unzugänglich, dass sie erst 200 Jahre später in Formeln verpackt werden. Die starke und schwache Kernkraft werden erst im 20. Jahrhundert entdeckt.

Newtons Gesetz zur Schwer- bzw. Gravitationskraft lautet:

Gravitationsgesetz: Ein Körper wirkt auf einen anderen mit einer anziehenden Kraft, die proportional zum Produkt der **schweren Massen** der beiden Körper und umgekehrt proportional zum Quadrat des Abstands zwischen ihnen ist.

Die schwere Masse, mit dem Formelzeichen m_g, ist, genau wie die träge Masse m_I, eine vom Körper abhängige Größe. Es gibt erst einmal keinen Grund anzunehmen, dass die beiden irgendetwas miteinander zu tun haben, aber bereits zu Newtons Zeiten stellt sich heraus:

> Die schwere und träge Masse sind, im Rahmen der Messgenauigkeit, gleich groß.

Die drei Newtonschen Gesetze bilden, zusammen mit dem Gravitationsgesetz, das Fundament der klassischen Mechanik, mit der unter anderem die Bahnen der Planeten berechnet und vorhergesagt werden konnten.

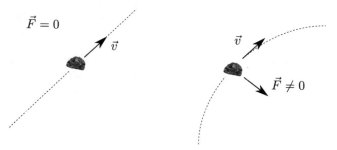

Abb. 1.4 Das zweite Newtonsche Gesetz besagt, dass die Abweichung der Bewegung von einer geraden Linie (also die Änderung der Geschwindigkeit $\vec{v}$) proportional der am Körper angreifenden Kraft $\vec{F}$ ist.

Das erste Newtonsche Gesetz lässt sich noch mit unseren bisherigen Begriffen verstehen, denn im affinen Raum E ist klar, was *gerade Linie* bedeutet, und *konstante Geschwindigkeit* heißt, dass das Objekt zu gleichen Zeiten gleiche Strecken auf dieser Linie zurücklegt. Um aus den anderen Gesetzen allerdings vernünftig handhabbare Formeln zu bekommen, mit denen man auch rechnen kann, müssen wir Koordinatensysteme einführen.

1.3 Koordinatensysteme

Um mit den Newtonschen Gesetzen auch wirklich rechnen zu können, muss man Koordinatensysteme in E einführen. Dafür zeichnet man einen Punkt in E aus; wir nennen dies den **Nullpunkt**. Als Nächstes wählen wir

> Die Keplerbahnen und
> Newton: S. 33

drei unabhängige Richtungen, die wir die 1-, die 2- und die 3-Richtungen nennen. Häufig wählen wir sie senkrecht und verbinden mit ihnen Konzepte wie rechts/-links, vor/zurück und hoch/runter. Stillschweigend wird auch noch ein physikalisches Längenmaß vereinbart, z. B. dass alle Angaben in Metern betrachtet werden.

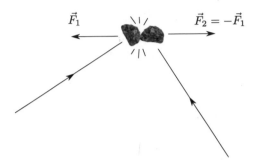

Abb. 1.5 Das dritte Newtonsche Gesetz besagt *actio = reactio*, also dass auf jeden Körper, der mit einer Kraft auf einen anderen wirkt, auch eine entsprechende, gleich große aber entgegengesetzte Kraft wirkt.

Mit diesen Angaben kann man jedem Punkt im Raum eindeutig drei Zahlen zuordnen – die **Koordinaten**. Unsere Wahl von Nullpunkt/Richtung/Längenmaß wird **Koordinatensystem** genannt. Bei jedem Punkt muss man nur angeben, wie weit man vom Nullpunkt aus entlang der jeweiligen drei Richtungen gehen muss, um beim entsprechenden Punkt anzukommen.

> Im kartesischen Koordinatensystem entspricht jeder Punkt in E einem Tripel x^1, x^2 und x^3 von reellen Zahlen. Diese werden **Koordinaten** (des Punktes) genannt. Oft schreibt man anstatt „x^1, x^2 und x^{3}" einfach x^i und vereinbart, dass der **Index** i Werte von $i = 1$ bis $i = 3$ annehmen kann.

Oft findet man in Büchern auch die Symbole x, y und z anstatt x^1, x^2 und x^3, aber das mit den hochgestellten Zahlen hat sich dort durchgesetzt, wo man viel rechnen muss. Auf lange Sicht gewöhnt man sich an die Indexschreibweise, und wie wir später sehen werden, erleichtert es das Rechnen durchaus.

Ein Hinweis noch: Auch wenn die hochgestellten Zahlen wie Potenzen aussehen, handelt es sich dabei wirklich um Indizes. Und es ist leider auch wichtig, dass die „oben" am Buchstaben x hängen, und nicht unten, wie wir in späteren Kapiteln noch sehen werden. Das kann zu Verwirrungen führen, wenn man nicht aufpasst, z. B. bei Ausdrücken wie $(x^2)^2$, mit dem das Quadrat der zweiten Koordinate gemeint ist und *nicht* x^4!

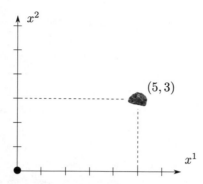

Abb. 1.6 Bezüglich eines Koordintensystems kann der Ort eines Körpers mithilfe dreier Zahlen angegeben werden (in dieser Abbildung sind es nur zwei, nämlich $x^1 = 5$ und $x^2 = 3$, da wir nur die zweidimensionale Ebene des Buches betrachten).

Diese kartesischen Koordinatensysteme sind sehr speziell, es gibt aber auch auch Verallgemeinerungen. Man muss die einzelnen Richtungen nicht aufeinander senkrecht wählen oder kann sogar Systeme wählen, in denen die Koordinatenlinien gar nicht gerade sind. Kugelkoordinaten gehören zu den bekanntesten Vertretern solcher Koordinatensysteme.

In der Tat werden wir später im Buch auf ganz allgemeine Koordinatensysteme zurückgreifen, die völlig „krumm und schief" sein können. Im Moment sind die kartesischen Systeme aber völlig ausreichend.

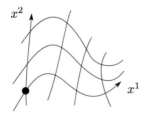

Abb. 1.7 Man kann auch krummlinige Koordinatensysteme benutzen, die Formeln werden dann oft aber deutlich komplizierter. Daher benutzt man meistens kartesische, manchmal aber auch sphärische Koordinaten.

Genauso wie den Ort, will man aber auch die Zeit durch Zahlen ausdrücken. Auch für die Zeit führt man daher einen Nullpunkt ein und einigt sich auf eine Maßeinheit, z. B. Sekunden. Das Formelzeichen für die Zeit ist meistens t, und die misst die Dauer seit dem Zeitnullpunkt, z. B. in Sekunden.

1.3.1   Ruhesysteme und Inertialsysteme

Wenn man die Bewegung von Objekten beschreiben will, bietet es sich häufig an, zu verschiedenen Zeitpunkten verschiedene Koordinatensysteme zu benutzen. Zum Beispiel gibt es zu jedem sich bewegenden Beobachter ein eigenes **Ruhesystem**. Dies ist ein Koordinatensystem, bei dem sich der Nullpunkt immer genau im Schwerpunkt des Beobachters befindet und das sich auch mit ihm „mitdreht". Sprachlich etwas ungenau wird dies nur als ein einziges Ruhesystem betrachtet, obwohl es sich eigentlich um lauter verschiedene Koordinatensysteme zu unterschiedlichen Zeiten handeln kann. In seinem eigenen Ruhesystem hat man selber immer die Koordinaten $x^1 = 0$, $x^2 = 0$ und $x^3 = 0$. Man befindet sich also (scheinbar) in Ruhe. In älteren Mechanikbüchern wird das Ruhesystem auch **körperfestes Koordinatensystem** genannt.

Ein spezieller Fall eines Ruhesystems, der in der Newtonschen Mechanik von zentraler Bedeutung ist, ist das Inertialsystem.

> Ein **Inertialsystem** ist das Ruhesystem eines sich kräftefrei bewegenden Beobachters.

Das Ruhesystem von Beobachtern, die sich nach dem ersten Newtonschen Gesetz gleichförmig auf geraden Linien in E bewegen, ist ein Inertialsystem. Solche Inertialsysteme sind, wie schon gesagt, besonders ausgezeichnet, denn in ihnen haben die Bahnkurven von anderen inertialen Beobachtern ebenfalls die Form von gerade, gleichförmig durchlaufenen Linien.

1.4   Geschwindigkeit und Beschleunigung

Hat man ein Koordinatensystem gewählt, so lässt sich die Bewegung eines Objekts durch die sogenannte Bahnkurve ausdrücken.

> Bezüglich Koordinaten kann man die Bewegung eines (punktförmigen) Objektes durch die **Bahnkurve**
>
> $$t \;\mapsto\; \big(x^1(t),\, x^2(t),\, x^3(t)\big) \;\equiv x^i(t)$$
>
> angeben. Die Bahnkurve gibt die von der Zeit t abhängigen Koordinaten x^i des Aufenthaltsortes an.

Mathematisch gesehen ist eine Bahnkurve also eine Abbildung von $\mathbb{R}$ nach $\mathbb{R}^3$, die jeder Zahl t ein Tripel von Zahlen $x^i(t)$ zuordnet. Mit diesen Bahnkurven kann man rechnen und versuchen, für sie physikalische Gesetzmäßigkeiten aufzustellen. Dafür sind die ersten beiden Ableitungen der Bahnkurve wichtig.

Für eine Bahnkurve $t \mapsto x^i(t)$ bezeichnet die erste Ableitung

$$v^i(t) \equiv \dot{x}^i(t) := \frac{dx^i}{dt}$$

die **Geschwindigkeit** und die zweite Ableitung

$$a^i(t) \equiv \dot{v}^i(t) \equiv \ddot{x}^i(t) = \frac{d^2 x^i}{dt^2}$$

die **Beschleunigung** des Objekts.

Bei einer Kurve bezeichnet der Punkt $\dot{}$ üblicherweise die Ableitung nach dem Kurvenparameter, hier der Zeit t. Den Bewegungszustand eines Körpers definiert Newton über den Begriff des Impulses.

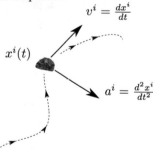

Abb. 1.8 Bezüglich eines Koordinatensystems kann man die Komponenten der Geschwindigkeit v^i und der Beschleunigung a^i durch einmaliges oder zweifaches Ableiten der Komponenten der Bahnkurve erhalten.

Der **Impuls** eines Objekts ist das Produkt aus seiner (trägen) Masse m_I und seiner Geschwindigkeit:

$$p^i := m_\mathrm{I} v^i = m_\mathrm{I} \frac{dx^i}{dt}$$

Die träge Masse m_I, die wir schon erwähnt haben, ist also eine Größe, die angibt, wie sehr sich ein Körper einer Beschleunigung widersetzt.

Erstes Newtonsches Gesetz: In einem Inertialsystem haben die Weltlinien von inertialen Beobachtern die Form

$$x^i(t) \;=\; a^i\, t + b^i \qquad \text{für alle } i = 1, 2, 3$$

für zeitlich konstante Werte a^i und b^i. Sie erfüllen also

$$\frac{d^2 x^i}{dt^2} \;=\; \ddot{x}^i \;=\; 0 \qquad \text{für alle } i = 1, 2, 3.$$

Zweites Newtonsches Gesetz: In einem Inertialsystem ändert eine Kraft F^i, die sich als Summe aus allen einzelnen am Objekt angreifenden Kräfte ergibt, die Bahnkurve des Objekts gemäß

$$\dot{p}^i \;=\; F^i \qquad \text{für alle } i = 1, 2, 3.$$

Es gilt also $F^i = m_\mathrm{I} a^i$ für alle $i = 1, 2, 3$.

Drittes Newtonsches Gesetz: Wirkt Objekt A auf Objekt B mit einer Kraft $F^i_{A \to B}$, dann wirkt B auf A mit einer Kraft $F^i_{B \to A}$, und es gilt

$$F^i_{A \to B} \;=\; -F^i_{B \to A} \qquad \text{für alle } i = 1, 2, 3.$$

Newtonsches Gravitationsgesetz: Ein Körper mir schwerer Masse M_g übt auf einen anderen Körper mit schwerer Masse m_g die anziehende Kraft

$$F^i \;=\; G_N \frac{M_g m_g}{r^2} e^i \qquad \text{für alle } i = 1, 2, 3$$

aus, wobei (e^1, e^2, e^3) der Vektor der Länge 1 ist, der vom zweiten zum ersten Objekt zeigt, und

$$G_N \;\approx\; 6{,}674 \cdot 10^{-11} \mathrm{m}^3 \mathrm{kg}^{-1} \mathrm{s}^{-2}$$

die **Newtonsche Gravitationskonstante** bezeichnet. Hierbei ist

$$r \;=\; \sqrt{\left(x_1^1 - x_2^1\right)^2 + \left(x_1^2 - x_2^2\right)^2 + \left(x_3^1 - x_2^3\right)^2}$$

der Abstand der beiden Objekte, die die Koordinaten x_1^i bzw. x_2^i haben.

1.4.1 Diese fürchterliche Indexschreibweise!

Wenn man Seite 18 so sieht, kann einen die schiere Formelfülle schon überwältigen. Vor allem, weil man es vielleicht aus der Schule oder den Grundvorlesungen gewohnt ist, dass Vektoren (wie Ort, Geschwindigkeit, Impuls, Kraft, ...) mit Vektorpfeil über dem Formelzeichen geschrieben werden, also „$\vec{F} = m_{\mathrm{I}}\vec{a}$" anstatt „$F^i = m_{\mathrm{I}}a^i$ für alle $i = 1, 2, 3$". Das sieht doch deutlich besser aus. Warum dann diese Indexschreibweise mit den hochgestellten i und dem sich ständig wiederholenden Zusatz „für alle $i = 1, 2, 3$"? Das ist doch viel unübersichtlicher!

Ja, stimmt. Und wenn man nur grundlegende Newtonsche Mechanik macht, dann reicht das mit den Pfeilen über dem Symbol auch noch vollkommen aus. Später tut es das aber leider nicht mehr. So etwas wie innere Spannungen eines ausgedehnten Körpers oder das relativistische elektromagnetische Feld haben bereits *zwei* Indizes. Gut, ich habe in meinem Studium in der Tat einmal eine Vorlesung gehört, in der der Vortragende beharrlich Doppelpfeile $\leftrightarrow$ über solche Größen machte. Aber es treten in der Allgemeinen Relativitätstheorie später auch noch ziemlich wichtige Größen mit drei oder auch mit vier Indizes auf. Und dann? $\leftrightarrowtriangle$ oder $\leftrightarrowplus$ benutzen?

Die Indexschreibweise fasst alle diese Objekte, egal mit wie vielen Indizes, unter dem Begriff **Tensoren** vernünftig und (einigermaßen) übersichtlich zusammen. Deswegen hat sich die, gerade in der ART, eingebürgert.

Übrigens fand auch Einstein die obige Schreibweise relativ unhandlich, und es gibt einige Regeln, wie man sich das Leben ein bisschen leichter und beim Aufschreiben der Formeln ein wenig Platz sparen kann. Diese sogenannte **Einsteinsche Summenkonvention** werden wir in den folgenden Kapiteln kennenlernen.

1.5 Galilei-Transformationen

In der klassischen Mechanik rechnet man meist in Inertialsystemen, denn in ihnen sind die Newtonschen Gesetze so schön einfach. Zwei unterschiedliche inertiale Beobachter, die sich relativ zueinander bewegen, nehmen die Welt allerdings unterschiedlich wahr. Anders ausgedrückt: Da sie in unterschiedlichen Koordinatensystemen rechnen, werden sie unterschiedliche Zahlen benutzen, um denselben physikalischen Vorgang zu beschreiben. Deshalb ist es wichtig, sich zu überlegen, wie man die Zahlen des einen in die Zahlen des anderen umrechnet (zum Beispiel, wenn die beiden sich später treffen, um ihre Messergebnisse zu vergleichen).

Wir haben also zwei inertiale Beobachter; nennen wir sie X und Y. Beide Beobachter benutzen ihr jeweiliges Ruhesystem zur Beschreibung der Welt. Die Koordinaten von Beobachter X heißen x^i, und die von Beobachter Y heißen y^i. Zuerst betrachten wir einen ganz einfachen Fall: Zum Zeitpunkt $t = 0$ fallen die beiden

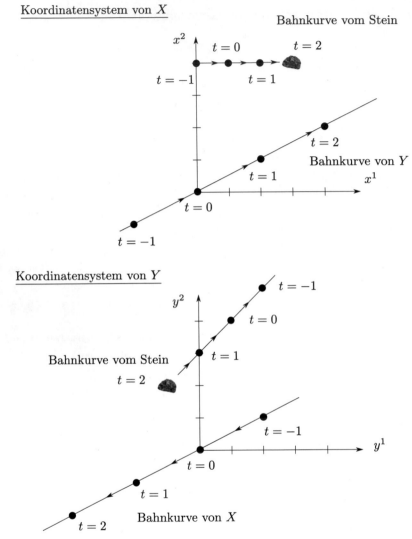

Abb. 1.9 Bahnkurve eines Steins im Ruhesystem von X, sowie im Ruhesystem von Y.

Schwerpunkte von X und Y genau zusammen. Außerdem sind die jeweiligen 1-, 2- und 3-Achsen der beiden parallel. Schlussendlich bewege sich Y, von X aus gesehen, mit der Geschwindigkeit $\vec{v} = (v^1, v^2, v^3)$.

In Abbildung 1.9 ist die Situation dargestellt: Zum Zeitpunkt t sind die x^i-Koordinaten von Y:

$$x_Y^1(t) \;=\; v^1\, t, \quad x_Y^2(t) \;=\; v^2\, t, \quad x_Y^3(t) \;=\; v^3\, t \qquad (1.1)$$

Beide Beobachter benutzen denselben Längenmaßstab, und ihre Achsen sind parallel. Deswegen gilt: Hat ein dritter Körper K die Koordinaten x^i im Ruhesystem von X und y^i im Ruhesystem von Y, so gilt:

Bewegt sich Y von X aus gesehen mit dem Geschwindigkeitsvektor v^i und fallen die beiden Koordinatensysteme bei $t = 0$ zusammen, so rechnet man die Koordinaten durch

$$x^i = y^i + v^i t \qquad \text{für } i = 1, 2, 3. \tag{1.2}$$

ineinander um.

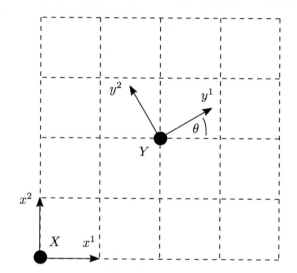

$$x_Y^1(t) = 2 \qquad x_Y^2(t) - 2$$

$$R = \begin{pmatrix} \cos\theta & -\sin\theta \\ \sin\theta & \cos\theta \end{pmatrix}$$

Abb. 1.10 In diesem Beispiel ist zum Zeitpunkt t der Beobachter Y bei den Koordinaten $x_Y^1 = 2$, $x_Y^2 = 2$. Die Drehmatrix R, die die Komponenten $R^i{}_j$ hat, gibt an, wie das Koordinatensystem von Y gegenüber dem von X gedreht ist. Dieses Beispiel ist nur zweidimensional; in einem dreidimensionalen Beispiel hätte x_Y^i drei Komponenten, und R wäre eine 3×3-Matrix.

Die Transformation (1.2) lässt sich verallgemeinern: Es kann z. B. sein, dass die Koordinatensysteme bei $t = 0$ nicht zusammenfallen, sondern der Beobachter X sich zum Zeitpunkt $t = 0$ im Koordinatensystem von Y am Punkt mit den Koordinaten b^i befindet. Schlussendlich müssen die Koordinatenachsen von X und Y nicht parallel sein, sondern können einen (konstanten) Winkel zueinander haben.

Letzteres stellen wir durch eine **Drehmatrix** dar. Zum Zeitpunkt t befindet sich der Nullpunkt des Koordinatensystems von Y bei $x_Y^i(t)$. Die 3×3-Matrix R, mit den Einträgen $R^i{}_j$ (wobei i und j jeweils von 1 bis 3 laufen können), gibt an,

wie das System von Y gegenüber dem von X gedreht ist. Siehe hierfür Abbildung
1.10. Um von den Koordinaten von Y auf die von X umzurechnen, muss man
also erst eine Drehung mit $R^i{}_j$ und dann eine Verschiebung mit x^i_Y vornehmen.
Dies führt zu der allgemeinsten möglichen Transformation zwischen zwei inertialen
Beobachtern:

Zwei inertiale Beobachter X und Y haben inertiale Koordinatensysteme
x^i und y^i. Dann lassen sich die jeweiligen Koordinaten durch

$$x^i = \sum_{i=1}^{3} R^i{}_j\, y^j + v^i\, t + b^i \qquad (1.3)$$

ineinander umrechnen. Hierbei ist der Vektor b^i die Verschiebung zwischen den Nullpunkten bei $t = 0$, v^i die relative Geschwindigkeit von X
und Y sowie $R^i{}_j$ die Drehmatrix der jeweiligen Koordinatenachsen. Diese sind alle zeitunabhängig. Eine solche Transformation wird **Galilei-
Transformation** genannt.

Bevor wir weiterrechnen, werden wir unsere Schreibweise noch ein wenig vereinfachen. Wir vereinbaren ab sofort, dass wir über doppelt vorkommende Indizes immer summieren, auch wenn wir das Summenzeichen $\sum$ nicht extra hinschreiben.
Das heißt, im Folgenden werden wir in einer Formel wie (1.7) das Summenzeichen
weglassen. Die Transformationen (1.2) sind ein Spezialfall von (1.3).

Manchmal wird in der Literatur bei der Galilei-Transformation noch die Information beigesteuert, dass $t_X = t_Y$, also dass die beiden Beobachter dieselbe Zeit
messen. Das wollen wir auch immer annehmen und benutzen immer nur eine Zeit
$t = t_X = t_Y$.

1.5.1 Das Newtonsche Relativitätsprinzip

Obwohl Newton den Raum als absolut und unveränderlich annimmt, gibt es in
der Newtonschen Mechanik keine ausgezeichneten Punkt und noch nicht einmal
ausgezeichnete Bewegungen. Es gilt nämlich:

Newtonsches Relativitätsprinzip: Alle inertialen Beobachter sind
gleichberechtigt.

Damit ergibt sich eine subtile Folge: Punkte im Raum haben keine „Identität". Wenn ich in meinem Koordinatensystem zum Zeitpunkt $t = 0$ einem Punkt im Raum die Koordinaten $(1, 2, 5)$ zuweise, ist dann zum Zeitpunkt $t = 1$ der Punkt mit denselben Koordinaten *derselbe* Ort? Die Frage kann nicht beantwortet werden. Ich selber denke das natürlich schon, aber ein anderer inertialer Beobachter, der sich relativ zu mir bewegt, wird zu den beiden verschiedenen Zeiten den beiden Punkten unterschiedliche Koordinaten zuweisen, eben wegen der Galilei-Transformation (1.3).

1.5.2 Addition von Geschwindigkeiten

Das Verhalten von Geschwindigkeiten ist ein zentraler Punkt in der Newtonschen Mechanik. Angenommen, Y bewegt sich mit Geschwindigkeit v^i relativ zu X, und nehmen wir im Folgenden an, dass die beiden Koordinaten-

Machsches Prinzip: S. 34

systeme von X und Y zueinander nicht gedreht sind, also $R^i{}_j = \delta^i{}_j$ gilt. Nehmen wir weiterhin an, dass Y die Bewegung eines dritten Körpers misst, der in den Koordinaten von Y die Bahnkurve $t \mapsto y^i(t)$ besitzt. Dann hat der Körper die Geschwindigkeit:

$$v_Y^i(t) := \frac{dy^i}{dt} \tag{1.4}$$

Betrachten wir denselben Körper im Koordinatensystem von X. Dort habe er die Bahnkurve $x^i(t)$ und damit die folgende Geschwindigkeit:

$$
\begin{aligned}
v_X^i(t) &= \frac{dx^i}{dt} = \frac{d}{dt}\left(y^i(t) + v^i t + b^i\right) \\
&= \frac{dy^i}{dt}(t) + \frac{d}{dt}\left(v^i t\right) + \frac{d}{dt}\left(b^i\right) \\
&= v_Y^i(t) + v^i
\end{aligned}
\tag{1.5}
$$

Hierbei haben wir (1.3) benutzt und die Tatsache, dass v^i und b^i nicht von der Zeit abhängen, da es hier ja um Inertialsysteme geht.

Während Y also die Geschwindigkeit v_Y^i misst, misst X die Geschwindigkeit $v_X^i = v_Y^i + v^i$. Beobachter X misst also die Summe der Geschwindigkeit, die Y misst, und der Relativgeschwindigkeit.

Das entspricht auch ziemlich genau unseren alltäglichen Beobachtungen. Eine Speerwerferin kann einen Speer nur mit einer gewissen Geschwindigkeit werfen. Wenn sie hingegen Anlauf nimmt, bevor sie den Speer loslässt, dann fliegt ihr der Speer mit ihrer Abwurfgeschwindigkeit *plus* ihrer Laufgeschwindigkeit aus der

Hand - zumindest im Ruhesystem der Schiedsrichter, und auf deren Urteil kommt es in diesem Fall ja an.

Es gilt also:

> In der Newtonschen Mechanik sind Geschwindigkeiten **relativ**, also vom Beobachter abhängig.

Ganz anders hingegen verhält es sich bei den Beschleunigungen, die jeder (inertiale) Beobachter gleich wahrnimmt. Betrachtet man wieder denselben Körper in den Koordinatensystemen von X und Y, dann erhält man:

$$a_X^i(t) \;=\; \frac{d^2x^i}{dt^2}(t) \;=\; \frac{dv_X^i}{dt}(t) \;=\; \frac{d}{dt}\left(v_Y^i(t) + v^i\right)$$

$$=\; \frac{d}{dt}\left(v_Y^i(t)\right) + 0 \;=\; \frac{dv_Y^i}{dt}(t) \;=\; \frac{d^2y^i}{dt^2}(t) \;=\; a_Y^i(t)$$

Es gilt also $a_X^i = a_Y^i$. Beider Beobachter messen also dieselbe Beschleunigung des Körpers, obwohl sie in verschiedenen Inertialsystemen messen.

> In der Newtonschen Mechanik sind Beschleunigungen **absolut**. Das heißt, alle (inertialen) Beobachter messen bei einem Körper dieselbe Beschleunigung.

Das ist für die Newtonsche Mechanik auch ziemlich wichtig, denn ohne diese Tatsache wäre das zweite Newtonsche Gesetz gar nicht so eindeutig. Der Kraftbegriff würde dann nämlich immer vom (inertialen) Beobachter abhängen, und dann müsste man immer dazusagen, in welchem System eine Formel wie z. B. $F^i = m_{\mathrm{I}}a^i$ gemeint ist. Dank der Absolutheit von Beschleunigungen allerdings ist unabhängig vom (inertialen) Koordinatensystem klar, wie groß eine Kraft ist.

All das gilt jedoch nur, wenn man Inertialsysteme betrachtet. Es gibt allerdings genug Systeme, die keine Inertialsysteme sind, zum Beispiel Ruhesysteme von Beobachtern, die physikalischen Kräften ausgesetzt sind. Diese nehmen in der Tat nicht dieselben Kräfte wahr wie inertiale Beobachter.

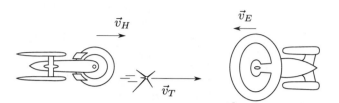

Abb. 1.11 Im Koordinatensystem eines externen Beobachters bewegt sich die *USS Hood* mit einer Geschwindigeit von $v_H = |\vec{v}_H|$ nach rechts, während die *USS Entrepreneur* sich mit $v_E = |\vec{v}_E|$ nach links bewegt. Die *Hood* feuert einen Torpedo ab, der sich mit $v_T = |\vec{v}_T|$ auf die *Entrepreneur* zubewegt. Im Koordinatensystem der *Hood* hat der Torpedo nur die Geschwindigkeit $v_T - v_H$, während die *Entrepreneur* mit einer Geschwindigkeit von $v_E + v_H$ auf sie zugeflogen kommt.

1.6 Nichtinertialsysteme und Scheinkräfte*

Betrachten wir nun einen inertialen Beobachter X mit Koordinaten x^i sowie einen nichtinertialen Beobachter Z, dessen Ruhesystem die Koordinaten z^i verwendet. Im Koordinatensystem von X sei die Bahnkurve von Z durch

$$t \longmapsto x_Z^i(t) \tag{1.6}$$

gegeben. Diese Bahnkurve ist dabei ganz beliebig (zweimal stetig differenzierbar sollte sie aber schon sein, um eine halbwegs physikalisch realistische Bahnkurve zu repräsentieren). Darüber hinaus erlauben wir, dass sich der Beobachter Z zum Beispiel um sich selbst dreht oder sonst irgendwie rotiert. In Formeln bedeutet dies, dass die Rotationsmatrix in der Formel für die Galilei-Transformation (1.3) von der Zeit abhängen kann.

Wir nehmen also als Transformation zwischen X und Z an, dass die Umrechnung der Koordinaten gegeben ist durch:

$$x^i = \sum_{i=1}^{3} R^i{}_j(t)\, z^j + x_Z^i(t) \tag{1.7}$$

Betrachten wir nun einen kräftefreien Körper im (inertialen) Koordinatensystem von X: Die Bahnkurve wird durch $t \mapsto x^i(t)$ beschrieben und erfüllt nach dem ersten Newtonschen Gesetz die Bewegungsgleichung

$$\ddot{x}^i = 0 \tag{1.8}$$

Hier symbolisiert der Punkt, wie vereinbart, die Ableitung nach t. Damit gilt zusammen mit (1.7)

$$0 = \ddot{x}^i = \frac{d^2}{dt^2}\left(R^i{}_j z^j + x^i_Z\right) = \frac{d}{dt}\left(\dot{R}^i{}_j z^j + R^i{}_j \dot{z}^j + \dot{x}^i_Z\right)$$

$$= \ddot{R}^i{}_j z^j + 2\dot{R}^i{}_j \dot{z}^j + R^i{}_j \ddot{z}^j + \ddot{x}^i_Z$$

Mit der zu R inversen Matrix R^{-1}, die

$$(R^{-1})^i{}_j R^j{}_k = \delta^i{}_k = \begin{cases} 1, & \text{falls } i = k, \\ 0, & \text{falls } i \neq k, \end{cases} \tag{1.9}$$

erfüllt, erhalten wir

$$\ddot{z}^k = -(R^{-1})^k{}_i\left(\ddot{R}^i{}_j z^j + 2\dot{R}^i{}_j \dot{z}^j + \ddot{x}^i_Z\right)$$

$$= \underbrace{-(R^{-1})^k{}_i\ddot{R}^i{}_j z^j}_{=:a^k_E} \underbrace{-2(R^{-1})^k{}_i\dot{R}^i{}_j \dot{z}^j}_{=:a^k_C} \underbrace{-(R^{-1})^k{}_i\ddot{x}^i_Z}_{=:a^k_Z}$$

Wie wir sehen, nimmt Z es keinesfalls so wahr, dass der Körper sich kräftefrei bewegt. Ganz im Gegenteil ist er scheinbar einer ganzen Menge verschiedener Kräfte ausgesetzt.

In einem Nichtinertialsystem treten sogenannte **Scheinkräfte** auf. Dies sind orts- und geschwindigkeitsabhängige Kraftfelder, die von der Bewegung des Beobachters abhängen. Sie führen zu folgenden Beschleunigungen:

Eulerbeschleunigung: $\qquad a^k_E = -(R^{-1})^k{}_i\ddot{R}^i{}_j z^j \qquad$ (1.10)

Coriolisbeschleunigung: $\qquad a^k_C = -2(R^{-1})^k{}_i\dot{R}^i{}_j \dot{z}^j \qquad$ (1.11)

Zentrifugalbeschleunigung: $\qquad a^k_Z = -(R^{-1})^k{}_i\ddot{x}^i_Z \qquad$ (1.12)

Die zugehörigen Kräfte $F^k_E = m_{\mathrm{I}}a^k_E$, $F^k_C = m_{\mathrm{I}}a^k_C$ und $F^k_Z = m_{\mathrm{I}}a^k_Z$ heißen **Eulerkraft**, **Corioliskraft** und **Zentrifugalkraft**.

Die bekannteste Kraft ist die Zentrifugalkraft, die daher rührt, dass die Bahnkurve des Beobachters eine Beschleunigung $\ddot{x}^i_Z$ erfährt. Die Corioliskraft wirkt umso stärker, je schneller sich etwas bewegt, also je größer $\dot{z}^i$ ist. Auf der Erde, die ja wegen ihrer Rotation ein beschleunigtes Bezugssystem darstellt, ist die Corioliskraft für die Wirbelbildung von Stürmen verantwortlich.

Beispiel: Wir betrachten die Scheinkräfte, die auf einen Beobachter wirken, der in einer Achterbahn Looping fährt. Der Einfachheit halber nehmen wir an, dass sich der Beobachter nur in der (x^1, x^2)-Ebene bewegt. Bis $t = 0$ fahre der Beobachter auf gerader Strecke mit Geschwindigkeit v. Dann fährt er in den Looping, ohne zu verlangsamen. Der Looping ist kreisrund mit Radius r und führt danach wieder auf eine gerade Strecke (Abb. 1.12).

Die Bahnkurve $x^i_Z(t)$ hat also die Form

$$
x^1_Z(t) = \begin{cases} vt & \text{für } t < 0, \\ r\sin\left(\frac{2\pi t}{T}\right) & \text{für } 0 \le t \le T, \\ v(t - T) & \text{für } t > T. \end{cases}
$$

$$
x^2_Z(t) = \begin{cases} 0 & \text{für } t < 0, \\ r\left(1 - \cos\left(\frac{2\pi t}{T}\right)\right) & \text{für } 0 \le t \le T, \\ 0 & \text{für } t > T \end{cases}
$$

und $x^3_Z(t) = 0$ für alle t. Hier ist T die Zeit, die der Beobachter im Looping verbringt, also

$$
T = \frac{2\pi r}{v}. \tag{1.13}
$$

Das Bezugssystem des Achterbahnfahrers dreht sich im Looping von $t = 0$ bis $t = T$ einmal um die x^3-Achse. Die Einträge $R^i{}_j$ der Drehmatrix haben deshalb folgende Form:

$$
R^i{}_j(t) = \begin{pmatrix} \cos\left(\frac{2\pi t}{T}\right) & -\sin\left(\frac{2\pi t}{T}\right) & 0 \\ \sin\left(\frac{2\pi t}{T}\right) & \cos\left(\frac{2\pi t}{T}\right) & 0 \\ 0 & 0 & 1 \end{pmatrix} \tag{1.14}
$$

Dabei bezeichnet i die Zeile und j die Spalte der Matrix R.

Der Beobachter ist, da es sich ja um sein Ruhesystem handelt, immer bei $z^i(t) = 0$. Die Eulerkraft und die Corioliskraft sind also gleich null. Die Zentrifugalkraft ist die einzige, die wir berechnen müssen. Zuerst brauchen wir die inverse Rotationsmatrix:

$$
(R^{-1})^i{}_j(t) = \begin{pmatrix} \cos\left(\frac{2\pi t}{T}\right) & \sin\left(\frac{2\pi t}{T}\right) & 0 \\ -\sin\left(\frac{2\pi t}{T}\right) & \cos\left(\frac{2\pi t}{T}\right) & 0 \\ 0 & 0 & 1 \end{pmatrix} \tag{1.15}
$$

Außerdem benötigen wir die zweite Ableitung der Bahnkurve:

$$
\ddot{x}_Z^1(t) \;=\;
\begin{cases}
0 & \text{für } t < 0 \text{ und } t > T \\[2mm]
-\left(\dfrac{2\pi}{T}\right)^2 r \sin\left(\dfrac{2\pi t}{T}\right) & \text{für } 0 \le t \le T
\end{cases}
$$

$$
\ddot{x}_Z^2(t) \;=\;
\begin{cases}
0 & \text{für } t < 0 \text{ und } t > T \\[2mm]
\left(\dfrac{2\pi}{T}\right)^2 r \cos\left(\dfrac{2\pi t}{T}\right) & \text{für } 0 \le t \le T
\end{cases}
$$

Es herrscht nur im Zeitintervall von 0 bis T, also solange man sich im Looping befindet, eine Scheinkraft. Vorher und nachher sind die $\ddot{x}_Z^i(t)$ alle gleich null, daher tritt dort keine Zentrifugalkraft auf. Im Looping berechnen sich die Komponenten $F_Z^i(t)$ zu:

$$
\begin{aligned}
F_Z^1(t) \;=\;& -\sum_{i=1}^{3} (R^{-1})^1{}_i(t)\,\ddot{x}_Z^i(t) \\[2mm]
\;=\;& -\left((R^{-1})^1{}_1(t)\ddot{x}_Z^1(t) + (R^{-1})^1{}_2(t)\ddot{x}_Z^2(t) + (R^{-1})^1{}_3(t)\ddot{x}_Z^3(t)\right) \\[2mm]
\;=\;& -\left[\cos\left(\frac{2\pi t}{T}\right)\left(-\left(\frac{2\pi}{T}\right)^2 R \sin\left(\frac{2\pi t}{T}\right)\right)\right. \\[2mm]
& \left. + \sin\left(\frac{2\pi t}{T}\right)\left(\frac{2\pi}{T}\right)^2 R \cos\left(\frac{2\pi t}{T}\right)\right] = 0
\end{aligned}
$$

$$
\begin{aligned}
F_Z^2(t) \;=\;& -\sum_{i=1}^{3} (R^{-1})^2{}_i(t)\,\ddot{x}_Z^i(t) \\[2mm]
\;=\;& -\left((R^{-1})^2{}_1(t)\ddot{x}_Z^1(t) + (R^{-1})^2{}_2(t)\ddot{x}_Z^2(t) + (R^{-1})^2{}_3(t)\ddot{x}_Z^3(t)\right) \\[2mm]
\;=\;& -\left[\left(-\sin\left(\frac{2\pi t}{T}\right)\right)\left(-\left(\frac{2\pi}{T}\right)^2 R \sin\left(\frac{2\pi t}{T}\right)\right)\right. \\[2mm]
& \left. + \cos\left(\frac{2\pi t}{T}\right)\left(\frac{2\pi}{T}\right)^2 r \cos\left(\frac{2\pi t}{T}\right)\right] = -\left(\frac{2\pi}{T}\right)^2 r = -\frac{v^2}{r}
\end{aligned}
$$

Die Komponente der Kraft $F_Z^3(t)$ ist auch im Looping gleich null, weil dort auch $\ddot{x}_Z^3(t)$ verschwindet. Es wirkt daher im Looping eine konstante Beschleunigung von v^2/r in die negative z^2-Richtung, also nach unten (Abb. 1.13). Das ist die Kraft, die einen in den Sitz drückt, wenn man den Looping durchfährt.

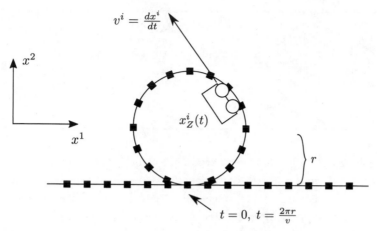

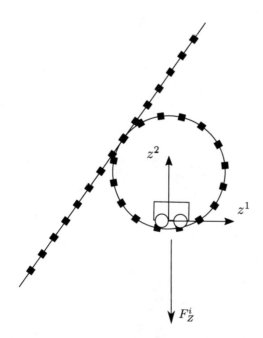

Abb. 1.12 Die Fahrt in der Achterbahn, im Ruhesystem der Gleise, bzw. des Bodens. Wir ignorieren die Gravitationskraft und betrachten die wirkenden Scheinkräfte, die nur innerhalb des Loopings auftreten.

Abb. 1.13 Im Looping spürt die Achterbahnfahrerin eine nach (aus ihrer Sicht) unten wirkende Kraft, die sie in den Sitz drückt.

In einem beschleunigten Bezugssystem gilt also das zweite Newtonsche Gesetz nur dann, wenn man auch die Scheinkräfte hinzufügt.

In einem beliebigen Bezugssystem ist die Bewegungsänderung eines
Körpers gleich der Summe der auf ihn wirkenden physikalischen Kräfte
und der Scheinkräfte, also:

$$\dot{p}^i = F^i + F_E^i + F_C^i + F_Z^i \qquad (1.16)$$

Die Aufteilung der wirkenden Scheinkräfte in Euler- Coriolis- und Zentrifugalkraft
ist übrigens auch vom Beobachter abhängig. Das unterstreicht die Tatsache, dass
es sich hierbei nicht um „echte" physikalische Kräfte handelt, sondern nur um
scheinbar auftretende Kräfte, die daher kommen, dass das Koordinatensystem
kein Inertialsystem ist.

1.7   Zusammenfassung

- In der Newtonschen Mechanik sind Raum und Zeit **absolut**. Der Raum ist ein **affiner, linearer** und **dreidimensionaler** Raum.

- Ein Beobachter, auf den keine physikalischen Kräfte wirken, ist eine **inertialer Beobachter**. Das Koordinatensystem eines inertialen Beobachters wird **Inertialsystem** genannt.

- Es gilt das **Newtonsche Relativitätsprinzip**: Alle inertialen Beobachter sind gleichberechtigt. Die physikalischen Gesetze müssen also derart formuliert werden, dass sie in allen Inertialsystemen gültig sind.

- In Inertialsystemen gelten die **drei Newtonschen Gesetze**:
  1. Ein inertialer Beobachter befindet sich entweder in Ruhe oder bewegt sich mit konstanter Geschwindigkeit entlang einer geraden Linie im Raum.
  2. Die Beschleunigung, die ein Körper erfährt, ist proportional zur Summe der auf ihn einwirkenden Kräfte.
  3. Wirkt Körper A mit einer Kraft auf Körper B, so wirkt immer auch Körper B mit einer gleich großen, aber entgegengesetzt wirkenden Kraft auf A.

- Jeder Körper besitzt eine **träge Masse**, die den Proportionalitätsfaktor zwischen Beschleunigung und der auf ihn wirkenden Kräften darstellt.

- Neben Reibungs- und Stoßkräften ist eine weitere Quelle physikalischer Kräfte das Newtonsche **Gravitationsgesetz**: Zwischen zwei Körpern A und B mit schweren Massen m_A und m_B wirkt eine anziehende Kraft von dem Betrag:

$$F \; = \; G_N \frac{m_A m_B}{r^2}$$

Hierbei bezeichnet $G_N = 6,675 \cdot 10^{-11} \mathrm{kg}^{-1}\mathrm{m}^3\mathrm{s}^{-2}$ die Newtonsche Gravitationskonstante, und r ist der Abstand der beiden Körper zueinander.

- Auch wenn es aus der Newtonschen Physik heraus keinen Grund dafür gibt, sind (im Rahmen der heute möglichen Messgenauigkeit) träge Masse und schwere Masse eines Körpers gleich groß:

$$m_{\mathrm{I}} = m_{\mathrm{g}}$$

- Zwei Inertialsysteme mit Koordinaten (x^i, t) und (x'^i, t') lassen sich durch eine **Galileitransformation** ineinander umrechnen:

$$t = t'$$

$$x^i = R^i{}_j x^j + v^i t + b^i$$

Dabei ist R eine zeitlich konstante Rotationsmatrix, v^i die relative Geschwindigkeit der beiden zugehörigen Beobachter und d^i eine konstante Verschiebung.

- Ein nicht-inertialer Beobachter Z, der sich auf einer Bahn $t \mapsto x^i_Z(t)$ und mit zeitabhängiger Drehung $R^i{}_j(t)$ bewegt, hat nicht-inertiale Koordinaten z^i, die mit den inertialen Koordinaten x^i eines inertialen Beobachters X wie folgt zusammenhängen:

$$x^i = \sum_{i=1}^{3} R^i{}_j(t)\, z^j + x^i_Z(t)$$

- Ein kräftefreier Körper bewegt sich in einem nicht-inertialen Koordinatensystem nicht auf einer geraden Linie, sondern auf ihn wirken die scheinbaren Kräfte

$$m_{\mathrm{I}} \frac{d^2 z^i}{dt^2} = F^i_E + F^i_C + F^i_Z$$

mit der Eulerkraft F^i_E, der Corioliskraft F^i_C und der Zentrifugalkraft F^i_Z. Sie sind gegeben durch:

$$F^i_E = -m_{\mathrm{I}} (R^{-1})^i{}_j \ddot{R}^j{}_k z^k$$

$$F^i_C = -2m_{\mathrm{I}} (R^{-1})^i{}_j \dot{R}^j{}_k \dot{z}^k$$

$$F^i_Z = -m_{\mathrm{I}} (R^{-1})^i{}_j \ddot{x}^j_Z$$

Diese Scheinkräfte hängen vom Ort z^i und von der Geschwindigkeit $\dot{z}^i$ des Körpers sowie von der Bahnkurve des Beobachters ab.

1.8   Verweise

Raumbegriff bei Descartes und Newton: Das Konzept des absoluten Raumes war zur Zeit Newtons durchaus revolutionär und wurde nicht überall ohne Widerspruch hingenommen. In Newtons Vorstellung ist der Raum nicht nur ewig und unveränderlich, sondern *von Körpern unabhängig*! Ein Ort im Raum kann von einem Objekt „belegt" sein oder eben auch nicht. Es kann also theoretisch vollkommen leeren Raum geben – eine Vorstellung, der sich schon Aristoteles vehement entgegengestellt hatte, gemäß der Lehre *horror vacui* (in etwa: „die Natur verabscheut die Leere")! Auch der im 17. Jahrhundert sehr einflussreiche Philosoph René Descartes lehrte eine völlig andere Sichtweise als Newton (Descartes (2007)). Bei Descartes ist der Ort eine *Eigenschaft eines Körpers*, etwa so wie seine Farbe oder seine Ausdehnung. Vor allem war die Information darüber, welche Ausdehnung Objekte besaßen sowie mit welchen anderen Objekten (oder auch Gasen, Flüssigkeiten) sie Berührungsflächen hatten, das eigentliche Wesen des Raumes. Laut Descartes gab es also keinen von Objekten unabhängigen Raum, sondern nur Objekte, die sich berührten, verformten, einander verdrängten oder aneinanderstießen. Die einzig physikalisch sinnvolle Ortsangabe war also immer nur der Ort eines Objektes *in Relation* zu anderen Objekten. Selbst zwischen den Planeten sollte es einen Äther geben, in dem sie gleich Fischen im Wasser umherschwammen.

Doch Newton setzte sich durch, weil er nicht nur philosophische Ideen lieferte, sondern auch Formeln, mit denen man rechnen konnte (ironischerweise rechnet man häufig in *kartesischen Koordinaten*, die ihren Namen von Descartes haben, der sie bekannt machte). Und diese Formeln brachten Resultate! Damit verschwand Descartes' relationistische Sichtweise vom Raum nach und nach. Heutzutage wachsen Studierende mit der Vorstellung des absoluten, euklidischen Raumes von Newton auf, sodass es nur schwer ist, sich wieder davon zu lösen. Doch das muss man, wenn man die Allgemeine Relativitätstheorie verstehen will, denn der Raumbegriff in der ART ist auf fundamentaler Ebene Descartes deutlich näher als Newton, wie wir noch sehen werden.

→ Zurück zu S. 10

Die Keplerbahnen und Newton: Die Bestimmung – und Vorhersage – der Bahnen der Planeten war zuvor bereits von Kepler gelöst worden. Bis ins 16. Jahrhundert waren die Bewegungen der Planeten ein Rätsel. Vor allem Mars schien ziemlich chaotisch und unberechenbar zu sein. Der dänische Astronom Tycho Brahe fertigte über Jahre hinweg genaue Aufzeichnungen über die Bewegungen der Himmelskörper an, aber das waren nur Listen von Zahlen, ohne System dahinter. Es war Brahes Assistent Johannes Kepler, der ein System in die Beobachtungen brachte und die Bahn der Planeten mithilfe der drei Keplerschen Gesetze formulierte.

Mit diesen Gesetzen konnte man nun z. B. vorhersagen, wie sich der Planet Mars über den Himmel bewegte, aber man verstand erst später mithilfe der Newtonschen Gesetze, *warum* die Keplerschen Gesetze richtig waren. Man konnte die Keplerschen Gesetze (die nur die Bewegung von Himmelskörpern im Sonnensystem beschrieben) aus den Newtonschen Gesetzen (die grundlegende Gesetze für die Bewegung *aller* physikalischen Objekte waren) herleiten.

→ Zurück zu S. 13

Das Machsche Prinzip: Der Begriff der Inertialsysteme in der Newtonschen Physik ist eigentlich zirkulär definiert: Einen inertialen Beobachter erkennt man daran, dass er sich in einem Inertialsystem mit konstanter Geschwindigkeit bewegt. Und ein Inertialsystem? Ist das Koordinatensystem eines inertialen Beobachters!

In der ursprünglichen Fassung hat dies Newton nicht groß gestört, denn zusätzlich war die inertiale Bewegung ja auch als solche definiert, die stattfindet, wenn keine physikalischen Kräfte auf einen Körper wirken. Und man hat sich zugetraut, eine physikalische Kraft – bzw. deren Abwesenheit – zu erkennen.

Newton hat dies durch das Gedankenexperiment des rotierenden Eimers verdeutlichen wollen: Man stelle sich einen mit Wasser gefüllten Eimer vor, der an einer Schnur aufgehängt ist. Ist der Eimer in Ruhe, ist die Wasseroberfläche flach. Rotiert der Eimer allerdings um die Schnur, so krümmt sich die Wasseroberfläche aufgrund der Zentrifugalkraft zum Eimerrand hin. Diese Krümmung nimmt man natürlich auch im eimerfesten Koordinatensystem wahr, sodass das inertiale (ortsfeste) und das nichtinertiale (eimerfeste) Koordinatensystem anhand der physikalischen Eigenschaften des Systems unterscheidbar sind.

Dieses Argument hat den Physiker Ernst Mach (*1838, †1916) nicht wirklich überzeugt. Er stellte sich die Frage: Wenn der Eimer rotiert bzw. nicht rotiert, dann in Bezug auf *was*? Die Antwort, die er selbst gab, war: Es geht hierbei nicht um die Rotation gegenüber einem abstrakten, leeren Raum, sondern um die Rotation gegenüber *der gesamten Masse des Universums*. Die Wasseroberfläche im Eimer würde sich demnach ebenfalls krümmen, wenn der Eimer in Ruhe wäre, aber *der gesamte Rest des Universums um den Eimer rotiert*. Genauer gesagt: Die beiden Situationen sollten ununterscheidbar sein Barbour (1995).

Am Ende des Tages ließ sich Einstein in der Entwicklung seines Relativitätsprinzips vom Machschen Prinzip leiten, es lässt sich aber in seiner allgemeinsten Form nicht mit der ART vereinen.

→ Zurück zu S. 23

1.9 Aufgaben

Aufgabe 1.1: Man betrachte die Achterbahn aus dem Beispiel auf S. 28. Nehmen wir an, die Achterbahnwagen sind Zweisitzer, und neben Beobachterin A (also in positiver z^3-Richtung von ihr aus gesehen) sitzt ihre Freundin, genannt B. Zum Zeitpunkt t_0 innerhalb des Loopings wirft A einen Gegenstand zu B mit Geschwindigkeit w in positive z^3-Richtung. Berechnen Sie die Scheinkräfte, die bei $t = t_0$ auf den Gegenstand wirken.

Tipp $\longrightarrow$ S. 337   Lösung $\longrightarrow$ S. 359

Aufgabe 1.2: Zwei Beobachter, A und B, befinden sich auf einem Karussell, das als kreisförmige Scheibe in der Ebene mit Radius R angenommen wird, die mit der Kreisfrequenz ω um die Symmetrieachse rotiert. Beobachter A sitzt genau auf dem Rand des Karussells, während B genau in der Mitte sitzt. Beide sind fest mit dem Karussell verbunden, ihre jeweiligen Ruhesysteme drehen sich also mit dem Karussell mit.

Zum Zeitpunkt $t = 0$ lässt A einen Gegenstand los. Berechnen Sie die Scheinkräfte, die im Moment des Loslassens in den beiden Ruhesystemen von A und B auf den Gegenstand wirken. Zeigen Sie, dass die Summe der Scheinkräfte in beiden Ruhesystemen übereinstimmt, obwohl sich die Aufteilung in Euler-, Coriolis- und Zentrifugalkraft unterscheidet.

Tipp $\longrightarrow$ S. 337   Lösung $\longrightarrow$ S. 361

Aufgabe 1.3: In dieser Aufgabe soll die Corioliskraft auf der Erde behandelt werden. Wir betrachten einen Punkt auf der Erdoberfläche mit Kugelkoordinaten (θ, ϕ). Weiterhin betrachten wir ein Luftteilchen, das zum Zeitpunkt $t = 0$ genau durch diesen Punkt, tangential zur Erdoberfläche, mit Geschwindigkeit v und unter dem Winkel χ zur Richtung Norden fliegt. Im Koordinatensystem, das fest am Punkt sitzt, berechnen Sie die Scheinkräfte, die bei $t = 0$ auf das Luftteilchen wirken. Betrachten Sie genauer die Tangentialkomponente $F_{C,t}^i$ der Corioliskraft, und zeigen Sie, dass das Teilchen (in Flugrichtung gesehen) auf der Nordhalbkugel von $F_{C,t}^i$ nach rechts, auf der Südhalbkugel nach links abgelenkt wird.

Tipp $\longrightarrow$ S. 338   Lösung $\longrightarrow$ S. 363

Aufgabe 1.4: Gegeben sei ein räumlich konstantes Kraftfeld mit Komponenten F^i (bezüglich eines beliebig gewählten Inertialsystems). Gegeben seien außerdem zwei Beobachter (mit derselben trägen Masse m_I), die in dem Inertialsystem „frei fallen", also in ihrer Bewegung nur diesem Kraftfeld ausgesetzt sind. Vor allem rotieren die beiden Beobachter nicht relativ zum Inertialsystem. Zeigen Sie: Im Koordinatensystem des einen Beobachters bewegt sich der andere mit konstanter, gleichförmiger Geschwindigkeit.

Tipp —→ S. 339 Lösung —→ S. 366

Aufgabe 1.5: Zwei Körper, A und B, der Massen m_A und m_B, bewegen sich im leeren Raum, nur unter dem Einfluss ihrer Schwerkraft, auf Bahnkurven $x_A^i(t)$ und $x_B^i(t)$. Zeigen Sie: Die Bahnkurven

$$s^i(t) \; := \; \frac{m_A x_A^i(t) + m_B x_B^i(t)}{m_A + m_B}, \qquad r^i(t) \; := \; x_A^i(t) - x_B^i(t)$$

erfüllen Bewegungsgleichungen derart, dass $s^i(t)$ der Bahnkurve eines kräftefreien Teilchens entspricht, während sich $r^i(t)$ verhält, als sei es ein Teilchen der *reduzierten Masse* μ, und bewege sich im Schwerefeld einer im Ursprung $r^i = 0$ befindlichen Masse M. Wie groß sind μ und M in Abhängigkeit von den Massen m_A und m_B?

Tipp —→ S. 340 Lösung —→ S. 367

2 Spezielle Relativitätstheorie

Übersicht

Die Newtonsche Mechanik hat im 18. und 19. Jahrhundert einen Siegeszug sondergleichen hingelegt. Die Vorstellungen von Raum und Zeit, die mit den Newtonschen Gesetzen geliefert wurden, haben Generationen von Physikern, Ingenieuren, Konstrukteuren, Mathematikern, technischen Zeichnern und vielen anderen tief geprägt. Die Mechanik, zusammen mit der Elektrodynamik, war so erfolgreich in ihrer Beschreibung der physikalischen Vorgänge der Welt, dass gegen Ende des 19. Jahrhunderts allgemein angenommen wurde, die Beschreibung der Welt durch Physik sei im Wesentlichen vollständig.

In Bezug auf Raum und Zeit war es jedoch ein Experiment, das diese Vorstellung ins Wanken bringen sollte. Albert Michelson und Edward Morley führten 1887 ein Experiment durch, das im Wesentlichen eine bahnbrechende Erkenntnis lieferte:

> Das Experiment von Michelson und Morley: S. 59

> Jeder inertiale Beobachter misst denselben Wert der Lichtgeschwindigkeit: $c = 2{,}998 \cdot 10^8 \ \mathrm{ms}^{-1}$.

© Springer-Verlag GmbH Deutschland, ein Teil von Springer Nature 2022
B. Bahr, *Tutorium Allgemeine Relativitätstheorie*,
https://doi.org/10.1007/978-3-662-63419-6_2

Die widerspricht der Newtonschen Mechanik auf fundamentale Art und Weise. Denn aus ihr folgt ja, dass Geschwindigkeiten *relativ* sind. Vor allem addieren sich Geschwindigkeitsvektoren, wenn von einem ins andere Inertialsystem umgerechnet wird.

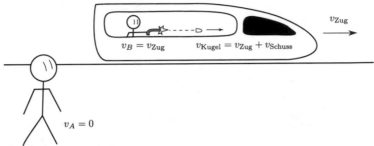

Abb. 2.1 Beobachterin A steht am Wegesrand und beobachtet einen vorbeifahrenden Zug. Beobachterin B im Zug gibt einen Schuss aus einer Pistole in Fahrtrichtung ab. Die Geschwindigkeit der Kugel ist, aus der Sicht von A, die Summe der Geschwindigkeiten des Zuges und der des Mündungsfeuers.

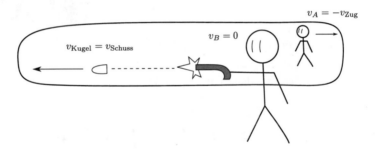

Abb. 2.2 Dieselbe Situation wie in Abb. 2.1 aus der Sicht von Beobachterin B: Die Kugel hat nur die Geschwindigkeit $v_{\text{Kugel}} = v_{\text{Schuss}}$, während A sich mit $v_A = -v_{\text{Zug}}$ entgegen der Fahrtrichtung bewegt.

Der klassische Einwand, der damals gebracht wurde, war der folgende: Angenommen, Beobachterin B fährt auf einem Zug, der sich mit Geschwindigkeit $v = v_{\text{Zug}}$ bewegt und leuchtet mit einer Laterne in Fahrtrichtung. Die Lichtteilchen, die die Laterne verlassen, bewegen sich für B mit der Lichtgeschwindigkeit c. Für eine zweite Beobachterin, die fest auf der Erde steht und an der der Zug vorbeifährt, sollten die Lichtteilchen die Geschwindigkeit $v + c$ haben – zumindest nach den Regeln der Galilei-Transformationen. Denn der zufolge addieren sich die Geschwindigkeiten ja (1.5), was im täglichen Leben auch immer wieder beobachtet werden kann. So nehmen zum Beispiel Speerwerfer Anlauf, damit ihr Speer (im Vergleich zum Erdboden) schneller fliegt.

Und trotzdem war das Resultat von Michelson und Morley unumstößlich und gab den Physikern der damaligen Zeit Rätsel auf: Licht schien sich irgendwie anders zu verhalten als normale Objekte.

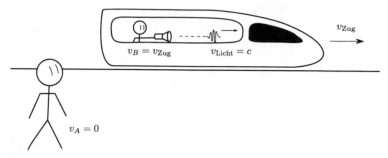

Abb. 2.3 Beobachterin A steht am Wegesrand und beobachtet einen vorbeifahrenden Zug. Beobachterin B im Zug leuchtet mit einer Taschenlampe in Fahrtrichtung. Die Geschwindigkeit des sich ausbreitenden Lichtes ist, aus der Sicht von A, genau c.

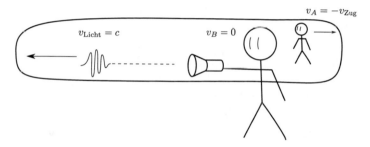

Abb. 2.4 Dieselbe Situation wie in Abb. 2.3 aus der Sicht von Beobachterin B: Auch für sie ist die Geschwindigkeit des Lichtes gleich c, während A sich wie gehabt mit $v_A - -v_{\text{Zug}}$ entgegen der Fahrtrichtung bewegt.

2.1 Abändern der Galilei-Transformationen

Betrachten wir das bereits oben beschriebene Beispiel unter dem Gesichtspunkt, dass c in allen Inertialsystemen gleich sein soll: Ein Zug bewegt sich mit Geschwindigkeit v. Beobachter O ist relativ zum Zug in Ruhe, und wirft ein Objekt in Fahrtrichtung. Das hat in seinem System eine Geschwindigkeit von w. Am Rand der Bahngleise steht ein zweiter Beobachter $\tilde{O}$. Welche Geschwindigkeit $\tilde{w}$ hat das Objekt in seinem Inertialsystem?

Legen wir die 1-Achse des Koordinatensystems entlang der Gleise. Dann lautet die Koordinatentransformation:

$$\tilde{t} = t$$

$$\tilde{x}^1 = x^1 + vt$$

$$\tilde{x}^2 = x^2 \tag{2.1}$$

$$\tilde{x}^3 = x^3$$

Für Geschwindigkeiten, die klein im Vergleich zur Lichtgeschwindigkeiten sind – also im Bereich unseres täglichen Lebens –, muss diese Transformation zumindest näherungsweise richtig sein. Wir erleben ihre Konsequenzen ja tagtäglich! Für hohe Geschwindigkeiten jedoch müssen wir diese Formel abändern. Ganz allgemein müssen wir sie so abändern, dass ein Lichtstrahl in beiden Systemen dieselbe Geschwindigkeit

$$\frac{dx^1}{dt} = \frac{d\tilde{x}^1}{d\tilde{t}} = c$$

hat. Das geht nur, wenn man auch die Zeit selbst in die Transformation mit einbezieht. In der Newtonschen Physik ist die Zeit eher ein externer Parameter und wird bei Übergängen zwischen Inertialsystemen nicht mit transformiert. Dies müssen wir aufgeben und die Zeit wie die anderen drei Koordinaten mit transformieren. Zuerst einmal führen wir deswegen eine neue Koordinate

$$x^0 = ct$$

ein. Sie ist im Wesentlichen die Zeit, wobei die Multiplikation mit dem Faktor c dazu führt, dass alle vier Koordinaten

$$x^\mu \equiv (x^0, x^1, x^2, x^3)$$

dieselbe Dimension „Länge" haben. In der theoretischen Physik hat sich seit Langem eine Konvention eingebürgert, an die wir uns auch halten wollen:

> Griechische Indizes $\mu, \nu, \rho, \sigma, \tau \dots$ laufen immer von 0 bis 3, lateinische Buchstaben $i, j, k, l \dots$ laufen immer von 1 bis 3.

Kommen wir wieder zu unserem Lichtstrahl zurück. Der Einfachheit halber starte er im System von O zum Zeitpunkt $x^0 = 0$ im Koordinatenursprung. Die Punkte x^μ, die der Lichtstrahl durchläuft, erfüllen dann $(x^0)^2 = (x^1)^2$. Weil er sich mit Lichtgeschwindigkeit bewegt, liegt er im **Raumzeitdiagramm** auf einer Gerade der Steigung 1 (Abb. 2.5). In einem Raumzeitdiagramm wird die Zeit x^0

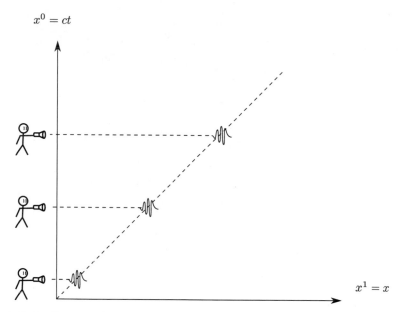

Abb. 2.5 Im Raumzeitdiagramm liegen die Punkte, die ein Lichtstrahl durchquert, auf einer Geraden mit Steigung 1, die also einen Winkel von $45°$ gegenüber der Hauptachsen des Diagramms hat.

für gewöhnlich nach oben eingetragen, die seitliche Richtung ist dann eine der räumlichen Koordinaten, in unserem Fall x^1. Ein sich mit konstanter Geschwindigkeit gleichförmig bewegender Punkt bewegt sich entlang einer geraden Linie. Es gilt $x^2 = x^3 = 0$, weil der Lichtstrahl nur in die 1-Richtung fliegt, und damit kann man das allgemeiner schreiben als:

$$(x^0)^2 - (x^1)^2 - (x^2)^2 - (x^3)^2 = 0 \tag{2.2}$$

Unsere neue Koordinatentransformation soll, genau wie die Galilei-Transformation, die 2- und die 3-Richtung unangetastet lassen. Auch sollen sich in beiden Systemen inertiale Beobachter auf geraden Linien bewegen – Raum und Zeit sollen also immer noch eine affine Struktur haben, weswegen die Transformation linear sein soll. Ein Ansatz für eine solche Transformation ist:

$$
\begin{aligned}
\tilde{x}^0 &= A\left(x^0 + Bx^1\right) \\[2mm]
\tilde{x}^1 &= C\left(x^1 + vt\right) = C\left(x^1 + \frac{v}{c}x^0\right) \\[2mm]
\tilde{x}^2 &= x^2 \\[2mm]
\tilde{x}^3 &= x^3
\end{aligned}
\tag{2.3}
$$

Dabei dürfen A, B und C von v abhängen, aber nicht von den x^μ. Für kleine Geschwindigkeiten muss (2.3) in (2.1) übergehen, es muss also in diesem Fall $A, C \to 1$ und $B \to 0$ gelten. In den $\tilde{x}^\mu$ müssen die Punkte, die der Lichtstrahl durchläuft, ebenfalls die Gleichung (2.2) erfüllen, also:

$$
\begin{aligned}
0 &= (\tilde{x}^0)^2 - (\tilde{x}^1)^2 - (\tilde{x}^2)^2 - (\tilde{x}^3)^2 \\
&= A^2 \left(x^0 - Bx^1\right)^2 - C^2 \left(x^1 - \frac{v}{c}x^0\right)^2 - (x^2)^2 - (x^3)^2 \\
&= \left(A^2 - C^2\frac{v^2}{c^2}\right)(x^0)^2 - \left(A^2 B^2 - C^2\right)(x^1)^2 - (x^2)^2 - (x^3)^2 \\
&\quad + \left(2C\frac{v}{c} - 2AB\right)x^0 x^1
\end{aligned}
$$

Damit das gilt, müssen A, B und C also die folgenden Bedingungen erfüllen:

$$
A^2 - C^2\frac{v^2}{c^2} = 1 \tag{2.4}
$$

$$
A^2 B^2 - C^2 = 1 \tag{2.5}
$$

$$
2C\frac{v}{c} - 2AB = 0 \tag{2.6}
$$

Lösen wir (2.6) nach AB auf und setzen dies in (2.5) ein, erhalten wir

$$
1 = C^2\frac{v^2}{c^2} - C^2 = C^2\left(1 - \frac{v^2}{c^2}\right)
$$

Dies kann man umformen zu:

$$
C^2 = \frac{1}{1 - \frac{v^2}{c^2}}
$$

Setzen wir dies in (2.4) ein, ergibt sich

$$
A^2 = 1 + \frac{v^2}{c^2}\frac{1}{1 - \frac{v^2}{c^2}} = \frac{1 - \frac{v^2}{c^2}}{1 - \frac{v^2}{c^2}} + \frac{\frac{v^2}{c^2}}{1 - \frac{v^2}{c^2}} = \frac{1}{1 - \frac{v^2}{c^2}}
$$

Die Ausdrücke für C^2 und A^2 haben Wurzeln mit positivem und negativem Vorzeichen. Wir fordern hier, dass bei der Koordinatentransformation die x^0-Richtung und die x^1-Richtung nicht plötzlich das Vorzeichen wechseln, also die Zeit nicht plötzlich „rückwärts" läuft. (Obwohl das prinzipiell durchaus erlaubt wäre. Wir werden dies in Kap. 3 behandeln.) Wir wählen also die positiven Wurzeln, und erhalten

$$
A = C\,\frac{1}{\sqrt{1 - \frac{v^2}{c^2}}}.
$$

In (2.6) eingesetzt ergibt das für B

$$B = \frac{v}{c}\frac{C}{A} = \frac{v}{c}$$

Der Ausdruck für A und C wird üblicherweise mit γ, der Ausruck für B mit β bezeichnet. Wir erhalten also unsere neue Koordinatentransformation wie folgt:

Die Umrechnung der Koordinaten x^μ von O in die $\tilde{x}^\mu$ von $\tilde{O}$ lautet

$$\tilde{x}^0 = \gamma\left(x^0 + \beta x^1\right)$$

$$\tilde{x}^1 = \gamma\left(x^1 + \beta x^0\right)$$

$$\tilde{x}^2 = x^2 \tag{2.7}$$

$$\tilde{x}^3 = x^3$$

mit den Ausdrücken

$$\gamma = \frac{1}{\sqrt{1 - \frac{v^2}{c^2}}} \qquad \beta = \frac{v}{c}$$

Diese Transformation wird **Lorentz-Transformation** genannt.

Schauen wir uns an, was mit den Geschwindigkeiten in diesen beiden Koordinatensystemen geschieht. Wenn Beobachter O ein Objekt in die 1-Richtung wirft, das seine Hand mit der Geschwindigkeit

$$w = \frac{dx^1}{dt} = c\frac{dx^1}{dx^0}$$

verlässt, dann misst $\tilde{O}$ die Geschwindigkeit

$$\tilde{w} = \frac{d\tilde{x}^1}{d\tilde{t}} = c\frac{d\tilde{x}^1}{d\tilde{x}^0} = c\left(\frac{d\tilde{x}^0}{dx^0}\right)^{-1}\frac{d\tilde{x}^1}{dx^0}$$

$$= c\left(\frac{d}{dx^0}\left(\gamma\left(x^0 + \beta x^1\right)\right)\right)^{-1}\frac{d}{dx^0}\left(\gamma\left(x^1 + \beta x^0\right)\right)$$

$$= \frac{c}{1 + \beta\frac{w}{c}}\left(\frac{w}{c} + \beta\right) = \frac{v + w}{1 + \frac{vw}{c^2}}$$

> **Relativistische Addition von Geschwindigkeiten:** Bewegt sich ein
> Objekt in einem Inertialsystem mit Geschwindigkeit w, so wird in ei-
> nem zweiten Inertialsystem, das sich mit Geschwindigkeit v in dieselbe
> Richtung bewegt, nicht die Geschwindigkeit $v + w$ gemessen, sondern
> stattdessen:
> $$\tilde{w} = \frac{v + w}{1 + \frac{vw}{c^2}}$$

Was man hier sehen kann: Wenn die beiden beteiligten Geschwindigkeiten v und
w sehr klein sind im Vergleich zur Lichtgeschwindigkeit, dann gilt $1 + \frac{vw}{c^2} \approx 1$ und
damit $\tilde{w} \approx v + w$, so wie wir es aus der Newtonschen Mechanik kennen. Für einen
Lichtstrahl mit $w = c$ gilt allerdings

$$\tilde{w} = \frac{c + v}{1 + \frac{cv}{c^2}} = c$$

In der Tat gilt mit dem Transformationsgesetz (2.7), dass die Lichtgeschwindigkeit
in beiden Inertialsystemen denselben Wert hat, so wie es das Experiment von
Michelson und Morley gezeigt hat.

2.2   Längenkontraktion und Zeitdilatation

Die Lorentz-Transformationen (2.7) ersetzen in der Relativitätstheorie also die
altbekannten Galilei-Transformationen. Letztere bleiben aber ein Grenzfall: Im
Grenzwert kleiner Geschwindigkeiten (im Vergleich zu c) werden die Lorentz-
Transformationen näherungsweise zu Galilei-Transformationen. Damit widerspricht die Relativitätstheorie nicht unserer alltäglichen Beobachtung: Sie erwei-
tert sie nur, auch auf den Fall hoher Geschwindigkeiten.

Aus der Transformation (2.7) ergeben sich allerdings einige sehr merkwürdige
Konsequenzen, die mit dem Faktor γ zu tun haben.

Betrachten wir einen Beobachter O in einem Auto der Länge L. (Wir tun hier
so, als sei dies ein inertialer Beobachter, was wegen Schwerkraft, Erdkrümmung,
Luftreibung etc. natürlich nicht ganz stimmt.) Das Auto bewegt sich mit Geschwindigkeit v in die 1-Richtung, relativ zu einem Beobachter $\tilde{O}$. Das Auto fährt
genau so auf $\tilde{O}$ zu, dass es sie gerade so verpasst. Was uns interessiert: Wie lang
ist das Auto aus der Sicht von $\tilde{O}$?

Nun, wie misst $\tilde{O}$ die Länge des Autos? Er weiß, wie schnell es sich bewegt (mit
Geschwindigkeit v), und so muss er nur die beiden Zeitpunkte $\tilde{t}_V$ und $\tilde{t}_R$ abpassen,

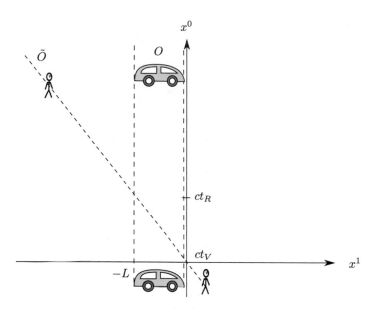

Abb. 2.6 Beobachter O in einem Auto der Länge L, betrachtet im Ruhesystem von O. In diesem System kommt $\tilde{O}$ auf das Auto zu. Die Vorder- und Rückseite des Autos passieren $\tilde{O}$ zu den Zeiten t_V und t_R.

zu denen die Vorderseite V und die Rückseite R des Autos ihn genau passieren. Dann ist die Länge $\tilde{L}$ gegeben durch

$$\tilde{L} = v\left(\tilde{t}_R - \tilde{t}_V\right) = \beta\left(\tilde{x}_R^0 - \tilde{x}_V^0\right) \tag{2.8}$$

Wir legen das Inertialsystem so, dass zur Zeitkoordinate $x^0 = \tilde{x}^0 = 0$ die Spitze des Autos gerade auf der Position von $\tilde{O}$ ist.

Im System von O befindet sich das Auto in Ruhe. Die Vorderseite befindet sich bei den Koordinaten $x^1 = x^2 = x^3 = 0$, die Rückseite befindet sich bei $x^1 = -L$, $x^2 = x^3 = 0$. Die beiden Ereignisse „$\tilde{O}$ passiert die Vorderseite" und „$\tilde{O}$ passiert die Rückseite" finden jeweils zu den Zeitpunkten $t_V = 0$ und $t_R = L/v$ statt. Drücken wir diese in x^μ aus, gilt für die beiden Ereignisse:

$\tilde{O}$ passiert die Vorderseite: $\qquad x_V^0 = x_V^1 = x_V^2 = x_V^3 = 0$

$\tilde{O}$ passiert die Rückseite: $\qquad x_R^0 = \dfrac{L}{\beta}, \ x_R^1 = -L, \ x_R^2 = x_R^3 = 0$

Welche Koordinaten haben diese beiden Ereignisse im Koordinatensystem von $\tilde{O}$? Dafür benutzen wir die Umrechnungsformel (2.7). Die Nullpunkte unserer Koordinatensysteme hatten wir so gelegt, dass das erste Ereignis („Vorderseite") für $\tilde{O}$ auch genau bei

$$\tilde{x}_V^\mu = 0 \quad \text{für alle } \mu = 0, 1, 2, 3$$

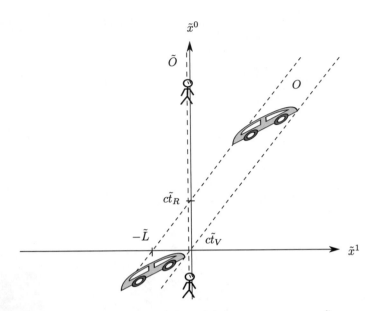

Abb. 2.7 Dieselbe Situation wie in Abb. 2.6 im Ruhesystem von $\tilde{O}$: Hier bewegt sich das Auto, und $\tilde{O}$ ist in Ruhe. Die Länge $\tilde{L}$ des Autos, die $\tilde{O}$ misst, ergibt sich aus den Zeitpunkten $\tilde{t}_V$ und $\tilde{t}_R$, zu denen die Vorder- und Rückseite des Autos $\tilde{O}$ passieren.

liegt. Das zweite Ereignis („Rückseite") allerdings hat andere Koordinaten:

$$\tilde{x}^0_R \;=\; \gamma\!\left(x^0_R + \beta x^1_R\right) \;=\; \gamma\!\left(\frac{L}{\beta} - \beta L\right) \;=\; \frac{\gamma L}{\beta}\left(1 - \beta^2\right) \;=\; \frac{L}{\gamma\beta}$$

$$\tilde{x}^1_R \;=\; \gamma\!\left(x^1_R + \beta x^0_R\right) \;=\; \gamma\!\left(-L + \beta\frac{L}{\beta}\right) \;=\; 0$$

Die beiden Ereignisse finden im Koordinatensystem von $\tilde{O}$ bei $\tilde{x}^i = 0$ statt. Dies ist ganz einsichtig, denn das ist ja der Ort an dem $\tilde{O}$ sich selbst befindet. Die von $\tilde{O}$ gemessene Länge ist dann mit (2.8)

$$\tilde{L} \;=\; \beta\left(\frac{L}{\beta\gamma} - 0\right) \;=\; \frac{L}{\gamma}$$

Das ist überaus erstaunlich: Weil immer $\gamma > 1$ gilt (es sei denn, das Auto steht still), misst Beobachter $\tilde{O}$ eine geringere Länge! Dies ist ein allgemeines Phänomen in der Relativitätstheorie:

> Für einen Beobachter sind relativ zu ihm bewegte Objekte kürzer, als sie es für Beobachter sind, die sich mit dem Objekt bewegen. Dieses Phänomen wird **Längenkontraktion** genannt.

Das wird manchmal auch mit dem Satz „Bewegte Objekte erscheinen kürzer" ausgedrückt. Dabei findet diese Verkürzung nur in Bewegungsrichtung (hier also in der 1-Richtung) statt. Die beiden Richtungen senkrecht zur Bewegung (hier die 2- und die 3-Richtung) sind davon unangetastet. Eine bewegte Kugel erscheint also nicht geschrumpft, sondern in Bewegungsrichtung platter. Allerdings ist wichtig zu verstehen, dass die Objekte nicht nur kürzer erscheinen – es handelt sich nicht um eine Illusion! Die Objekte sind für diese Beobachter wirklich kürzer, mit allen physikalischen Konsequenzen, die daraus folgen! Wir werden gleich ein Beispiel dazu sehen.

Doch nicht nur die Länge verhält sich merkwürdig, auch die Zeit vergeht für bewegte Beobachter unterschiedlich. Zwischen den beiden Ereignissen „$\tilde{O}$ befindet sich an der Vorderseite" bzw. „$\tilde{O}$ befindet sich an der Rückseite" vergeht nämlich für beide Beobachter unterschiedlich viel Zeit:

$$\Delta t = t_R - t_V = \frac{x_R^0 - x_V^0}{c} = \frac{L}{\beta c} = \frac{L}{v}$$

$$\Delta \tilde{t} = \tilde{t}_R - \tilde{t}_V = \frac{\tilde{x}_R^0 - \tilde{x}_V^0}{c} = \frac{L}{\gamma \beta c}$$

Es gilt also:

$$\Delta \tilde{t} = \frac{\Delta t}{\gamma} \tag{2.9}$$

Würden beide Beobachter die jeweiligen Ereignisse mit Stoppuhren messen und hinterher ihre Ergebnisse vergleichen, kämen sie zu dem Ergebnis, dass für $\tilde{O}$ das Vorbeifahren des Autos schneller vorüber gewesen ist, und zwar um den Faktor γ. Dieses Phänomen hat ebenfalls einen Namen:

> Für einen Beobachter in Ruhe vergeht mehr Zeit als für einen relative bewegten Beobachter. Dieses Phänomen wird **Zeitdilatation** genannt.

In der populärwissenschaftlichen Literatur wird dies auch oft mit dem Satz „Bewegte Uhren gehen langsamer" ausgedrückt.

Beispiel: Ein Standardbeispiel dafür, dass Längenkontraktion und Zeitdilatation in der Physik eine entscheidende Rolle spielen, ist der Zerfall von kosmischen Myonen. Myonen sind instabile Elementarteilchen, die man sich als schwerere Geschwister der Elektronen vorstellen kann. Weil sie mehr Masse haben, können sie durch radioaktive Prozesse zerfallen. Die Halbwertszeit liegt bei etwa:

$$T_{1/2} = 1{,}56\ \mu s$$

Durch kosmische Strahlung, die auf die oberen Schichten der Atmosphäre trifft, entstehen regelmäßig hochenergetische Myonen, die von dort Richtung Erdoberfläche fliegen, und von denen einige auf dem Weg dort hin zerfallen. In einer berühmten Messung aus dem Jahr 1941 von Rossi und Hall wurde eine mittlere Geschwindigkeit der Myonen von

$$v = 0{,}995c$$

gemessen, außerdem wurden auf dem Gipfel und am Fuß des Berges Mt. Washington der Myonenfluss bestimmt, also die Menge an Myonen, die das Messinstrument in einer gewissen Zeit durchströmen. Auf dem Gipfel maßen Rossi und Hall einen Myonenfluss von:

$$N_{\text{Gipfel}} = 560\ \frac{\text{Teilchen}}{\text{h}}$$

Zwischen Gipfel und Tal von Mount Washington liegen $\Delta h = 1350$ m. Mit einer Geschwindigkeit von $\beta = 0{,}995$ benötigen die Myonen für diese Strecke im Schnitt:

$$t = \frac{h}{v} = \frac{1350\ \text{m}}{0{,}995 \cdot 3 \cdot 10^8\ \text{ms}^{-1}} = 4{,}53\ \mu s$$

Das ist ein mehrfaches der Halbwertszeit, also würde man nach dem Zerfallsgesetz erwarten, dass von den 560 Myonen pro Stunde nur

$$N = 560 \cdot \left(\frac{1}{2}\right)^{\frac{t}{T_{1/2}}} = 560 \cdot \exp\left(-\frac{t\ln(2)}{T_{1/2}}\right) \approx 75$$

ankommen, also in etwa 13,4%.

Das ist aber nicht das, was Rossi und Hall gemessen haben. Im Gegenteil maßen sie am Fuß des Berges einen Myonenfluss von

$$N_{\text{Fuß}} = 420 \ \frac{\text{Teilchen}}{\text{h}}$$

Es kommen deutlich mehr Teilchen an als erwartet, es müssen also deutlichen weniger Teilchen auf dem Weg vom Gipfel zum Fuß des Berges zerfallen.

Das kann man mit der Lorentz-Transformation erklären: Von der Erde aus gesehen läuft die Zeit für das Myon deutlich langsamer ab als auf der Erde, weil es sich mit einer so hohen Geschwindigkeit bewegt. Deshalb ist der Faktor, um den die Zeit langsamer läuft:

$$\gamma = \frac{1}{\sqrt{1-\beta^2}} = \frac{1}{\sqrt{1-0{,}995^2}} = 10{,}0125$$

Äquivalent dazu kann man die Situation auch aus der Sicht des Myons betrachten: Für das Myon läuft seine eigene Zeit natürlich normal ab, allerdings ist die Erde in Flugrichtung deutlich kürzer! Insbesondere ist die Entfernung vom Gipfel zum Fuß des Berges deutlich kürzer, und zwar wieder um den Faktor $\gamma \approx 10$. Die Strecke legt das Myon in deutlich weniger Zeit zurück, es hat also gar nicht so viel Zeit, um zu zerfallen.

Beides sind äquivalente Erklärungen des Phänomens, und sie führen auf dieselbe Rechnung: Am Boden muss ein Myonenfluss von

$$N = 560 \cdot \left(\frac{1}{2}\right)^{\frac{t}{\gamma T_{1/2}}} = 560 \cdot \exp\left(\frac{t \ln(2)}{\gamma T_{1/2}}\right) \approx 459$$

Teilchen pro Stunde ankommen. Und dies entspricht dem Messergebnis schon deutlich besser.

2.3 Paradoxa

Die Aussagen „Bewegte Objekte sind kürzer" und „Bewegte Uhren gehen langsamer" sind für sich genommen problematisch.

Genau wie auch in der Newtonschen Mechanik, sind nämlich in der Relativitätstheorie alle inertialen Beobachter gleichberechtigt. Man kann also nicht sagen, welcher Beobachter still steht und welcher sich relativ zu ihm bewegt. Dann stellt sich aber natürlich die Frage: Für welchen von beiden läuft denn nun die Zeit langsamer? Genauso mit der Längenkontraktion: Angenommen, beide Beobachter sitzen in gleich langen Raumschiffen, und fliegen aneinander vorbei. Wenn der eine für den anderen kürzer ist, dann müsste doch der andere relativ länger sein, oder? Können etwa beide jeweils gegenüber dem anderen kürzer sein?

Diese verwirrenden Gedankenspiele haben die Physiker direkt nach dem Aufkommen der Relativitätstheorie sehr beschäftigt. Die Folgerungen der Lorentz-Transformationen schienen zu logischen Widersprüchen zu führen. Die beiden wichtigsten wollen wir im Folgenden behandeln.

2.3.1 Das Zwillingsparadoxon

Das Zwillingsparadoxon ist ein klassisches Beispiel für die merkwürdigen Konsequenzen die sich aus der Relativitätstheorie ergeben. In der ursprünglichen Formulierung lautet es so:

Zwillingsparadoxon: Zwei Zwillinge, beide im Alter von 20, befinden sich auf der Erde. Einer besteigt ein Raumschiff, das mit der Geschwindigkeit $\beta = 0{,}995$ von der Erde weg. Das Raumschiff fliegt 8 Jahre lang mit dieser Geschwindigkeit umher und landet am Ende seiner Reise wieder auf der Erde. Für den Zwilling an Bord des Raumschiffes sind 8 Jahre vergangen, für den Zwilling, der auf der Erde verblieben ist, jedoch $8 \cdot \sqrt{1 - \beta^2} \approx 80$ Jahre!

Oft hört man, dass das unterschiedlich schnelle Altern der beiden Zwillinge paradox sei. Das ist aber nicht, was man mit dem Begriff „Zwillingsparadoxon" meint. Die paradoxe Situation hängt mit der Frage zusammen, warum der eine Zwilling altert, und der andere nicht. Wenn Bewegung relativ ist, dann könnte man sich doch in das Ruhesystem des Raumschiffes begeben. Von dort aus gesehen ist es die Erde, die mit hoher Geschwindigkeit umherfliegt, bis sie wieder beim Raumschiff ankommt. Könnte man nicht genauso argumentieren, dass der Zwilling im Raumschiff um 80 Jahre altert, während der auf der Erde nur um 8 Jahre älter ist?

Dies ist ein wirkliches Paradoxon, denn es kann nur einer der beiden Zwillinge älter sein. Die Auflösung liegt darin, dass die beiden Systeme „Erde" und „Raumschiff" eben nicht gleichberechtigt sind. Das kann man erkennen, indem man sich das Raumzeitdiagramm ansieht (Abb. 2.8).

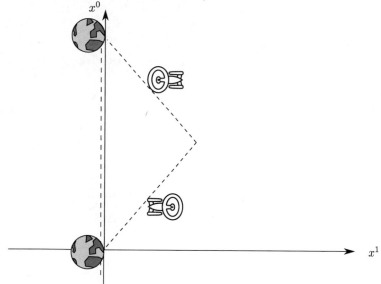

Abb. 2.8 Ein Raumschiff fliegt mit der Geschwindigkeit v von der Erde weg, dreht nach einer Weile um und kehrt (mit derselben Geschwindigkeit) zur Erde zurück. Nach der Reise ist an Bord deutlich weniger Zeit vergangen als auf der Erde, und zwar um den Faktor $\gamma = 1/\sqrt{1 - v^2/c^2}$ weniger.

Wir tun so, als sei die Erde ein Inertialsystem, vernachlässigen also die Bewegung der Erde um die Sonne, bzw. die der Sonne um das Zentrum der Milchstraße, etc. Das Raumschiff hingegen befindet sich nicht in einem Ruhesystem, denn es muss irgendwann auf seiner Reise abbremsen und umdrehen, um wieder auf der Erde zu landen. Dafür muss eine Beschleunigung ausgeführt werden, die man auf dem Raumschiff durchaus merkt, auf der Erde aber nicht. Die beiden sind also in der Relativitätstheorie nicht gleichwertig, denn die Erde ist ein inertialer Beobachter, das Raumschiff nicht.

2.3.2 Das Garagenparadoxon

Das Garagenparadoxon beschäftigt sich mit der Längenkontraktion, und der Frage, wer gegenüber wem eigentlich kürzer wird. Hierbei gibt es kein Abbremsen oder Beschleunigen, es handelt sich also nur um zwei inertiale Beobachter. Da das Garagenparadoxon auf der Erde spielt und beide der Schwerkraft ausgesetzt sind, sind es eigentlich keine inertialen Beobachter, aber das kann man für dieses Gedankenexperiment vernachlässigen.

Das Paradoxon geht wie folgt:

Garagenparadoxon: Eine Garage der Länge L hat eine Vordertür und eine Hintertür. Die Vordertür ist offen, die Hintertür geschlossen. Ein Auto derselben Länge L bewegt sich auf die Vordertür der Garage mit hoher Geschwindigkeit zu. Im Ruhesystem der Garage steht eine Beobachterin mit folgender Aufgabe:

a) Kurz bevor die Vorderseite des Autos die Hintertür berührt, öffne die Hintertür.

b) Kurz nachdem die Rückseite des Autos die Vordertür passiert hat, schließe die Vordertür.

Die Frage ist jetzt: Gibt es einen Moment, in dem beide Türen geschlossen sind?

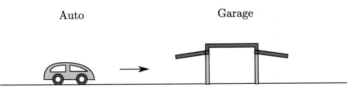

Auto   Garage

Abb. 2.9 Ausgangslage: Ein Auto und eine Garage, beide gleich lang. Das Auto fährt auf die Garage zu, die eine Öffnung in Vorder- und Rückseite hat. Diese Abbildung ist anschaulich, aber um zu verstehen, was passiert, benötigt man ein Raumzeitdiagramm (siehe Abb. 2.10 und 2.11).

In ihren jeweiligen Ruhesystemen sind Auto und Garage gleich lang. Aber da sie sich gegeneinander bewegen, sind beide aus der Sicht des jeweils anderen verkürzt. Aus der Sicht des Autos ist die Garage kürzer, weswegen sich die Hintertür öffnet, bevor sich die Vordertür schließt. Aus der Sicht der Garage ist das Auto kürzer, die Vordertür wird also geschlossen, bevor die Hintertür geöffnet wird. Beide Sichtweisen werden in Abb. 2.10 und 2.11 dargestellt.

Aus der Sicht des Autos lautet die Antwort auf die Frage also „nein", aus der Sicht der Garage „ja". Wer hat recht?

Auch bei diesem Gedankenexperiment ist es sehr praktisch, sich die Geschehnisse sowohl im Raum als auch in der Zeit aufzutragen. Beobachter O sitzt im Auto, Beobachter $\tilde{O}$ steht bei der Garage. Das Auto bewegt sich mit Geschwindigkeit $v = \beta c$ auf die Garage zu. Zum Zeitpunkt $x^0 = 0$ befindet sich die Vorderseite

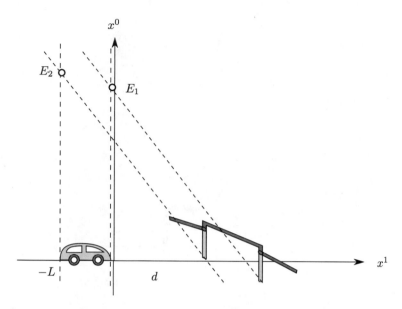

Abb. 2.10 Die Situation aus der Sicht von Beobachter O, der im Auto sitzt: Im Ruhesystem von O passiert die Rückseite des Autos das Garagentor (Ereignis E_1), bevor die Vorderseite des Autos die Rückseite der Garage erreicht (Ereignis E_2).

des Autos bei $x^1 = 0$, die Rückseite bei $x^1 = -L$, die Vorderseite der Garage bei $x^1 = d$.

Der Nullpunkt vom Koordinatensystem von $\tilde{O}$ liegt in der Vorderseite der Garage. Die Umrechnung der beiden Inertialsysteme ineinander beinhaltet also eine Lorentz-Transformation sowie eine konstante Verschiebung des Nullpunktes. Die Umrechnung lautet dann

$$\begin{aligned}
\tilde{x}^0 &= \gamma\big(x^0 + \beta x^1\big) \\
\tilde{x}^1 &= \gamma\big(x^1 + \beta x^0\big) - \gamma d
\end{aligned} \tag{2.10}$$

Die Rücktransformation lautet dann (nachrechnen!)

$$\begin{aligned}
x^0 &= \gamma\big(\tilde{x}^0 - \beta \tilde{x}^1\big) \\
x^1 &= \gamma\big(\tilde{x}^1 - \beta \tilde{x}^0\big) + d
\end{aligned} \tag{2.11}$$

Im System von $\tilde{O}$ ist die Garage stationär, die Vorderseite befindet sich bei $\tilde{x}^1 = 0$, die Rückseite bei $\tilde{x}^1 = L$. Als Bewegungsgleichungen kann man das als

$$\tilde{x}^0_{\text{Garage, vorn}}\big(\tilde{t}\big) = c\tilde{t}, \qquad \tilde{x}^1_{\text{Garage, vorn}}\big(\tilde{t}\big) = 0 \tag{2.12}$$

$$\tilde{x}^0_{\text{Garage, hinten}}\big(\tilde{t}\big) = c\tilde{t}, \qquad \tilde{x}^1_{\text{Garage, hinten}}\big(\tilde{t}\big) = L \tag{2.13}$$

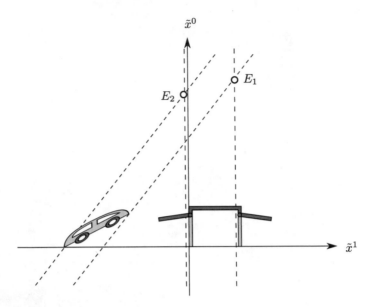

Abb. 2.11 Dieselbe Situation wie in Abb. 2.10 aus der Sicht der Garage: Hier findet E_2 *früher* als E_1 statt, es gibt also keinen Zeitpunkt, zu dem das gesamte Auto in der Garage enthalten ist.

schreiben. Rechnet man diese ins System von O um, ergeben sich die Bewegungen

$$x^0_{\text{Garage, vorn}}(\tilde{t}) = c\gamma\tilde{t}, \qquad x^1_{\text{Garage, vorn}}(\tilde{t}) = d - v\gamma\tilde{t}$$

$$x^0_{\text{Garage, hinten}}(\tilde{t}) = c\gamma\tilde{t} - \gamma\beta L, \qquad x^1_{\text{Garage, hinten}}(\tilde{t}) = \gamma L + d - v\gamma\tilde{t}$$

Setzen wir als Kurvenparameter zur Vereinfachung noch $s = \gamma\tilde{t}$ ein, dann erhalten wir die Bahnkurven in der Zeit t:

$$x^0_{\text{Garage, vorn}}(s) = cs, \quad x^1_{\text{Garage, vorn}}(s) = d - vs \quad (2.14)$$

$$x^0_{\text{Garage, hinten}}(s) = cs - \gamma\beta L, \quad x^1_{\text{Garage, hinten}}(s) = \gamma L + d - vs \quad (2.15)$$

Im System von O sind die Kurven von Vorder- und Rückseite des Autos gegeben durch

$$x^0_{\text{Auto, vorn}}(t) \quad = ct, \qquad x^1_{\text{Auto, vorn}}(t) = 0 \quad (2.16)$$

$$x^0_{\text{Auto, hinten}}(t) \quad = ct, \qquad x^1_{\text{Auto, hinten}}(t) = -L \quad (2.17)$$

Berechnen wir die Koordinaten der beiden Ereignisse:

E_1 : Vorderseite des Autos trifft auf Rückseite der Garage

E_2 : Rückseite des Autos trifft auf Vorderseite der Garage

Die Koordinaten von E_1 errechnen sich durch Gleichsetzen der Bahnkurven (2.16) und (2.15):

$$x^\mu_{\text{Auto,vorn}}(t) \stackrel{!}{=} x^\mu_{\text{Garage, hinten}}(s) \qquad \text{für alle } \mu$$

Setzt man $\mu = 0$ und $\mu = 1$ ein, ergeben sich die Gleichungen

$$ct \quad = cs - \gamma\beta L \tag{2.18}$$

$$0 \quad = \gamma L + d - vs \tag{2.19}$$

Löst man (2.19) nach s auf und setzt es in (2.18) ein, ergibt sich

$$x^0 \;=\; ct \;=\; c\gamma\frac{L}{v} + \frac{d}{v} - \gamma\beta L$$

$$= \left(\frac{1}{\beta} - \beta\right)\gamma L + \frac{d}{\beta}$$

$$= \frac{1}{\beta}\left(\frac{L}{\gamma} + d\right)$$

Die x^1-Koordinate ist gleich null, da es sich hier um die Vorderseite des Autos handelt, die sich immer bei $x^1 = 0$ befindet. Berechnen wir die Koordinaten von E_2, indem wir (2.14) und (2.17) betrachten:

$$cs \quad = ct \tag{2.20}$$

$$d - vs \;=\; -L \tag{2.21}$$

(2.21) nach s aufgelöst und in (2.20) eingesetzt ergibt:

$$x^0 \;=\; \frac{1}{\beta}\left(d + L\right)$$

Die x^1-Koordinate ist gleich $-L$, da es sich hierbei um die Rückseite des Autos handelt. Aus $\gamma > 1$ lesen wir ab:

$$\frac{1}{\beta}\left(\frac{L}{\gamma} + d\right) \;<\; \frac{1}{\beta}\left(d + L\right)$$

Das bedeutet, dass der Zeitpunkt x^0, zu dem die Vorderseite des Autos auf die Rückseite der Garage trifft, *früher* stattfindet als der Moment, in dem die Rückseite des Autos auf die Vorderseite der Garage trifft. Die Hintertür geht also auf, bevor sich die Vordertür schließt, so wie wir es erwartet haben.

Wir könnten jetzt die Bahnkurven aller beteiligten Vorder- und Rückseiten in das $\tilde{x}^\mu$-System umrechnen, und dort wieder schneiden. Deutlich schneller aber geht es, wenn wir die Koordinaten der Ereignisse E_1 und E_2 mithilfe der Umrechnung (2.10) direkt in das Koordinatensystem von $\tilde{O}$ übertragen. Die Koordinaten von E_1 sind

$$x^0 \;=\; \frac{1}{\beta}\left(\frac{L}{\gamma} + d\right) \qquad x^1 \;=\; 0$$

also ergibt sich mit (2.10)

$$\tilde{x}^0 = \gamma\big(x^0 + \beta x^1\big) = \frac{1}{\beta}\,(L + \gamma d)$$

$$\tilde{x}^1 = \gamma\big(x^1 + \beta x^0\big) - \gamma d = L$$

Die x^μ-Koordinaten von E_2 sind

$$x^0 = \frac{1}{\beta}\,(L + d) \qquad x^1 = -L$$

m System von $\tilde{O}$ sind die Koordinaten

$$\tilde{x}^0 = \gamma\big(x^0 + \beta x^1\big) = \frac{\gamma}{\beta}\,(L + d) - L\beta$$

$$= \frac{1}{\beta}\left(\gamma d + \gamma L(1 - \beta^2)\right)$$

$$= \frac{1}{\beta}\left(\frac{L}{\gamma} + \gamma d\right)$$

$$\tilde{x}^1 = \gamma\big(x^1 + \beta x^0\big) - \gamma d = -\gamma L + \gamma(L + d) - \gamma d$$

$$= 0$$

Wieder gilt: Weil $\gamma > 1$, ist

$$\frac{1}{\beta}\left(\frac{L}{\gamma} + \gamma d\right) < \frac{1}{\beta}\,(L + \gamma d)$$

Das Ereignis E_2 hat also eine geringere $\tilde{x}^1$-Koordinate als E_2 und findet deshalb früher statt. Die Rückseite des Autos passiert den Eingang der Garage *bevor* die Vorderseite des Autos die Rückwand der Garage erreicht. Die Vordertür schließt sich, bevor die Hintertür aufgeht, und damit gibt es einen Moment, in dem das Auto vollkommen in der Garage eingeschlossen ist.

Das sollte uns zu denken geben: Genau wie in unseren vorherigen Überlegungen ist das Auto im Koordinatensystem von O zu keinem Zeitpunkt vollständig in der Garage: das Ereignis E_1 findet vor E_2 statt. Im System von $\tilde{O}$ hingegen findet E_2 vor E_1 statt, und damit gibt es einen Moment, in dem sich das Auto vollständig innerhalb der Garage befindet. Und unsere Rechnungen mit Hilfe der Koordinatentransformation bestätigen diese Überlegungen genau!

Die Lösung dieses Paradoxons ist, dass es keines ist. Beide Beobachter sind sich uneinig darüber, ob sich das Auto jemals vollständig in der Garage befindet, weil sie einen unterschiedlichen Begriff von *Gleichzeitigkeit* haben.

Die Frage, ob sich das Auto vollständig in der Garage befindet, ist eigentlich die Frage danach, in welcher Reihenfolge die beiden Ereignisse E_1 und E_2 stattfinden, und diese Reihenfolge hängt nun einmal vom Bewegungszustand des Beobachters ab. Dies ist eine Folge der Gleichung der Relativitätstheorie, die wir gerade berechnet haben.

Man kann mit diesem Aufbau allerdings keine Zeitmaschine bauen bzw. keine kausalen Widersprüche erzeugen. Die beiden Ereignisse E_1 und E_2 liegen nämlich **raumartig** zueinander. Das heißt, dass Licht nicht schnell genug ist, um von einem zum anderen Ereignis geschickt zu werden. Man kann also keine Informationen in die Vergangenheit schicken, indem man sich schnell genug bewegt. Diese kausalen Strukturen in der Relativitätstheorie werden wir im folgenden Kapitel noch weiter beleuchten.

2.4   Zusammenfassung

■ Das Experiment von Michelson und Morley legt nahe, dass die Lichtgeschwindigkeit für alle inertialen Beobachter denselben Wert aufweist:

$$c \approx 2{,}998 \cdot 10^8 \mathrm{ms}^{-1}$$

■ Um den konstanten Wert der Lichtgeschwindigkeit für alle inertialen Beobachter sicherzustellen, müssen die Galilei-Transformationen durch die **Lorentz-Transformationen** ersetzt werden.

■ Bewegt sich ein inertialer Beobachter O mit Geschwindigkeit v in x^1-Richtung gegenüber einem inertialen Beobachter $\tilde{O}$, ist die Lorentz-Transformation zwischen ihren Koordinaten x^μ und $\tilde{x}^\mu$ gegeben durch:

$$\tilde{x}^0 = \gamma\big(x^0 + \beta x^1\big) \qquad \tilde{x}^2 = x^2$$

$$\tilde{x}^1 = \gamma\big(\beta x^0 - x^1\big) \qquad \tilde{x}^3 = x^3$$

Hierbei sind

$$\gamma := \frac{1}{\sqrt{1 - \beta^2}}, \qquad \beta := \frac{v}{c}$$

■ Die relativistische Addition von Geschwindigkeiten ist

$$v_3 = \frac{v_1 + v_2}{1 + \frac{v_1 v_2}{c^2}}$$

falls alle Geschwindigkeiten entlang derselben Richtung verlaufen.

■ Befindet sich ein Objekt in Ruhe relativ zu einem Beobachter O und bewegt sich mit Geschwindigkeit v relativ zu einem Beobachter $\tilde{O}$ und misst O beim Objekt die Länge L, so misst $\tilde{O}$ die Länge $\tilde{L} = L/\gamma$. Das Objekt erscheint verkürzt. Dies nennt man **Längenkontraktion**.

■ Erlebt ein inertialer Beobachter O zwei Ereignisse, deren Zeitpunkte Δt auseinanderliegen, so liegen diese Ereignisse für einen relativ zu O mit Geschwindigkeit v bewegten Beobachter $\tilde{O}$ einen Zeitraum $\gamma \Delta t$ auseinander. Die Zeit für O scheint aus der Sicht von $\tilde{O}$ also langsamer abzulaufen. Dies nennt man **Zeitdilatation**.

2.5 Verweis

Das Experiment von Michelson und Morley: Die Theorie des Elektromagnetismus hatte im 19. Jahrhundert große Fortschritte gemacht, und die Wellennatur des Lichtes war hinreichend bekannt und gut untersucht worden. In den Formeln kam bereits die Ausbreitungsgeschwindigkeit der Lichtwellen $c = 2{,}998 \cdot 10^8 \mathrm{ms}^{-1}$ vor. Laut der Newtonschen Mechanik waren Geschwindigkeiten aber relativ und vom Beobachter abhängig. Die Maxwell-Gleichungen konnten also nicht allgemeingültig sein, sondern nur im Ruhesystem des Mediums, in dem die Lichtwellen sich ausbreiten. Diesem hypothetischen Medium gab man den Namen Äther (für eine Darstellung aus der damaligen Zeit siehe z. B. Wien (1898) für eine Darstellung aus der damaligen Zeit, für eine Zusammenfassung siehe Bahr et al. (2019)).

Es gab viele Theorien und Experimente, die die Natur des Äthers klären sollten. Man war sich zum Beispiel recht bald sehr sicher, dass der Äther von der Erde bei ihrem Weg durch das All nicht „mitgeschleift" wurde, denn dies hätte zu Abberrationseffekten bei den Messungen am Licht der Sterne geführt. Die Erde musste sich also, zumindest teilweise, relativ zum Äther bewegen. Diesen „Ätherwind " musste man doch messen können, vor allem die Veränderung der Lichtgeschwindigkeit auf der Erde in Abhängigkeit von der Jahreszeit und der Erdrotation. Das Experiment, um diese Unterschiede zu messen, wurde 1881 von Michelson in Potsdam durchgeführt (die experimentelle Genauigkeit war dort leider nicht sehr hoch) und 1887 von Michelson und Morley in Cleveland, Ohio, wiederholt. Das Ergebnis war eindeutig und erschütternd: Die Lichtgeschwindigkeit, die man mithilfe eines Interferometers gemessen hatte, war zu allen Zeiten und in alle Richtungen konstant! Dies dürfte nach der Äthertheorie allerdings nicht sein. Dieses Rätsel legte den Grundstein für die Entwicklung der Relativitätstheorie.

→ Zurück zu S. 37

2.6 Aufgaben

Aufgabe 2.1: Zwei Atomuhren werden genau synchronisiert. Eine verbleibt in Hamburg, während die andere in einem Flugzeug von Hamburg nach New York und wieder zurück transportiert wird.

Schätzen Sie ab, um wie viel die beiden Uhren nach der Rückkehr auseinandergehen. Nehmen Sie dabei an, dass der Erdboden sowie die Flugzeuge inertiale Beobachter sind. Die Entfernung zwischen Hamburg und New York beträgt näherungsweise 6130 km, der Flug dauert etwa 7 Stunden und 30 Minuten (eine Richtung).

Tipp $\longrightarrow$ S. 340   Lösung $\longrightarrow$ S. 368

Aufgabe 2.2: Gegeben zwei inertiale Beobachter O und $\tilde{O}$, deren Koordinatenursprünge $x^\mu = 0$ und $\tilde{x}^\mu = 0$ übereinstimmen. O bewege sich mit Geschwindigkeit v in positive $\tilde{x}^1$-Richtung relativ zu $\tilde{O}$.

a) Zum Zeitpunkt $x^0 = 0$ wirft O einen Stein in die x^2-Richtung, mit Geschwindigkeit $dx^2/dt = w$. Geben Sie die Bahnkurve des Steins im Koordinatensystem von O an. In welche Richtung bewegt sich der Stein in diesem System, und mit welcher Geschwindigkeit?

b) Anstelle eines Steins sendet O zum Zeitpunkt $x^0 = 0$ einen Lichtstrahl in die x^2-Richtung. Geben Sie die Weltlinie des Lichtstrahls im System von $\tilde{O}$ an und zeigen Sie, dass sich der Strahl auch im System von $\tilde{O}$ mit der Geschwindigkeit c bewegt.

c) Wie schnell muss sich $\tilde{O}$ relativ zu O bewegen, damit sich der Lichtstrahl im System von $\tilde{O}$ in einem Winkel von $45°$ zur x^1-Achse bewegt?

Tipp $\longrightarrow$ S. 340   Lösung $\longrightarrow$ S. 368

Aufgabe 2.3: Zwei Personen kommen sich auf einer Straße mit relativer Geschwindigkeit $v = 2$ m/s entgegen. Im Moment, da sie sich treffen, fragen sich beide Personen, was „jetzt gerade" in der Andromedagalaxie passiert.

Die Andromedagalaxie befinde sich in einer Entfernung von $d = 2,5$ Millionen Lichtjahre in Verlängerung der Straße sowie relativ zur Straße in Ruhe. Wie viel Zeit liegt zwischen den beiden Ereignissen, die jeweils dieselbe Zeitkoordinate wie die beiden Personen haben?

Tipp $\longrightarrow$ S. 340   Lösung $\longrightarrow$ S. 370

Aufgabe 2.4: Durch energiereiche kosmische Strahlung entstehen in den höher gelegenen Bereichen der Atmosphäre Myonen, die (in dieser Aufgabe) senkrecht nach unten in Richtung Erdboden fliegen. Myonen haben eine Halbwertszeit von

$T_{1/2} = 1{,}52\,\mu$s. Ein Messballon in 10 km Höhe misst eine Myonenrate von 336 Myonen $/(\text{sm}^2)$, ein Detektor auf Meereshöhe 200 Myonen $/(\text{sm}^2)$.

Mit wie viel Prozent der Lichtgeschwindigkeit bewegen sich die Myonen?

Tipp $\longrightarrow$ S. 340   Lösung $\longrightarrow$ S. 372

3 Mathematik der Speziellen Relativitätstheorie

3.1   Der Minkowski-Raum

In der Newtonschen Mechanik hat der Raum, also die Menge aller Orte, an denen ein Punkt sich befinden kann, die Struktur eines dreidimensionalen affinen Raumes. Die Zeit spielt hingegen die Rolle eines externen Parameters. Bei einer Galilei-Transformation bleibt diese Zeit immer und für jeden inertialen Beobachter dieselbe.

In der SRT gibt es Transformationen zwischen inertialen Beobachtern, die Zeit und Ort miteinander vermischen, z.B. in Gleichung (2.7). Deshalb behandelt man Raum und Zeit in der SRT gemeinsam, und kombiniert diese zum Konzept der vierdimensionalen **Raumzeit**. Diese hat die Struktur eines vierdimensionalen affinen Raumes. Wir haben bereits gesehen, dass ein inertialer Beobachter in diesem Raum die Koordinaten

$$x^{\mu}, \qquad \mu = 0, 1, 2, 3$$

verwendet, wobei $x^0 = ct$ die in Längeneinheiten gemessene Zeit darstellt. Einen Punkt in dieser vierdimensionalen Raumzeit nennt man auch **Ereignis**, denn zur Angabe des Punktes muss man sowohl die Zeit als auch den Ort angeben, um ihn genau zu bestimmen.

© Springer-Verlag GmbH Deutschland, ein Teil von Springer Nature 2022
B. Bahr, *Tutorium Allgemeine Relativitätstheorie*,
https://doi.org/10.1007/978-3-662-63419-6_3

3.1.1 Vektoren

Genauso wie es bei Newton zwischen zwei Punkten im Raum einen Verbindungsvektor gibt, existiert auch in der SRT ein Vektor vom Ereignis P zum Ereignis
Q (Abb. 3.1). Dieser Vektor hat, bezüglich der inertialen Koordinaten x^μ, die
folgenden Komponenten:

$$X^\mu = x_Q^\mu - x_P^\mu$$

Dieser Vektor hat nun vier Komponenten anstatt drei, denn er bezeichnet eine
Verschiebung im vierdimensionalen Raum! Die Menge aller Verbindungsvektoren
von einem Punkt P zu irgendeinem anderen Punkt bilden einen Vektorraum, den
man auch den **Tangentialraum an P** nennt. Der Vektor von P zu sich selbst
spielt dabei die Rolle des Nullvektors.

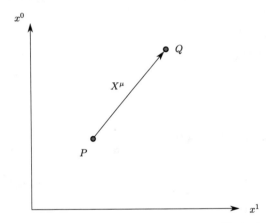

Abb. 3.1 Ein Vektor im Minkowski-Raum zeigt von einem Ereignis zu einem anderen.
Die Menge aller Vektoren, die am Punkt P starten, bilden den Tangentialraum an P.

Genauso wie Newtonschen Raum führt man auch in der SRT ein Skalarprodukt
zwischen Vektoren ein:

Zwischen zwei Vektoren X und Y, die die Komponenten X^μ und Y^μ
haben, definiert man das **Minkowski-Skalarprodukt**:

$$\langle X, Y \rangle = X^0 Y^0 - X^1 Y^1 - X^2 Y^2 - X^3 Y^3$$

$$= \sum_{\mu,\nu=0}^{3} \eta_{\mu\nu} X^\mu Y^\nu$$

(3.1)

Die Matrix mit den Einträgen $\eta_{\mu\nu}$ spielt dabei eine besondere Rolle:

Die Matrix η mit den Komponenten

$$\eta_{\mu\nu} = \begin{cases} 1, & \text{falls } \mu = \nu = 0 \\ -1, & \text{falls } \mu = \nu = 1,\,2 \text{ oder } 3 \\ 0, & \text{falls } \mu \neq \nu \end{cases}$$

wird **Minkowski-Metrik** oder auch **metrischer Tensor** genannt.

Anders als in der Newtonschen Mechanik ist das Minkowski-Skalarprodukt eines Vektors X mit sich selbst nicht mehr unbedingt positiv. Es kann hingegen positiv, negativ oder auch null sein (selbst wenn es sich bei X nicht um den Nullvektor handelt).

Ein Vektor $X \neq 0$ mit Komponenten X^μ heißt

zeitartig	falls $\langle X, X \rangle > 0$
raumartig	falls $\langle X, X \rangle < 0$
lichtartig	falls $\langle X, X \rangle = 0$

Man sagt, zwei Punkte P und Q liegen zueinander zeitartig, raumartig usw., wenn der Vektor von P nach Q zeitartig, raumartig, usw. ist. Der Nullvektor $(0,0,0,0)$ wird per Konvention für gewöhnlich ebenfalls als lichtartig definiert.

Da es in der Raumzeit keinen physikalisch ausgezeichneten Punkt gibt, also alle Ereignisse im Prinzip gleich sind, sehen alle Tangentialräume im Wesentlichen gleich aus. Es handelt sich dabei immer um denselben Vektorraum mit demselben Skalarprodukt, das durch (3.1) gegeben ist. Dieser Vektorraum spielt eine wichtige Rolle in der SRT.

Den Vektorraum der Tupel von vier reellen Zahlen $X \equiv (X^0, X^1, X^2, X^3)$ mit dem inneren Produkt (3.1) nennt man **Minkowski-Raum** und bezeichnet ihn mit $\mathbb{R}^{1,3}$, manchmal auch mit $M^{1,3}$.

Wählt man ein inertiales Koordinatensystem in der Raumzeit M, so erhält
M genau die Struktur des Minkowski-
Raumes. Daher unterscheidet man oft
nicht streng zwischen M und $\mathbb{R}^{1,3}$. Ein

> Vorzeichen von η: S. 95 $\boxed{\aleph_0}$

Ereignis P entspricht dann genau dem Vektor vom Nullpunkt des Koordinatensystems zu P. Dies ist völlig analog zur Newtonschen Mechanik (Kap. 1): Der
affine Raum sieht aus wie $\mathbb{R}^3$, sobald man ein Koordinatensystem gewählt hat.

Die zu einem Punkt P lichtartig liegenden Vektoren formen den **Lichtkegel**.
Dies sind alle Punkte, die von P durch einen lichtartigen Vektor erreicht werden
können (Abb. 3.2).

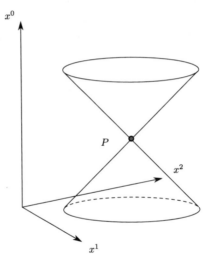

Abb. 3.2 Der Lichtkegel bei P besteht aus allen Punkten, die von P aus durch einen
lichtartigen Verbindungsvektor erreicht werden.

In den Formeln der Relativitätstheorie muss man recht häufig über Indizes summieren. Da dies relativ schnell zu einer großen Menge an Summenzeichen in Formeln führt, die man sich gerne sparen möchte, legen wir ab jetzt fest:

> **Einsteinsche Summenkonvention:** Kommen in einem Ausdruck ein
> Index zweimal vor, und zwar einmal oben und einmal unten, so wird
> über diesen Index summiert.

Als Beispiel: Anstatt

$$\langle X, X, \rangle = \sum_{\mu=0}^{3} \sum_{\nu=0}^{3} \eta_{\mu\nu} X^{\mu} X^{\nu} \tag{3.2}$$

schreiben wir ab jetzt

$$\langle X, X, \rangle = \eta_{\mu\nu} X^{\mu} X^{\nu} \tag{3.3}$$

Die Tatsache, dass die Indizes μ und ν jeweils zweimal (einmal oben, einmal unten) vorkommen, ist der Hinweis, dass da eigentlich zwei Summenzeichen vor dem Ausdruck stehen sollen, die wir aber aus Faulheit bzw. Platzgründen weglassen.

3.1.2 Weltlinien

Man kann sich die Raumzeit als eine Art Film vorstellen, in der alle einzelnen Momentaufnahmen aufeinandergeschichtet sind. Die „horizontalen" dreidimensionalen Hyperebenen sind alle Ereignisse mit derselben x^0-Koordinate, also das, was sich die inertiale Beobachterin, die die x^{μ} als Koordinaten benutzt, unter dem Begriff „jetzt" vorstellt. Dies wird auch die **Ebene der Gleichzeitigkeit** genannt. Jede dieser Ebenen ist also ein Schnappschuss des Universums zu einem bestimmten „Zeitpunkt".

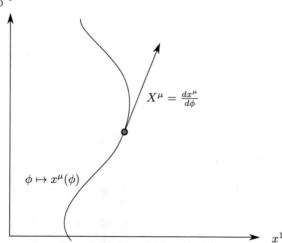

Abb. 3.3 Die Weltlinie eines Massepunktes. Der Geschwindigkeitsvektor hat die Komponenten X^{μ}.

Die Bewegung eines Massepunktes in der Raumzeit verläuft entlang einer sogenannten **Weltlinie** (Abb. 3.3). Diese Kurve kann durch eine Abbildung

$$\phi \longmapsto x^{\mu}(\phi) \tag{3.4}$$

beschrieben werden. Diese gibt zu jedem Wert vom **Kurvenparameter** ϕ die Koordinaten, also Ort und Zeit, $x^\mu(\phi)$ dieses Massepunktes wieder. Dabei können viele verschiedene Abbildungen der Form (3.4) dieselbe Weltlinie beschreiben, denn unterschiedliche Parametrisierungen geben nur an, wie schnell der Parameter die Weltlinie durchläuft. Aber die Information darüber, zu welchem Zeitpunkt x^0 sich der Massepunkt an welchem Ort x^1, x^2, x^3 befindet, ändert sich dadurch nicht.

Für eine eindeutig umkehrbare Funktion $\psi \mapsto \phi(\psi)$ beschreiben die Abbildungen

$$\phi \longmapsto x^\mu(\phi) \qquad \text{und} \qquad \psi \longmapsto x^\mu(\phi(\psi))$$

dieselbe Weltlinie. Die genaue Parameterisierung der Kurve hat also keinerlei physikalische Relevanz: Die beiden obigen Abbildungen sind physikalisch völlig gleichwertig.

Zwischen zwei Parameterwerten ϕ und $\Delta\phi$ befindet sich der Massepunkt an zwei verschiedenen Ereignissen, mit den Koordinaten $x^\mu(\phi)$ und $x^\mu(\phi + \Delta\phi)$. Zwischen diesen beiden gibt es einen Verbindungsvektor, und wenn man nun $\Delta\phi$ gegen null gehen lässt, dann konvergiert der Verbindungsvektor gegen den Geschwindikeitsvektor bei ϕ.

Für eine Weltlinie, die durch eine Abbildung $\phi \mapsto x^\mu(\phi)$ gegeben ist, definiert

$$\frac{dx^\mu}{d\phi} := \lim_{\Delta\phi \to 0} \frac{x^\mu(\phi + \Delta\phi) - x^\mu(\phi)}{\Delta\phi} \tag{3.5}$$

den **Geschwindigkeitsvektor** an der Kurve bei ϕ.

An der Definition (3.5) sieht man, dass für jedes $\Delta\phi > 0$ der Verbindungsvektor ein Vektor aus dem Tangentialraum bei $x^\mu(\phi)$ ist. Und der Grenzwert, der ganz in diesem Vektorraum erfolgt, ist daher auch ein solcher Vektor. Wir stellen also fest:

Geschwindigkeitsvektoren sind Elemente aus dem Tangentialraum.

Das ist nicht ganz unwichtig, denn das bedeutet, wir können auch das Skalarprodukt eines Geschwindigkeitsvektors mit sich selbst nehmen:

$$\left\langle \frac{dx}{d\phi}, \frac{dx}{d\phi} \right\rangle = \eta_{\mu\nu} \frac{dx^\mu}{d\phi} \frac{dx^\nu}{d\phi}$$

Der Geschwindigkeitsvektor gibt an, wie schnell (und in welche Richtung im vierdimensionalen Raum) der Parameter ϕ die Kurve $x^\mu(\phi)$ durchläuft. Die Länge des Vektors (aber nicht die Richtung) hängt von der Parameterisierung ab. Es gilt nämlich nach der Kettenregel:

$$\frac{dx^\mu}{d\psi} = \frac{d\phi}{d\psi} \frac{dx^\mu}{d\phi} \tag{3.6}$$

Bei einer Umparametrisierung ändert sich der Vektor also um einen Faktor $d\phi/d\psi \neq 0$. Damit ist die Frage, ob ein Geschwindigkeitsvektor raum-, zeit- oder oder lichtartig ist, unabhängig von der Parametrisierung der Kurve (Aufgabe 3.6). Deswegen kann man definieren:

> Eine **Kurve** nennt man **raum-**, **zeit-** oder **lichtartig**, wenn die Geschwindigkeitsvektoren an jedem ihrer Punkte jeweils raum-, zeit- oder lichtartig sind.

3.1.3 Geschwindigkeitsvektoren und Geschwindigkeit

Es ist wichtig, den Unterschied zwischen dem Geschwindigkeitsvektor $X^\mu = dx^\mu/d\phi$ am Punkt einer Weltlinie und der *Geschwindigkeit* („velocity") $\vec{v}$ am selben Punkt, zu verstehen. Letzteres ist ein Vektor mit *drei* Komponenten, und durch

$$\frac{\vec{v}}{c} := \left(\frac{X^1}{X^0}, \frac{X^2}{X^0}, \frac{X^3}{X^0} \right) \tag{3.7}$$

definiert. Dabei gibt $\vec{v}$ die Änderung der drei Ortskomponenten x^i in Abhängigkeit von der Zeitkomponente x^0 an. Das ist also wirklich das, was man in der Newtonschen Physik als Geschwindigkeit bezeichnen würde (Abb. 3.4). Die (euklidische) Norm

$$v := \sqrt{(v^1)^2 + (v^2)^2 + (v^3)^2} \tag{3.8}$$

nennt man im Englischen „speed", im Deutschen benutzt man leider denselben Begriff wie für $\vec{v}$, nämlich „Geschwindigkeit". Die Größe v kann man sich als den Kehrwert der Steigung der Weltlinie an einem Punkt vorstellen. Eine senkrechte Weltlinie (unendliche Steigung) hat also die Geschwindigkeit null, denn die räumlichen Komponenten des Ortes x^i ändern sich nicht mit der Zeit x^0. An (3.7) und (3.6) kann man aber auch sehen, dass sich $\vec{v}$ unter einer Reparametrisierung nicht ändert. Die Geschwindigkeit steckt also nur in der Richtung des Geschwindigkeitsvektors, nicht in der Länge $\langle X, X \rangle$.

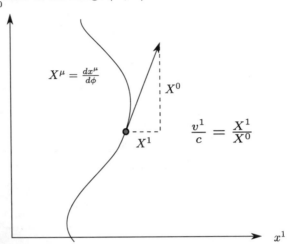

Abb. 3.4 Aus der inversen Steigung des Geschwindigkeitsvektors kann man die Geschwindigkeit ablesen.

Ob Kurven raum-, licht- oder zeitartig sind, sagt übrigens durchaus etwas über die Geschwindigkeit aus: Angenommen, die Weltlinie $\phi \mapsto x^\mu(\phi)$ eines Teilchens ist zeitartig, es gilt also:

$$(X^0)^2 > (X^1)^2 + (X^2)^2 + (X^3)^2 \tag{3.9}$$

Damit gilt für den Absolutbetrag v der Geschwindigkeit

$$\frac{v^2}{c^2} = \frac{(X^1)^2}{(X^0)^2} + \frac{(X^2)^2}{(X^0)^2} + \frac{(X^3)^2}{(X^0)^2} < 1 \tag{3.10}$$

Oder, mit anderen Worten:

$$v < c \tag{3.11}$$

Genauso erfüllen raumartige Kurven $v > c$ und lichtartige Kurven $v = c$. Wir stellen also fest:

Teilchen, die sich langsamer als das Licht bewegen, haben lichtartige Weltlinien, solche, die sich schneller als das Licht bewegen, haben raumartige Weltlinien, und solche, die sich genau mit Lichtgeschwindigkeit bewegen, haben lichtartige Weltlinien.

3.1.4 Eigenzeit

Gegeben sei ein Inertialsystem mit den Koordinaten x^μ, zu dem z.B. ein relativ zum Inertialsystem ruhender Beobachter O gehört. Betrachten wir weiterhin eine Beobachterin $\tilde{O}$, die sich auf einer Weltlinie $\phi \mapsto x^\mu(\phi)$ durch den Minkowski-Raum bewegt, und zwar auf einer zeitartigen Kurve. Sie bewegt sich also langsamer als das Licht. Da sich $\tilde{O}$ relativ zu O mit einer (sich ständig verändernden) Geschwindigkeit bewegt, vergeht für sie nicht dieselbe Zeit wie für O, sondern durch die Zeitdilatation etwas weniger.

Gegeben seien zwei Ereignisse A und B auf der Weltlinie, die zu den Kurvenparametern ϕ_A und ϕ_B gehören. Um die Zeit zu berechnen, die für $\tilde{O}$ zwischen A und B vergeht, teilen wir die Weltlinie in viele kleine Intervalle

$$\phi_A \;=\; \phi_0 \;<\; \phi_1 \;<\; \phi_2 \;<\; \cdots \;<\; \phi_N \;=\; \phi_B \tag{3.12}$$

der Parameterlänge $\phi_{k+1} - \phi_k = \Delta\phi \ll 1$ auf. Auf jedem der einzelnen Teilstücke können wir die Kurve mit einer geraden Linie annähern und so die Zeit Δs_k, die für $\tilde{O}$ zwischen den Ereignissen mit den Koordinaten $x^\mu(\phi_k)$ und $x^\mu(\phi_{k+1})$ vergeht, mithilfe von 3.1 berechnen: Das Quadrat der Zeit entspricht genau dem Minkowskiquadrat des Vektors, der von A nach B zeigt:

$$\left(\Delta s_k\right)^2 \;=\; \eta_{\mu\nu}\Big(x^\mu(\phi_{k+1}) - x^\mu(\phi_k)\Big)\Big(x^\nu(\phi_{k+1}) - x^\nu(\phi_k)\Big)$$

$$=\; \eta_{\mu\nu}\frac{dx^\mu}{d\phi}\frac{dx^\nu}{d\phi}(\Delta\phi)^2 + O(\Delta\phi)^3)$$

Lassen wir die Anzahl der Unterteilungen N gegen unendlich gehen, geht $\Delta\phi$ wegen $N\Delta\phi = \phi_B - \phi_A$ gegen null. Die Gesamtzeit, die für $\tilde{O}$ vergeht, ist also

$$s_{A\to B} \;=\; \lim_{N\to\infty} \sum_{k=1}^{N} \Delta\phi \sqrt{\eta_{\mu\nu}\frac{dx^\mu}{d\phi}\frac{dx^\nu}{d\phi}}$$

$$=\; \int_{\phi_A}^{\phi_B} d\phi \sqrt{\eta_{\mu\nu}\frac{dx^\mu}{d\phi}\frac{dx^\nu}{d\phi}}$$

Die Größe s hat eine besondere Bedeutung für Weltlinien.

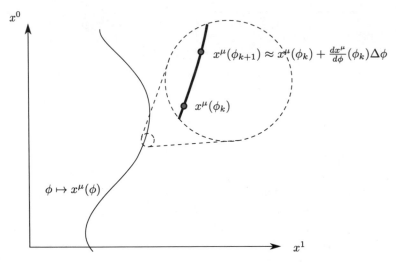

Abb. 3.5 Um die Eigenzeit entlang einer Kurve zu berechnen, unterteilen wir die Kurve in lauter kleine, fast gerade Teilstücke.

Sei $\phi \mapsto x^\mu(\phi)$ eine zeitartige Weltlinie. Für einen willkürlich gewählten Nullpunkt ϕ_0 sei P das Ereignis auf der Weltlinie mit den Koordinaten $x^\mu(\phi_0)$. Dann heißt

$$s(\phi) \; := \; \int_{\phi_0}^{\phi} d\phi' \sqrt{\eta_{\mu\nu} \frac{dx^\mu}{d\phi} \frac{dx^\nu}{d\phi}} \qquad (3.13)$$

die seit P verstrichene **Eigenzeit**.

Eine Änderung des Ereignisses P verschiebt die Eigenzeit s um einen festen Wert. Man beachte: Für $\phi < \phi_0$ ist $s(\phi) < 0$! Für eine zeitartige Weltlinie gilt:

$$\frac{ds}{d\phi} \; = \; \sqrt{\eta_{\mu\nu} \frac{dx^\mu}{d\phi} \frac{dx^\nu}{d\phi}} > 0 \qquad (3.14)$$

Man kann die Relation zwischen s und ϕ also umkehren, zu $\phi(s)$. Das heißt, man kann über

$$x^\mu(s) \; := \; x^\mu(\phi(s)) \qquad (3.15)$$

die Kurve umparameterisieren.

Wird die (seit irgendeinem Ereignis verstrichene) Eigenzeit s als Kurvenparameter benutzt, nennt man die so parameterisierte Kurve $s \mapsto x^\mu(s)$ auch **mit Eigenzeit parameterisiert**.

Mit Eigenzeit parameterisierte Kurven haben einen Geschwindigkeitsvektor

$$U^\mu := \frac{dx^\mu}{ds} \qquad (3.16)$$

Für den gilt:

$$\eta_{\mu\nu} U^\mu U^\nu = \eta_{\mu\nu} \frac{dx^\mu}{ds} \frac{dx^\nu}{ds} = \eta_{\mu\nu} \frac{dx^\mu}{d\phi} \frac{dx^\nu}{d\phi} \left(\frac{d\phi}{ds} \right)^2$$

$$= \eta_{\mu\nu} \frac{dx^\mu}{d\phi} \frac{dx^\nu}{d\phi} \frac{1}{\sqrt{\eta_{\mu\nu} \frac{dx^\mu}{d\phi} \frac{dx^\nu}{d\phi}}^2} = 1$$

Die mit Eigenzeit parameterisierten Kurven sind also genau diejenigen, für die der Geschwindigkeitsvektor das Normquadrat 1 hat.

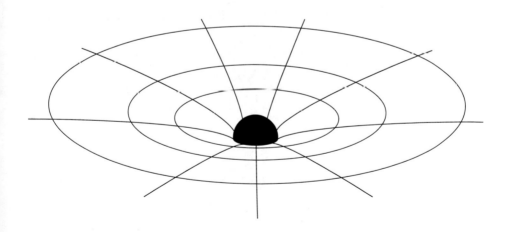

Beispiel: Gegeben sei die Weltlinie

$$x^\mu(\phi) \;=\; \begin{pmatrix} \dfrac{\phi}{\sqrt{1+\phi^2}} \\ 0 \\ 0 \end{pmatrix} \tag{3.17}$$

Der Geschwindigkeitsvektor, in Abhängigkeit vom Kurvenparameter ϕ, berechnet sich zu

$$\frac{dx^\mu}{d\phi} \;=\; \begin{pmatrix} 1 \\ \phi/\sqrt{1+\phi^2} \\ 0 \\ 0 \end{pmatrix} \tag{3.18}$$

und damit

$$\eta_{\mu\nu}\frac{dx^\mu}{d\phi}\frac{dx^\nu}{d\phi} \;=\; \left(\frac{dx^0}{d\phi}\right)^2 - \left(\frac{dx^1}{d\phi}\right)^2 - \left(\frac{dx^2}{d\phi}\right)^2 - \left(\frac{dx^3}{d\phi}\right)^2$$

$$= 1 - \frac{\phi^2}{1+\phi^2} \;=\; \frac{1}{1+\phi^2} > 0.$$

Die Kurve ist damit zeitartig, und die seit $\phi = 0$ verstrichene Eigenzeit

$$s(\phi) \;=\; \int_0^\phi d\phi' \sqrt{\eta_{\mu\nu}\frac{dx^\mu}{d\phi}\frac{dx^\nu}{d\phi}} \;=\; \int_0^\phi d\phi' \frac{1}{\sqrt{1+(\phi')^2}} \;=\; \operatorname{arsinh}\phi$$

Dies kann zu $\phi(s) = \sinh s$ umgeformt werden. Mit $1 + \sinh^2 s = \cosh^2 s$ führt dies zur Bahnkurve

$$x^\mu(s) \;=\; \begin{pmatrix} \sinh s \\ \cosh s \\ 0 \\ 0 \end{pmatrix} \tag{3.19}$$

was dieselbe Weltlinie wie (3.17) beschreibt, nur dieses Mal mit Eigenzeit parameterisiert.

3.1.5 Energie und Impuls eines Teilchens

Ein **massebehaftetes Teilchen** hat eine Ruhemasse m_I. Da die Bahnkurve des Teilchens zeitartig ist, kann man sie mit Eigenzeit s parametrisieren. Die Ableitung der Kurve $s \mapsto x^\mu(s)$ nach der Eigenzeit

$$U^\mu := \frac{dx^\mu}{ds} = \begin{pmatrix} \gamma \\ \vec{v}/c \end{pmatrix} \tag{3.20}$$

ergibt den (normierten) Geschwindigkeitsvektor auf der Kurve. Das Teilchen hat den **Viererimpuls**

$$p^\mu := m_I c\, U^\mu = \begin{pmatrix} m_I c \gamma \\ m_I \vec{v} \end{pmatrix} =: \begin{pmatrix} E/c \\ \vec{p} \end{pmatrix} \tag{3.21}$$

Hierbei ist E die **Energie** und $\vec{p}$ der **Dreierimpuls** des Teilchens. Das Minkowski-Normquadrat des Vektors p^μ ergibt die Relation

$$\langle p, p \rangle = \eta_{\mu\nu} p^\mu p^\nu = m_I^2 c^2 = E^2/c^2 - (\vec{p})^2 \tag{3.22}$$

oder auch

$$E^2 = m_I^2 c^4 + (\vec{p})^2 c^2 \tag{3.23}$$

Dies ist die berühmte Beziehung zwischen Energie, Ruhemasse und Impuls eines massebehafteten Teilchens.

Ein **masseloses Teilchen** hingegen (z. B. ein Photon) bewegt sich entlang einer lichtartigen Kurve. Diese kann man nicht mit Eigenzeit parametrisieren, da für lichtartige Kurven s konstant gleich null ist. Es gibt allerdings eine andere sinnvolle Art und Weise, eine Parametrisierung zu wählen:

Ein Photon hat eine Frequenz ω, die mit dem Dreierimpuls $\vec{k}$ über $\omega = c|\vec{k}|$ verknüpft ist. Man wählt nun die Parametrisierung der lichtartigen Weltlinie $\lambda \longmapsto x^\mu(\lambda)$ genau so, dass die Ableitung genau dem Wellenvektor k^μ entspricht.

$$k^\mu = \frac{dx^\mu}{d\lambda} = \begin{pmatrix} \omega/c \\ \vec{k} \end{pmatrix} \tag{3.24}$$

Der Viererimpuls p^μ eines Photons ist nämlich genau

$$p^\mu = \hbar k^\mu \tag{3.25}$$

mit dem Planckschen Wirkungsquantum $\hbar$. Für ein Photon gilt: $E = \hbar\omega$ und $\vec{p} = \hbar\vec{k}$. Für die Norm des Viererimpulses erhält man dann

$$\langle p, p \rangle = \eta_{\mu\nu} p^\mu p^\nu = \hbar^2 \omega^2/c^2 - \hbar^2(\vec{k})^2 = E^2/c^2 - (\vec{p})^2 \tag{3.26}$$

Dies ergibt exakt dasselbe wie (3.22). Außerdem ist $\langle p, p \rangle = 0$, und deswegen ergibt sich die richtige Beziehung

$$E^2 \;=\; c^2 (\vec{p})^2 \tag{3.27}$$

was äquivalent zu $\omega = c|\vec{k}|$ ist.

Die Frequenz ω ist die 0-Komponente des Vierervektors k^μ, hängt also vom Inertialsystem ab, in dem man rechnet. Trotzdem hängt die Wahl der Parametrisierung nicht vom Inertialsystem ab, und zwar wegen des Dopplereffektes! Das soll in Aufgabe 3.8 gezeigt werden.

3.2 Lorentztransformationen

Die Raumzeit bekommt durch die Koordinaten x^μ die Gestalt des Minkowski-Raumes. Diese Koordinaten hängen vom inertialen Beobachter ab, der die Zeit x^0 mit seiner Uhr und die Abstände/Richtungen x^i z. B. mit einem Maßband misst. Eine andere inertiale Beobachterin kann ein ganz anderes Koordinatensystem haben, bei dem Zeit- und Raumbegriffe nicht dieselben sein müssen (Kapitel 2).

Die allgemeinste Koordinatentransformation

$$x^\mu \;\longrightarrow\; \tilde{x}^\mu$$

zwischen Koordinaten von zwei inertialen Beobachtern, die man hinschreiben kann, muss **affin-linear** sein, also von der Form

$$\tilde{x}^\mu \;=\; \Lambda^\mu{}_\nu x^\nu + a^\mu \tag{3.28}$$

mit einer konstanten 4×4-Matrix Λ mit Komponenten $\Lambda^\mu{}_\nu$ und einem konstanten Verschiebungsvektor a. Affin-lineare Transformationen bilden Geraden auf Geraden ab, und das bedeutet, dass Weltlinien von inertialen Beobachtern (die genau gerade Linien sind) in jedem Inertialsystem kräftefrei aussehen.

Betrachten wir nun die Punkte P und Q. Im ersten Koordinatensystem haben die beiden die Koordinaten x_P^μ und x_Q^μ, im transformierten hingegen

$$\tilde{x}_P^\mu \;=\; \Lambda^\mu{}_\nu\, x_P^\nu + a^\mu$$

$$\tilde{x}_Q^\mu \;=\; \Lambda^\mu{}_\nu\, x_Q^\nu + a^\mu$$

Der Verbindungsvektor, der von P nach Q zeigt, transformiert sich damit nach

$$\begin{aligned}
\tilde{X}^\mu \;=\; \tilde{x}_Q^\mu - \tilde{x}_P^\mu \;&=\; \left(\Lambda^\mu{}_\nu\, x_Q^\nu + a^\mu \right) - \left(\Lambda^\mu{}_\nu\, x_P^\nu + a^\mu \right) \\
&=\; \Lambda^\mu{}_\nu \left(x_Q^\nu - x_P^\nu \right) \tag{3.29} \\
&=\; \Lambda^\mu{}_\nu\, X^\nu
\end{aligned}$$

Es ist aber nicht jede beliebige Tansformationsmatrix Λ erlaubt. Weil sowohl die x^μ als auch die $\tilde{x}^\mu$ Koordinaten von inertialen Beobachtern sind, müssen sich die Beobachter in beiden Koordinatensystemen einig darüber sein, wann sich ein Punkt mit Lichtgeschwindigkeit bewegt. Denn die Lichtgeschwindigkeit hat für alle inertialen Beobachter denselben Wert c! Wenn also zwei Ereignisse in einem Koordinatensystem zueinander lichtartig sind, dann müssen sie das auch in allen anderen Systemen sein. Das wird aber mithilfe des Minkowski-Skalarprodukts entschieden, und so gilt:

> Alle inertialen Beobachter müssen denselben Minkowski-Abstand zwischen zwei Ereignissen messen. Oder äquivalent: Alle messen dasselbe Minkowski-Skalarprodukt zwischen Vektoren.

In Formeln heißt das Folgendes: Wenn zwei Vektoren X und Y in einem System die Komponenten X^μ bzw. Y^μ und im anderen die Komponenten $\tilde{X}^\mu = \Lambda^\mu{}_\nu X^\nu$ bzw. $\tilde{Y}^\mu = \Lambda^\mu{}_\nu Y^\nu$ haben, dann muss gelten:

$$\langle X, Y \rangle = \eta_{\mu\nu} X^\mu Y^\nu$$

$$= \eta_{\mu\nu} \tilde{X}^\mu \tilde{Y}^\nu = \eta_{\mu\nu} \Lambda^\mu{}_\rho X^\rho \Lambda^\nu{}_\sigma Y^\sigma$$

und zwar mit derselben Matrix η. Benennen wir nun die Indizes um, folgt:

$$\eta_{\mu\nu} X^\mu Y^\nu = \eta_{\rho\sigma} \Lambda^\rho{}_\mu \Lambda^\sigma{}_\nu X^\mu Y^\nu$$

Da das für alle Vektoren X, Y gelten muss, erhalten wir:

> Die Transformationsmatrizen in (3.28) müssen die Bedingung
>
> $$\eta_{\rho\sigma} \Lambda^\rho{}_\mu \Lambda^\sigma{}_\nu = \eta_{\mu\nu} \qquad (3.30)$$
>
> erfüllen. Die Transformationen (3.28) mit (3.30) und beliebigem a^μ werden auch **Poincaré-Transformationen** genannt. Der Spezialfall mit $a^\mu = 0$, also die Transformation
>
> $$\tilde{x}^\mu = \Lambda^\mu{}_\nu x^\nu$$
>
> wird als **Lorentz-Tranformation** bezeichnet.

Bei dieser Transformation ist noch einmal wichtig herauszustellen: In verschiedenen Koordinatensystemen hat derselbe Vektor verschiedene Komponenten. Aber das Minkowski-Skalarprodukt zwischen zwei Vektoren (oder auch eines Vektors mit sich selbst) ist in jedem Inertialsystem dasselbe!

Es hat sich eingebürgert, die Λ wirklich als Matrix zu schreiben, wobei $\Lambda^\mu{}_\nu$ die μ-te Zeile und ν-te Spalte angibt, also

$$\Lambda = \begin{pmatrix} \Lambda^0{}_0 & \Lambda^0{}_1 & \Lambda^0{}_2 & \Lambda^0{}_3 \\ \Lambda^1{}_0 & \Lambda^1{}_1 & \Lambda^1{}_2 & \Lambda^1{}_3 \\ \Lambda^2{}_0 & \Lambda^2{}_1 & \Lambda^2{}_2 & \Lambda^2{}_3 \\ \Lambda^3{}_0 & \Lambda^3{}_1 & \Lambda^3{}_2 & \Lambda^3{}_3 \end{pmatrix}$$

Ordnet man die x^μ und a^μ ebenfalls untereinander als Spaltenvektoren x bzw. a an, so kann man die affine Transformation (3.28) auch als

$$\tilde{x} = \Lambda x + a$$

schreiben. Die Bedingung (3.30) wird dann zu

$$\Lambda^T \eta \Lambda = \eta \tag{3.31}$$

3.2.1   Beispiele für Lorentztransformationen

Im Kap. 2 haben wir bereits ein Beispiel für eine Lorantztransformation kennengelernt, nämlich eine zwischen zwei inertialen Beobachtern, die sich mit relativer Geschwindigkeit v in x^1 Richtung zueinander bewegen. Als Matrix geschrieben sieht diese aus wie

$$\Lambda = \begin{pmatrix} \gamma & -\beta\gamma & 0 & 0 \\ -\beta\gamma & \gamma & 0 & 0 \\ 0 & 0 & 1 & 0 \\ 0 & 0 & 0 & 1 \end{pmatrix}$$

und diese Matrix beschreibt einen **Boost**, und zwar in die x^1-Richtung. Analog gibt es auch Boosts in die x^2- und die x^3-Richtung:

$$\Lambda = \begin{pmatrix} \gamma & 0 & -\beta\gamma & 0 \\ 0 & 1 & 0 & 0 \\ -\beta\gamma & 0 & \gamma & 0 \\ 0 & 0 & 0 & 1 \end{pmatrix} \qquad \Lambda = \begin{pmatrix} \gamma & 0 & 0 & -\beta\gamma \\ 0 & 1 & 0 & 0 \\ 0 & 0 & 1 & 0 \\ -\beta\gamma & 0 & 0 & \gamma \end{pmatrix} \tag{3.32}$$

Es gibt auch Boosts in beliebige andere Richtungen, wobei die Matrizen dann komplizierter aussehen. Bei den Galilei-Transformationen gab es die Rotationen, also Koordinatentransformationen zwischen zwei Beobachtern, die einfach nur gegeneinander gedrehte Koordinatsysteme haben, ansonsten aber zueinander in Ruhe sind. Die gibt es in der SRT ebenfalls:

$$
\Lambda \;=\; \begin{pmatrix} 1 & 0 & 0 & 0 \\ 0 & R^1{}_1 & R^1{}_2 & R^1{}_3 \\ 0 & R^2{}_1 & R^2{}_2 & R^2{}_3 \\ 0 & R^3{}_1 & R^3{}_2 & R^3{}_3 \end{pmatrix}
\tag{3.33}
$$

wobei die 3×3-Matrix R mit den Einträgen $R^i{}_j$ eine orthogonale Drehmatrix ist, also $R^T R = R R^T = \mathbb{1}$ erfüllt.

Die Boost- und Drehmatrizen hängen alle von kontinuierlichen Parametern ab, wie einer Richtung, der Geschwindigkeit, dem Drehwinkel, etc. Es gibt also unendlich viele von ihnen.

Wann immer zwei Lorentztransformationen miteinander multipliziert werden, ist das Resultat wieder eine Lorentztransformation. Das soll in Aufgabe 3.9 bewiesen werden. Auch die inverse Transformation ist eine Lorentztransformation, und mit diesen (und noch einigen weiteren) Eigenschaften gilt:

> Die Lorentzmatrizen, also diejenigen Λ, die (3.30) erfüllen, formen die sogenannte **Lorentz-Gruppe**:
>
> $$\mathcal{L} \;=\; \left\{ \Lambda \in \mathbb{R}^{4\times 4} \,\middle|\, \Lambda^T \eta \Lambda \;=\; \eta \right\}$$

In Aufgabe 3.9 und 3.10 erfährt man mehr.

3.3 Tensoren im Minkowski-Raum

Es ist eine allgemeine Tatsache der Physik, dass abstrakte physikalische Konzepte mit Zahlen beschrieben werden. So hat ein Vektor X, also eine Verschiebung der Raumzeit, bezüglich eines Koordinatensystems vier Komponenten X^0, X^1, X^2, X^3, zusammengefasst X^μ. Die genauen Werte der einzelnen Komponenten hängen vom gewählten Koordinatensystem ab. Verschiedene inertiale Beobachter beschreiben dieselbe physikalische Größe also mit unterschiedlichen Zahlen!

Es gibt noch andere Größen, die vom gewählten Koordinatensystem abhängen. Man fasst sie unter dem Begriff **Tensor** zusammen. Wir stellen sie im Folgenden vor, und beginnen mit den Zwillingsschwestern der Vektoren.

3.3.1 Kovektoren

Kovektoren sind die zu Vektoren dualen Objekte. Wir werden uns in Kap. 5 genauer damit beschäftigen, was sie mathematisch genau sind – im Folgenden soll uns vor allem interessieren, wie man damit rechnet.

Das Paradebeispiel für einen Kovektor ist der sogenannte **Gradient**: Hierfür betrachten wir zuerst einmal eine reellwertige Funktion f auf der Raumzeit. Bezüglich Koordinaten wird dies zu einer Abbildungsvorschrift $f : \mathbb{R}^{1,3} \to \mathbb{R}$. Die Funktion f soll differenzierbar sein, und so kann man an einem Punkt P deren partielle Ableitungen nach den Koordinaten x^μ ausrechnen. Von denen gibt es vier, und wir bezeichnen sie mit:

$$\omega_\mu := \partial_\mu f(P) = \frac{\partial f}{\partial x^\mu}(P) \tag{3.34}$$

Jetzt hätten wir natürlich auch andere Koordinaten $\tilde{x}^\mu$ wählen können, die aus den x^μ durch eine Poincaré-Transformation hervorgehen. Die $\tilde{x}^\mu$ kann man also als vier von den x^μ abhängige Funktionen betrachten. Genauso kann man, wenn man die Umkehrung $x^\mu \to \tilde{x}^\mu$ betrachtet, die x^μ als vier von den Koordinaten $\tilde{x}^\mu$ abhängige Funktionen ansehen. Wir schreiben sie als $\tilde{x}^\mu(x)$ und $x^\mu(\tilde{x})$, also

$$\tilde{x}^\mu(x) = \Lambda^\mu{}_\nu x^\nu + a^\nu \tag{3.35}$$

$$x^\mu(\tilde{x}) = (\Lambda^{-1})^\mu{}_\nu (\tilde{x}^\mu - a^\mu) \tag{3.36}$$

Wenn wir dieselbe Funktion f in den Koordinaten $\tilde{x}$ ausdrücken und die partiellen Ableitungen nach den $\tilde{x}^\mu$ am selben Punkt P ausrechnen, erhalten wir nicht die ω_μ, sondern

$$\tilde{\omega}_\mu = \frac{\partial f}{\partial \tilde{x}^\mu}(P)$$

Nach der Kettenregel gilt:

$$\frac{\partial f}{\partial \tilde{x}^\mu} = \frac{\partial x^\nu}{\partial \tilde{x}^\mu} \frac{\partial f}{\partial x^\nu}$$

also mit (3.36)

$$\tilde{\omega}_\mu = (\Lambda^{-1})^\nu{}_\mu \, \omega_\nu$$

Die vier Zahlen ω_μ, für $\mu = 0, 1, 2, 3$, hängen ebenfalls vom gewählten inertialen Koordinatensystem ab, aber beim Wechsel von einem Inertialsystem zum anderen transformieren sie sich anders als die Komponenten von Vektoren (3.29).

Vier Zahlen ω_μ, die sich unter Koordinatenwechsel $\tilde{x}^\mu = \Lambda^\mu{}_\nu x^\nu + a^\mu$ wie

$$\tilde{\omega}_\mu = (\Lambda^{-1})^\nu{}_\mu \, \omega_\nu \qquad (3.37)$$

transformieren, nennt man Komponenten eines **Kovektors** oder **dualen Vektors**.

3.3.2 Allgemeine Tensoren

Die Komponenten von Vektoren und Kovektoren werden mit hochgestellten bw. niedriggestellten Indizes geschrieben, also X^μ für die vier Vektorkomponenten und ω_μ für die eines Kovektors. Allgemeine Tensoren besitzen beliebige, oben bzw. unten stehende Indizes.

Ein **Tensor T der Stufe (r, s)** wird in einem Inertialsystem mit Koordinaten x^μ durch Komponenten, z.B. $T^{\mu_1 \cdots \mu_r}{}_{\nu_1 \cdots \nu_s}$, dargestellt, wobei alle μ_i und ν_j Werte von 0 bis 3 annehmen können. Ein solcher Tensor hat also 4^{r+s} Komponenten.

Benutzt man ein anderes Koordinatensystem mit Koordinaten

$$\tilde{x}^\mu = \Lambda^\mu{}_\nu x^\nu + a^\mu$$

dann hat derselbe Tensor T die Komponenten $\tilde{T}^{\mu_1 \cdots \mu_r}{}_{\nu_1 \cdots \nu_s}$, die mit den $T^{\mu_1 \cdots \mu_r}{}_{\nu_1 \cdots \nu_s}$ durch

$$
\begin{aligned}
&\tilde{T}^{\mu_1 \cdots \mu_r}{}_{\nu_1 \cdots \nu_s} \\
&= \Lambda^{\mu_1}{}_{\rho_1} \cdots \Lambda^{\mu_r}{}_{\rho_r} (\Lambda^{-1})^{\sigma_1}{}_{\nu_1} \cdots (\Lambda^{-1})^{\sigma_s}{}_{\nu_s} T^{\rho_1 \cdots \rho_r}{}_{\sigma_1 \cdots \sigma_s}
\end{aligned} \qquad (3.38)
$$

zusammenhängen.

Merke: Für jeden Index oben wird einmal mit einer Λ-Matrix kontrahiert, für jeden unten stehenden Index einmal mit der inversen Matrix Λ^{-1}.

Ein Tensor der Stufe (r, s) hat also r oben stehende und s unten stehende Indizes. Hierbei ist die Reihenfolge der Indizes übrigens wichtig, und es müssen gar nicht immer alle obenstehenden ganz links stehen. Ein Tensor der Stufe $(1, 2)$ kann z.B. auch seine Indizes wie $T^\mu{}_\nu{}^\rho$ angeordnet haben.

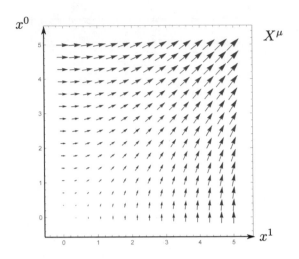

Abb. 3.6 Plot des Vektorfeldes im Beispiel auf Seite 83.

Vektoren und Kovektoren sind Spezialfälle von Tensoren, und zwar vom
Typ $(1,0)$ bzw. $(0,1)$. Eine physikalische Größe ganz ohne Indizes – also
eine einfache Zahl, die sich unter Ko-

T oder $T^{\mu}{}_{\nu}{}^{\rho}$? S. 95

ordinatentransformation gar nicht ändert – nennt man auch Tensor der Stufe $(0,0)$
oder **Skalar**.

3.3.3 Tensorfelder

In der Physik ist man häufig an Größen interessiert, die sich räumlich und zeitlich
ändern. Man spricht dann von einem **Tensorfeld**.

Manchmal schreibt man, um die
Abhängigkeit z. B. der $T^{\mu}{}_{\nu\rho}$ von den
Koordinaten x^{μ} zu kennzeichnen, das
Tensorfeld als $T^{\mu}{}_{\nu\rho}(x)$. Beim Trans-
formationsverhalten eines Tensorfel-
des zwischen zwei Koordinatensyste-

Koordinaten als
Argumente: S. 95

men mit den Koordinaten x^{μ} und $\tilde{x}^{\mu}$ muss man das Argument entsprechend mit
transformieren.

Beispiel: Gegeben sei ein Vektorfeld X, das bezüglich der Koordinaten x^μ die Komponenten

$$X^0(x) = x^1, \qquad X^1(x) = x^0, \qquad X^2(x) = X^3(x) = 0 \quad (3.39)$$

hat (Abb. 3.6). Gegeben seien eine Lorentz-Transformation Λ, die einen Boost um θ in die x^1-Richtung darstellt, sowie eine Verschiebung a^μ in x^1-Richtung um einen Wert a^1. Mit anderen Worten:

$$\Lambda^\mu{}_\nu = \begin{pmatrix} \cosh\theta & -\sinh\theta & 0 & 0 \\ -\sinh\theta & \cosh\theta & 0 & 0 \\ 0 & 0 & 1 & 0 \\ 0 & 0 & 0 & 1 \end{pmatrix}, \quad a^\mu = \begin{pmatrix} 0 \\ a^1 \\ 0 \\ 0 \end{pmatrix} \quad (3.40)$$

In $\tilde{x}^\mu$-Koordinaten hat das Vektorfeld X die Form

$$\tilde{X}^\mu(\tilde{x}) = \Lambda^\mu{}_\nu X^\nu(x(\tilde{x})) \quad (3.41)$$

wobei X^ν bei $x^\mu(\tilde{x})$ ausgewertet werden muss. Es gilt mit (3.36):

$$x^0(\tilde{x}) = \cosh\theta\,\tilde{x}^0 + \sinh\theta(\tilde{x}^1 - a^1)$$

$$x^1(\tilde{x}) = \sinh\theta\,\tilde{x}^0 + \cosh\theta(\tilde{x}^1 - a^1)$$

$$x^2(\tilde{x}) = \tilde{x}^2, \quad x^3(\tilde{x}) = \tilde{x}^3$$

Damit gilt

$$\begin{aligned}
\tilde{X}^0(\tilde{x}) &= \cosh\theta\,X^0 - \sinh\theta\,X^1 \\
&= \cosh\theta\big(\sinh\theta\,\tilde{x}^0 + \cosh\theta(\tilde{x}^1 - a^1)\big) \\
&\quad - \sinh\theta\big(\cosh\theta\,\tilde{x}^0 + \sinh\theta(\tilde{x}^1 - a^1)\big) \\
&= \tilde{x}^1 - a^1 \\
\tilde{X}^1(\tilde{x}) &= -\sinh\theta\,X^0 + \cosh\theta\,X^1 \\
&= -\sinh\theta\big(\sinh\theta\,\tilde{x}^0 + \cosh\theta(\tilde{x}^1 - a^1)\big) \\
&\quad + \cosh\theta\big(\cosh\theta\,\tilde{x}^0 + \sinh\theta(\tilde{x}^1 - a^1)\big) \\
&= \tilde{x}^0
\end{aligned}$$

Außerdem gilt $\tilde{X}^2(\tilde{x}) = \tilde{X}^3(\tilde{x}) = 0$.

3.3.4 Operationen auf Tensoren

Man kann mit Tensoren verschiedene Operationen durchführen und so neue Tensoren erhalten. Alles im Folgenden Gesagte gilt sowohl für Tensoren als auch für Tensorfelder.

1. **Das Tensorprodukt:** Man kann einen (r, s)-Tensor und einen (r', s')-Tensor nehmen und einen $(r + r', s + s')$-Tensor konstruieren, indem man die Komponenten einfach miteinander multipliziert. Zum Beispiel: Der $(2, 1)$-Tensor T habe die Komponenten $T^{\mu}{}_{\nu}{}^{\rho}$ und der $(1, 1)$-Tensor S die Komponenten $S^{\mu}{}_{\nu}$, dann ist das Tensorprodukt U der beiden ein $(3, 2)$-Tensor mit den Komponenten

$$U^{\mu}{}_{\nu}{}^{\rho\sigma}{}_{\tau} = T^{\mu}{}_{\nu}{}^{\rho} S^{\sigma}{}_{\tau} \tag{3.42}$$

Manchmal schreibt man auch $U = T \otimes S$ für dieses Tensorprodukt.

2. **Kontraktion:** Aus einem (r, s)-Tensor kann man einen $(r - 1, s - 1)$-Tensor machen, indem man einen oberen und einen unteren Index auswählt und über diese beiden summiert. Zum Beispiel kann man aus dem $(1, 2)$-Tensor T mit Komponenten $T^{\mu}{}_{\nu\rho}$ einen $(0, 1)$-Tensor (also Kovektor) S machen, indem man z. B. den oberen mit dem ersten unteren Index kontrahiert und so

$$S_{\mu} = T^{\nu}{}_{\nu\mu} \tag{3.43}$$

bildet. Dass sich die Komponenten S_{μ} wirklich wie die eines Kovektors verhalten, erkennt man, indem man sich das Transformationsverhalten ansieht. Es gilt nämlich mit (3.38)

$$\tilde{S}_{\mu} = \tilde{T}^{\nu}{}_{\nu\mu} = \Lambda^{\nu}{}_{\lambda}(\Lambda^{-1})^{\rho}{}_{\nu}(\Lambda^{-1})^{\sigma}{}_{\mu}T^{\lambda}{}_{\rho\sigma}$$
$$= \delta^{\rho}{}_{\lambda}(\Lambda^{-1})^{\sigma}{}_{\mu}T^{\lambda}{}_{\rho\sigma} = (\Lambda^{-1})^{\sigma}{}_{\mu}T^{\lambda}{}_{\lambda\sigma} = (\Lambda^{-1})^{\sigma}{}_{\mu}S_{\sigma}$$

3. **Indizes hoch- und herunterziehen:** Eine besondere Funktion kommt der Minkowski-Metrik $\eta_{\mu\nu}$ und deren Inversen $\eta^{\mu\nu}$ zu. Indem wir einen (r, s)-Tensor mit der Minkowski-Metrik erst multiplizieren und dann die richtigen Indizes kontrahieren, können wir einen $(r - 1, s + 1)$-Tensor produzieren. Für diesen benutzt man für gewöhnlich denselben Buchstaben, also schreibt man z.B.

$$T^{\mu\nu}{}_{\rho} = \eta_{\rho\sigma}T^{\mu\nu\sigma} \tag{3.44}$$

In diesem Beispiel haben wir aus einem $(3, 0)$ Tensor $T^{\mu\nu\sigma}$ einen $(2, 1)$-Tensor $T^{\mu\nu}{}_{\sigma}$ gemacht, indem wir den dritten Index heruntergezogen haben. Mit welchem der beiden Indizes von $\eta_{\sigma\rho}$ man kontrahiert, ist dabei übrigens egal, weil die Minkowski-Metrik ein symmetrischer Tensor ist.

Genauso kann man die inverse Metrik benutzen, um unten stehende Indizes hochzuziehen, z.B.

$$S^{\mu\nu} = \eta^{\mu\rho} S_\rho{}^\nu \tag{3.45}$$

Einen Index hoch- und dann wieder herunterzuziehen, führt übrigens wieder zum ursprünglichen Tensor (was in Aufgabe 3.1 gezeigt werden soll). Hoch- und Runterziehen von Indizes sind also inverse Operationen zueinander.

Es macht übrigens im Allgemeinen einen Unterschied, ob man z. B. den ersten oder den zweiten Index eines Tensors herunterzieht – es kommt hier wirklich auf die Reihenfolge an! Deswegen ist es wichtig, bei Tensoren auf die Reihenfolge zwischen oben und unten stehenden Indizes zu achten. Deshalb muss man im obigen Beispiel z. B. $U^\mu{}_\nu{}^\rho{}^\sigma{}_\tau$ schreiben und nicht z.B. $U^{\mu\rho\sigma}_{\nu\tau}$. Denn wenn ich bei dem letzteren Objekt den Index τ nach oben ziehen würde – wo würde der dann landen?

3.3.5 Tensorgesetze

Es gibt verschiedene Sorten von Indizes in Ausdrücken:

> 1. Ein **freier Index** kommt in jedem Term nur ein einziges Mal vor, wie z.B. das μ im Ausdruck X^μ in der Formel
>
> $$X^\mu = \frac{dx^\mu}{ds} \tag{3.46}$$
>
> 2. Ein **Dummyindex** kommt in jedem Term genau zweimal vor: einmal oben und einmal unten, und über ihn wird nach der Einsteinschen Summenkonvention summiert. Zum Beispiel sind in der Formel
>
> $$\langle X, Y \rangle = \eta_{\mu\nu} X^\mu Y^\nu \tag{3.47}$$
>
> sowohl μ als auch ν Dummyindizes. Dummyindizes kann man beliebig umbenennen; z. B. ist die Formel $\langle X, Y \rangle = \eta_{\mu\rho} X^\mu Y^\rho$ *dieselbe* Formel wie (3.47).

Die Position von Indizes in Formeln ist relativ wichtig, deshalb muss man gut auf sie achten. Die Gesetze in der SRT (und später auch der ART) sind allesamt Gesetze zwischen Tensoren, und zwar nicht irgendwelche, sondern ganz bestimmte:

Ein **Tensorgesetz** ist eine Beziehung zwischen Komponenten von Tensoren, die den folgenden Regeln genügt:

1. Auf beiden Seiten des Gleichheitszeichens stehen Summen von Termen, die alle dieselben freien Indizes aufweisen.
2. Kommt in einem Term ein Index zweimal vor, dann wird über ihn summiert, es ist also ein Dummyindex.
3. In einem Term kommt kein Index häufiger als zweimal vor.

Beispiele für Tensorgesetze:

$$X^\mu = \frac{dx^\mu}{ds} \tag{3.48}$$

$$\tilde{x}^\mu = \Lambda^\mu{}_\nu x^\nu + a^\mu \tag{3.49}$$

$$T^\mu{}_{\nu\rho} = R^{\mu\sigma} T_{\sigma\nu\rho} - 5 U^{\mu\tau}{}_{\rho\tau\nu} \tag{3.50}$$

$$\langle X, X \rangle = \eta_{\mu\nu} X^\mu X^\nu \tag{3.51}$$

In (3.48) gibt es einen freien Index μ auf beiden Seiten und in jedem Term, genau wie in (3.49). Dort hat ein Term auch noch ν als Dummyindex. In (3.50) gibt es drei freie Indizes, die in jedem Term auftauchen, einige enthalten noch zusätzliche Dummyindizes. In (3.51) gibt es keine freien Indizes, nur ein Ausdruck enthält die zwei Dummyindizes μ und ν.

Tensorgesetze haben einen enormen Vorteil:

Wenn Tensorgesetze in einem Inertialsystem stimmen, dann stimmen sie in jedem Inertialsystem!

Tensorgesetze sind also Beziehungen zwischen bestimmten Komponenten von Tensoren in einem bestimmten Inertialsystem – aber wenn sie in einem stimmen, dann stimmen sie in jedem Inertialsystem! Sie stellen damit echte Beziehungen zwischen Tensoren dar, und es ist gar nicht wichtig, *in welchem Inertialsystem man sich gerade befindet*. Deswegen wird das System meistens gar nicht dazugesagt – muss es nämlich gar nicht. Die Formel ist in *jedem* Inertialsystem richtig. Das macht Tensorgesetze so unglaublich praktisch.

Es gibt noch einen weiteren Grund, warum Tensorgesetze praktisch sind: Man findet gewisse Fehler in den Indizes leicht. Falls man mit einem Tensorgesetz beginnt und es umformt und irgendwann einmal Ausdrücke hat, bei denen die Indexstruktur den obigen Regeln nicht mehr genügt, dann weiß man sofort, dass man irgendwo einen Fehler gemacht haben muss. Die strengen Regeln für Tensorgesetze unterstützen einen also manchmal bei der Fehlersuche.

3.3.6 Symmetrien von Tensorfeldern

Manche Tensoren (oder sogar ganze Tensorfelder; wir unterscheiden ab jetzt nicht mehr so streng zwischen den beiden) sind symmetrisch oder antisymmetrisch bezüglich einiger (oder gar aller) ihrer Indizes. Zum Beispiel würde man ein Tensorfeld $T_{\mu\nu}$, welches $T_{\mu\nu} = T_{\nu\mu}$ erfüllt, symmetrisch nennen. Hat ein Tensorfeld mehrere Indizes und ist symmetrisch unter Vertauschung zweier beliebiger Indizes, so nennt man den Tensor total symmetrisch.

Ändert ein Tensor $T_{\mu_1\mu_2...\mu_k}$ sich nicht, wenn man zwei beliebige Indizes vertauscht, also

$$T_{\mu_1...\mu_i...\mu_j...\mu_k} = T_{\mu_1...\mu_j...\mu_i...\mu_k} \qquad \text{für alle } i,j, \qquad (3.52)$$

dann nennt man den Tensor **total symmetrisch**. Falls

$$T_{\mu_1...\mu_i...\mu_j...\mu_k} = -T_{\mu_1...\mu_j...\mu_i...\mu_k} \qquad \text{für alle } i,j, \qquad (3.53)$$

so nennt man ihn **total antisymmetrisch**.

Genauso kann man auch davon sprechen, dass ein Tensor mit oben stehenden Indizes total (anti-)symmetrisch ist, also z. B. $T^{\mu\nu} = -T^{\nu\mu}$. Es gibt auch Tensoren, die nur (anti-)symmetrisch bezüglich der Vertauschung eines Teiles ihrer Indizes sind, z. B. falls

$$T^{\mu\nu\rho}{}_\sigma = T^{\nu\mu\rho}{}_\sigma$$

und sonst nichts, dann würde man sagen, dass T symmetrisch bezüglich der ersten beiden oberen Indizes ist. Hierbei ist wichtig zu beachten, dass man nur zwischen Symmetrien zwischen Indizes sprechen kann, die in derselben Position (also oben oder unten) sind. Eine Bedingung wie

$$T^\mu{}_\nu = T^\nu{}_\mu \qquad \lightning \qquad (3.54)$$

ergibt gar keinen Sinn! Hier sind die Regeln für wohlgeformte Tensorgesetze verletzt.

Falls ein Tensorfeld nicht (anti-)symmetrisch ist, egal ob bezüglich einiger oder aller Indizes, kann man es übrigens (anti-)symmetrisch machen:

Für ein Tensorfeld T der Stufe $(0, k)$, also mit Komponenten $T_{\mu_1, \cdots \mu_k}$, sind die **Symmetrisierung** und **Antisymmetrisierung** von T definiert als Tensorfelder mit den Komponenten

$$T_{(\mu_1 \cdots \mu_k)} = \frac{1}{k!} \sum_{\sigma \in \mathfrak{S}_k} T_{\mu_{\sigma(1)} \cdots \mu_{\sigma(k)}} \tag{3.55}$$

$$T_{[\mu_1 \cdots \mu_k]} = \frac{1}{k!} \sum_{\sigma \in \mathfrak{S}_k} (-1)^\sigma T_{\mu_{\sigma(1)} \cdots \mu_{\sigma(k)}} \tag{3.56}$$

Man beachte, dass die Formeln (3.55) und (3.56) den Regeln für wohlgeformte Tensorgesetze genügen. Sie sind also in jedem Koordinatensystem gültig, und damit definieren sie die Komponenten von echten Tensoren.

Beispiele:

1. Für oben stehende Indizes funktioniert die (Anti-)Symmetrisierung genau so:

$$T^{(\mu\nu)} = \frac{1}{2} \left(T^{\mu\nu} + T^{\nu\mu} \right)$$

2. Für einen $(0, 3)$-Tensor mit Komponenten $T_{m\mu\nu\rho}$ gilt explizit:

$$T_{[\mu\nu\rho]} = \tfrac{1}{6} \left(T_{\mu\nu\rho} + T_{\nu\rho\mu} + T_{\rho\mu\nu} - T_{\nu\mu\rho} - T_{\mu\rho\nu} - T_{\rho\nu\mu} \right)$$

3. Man kann auch nur einen Teil der Indizes einklammern:

$$T^{[\mu\nu]\rho} = \frac{1}{2} \left(T^{\mu\nu\rho} - T^{\nu\mu\rho} \right)$$

4. Durch senkrechte Striche kennzeichnet man Indizes, die nicht an der (Anti-)Symmetrisierung teilnehmen:

$$T_{[\mu|\nu|\rho]}{}^\sigma = \frac{1}{2} \left(T_{\mu\nu\rho}{}^\sigma - T_{\rho\nu\mu}{}^\sigma \right)$$

Falls ein Tensor bereits total (anti-)symmetrisch ist, ändert sich durch die Anwendung der (Anti-)Symmetrisierung nichts. Ein total antisymmetrischer $(0, 2)$-Tensor mit Komponenten $T_{\mu\nu}$ erfüllt also $T_{\mu\nu} = T_{[\mu\nu]}$.

Beispiele:

1. Die Minkowski-Metrik $\eta_{\mu\nu}$ ist symmetrisch, es gilt also

$$\eta_{\mu\nu} = \eta_{\nu\mu} = \eta_{(\mu\nu)}$$

2. Der sogenannte **Epsilontensor** $\epsilon_{\mu\nu\sigma\rho}$, definiert durch

$$\epsilon_{\mu\nu\sigma\rho} = \begin{cases} 1, & \text{falls } (\mu\nu\sigma\rho) \text{ gerade Permutation von (0123) ist,} \\ -1, & \text{falls } (\mu\nu\sigma\rho) \text{ ungerade Permutation von (0123) ist,} \\ 0 & \text{sonst,} \end{cases}$$

ist total antisymmetrisch und erfüllt $\epsilon_{\mu\nu\sigma\rho} = \epsilon_{[\mu\nu\sigma\rho]}$.

3.3.7 Der Energie-Impuls-Tensor

In der SRT – und allgemein in der gesamten Physik – gibt es viele physikalische Größen, die durch Tensoren dargestellt werden. Skalare, also vom Koordinatensystem unabhängige Zahlen (z. B. die Temperatur), sind ein Beispiel. Vierervektoren wie die Geschwindigkeit U^μ und den Viererimpuls p^μ haben wir bereits kennengelernt.

Beispiele für Tensoren in der Physik:

Name	Symbol	Stufe	weitere Eigenschaften
Temperatur	T	$(0,0)$	$--$
Geschwindigkeit	U^μ	$(1,0)$	$\eta_{\mu\nu}U^\mu U^\nu = 1$
Viererimpuls	p^μ	$(1,0)$	$--$
Metrik	$\eta_{\mu\nu}$	$(0,2)$	$\eta_{\mu\nu} = \eta_{\nu\mu}$
Inverse Metrik	$\eta^{\mu\nu}$	$(2,0)$	$\eta^{\mu\nu}\eta_{\nu\rho} = \delta^\mu{}_\rho$
Vektorpotenzial	A_μ	$(0,1)$	$--$
Maxwell-Tensor	$F_{\mu\nu}$	$(0,2)$	$F_{\mu\nu} = -F_{\mu\nu}$
Energie-Impuls-Tensor	$T_{\mu\nu}$	$(0,2)$	$T_{\mu\nu} = T_{\nu\mu}$

Man beachte, dass die Tensoren in obiger Tabelle allesamt in der Raumzeit definiert sind, also alle Indizes von 0 bis 3 laufen. Die genaue Stellung der Indizes ist oft Konvention: Da man mit der Minkowski-Metrik Indizes nach Belieben hoch- bzw. runterziehen kann, steckt in dem Kovektor A_μ genauso viel Information wie im Vektor $A^\mu := \eta^{\mu\nu} A_\nu$. So wird häufig auch $p^\mu := \eta^{\mu\nu} p_\nu$ mit „Impuls" bezeichnet, und nicht p_μ (obwohl der Impuls aus geometrischen Gründen eigentlich ein Kovektor und kein Vektor ist).

Einen bestimmten Tensor wollen wir uns noch einmal genauer anschauen, weil wir ihn später noch brauchen werden: den Energie-Impuls-Tensor. Für ein punktförmiges Teilchen, das sich entlang einer Weltlinie bewegt, haben wir bereits Energie E und Dreierimpuls $\vec{p}$ definiert. Für ein ausgedehntes Medium (in der Physik auch Fluid genannt), das aus vielen Teilchen besteht, die untereinander auch Energie und Impuls austauschen, und in dem auch Druck- und Scherkräfte auftauchen, fasst man all diese Größen im sogenannten **Energie-Impuls-Tensor** zusammen:

$$
T^{\mu\nu} = \begin{pmatrix} \rho c^2 & S^1 & S^2 & S^3 \\ S^1 & \sigma^{11} & \sigma^{12} & \sigma^{13} \\ S^2 & \sigma^{21} & \sigma^{22} & \sigma^{23} \\ S^3 & \sigma^{31} & \sigma^{32} & \sigma^{33} \end{pmatrix} \tag{3.57}
$$

Dabei ist ρ die (im Inertialsystem gemessene) **Massedichte**, $\vec{S}$ die sogenannte **Impulsstromdichte** und $\sigma^{ij} = \sigma^{ji}$ der aus der Newtonschen Mechanik bekannte **Spannungstensor**. Im Allgemeinen ist $T^{\mu\nu}$ dieser Tensor von Ort und Zeit abhängig. Eine Verbindung mit dem Viererimpuls p^μ der Teilchen im Fluid besteht wie folgt: Wenn ein Beobachter im Fluid Messungen vornimmt, kann er ihm eine lokale Viererimpulsdichte p^μ zuordnen, in dessen Komponenten Energie- und Dreierimpulsdichte enthalten sind. Hat der Beobachter selbst eine Vierergeschwindigkeit U^μ, so misst er die Viererimpulsdichte

$$
p^\mu = c\, T^{\mu\nu} U_\nu \tag{3.58}
$$

Beispiel: Ideale Gase, Flüssigkeiten mit geringer Viskosität, aber auch das elektromagnetische Strahlungsfeld können als ein **ideales Fluid** beschrieben werden. Dieses wird durch orts- und zeitabhängige Masse-dichte ρ und Druck P sowie durch ein Geschwindigkeitsvektorfeld V^μ beschrieben. Dieses zeichnet an jedem Punkt in der Raumzeit den entsprechenden Geschwindigkeitsvektor des Fluidteilchens aus (Abb. unten) und erfüllt überall $\eta_{\mu\nu} V^\mu V^\nu = 1$. Folgt man also den Linien des Vektorfeldes V^μ, bewegt man sich auf der mit Eigenzeit parameterisier-ten Weltlinie eines der Teilchen im Fluid.

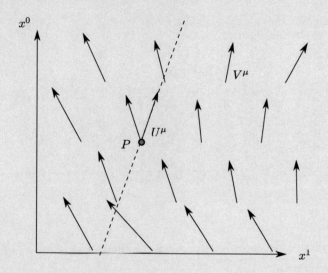

Der Energie-Impuls-Tensor $T^{\mu\nu}$ eines idealen Fluids hat die Form

$$T^{\mu\nu} = \left(\rho c^2 + P\right) V^\mu V^\nu - \eta^{\mu\nu} P \tag{3.59}$$

Befindet sich ein inertialer Beobachter O zu einem Zeitpunkt relativ zum Fluid in Ruhe, ist also $U^\mu = V^\mu$ an einem Punkt der Weltlinie, dann hat V^μ im System von O die Form $V^\mu = (1, 0, 0, 0)$ und deswegen der Energie-Impuls-Tensor die Form $T^{\mu\nu} = \text{diag}(\rho c^2, P, P, P)$. Damit ist al-so die Energiedichte $w = \rho c^2$ und die Impulsstromdichte $\vec{S} = 0$. Bewegt sich O hingegen relativ zum Fluid, so wird er eine Impulsstromdichte $\vec{S} \neq 0$ feststellen, die aus einem „Teilchenwind" herrührt.

3.4   Zusammenfassung

- Die **Raumzeit** M hat die Struktur eines affinen Raumes M. Ein Punkt P in diesem Raum wird **Ereignis** genannt.

- Ein **Vektor** zeigt von einem Punkt P zu einem Punkt Q in Minkowski-Raum. Er stellt eine Verschiebung von M dar. Alle bei dem selben Punkt P startenden Vektoren bilden den **Tangentialraum** $T_P M$.

- Zu jedem inertialen Beobachter gehört ein (körperfestes) **inertiales Koordinatensystem** oder **Inertialsystem**, mit Koordinaten x^μ, wobei $\mu = 0, 1, 2, 3$ und $x^0 = ct$ die auf Länge normierte Zeitkoordinate ist.

- Bezüglich eines Koordinatensystems hat ein Vektor X die Komponenten X^μ. Das Minkowski-Skalarprodukt zwischen zwei Vektoren X und Y aus demselben Tangentialraum ist durch $\langle X, Y \rangle = \eta_{\mu\nu} Y^\mu X^\nu$ gegeben, wobei

$$\eta_{\mu\nu} \;=\; \begin{cases} \;\;\;1, & \text{falls } \mu = \nu = 0 \\ -1, & \text{falls } \mu = \nu = 1, 2, 3 \\ \;\;\;0 & \text{sonst} \end{cases} \tag{3.60}$$

  die **Minkowski-Metrik** ist.

- Ein Vektor X ist **zeitartig/raumartig/lichtartig**, wenn $\eta_{\mu\nu} X^\mu X^\nu > 0$ / < 0 / $= 0$ gilt.

- Eine Weltlinie in der Raumzeit ist in einem Inertialsystem durch eine zeitartige Kurve $\phi \mapsto x^\mu(\phi)$ gegeben, wobei der Kurvenparameter ϕ keine physikalische Bedeutung hat und frei gewählt werden kann. Eine Kurve ist zeit-, raum- oder lichtartig, wenn ihre Geschwindigkeitsvektoren immer respektive zeit-, raum- oder lichtartig sind.

- Für einen Beobachter, der sich entlang einer Bahnkurve bewegt, ist die **Eigenzeit**

$$s \;=\; \int d\phi \sqrt{\eta_{\mu\nu} \frac{dx^\mu}{d\phi} \frac{dx^\nu}{d\phi}} \tag{3.61}$$

  die (in Länge gemessene) Zeit, die für ihn vergeht. Man kann s auch selbst als Kurvenparameter verwenden.

- Der Vektor

$$U^\mu = \frac{dx^\mu}{ds} \tag{3.62}$$

heißt **Vierergeschwindigkeit**. Es gilt immer $\eta_{\mu\nu} U^\mu U^\nu = 1$. Ein Beobachter der Ruhemasse m_I, der sich entlang einer Weltlinie bewegt, hat den **Viererimpuls**

$$p^\mu = c\, m_\mathrm{I}\, U^\mu = \begin{pmatrix} E/c \\ \vec{p} \end{pmatrix} \tag{3.63}$$

mit **Energie** E und **Dreierimpuls** $\vec{p}$, für die $E^2 = m_\mathrm{I}^2 c^4 + (\vec{p})^2 c^2$ gilt.

- Zwischen zwei inertialen Koordinatensystemen mit Koordinaten x^μ und $\tilde{x}^\mu$ gibt es immer eine **Poincaré-Transformation**

$$\tilde{x}^\mu = \Lambda^\mu{}_\nu x^\nu + a^\nu \tag{3.64}$$

mit einer **Lorentz-Matrix** $\Lambda^\mu{}_\nu$, die

$$\Lambda^\mu{}_\rho \Lambda^\nu{}_\sigma \eta_{\mu\nu} = \eta_{\rho\sigma} \tag{3.65}$$

erfüllt, und einem beliebigen Verschiebungsvektor a^μ. Beide sind konstant und hängen nicht von den Koordinaten ab.

- Die Komponenten eines Vektors X hängen vom gewählten Inertialsystem ab. Sind die Komponenten X^μ bezüglich der Koordinaten x^μ, dann sind sie bezüglich der Koordinaten $\tilde{x}'^\mu = \Lambda^\mu{}_\nu x^\nu + a^\nu$ gleich

$$\tilde{X}^\mu = \Lambda^\mu{}_\nu X^\nu \tag{3.66}$$

- Ein **Kovektor** oder **dualer Vektor** ist ein Objekt ω mit Komponenten, die einen unten stehenden Index ω_μ haben. Diese Komponenten hängen ebenfalls vom gewählten Koordinatensystem ab, sodass $\omega_\mu X^\mu = \tilde{\omega}_\mu \tilde{X}^\mu$ gilt, also

$$\tilde{\omega}_\mu = (\Lambda^{-1})^\nu{}_\mu \omega_\nu \tag{3.67}$$

wobei Λ^{-1} die zu Λ inverse Matrix ist.

■ Vektoren und Kovektoren sind Spezialfälle von **Tensoren**. Ein Tensor der Stufe (r, s) hat Komponenten, die durch r oben und s unten stehende Indizes ausgezeichnet sind. Bei einem Koordinatenwechsel verändern sich die Komponenten durch Kontraktion mit r Λ-Matrizen und s Λ^{-1}-Matrizen, also z. B.

$$\tilde{T}^{\mu}{}_{\nu\rho} = \Lambda^{\mu}{}_{\alpha}(\Lambda^{-1})^{\beta}{}_{\nu}(\Lambda^{-1})^{\gamma}{}_{\rho}T^{\alpha}{}_{\beta\gamma} \tag{3.68}$$

■ In der Physik sind die vorkommenden Größen häufig **Tensorfeld**, also Tensoren, deren Komponenten von Raumzeitpunkt zu Raumzeitpunkt variieren können. In Koordinaten x^{μ} ist ein Tensorfeld z. B. durch $T^{\mu}{}_{\nu}{}^{\rho}(x)$ gegeben. In einem anderen Koordinatensystem hat dann dasselbe Tensorfeld die Form

$$\tilde{T}^{\mu}{}_{\nu}{}^{\rho}(\tilde{x}) = \Lambda^{\mu}{}_{\alpha}(\Lambda^{-1})^{\beta}{}_{\nu}\Lambda^{\rho}{}_{\gamma}\, T^{\alpha}{}_{\beta}{}^{\gamma}(x(\tilde{x})) \tag{3.69}$$

wobei das Argument mit transformiert werden muss, also

$$x^{\mu}(\tilde{x}) = (\Lambda^{-1})^{\mu}{}_{\nu}(\tilde{x}^{\nu} - a^{\nu}). \tag{3.70}$$

■ Man kann Indizes eines Tensors, die in derselben Position stehen, symmetrisieren oder antisymmetrisieren und erhält so jeweils einen neuen Tensor. Die Indizes kennzeichnet man mit runden oder eckigen Klammern, z. B. bei einem Tensor der Stufe $(0, k)$:

$$T_{(\mu_1 \cdots \mu_k)} = \frac{1}{k!} \sum_{\sigma \in \mathfrak{S}_k} T_{\mu_{\sigma(1)} \cdots \mu_{\sigma(k)}} \tag{3.71}$$

$$T_{[\mu_1 \cdots \mu_k]} = \frac{1}{k!} \sum_{\sigma \in \mathfrak{S}_k} (-1)^{\sigma} T_{\mu_{\sigma(1)} \cdots \mu_{\sigma(k)}} \tag{3.72}$$

3.5   Verweise

N₀ **Vorzeichen von** η**:** Bei der Wahl der Vorzeichen in der Minkowski-Metrik scheiden sich in der Literatur leider die Geister. In diesem Buch wird die Konvention benutzt, dass η einmal $+1$ und dreimal -1 als Eigenwerte hat, die Signatur also $(1,3)$ ist. Man schreibt dies auch oft als $(+,-,-,-)$. Es gibt jedoch auch die umgekehrte Version mit $(-,+,+,+)$. Das entspricht im Wesentlichen der Ersetzung $\eta \to -\eta$. In dieser Konvention sind dann Vektoren X raumartig, wenn $\langle X, X \rangle > 0$ gilt und zeitartig, wenn sie $\langle X, X \rangle < 0$ erfüllen.

Keine der beiden Konventionen ist besser als die andere, und beide haben Vor-e und Nachteile. Im Wesentlichen ist es eine Geschmacksfrage, welche man bevorzugt. Je nach Konvention tauchen in einigen Formeln allerdings Minuszeichen auf (oder eben nicht), und deswegen geben gute Bücher oder Artikel, die relativistische Konzepte benutzen, immer an, mit welcher Vorzeichenkonvention für η sie arbeiten.

$\to$ Zurück zu S. 66

N₀ T **oder** $T^{\mu}{}_{\nu}{}^{\rho}$**?** Eigentlich muss man zwischen dem abstrakten Tensor T und seinen Komponenten, z. B. $T^{\mu\nu}{}_{\rho}$, unterscheiden. Wir werden im Buch aber, etwas ungenau, häufig z. B. „der Tensor $T^{\mu\nu}{}_{\rho}$" oder „der Vektor X^{μ}" anstatt „der Vektor X mit dem Komponenten X^{μ}" schreiben. Dies hat sich in der Physikliteratur so eingebürgert, und es ist deutlich kürzer und handhabbarer.

Solange wir keine expliziten Rechnungen durchführen, ist es auch eigentlich nicht wichtig, bezüglich welcher Koordinaten genau der Tensor T die Komponenten $T^{\mu\nu}{}_{\rho}$ hat. Deswegen geben wir das Koordinatensystem auch nicht jedes Mal an.

An dieser Schreibweise erkennt man gut den Unterschied zwischen jemandem aus der Mathematik und jemandem aus der Physik. Mathematiker gehen sehr sorgsam mit der Notation um und trennen sauber zwischen dem (abstrakten) Vektor X und seinen Komponenten X^{μ}.

$\to$ Zurück zu S. 82

N₀ **Koordinaten als Argumente:** Ein Wort zur Warnung, was die Notation angeht: Es begegnen uns in diesem Buch immer wieder Ausdrücke, die von den Koordinaten x^{μ} abhängen. Funktionen f und Tensorfelder (z.B. $T^{\mu}{}_{\nu}$) gehören dazu, aber auch Wechsel in andere Koordinaten $\tilde{x}^{\nu}$. Wenn man die Abhängigkeit dieser Objekte von den Koordinaten x^{μ} explizit angeben will, so muss man eigentlich jeweils

$$f(x^1, x^2, \ldots, x^n), \qquad T^{\mu}{}_{\nu}(x^1, x^2, \ldots, x^n), \qquad \tilde{x}^{\mu}(x^1, x^2, \ldots, x^n)$$

schreiben. Das wird aber recht schnell unübersichtlich, weswegen wir das in diesem Buch immer mit

$$f(x), \qquad T^{\mu}{}_{\nu}(x), \qquad \tilde{x}^{\mu}(x) \tag{3.73}$$

abkürzen. Bei den Argumenten lassen wir also den Index weg. Das machen aber nicht alle Autoren so. In einigen Büchern findet man Ausdrücke wie

$$f(x^{\mu}), \qquad T^{\mu}{}_{\nu}(x^{\rho}), \qquad \tilde{x}^{\mu}(x^{\nu})$$

Das finde ich immer recht gefährlich, denn wenn man das so schreibt, dann tauchen plötzlich mehr Indizes in Formeln auf, die allerdings nicht unseren Regeln für wohlgeformte Tensorgesetze auf S. 86 erfüllen müssen. Vor allem sieht auf den ersten Blick eine Formel

$$X^{\mu}(x^{\nu}) \ = \ A^{\mu\nu}$$

wie ein Tensorgesetz aus, ist sie aber nicht (die Formel ergibt so, wie sie da steht, keinen wirklichen Sinn). Man könnte sich behelfen, indem man eine zusätzliche Regel einführt, die besagt: Wenn Ausdrücke von Koordinaten abhängen, dann müssen die Ausdrücke innerhalb und außerhalb von Argumentklammern separat die Regeln für Tensorgesetze erfüllen.

Das macht die Sache aber wieder komplizierter und führt zu mehr Indizes, die sich einander ins Gehege kommen können, weswegen wir in diesem Buch immer (3.73) benutzen werden.

→ Zurück zu S. 82

3.6 Aufgaben

Aufgabe 3.1: Gegeben sei ein Tensor mit Komponenten $T_{\mu_1\cdots\mu_n}$. Zeigen Sie: Zieht man den ersten Index einmal herauf und dann wieder herunter, erhält man den originalen Tensor zurück.

Tipp $\longrightarrow$ S. 341   Lösung $\longrightarrow$ S. 373

Aufgabe 3.2: Zeigen Sie: Für alle Tensoren mit Komponenten $T_{\mu\nu}$ gilt:

$$T_{((\mu\nu))} = T_{(\mu\nu)}$$

$$T_{[[\mu\nu]]} = T_{[\mu\nu]}$$

$$T_{([\mu\nu])} = T_{[(\mu\nu)]} = 0$$

Tipp $\longrightarrow$ S. 341   Lösung $\longrightarrow$ S. 374

Aufgabe 3.3: Gegeben sei ein Tensor mit Komponenten $T_{\mu\nu}$. Zeigen Sie: Es gibt eindeutige Tensoren $S_{\mu\nu}$ und $T_{\mu\nu}$, sodass $S_{\mu\nu}$ symmetrisch ist, $A_{\mu\nu}$ antisymmetrisch ist und dass gilt:

$$T_{\mu\nu} = S_{\mu\nu} + A_{\mu\nu}$$

Tipp $\longrightarrow$ S. 341   Lösung $\longrightarrow$ S. 374

Aufgabe 3.4: Sei $A_{\mu_1\cdots\mu_n}$ ein total antisymmetrischer Tensor. Zeigen Sie:

$$A_{\mu_1\cdots\mu_{k-1}(\mu_k|\mu_{k+1}\cdots\mu_{l-1}|\mu_l)\mu_{l+1}\cdots\mu_n} = 0 \tag{3.74}$$

Hier sind μ_k und μ_l zwei beliebige Indizes der $\mu_1,\ldots\mu_n$.

Tipp $\longrightarrow$ S. 341   Lösung $\longrightarrow$ S. 375

Aufgabe 3.5: Sei $f : \mathbb{R}^{1,3} \to \mathbb{R}$ eine Funktion. Zeigen Sie: Die Komponenten

$$\omega_\mu(x) := \frac{\partial}{\partial x^\mu} f(x)$$

definieren ein Kovektorfeld.

Tipp $\longrightarrow$ S. 341   Lösung $\longrightarrow$ S. 375

Aufgabe 3.6: Sei

$$\phi \mapsto x^\mu(\phi) \qquad \phi_a \leq \phi \leq \phi_b$$

ein Kurvensegment im Minkowski-Raum und $\psi \mapsto \phi(\psi)$ eine eindeutig umkehrbare, differenzierbare Abbildung, deren Umkehrung ebenfalls differenzierbar ist. Zeigen Sie:

a) Das Kurvensegment, das durch $x^\mu(\psi) := x^\mu(\phi(\psi))$ definiert ist, ist genau dann zeitartig/raumartig/lichtartig, wenn es auch $\phi \mapsto x^\mu(\phi)$ ist.

b) Nehmen Sie an, dass das Kurvensegment zeitartig ist. Zeigen Sie, dass auf beiden Kurvensegmenten dieselbe Eigenzeit verstreicht.

c) Berechnen Sie die Eigenzeit, die entlang des Kurvensegments

$$x^0(\phi) = 2(\pi - \arccos\phi)$$

$$x^1(\phi) = \phi$$

$$x^2(\phi) = \sqrt{1 - \phi^2}$$

$$x^3(\phi) = 0$$

mit $-1 \leq \phi \leq 1$ verstreicht.

Tipp $\longrightarrow$ S. 342   Lösung $\longrightarrow$ S. 376

Aufgabe 3.7: Ist jede lichtartige Kurve eine gerade Linie? Wenn ja, beweisen Sie es, wenn nicht, geben Sie ein Gegenbeispiel an.

Tipp $\longrightarrow$ S. 342   Lösung $\longrightarrow$ S. 377

Aufgabe 3.8: Gegeben sei ein inertialer Beobachter mit inertialen Koordinaten x^μ. Es sei

$$\lambda \mapsto x_L^\mu(\lambda)$$

die Weltlinie eines Lichtstrahls, die die Weltlinie von O schneidet. Die Parametrisierung der Weltlinie sei so gewählt, dass gilt:

1. $\frac{d^2 x^\mu}{d\lambda^2} = 0$

2. Im Inertialsystem misst O die Frequenz $\omega = c\frac{dx_L^0}{d\lambda}$.

Aufgabe:

a) Zeigen Sie: Gegeben sei eine Umparametrisierung $\tilde{\lambda} \mapsto x_L^\mu(\lambda(\tilde{\lambda})) =: x_L^\mu(\tilde{\lambda})$, sodass Aussagen 1 und 2 ebenfalls für die neue Parametrisierung gelten, mit demselben ω. Dann muss gelten:

$$\tilde{\lambda} = \lambda + c \tag{3.75}$$

Durch die Festlegung der gemessenen Frequenz durch einen Beobachter ist die
(geodätische) Parametrisierung eines Lichtstrahls also eindeutig bestimmt, bis
auf eine konstante Verschiebung.

b) Drücken Sie ω durch einen Lorentz-Skalar aus.

c) Ein zweiter inertialer Beobachter $\tilde{O}$ bewegt sich mit Geschwindigkeit v relativ
zu O, sodass die Weltlinie des Photons die Weltlinie von $\tilde{O}$ schneidet. Welche
Frequenz misst $\tilde{O}$?

Tipp $\longrightarrow$ S. 342   Lösung $\longrightarrow$ S. 378

Aufgabe 3.9: Eine Lorentz-Transformation (LT) ist gegeben durch Parameter
$\Lambda^\mu{}_\nu$, die (3.30) erfüllen. In Matrixschreibweise:

$$\Lambda^T \eta \Lambda = \eta$$

mit $\eta = \mathrm{diag}(1, -1, -1, -1)$. Zeigen Sie:

a) Das Produkt aus zwei verschiedenen LT ist wieder eine LT.

b) Ist Λ eine LT, dann ist auch die inverse Matrix L^{-1} eine LT. (Zusammen mit
a reicht das, um zu zeigen, dass die LT eine Gruppe bilden.)

c) $\det \Lambda = \pm 1$.

d) Die LT mit $\det \Lambda = 1$ bilden eine Untergruppe (übrigens *spezielle LT* genannt).

e) Die LT mit $\Lambda^0{}_0 \geq 1$ bilden eine Untergruppe (übrigens *orthochrone LT* genannt).

Tipp $\longrightarrow$ S. 342   Lösung $\longrightarrow$ S. 379

Aufgabe 3.10: Die Lorentz-Transformation

$$\Lambda(\psi) = \begin{pmatrix} \gamma & -\beta\gamma & 0 & 0 \\ -\beta\gamma & \gamma & 0 & 0 \\ 0 & 0 & 1 & 0 \\ 0 & 0 & 0 & 1 \end{pmatrix}$$

mit $\beta := \tanh\psi = v/c$ und $\gamma := \cosh\psi = 1/\sqrt{1 - \beta^2}$ wird „Boost in x^1-Richtung
mit Rapidität ψ" genannt.

Für einen dreidimensionalen Vektor $\vec{n}$ mit Länge 1 sei die 3×3-Matrix $R(\vec{n})$
die Rotationsmatrix, die eine Drehung beschreibt in der Ebene, die von $\vec{e}_1$ und $\vec{n}$
aufgespannt wird und die $\vec{e}_1$ in $\vec{n}$ dreht.

Definiere die Lorentz-Transformation

$$\Lambda_{\vec{n}} := \begin{pmatrix} 1 & \vec{0}^T \\ \vec{0} & R(\vec{n}) \end{pmatrix} \tag{3.76}$$

Dann wird die Lorentztransformation

$$\Lambda_{\vec{n}}(\psi) \; := \; \Lambda_{\vec{n}} \, \Lambda(\psi) \, \Lambda_{\vec{n}}^{-1} \tag{3.77}$$

auch „Boost in Richtung $\vec{n}$ mit Rapidität ψ" genannt.

a) Zeigen Sie $\Lambda(\psi_1)\Lambda(\psi_2) = \Lambda(\psi_1 + \psi_2)$.

b) Zeigen Sie $\Lambda_{\vec{n}}^{-1} = \Lambda_{\vec{n}}^{T}$.

c) Berechnen Sie explizit einen Boost in x^2-Richtung mit Rapidität ψ.

d) Zeigen Sie, dass das Produkt eines Boosts in x^1-Richtung und eines Boosts in x^2-Richtung kein Boost in irgendeine Richtung ist.

Tipp $\longrightarrow$ S. 343   Lösung $\longrightarrow$ S. 382

4 Das Äquivalenzprinzip

Übersicht

Als Albert Einstein die Spezielle Relativitätstheorie veröffentlichte, war dies ein durchschlagender Erfolg. Sie erklärte, warum die Bewegungsgleichungen der Maxwellschen Elektrodynamik nicht Galilei-invariant sein konnten: weil die Welt eben nicht Galilei-, sondern Lorentz-invariant ist! Das hatte auch fundamentale Auswirkungen auf das Verständnis von Raum und Zeit, wie wir in den vorhergehenden Kapiteln gesehen haben.

Nur eine Sache störte das Bild: Von den (damals) zwei bekannten Kräften, die in der Natur vorkamen, passte nur eine, nämlich die Elektrodynamik, gut in das Konzept der SRT. Die andere, die von Isaac Newton beschriebene Gravitationskraft, passte so überhaupt nicht ins Bild. Das lag unter anderem daran, dass Newtons Vorstellungen von absolutem Raum und absoluter Zeit eng mit den Formeln für die Gravitation verwoben waren. Änderte (nach Newton) z. B. ein massebehafteter Körper seine Position, so war die Veränderung im Gravitationsfeld instantan überall im Universum spürbar. Schon allein dies erschien im Lichte der SRT, nach der sich physikalische Effekte nur mit maximal Lichtgeschwindigkeit ausbreiten können, fragwürdig.

Nach einigen Jahren harter Arbeit fand Einstein dann die Lösung für sein Problem, die Schwerkraft mit dem Relativitätsprinzip zu vereinen. Der Schlüssel hierfür liegt im sogenannten Äquivalenzprinzip. Es gibt viele (ironischerweise teilweise nicht äquivalente) Formulierungen des Äquivalenzprinzips. In der Form, in der es Einstein damals zuerst bewusst wurde, lässt es sich wie folgt formulieren:

© Springer-Verlag GmbH Deutschland, ein Teil von Springer Nature 2022
B. Bahr, *Tutorium Allgemeine Relativitätstheorie*,
https://doi.org/10.1007/978-3-662-63419-6_4

Äquivalenzprinzip: Die Gravitation ist keine physikalische Kraft, sondern eine *Scheinkraft*!

Was dies genau bedeutet, und wie man mithilfe dieser Erkenntnis Gravitation und Relativität vereinen kann, beschreiben wir im folgenden Kapitel. Das Resultat ist eine Verallgemeinerung der Speziellen Relativitätstheorie, und zwar die **Allgemeine Relativitätstheorie**.

4.1 Frei fallende Beobachter

Zentral für das Äquivalenzprinzip ist das Konzept des **frei fallenden Beobachters**, auch inertialer Beobachter genannt.

4.1.1 Bei Newton

Dieser Begriff taucht schon bei Newton auf: Dort sind frei fallende Beobachter diejenigen, die sich ohne Einfluss von physikalischen Kräften bewegen. Aus dem Newtonschen Gesetz

$$\vec{F} = m_{\mathrm{I}} \frac{d^2 \vec{x}}{dt^2} \qquad (4.1)$$

(m_{I} ist hier die träge Masse) folgt dann aus dem Verschwinden der Kräfte $\vec{F} = 0$, dass der Beobachter sich nicht beschleunigt, also auf einer geraden Linie bewegt (Kap. 1). Nun ist Gleichung (4.1) in einem sogenannten **Intertialsystem** formuliert, also in dem Koordinatensystem eines weiteren inertialen Beobachters, der in seinem eigenen System in Ruhe ist. Wir haben in Kap. 1 gesehen, dass bei Newton all diese Inertialsysteme durch Galilei-Transformationen (1.3) ineinander überführt werden können, sodass man zu jedem inertialen Beobachter ein Ruhesystem befindet, in dem genau dieser, wie schon der Name sagt, sich nicht bewegt, während alle anderen inertialen Beobachter sich relativ zu ihm gleichförmig geradlinig bewegen. Gleichung (4.1) gilt in jedem dieser Systeme.

In solchen Koordinatensystemen, die keine Inertialsysteme sind, gilt (4.1) allerdings nicht! Dazu gehören z.B. rotierende oder anders beschleunigte Systeme. In solchen können Beschleunigungen auftreten, die man nicht durch physikalische Kräfte erklären kann, z. B. dass man auf einem Karussell immer leicht vom Zentrum weg gedrückt zu werden scheint. Die Ursache dieser Beschleunigungen liegt darin, dass man sich eben nicht in einem Inertialsystem befindet. Deshalb führt man das Konzept der **Scheinkraft** ein. Beispiele für Scheinkräfte sind die Zen-

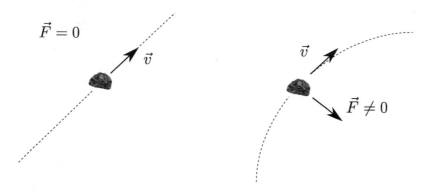

Abb. 4.1 In der Newtonschen Mechanik ist es die Kraft, welche die Beschleunigung $\vec{a} = \dot{\vec{v}}$ bestimmt.

trifugalkraft oder Corioliskraft. Sie sind eigentlich nur Terme, die auf der linken Seite in Newtons Gesetz (4.1) zugefügt werden, damit es auch in nichtinertialen Koordinatensystemen gilt:

$$\vec{F} + \vec{F}_{\text{Schein}} = m \frac{d^2 \vec{x}}{dt^2} \qquad (4.2)$$

Dabei bezeichnet $\vec{F}$ die „echten" physikalischen Kräfte (bei Newton sind das z. B. Gravitations-, Stoß-, Auftriebs- und Reibungskräfte) und $\vec{F}_{\text{Schein}}$ die Schein-kräfte.

Gleichung (4.2) gilt also in allen Koordinatensystemen. Inertiale Koordinaten-systeme sind dann bei Newton solche, in denen keine Scheinkräfte auftreten, also $\vec{F}_{\text{Schein}} = 0$ ist.

4.1.2 Bei Einstein

Einsteins Gedankenblitz beruht auf der Erkenntnis, dass ein frei fallender Be-obachter sein eigenes Gewicht nicht spürt. Exakt kann das nur stimmen, wenn schwere und träge Masse gleich sind:

$$m_{\text{I}} = m_g \qquad (4.3)$$

Einstein nimmt dies als ein fundamentales Prinzip an. Es ist sogar eine Art und Weise, das Äquivalenzprinzip zu formulieren:

Äquivalenzprinzip: Träge Masse und schwere Masse sind gleich.

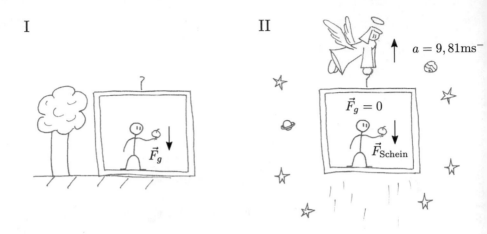

Abb. 4.2 Nach dem Äquivalenzprinzip gibt es für einen Beobachter keine Möglichkeit herauszufinden, ob er der Schwerkraft am Erdboden (Fall I) oder im Weltall einer konstanten Beschleunigung nach oben (wie hier z. B. durch einen Engel) ausgesetzt ist.

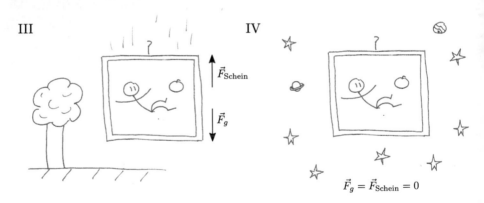

Abb. 4.3 Nach dem Äquivalenzprinzip gibt es für einen Beobachter keine Möglichkeit herauszufinden, ob er sich im freien Fall im Schwerefeld befindet (Fall III) oder in völliger Schwerelosigkeit (Fall IV).

Ein Beobachter, der also in einem geschlossenen, fensterlosen Raum sitzt, spürt die Schwerkraft nicht und kann nicht unterscheiden, ob er im Weltraum schwebt oder ob der Raum gerade eine Klippe herunterstürzt. Und noch viel besser: Wenn er eine nach unten gerichtete Bachleunigung von $g = 9{,}81 \text{ ms}^{-2}$ verspürt, dann kann er nicht unterscheiden, ob die Kabine auf der festen Erde steht oder ob sie sich im Weltall befindet und von einem Raketenantrieb mit genau dieser Beschleunigung nach oben bewegt wird. Das alles funktioniert nur, wenn schwere und träge Masse gleich sind.

Noch einmal zu dem von der Klippe stürzenden Beobachter: Laut Newton ist dessen Ruhesystem kein Inertialsystem (er wird ja von der physikalischen Schwerkraft beschleunigt). Für ihn heben sich die Gravitationskraft und die

Einstein und der
freie Fall: S. 118

Scheinkraft genau auf, sodass der Beobachter sich selbst als schwerelos empfindet (und andere, mit ihm fallenden Objekte sich gleichförmig geradlinig relativ zu ihm bewegen).

Einstein interpretiert diese Situation aber anders: Für ihn ist der stürzende Beobachter in einem Inertialsystem! Denn Einstein definiert ein Inertialsystem als solches, in dem sich ein frei fallender Beobachter – also einer, auf den keine Kraft wirkt außer der Gravitation – schwerelos fühlt. Jeder inertiale Beobachter spürt in seinem eigenen Ruhesystem die Schwerkraft nicht!

Diese Erkenntnis lässt sich nun sofort mit den Regeln der Relativitätstheorie vereinen: Für Beobachter, auf die keinerlei Schwerkraft wirkt, gelten ja die Regeln der SRT! Für den von der Klippe stürzenden Beobachter gelten also die Gesetze und Formeln der SRT!

Nun gibt es natürlich sofort einige Konsequenzen daraus: Ein inertialer Beobachter muss sich im Ruhesystem eines anderen überhaupt nicht geradlinig gleichförmig bewegen! Es ist sogar noch ein wenig vertrackter: Für einen Beobachter kann man das Ruhesystem eigentlich nur in seiner direkten Umgebung definieren. Das Koordinatensystem, über das wir hier reden und in dem die Gesetze der SRT gelten sollen, überdeckt also gar nicht die gesamte Raumzeit, sondern nur eine kleine Umgebung der Weltlinie unseres Beobachters. (Mathematisch liegt hier wie immer der Teufel im Detail: eigentlich gelten die Gesetze der SRT nur *exakt* auf der Weltlinie des Beobachters. Wenn das Gravitationsfeld nicht zu schwach ist, gelten sie aber in einer sehr kleinen Umgebung näherungsweise immer noch so gut, dass man den Unterschied vernachlässigen kann.)

Dies kann man zu einer alternativen Formulierung des Äquivalenzprinzips zusammenfassen:

Äquivalenzprinzip: In dem Ruhesystem eines frei fallenden Beobachters gelten die Gesetze der SRT.

Was das bedeutet, werden wir jetzt sehen.

4.2   Bewegungsgleichungen im Schwerefeld

Die Koordinatensysteme zweier verschiedener inertialer Beobachter können zwar
eventuell ineinander umgerechnet werden, aber es muss sich bei der Umrechnung
nicht unbedingt um eine Lorentz-Transformation handeln, sondern kann eine ganz
allgemeine Koordinatentransformation sein. Die ART formuliert man daher von
Anfang an in ganz beliebigen Koordinatensystemen; daher muss man sich auch
mit der Umrechnung zwischen ihnen beschäftigen.

4.2.1   Von inertialen zu allgemeinen Koordinaten

Betrachten wir also eine Raumzeit, in der Schwerkraft vorherrscht. Gegeben seien
beliebige Koordinaten x^μ, dann hat ein frei fallender Beobachter eine Weltlinie
$x^\mu(s)$. Das Ruhesystem dieses Beobachters überdeckt, wie schon gesagt, wahr-
scheinlich nur eine Umgebung der Weltlinie. Die Koordinaten des Ruhesystems
seien ξ^μ. Seine Weltlinie $\xi^\mu(s)$ im Ruhesystem erfüllt also

$$\frac{d^2\xi^\mu}{ds^2} = 0 \tag{4.4}$$

Für die Umrechnung nehmen wir an, dass die ξ^μ eindeutig durch die x^μ ausgedrückt werden können (und umgekehrt) und dass alle partiellen Ableitungen $\frac{\partial\xi^\mu}{\partial x^\nu}$
existieren, glatt sind, und die Matrix der Ableitungen invertierbar ist. Es muss
also auch gelten, dass

$$\frac{\partial\xi^\mu}{\partial x^\nu}\frac{\partial x^\nu}{\partial\xi^\rho} = \delta^\mu{}_\rho \qquad \frac{\partial x^\mu}{\partial\xi^\nu}\frac{\partial\xi^\nu}{\partial x^\rho} = \delta^\mu{}_\rho \tag{4.5}$$

Drücken wir nun die Weltlinie des Beobachters in allgemeinen Koordinaten x^μ
aus. Es gilt nach Ketten- und Produktregel:

$$0 = \frac{d^2\xi^\mu}{ds^2} = \frac{d}{ds}\left(\frac{d}{ds}\xi^\mu(x(s))\right) = \frac{d}{ds}\left(\frac{\partial\xi^\mu}{\partial x^\nu}\frac{dx^\nu}{ds}\right)$$

$$= \frac{d}{ds}\left(\frac{\partial\xi^\mu}{\partial x^\nu}\right)\frac{dx^\nu}{ds} + \frac{\partial\xi^\mu}{\partial x^\nu}\frac{d^2x^\nu}{ds^2} = \frac{\partial^2\xi^\mu}{\partial x^\rho\partial x^\nu}\frac{dx^\rho}{ds}\frac{dx^\nu}{ds} + \frac{\partial\xi^\mu}{\partial x^\nu}\frac{d^2x^\nu}{ds^2}$$

Das kann man auf beiden Seiten mit $\frac{\partial x^\sigma}{\partial\xi^\mu}$ multiplizieren, die Summe über μ
ausführen, und man erhält

$$0 = \frac{\partial x^\sigma}{\partial\xi^\mu}\frac{\partial\xi^\mu}{\partial x^\nu}\frac{d^2x^\nu}{ds^2} + \frac{\partial x^\sigma}{\partial\xi^\mu}\frac{\partial^2\xi^\mu}{\partial x^\rho\partial x^\nu}\frac{dx^\rho}{ds}\frac{dx^\nu}{ds} \tag{4.6}$$

Jetzt benutzt man noch die Tatsache, dass die Matrizen mit den Einträgen $\frac{\partial x^\sigma}{\partial\xi^\mu}$
und $\frac{\partial\xi^\mu}{\partial x^\nu}$ invers zueinander sind, also (4.5) gilt (mit anderen Indexbezeichnungen).

Dann erhalten wir, wenn wir noch den Index σ in den Index μ umbenennen und umgekehrt:

$$\frac{d^2x^\mu}{ds^2} + \frac{\partial x^\mu}{\partial \xi^\sigma}\frac{\partial^2 \xi^\sigma}{\partial x^\rho \partial x^\nu}\frac{dx^\rho}{ds}\frac{dx^\nu}{ds} = 0 \tag{4.7}$$

Dies ist die Bewegungsgleichung für den Beobachter in x^μ-Koordinaten. Sie ist zweiter Ordnung, wie man es für eine Bewegungsgleichung auch erwarten würde. Das ist auch nicht sonderlich überraschend, denn es handelt sich dabei ja nur um Gleichung (4.4) in anderen Koordinaten, und diese ist ja auch zweiter Ordnung.

Was allerdings noch ein wenig stört, ist dass die Gleichung (4.7) die partiellen Ableitungen der Koordinaten des Inertialsystems enthält. Wenn wir die Weltlinie des Beobachters aber noch gar nicht kennen, ist es meist ziemlich schwer, das dazugehörige inertiale Koordinatensystem zu berechnen, geschweige denn in die x^μ-Koordinaten umzurechnen, wenn das überhaupt möglich ist. Von dem Standpunkt her ist die Gleichung (4.7) in der Form völlig unpraktisch.

Aber es gibt eine äquivalente Form dieser Bewegungsgleichung, bei der man das Inertialsystem des Beobachters gar nicht kennen muss. In der kann man den Term mit den lästigen zweiten partiellen Ableitungen der Koordinaten ξ^σ einfach durch die Geometrie der Raumzeit ausdrücken. Hier machen wir den ersten Schritt in Richtung einer ART, die die Schwerkraft durch die Geometrie (und Krümmung!) der Raumzeit ausdrückt.

4.3 Die Metrik der Raumzeit

Der Schlüssel zur Formulierung der Bewegungsgleichung in allgemeinen Koordinaten ist der Raumzeitabstand ds^2. Im Minkowski-Raum haben zwei Ereignisse P und Q einen Minkowski-Abstand

$$d(P,Q)^2 = \eta_{\mu\nu}X^\mu X^\nu \tag{4.8}$$

mit

$$X^\mu = x_Q^\mu - x_P^\mu \tag{4.9}$$

Im Falle der Relativität mit Gravitation gibt es diesen im Prinzip immer noch – es gibt ja inertiale Beobachter, die den Raumzeitabstand zweier Ereignisse messen können. In deren Ruhesystem gelten ja sogar die Regeln der SRT, also können sie einfach die bekannte Formel verwenden, die man dann nur noch in allgemeine Koordinaten umrechnen muss.

Betrachten wir zwei Ereignisse, die extrem dicht beieinander sind, mit Koordinaten x^μ und $x^\mu + \Delta x^\mu$. Im Ruhesystem des inertialen Beobachters haben die beiden Ereignisse die Koordinaten ξ^μ und $\xi^\mu + \Delta \xi^\mu$. Dabei seien die Komponenten $\Delta x^\mu, \Delta \xi^\mu$ vom Betrag her deutlich kleiner als die x^μ, ξ^μ. (Genauer gesagt betrachten wir hier im Folgenden den Limes $\Delta x^\mu \to 0$, um wirklich von infinitesimalen Größen reden zu können. All das wird aber in Kap. 5 mathematisch sauber behandelt werden.)

Im Ruhesystem des inertialen Beobachters gelten die Regeln der SRT, der Minkowski-Abstand zwischen den beiden Ereignissen sei Δs^2. Er ist gegeben durch

$$\Delta s^2 \;=\; \eta_{\mu\nu}\Delta\xi^\mu\Delta\xi^\nu \tag{4.10}$$

Weil die Ereignisse nahe beieinanderliegen, kann man die Unterschiede in deren Koordinaten ausdrücken als

$$\Delta\xi^\mu \;=\; \frac{\partial\xi^\mu}{\partial x^\rho}\Delta x^\rho + \dots, \tag{4.11}$$

wobei der Ausdruck nur stimmt bis auf höhere Ordnungen in den Δx^ρ und die partielle Ableitung an der Stelle x^μ der Koordinaten des ersten Ereignisses ausgewertet wird. Damit ergibt sich (bis auf höhere Ordnung)

$$\Delta s^2 \;=\; \eta_{\mu\nu}\frac{\partial\xi^\mu}{\partial x^\rho}\frac{\partial\xi^\nu}{\partial x^\sigma}\Delta x^\rho\Delta x^\sigma \tag{4.12}$$

Im infinitesimalen Limes wird dies zu

$$ds^2 \;=:\; g_{\rho\sigma}dx^\rho dx^\sigma \tag{4.13}$$

Hierbei haben wir die sogenannte **Metrik** definiert:

$$g_{\mu\nu} \;:=\; \eta_{\rho\sigma}\frac{\partial\xi^\rho}{\partial x^\mu}\frac{\partial\xi^\sigma}{\partial x^\nu} \tag{4.14}$$

Die Metrik kann von Punkt zu Punkt verschieden aussehen – sie hängt damit von den Koordinaten x^μ ab. Es handelt sich also um einen ortsabhängigen Tensor zweiter Stufe, ein Tensorfeld. Der Wert der Metrik an einem gewissen Ereignis gibt an, wie die (infinitesimalen) Minkowskiabstände der Ereignisse in der näheren Umgebung dazu sind.

Die Metrik ist eine Eigenschaft der Raumzeit selbst, da sie die Minkowski-Abstände nahe beieinanderliegender Punkte beschreibt. Sie hängt nicht von irgendeinem Beobachter ab. Aber: In verschiedenen Koordinatensystemen sieht die Metrik unterschiedlich aus.

Betrachten wir weitere (beliebige) Koordinaten $\tilde{x}^\mu$. In diesen Koordinaten hat die Metrik die Koeffizienten

$$\tilde{g}_{\rho\sigma} \;=\; \eta_{\mu\nu}\frac{\partial\xi^\mu}{\partial\tilde{x}^\rho}\frac{\partial\xi^\nu}{\partial\tilde{x}^\sigma} \tag{4.15}$$

Um zu sehen, wie die $\tilde{g}_{\mu\nu}$ und die $g_{\mu\nu}$ zusammenhängen, multiplizieren wir (4.14) mit den partiellen Ableitungen der ξ^μ nach den x^ν und erhalten

$$\frac{\partial x^\mu}{\partial \xi^\alpha} \frac{\partial x^\nu}{\partial \xi^\beta} g_{\mu\nu} = \frac{\partial x^\mu}{\partial \xi^\alpha} \frac{\partial x^\nu}{\partial \xi^\beta} \frac{\partial \xi^\rho}{\partial x^\mu} \frac{\partial \xi^\sigma}{\partial x^\nu} \eta_{\rho\sigma} = \eta_{\alpha\beta} \tag{4.16}$$

wobei wir (4.5) benutzt haben. Damit und mit (4.15) erhalten wir (nachdem wir einige Indizes umbenannt haben)

$$\tilde{g}_{\rho\sigma} = \frac{\partial \xi^\alpha}{\partial \tilde{x}^\rho} \frac{\partial \xi^\beta}{\partial \tilde{x}^\sigma} \eta_{\alpha\beta} = \frac{\partial \xi^\alpha}{\partial \tilde{x}^\rho} \frac{\partial \xi^\beta}{\partial \tilde{x}^\sigma} \frac{\partial x^\mu}{\partial \xi^\alpha} \frac{\partial x^\nu}{\partial \xi^\beta} g_{\mu\nu} = \frac{\partial x^\mu}{\partial \tilde{x}^\rho} \frac{\partial x^\nu}{\partial \tilde{x}^\sigma} g_{\mu\nu} \tag{4.17}$$

Hierbei haben wir die Kettenregel benutzt, also z. B. $\frac{\partial \xi^\alpha}{\partial \tilde{x}^\rho} \frac{\partial x^\mu}{\partial \xi^\alpha} = \frac{\partial x^\mu}{\partial \tilde{x}^\rho}$. Das Resultat ist eine wichtige Aussage über die Koeffizienten der Metrik in Abhängigkeit vom Koordinatensystem:

Transformationsverhalten der Metrik: Sind bezüglich Koordinaten x^μ die Koeffizienten der Metrik $g_{\mu\nu}$, dann sind bezüglich anderer Koordinaten $\tilde{x}^\rho$ die Koeffizienten $\tilde{g}_{\rho\upsilon}$ gegeben durch

$$\tilde{g}_{\rho\sigma} = \frac{\partial x^\mu}{\partial \tilde{x}^\rho} \frac{\partial x^\nu}{\partial \tilde{x}^\sigma} g_{\mu\nu} \tag{4.18}$$

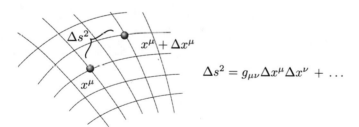

$$\Delta s^2 = g_{\mu\nu} \Delta x^\mu \Delta x^\nu + \dots$$

Abb. 4.4 Zwei nahe beieinanderliegende Ereignisse mit Koordinaten x^μ und $x^\mu + \Delta x^\mu$ haben (bis auf höhere Ordnungen) den Raumzeitabstand $\Delta s^2 = g_{\mu\nu} \Delta x^\mu \Delta x^\nu$, wobei die Metrik $g_{\mu\nu}$ an der Stelle mit den Koordinaten x^μ ausgewertet wird.

Wichtig: Es handelt sich hier immer um dieselbe Metrik; sie wird in unterschiedlichen Koordinatensystemen nur durch unterschiedliche Koeffizienten repräsentiert. Das Phänomen tritt bereits in der SRT auf – dort allerdings betrachtet man nur Inertialsysteme, die immer über Lorentz-Transformationen miteinander verbunden sind. In der ART lässt man hingegen beliebige Koordinatentransformationen zu. Die Formel zum Transformationsverhalten eines Tensors zweiter Stufe in der ART erhält man, indem man

$$\Lambda^{\mu}{}_{\nu} \quad \longrightarrow \quad \frac{\partial x^{\mu}}{\partial \tilde{x}^{\nu}} \tag{4.19}$$

$$\Lambda_{\mu}{}^{\nu} \quad \longrightarrow \quad \frac{\partial \tilde{x}^{\nu}}{\partial x^{\mu}} \tag{4.20}$$

ersetzt. In der SRT sind die Transformationsmatrizen Λ konstant, in der ART hängen sie hingegen vom Ort ab.

Übrigens: Die Komponenten der Metrik $g_{\mu\nu}$ sind in jedem Koordinatensystem symmetrisch, es gilt also:

$$g_{\mu\nu} = g_{\nu\mu} \quad \text{für alle } \mu, \nu = 0, \ldots, 3. \tag{4.21}$$

Gleichung (4.14) ist nur ein Spezialfall des allgemeinen Transformationsverhaltens der Metrik. Man kann dies als eine weitere Art und Weise sehen, das Äquivalenzprinzip zu definieren:

> **Äquivalenzprinzip:** In Ruhesystemen eines inertialen Beobachters nimmt die Metrik die Form der Minkowski-Metrik $\eta_{\mu\nu}$ an.

Dabei muss man noch auf eine Subtilität hinweisen: Genau gesagt gilt die Aussage, dass im Ruhesystem die Metrik die Form $\eta_{\mu\nu}$ annimmt, nur genau auf der Weltlinie exakt. In der näheren Umgebung der Weltlinie gilt sie aber meist noch näherungsweise sehr gut, weswegen es sich hierbei um eine brauchbare Definition von Inertialsystemen handelt. Für die meisten Situationen ist die Form $g_{\mu\nu} = \eta_{\mu\nu}$ auch für nicht punktförmige Beobachter hinreichend gut erfüllt, weswegen man sie so auch oft in der Literatur findet.

Beispiel: Betrachten wir das Beispiel einer zweidimensionalen Raumzeit. Es gibt Koordinaten x^0, x^1, und bezüglich derer sei eine Metrik gegeben der Form

$$ds^2 = g_{\mu\nu}dx^\mu dx^\nu = (dx^0)^2 - \cosh^2(x^0)(dx^1)^2 \qquad (4.22)$$

Hierbei läuft die Summe über die μ, ν nur von 0 bis 1. Ein frei fallender Beobachter in dieser Raumzeit wird z. B. durch die Weltlinie

$$x^0(s) = s, \qquad x^1(s) = 0 \qquad (4.23)$$

beschrieben (das soll in Aufgabe 4.3 gezeigt werden). Ein Ruhesystem für diesen Beobachter ist z. B. durch die Koordinaten ξ^0, ξ^1 gegeben, die mit den x^μ, $\mu - 0, 1$ über

$$\xi^0 = \operatorname{artanh}\left[\frac{\tanh x^0}{\cos x^1}\right], \quad \xi^1 = \arcsin\left[\sin x^1 \cosh x^0\right] \quad (4.24)$$

verknüpft sind. Durch einfache Umrechnung kann man erkennen, dass in den neuen Koordinaten ξ^μ die Weltlinie des Beobachters durch

$$\xi^0(s) = s, \quad \xi^1(s) = 0 \qquad (4.25)$$

gegeben ist. Übrigens können die Koordinaten ξ^μ nicht für alle x^μ existieren, sondern nur dort, wo die Argumente vom artanh und vom arcsin zwischen -1 und 1 liegen. Für betragsmäßig kleine x^0 ist das kein Problem, aber je länger die Weltlinie des Beobachters läuft, desto kleiner ist das erlaubte Intervall $\xi^1 \in (-\epsilon, \epsilon)$, in dem sich die Koordinate ξ^1 befinden darf. Die Weltlinie selbst befindet sich jedoch immer im erlaubten Bereich.

Fun Fact: Die Raumzeit mit der oben angegebenen Metrik heißt (zweidimensionaler) **De-Sitter-Raum**, und dessen vierdimensionales Analogon spielt eine große Rolle bei der Beschreibung unseres Universums.

Um die Metrik (4.22) in den Koordinaten ξ^μ auszudrücken, benötigen wir nach Formel (4.14) die partiellen Ableitungen $\frac{\partial x^\mu}{\partial \xi^\nu}$. Die Umkehrung von (4.24) lautet

$$x^0 = \operatorname{arsinh}\left[\sinh \xi^0 \cos \xi^1\right], \quad x^1 = \arctan\left[\frac{\tan \xi^1}{\cosh \xi^0}\right] \quad (4.26)$$

Die partiellen Ableitungen errechnen sich daher zu (nachrechnen!):

$$\frac{\partial x^0}{\partial \xi^0} = \frac{\cos(\xi^1)\cosh(\xi^0)}{\sqrt{1+\cos^2(\xi^1)\sinh^2(\xi^0)}}, \quad \frac{\partial x^0}{\partial \xi^1} = \frac{-\sin(\xi^1)\sinh(\xi^0)}{\sqrt{1+\cos^2(\xi^1)\sinh^2(\xi^0)}}$$

$$\frac{\partial x^1}{\partial \xi^0} = \frac{-\tan(\xi^1)\sinh(\xi^0)}{\cosh^2(\xi^0)+\tan^2(\xi^1)}, \quad \frac{\partial x^1}{\partial \xi^1} = \frac{1}{\cos^2(\xi^1)}\frac{\cosh(\xi^0)}{\cosh^2(\xi^0)+\tan^2(\xi^1)}$$

Damit berechnen wir die Komponenten der Metrik $\tilde{g}_{\mu\nu}$ im Ruhesystem des Beobachters, also in ξ^μ-Koordinaten, nach Formel (4.14):

$$\tilde{g}_{00} \;=\; \frac{\partial x^\mu}{\partial \xi^0}\frac{\partial x^\nu}{\partial \xi^0}g_{\mu\nu} \;=\; \left(\frac{\partial x^0}{\partial \xi^0}\right) - \cosh^2(x^0)\left(\frac{\partial x^1}{\partial \xi^0}\right) \;=\; \cos^2(\xi^1)$$

$$\tilde{g}_{01} \;=\; \tilde{g}_{10} \;=\; \frac{\partial x^0}{\partial \xi^0}\frac{\partial x^0}{\partial \xi^1} - \cosh^2(x^0)\frac{\partial x^1}{\partial \xi^0}\frac{\partial x^1}{\partial \xi^1} \;=\; 0$$

$$\tilde{g}_{11} \;=\; \left(\frac{\partial x^0}{\partial \xi^1}\right) - \cosh^2(x^0)\left(\frac{\partial x^1}{\partial \xi^1}\right) \;=\; -1$$

Setzen wir all dies zusammen (was in Aufgabe 4.2 nachgerechnet werden soll), erhalten wir für die Metrik in ξ^μ-Koordinaten:

$$ds^2 \;=\; \cos^2(\xi^1)(d\xi^0)^2 - (d\xi^1)^2 \tag{4.27}$$

Hier sehen wir in Aktion, was wir vorher bereits erwähnt haben: Im Ruhesystem des inertialen Beobachters kommt nicht exakt die Minkowski-Metrik heraus! Es gilt also nicht:

$$ds^2 \;=\; (d\xi^0)^2 - (d\xi^1)^2 \tag{4.28}$$

sondern (4.27). Das Äquivalenzprinzip ist eine Idealisierung, die nur im Grenzwert hinreichend kleiner Umgebungen um die Weltlinie (4.25) des Beobachters $\xi^1 = 0$ gilt. Die Taylor-Entwicklung um $\xi^1 = 0$ ergibt z. B.

$$\cos^2(\xi^1) \;=\; 1 - (\xi^1)^2 + \ldots \tag{4.29}$$

In der näheren Umgebung $\xi^1 \approx 0$ ist (4.27) also zumindest zu linearer Ordnung in ξ^1 gleich der Minkowski-Metrik.

Die Bewegungsgleichung (4.7) lässt sich ganz und gar nur mithilfe der Metrik $g_{\mu\nu}$ formulieren, ohne Bezug auf ein Inertialsystem nehmen zu müssen. Hierfür definieren wir zuerst die sogenannte **inverse Metrik** $g^{\mu\nu}$. Als 4×4-Matrix ist das einfach die Inverse zur 4×4-Matrix $g_{\mu\nu}$. In Formeln gilt also

$$g_{\mu\nu}g^{\nu\rho} = \delta^{\rho}_{\mu}, \qquad g^{\mu\nu}g_{\nu\rho} = \delta^{\mu}_{\rho} \qquad (4.30)$$

Wie wir schon gesehen haben, ist die Metrik für einen inertialen Beobachter in dessen Ruhesystem immer gleich der Minkowski-Metrik $\eta_{\mu\nu}$. Die inverse Metrik ist für ihn genauso auch $\eta^{\mu\nu}$, also die zu $\eta_{\mu\nu}$ inverse Matrix. Diese sind als Matrizen identisch, doch Vorsicht: In einem beliebigen Koordinatensystem müssen $g_{\mu\nu}$ und $g^{\mu\nu}$ auf gar keinen Fall übereinstimmen!

Mithilfe der inversen Metrik definieren wir die folgenden Symbole:

Die **Christoffel-Symbole** sind durch

$$\Gamma^{\mu}_{\nu\rho} := \frac{1}{2}g^{\mu\sigma}\left(\frac{\partial g_{\sigma\nu}}{\partial x^{\rho}} + \frac{\partial g_{\sigma\rho}}{\partial x^{\nu}} - \frac{\partial g_{\nu\rho}}{\partial x^{\sigma}}\right) \qquad (4.31)$$

definiert. Die Indizes μ, ν, ρ laufen wie üblich von 0 bis 3 (es gibt also an jedem Raumzeitpunkt $4^3 = 64$ Christoffel-Symbole).

Die Christoffel-Symbole sind symmetrisch in den unteren beiden Indizes:

$$\Gamma^{\mu}_{\nu\rho} = \Gamma^{\mu}_{\rho\nu} \qquad \text{für alle } \mu, \nu, \rho = 0, \ldots, 3 \qquad (4.32)$$

Schauen wir uns nun an, wie die Christoffel-Symbole zu den partiellen Ableitungen der Koordinaten x^{μ} nach inertialen Koordinaten ξ^{μ} in Beziehung stehen. Hierfür betrachten wir die Definition der Metrik (4.14). Zuerst einmal drücken wir die inverse Metrik durch die partiellen Ableitungen der x^{μ} nach den ξ^{ν} aus:

$$g^{\mu\nu} = \frac{\partial x^{\mu}}{\partial \xi^{\rho}}\frac{\partial x^{\nu}}{\partial \xi^{\sigma}}\eta^{\rho\sigma} \qquad (4.33)$$

Dass die Gleichung (4.33) wirklich die inverse Metrik liefert, soll in Aufgabe 4.1 nachgerechnet werden.

Setzen wir nun (4.14) in den Ausdruck in den Klammern bei (4.31) ein, erhalten wir:

$$\frac{\partial g_{\sigma\nu}}{\partial x^\rho} + \frac{\partial g_{\rho\sigma}}{\partial x^\nu} - \frac{\partial g_{\rho\nu}}{\partial x^\sigma}$$

$$= \eta_{\lambda\tau}\left(\frac{\partial}{\partial x^\rho}\left(\frac{\partial \xi^\lambda}{\partial x^\sigma}\frac{\partial \xi^\tau}{\partial x^\nu}\right) + \frac{\partial}{\partial x^\nu}\left(\frac{\partial \xi^\lambda}{\partial x^\rho}\frac{\partial \xi^\tau}{\partial x^\sigma}\right) - \frac{\partial}{\partial x^\sigma}\left(\frac{\partial \xi^\lambda}{\partial x^\rho}\frac{\partial \xi^\tau}{\partial x^\nu}\right)\right)$$

$$= \eta_{\lambda\tau}\left(\frac{\partial^2 \xi^\lambda}{\partial x^\rho \partial x^\sigma}\frac{\partial \xi^\tau}{\partial x^\nu} + \frac{\partial \xi^\lambda}{\partial x^\sigma}\frac{\partial^2 \xi^\tau}{\partial x^\nu \partial x^\rho} + \frac{\partial^2 \xi^\lambda}{\partial x^\nu \partial x^\rho}\frac{\partial \xi^\tau}{\partial x^\sigma} + \frac{\partial \xi^\lambda}{\partial x^\rho}\frac{\partial^2 \xi^\tau}{\partial x^\nu \partial x^\sigma}\right.$$

$$\left. - \frac{\partial^2 \xi^\lambda}{\partial x^\sigma \partial x^\rho}\frac{\partial \xi^\tau}{\partial x^\nu} - \frac{\partial \xi^\lambda}{\partial x^\rho}\frac{\partial^2 \xi^\tau}{\partial x^\sigma \partial x^\nu}\right)$$

$$= 2\eta_{\lambda\tau}\frac{\partial^2 \xi^\tau}{\partial x^\nu \partial x^\rho}\frac{\partial \xi^\lambda}{\partial x^\sigma}$$

Hierbei haben wir die Symmetrie $g_{\mu\nu} = g_{\nu\mu}$ der Metrik ausgenutzt, sowie die Tatsache, dass partielle Ableitungen vertauschen. Jetzt benutzen wir noch (4.33), und erhalten damit für das Christoffelsymbol:

$$\Gamma^\mu_{\nu\rho} = \frac{\partial x^\mu}{\partial \xi^\alpha}\frac{\partial x^\sigma}{\partial \xi^\beta}\eta^{\alpha\beta}\eta_{\lambda\tau}\frac{\partial^2 \xi^\tau}{\partial x^\nu \partial x^\rho}\frac{\partial \xi^\lambda}{\partial x^\sigma}$$

$$= \frac{\partial x^\mu}{\partial \xi^\tau}\frac{\partial^2 \xi^\tau}{\partial x^\nu \partial x^\rho}$$

Das ist aber genau der Ausdruck in (4.7), weswegen wir diese Gleichung endlich in seiner finalen Form hinschreiben können:

Die Bewegungsgleichung für einen frei fallenden Beobachters lautet

$$\frac{d^2 x^\mu}{ds^2} + \Gamma^\mu_{\nu\rho}\frac{dx^\nu}{ds}\frac{dx^\rho}{ds} = 0 \qquad (4.34)$$

Man beachte: Diese Gleichung hängt nur von der Metrik selbst ab. Sobald wir sie kennen, können wir die Gleichung (4.34) aufstellen, wobei man zuerst die Christoffel-Symbole (4.31) aus der Metrik (und der inversen Metrik) berechnen muss.

Gleichung (4.34) kann man als Analogon zum zweiten Newtonschen Gesetz in der ART sehen. (Zumindest, wenn man nur die Gravitationskraft, aber keine anderen physikalischen Kräfte berücksichtigt.) Der Term mit den Christoffel-Symbolen entspricht der Viererkraft geteilt durch die Ruhemasse.

Gleichung (4.34) gilt für beliebige Koordinatensysteme. Dabei sieht die Gleichung in unterschiedlichen Koordinaten unterschiedlich aus, denn die Christoffel-Symbole hängen ja explizit von der Metrik ab – deren Koeffizienten nach Gleichung

(4.18) wiederum in verschiedenen Koordinaten verschieden sind. Darauf werden wir noch genauer eingehen.

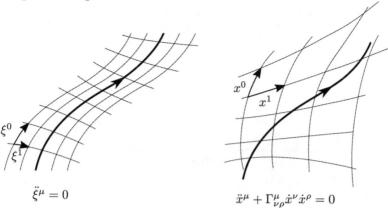

$$\ddot{\xi}^{\mu} = 0 \qquad \ddot{x}^{\mu} + \Gamma^{\mu}_{\nu\rho}\dot{x}^{\nu}\dot{x}^{\rho} = 0$$

Abb. 4.5 Dieselbe Weltlinie (durchgezogene Linie) erfüllt im Ruhesystem des Beobachters die Gleichung $\ddot{\xi}^{\mu} = 0$ (4.4), in beliebigen Koordinaten x^{μ} jedoch die Gleichung (4.34).

Wichtig ist hierbei zu verstehen, dass es immer ganz bestimmte Koordinatensysteme gibt, nämlich die Ruhesysteme von frei fallenden Beobachtern, in denen die Christoffel-Symbole zu null werden. In diesen Koordinaten werden die Bewegungsgleichungen immer zu (4.4), sehen also so aus wie die Bewegungsgleichungen in der SRT. Die Gravitation ist wirklich eine Scheinkraft: Sie tritt nur auf, wenn wir ungünstige Koordinaten wählen.

Was wir noch genauer beleuchten werden, ist die Rolle der Metrik. Auf der einen Seite beschreiben die Koeffizienten $g_{\mu\nu}$ die Geometrie der Raumzeit – z. B. die Abstände zweier nahe beieinanderliegenden Ereignisse. Auch in welche Richtung sich Licht ausbreitet, wird durch sie geregelt, denn die Metrik gibt an, welche Richtungen lichtartig sind und welche nicht. Auf der anderen Seite beschreibt die Metrik die Bewegung aufgrund der Schwerkraft über die Gleichung (4.34). Dabei hat sie die Rolle des Gravitationspotenzials (deren erste Ableitung ja bei Newton die Kraft ist, so wie die Christoffel-Symbole die erste Ableitung der Metrik enthalten).

Auch wenn für einzelne inertiale Beobachter die Metrik – in ihrer direkten Umgebung – wie die Minkowski-Metrik aussieht, so ist das für größere Bereiche der Raumzeit nicht mehr der Fall. Vor allem kann es passieren, dass es für größere Bereiche der Raumzeit kein Koordinatensystem gibt, sodass dort die Metrik überall wie $\eta_{\mu\nu}$ aussieht. Das geschieht immer dann, wenn die Geometrie der Raumzeit **gekrümmt** ist.

	Newton	Einstein	
	Kraft	Metrik	Raumzeit
keine Schwerkraft	$\vec{F}_g = 0$	Es gibt Koordinaten, in denen $g_{\mu\nu} = \eta_{\mu\nu}$ überall exakt gilt	flach
Schwerkraft	$\vec{F}_g \neq 0$	Es gilt $g_{\mu\nu} = \eta_{\mu\nu}$ höchstens (näherungsweise) für Inertialsysteme	gekrümmt

Diesen zentralen Sachverhalt der ART fasst man wie folgt zusammen:

> Gravitation ist eine Folge der Krümmung der Raumzeit.

Dies besser zu verstehen und in Formeln zu verpacken, wird der Inhalt der nächsten Kapitel sein. Vor allem werden wir uns eingehend mit dem Konzept von gekrümmten Räumen befassen. Dieses Teilgebiet der Mathematik wird **Differenzialgeometrie** genannt, und dieses werden wir uns im nächsten Kapitel genauer ansehen.

4.4   Zusammenfassung

- Die Gravitationskraft ist eine **Scheinkraft**. Es gibt immer Koordinatensysteme, in denen sie nicht auftreten. Dazu gehören die Ruhesysteme inertialer Beobachter.

- Ein **inertialer Beobachter** ist, in der ART, derjenige, der keinerlei physikalischen Kraft ausgesetzt ist *außer der Schwerkraft*.

- Die Grundlage der ART ist das **Äquivalenzprinzip**. Es besagt, dass in den Ruhesystemen inertialer Beobachter die Gesetze der SRT gelten.

- Der (infinitesimale) Minkowski-Abstand zweier Ereignisse in der Raumzeit wird durch die **Metrik** $g_{\mu\nu}$ bestimmt. Die Koeffizienten der Metrik $g_{\mu\nu}$ hängen im Allgemeinen vom Ort ab.

- Die Koeffizienten der Metrik in verschiedenen Koordinatensystemen kann man mit (4.18) ineinander umrechnen:

$$\tilde{g}_{\rho\sigma} = \frac{\partial x^\mu}{\partial \tilde{x}^\rho} \frac{\partial x^\nu}{\partial \tilde{x}^\sigma} g_{\mu\nu}$$

- Die **inverse Metrik** (4.33) besitzt die Koeffizienten $g^{\mu\nu}$. Sie erfüllt

$$g_{\mu\nu} g^{\nu\rho} = \delta^\rho_\mu, \quad g^{\mu\nu} g_{\nu\rho} = \delta^\mu_\rho$$

- Aus der Metrik folgen die **Christoffel-Symbole** $\Gamma^\mu_{\nu\rho}$ nach (4.31):

$$\Gamma^\mu_{\nu\rho} := \frac{1}{2} g^{\mu\sigma} \left(\frac{\partial g_{\sigma\nu}}{\partial x^\rho} + \frac{\partial g_{\sigma\rho}}{\partial x^\nu} - \frac{\partial g_{\nu\rho}}{\partial x^\sigma} \right)$$

- Die Bewegungsgleichung eines frei fallenden Beobachters ist (4.34):

$$\frac{d^2 x^\mu}{ds^2} + \Gamma^\mu_{\nu\rho} \frac{dx^\nu}{ds} \frac{dx^\rho}{ds} = 0$$

- Die Metrik ist symmetrisch bezüglich ihrer beiden Indizes, also

$$g_{\mu\nu} = g_{\nu\mu} \quad \text{für alle } \mu, \nu$$

  Die Christoffel-Symbole sind symmetrisch bezüglich der Vertauschung der unteren beiden Indizes, also

$$\Gamma^\mu_{\nu\rho} = \Gamma^\mu_{\rho\nu} \quad \text{für alle } \mu, \nu, \rho$$

4.5   Verweis

Einstein und der freie Fall: Es gibt eine weit verbreitete Geschichte, nach der Albert Einstein die Idee mit dem Äquivalenzprinzip gekommen sei, nachdem er einen Dachdecker beobachtet hatte. der vom Dach gefallen sei. Dabei sei Einstein der Gedanke gekommen, dass man während des freien Falls völlig schwerelos ist. Er sei dann überglücklich zu dem verletzten Dachdecker hingeeilt und habe ihm stolz dazu gratuliert, Teil einer außergewöhnlichen Entdeckung gewesen zu sein.

Diese Anekdote von Einstein ist wohl – wie so viele von ihm – frei erfunden. Er hat zwar in einer Vorlesung zum Thema 1922 das Beispiel einer vom Dach fallenden Person erwähnt. Der Gedanke sei ihm aber recht unvermittelt im Berner Patentamt gekommen (zur Entstehungsgeschichte siehe z. B.: Fölsing (2011)).

→ Zurück zu S. 105

4.6 Aufgaben

Aufgabe 4.1: Zeigen Sie, dass (4.33) wirklich die zu $g_{\mu\nu}$ inverse Metrik definiert. Sind bezüglich Koordinaten x^μ die Koeffizienten der inversen Metrik $g^{\mu\nu}$ gegeben, wie hängen diese dann mit den Koeffizienten der inversen Metrik $\tilde{g}^{\mu\nu}$ in anderen Koordinaten $\tilde{x}^\mu$ zusammen?

Tipp $\longrightarrow$ S. 343   Lösung $\longrightarrow$ S. 384

Aufgabe 4.2: Benutzen Sie die partiellen Ableitungen auf S. 112, um (4.27) herzuleiten.

Tipp $\longrightarrow$ S. 343   Lösung $\longrightarrow$ S. 385

Aufgabe 4.3: Berechnen Sie die Christoffel-Symbole $\Gamma^\mu_{\nu\rho}$ für die Metrik (4.22) in den x^μ-Koordinaten, sowie in den ξ^μ-Koordinaten. Zeigen Sie dann, dass die Kurve (4.23) wirklich die Bahnkurve eines frei fallenden Beobachters ist.

Tipp $\longrightarrow$ S. 343   Lösung $\longrightarrow$ S. 386

Aufgabe 4.4: Sei $-\infty < \theta < \infty$ ein beliebiger reeller Parameter. Zeigen Sie mit den Ergebnissen aus Aufgabe 4.2, dass die Weltlinie $x^\mu_{(\theta)}$, definiert durch

$$x^0_{(\theta)}(\tau) = \operatorname{arsinh}\left[\cosh\theta \sinh\tau\right], \qquad x^1_{(\theta)}(\tau) = \arctan\left[\sinh\theta \tanh\tau\right]$$

die Bewegungsgleichungen (4.34) erfüllt, es sich also um die Weltlinie eines zweiten, frei fallenden Beobachters handelt.

Rechnen Sie die Weltlinie in ξ^μ-Koordinaten um und zeigen Sie, dass $\xi^\mu_{(\theta)}(\tau)$ in der Nähe der Weltlinie des ersten frei fallenden Beobachters die Gleichung $\ddot{\xi}^\mu_{(\theta)} = 0$ erfüllt.

Tipp $\longrightarrow$ S. 344   Lösung $\longrightarrow$ S. 388

Aufgabe 4.5: Sei $a > 0$. Ein Beobachter R hat die Weltlinie

$$x^0(s) = \frac{1}{a}\sinh(as), \quad x^1(s) = \frac{1}{a}\cosh(as), \quad x^2(s) = x^3(s) = 0 \qquad (4.35)$$

Ein Wechsel vom inertialen Koordinatensystem x^μ zu nichtinertialen Koordinaten y^μ ist gegeben durch:

$$y^0 = \frac{1}{a}\operatorname{arctanh}\frac{x^0}{x^1}, \quad y^1 = \sqrt{(x^1)^2 - (x^0)^2} - \frac{1}{a} \qquad (4.36)$$

sowie $y^2 = x^2$, $y^3 = x^3$. Diese sind nur definiert für $x^1 > 0$, $|x^0| < x^1$.

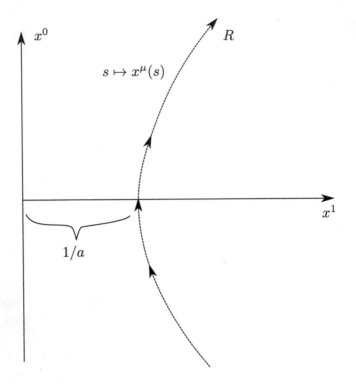

Abb. 4.6 Der Beobachter R („Rindler-Beobachter" genannt) bewegt sich auf einer beschleunigten Bahnkurve.

a) Berechnen Sie die Bahnkurve des Beobachters R in y^μ-Koordinaten.

b) Berechnen Sie die inverse Koordinatentransformation.

c) Berechnen Sie die Metrik $g_{\mu\nu}$ in y^μ-Koordinaten.

d) Ein Lichtstrahl wird bei $x^0 = 0$, $x^1 = d$ in positive x^1-Richtung ausgesandt. Zeigen Sie: Wenn $d \leq 0$, dann kann der Lichtstrahl den Beobachter R nie erreichen, bei $d > 0$ schon.

e) Der Lichtstrahl aus d) habe (gemessen im Inertialsystem x^μ) eine Frequenz ω. Nehmen Sie an, dass $d > 0$. Welche Frequenz misst R, wenn er das Lichtsignal empfängt? Benutzen Sie die Ergebnisse aus Aufgabe 3.8.

Tipp $\longrightarrow$ S. 344   Lösung $\longrightarrow$ S. 391

Teil II

Geometrie

5 Tensorkalkül auf Mannigfaltigkeiten

Übersicht

Bisher haben wir uns mit dem euklidischen und dem Minkowski-Raum beschäftigt. Dort war die Sache recht einfach: Um sich in der Raumzeit zurechtzufinden, konnten wir ein Intertialsystem als Koordinatensystem wählen. Dann konnten wir all unsere Formeln über Vektoren, Weltlinien und Tensoren ausdrücken. Der Wechsel zwischen inertialen Koordinatensystemen war durch Galilei- (1.3) bzw. Poincaré-Transformationen (3.28) gegeben. Wir konnten auch Nichtintertialsysteme benutzen; dann entsprachen die zusätzlich auftretenden Termen den Scheinkräften.

In der Newtonschen Mechanik kann man die Schwerkraft durch ein echtes, physikalisches Kraftfeld beschreiben. In der Relativitätstheorie ist das aber nicht so einfach, unter anderem, weil keine instantane Fernwirkung erlaubt ist. Um Schwerkraft mit der relativistischen Physik zu vereinen, muss man ihren Charakter als Scheinkraft ernst nehmen: Sie tritt nur auf, wenn man das „falsche" Koordinatensystem wählt. Eine inertiale Beobachterin (also eine frei fallende Beobachterin, die sich nur unter dem Einfluss der Schwerkraft bewegt) fühlt sich schwerelos, nimmt also keine Scheinkräfte (auch kein Schwerkraft) wahr. Man bemerkt die Schwerkraft nur, wenn man nichtinertiale Koordinatensysteme benutzt.

In der Speziellen Relativitätstheorie aus Kap. 3 gibt es keine Schwerkraft. Dort konnte man ein überall gültiges Koordinatensystem (nämlich ein Inertialsystem) wählen, in dem alle Scheinkräfte verschwinden. Im allgemeineren Fall, also mit Schwerkraft, geht das nur noch näherungsweise und lokal: eine frei fallende Beobachterin nimmt keine Schwerkraft wahr; sie kann ihre direkte Umgebung näherungsweise durch ein lokales Inertialsystem beschreiben. Es gibt aber kein überall definiertes Koordinatensystem, in dem die Raumzeit genauso aussieht wie der Minkowski-Raum. Vor allem wird im Allgemeinen die Metrik (4.14) nicht gleich der Minkowski-Metrik sein.

Um dies mathematisch vernünftig zu beschreiben, müssen wir unseren Formalismus ein bisschen erweitern. Dabei stößt man ganz automatisch auf Begriffe, die in das mathematische Gebiet der **Differenzialgeometrie** gehören. Und damit beschäftigen wir uns in diesem und den nächsten Kapiteln, nämlich mit Räumen, die lokal durch Koordinaten beschrieben werden, den sogenannten **Mannigfaltigkeiten**. Genau wie im Minkowski-Raum beschreibt man Vorgänge auf allgemeinen Mannigfaltigkeiten auch durch Koordinatensysteme. Es gibt allerdings einige Unterschiede zum Minkowski-Raum:

- Im Allgemeinen gibt es auf Mannigfaltigkeiten kein Koordinatensystem, das den ganzen Raum abdeckt. Es gibt nur Koordinatensysteme für „kleine" Umgebungen, die sich überlappen. Verlässt man eine Umgebung, muss man von einem zum anderen Koordinatensystem wechseln.
- Es gibt *a priori* keine besonders ausgezeichneten Koordinatensysteme (z. B. Inertialsysteme). Alle Koordinatensysteme müssen gleich behandelt werden. Daher muss man Formeln finden, die in *allen* Koordinatensystemen gültig sind.
- In der Differenzialgeometrie treten gewisse Objekte auf, die **Tensoren** genannt werden. Das sind genau die Verallgemeinerungen der bereits bekannten physikalischen Größen aus Kap. 3, verallgemeinert auf gekrümmte Raumzeiten. Die Formeln, die dann in allen Koordinatensystemen gültig sind, sind genau die Tensorgesetze.

5.1 Mannigfaltigkeiten

Eine n-dimensionale Mannigfaltigkeit M ist eine Menge von Punkten, die *lokal* so aussehen wie $\mathbb{R}^n$. Das heißt, wenn man nicht den ganzen Raum betrachtet, sondern nur eine kleine Umgebung um einen Punkt, dann kann man keinen Unterschied zwischen den beiden feststellen. Ein **(lokales) Koordinatensystem** auf M ist eine eindeutig umkehrbare Abbildung x einer offenen Menge U in M in eine offenen Menge V von $\mathbb{R}^n$, mathematisch formuliert also

$$x : U \to V \subset \mathbb{R}^n \tag{5.1}$$

Jeder Punkt P in U wird einem Tupel von Zahlen $(x^1(P), x^2(P), \ldots, x^n(P))$, den **Koordinaten**, zugeordnet. Anders ausgedrückt: Jeder Punkt in U lässt sich durch ein Zahlentupel ausdrücken, und jedes Zahlentupel aus V beschreibt einen Punkt in U. Das Koordinatensystem x sorgt also dafür, dass $U \subset M$ aussieht wie $V \subset \mathbb{R}^n$!

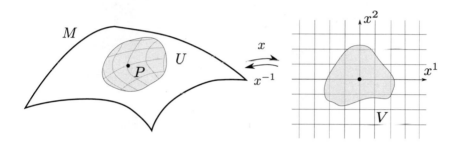

Abb. 5.1 Ein lokales Koordinatensystem x bbildet eine Menge $U \subset M$ umkehrbar eindeutig auf eine Menge $V \subset \mathbb{R}^n$ ab.

Wir haben bereits Beispiele für Koordinatensysteme gesehen: Die Raumzeit in der SRT (für die wir auch das Symbol M benutzt haben) ist ein Beispiel für eine Mannigfaltigkeit, und jedes Intertialsystem ist ein Koordinatensystem, das den ganzen Raum abdeckt, also $U = M$.

Für eine Mannigfaltigkeit M braucht man im Allgemeinen nicht nur eines, sondern viele Koordinatensysteme. Zumindest so viele, dass jeder Punkt in mindestens einem Koordinatensystem enthalten ist. Für jeden Punkt wird es aber im Allgemeinen mehrere Koordinatensysteme geben, und dann muss man sich darum kümmern, was passiert, wenn man von einem Koordinatensystem ins andere wechselt.

Haben wir zwei überlappende Koordinatensysteme $x : U \to V$ und $\tilde{x} : \tilde{U} \to \tilde{V}$, das heißt mit nichtleerer Überschneidung $U \cap \tilde{U}$, dann heißt die Abbildung $\tilde{x} \circ x^{-1}$ (eingeschränkt auf den Bereich, wo diese Verkettung definiert ist) **Koordinatenwechsel**. Ein solcher Koordinatenwechsel ordnet Zahlentupeln $(x^1, \ldots, x^n)$ eindeutig ein Zahlentupel $(\tilde{x}^1, \ldots, \tilde{x}^n)$ zu, also

$$(x^1, \ldots, x^n) \longmapsto (\tilde{x}^1, \ldots, \tilde{x}^n) \tag{5.2}$$

Der Koordinatenwechsel beantwortet also die Frage „Welche Koordinaten $\tilde{x}^\mu$ hat derjenige Punkt P, der die Koordinaten x^ν hat?". Diese Koordinatenwechsel sind

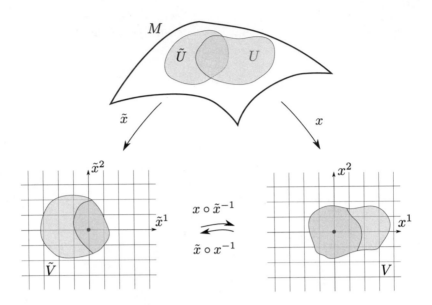

Abb. 5.2 Ein Wechsel zwischen zwei lokalen Koordinatensystemen auf M. Die dunkelgrau eingefärbten Bereiche sind $\tilde{x}(U \cap \tilde{U})$ und $x(U \cap \tilde{U})$, also die Bereiche, in denen man die Koordinaten eindeutig ineinander umrechnen kann.

also Abbildungen $\tilde{x} \circ x^{-1}$ von Teilmengen von $\mathbb{R}^n$ nach $\mathbb{R}^n$, und die Komponenten dieser Abbildung schreibt man als

$$\tilde{x}^1(x), \ldots \tilde{x}^n(x) \tag{5.3}$$

Die Zuordnung (5.3) ist da, wo sie definiert ist immer eindeutig umkehrbar, und die Umkehrabbildung $x \circ \tilde{x}^{-1}$ schreibt man in Koordinaten $x^\mu(\tilde{x})$.

Die Koordinatenabbildungen sollen übrigens alle hinreichend glatt sein, das heißt, es müssen die partiellen Ableitungen $\partial \tilde{x}^\mu / \partial x^\nu$ und auch alle höheren Ableitungen existieren. Für die Umkehrung gilt das genauso. Und wegen der Kettenregel gilt dann

$$\delta^\mu{}_\nu = \frac{\partial x^\mu}{\partial x^\nu} = \frac{\partial x^\mu}{\partial \tilde{x}^\rho} \frac{\partial \tilde{x}^\rho}{\partial x^\nu} \tag{5.4}$$

Die Matrizen $M^\mu{}_\nu = \frac{\partial x^\mu}{\partial \tilde{x}^\nu}$ und $N^\mu{}_\nu = \frac{\partial \tilde{x}^\mu}{\partial x^\nu}$ sind also invers zueinander. Hierbei benutzen wir dieselbe Konvention wie in Kap. 3, um einen Tensor mit zwei Indizes als Matrix zu interpretieren: **Zeilen zuerst, Spalten später!**

Noch ein Wort zur Warnung: Die letzte Aussage über die inversen Matrizen schreiben viele Autoren als

$$\left(\frac{\partial x^\mu}{\partial \tilde{x}^\nu}\right)^{-1} = \frac{\partial \tilde{x}^\nu}{\partial x^\mu} \tag{5.5}$$

Das ist nichts weiter als eine Schreibweise für $M^{-1} = N$. Es heißt *nicht*, dass die einzelnen Matrixelemente Kehrwerte voneinander sind!

Beispiel 1: $M = S^1$. Das einfachste Beispiel einer Mannigfaltigkeit, die kein Vektorraum ist, ist der Kreis S^1. Wir beschreiben S^1 als die Menge aller komplexen Zahlen $z \in \mathbb{C}$ mit Betrag $|z| = 1$ (s. Abb.). Hier ist $n = 1$, was bedeutet, dass es nur eine Koordinate x^1 gibt. Man braucht mindestens zwei Koordinatensysteme, um den Kreis abzudecken: Die Menge U_1 besteht aus allen Punkten $z \neq -1$, und Punkte auf dieser Teilmenge von S^1 kann man eindeutig als $e^{ix^1} = \cos(x^1) + i\sin(x^1)$ darstellen, mit $-\pi < x^1 < \pi$. Die Abbildung $K_1 : S^1 \backslash -1 \to (-\pi, \pi)$ lautet hier

$$K_1 : \ e^{ix^1} \longmapsto x^1 \tag{5.6}$$

Das zweite Koordinatensystem K_2 ist überall auf S^1 definiert, außer bei $z = 1$. Diese Punkte haben eine eindeutige Darstellung als e^{iy^1} mit $0 < y^1 < 2\pi$. Jeder Punkt auf S^1 wird durch mindestens ein Koordinatensystem beschrieben, die meisten (also alle bis auf $z = 1$ und $z = -1$) haben sogar sowohl eine x^1- als auch eine y^1-Koordinate.

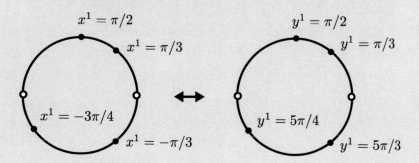

Diese Punkte haben x^1-Koordinaten von entweder zwischen $-\pi$ und 0 oder zwischen 0 und π. Die entsprechenden y^1-Koordinaten dieser Punkte liegen zwischen 0 und π oder zwischen π und 2π. Der Punkt mit $x^1 = 0$ hat keine y^1-Koordinate, und der Punkt mit $y^1 = \pi$ hat keine x^1-Koordinate.

Der Koordinatenwechsel $x^1 \mapsto y^1(x^1)$ lautet hier

$$y^1(x^1) = \begin{cases} x^1 & \text{wenn } 0 < x^1 < \pi \\ x^1 + 2\pi & \text{wenn } -\pi < x^1 < 0 \end{cases} \tag{5.7}$$

Beispiel 2: $M = S^2$. Die Kugeloberfläche, auch 2-Sphäre genannt, ist die Menge aller Punkte P in $\mathbb{R}^3$, die vom Ursprung genau eine Längeneinheit entfernt sind. In anderen Worten

$$S^2 = \left\{ (x, y, z) \in \mathbb{R}^3 \,\middle|\, x^2 + y^2 + z^2 = 1 \right\} \tag{5.8}$$

Ganz wichtig: Die drei Zahlen (x, y, z) sind zwar Koordinaten in $\mathbb{R}^3$, aber *keine* Koordinaten auf S^2. Wegen der zusätzlichen Bedingung (5.8) ist S^2 eine zweidimensionale Mannigfaltigkeit (3 Zahlen – 1 Bedingung).

Ein wichtiges (neben den wohlbekannten Kugelkoordinaten) Koordinatensystem ist die **stereografische Projektion**, die wir mit x_N bezeichnen. Dabei projiziert man die gesamte Kugeloberfläche (außer den Nordpol) auf die $x - y$-Ebene. Der Nordpol der 2-Sphäre ist derjenige Punkt N mit $x = 0$, $y = 0$, $z = 1$. Zu jedem anderen Punkt $P = (x, y, z)$ auf S^2 kann man eine gerade Linie ziehen (s. Abb.).

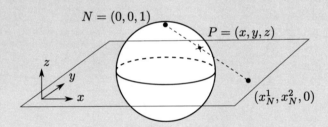

Eine solche Gerade schneidet die $x - y$-Ebene in genau einem Punkt, dessen x- und y-Werte wir als Koordinaten nehmen, also $(x_N^1, x_N^2, 0)$.

Eben haben wir beschrieben, wie man das Koordinatensystem x_N konstruiert, jetzt werden wir es berechnen: Die Gerade von $N = (0, 0, 1)$ zu $P = (x, y, z)$ kann man durch

$$\vec{r}(\lambda) = \begin{pmatrix} 0 \\ 0 \\ 1 \end{pmatrix} + \lambda \begin{pmatrix} x \\ y \\ z - 1 \end{pmatrix}, \qquad -\infty < \lambda < \infty \tag{5.9}$$

parameterisieren. Die Zahl λ ist der Kurvenparameter, und den Schnittpunkt mit der $x - y$-Ebene errechnet man, indem man die dritte Komponente von (5.9) zu null setzt. Das führt zu der Gleichung $1 + \lambda(z - 1) = 0$, also

$$\lambda = \frac{1}{1 - z}$$

Der Punkt $P = (x, y, z)$ hat im Koordinatensystem x_N also die Koordinaten

$$x_N^1 = \frac{x}{1 - z}, \quad x_N^2 = \frac{y}{1 - z} \tag{5.10}$$

Das Koordinatensystem x_N deckt dabei die gesamte Kugeloberfläche bis auf den Nordpol N ab (und in der Tat ergeben die Werte x_N^μ für $z = 1$ auch überhaupt keinen Sinn).

Genau analog dazu definiert man das Koordinatensystem x_S (ebenfalls stereografische Projektion genannt), wobei man diesmal die Gerade aber vom Südpol $S = (0, 0, -1)$ aus nimmt. Die Koordinaten x_S^μ des Punktes $P(x, y, z)$ sind dann (nachrechnen!)

$$x_S^1 = \frac{x}{1 + z}, \quad x_S^2 = \frac{y}{1 + z} \tag{5.11}$$

Um den Koordinatenwechsel $x_N^\mu \mapsto x_S^\mu$ zwischen diesen beiden stereografischen zu berechnen, muss man sich überlegen, welcher Punkt $P = (x, y, z)$ die Koordinaten (x_N^1, x_N^2) hat. Die Summe der Quadrate der Koordinaten x_N erfüllen

$$\|x_N\|^2 := (x_N^1)^2 + (x_N^2)^2 = \frac{x^2 + y^2}{(1 - z)^2} = \frac{1 - z^2}{(1 - z)^2} = \frac{1 + z}{1 - z}$$

Das löst man nach $z = \frac{\|x_N\|^2 - 1}{\|x_N\|^2 + 1}$ auf (nachrechnen!). Damit haben wir schon einmal den z-Wert des Punktes mit den Koordinaten (x_N^1, x_N^2). Den x-und y-Wert bekommen wir jetzt leicht, mit $x = (1 - z)x_N^1$ und $y = (1 - z)x_N^2$, und zwar

$$x = \frac{2x_N^1}{\|x_N\|^2 + 1}, \quad y = \frac{2x_N^2}{\|x_N\|^2 + 1}, \quad z = \frac{\|x_N\|^2 - 1}{\|x_N\|^2 + 1}$$

Setzt man dies in (5.11) ein, bekommt man für $x_S^\mu(x_N^\nu)$ (wieder: nachrechnen!)

$$x_S^1 = \frac{x_N^1}{\|x_N\|^2}, \quad x_S^2 = \frac{x_N^2}{\|x_N\|^2}$$

Und damit haben wir die Koordinaten x_S^μ in Abhängigkeit von x_N^μ.

5.2 Tangentialvektoren

Genau wie auch im euklidischen und Minkowski-Raum, so gibt es auch in allgemeinen Mannigfaltigkeiten den Begriff des Vektors. Allerdings haben Vektoren im allgemeinen Fall nichts mehr mit Verschiebungen des Raumes zu tun (weil die Mannigfaltigkeit vielleicht gar nicht symmetrisch genug ist, um sie als Ganzes von einem Punkt zum anderen zu verschieben).

Verschiebungen helfen uns hier also nicht weiter – aber bisher traten Vektoren noch an anderer Stelle auf, und zwar als Geschwindigkeitsvektoren von Kurven! Kurven in M gibt es sehr wohl, und das ist auch eine gute Möglichkeit, Vektoren zu definieren.

> Ein **Tangentialvektor** X am Punkt P auf einer Mannigfaltigkeit kann durch eine glatte Kurve dargestellt werden, die durch den Punkt P geht. Der Geschwindigkeitsvektor dieser Kurve in dem Moment, in dem die Kurve durch P läuft, entspricht X.

Eine Kurve durch M wird beschrieben durch eine Abbildung

$$\gamma : (-\epsilon, \epsilon) \longrightarrow M \tag{5.12}$$

mit $\gamma(0) = P$. Das ist an sich etwas Abstraktes, aber wenn man ein Koordinatensystem x zur Hand hat (das den Punkt P beinhaltet), dann kann man die abstrakte Kurve γ in diesen Koordinaten darstellen. Mathematisch entspricht das der Verkettung $x \circ \gamma$, was zu einer Kurve nicht in M, sondern in V, also in $\mathbb{R}^n$ führt. Und damit kann man wieder rechnen!

In Koordinaten entspricht diese Kurve nämlich n Funktionen

$$x^1(\phi),\ x^2(\phi),\ \ldots,\ x^n(\phi) \tag{5.13}$$

wobei ϕ der Kurvenparameter ist, mit $-\epsilon < \phi < \epsilon$, und $\phi = 0$ dem Punkt P entspricht. Diese Funktionen kann man einfach ableiten.

Die **Komponenten des Vektors** X im Koordinatensystem x sind gegeben durch n Zahlen X^μ, $\mu = 1, \ldots, n$, mit

$$X^\mu := \left. \frac{dx^\mu}{d\phi} \right|_{\phi=0} \tag{5.14}$$

Die Komponenten X^μ des Vektors X hängen also vom Koordinatensystem ab. In einem anderen Koordinatensystem $\tilde{x}$ sieht dieselbe Kurve γ eventuell anders aus: In Koordinaten entspricht die Kurve $\tilde{x} \circ \gamma$, und hat Komponenten $\tilde{x}^\mu(\phi)$. In diesen Koordinaten sind die Komponenten dann $\tilde{X}^\mu = d\tilde{x}^\mu/d\phi$, und sie müssen nicht dieselben sein wie X^μ.

Man kann sie aber ineinander umrechnen, indem man den Koordinatenwechsel $\tilde{x}^\mu(x)$ benutzt:

$$\tilde{x}^\mu(\phi) \;=\; \tilde{x}^\mu(x^\nu(\phi)) \tag{5.15}$$

Dann gilt nach der Kettenregel:

$$\tilde{X}^\mu \;=\; \frac{d\tilde{x}^\mu}{d\phi} \;=\; \frac{d}{d\phi}\tilde{x}^\mu(x(\phi)) \tag{5.16}$$

$$=\; \frac{\partial \tilde{x}^\mu}{\partial \tilde{x}^\nu}\frac{dx^\nu}{d\phi} \;=\; \frac{\partial \tilde{x}^\mu}{\partial x^\nu} X^\nu$$

Hier haben wir wieder einmal die Einsteinsche Summenkonvention benutzt, es wird also über ν summiert. Zusammenfassend:

Beim Wechsel von Koordinaten x^μ zu Koordinaten $\tilde{x}^\mu$ ändern sich die Komponenten eines Tangentialvektors X am Punkt P nach der Formel

$$\tilde{X}^\mu \;=\; \frac{\partial \tilde{x}^\mu}{\partial x^\nu} X^\nu \tag{5.17}$$

Dabei sind alle Ausdrücke an denjenigen x^μ zu nehmen, die den Koordinaten des Punktes P entsprechen.

Die Tangentialvektoren am Punkt P bilden einen Vektorraum, den man mit **Tangentialraum (an P)** oder auch $T_P M$ bezeichnet. Addition von Vektoren und Multiplikation mit Skalaren sind in Koordinaten definiert, und das Ergebnis dieser Rechenoperationen ist unabhängig davon, in welchem Koordinatensystem man arbeitet.

Es ist wichtig, an dieser Stelle darauf hinzuweisen, dass der Tangentialraum $T_P M$ zum Punkt P gehört. Man stellt ihn sich auch oft am Punkt P „angeheftet" vor. Der Tangentialraum $T_Q M$ an einem anderen Punkt $Q \neq P$ ist wirklich ein *anderer* Vektorraum, und es ergibt z. B. keinen Sinn, einen Vektor aus $T_P M$ und einen aus $T_Q M$ miteinander addieren zu wollen (Abb. 5.4). Im euklidischen oder Minkowski-Raum haben wir uns darüber keine großen Gedanken gemacht, weil man, wenn die Mannigfaltigkeit wie in diesen Fällen eine lineare Struktur besitzt, die Tangentialräume an verschiedenen Punkten miteinander eindeutig identifizieren kann. In diesen Fällen gibt es im Wesentlichen nur einen Tangentialraum – und dies sieht sogar fast genauso aus wie der Raum selbst! Aber für allgemeine Mannigfaltigkeiten kann man das nicht, und deswegen muss man sich vor Augen halten, dass Tangentialvektoren immer zu einem bestimmten Punkt P gehören.

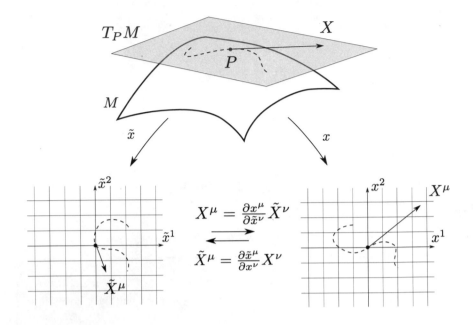

Abb. 5.3 Koordinatenwechsel von Tangentialvektoren.

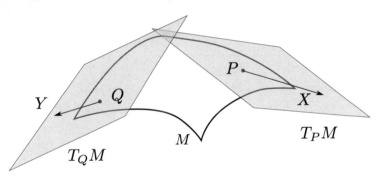

Abb. 5.4 Die Tangentialvektoren $X \in T_P M$ und $Y \in T_Q M$ an verschiedenen Punkten P und Q leben in verschiedenen Vektorräumen, und man kann sie nicht miteinander addieren oder subtrahieren.

5.3 Vektorfelder

Genau wie im euklidischen oder Minkowski-Raum kann man auch auf Mannigfaltigkeiten Vektorfelder definieren. Ein **Vektorfeld** ist eine Zuordnung von Tangentialvektoren $X(P)$ zu verschiedenen Punkten P auf M. Dabei lassen wir sowohl „globale" Vektorfelder zu, die jedem Punkt P aus M einen Tangentialvektor $X(P)$ zuordnet, sowie „lokale" Vektorfelder, die nur einem kleinen Bereich, z. B. einer offenen Menge wie einer Koordinatenumgebung Vektoren zuordnen.

In lokalen Koordinaten sieht ein Vektorfeld immer wie Funktionen von (einer Teilmenge V von) $\mathbb{R}^n$ nach $\mathbb{R}^n$ aus, also wie $X^\mu(x)$, mit Variablen x^ν.

Bezüglich Koordinaten x^μ gibt es für jede Zahl $\mu = 1, 2, \ldots, n$ das sogenannte μ-te **Koordinatenvektorfeld**

$$\frac{\partial}{\partial x^\mu} \tag{5.18}$$

Dies wird oft auch verkürzt ∂_μ geschrieben und ist so definiert, dass es in den Koordinaten x genau die μ-te Komponente gleich eins ist, alle anderen gleich null. In Formeln also:

$$\left(\frac{\partial}{\partial_\mu}\right)^\nu = \delta_\mu{}^\nu \tag{5.19}$$

Ein Vektorfeld X kann man in diese Koordinatenvektorfelder zerlegen:

$$X = X^\mu \frac{\partial}{\partial x^\mu} \tag{5.20}$$

wobei die X^μ die Komponenten von X bezüglich der Koordinaten x^μ sind. Die Zerlegung (5.20) gilt nur auf dem Gebiet U, auf dem das Koordinatensystem x definiert ist.

Die $\frac{\partial}{\partial x^\mu}$ sind nur lokale Vektorfelder und leben nur auf der Koordinatenumgebung U von x (sie sind ja in einem bestimmten Koordinatensystem definiert; wo es also keine Koordinaten gibt, gibt es auch kein Vektorfeld).

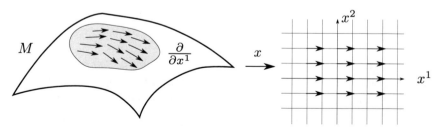

Abb. 5.5 Das Koordinatenvektorfeld $\frac{\partial}{\partial x^1}$ lebt nur auf der Koordinatenumgebung U. Es ist so definiert, dass in Koordinaten die 1-Komponente gleich eins, und alle anderen Komponenten gleich null sind.

Die Notation der Basisvektorfelder als partielle Ableitungen ist übrigens kein Zufall. Das liegt daran, dass Tangentialvektoren im Wesentlichen nichts anderes als Richtungsableitungen sind, wie wir im Folgenden sehen werden.

5.4   Tangentialvektoren als Ableitungsoperatoren

Tangentialvektoren an Punkten P kann man, wie wir gesehen haben, als Kurven darstellen, die durch P gehen. Die Geschwindigkeit und Richtung der Kurve bestimmen dabei die Länge und Richtung des Vektors. Es gibt dabei viele verschiedene Kurven, die denselben Geschwindigkeitsvektor an P haben.

Es gibt aber noch eine weiter Art und Weise, Tangentialvektoren zu definieren (und in der Mathematik wird diese Methode auch oft vorgezogen): Man kann einen Tangentialvektor $X_P \in T_P M$ auch als Ableitungsoperator interpretieren. Zu einer Funktion $f : M \to \mathbb{R}$ entspricht $X_P(f)$ der Richtungsableitung von f in der Richtung von X_P, am Punkt P. Die kann man berechnen, indem man sich eine Kurve γ nimmt, die bei $t = 0$ durch P geht und X_P als Geschwindigkeitsvektor hat. In Koordinaten ist die Zahl $X_P(f)$ als die Ableitung

$$X_P(f) := \left. \frac{d}{dt} \right|_{t=0} f(x^\mu(t)) = \left. \frac{dx^\mu}{dt} \right|_{t=0} \frac{\partial f}{\partial x^\mu} = X_P^\mu \frac{\partial f}{\partial x^\mu} \tag{5.21}$$

definiert. (In bester Physikermanier schreiben wir $P \mapsto f(P)$ für die Funktion f, und $x^\mu \mapsto f(x^\mu)$ für die Funktion $V \to f \circ x^{-1}$ – wir benutzen also dasselbe Symbol „f" einerseits für die Funktion selbst und andererseits für die Funktion in Koordinaten ausgedrückt.) Tangentialvektoren X_P wirken also auf Funktionen f und geben eine Zahl $X_P(f)$ wieder, die genau die Richtungsableitung von f in Richtung X_P bei P ist.

Das bedeutet, dass Vektorfelder X Funktionen f auf andere Funktionen $X(f)$ abbilden. Der Funktionswert von $X(f)$ bei P ist genau die Zahl $X_P(f)$, wobei X_P der Wert des Vektorfeldes X bei P ist. Schreiben wir X mit seiner Zerlegung in Basisvektorfelder (5.20), gilt damit also

$$\left(X^\mu \frac{\partial}{\partial x^\mu} \right) f = X^\mu \frac{\partial f}{\partial x^\mu} \tag{5.22}$$

Die linke Seite von (5.22) ist nur die abstrakte Zerlegung von Vektorfeldern nach (5.20). Die linke Seite allerdings enthält wirklich die partiellen Ableitungen von f. Die Notation (5.20) ist also gut gewählt, weil sie zu der Formel (5.22) führt.

Unter Koordinatentransformationen verhalten sich die Basisvektorfelder übrigens genauso, wie man es von partiellen Ableitungen kennt! Das soll in Aufgabe 5.2 selbst nachgerechnet werden.

Vektorfelder X bilden also Funktionen f auf Funktionen $X(f)$ ab. Damit kann man beliebig oft Vektorfelder auf Funktionen anwenden und bekommt immer wieder Funktionen.

Eine interessante Frage dabei ist: Wenn man nacheinander die Vektorfelder X und Y anwendet, ist das Resultat dasselbe als hätte man stattdessen ein drittes Vektorfeld Z angewendet? Kann man also $Z = XY$ schreiben?

Man sieht allerdings gleich, dass das nicht klappen kann: Wirken wir erst mit Y und dann mit X auf f, ergibt sich in Koordinaten

$$X(Y(f)) \;=\; \left(X^\mu \frac{\partial}{\partial x^\mu}\right)\left(Y^\nu \frac{\partial}{\partial x^\nu}\right) f \;=\; \left(X^\mu \frac{\partial}{\partial x^\mu}\right) Y^\nu \frac{\partial f}{\partial x^\nu}$$

$$=\; X^\mu \frac{\partial Y^\nu}{\partial x^\mu}\frac{\partial f}{\partial x^\nu} + X^\mu Y^\nu \frac{\partial^2 f}{\partial x^\mu \partial x^\nu}$$

Das ist wegen des Terms mit zweiten Ableitungen keine Richtungsableitung mehr. Zweite Ableitungen kommutieren aber miteinander, weswegen die Differenz von $X(Y(f))$ und $Y(X(f))$ sehr wohl wie ein Vektorfeld auf f wirkt:

> Vektorfelder: S. 148 ℵ₀

$$X(Y(f)) - Y(X(f)) \;=\; X^\mu \frac{\partial Y^\nu}{\partial x^\mu}\frac{\partial f}{\partial x^\nu} + X^\mu Y^\nu \frac{\partial^2 f}{\partial x^\mu \partial x^\nu} - Y^\mu \frac{\partial X^\nu}{\partial x^\mu}\frac{\partial f}{\partial x^\nu}$$

$$-\, Y^\mu X^\nu \frac{\partial^2 f}{\partial x^\nu \partial x^\mu}$$

$$=\; \left(X^\mu \frac{\partial Y^\nu}{\partial x^\mu} - Y^\mu \frac{\partial X^\nu}{\partial x^\mu}\right)\frac{\partial f}{\partial x^\nu}$$

denn in dieser Differenz heben sich die Terme mit den zweiten Ableitungen weg, und es bleiben nur erste Ableitungen übrig. Die Differenz von XY und YX wirkt also auch wie ein Vektorfeld, das man den **Kommutator** von X und Y nennt, und als $[X,Y] = XY - YX$ schreibt, wie bei Operatoren (genau das sind Vektorfelder nämlich).

In lokalen Koordinaten sind die Komponenten von $[X,Y]$ durch

$$[X,Y]^\mu \;=\; X^\mu \frac{\partial Y^\nu}{\partial x^\mu} - Y^\mu \frac{\partial X^\nu}{\partial x^\mu} \tag{5.23}$$

gegeben.

5.5 Kovektoren und 1-Formen

Zu jedem Vektorraum V gibt es einen Dualraum V^*, also die Menge der linearen Abbildungen von V nach $\mathbb{R}$. Das heißt, es gibt auch zu jedem Tangentialraum $T_P M$ einen Dualraum, den man meist mit $T_P^* M$ beschreibt und **Kotangentialraum (an P)** nennt. Die Elemente im Kotangentialraum nennt man **Kovektoren**, oder manchmal auch duale Vektoren, und wir werden fast immer kleine griechische Buchstaben ($\omega, \eta, \alpha, \beta \ldots$) für sie benutzen. So wie Zuordnungen von Tangentialvektoren zu Punkten in M als Vektorfelder bezeichnet werden, so könnte man Zuordnungen von Kovektoren zu Punkten Kovektorfelder nennen. Dies tut man aber meistens nicht, sondern man benutzt den Begriff **1-Form** (seltener auch **Pfaffsche Form**). Genauso wie bei Vektoren gibt es globale und lokale 1-Formen, je nachdem ob sie überall oder nur auf offenen Teilmengen definiert sind.

In Koordinaten kann man jeden Vektor X aus $T_P M$ in die Koordinatenbasis $X = X^\mu \frac{\partial}{\partial x^\mu}$ zerlegen, und das geht auch mit Kovektoren ω: Dazu benutzt man fast immer die zu $\frac{\partial}{\partial x^\mu}$ duale Basis. Deren Elemente schreibt man als $(dx^\mu)_P$, und genauso wie bei den Koordinatenvektorfeldern lassen wir aus ästhetischen Gründen meist die Angabe des Punktes P weg und schreiben einfach dx^μ. Es gilt also:

Für ein lokales Koordinatensystem $x : U \to V \subset \mathbb{R}^n$ sind die auf U definierten lokalen **Basisformen**

$$dx^\mu \qquad \text{mit } \mu = 1, \ldots, n \tag{5.24}$$

Das sind diejenigen 1-Formen, die an jedem Punkt P zu den entsprechenden Koordinatenvektorfeldern $\frac{\partial}{\partial x^\mu}$ dual sind. Es gilt also

$$dx^\mu \left(\frac{\partial}{\partial x^\nu} \right) = \delta^\mu{}_\nu = \begin{cases} 1 & \text{wenn } \mu = \nu \\ 0 & \text{wenn } \mu \neq \nu \end{cases} \tag{5.25}$$

Die Komponenten eines Kovektors ω in Koordinaten x^μ werden immer bezüglich der Basis dx^μ angegeben, d. h.

$$\omega = \omega_\mu dx^\mu \tag{5.26}$$

Weil ω ein dualer Vektor ist, bildet der Tangentialvektoren auf reelle Zahlen ab, und zwar

$$\omega(X) = \omega_\mu dx^\mu \left(X^\nu \frac{\partial}{\partial x^\nu} \right) = \omega_\mu X^\nu dx^\mu \left(\frac{\partial}{\partial x^\nu} \right) = \omega_\mu X^\mu \tag{5.27}$$

Dabei haben wir die Eigenschaft der dualen Basis (5.25) benutzt. Eine ähnliche Formel haben wir in Kap. 3 bereits gesehen. Die X sind also Spaltenvektoren (sie haben die Indizes oben) und ω Zeilenvektoren (mit Indizes unten).

Die Menge der (glatten) 1-Formen auf M bezeichnet man übrigens als $\Omega^1(M)$, seltener auch als $\Gamma(T^*M)$.

Die Formeln (5.25) bis (5.27) waren alle an einem bestimmten Punkt P angenommen. Ohne das explizit anzugeben, sollten also alle Vektoren, 1-Formen, etc. am Punkt P gelten. Aber die Gleichung (5.25) gilt auch für die Vektorfelder an sich, also auf dem gesamten Definitionsbereich U des Koordinatensystemes x. In dem Fall ist die rechte Seite von (5.25) zu lesen als „die auf U konstante Funktion mit Wert 1, falls $\mu = \nu$, oder mit Wert 0, falls $\mu \neq \nu$".

Wie hängen die Basisformen bezüglich verschiedener Koordinatensysteme x und $\tilde{x}$ miteinander zusammen? An jedem Punkt P bilden die $dx^1, \ldots, dx^n$ eine Basis von $T_P^* M$. Deswegen muss es einen linearen Zusammenhang

$$d\tilde{x}^\mu = A^\mu{}_\nu \, dx^\nu \tag{5.28}$$

geben, mit n^2 Funktionen $A^\mu{}_\nu$. Wie in Aufgabe 5.2 gezeigt werden soll, transformieren sich die Basisvektorfelder $\frac{\partial}{\partial x^\mu}$ unter einer Koordinatentransformation wie folgt:

$$\frac{\partial}{\partial \tilde{x}^\mu} = \frac{\partial x^\nu}{\partial \tilde{x}^\mu} \frac{\partial}{\partial x^\nu} \tag{5.29}$$

Im Koordinatensystem $\tilde{x}$ muss auch die Formel (5.25) gelten. Deswegen gilt

$$\delta^\mu{}_\nu = d\tilde{x}^\mu \left(\frac{\partial}{\partial \tilde{x}^\nu} \right) = A^\mu{}_\rho \frac{\partial x^\lambda}{\partial x^\nu} \, dx^\rho \left(\frac{\partial}{\partial x^\lambda} \right) = A^\mu{}_\rho \frac{\partial x^\rho}{\partial \tilde{x}^\nu} \tag{5.30}$$

Multiplizieren wir beide Seiten mit $\frac{\partial \tilde{x}^\nu}{\partial x^\tau}$ und benutzen (5.4), bekommen wir damit den Zusammenhang:

$$A^\mu{}_\tau = \frac{\partial \tilde{x}^\mu}{\partial x^\tau} \tag{5.31}$$

Mit anderen Worten:

Die Basisformen von verschiedenen Koordinatensystemen hängen durch

$$d\tilde{x}^\mu = \frac{\partial \tilde{x}^\mu}{\partial x^\nu} \, dx^\nu \tag{5.32}$$

miteinander zusammen.

Genauso kann man auch die Formel für die Transformation der Komponenten ω_μ einer 1-Form ω herleiten (selber ausprobieren!) Es gilt:

> Die Komponenten ω_μ einer 1-Form ω transformieren sich unter Koordinatenwechsel wie
>
> $$\tilde{\omega}_\mu = \frac{\partial x^\nu}{\partial \tilde{x}^\nu}\,\omega_\nu \qquad (5.33)$$

Man beachte: Die Formeln in (5.32) und (5.33) sind genau „entgegengesetzt" zueinander. Einmal steht da die Matrix des Koordinatenwechsels von x nach $\tilde{x}$ und einmal der von $\tilde{x}$ nach x.

Noch ein Hinweis: Wie man aus den Formeln (5.17) und (5.33) sieht, transformieren sich die Objekte X^μ und dx^μ genau gleich, d. h., sie werden beide mit derselben Matrix der partiellen

Kovariant und kontravariant: S. 148

Ableitungen multipliziert. Beide Objekte sind in Formeln so zu behandeln, als hätten sie einen Index oben, wozu man früher den Begriff *kontravariant* verwendet hat. Das bedeutet, dass die beiden Formeln

$$\omega(X) = \omega_\mu X^\mu \qquad \text{und} \qquad \omega = \omega_\mu dx^\mu \qquad (5.34)$$

in allen Koordinatensystemen richtig sind. Es ist aber wichtig zu verstehen, dass die X^μ und dx^μ sehr unterschiedliche Objekte sind! Die X^μ sind Zahlen, und zwar die Komponenten des Vektors X bezüglich eines Koordinatensystems. Die dx^μ sind 1-Formen, die für ihre Definition ebenfalls ein Koordinatensystem benötigen. Leider hat sich in der Geschichte hartnäckig die Nomenklatur „Alles was einen Index oben hat, ist ein Vektor" gehalten, weswegen man manchmal den Satz „Die dx^μ transformieren sich wie Vektoren" liest. Dieser Satz ist bestenfalls verwirrend – die dx^μ sind nämlich genau das Duale von Vektoren, es sind 1-Formen! Deswegen ist es sehr nützlich, sich den Unterschied zwischen Vektoren, den Komponenten von Vektoren, 1-Formen und den Komponenten von 1-Formen klarzumachen! Nur weil gewisse Formeln des Transformationsverhaltens gleich aussehen, heißt das nicht, dass es sich um die gleichen Sorten von Objekten handelt.

5.6   1-Formen als Kraftfelder

In der Physik tauchen 1-Formen immer wieder auf, und zwar als **Kraftfelder**. Das ist zu Beginn ein bisschen verwirrend, weil die Kraft $\vec{F}$ in der Mechanik eigentlich wie ein Vektor aussieht. Aber das ist nur im euklidischen Raum so, in dem der Unterschied zwischen Vektoren und dualen Vektoren verschwimmt!

Kraftfelder tun vor allem eines: Sie ordnen Wegen eine Zahl zu, und zwar die Menge an Energie, die ein (z. B. geladenes) Teilchen bekommt, wenn es diesem Weg im (z. B. elektrischen) Kraftfeld folgt. Negative Zahlen bedeuten, dass man Energie aufwenden muss, um das Teilchen den Weg entlang zu bewegen.

1-Formen sind wie dafür gemacht, um so eine Zahl zu berechnen: Gegeben sei ein Weg γ, also eine Abbildung

$$\gamma : [a, b] \longrightarrow M \tag{5.35}$$

Für eine 1-Form ω ist das **Wegintegral** von ω über γ gegeben durch

$$\int_\gamma \omega := \int_a^b d\phi \, \omega \left(\frac{d\gamma}{dt} \right) \tag{5.36}$$

Diese Formel bedeutet nichts anderes, als dass zu jedem ϕ mit $a \leq \phi \leq b$ der Geschwindigkeitsvektor an der Kurve γ am Punkt $P = \gamma(\phi)$ berechnet und in ω genau an dem Punkt eingesetzt wird. Das ergibt eine ϕ-abhängige Zahl, die man über ϕ integriert. Im echten Leben berechnet man so ein Integral immer in Koordinaten x. Da ist die Kurve durch $x^\mu(\phi)$ gegeben und das Wegintegral

$$\int_\gamma \omega = \int_a^b d\phi \, \omega_\mu(x(\phi)) \frac{dx^\mu}{d\phi}(\phi) \tag{5.37}$$

Beispiel: Wir nehmen $M = \mathbb{R}^3 \backslash (0,0,0)$ mit den Standardkoordinaten x^1, x^2, x^3. Die 1-Form

$$\omega = -\frac{1}{|x|^3} \left(x^1 \, dx^1 + x^2 \, dx^2 + x^3 \, dx^3 \right)$$

entspricht einem nach innen gerichteten Zentralkraftfeld, dessen Stärke quadratisch mit dem Abstand zu $(0,0,0)$ abnimmt. Entlang eines Kreissegments γ um den Ursprung (in Koordinaten als

$$x^1(\phi) = R\cos(\phi), \ x^2(\phi) = R\sin(\phi), \ x^3(\phi) = 0, \qquad a \leq \phi \leq b$$

gegeben) ist das Integral von ω:

$$\int_\gamma \omega = -\frac{1}{R^3} \int_a^b \left(R\cos(\phi)(-\sin(\phi)) + R\sin(\phi)\cos(\phi) + 0 \right) = 0$$

5.7 Allgemeine Tensorfelder

In Kap. 3 haben wir neben Vektoren und Kovektoren auch noch Tensoren höherer Ordnung betrachtet. Das geht auf allgemeinen Mannigfaltigkeiten ganz genauso.

Mathematisch beruhen Tensoren auf dem sogenannten Tensorprodukt von Vektorräumen:

Sind $v_1, \ldots, v_n$ Basisvektoren des Vektorraumes V und $w_1, \ldots, x_m$ Basisvektoren des Vektorraumes W, dann sind alle geordneten Paare, auch

$$v_\mu \otimes w_\mu, \qquad \mu = 1, \ldots, n, \ \mu = 1 \ldots, m \qquad (5.38)$$

eine Basis des **Tensorprodukts** $V \otimes W$. Das Symbol $\otimes$ gehorcht dabei den Regeln einer Multiplikation (das heißt es ist assoziativ, distributiv, aber nicht kommutativ). Die Dimension von $V \otimes W$ ist das Produkt der Dimensionen von V und W.

In der Differenzialgeometrie verwendet man das Tensorprodukt von beliebig vielen Kopien von $T_P M$ und $T_P^* M$.

Ein **Tensor der Stufe (r, s) am Punkt P** ist ein Element aus dem Tensorprodukt von r-mal $T_P M$ und s-mal $T_P^* M$.

Ein **Tensorfeld der Stufe (r, s)** (kurz **Tensor**) ist eine Zuordnung von einem Tensor der Stufe (r, s) zu jedem Punkt P.

Die Basisvektorfelder und Basis-1-Formen bilden eine Basis der $T_P M$ und $T_P^* M$. Ein Tensor kann in deren Tensorprodukte zerlegt werden, also z. B. ein Tensor der Stufe $(1, 2)$:

$$T = T^\mu{}_\nu{}^\rho \, \frac{\partial}{\partial x^\mu} \otimes dx^\nu \otimes \frac{\partial}{\partial x^\rho} \qquad (5.39)$$

Die Koeffizienten dieser Zerlegung, hier also $T^\mu{}_\nu{}^\rho$, werden **Komponenten des Tensors** genannt. Sie hängen vom Ort ab, also von Koordinaten.

Die gesamte Information über den Tensor ist in seinen Komponenten enthalten. Die hängen vom gewählten Koordinatensystem ab.

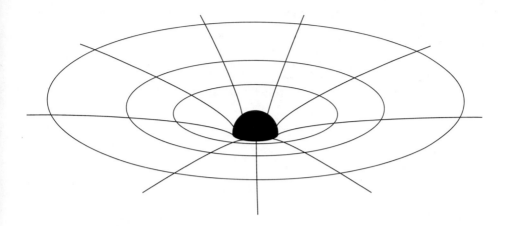

Gegeben sei ein (r, s)-Tensor mit Komponenten $T^{\mu_1 \cdots \mu_r}{}_{\nu_1 \cdots \nu_s}$ in Koordinaten x^μ. In anderen Koordinaten $\tilde{x}^\mu$ hat derselbe Tensor die Komponenten

$$\tilde{T}^{\mu_1 \cdots \mu_r}{}_{\nu_1 \cdots \nu_s} = \prod_{i=1}^{r} \frac{\partial \tilde{x}^{\mu_i}}{\partial x^{\rho_i}} \prod_{j=1}^{s} \frac{\partial x^{\sigma_j}}{\partial \tilde{x}^{\nu_j}} T^{\rho_1 \rho_2 \cdots \rho_r}{}_{\sigma_1 \sigma_2 \cdots \sigma_s} \qquad (5.40)$$

Dabei hängen die Komponenten $\tilde{T}^{\mu_1 \cdots \mu_r}{}_{\nu_1 \cdots \nu_s}$ von den Koordinaten $\tilde{x}^\mu$ ab, die Komponenten von $x^\mu(\tilde{x})$. Schreiben wir die Argumente der einzelnen Bausteine von Formel (5.40) genauer hin, sieht die Formel so aus:

$$\tilde{T}^{\mu_1 \cdots \mu_r}{}_{\nu_1 \cdots \nu_s}(\tilde{x}) =$$

$$\prod_{i=1}^{r} \frac{\partial \tilde{x}^{\mu_i}}{\partial x^{\rho_i}}(x(\tilde{x})) \prod_{j=1}^{s} \frac{\partial x^{\sigma_j}}{\partial \tilde{x}^{\nu_j}}(\tilde{x}) T^{\rho_1 \rho_2 \cdots \rho_r}{}_{\sigma_1 \sigma_2 \cdots \sigma_s}(x(\tilde{x})) \qquad (5.41)$$

Die ohnehin schon nicht ganz einfache Formel wird durch (5.41) noch grässlicher. Deswegen lässt man als Kurzschreibweise die Argumente weg und schreibt nur (5.40)

Am besten sieht man das Transformationsverhalten an einem Beispiel.

Beispiel: Wir betrachten die 2-Sphäre S^2, einmal mit Kugelkoordinaten $x^1 = \vartheta$, $x^2 = \varphi$ $(0 < x^1 < \pi, -\pi < x^2 < \pi)$ und einmal in stereografischer Projektion vom Nordpol $\tilde{x}^1 = x_N^1$, $\tilde{x}^2 = x_N^2$, definiert wie in (5.10). Gegeben ist das $(0, 2)$-Tensorfeld:

$$g = dx^1 \otimes dx^1 + \left(\sin(x^1) \right)^2 dx^2 \otimes dx^2 \qquad (5.42)$$

Die Komponenten von g lauten also

$$g_{11} = 1, \, g_{22} = \left(\sin(x^1) \right)^2, \, g_{12} = g_{21} = 0$$

Nun wollen wir die Komponenten in den Koordinaten $\tilde{x}^\mu$ berechnen. Dafür rechnen wir die beiden Koordinatensysteme ineinander um. Dafür überlegt man sich, welcher Punkt P die Koordinaten (x^1, x^2) bzw. $(\tilde{x}^1, \tilde{x}^2)$ hat:

$$(x^1, x^2) \mapsto \begin{pmatrix} \cos(x^2) \sin(x^1) \\ \sin(x^2) \sin(x^1) \\ \cos(x^1) \end{pmatrix}, \, (\tilde{x}^1, \tilde{x}^2) \mapsto \frac{1}{|\tilde{x}|^2 + 1} \begin{pmatrix} 2\tilde{x}^1 \\ 2\tilde{x}^2 \\ |\tilde{x}|^2 - 1 \end{pmatrix}$$

wobei wir wieder $|\tilde{x}|^2 = (\tilde{x}^1)^2 + (\tilde{x}^2)^2$ definiert haben. Wenn wir die Dreiervektoren gleichsetzen (d. h. denselben Punkt P betrachten), bekommen wir einen Zusammenhang zwischen den $\tilde{x}^\mu$ und den x^μ. Gleichsetzen der dritten Komponente gibt

$$\cos(x^1) = \frac{|\tilde{x}^2| - 1}{|\tilde{x}^2| + 1} \quad \Rightarrow \quad x^1 = \arccos \frac{|\tilde{x}|^2 - 1}{|\tilde{x}|^2 + 1}. \qquad (5.43)$$

Teilen der zweiten Komponente durch die erste und Gleichsetzen ergibt

$$\tan(x^2) = \frac{\tilde{x}^2}{\tilde{x}^1} \quad \Rightarrow \quad x^2 = \arctan \frac{\tilde{x}^2}{\tilde{x}^1} \qquad (5.44)$$

Als Nächstes brauchen wir die partiellen Ableitungen der x^μ nach den $\tilde{x}^\mu$. Nach einigem Rechnen (oder dem Benutzen eines Algebraprogrammes) bekommt man:

$$\frac{\partial x^1}{\partial \tilde{x}^1} = \frac{-2\tilde{x}^1}{|\tilde{x}|(1 + |\tilde{x}|^2)}, \quad \frac{\partial x^1}{\partial \tilde{x}^2} = \frac{-2\tilde{x}^2}{|\tilde{x}|(1 + |\tilde{x}|^2)}$$

$$\frac{\partial x^2}{\partial \tilde{x}^1} = -\frac{\tilde{x}^2}{|\tilde{x}|^2}, \quad \frac{\partial x^2}{\partial \tilde{x}^2} = \frac{\tilde{x}^1}{|\tilde{x}|^2}$$

Die Komponenten $g_{\mu\nu}$ hängen noch von den x^μ ab, und wir müssen sie noch als Funktionen der $\tilde{x}^\mu$ ausdrücken. Die einzige interessante Komponente ist g_{22}, und mit (5.43) bekommen wir

$$g_{22} = \big(\sin(x^1)\big)^2 = 1 - \big(\cos(x^1)\big)^2 = \frac{4|\tilde{x}|^2}{\big(1+|\tilde{x}|^2\big)^2}. \qquad (5.45)$$

Das alles können wir nun endlich in die Umrechnungsformel für Tensorfelder (5.40) einsetzen, und bekommen:

$$\tilde{g}_{11} = \frac{\partial x^1}{\partial \tilde{x}^1}\frac{\partial x^1}{\partial \tilde{x}^1}g_{11} + \frac{\partial x^1}{\partial \tilde{x}^1}\frac{\partial x^2}{\partial \tilde{x}^1}g_{12} + \frac{\partial x^2}{\partial \tilde{x}^1}\frac{\partial x^1}{\partial \tilde{x}^1}g_{21} + \frac{\partial x^2}{\partial \tilde{x}^1}\frac{\partial x^2}{\partial \tilde{x}^1}g_{22}$$

$$= \frac{4(\tilde{x}^1)^2}{|\tilde{x}|^2\big(1+|\tilde{x}|^2\big)^2} + \frac{4|\tilde{x}|^2}{\big(1+|\tilde{x}|^2\big)^2}\frac{(\tilde{x}^2)^2}{|\tilde{x}|^4} = \frac{4}{\big(1+|\tilde{x}|^2\big)^2}$$

Die anderen Komponenten berechnet man auch schnell (wir benutzen schon einmal $g_{12} = g_{21} = 0$):

$$\tilde{g}_{12} = \frac{\partial x^1}{\partial \tilde{x}^1}\frac{\partial x^1}{\partial \tilde{x}^2}g_{11} + \frac{\partial x^2}{\partial \tilde{x}^1}\frac{\partial x^2}{\partial \tilde{x}^2}g_{22}$$

$$= \frac{-2\tilde{x}^1}{|\tilde{x}|(1+|\tilde{x}|^2)}\frac{-2\tilde{x}^2}{|\tilde{x}|(1+|\tilde{x}|^2)} + \frac{4|\tilde{x}|^2}{\big(1+|\tilde{x}|^2\big)^2}\left(-\frac{\tilde{x}^2}{|\tilde{x}|^2}\right)\frac{\tilde{x}^1}{|\tilde{x}|^2} = 0$$

Aus Symmetriegründen gilt auch $\tilde{g}_{21} = 0$. Die letzte Komponente ist

$$\tilde{g}_{22} = \frac{\partial x^1}{\partial \tilde{x}^2}\frac{\partial x^1}{\partial \tilde{x}^2}g_{11} + \frac{\partial x^2}{\partial \tilde{x}^2}\frac{\partial x^2}{\partial \tilde{x}^2}g_{22}$$

$$= \frac{4(\tilde{x}^2)^2}{|\tilde{x}|^2\big(1+|\tilde{x}|^2\big)^2} + \frac{4|\tilde{x}|^2}{\big(1+|\tilde{x}|^2\big)^2}\frac{(\tilde{x}12)^2}{|\tilde{x}|^4} = \frac{4}{\big(1+|\tilde{x}|^2\big)^2}$$

In den Koordinaten der stereografischen Projektion hat g also die Form

$$g = \frac{4}{\big(1+|\tilde{x}|^2\big)^2}\big(d\tilde{x}^1 \otimes d\tilde{x}^1 + d\tilde{x}^2 \otimes d\tilde{x}^2\big) \qquad (5.46)$$

Das Tensorfeld g ist übrigens nicht irgendeines, sondern wird auch **Standardmetrik auf der Sphäre** genannt. Metriken werden wir in Kap. 6 noch genauer kennenlernen.

5.7.1 Vergleich mit Tensoren aus Kap. 3

Der Minkowski-Raum ist ein Spezialfall, bei dem man für gewöhnlich nur Inertialsysteme zulässt, was die Art der Koordinatenwechsel auf Poincaré-Transformationen einschränkt. Das Rechnen mit Vektoren, 1-Formen und allgemeinen Tensorfeldern auf Mannigfaltigkeiten sieht also fast genauso aus wie im Minkowski-Raum. Man muss sich nur daran erinnern, dass nun beliebige Koordinatentransformationen erlaubt sind und dass die Matrix der Transformationen hier $\frac{\partial \tilde{x}^\mu}{\partial x^\nu}$ anstatt $\Lambda^\mu{}_\nu$ heißt, und von den x^μ abhängt.

	Minkowski-Raum	allg. Mannigfaltigkeiten
Koordinaten	inertiale K. x^μ	allgemeine K. x^μ
Überall definiert?	ja	nicht unbedingt
Koordinatenwechsel	$\tilde{x}^\mu = \Lambda^\mu{}_\nu x^\nu + a^\mu$	$\tilde{x}^\mu = \tilde{x}^\mu(x)$
Tangentialvektoren	X^μ	X^μ
deren Transformation	$\tilde{X}^\mu = \Lambda^\mu{}_\nu X^\nu$	$\tilde{X}^\mu = \frac{\partial \tilde{x}^\mu}{\partial x^\nu} X^\nu$
1-Formen	ω_μ	ω_μ
deren Transformation	$\tilde{\omega}_\mu = (\Lambda^{-1})^\nu{}_\mu \omega_\nu$	$\tilde{\omega}_\mu = \frac{\partial x^\nu}{\partial \tilde{x}^\mu} \omega_\nu$
Tensorfelder	$T^\mu{}_\nu{}^\rho$	$T^\mu{}_\nu{}^\rho$
deren Transformation	$\tilde{T}^\mu{}_\nu = \Lambda^\mu{}_\sigma (\Lambda^{-1})^\tau{}_\nu T^\sigma{}_\tau$	$\tilde{T}^\mu{}_\nu = \frac{\partial \tilde{x}^\mu}{\partial x^\sigma} \frac{\partial x^\tau}{\partial \tilde{x}^\nu} T^\sigma{}_\tau$

Generell gilt: (Fast) alle Dinge, die man mit Tensorfeldern auf dem Minkowski-Raum machen kann, gehen auch mit Tensorfeldern auf allgemeinen Mannigfaltigkeiten. Man kann sie miteinander multiplizieren, man kann sie miteinander kontrahieren, wenn sie die richtige Tensorstruktur haben, etc. Ein Tensorfeld T vom Typ $(1,2)$ und eines S vom Typ $(0,2)$ kann man z. B. zu einem Tensorfeld $R = T \otimes S$ der Stufe $(1,4)$ multiplizieren, mit Komponenten

$$R^\mu{}_{\nu\rho\sigma\tau} = T^\mu{}_{\nu\rho} S_{\sigma\tau} \tag{5.47}$$

wenn die Komponenten von T und S jeweils $T^\mu{}_{\nu\rho}$ und $S_{\sigma\tau}$ sind. Auch Symmetrisierung und Antisymmetrisierung von Tensorfeldern auf Mannigfaltigkeiten funktionieren so wie in (3.55) und (3.56): Für ein $(2,0)$-Tensorfeld mit Komponenten $T^{\mu\nu}$ ist z. B.

$$T^{(\mu\nu)} = \frac{1}{2}(T^{\mu\nu} + T^{\nu\mu}) \tag{5.48}$$

Für das Hoch- und Runterziehen von Indizes braucht man eine Entsprechung für die Minkowski-Metrik, die wir in Kap. 4 bereits kennengelernt haben und in Kap. 6 ausführlich behandeln werden, genauso wie die Ableitungen von Tensorfeldern.

Vor allem gelten die Regeln für wohlgeformte Tensorgesetze aus Kap. 3 ganz genauso auch auf Mannigfaltigkeiten! Und weil sie so wichtig sind, wiederholen wir sie noch einmal:

Ein **Tensorgesetz** ist eine Beziehung zwischen Komponenten von Tensoren, die den folgenden Regeln genügt:

1. Auf beiden Seiten des Gleichheitszeichens stehen Summen von Termen, die alle dieselben freien Indizes aufweisen.
2. Kommt in einem Term ein Index zweimal vor, dann wird über ihn summiert, es ist also ein Dummyindex.
3. In einem Term kommt kein Index häufiger als zweimal vor.

Wenn eine Formel diesen Regeln genügt, dann hat sie in jedem Koordinatensystem dieselbe Form, und zwar nicht nur in jedem Inertialsystem (wie die Tensoren in der SRT), sondern wirklich in jedem Koordinatensystem! Physikalische Gesetze, die Tensoren beinhalten, müssen Tensorgesetze sein, ansonsten sind sie nicht in jedem Koordinatensystem gültig.

5.8 Zusammenfassung

- **Mannigfaltigkeiten** sind Räume, auf denen man lokale Koordinatensysteme einführen kann. Die Koordinaten $x^\mu = (x^1, x^2, \dots, x^n)$ müssen nicht überall definiert sein.

- Überlappen sich zwei Definitionsbereiche von Koordinatensystemen, sind die **Koordinatenwechsel** $x^\mu(\tilde{x})$ und $\tilde{x}^\mu(x)$, wo sie definiert sind, unendlich oft stetig differenzierbar. Die Matrizen der partiellen Ableitungen sind invers zueinander, d. h.:

$$\frac{\partial x^\mu}{\partial \tilde{x}^\nu} \frac{\partial \tilde{x}^\nu}{\partial x^\rho} = \delta^\mu{}_\rho, \qquad \frac{\partial \tilde{x}^\mu}{\partial x^\nu} \frac{\partial x^\nu}{\partial \tilde{x}^\rho} = \delta^\mu{}_\rho$$

- Ein **Tangentialvektor** X an einem Punkt P ist ein möglicher Geschwindigkeitsvektor einer Kurve durch diesen Punkt. Man kann ihn sich auch als „infinitesimale Translation" vorstellen. Bezüglich Koordinaten x^μ hat ein Vektor X die Komponenten X^μ. Bezüglich anderer Koordinaten $\tilde{x}^\mu$ hat derselbe Vektor X die Komponenten

$$\tilde{X}^\mu = \frac{\partial \tilde{x}^\mu}{\partial x^\nu} X^\nu$$

Alle möglichen Tangentialvektoren an einem Punkt P bilden den **Tangentialraum** $T_P M$, ein Vektorraum derselben Dimension n wie die Mannigfaltigkeit M.

- Ein **Vektorfeld** ordnet jedem Punkt P einen Tangentialvektor aus $T_P M$ zu. In Koordinaten sind Vektorfelder n Funktionen, also $X^\mu(x^1, \dots, x^n)$. Der **Kommutator** $[X, Y]$ zweier Vektorfelder X und Y ist wieder ein Vektorfeld, dessen μ-te Komponente in Koordinaten gegeben ist durch

$$[X, Y]^\mu = Y^\nu \frac{\partial Y^\mu}{\partial x^\nu} - X^\nu \frac{\partial X^\mu}{\partial x^\nu}$$

- **1-Formen** sind die Spiegelbilder der Vektorfeldes. Ene 1-Form ω ordnet jedem Punkt P ein Element aus dem Dualraum zu $T_P M$ zu. In Koordinaten hat ω ebenfalls n Komponenten ω_μ, aber die Indizes sind unten anstatt oben. Unter Koordinatenwechsel ändern sich die Komponenten einer 1-Form gemäß

$$\tilde{\omega}_\mu = \frac{\partial x^\nu}{\partial \tilde{x}^\mu} \omega_\nu$$

- Eine 1-Form ω kann man entlang eine Weges γ integrieren. In Koordinaten x^μ ist der Weg durch eine Abbildung $[a,b] \ni \phi \mapsto x^\mu(\phi)$ gegeben, und das **Wegintegral** von ω über γ ist definiert durch

$$\int_\gamma \omega := \int_a^b d\phi \, \omega_\mu(x(\phi)) \frac{dx^\mu}{d\phi} \tag{5.49}$$

- Vektorfelder und 1-Formen sind Spezialfälle der **Tensorfelder**. Ein Tensorfeld T kann beliebige Indizes haben, die durch den **Typ** beschrieben werden. Zum Beispiel hat ein Tensorfeld mit Indizes $T^\mu{}_\rho{}^\nu$ den Typ $(2,1)$. Unter Wechsel des Koordinatensystems ändern sich die Komponenten von T gemäß

$$\tilde{T}^\mu{}_\nu{}^\lambda = \frac{\partial \tilde{x}^\mu}{\partial x^\rho} \frac{\partial x^\sigma}{\partial \tilde{x}^\nu} \frac{\partial \tilde{x}^\lambda}{\partial x^\tau} T^\rho{}_\sigma{}^\tau$$

Das Transformationsverhalten der Komponenten von Tensorfeldern mit mehr Indizes ist analog. Der Vollständigkeit halber definiert man Funktionen f als Tensorfelder vom Typ $(0,0)$.

Wichtig: Es kommt auf die Reihenfolge der Indizes an, auch zwischen Indizes oben und unten (deswegen ist im obigen Beispiel eine kleine Lücke zwischen den beiden oberen Indizes).

- Für Tensorfelder auf Mannigfaltigkeiten gelten im Wesentlichen dieselben Regeln wie für die im Minkowski-Raum. Der einzige Unterschied liegt in den Transformationsgesetzen, die nicht mit den Poincaré-Transformationen, sondern mit allgemeinen Transformationen funktionieren.

5.9   Verweise

$\aleph_0$ **Kommutatoren und Lie-Algebren:** Die Menge aller glatten Vektorfelder $\mathcal{V}$ auf einer Mannigfaltigkeit M bilden etwas, was man eine *Lie-Algebra* nennt (nach dem norwegischen Mathematiker Sophus Lie, 1842–1899). Das ist eine Algebra, in der es eine Lie-Klammer $[X, Y]$ (auch *Kommutator* genannt) zwischen Elementen X und Y gibt. Siehe auch Fulton (1991).

Lie-Algebren spielen in der Mathematik und Physik eine entscheidende Rolle, und sie tauchen nicht nur als Vektorfelder auf, sondern z. B. auch als Matrizen oder Operatoren. Der Raum $\mathbb{R}^3$ mit dem Kreuzprodukt ist eine Lie-Algebra!

Viele Lie-Algebren sind übrigens in Wirklichkeit Tangentialräume an die neutralen Elemente von sogenannten *Lie-Gruppen* (das sind Mannigfaltigkeiten, die auch gleichzeitig Gruppen sind). Dies ist auch bei den Vektorfeldern der Fall: Sie bilden den Tangentialraum an die Lie-Gruppe der *Diffeomorphismen* von M. Um die Diffeomorphismen wirklich zu einer (unendlichdimensionalen) Lie-Gruppe zu machen, muss man sich allerdings ein bisschen antrengen.

Ein sehr wichtiges Beispiel hierfür sind die Vektorfelder auf dem Kreis S^1. Das ist eine Unterlagebra der sogenannten *Virasoro-Algebra*, die nicht nur in der Stringtheorie eine wichtige Rolle spielt (z. B. Frenkel (1988)).

→ Zurück zu S. 135

 Kovariant und kontravariant: Zu Beginn des 20. Jahrhunderts führte man die Begriffe „kontravariant" und „kovariant" ein.

kontravarianter Index $\leftrightarrow$ oben stehender Index

kovarianter Index $\leftrightarrow$ unten stehender Index

Die Begriffe kamen aus dem unterschiedlichen Transformationsverhalten der jeweiligen Indizes. Einen Einblick in die fast schon altertümlich-barocke theoretische Physik von damals gibt das großartige Buch Weyl (2013).

Das war, bevor man in der Physik die Geometrie der Mannigfaltigkeiten verstanden hatte. Heutzutage verwendet man die Begriffe eigentlich nicht mehr. In der modernen Physik hat der Begriff „kontravariant" völlig ausgedient. Das Wort „kovariant" gibt es zwar noch, bedeutet aber ein bisschen etwas anderes: Es bezeichnet die Tatsache, dass Gleichungen forminvariant unter Änderungen des Koordinatensystems sind. Die Tensorgleichungen in Kap. 3 sind also (nach moderner Terminologie) alle kovariante Gleichungen und beinhalten Tensoren mit (nach alter Terminologie) kovarianten und kontravarianten Indizes!

→ Zurück zu S. 138

5.10   Aufgaben

Aufgabe 5.1: Die 3-Sphäre S^3 ist definiert durch

$$S^3 := \left\{ (x, y, z, w) \in \mathbb{R}^4 \,\middle|\, x^2 + y^2 + z^2 + w^2 = 1 \right\} \tag{5.50}$$

Nordpol N und Südpol S sind jeweils definiert als die Punkte mit $w = 1$ bzw. $w = -1$. Konstruieren Sie die Koordinaten der stereografischen Projektionen bezüglich des Nordpols (x_N^1, x_N^2, x_N^3) und des Südpols (x_S^1, x_S^2, x_S^3).

S. 345 $\longrightarrow$ Tipp   Lösung $\longrightarrow$ S. 393

Aufgabe 5.2: Zeigen Sie den folgenden Zusammenhang zwischen den Koordinatenvektorfeldern verschiedener Koordinaten x^μ und $\tilde{x}^\mu$:

$$\frac{\partial}{\partial x^\mu} = \frac{\partial \tilde{x}^\nu}{\partial x^\mu} \frac{\partial}{\partial \tilde{x}^\nu} \tag{5.51}$$

S. 345 $\longrightarrow$ Tipp   Lösung $\longrightarrow$ S. 394

Aufgabe 5.3: Drücken Sie die Koordinatenvektorfelder $\frac{\partial}{\partial \phi}$ und $\frac{\partial}{\partial \theta}$ in den Koordinaten (x_N^1, x_N^2) aus.

S. 345 $\longrightarrow$ Tipp   Lösung $\longrightarrow$ S. 394

Aufgabe 5.4: Auf der Mannigfaltigkeit S^1 benutzen wir die Koordinate $\phi \in (-\pi, \pi)$. Für $n \in \mathbb{Z}$ betrachten wir die Vektorfelder C_n and S_n, definiert durch:

$$C_n = \cos(n\phi)\frac{\partial}{\partial \phi}, \qquad S_n = \sin(n\phi)\frac{\partial}{\partial \phi} \tag{5.52}$$

Berechnen Sie die Kommutatoren $[C_n, C_m]$, $[S_n, S_m]$ und $[C_n, S_m]$, und drücken Sie diese durch die C_n, S_n aus.

S. 345 $\longrightarrow$ Tipp   Lösung $\longrightarrow$ S. 396

Aufgabe 5.5: Seien X, Y und Z drei Vektorefelder. Zeigen Sie die *Jacobi-Identität*

$$[X, [Y, Z]] + [Y, [Z, X]] + [Z, [X, Y]] = 0 \tag{5.53}$$

S. 345 $\longrightarrow$ Tipp   Lösung $\longrightarrow$ S. 397

Aufgabe 5.6: Sei f eine Funktion auf einer Mannigfaltigkeit, in Koordinaten gegeben durch $x^\mu \mapsto f(x)$.

a) Zeigen Sie, dass

$$df := \frac{\partial f}{\partial x^\mu} dx^\mu \tag{5.54}$$

dieselbe 1-Form, unabhängig von den gewählten Koordinaten x^μ definiert.

b) Zeigen Sie, dass für einen Weg γ, gegeben in Koordinaten durch

$$t \mapsto x^\mu(t), \qquad a \le t \le b \tag{5.55}$$

gilt:

$$\int_\gamma df = f(x(b)) - f(x(a)) \tag{5.56}$$

c) Gegeben sei die 1-Form ω auf $M = \mathbb{R}^2$ mit

$$\omega = \frac{x^2 dx^1 - x^1 dx^2}{\sqrt{(x^1)^2 + (x^2)^2}} \tag{5.57}$$

Zeigen Sie: Es kann keine Funktion f geben mit $\omega = df$.

S. 345 $\longrightarrow$ Tipp   Lösung $\longrightarrow$ S. 398

Aufgabe 5.7: Gegeben seien die Tensoren auf $\mathbb{R}^3$, die bezüglich der standardkartesischen Koordinaten die Komponenten δ_{ij}, $\delta^i{}_j$ und δ^{ij} haben. Berechnen Sie die Koordinaten dieser Tensoren in Polarkoordinaten (r, θ, ϕ).

S. 346 $\longrightarrow$ Tipp   Lösung $\longrightarrow$ S. 399

Aufgabe 5.8: Die Gruppe $SU(2)$ ist definiert als die Gruppe aller unitärer 2×2-Matrizen u, deren Determinante gleich 1 ist:

$$SU(2) = \left\{ u \in \mathrm{Mat}(2 \times 2, \mathbb{C}) \,\Big|\, u^{-1} = u^\dagger, \ \det u = 1 \right\} \tag{5.58}$$

($u^\dagger$ bezeichnet hier das Hermitesch konjugierte: $u^\dagger = \overline{u}^T$.) Die Gruppe $SU(2)$ ist auch eine Mannigfaltigkeit, und in dieser Aufgabe werden wir zwei Karten für sie konstruieren.

a) Zeigen Sie, dass jedes $g \in SU(2)$ sich schreiben lässt als

$$g = \begin{pmatrix} \alpha & \beta \\ -\overline{\beta} & \overline{\alpha} \end{pmatrix} \tag{5.59}$$

mit $\alpha, \beta \in \mathbb{C}$ und $|\alpha|^2 + |\beta|^2 = 1$ und dass jede Matrix der Form (5.59) in $SU(2)$ ist.

b) Geben Sie eine eindeutig umkehrbare Abbildung zwischen $SU(2)$ und S^3 an, sodass die 2×2-Einheitsmatrix auf dem Nordpol liegt (Aufgabe 5.1).

c) Die Exponentialfunktion für Matrizen ist gegeben durch:

$$\exp(X) := \sum_{n=0}^{\infty} \frac{X^n}{n!} \tag{5.60}$$

Zeigen Sie: Wenn $X = -X^\dagger$ und $\text{tr}(X) = 0$, dann ist $\exp(X) \in SU(2)$.

d) Gegeben seien die Pauli-Matrizen:

$$\sigma_1 = \begin{pmatrix} 0 & 1 \\ 1 & 0 \end{pmatrix}, \quad \sigma_2 = \begin{pmatrix} 0 & -i \\ i & 0 \end{pmatrix}, \quad \sigma_3 = \begin{pmatrix} 1 & 0 \\ 0 & -1 \end{pmatrix} \tag{5.61}$$

Für einen Dreiervektor $\vec{x} = (x^1, x^2, x^3)$ mit Norm $x = |\vec{x}|$ leiten Sie die Formel her:

$$\exp(ix^I \sigma_I) = \cos(|x|) \mathbb{1}_{2\times 2} + i \frac{\sin(|x|)}{|x|} x^I \sigma_I \tag{5.62}$$

wobei über den Index $I = 1, 2, 3$ wie bei der Einsteinschen Summenkonvention summiert wird.

e) Das Inverse der Abbildung (5.62) funktioniert als eine Karte auf $SU(2)$

$$\exp^{-1} : SU(2) \backslash \{ -\mathbb{1}_{2\times 2} \} \longmapsto \left\{ (x^1, x^2, x^3) \in \mathbb{R}^3 \,\Big|\, x < \pi \right\} \tag{5.63}$$

die ganz $SU(2)$ außer $-\mathbb{1}_{2\times 2}$ auf die offene Kugel mit Radius π abbildet. Die (x^1, x^2, x^3) sind also Koordinaten auf (fast ganz) $SU(2)$. Berechnen Sie den Koordinatenwechsel zwischen den (x^1, x^2, x^3) und den Koordinaten der stereografischen Projektion (x_N^1, x_N^2, x_N^3) auf $SU(2)$, die sich aus Aufgabe 5.1 ergeben.

S. 346 $\longrightarrow$ Tipp   Lösung $\longrightarrow$ S. 401

6 Metriken und kovariante Ableitung

Übersicht

Im vorherigen Kapitel haben wir die Grundlagen dafür gelegt, Geometrie auf beliebigen Räumen zu betrachten. Mannigfaltigkeiten können beliebige Formen annehmen, aber was wir bisher definiert haben, hat noch keinerlei „Form" in dem Sinne. Es fehlt noch eine wichtige Zutat, die wir auch bereits im Zuge von Kap. 4 kennengelernt haben: die Metrik. Es ist die Metrik – mit der man Abstände auf Mannigfaltigkeiten messen kann –, die einem Raum erst seine Gestalt gibt. Eine Metrik ermöglicht es außerdem, einen vernünftigen Ableitungsbegriff von Tensorfeldern zu definieren.

6.1 Metriken

Ein symmetrisches Tensorfeld vom Typ $(0,2)$ nennt man **Metrik**. Das hierfür verwendete Symbol ist häufig g, und die Komponenten werden mit $g_{\mu\nu}$ bezeichnet. Als symmetrische Matrix betrachtet hat $g_{\mu\nu}$ zwar je nach Koordinatensystem eine

© Springer-Verlag GmbH Deutschland, ein Teil von Springer Nature 2022
B. Bahr, *Tutorium Allgemeine Relativitätstheorie*,
https://doi.org/10.1007/978-3-662-63419-6_6

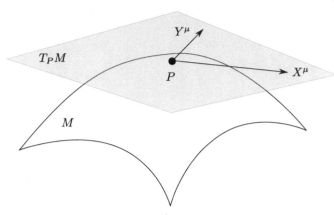

Abb. 6.1 Die Vektoren X und Y mit Komponenten X^μ und Y^μ liegen beide im Tangentialraum $T_P M$. Nur mithilfe einer Metrik kann man das Skalarprodukt $\langle X, Y \rangle = g_{\mu\nu} X^\mu Y^\nu$ zwischen ihnen berechnen, und damit auch ihr Längenquadrat.

unterschiedliche Gestalt, aber was bei einem Koordinatenwechsel gleich bleibt, sind der Rang sowie die Menge an positiven und negativen Eigenwerten.

Auf einer Mannigfaltigkeit der Dimension n hat eine Metrik g eine Menge an positiven Eigenwerten p, negativen Eigenwerten q, sowie Nulleigenwerten r. Es gilt: $p+q+r=n$. Das Paar (p,q) nennt man den **Index** der Metrik g. Eine Metrik nennt man

- **Riemannsche Metrik**, wenn $p = n$,
- **Lorentzsche Metrik**, wenn $p = n - 1$ und $q = 1$,
- **degeneriert**, wenn $r > 0$.

Der Index kann theoretisch vom Punkt abhängen, und die obigen Bezeichnungen gelten nur, wenn die Bedingungen an jedem Punkt der Mannigfaltigkeit gegeben sind.

Eine (an jedem Punkt) nichtdegenerierte Metrik kann man invertieren, und man erhält Koeffizienten $g^{\mu\nu}$, die die Bedingung

$$g^{\mu\nu} g_{\nu\rho} = \delta^\mu{}_\rho, \qquad g_{\mu\nu} g^{\nu\rho} = \delta_\mu{}^\rho \tag{6.1}$$

erfüllen. In der Tat bilden die so definierten Koeffizienten $g^{\mu\nu}$ ein symmetrisches Tensorfeld der Stufe $(2,0)$, genannt die **inverse Metrik**.

Für die Relativitätstheorie spielen die Lorentzschen Metriken auf vierdimensionalen Mannigfaltigkeiten eine große Rolle. Aber Riemannsche Metriken, vor

allem die auf niedrigdimensionalen Räumen, kann man besonders gut zeichne-
risch darstellen. Sie sind gut dazu geeignet, eine Intuition dafür zu entwickeln,
wie man mit Metriken bzw. Zusammenhängen und Krümmungen, umgeht. Und
die Formeln für Riemannsche und Lorentzsche Metriken sind im Wesentlichen genau dieselben. Deswegen bringen wir im Folgenden oft Beispiele aus der Welt der
zweidimensionalen Riemannschen Metriken.

Genau wie $\eta_{\mu\nu}$ in der SRT definiert $g_{\mu\nu}$ ein Skalarprodukt auf jedem Tangentialraum. Wir übernehmen also die Bezeichnungen aus Kap. 3:

Für eine Kurve $\phi \mapsto x^\mu(\phi)$ sei $\dot{x}^\mu := \frac{dx^\mu}{d\phi}$ der Geschwindigkeitsvektor.
Für eine Lorentzsche Metrik und eine reguläre Kurve, also eine, deren
Geschwindigkeitsvektor nie gleich null ist, heißt die Kurve

- **zeitartig**, wenn überall $g_{\mu\nu}\dot{x}^\mu\dot{x}^\nu > 0$,
- **raumartig**, wenn überall $g_{\mu\nu}\dot{x}^\mu\dot{x}^\nu < 0$, und
- **lichtartig**, wenn überall $g_{\mu\nu}\dot{x}^\mu\dot{x}^\nu = 0$

gilt.

Genauso kann man die Länge einer Kurve definieren:

Die **Länge** der Kurve $\phi \mapsto x^\mu(\phi)$ ist durch

$$\ell[x] = \int d\phi \sqrt{\pm g_{\mu\nu}\dot{x}^\mu\dot{x}^\nu} \qquad (6.2)$$

gegeben, wobei das Minuszeichen für raumartige und das Pluszeichen
für zeitartige Kurven gewählt wird. Lichtartige Kurven haben immer
die Länge null.

Bei „gemischten" Kurven, also solche, die teils raum- und teils zeitartig verlaufen,
definiert man im Allgemeinen keinen Längenbegriff.

Man kann, genau wie in Kap. 3, eine zeitartige Kurve mit ihrer Eigenzeit parametrisieren.

Eine zeitartige Kurve ist genau dann **mit Eigenzeit parametrisiert**,
wenn ihr Geschwindigkeitsvektor das Längenquadrat 1 hat.

Ebenso kann man eine raumartige Kurve so parametrisieren, dass das Normquadrat ihres Geschwindigkeitsvektors immer gleich -1 ist – in diesem Fall spricht man nicht von der Eigenzeit, sondern der **Bogenlänge**.

Noch ein Wort zur Notation: Da eine Metrik ein symmetrisches Tensorfeld vom Typ $(0,2)$ ist, kann man es auch mithilfe der Basisformen dx^μ darstellen, also

$$g \;=\; g_{\mu\nu} dx^\mu \otimes dx^\nu \tag{6.3}$$

mit $g_{\mu\nu} = g_{\nu\mu}$. Oft lässt man das „$\otimes$"-Symbol aber weg, und schreibt die Differenziale so, als seien sie vertauschbare Zahlen. Außerdem verwendet man anstelle des Symbols „g" häufig das Symbol „ds^2". Man schreibt also:

$$ds^2 \;=\; g_{\mu\nu} dx^\mu dx^\nu \tag{6.4}$$

Beispiel: Der zweidimensionale hyperbolische Raum ist eine Riemannsche Mannigfaltigkeit mit einer speziellen Metrik. Es gibt mehrere Arten, diesen Raum darzustellen: Zum einen als Halbebene mit Koordinaten

$$(a,b): \qquad -\infty < a < \infty, \quad 0 < b < \infty$$

zum anderen als offener Kreis mit Koordinaten

$$(x,y): \qquad x^2 + y^2 < 1$$

Der Wechsel zwischen diesen Koordinaten ist durch die konforme Transformation

$$a(x,y) \;=\; \frac{2x}{x^2 + (y-1)^2}, \qquad b(x,y) \;=\; \frac{1 - x^2 - y^2}{x^2 + (y-1)^2} \tag{6.5}$$

gegeben. Die Metrik in der Halbraumdarstellung ist durch

$$ds^2 \;=\; \frac{da^2 + db^2}{b^2}$$

gegeben. Die Form der Metrik in (x,y)-Koordinaten hingegen ist

$$ds^2 \;=\; 4\frac{dx^2 + dy^2}{1 - x^2 - y^2}, \tag{6.6}$$

wie in Aufgabe 6.6 gezeigt werden soll.

6.2 Die kovariante Ableitung

In der Speziellen Relativitätstheorie möchte man häufig Tensorfelder ableiten, z. B. wenn man den elektromagnetischen Viererstrom j^μ betrachtet. Die Erhaltung von Ladung und Strom kann man als

$$\partial_\mu j^\mu = 0 \tag{6.7}$$

formulieren. Hierfür muss man also erst einmal die Ableitung $\partial_\mu j^\nu$ bilden, was einen Tensor der Stufe $(1,1)$ definiert, und dann die beiden freien Indizes kontrahieren. Gleichung (6.7) ist in der Tat eine Tensorgleichung, d. h., sie ist invariant unter Lorentz-Transformationen.

In der Allgemeinen Relativitätstheorie müssen wir jedoch Ausdrücke finden, die invariant unter allen Koordinatentransformationen sind, nicht nur Lorentz-Transformationen. Und unter allgemeinen Koordinatenwechseln verhält sich eine Ausdruck wie $\partial_\mu j^\nu$ leider nicht wie ein Tensor. In einem anderen Koordinatensystem gilt nämlich

$$\tilde{j}^\mu = \frac{\partial \tilde{x}^\mu}{\partial x^\nu} j^\nu$$

also

$$\begin{aligned}
\frac{\partial \tilde{j}^\mu}{\partial \tilde{x}^\nu} &= \frac{\partial}{\partial \tilde{x}^\nu}\left(\frac{\partial \tilde{x}^\mu}{\partial x^\rho} j^\rho\right) = \frac{\partial x^\sigma}{\partial \tilde{x}^\nu}\frac{\partial}{\partial x^\sigma}\left(\frac{\partial \tilde{x}^\mu}{\partial x^\rho} j^\rho\right) \\
&= \frac{\partial x^\sigma}{\partial \tilde{x}^\nu}\frac{\partial \tilde{x}^\mu}{\partial x^\rho}\frac{\partial j^\rho}{\partial x^\sigma} + \frac{\partial x^\sigma}{\partial \tilde{x}^\nu}\frac{\partial^2 \tilde{x}^\mu}{\partial x^\rho \partial x^\sigma} j^\rho
\end{aligned} \tag{6.8}$$

Der erste Term von (6.8) ist genau der, den wir für einen Tensor der Stufe $(1,1)$ erwarten würden, aber der zweite Term enthält zweite Ableitungen der Koordinatenwechsel und sorgt dafür, dass sich $\partial_\mu j^\nu$ nicht wie ein Tensor transformiert.

Hier erkennen wir auch, warum dieses Problem in der SRT nicht auftritt: Dort betrachtet man hauptsächlich nur Inertialsysteme und damit Koordinatentransformationen der Form

$$\tilde{x}^\mu = \Lambda^\mu{}_\nu \, x^\nu + a^\mu$$

mit konstantem $\Lambda^\mu{}_\nu$. Weil dies eine affin-lineare Transformation ist, verschwindet die zweite Ableitung in (6.8). Betrachtet man nur Lorentz-Transformationen, ist $\partial_\mu j^\nu$ also ein Tensor. Betrachtet man allgemeine Koordinatentransformationen, wie man das in der ART tut, dann nicht.

Der Schlüssel hierzu sind die bereits in Kap. 4 eingeführten Christoffel-Symbole.

Auf einer Mannigfaltigkeit mit nichtdegenerierter Metrik (gleich welcher Signatur) definiert man die **Christoffel-Symbole** durch

$$\Gamma^{\mu}_{\nu\rho} := \frac{1}{2} g^{\mu\lambda} \left(\frac{\partial g_{\lambda\nu}}{\partial x^{\rho}} + \frac{\partial g_{\lambda\rho}}{\partial x^{\nu}} - \frac{\partial g_{\nu\rho}}{\partial x^{\lambda}} \right). \tag{6.9}$$

An der Definition (6.9) kann man ablesen, dass die Christoffel-Symbole symmetrisch bezüglich der unteren beiden Indizes sind, also $\Gamma^{\mu}_{\nu\rho} = \Gamma^{\mu}_{\rho\nu}$ erfüllen.

Es ist an dieser Stelle wichtig zu erwähnen, dass die $\Gamma^{\mu}_{\nu\rho}$ *keine* Koeffizienten irgendeines Tensors der Stufe $(1,2)$ sind!(Deswegen nennt man sie Symbole und nicht Koeffizienten.) Betrachten wir den Übergang von Koor-

Kovariante Ableitung und Tangentialräume: S. 176

dinaten x^{μ} zu Koordinaten $\tilde{x}^{\mu}$. Die Koeffizienten der Metrik verändern sich nach

$$\tilde{g}_{\mu\nu} = \frac{\partial x^{\sigma}}{\partial \tilde{x}^{\mu}} \frac{\partial x^{\tau}}{\partial \tilde{x}^{\nu}} g_{\sigma\tau}$$

da es sich hierbei um ein Tensorfeld der Stufe $(0,2)$ handelt. Die partiellen Ableitungen der Metrik transformieren sich demnach wie folgt:

$$\frac{\partial \tilde{g}_{\mu\nu}}{\partial \tilde{x}^{\rho}} = \frac{\partial^2 x^{\sigma}}{\partial \tilde{x}^{\rho}\partial \tilde{x}^{\mu}} \frac{\partial x^{\tau}}{\partial \tilde{x}^{\nu}} g_{\sigma\tau} + \frac{\partial x^{\sigma}}{\partial \tilde{x}^{\mu}} \frac{\partial^2 x^{\tau}}{\partial \tilde{x}^{\rho}\partial \tilde{x}^{\nu}} g_{\sigma\tau} + \frac{\partial x^{\sigma}}{\partial \tilde{x}^{\mu}} \frac{\partial x^{\tau}}{\partial \tilde{x}^{\nu}} \frac{g_{\sigma\tau}}{\partial \tilde{x}^{\rho}}$$

$$= \frac{\partial^2 x^{\sigma}}{\partial \tilde{x}^{\rho}\partial \tilde{x}^{\mu}} \frac{\partial x^{\tau}}{\partial \tilde{x}^{\nu}} g_{\sigma\tau} + \frac{\partial x^{\sigma}}{\partial \tilde{x}^{\mu}} \frac{\partial^2 x^{\tau}}{\partial \tilde{x}^{\rho}\partial \tilde{x}^{\nu}} g_{\sigma\tau} + \frac{\partial x^{\sigma}}{\partial \tilde{x}^{\mu}} \frac{\partial x^{\tau}}{\partial \tilde{x}^{\nu}} \frac{\partial x^{\lambda}}{\partial \tilde{x}^{\rho}} \frac{\partial g_{\sigma\tau}}{\partial x^{\lambda}}$$

Die Summe der drei partiellen Ableitungen der Metrik ergeben damit:

$$\frac{\partial \tilde{g}_{\lambda\nu}}{\partial \tilde{x}^{\rho}} + \frac{\partial \tilde{g}_{\lambda\rho}}{\partial \tilde{x}^{\nu}} - \frac{\partial \tilde{g}_{\nu\rho}}{\partial \tilde{x}^{\lambda}}$$

$$= \frac{\partial x^{\alpha}}{\partial \tilde{x}^{\lambda}} \frac{\partial x^{\beta}}{\partial \tilde{x}^{\nu}} \frac{\partial x^{\gamma}}{\partial \tilde{x}^{\rho}} \left(\frac{\partial g_{\alpha\beta}}{\partial x^{\gamma}} + \frac{\partial g_{\alpha\gamma}}{\partial x^{\beta}} - \frac{\partial g_{\beta\gamma}}{\partial x^{\alpha}} \right)$$

$$+ g_{\sigma\tau} \left(\frac{\partial^2 x^{\sigma}}{\partial \tilde{x}^{\rho}\partial \tilde{x}^{\lambda}} \frac{\partial x^{\tau}}{\partial \tilde{x}^{\nu}} + \frac{\partial^2 x^{\sigma}}{\partial \tilde{x}^{\rho}\partial \tilde{x}^{\nu}} \frac{\partial x^{\tau}}{\partial \tilde{x}^{\lambda}} + \frac{\partial^2 x^{\sigma}}{\partial \tilde{x}^{\nu}\partial \tilde{x}^{\lambda}} \frac{\partial x^{\tau}}{\partial \tilde{x}^{\rho}} \right.$$

$$\left. + \frac{\partial^2 x^{\sigma}}{\partial \tilde{x}^{\nu}\partial \tilde{x}^{\rho}} \frac{\partial x^{\tau}}{\partial \tilde{x}^{\lambda}} - \frac{\partial^2 x^{\sigma}}{\partial \tilde{x}^{\lambda}\partial \tilde{x}^{\nu}} \frac{\partial x^{\tau}}{\partial \tilde{x}^{\rho}} - \frac{\partial^2 x^{\sigma}}{\partial \tilde{x}^{\lambda}\partial \tilde{x}^{\rho}} \frac{\partial x^{\tau}}{\partial \tilde{x}^{\nu}} \right)$$

$$= \frac{\partial x^{\alpha}}{\partial \tilde{x}^{\lambda}} \frac{\partial x^{\beta}}{\partial \tilde{x}^{\nu}} \frac{\partial x^{\gamma}}{\partial \tilde{x}^{\rho}} \left(\frac{\partial g_{\alpha\beta}}{\partial x^{\gamma}} + \frac{\partial g_{\alpha\gamma}}{\partial x^{\beta}} - \frac{\partial g_{\beta\gamma}}{\partial x^{\alpha}} \right) + 2 g_{\sigma\tau} \frac{\partial^2 x^{\sigma}}{\partial \tilde{x}^{\rho}\partial \tilde{x}^{\nu}} \frac{\partial x^{\tau}}{\partial \tilde{x}^{\lambda}}$$

Multipliziert man dies mit

$$\tilde{g}^{\mu\lambda} = \frac{\partial \tilde{x}^{\mu}}{\partial x^{\epsilon}} \frac{\partial \tilde{x}^{\lambda}}{\partial x^{\delta}} g_{\epsilon\delta}$$

und teilt durch 2, erhält man das Transformationsverhalten der Christoffel-Symbole:

$$\tilde{\Gamma}^{\mu}_{\nu\rho} = \frac{\partial \tilde{x}^{\mu}}{\partial x^{\alpha}} \frac{\partial x^{\beta}}{\partial \tilde{x}^{\nu}} \frac{\partial x^{\gamma}}{\partial \tilde{x}^{\rho}} \Gamma^{\alpha}_{\beta\gamma} + \frac{\partial^2 x^{\sigma}}{\partial \tilde{x}^{\rho} \partial \tilde{x}^{\nu}} \frac{\partial \tilde{x}^{\mu}}{\partial x^{\sigma}} \tag{6.10}$$

Gleichung (6.10) zeigt, dass die Christoffel-Symbole keinen Tensor der Stufe $(1,2)$ definieren, denn unter einer Koordinatentransformation verhalten sie sich nicht wie die Koeffizienten eines solchen Tensors. Der erste Term in (6.10) ist der, den man bei einem Tensor der Stufe $(1,2)$ erwarten würde, aber der zweite Term enthält merkwürdige Kombinationen der zweiten Ableitungen der Koordinaten-wechsel und passt damit nicht zum Verhalten eines Tensors.

Das ist ein ganz ähnliches Phänomen, wie wir das schon bei der partiellen Ableitung gesehen hatten – und in der Tat heben sich diese beiden Effekte gegenseitig auf. Das macht man sich zunutze, um eine vernünftige Ableitung für Tensorfelder zu definieren.

> Auf einer Mannigfaltigkeit mit nichtdegenerierter Metrik definiert man die **kovariante Ableitung** eines Vektorfeldes X durch
>
> $$\nabla_{\nu} X^{\mu} := \partial_{\nu} X^{\mu} + \Gamma^{\mu}_{\nu\rho} X^{\rho}.$$
>
> Die $\Gamma^{\mu}_{\nu\rho}$ sind dabei die Christoffel-Symbole aus (6.9).

Beim Wechsel des Koordinatensystems ergibt sich mit (6.8 und 6.10) also

$$\begin{aligned}
\tilde{\nabla}_{\nu} \tilde{X}^{\mu} &= \frac{\partial x^{\beta}}{\partial \tilde{x}^{\nu}} \frac{\partial \tilde{x}^{\mu}}{\partial x^{\alpha}} \frac{\partial X^{\alpha}}{\partial x^{\beta}} + \frac{\partial x^{\beta}}{\partial \tilde{x}^{\nu}} \frac{\partial^2 \tilde{x}^{\mu}}{\partial x^{\alpha} \partial x^{\beta}} X^{\alpha} \\
&\quad + \left[\frac{\partial \tilde{x}^{\mu}}{\partial x^{\alpha}} \frac{\partial x^{\beta}}{\partial \tilde{x}^{\nu}} \frac{\partial x^{\gamma}}{\partial \tilde{x}^{\rho}} \Gamma^{\alpha}_{\beta\gamma} + \frac{\partial^2 x^{\sigma}}{\partial \tilde{x}^{\rho} \partial \tilde{x}^{\nu}} \frac{\partial \tilde{x}^{\mu}}{\partial x^{\sigma}} \right] \left(\frac{\partial \tilde{x}^{\rho}}{\partial x^{\delta}} X^{\delta} \right) \\
&= \frac{\partial x^{\beta}}{\partial \tilde{x}^{\nu}} \frac{\partial \tilde{x}^{\mu}}{\partial x^{\alpha}} \left(\frac{\partial X^{\alpha}}{\partial x^{\beta}} + \Gamma^{\alpha}_{\beta\gamma} X^{\gamma} \right) \\
&\quad + \left(\frac{\partial x^{\beta}}{\partial \tilde{x}^{\nu}} \frac{\partial^2 \tilde{x}^{\mu}}{\partial x^{\alpha} \partial x^{\beta}} + \frac{\partial^2 x^{\sigma}}{\partial \tilde{x}^{\rho} \partial \tilde{x}^{\nu}} \frac{\partial \tilde{x}^{\mu}}{\partial x^{\sigma}} \frac{\partial \tilde{x}^{\rho}}{\partial x^{\alpha}} \right) X^{\alpha}
\end{aligned} \tag{6.11}$$

Auf der anderen Seite verschwindet die partielle Ableitung des Kronecker-Symbols, also

$$
0 = \frac{\partial}{\partial x^\alpha} \delta_\nu^\mu = \frac{\partial}{\partial x^\alpha} \left(\frac{\partial \tilde{x}^\mu}{\partial x^\beta} \frac{\partial x^\beta}{\partial \tilde{x}^\nu} \right)
$$

$$
= \frac{\partial \tilde{x}^\mu}{\partial x^\alpha \partial x^\beta} \frac{\partial x^\beta}{\partial \tilde{x}^\nu} + \frac{\partial \tilde{x}^\mu}{\partial x^\beta} \frac{\partial}{\partial x^\alpha} \left(\frac{\partial x^\beta}{\partial \tilde{x}^\nu} \right)
$$

$$
= \frac{\partial \tilde{x}^\mu}{\partial x^\alpha \partial x^\beta} \frac{\partial x^\beta}{\partial \tilde{x}^\nu} + \frac{\partial \tilde{x}^\mu}{\partial x^\beta} \frac{\partial \tilde{x}^\rho}{\partial x^\alpha} \frac{\partial x^\beta}{\partial \tilde{x}^\nu \partial \tilde{x}^\rho}
$$

Ein Vergleich mit (6.11) ergibt also:

$$
\tilde{\nabla}_\nu \tilde{X}^\mu = \frac{\partial x^\beta}{\partial \tilde{x}^\nu} \frac{\partial \tilde{x}^\mu}{\partial x^\alpha} \left(\frac{\partial X^\alpha}{\partial x^\beta} + \Gamma_{\beta\gamma}^\alpha X^\gamma \right) = \frac{\partial x^\beta}{\partial \tilde{x}^\nu} \frac{\partial \tilde{x}^\mu}{\partial x^\alpha} \nabla_\beta X^\alpha \tag{6.12}
$$

Die kovarianten Ableitungen verhalten sich also wie die Koeffizienten eines Tensors der Stufe $(1,1)$. Und das ist genau das, was wir haben wollten!

Die kovariante Ableitung eines Vektorfeldes X kann man nicht nur in eine Koordinatenrichtung, sondern auch in die Richtung eines anderen Vektorfeldes Y definieren.

Gegeben seien zwei Vektorfelder X und Y, dann ist $\nabla_Y X$, die **kovariante Ableitung von X entlang Y**, das Vektorfeld mit den Komponenten

$$
\left(\nabla_Y X \right)^\mu = Y^\nu \left(\nabla_\nu X^\mu \right) = Y^\nu \partial_\nu X^\mu + \Gamma_{\nu\rho}^\mu X^\mu Y^\rho \tag{6.13}
$$

Man kann nicht nur Vektorfeleder kovariant ableiten, sondern jedes beliebige Tensorfeld. Die Formeln für die kovarianten Ableitungen höherer Tensoren fallen dabei nicht einfach vom Himmel. Man möchte nämlich, dass die folgende Regel gilt:

Für zwei beliebige Tensoren T und S erfüllt die kovariante Ableitung nach einem Vektorfeld X die **Leibnitz-Regel**:

$$
\nabla_X \left(T \otimes S \right) = \left(\nabla_X T \right) \otimes S + T \otimes \left(\nabla_X S \right)
$$

Aus der Bedingung, dass die kovariante Ableitung auf skalare Funktionen f (also auf Tensoren der Stufe $(0,0)$) genau wie die normale partielle Ableitung wirkt, und zusammen mit der Formel (6.12) für die kovariante Ableitung von Vektorfeldern, ergeben sich folgende Formeln für die kovariante Ableitung von Tensoren beliebiger Stufe:

Die kovarianten Ableitungen von Tensorfeldern lauten wie folgt:

$$\nabla_\mu f = \partial_\mu f$$

$$\nabla_\mu X^\nu = \partial_\mu X^\nu + \Gamma^\nu_{\mu\lambda} X^\lambda$$

$$\nabla_\mu B^{\nu\rho} = \partial_\mu B^{\nu\rho} + \Gamma^\nu_{\mu\lambda} B^{\lambda\rho} + \Gamma^\rho_{\mu\lambda} B^{\nu\lambda}$$

$$\nabla_\mu T^{\nu\rho\sigma} = \partial_\mu T^{\nu\rho\sigma} + \Gamma^\nu_{\mu\lambda} T^{\lambda\rho\sigma} + \Gamma^\rho_{\mu\lambda} T^{\nu\lambda\sigma} + \Gamma^\sigma_{\mu\lambda} T^{\nu\rho\lambda}$$

$$\vdots$$

$$\nabla_\mu \omega_\nu = \partial_\mu \omega_\nu - \Gamma^\lambda_{\mu\nu} \omega_\lambda$$

$$\nabla_\mu \eta_{\nu\rho} = \partial_\mu \eta_{\nu\rho} - \Gamma^\lambda_{\mu\nu} \eta_{\lambda\rho} - \Gamma^\lambda_{\mu\rho} \eta_{\nu\lambda}$$

$$\vdots$$

$$\nabla_\mu Q^\nu{}_\rho = \partial_\mu O^\nu{}_\rho + \Gamma^\nu_{\mu\lambda} Q^\lambda{}_\rho - \Gamma^\lambda_{\mu\rho} Q^\nu{}_\lambda$$

$$\vdots$$

(6.14)

Die einzelnen Formeln sehen auf den ersten Blick ziemlich kompliziert aus, aber wenn man länger hinschaut, kann man ein System dahinter erkennen: Die kovariante Ableitung eines Tensors der Stufe (r, s) hat zuerst einmal eine normale partielle Ableitung, und dann werden r Terme addiert und s Terme subtrahiert. Die einzelnen Terme sind immer bestimmte Kontraktionen der Christoffel-Symbole mit dem eigentlichen Tensor.

Man kann die Formel für die kovariante Ableitung eines (r, s)-Tensors mit Komponenten $T^{\mu_1\mu_2\cdots\mu_r}{}_{\nu_1\nu_2\cdots\nu_s}$ wie folgt schreiben:

$$
\begin{aligned}
\nabla_\mu T^{\mu_1\mu_2\cdots\mu_r}{}_{\nu_1\nu_2\cdots\nu_s} &= \partial_\mu T^{\mu_1\mu_2\cdots\mu_r}{}_{\nu_1\nu_2\cdots\nu_s} \\
&+ \Gamma^{\mu_1}_{\mu\lambda} T^{\lambda\mu_2\cdots\mu_r}{}_{\nu_1\nu_2\cdots\nu_s} + \Gamma^{\mu_2}_{\mu\lambda} T^{\mu_1\lambda\cdots\mu_r}{}_{\nu_1\nu_2\cdots\nu_s} \\
&+ \ldots + \Gamma^{\mu_r}_{\mu\lambda} T^{\mu_1\mu_2\cdots\lambda}{}_{\nu_1\nu_2\cdots\nu_s} \\
&- \Gamma^{\lambda}_{\mu\nu_1} T^{\mu_1\mu_2\cdots\mu_r}{}_{\lambda\nu_2\cdots\nu_s} - \Gamma^{\lambda}_{\mu\nu_2} T^{\mu_1\mu_2\cdots\mu_r}{}_{\nu_1\lambda\cdots\nu_s} \\
&\ldots - \Gamma^{\lambda}_{\mu\nu_s} T^{\mu_1\mu_2\cdots\lambda}{}_{\nu_1\nu_2\cdots\lambda}
\end{aligned}
\tag{6.15}
$$

Wenn die Reihenfolge der kontravarianten und kovarianten Indizes anders ist als hier in dem Beispiel, muss man die Formel entsprechend anpassen.

Für Tensoren höherer Stufe artet die Berechnung der kovarianten Ableitung schnell in sehr viel Arbeit aus.

In der Literatur findet man häufig die beiden folgenden **Notationen**:

1. Häufig trennt man bei der kovarianten Ableitung den dazukommenden Index durch ein Semikolon ab:

$$
T^\nu{}_{\rho;\mu} := \nabla_\mu T^\nu{}_\rho
\tag{6.16}
$$

Obwohl dies eine ganz praktische Notation ist, die ein bisschen Platz spart, werden wir sie der Übersichtlichkeit halber in diesem Buch kaum verwenden.

2. Man kann die partielle Ableitung nach x^μ auch mit einem Komma darstellen, also z. B.:

$$
T^\nu{}_{\rho,\mu} := \partial_\mu T^\nu{}_\rho
\tag{6.17}
$$

Auch diese Notation verwende ich in diesem Buch nur sehr selten. Die Zahlen $T^\nu{}_{\rho,\mu}$ stellen nämlich (außer in der SRT oder in der linearen Näherung der ART) keine Komponenten eines Tensors dar, wie z. B. $T^\nu{}_{\rho;\mu}$. Wenn nicht gerade Platz gespart werden soll, verwende ich ∂_μ anstelle von $,_\mu$.

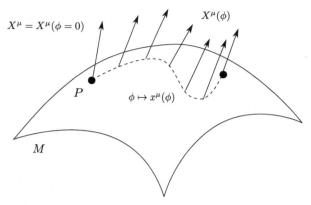

Abb. 6.2 Ein Vektor $X \in T_P M$ wird von einem Punkt P entlang einer Kurve $\phi \mapsto$ $x^\mu(\phi)$ verschoben.

6.3 Paralleltransport

Man kann ein Vektorfeld nicht nur entlang eines anderen kovariant ableiten, sondern auch entlang einer Kurve. Gegeben seien ein Vektorfeld X sowie eine Kurve $\phi \mapsto x^\mu(\phi)$. Wir bezeichnen das Vektorfeld entlang der Kurve als

$$X^\mu(\phi) := X^\mu(x(\phi))$$

und berechnen die kovariante Ableitung in Richtung des Geschwindigkeitsvektors der Kurve:

$$\nabla_{\dot{x}} X^\mu = \dot{x}^\nu \nabla_\nu X^\mu = \frac{dx^\nu}{d\phi} \left(\frac{\partial X^\mu}{\partial x^\nu} + \Gamma^\mu_{\nu\rho} X^\rho \right)$$

$$= \frac{dX^\mu}{d\phi} + \Gamma^\mu_{\nu\rho} \dot{x}^\nu X^\rho$$

Dies ist sozusagen die kovariante Ableitung von X nach ϕ, weswegen es manchmal auch ein eigenes Symbol erhält:

Die **kovariante Ableitung eines Vektorfeldes X entlang einer Kurve** $\phi \mapsto x^\mu(\phi)$ ist gegeben durch

$$\frac{DX^\mu}{d\phi} := \nabla_{\dot{x}} X^\mu = \frac{dX^\mu}{d\phi} + \Gamma^\mu_{\nu\rho} \dot{x}^\nu X^\rho. \tag{6.18}$$

Seltener liest man anstatt $\frac{DX^\mu}{d\phi}$ auch einmal $\frac{\nabla X^\mu}{d\phi}$.

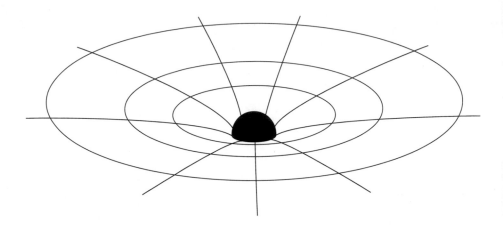

Die Größen in (6.18) hängen nur von den Punkten auf der Kurve ab, vor allem muss das Vektorfeld gar nicht auf ganz M definiert sein. Es reicht, wenn es nur auf der Kurve selbst definiert ist, also nur von ϕ abhängt.

Sei $\phi \mapsto X^\mu(\phi)$ ein Vektofeld entlange einer Kurve $\phi \mapsto x^\mu(\phi)$. Das Vektorfeld heißt **kovariant konstant entlang der Kurve** oder auch **parallel transportiert**, wenn $DX/d\phi = 0$ gilt, also

$$\frac{dX^\mu}{d\phi} + \Gamma^\mu_{\nu\rho}\dot{x}^\nu X^\rho = 0 \qquad (6.19)$$

Die Christoffel-Symbole sind dabei am Punkt $x(\phi)$ auszuwerten.

Man kann die Bedingung (6.19) auch als gewöhnliche Differenzialgleichung für die Koeffizienten $X^\mu(\phi)$ sehen. Die ist eine Gleichung erster Ordnung, für gewöhnlich reicht es also, die Anfangsbedingung $X^\mu(\phi = 0)$ anzugeben – die Werte $X^\mu(\phi)$ für $\phi > 0$ sind dann durch (6.19) gegeben. Diese Differenzialgleichung zu lösen, nennt man auch **einen Vektor entlang einer Kurve parallel transportieren**. Die geometrische Vorstellung hierbei ist genau diese: Man beginnt mit einem Vektor beim Punkt $\phi = 0$ (der Anfangsbedingung) und verschiebt den Vektor entlang der Kurve, sodass er so parallel wie möglich bleibt.

Beispiel: Wir betrachten den Paralleltransport eines Vektors X entlang eines Breitenkreises auf der Kugeloberfläche (s. Abb.).

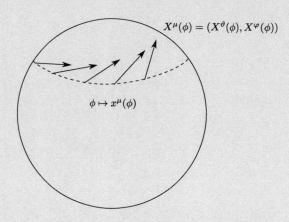

Wir benutzen die Koordinaten $x^1 = \vartheta$, $x^2 = \varphi$ und bezeichnen die Komponenten des Vektors X mit $X^\mu \equiv (X^\vartheta, X^\varphi)$. Die Kurve ist also gegeben durch

$$\vartheta(\phi) = \vartheta \equiv \text{const}$$

$$\varphi(\phi) = \phi$$

mit $0 < \phi < 2\pi$. Die einzigen nicht verschwindenden Christoffel-Symbole sind

$$\Gamma^1_{22} = -\sin\vartheta\cos\vartheta$$

$$\Gamma^2_{12} = \Gamma^2_{21} = \cot\vartheta$$

Sie sind also konstant entlang der Kurve. Die Gleichungen (6.19) für den Paralleltransport sind damit:

$$0 = \dot{X}^\vartheta + \Gamma^1_{22}\dot\varphi X^\varphi = \dot{X}^\vartheta - \sin\vartheta\cos\vartheta X^\varphi \tag{6.20}$$

$$0 = \dot{X}^\varphi + \Gamma^2_{12}\dot\vartheta X^\varphi + \Gamma^2_{21}\dot\varphi X^\vartheta = \dot{X}^\varphi + \cot\vartheta X^\vartheta \tag{6.21}$$

Die Gleichungen kann man jeweils ableiten und in die andere einsetzen, was zu den folgenden Gleichungen führt:

$$0 = \ddot{X}^{\vartheta} + \omega^2 X^{\vartheta} \tag{6.22}$$

$$0 = \ddot{X}^{\varphi} + \omega^2 X^{\varphi} \tag{6.23}$$

mit $\omega = \cos\vartheta$. Das sind aber die Gleichungen für zwei harmonische Oszillatoren mit der Frequenz ω, und die Lösung ist allgemein:

$$X^{\vartheta} = A\cos(\omega\phi) + B\sin(\omega\phi) \tag{6.24}$$

$$X^{\varphi} = C\cos(\omega\phi) + D\sin(\omega\phi) \tag{6.25}$$

Um die Koeffizienten A bis D zu bestimmen, benötigen wir die Anfangsbedingungen der Kurve, also X^{φ}, X^{ϑ}, $\dot{X}^{\varphi}$ und $\dot{X}^{\vartheta}$ bei $\phi = 0$. Wählen wir als Anfangsvektor z. B.

$$X^{\vartheta}(\phi = 0) = 1, \qquad X^{\varphi}(\phi = 0) = 0 \tag{6.26}$$

Dann gilt, mit (6.20) und (6.21) zu Beginn der Kurve, also bei $\phi = 0$:

$$\dot{X}^{\vartheta}(\phi = 0) = 0, \qquad \dot{X}^{\varphi}(\phi = 0) = -\cot\vartheta \tag{6.27}$$

Damit und mit den Anfangsbedingungen haben wir genug Informationen, um die Koeffizienten A bis D zu bestimmen:

$$X^{\vartheta}(\phi = 0) = A = 1, \qquad \dot{X}^{\vartheta}(\phi = 0) = \omega B = 0$$

$$X^{\varphi}(\phi = 0) = C = 0, \qquad \dot{X}^{\varphi}(\phi = 0) = \omega D = \cot\vartheta$$

Damit erhalten wir

$$A = 1,\ B = 0,\ C = 0,\ D = \frac{1}{\sin\vartheta}$$

also:

$$X^{\vartheta}(\phi) = \cos(\omega\phi), \qquad X^{\varphi}(\phi) = \frac{1}{\sin\vartheta}\sin(\omega\phi)$$

6.4 Christoffel-Symbole und die Metrik

Die Christoffel-Symbole $\Gamma^\mu_{\nu\rho}$, die wir in (6.9) definiert haben, haben einen speziellen Zusammenhang mit der Metrik $g_{\mu\nu}$. Das kann man erkennen, indem man sich die kovariante Ableitung

$$\nabla_\mu g_{\nu\rho} = \partial_\mu g_{\nu\rho} - \Gamma^\lambda_{\mu\nu} g_{\lambda\rho} - \Gamma^\lambda_{\mu\rho} g_{\nu\lambda}$$

des metrischen Tensors selbst ansieht. Berechnen wir den ersten Term mit dem Christoffel-Symbol, indem wir die Definition (6.9) einsetzen:

$$\Gamma^\lambda_{\mu\nu} g_{\lambda\rho} = \frac{1}{2} \underbrace{g_{\lambda\rho} g^{\lambda\sigma}}_{=\delta_\rho{}^\sigma} \left(\partial_\nu g_{\sigma\mu} + \partial_\mu g_{\sigma\nu} - \partial_\sigma g_{\mu\nu} \right)$$

$$= \frac{1}{2} \left(\partial_\nu g_{\rho\mu} + \partial_\mu g_{\rho\nu} - \partial_\rho g_{\mu\nu} \right)$$

Der zweite Term mit dem Christoffel-Symbol sieht fast genauso aus wie der erste – es sind nur ν und ρ vertauscht. Daher bekommen wir

$$\Gamma^\lambda_{\mu\nu} g_{\lambda\rho} + \Gamma^\lambda_{\mu\rho} g_{\nu\lambda} = \frac{1}{2} \left(\partial_\nu g_{\rho\mu} + \partial_\mu g_{\rho\nu} - \partial_\rho g_{\mu\nu} \right) + \frac{1}{2} \left(\partial_\rho g_{\nu\mu} + \partial_\mu g_{\rho\nu} - \partial_\nu g_{\mu\rho} \right)$$

$$= \partial_\mu g_{\nu\rho}$$

Dabei haben wir an einigen Stellen die Symmetrie der Metrik, z. B. $g_{\rho\nu} = g_{\nu\rho}$, benutzt. Der Vergleich mit (6.14) zeigt dann eine wichtige Eigenschaft:

Die Metrik ist **kovariant konstant**, d. h., die kovariante Ableitung der Koeffizienten $g_{\mu\nu}$ verschwindet:

$$\nabla_\mu g_{\nu\rho} = 0$$

Dies lässt sich auch als

$$\partial_\mu g_{\nu\rho} = \Gamma^\lambda_{\mu\nu} g_{\lambda\rho} + \Gamma^\lambda_{\mu\rho} g_{\nu\lambda} \tag{6.28}$$

schreiben. Genauso gilt auch $\nabla_\mu g^{\nu\rho} = 0$.

In der Tat ist dies die definierende Eigenschaft der Christoffel-Symbole. Man kann eine kovariante Ableitung nicht nur mit den Christoffel-Symbolen wie in (6.9) definiert, sondern mit beliebigen anderen Symbolen definieren, solange sie nur das Transformationsverhalten (6.10) haben. Die Christoffel-Symbole, die wir verwenden, also die in (6.9), sind allerdings die einzigen, die sowohl symmetrisch bezüglich der unteren beiden Indizes sind als auch die dafür sorgen, dass die Metrik kovariant konstant ist. Das soll in Aufgabe 6.4 bewiesen werden.

6.5   Indexpositionen und Metrik

Im Minkowski-Raum konnten wir Indizes von Tensoren hoch- und herunterziehen. Dort hat man das mit der Minkowski-Metrik $\eta_{\mu\nu}$ bzw. der inversen Minkowski-Metrik $\eta^{\mu\nu}$ gemacht. Auf allgemeinen Mannigfaltigkeiten geht das auch, hier benötigt man aber eine nichtdegenerierte Metrik $g_{\mu\nu}$ bzw. ihr Inverses $g^{\mu\nu}$. Ansonsten ist die Notation aber genau so wie in der SRT. Kennt man also z. B. einen Tensor $T^{\mu\nu}$, dann schreiben viele Autoren z. B.

$$T^{\mu}{}_{\nu} \ = \ g_{\nu\rho}T^{\mu\rho} \tag{6.29}$$

benutzen also dasselbe Symbol, nur mit anderen Indexpositionen.

Da man auch durch die kovariante Ableitung neue Tensoren erzeugen kann, also z. B. durch

$$S_{\mu\nu} \ := \ \nabla_{\mu}T_{\nu} \tag{6.30}$$

stellt sich dann die Frage, was $S_{\mu}{}^{\nu}$ sein soll. Nimmt man erst die kovariante Ableitung von T_{μ} und zieht dann den zweiten Index nach oben? Oder zieht man erst den Index von T_{μ} nach oben und bildet dann die kovariante Ableitung von T^{μ}? Die Antwort ist: Glücklicherweise ist es egal, in welcher Reihenfolge man das tut, denn:

> Das Hoch- und Herunterziehen von Indizes **kommutiert** mit der kovarianten Ableitung.

Das bedeutet in unserem Beispiel mit $S_{\mu\nu} = \nabla_{\mu}T_{\nu}$:

$$\nabla_{\mu}T^{\nu} \ = \ \nabla_{\mu}\big(g^{\nu\rho}T_{\rho}\big) \ = \ \underbrace{\big(\nabla_{\mu}g^{\nu\rho}\big)}_{=0}T_{\rho} + g^{\nu\rho}\nabla_{\mu}T_{\rho} \ = \ g^{\nu\rho}S_{\mu\rho}. \tag{6.31}$$

Es ist also egal, ob man erst kovariant ableitet und dann den Index hochzieht oder erst den Index hochzieht und dann kovariant ableitet.

6.6   Geodäten

Betrachten wir die Bogenlänge einer Kurve zwischen zwei Punkten P_1 und P_2. Der Einfachheit halber gehen wir davon aus, dass die Kurve vollkommen in ein Koordinatensystem passt, also durch

$$s \mapsto x^{\mu}(s)$$

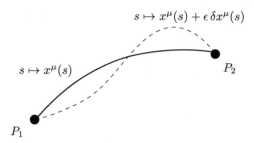

Abb. 6.3 Eine Kurve $\phi \mapsto x^\mu(\phi)$ wird variiert. Bleibt die Länge hierbei zur ersten Ordnung im Störungsparameter ϵ konstant, handelt es sich bei der Kurve um eine Geodäte.

gegeben ist. Sie sei auch durch ihre Bogenlänge parametrisiert, es gilt also

$$g_{\mu\nu}\dot{x}^\mu\dot{x}^\nu = \pm 1 \text{ oder } 0,$$

je nachdem ob die Kurve raumartig, zeitartig oder lichtartig ist. Wenn also $x^\mu(s_1)$ die Koordinaten von P_1 sind und $x^\mu(s_2)$ die von P_2, dann ist nach der Formel (6.2) die Bogenlänge

$$\ell[x] = \int_{s_1}^{s_2} ds \sqrt{g_{\mu\nu}\dot{x}^\mu\dot{x}^\nu} = s_2 - s_1$$

Wir stellen uns folgende Frage: Wie muss die Kurve beschaffen sein, damit die Bogenlänge stationär ist, also z. B. maximal oder minimal?

Dass die Bogenlänge stationär ist, bedeutet, dass sie sich in erster Ordnung nicht ändert, wenn wir die Kurve leicht verschieben ohne dabei die beiden Endpunkte P_1 und P_2 zu verändern. Wir betrachten also eine kleine Störung

$$s \mapsto y^\mu(s) = x^\mu(s) + \epsilon\,\delta x^\mu(s) \tag{6.32}$$

Dabei ist ϵ ein Parameter und $s \mapsto \delta x^\mu(s)$ eine beliebige Verschiebung der Kurve. Damit die neue Kurve (6.32) auch von P_1 nach P_2 geht, fordern wir

$$\delta x^\mu(s_1) = \delta x^\mu(s_2) = 0$$

Im Folgenden gehen wir davon aus, dass die ursprüngliche Kurve zeitartig ist, es gilt also $g_{\mu\nu}\dot{x}^\mu\dot{x}^\nu = 1$. Die Kurve (6.32) ist allerdings nicht mehr unbedingt per Bogenlänge parametrisiert. Sie ist allerdings, wenn die Störung $\epsilon\,\delta x^\mu(s)$ klein ist, immer noch zeitartig.

Für $\epsilon = 0$ gilt $\ell[x] = \ell[y]$, die Längen der Kurven stimmen also überein. Wir fordern nun, dass sich für $\epsilon \gtrsim 0$ die Länge in erster Ordnung in ϵ nicht ändert. Mit anderen Worten, wir fordern, dass

$$\delta\ell := \frac{d}{d\epsilon}\Big|_{\epsilon=0} \ell[y] = 0 \tag{6.33}$$

für alle möglichen Variationen der Kurve δx^μ gilt. Die Bogenlänge der neuen Kurve ist dann $\ell[y]$, mit

$$\ell[y] = \int_{s_1}^{s_2} ds \sqrt{g_{\mu\nu}\big(y(s)\big)\dot{y}^\mu(s)\dot{y}^\nu(s)} \tag{6.34}$$

mit

$$\dot{y}^\mu(s) = \dot{x}^\mu(s) + \epsilon \frac{d\,\delta x^\mu}{ds} = \dot{x}^\mu(s) + \epsilon\,\delta\dot{x}^\mu(s)$$

Als Nächstes möchten wir (6.34) in lineare Ordnung in ϵ entwickeln. Dafür müssen wir bedenken, dass in (6.34) die Metrik $g_{\mu\nu}$ an der Stelle $y^\mu(s) = x^\mu(s) + \epsilon\,\delta x^\mu(s)$ ausgewertet wird. Zu linearer Ordnung in ϵ gilt:

$$g_{\mu\nu}\big(y(s)\big) = g_{\mu\nu}\big(x(s) + \epsilon\,\delta x(s)\big) = g_{\mu\nu}\big(x(s)\big) + \epsilon\,g_{\mu\nu,\rho}\big(x(s)\big)\delta x^\rho(s) + O(\epsilon^2)$$

Die Variation der Bogenlänge ist damit durch alle linearen Termen in ϵ gegeben, also

$$\delta\ell = \int_{s_1}^{s_2} ds \; \frac{1}{\sqrt{g_{\mu\nu}\dot{x}^\mu\dot{x}^\nu}} \Big(g_{\mu\nu,\rho}\dot{x}^\nu\dot{x}^\mu\delta x^\rho + g_{\mu\nu}\delta\dot{x}^\mu\dot{x}^\nu + g_{\mu\nu}\dot{x}^\mu\delta\dot{x}^\nu\Big),$$

wobei alle Koeffizienten der Metrik $g_{\mu\nu}$ und die Ableitungen $g_{\mu\nu,\rho}$ an der Stelle $x(s)$ genommen werden, und alle $\dot{x}^\mu$, δx^μ, $\delta\dot{x}^\mu$ usw. an der Stelle s. Wir benutzen jetzt die Normierung der Kurve $g_{\mu\nu}\dot{x}^\mu\dot{x}^\nu = 1$ und schreiben

$$\delta\ell = \int_{s_1}^{s_2} ds \Big(g_{\mu\nu,\rho}\dot{x}^\nu\dot{x}^\mu\delta x^\rho + g_{\mu\nu}\delta\dot{x}^\mu\dot{x}^\nu + g_{\mu\nu}\dot{x}^\mu\delta\dot{x}^\nu\Big) \tag{6.35}$$

$$= \int_{s_1}^{s_2} ds \Big(g_{\mu\nu,\rho}\dot{x}^\nu\dot{x}^\mu\delta x^\rho + 2\,g_{\mu\rho}\dot{x}^\mu\,\delta\dot{x}^\rho\Big) \tag{6.36}$$

wobei wir die Symmetrie der Metrik benutzt, und einige Indizes umbenannt haben. Als Nächstes benutzen wir partielle Integration, um die Ableitung nach s von

$$\delta\dot{x}^\mu = \frac{d\,\delta x^\mu}{ds}$$

wegzubekommen. Wir erhalten:

$$\delta\ell = 2g_{\mu\nu}\dot{x}^\mu\delta x^\nu\Big|_{s_1}^{s_2} + \int_{s_1}^{s_2} ds \Big(g_{\mu\nu,\rho}\dot{x}^\nu\dot{x}^\mu\delta x^\rho - 2\frac{d}{ds}\big(g_{\mu\rho}\dot{x}^\mu\big)\delta x^\rho\Big)$$

Der Randterm verschwindet allerdings wegen $\delta x^\mu(s_1) = \delta x^\mu(s_2) = 0$. Das bedeutet:

$$\delta\ell = \int_{s_1}^{s_2} ds \Big(g_{\mu\nu,\rho}\dot{x}^\nu\dot{x}^\mu - 2\,g_{\mu\rho}\ddot{x}^\mu - 2\,g_{\mu\rho,\nu}\dot{x}^\nu\dot{x}^\mu\Big)\delta x^\rho \tag{6.37}$$

Wenn die Länge der Kurve stationär sein soll, muss ℓ unter jeder Variation δx^μ, die die Endpunkte invariant lässt, zu erster Ordnung unverändert bleiben. Um

$$\delta \ell = 0 \qquad \text{für alle } \delta x^\mu(s) \tag{6.38}$$

zu erfüllen, muss also der Ausdruck in den Klammern bei (6.37) für jedes s verschwinden, also:

$$g_{\mu\nu,\rho} \dot{x}^\nu \dot{x}^\mu - 2 g_{\mu\rho} \ddot{x}^\mu - 2 g_{\mu\rho,\nu} \dot{x}^\nu \dot{x}^\mu = 0$$

Schreiben wir noch

$$2 g_{\mu\rho,\nu} \dot{x}^\nu \dot{x}^\mu = g_{\mu\rho,\nu} \dot{x}^\nu \dot{x}^\mu + g_{\nu\rho,\mu} \dot{x}^\nu \dot{x}^\mu$$

und sortieren wir die Indizes ein wenig um, erhalten wir:

$$2 g_{\mu\rho} \ddot{x}^\rho + (g_{\mu\rho,\nu} + g_{\mu\nu,\rho} - g_{\nu\rho.\mu}) \dot{x}^\nu \dot{x}^\rho = 0$$

Kontrahieren wir nun noch den Index μ mit der inversen Metrik und benennen die Indizes um, erhalten wir:

$$0 = \ddot{x}^\mu + \frac{1}{2} g^{\mu\lambda} (g_{\lambda\nu,\rho} + g_{\lambda\rho,\nu} - g_{\nu\rho,\lambda}) \dot{x}^\nu \dot{x}^\rho$$

$$= \ddot{x}^\mu + \Gamma^\mu_{\nu\rho} \dot{x}^\nu \dot{x}^\rho$$

Diese Gleichung kennen wir aber schon: Es handelt sich um die Geodätengleichung! In Kap. 4 haben wir aus dem Äquivalenzprinzip hergeleitet, dass die (zeitartigen) Geodäten diejenigen Kurven sind, die den Weltlinien von inertialen, also kräftefreien Beobachtern entsprechen. Mathematisch haben diese aber auch noch eine ganz andere Bedeutung, wie wir nun sehen: Sie gehören zu den Kurven, bei denen die Bogenlänge stationär ist.

Die Kurven $s \mapsto x^\mu(s)$, die

$$\ddot{x}^\mu + \Gamma^\mu_{\nu\rho} \dot{x}^\nu \dot{x}^\rho = 0 \tag{6.39}$$

erfüllen, haben stationäre Kurvenlänge, erfüllen also $\delta \ell = 0$. Sie werden **Geodäten** genannt.

In unserer Rechnung haben wir angenommen, dass die Kurve zeitartig ist. Die Gleichung (6.39) kann aber genauso von raum- oder lichtartigen Kurven erfüllt werden. Die nennt man dann auch Geodäten.

- **Zeitartige Kurven:** Eine genauere Analyse ergibt, dass die zeitartigen Geodäten *maximale* Bogenlänge haben. Das ist auch als das **Trödelprinzip** bekannt: Ein inertialer Beobachter bewegt sich immer so von Ereignis zu Ereignis, dass dafür die größtmögliche Eigenzeit benötigt wird.
- **Raumartige Kurven:** Raumartige Geodäten für Lorentzsche Metriken, sowie allgemeine Geodäten bei Riemannschen Metriken haben immer *minimale* Bogenlänge. Geodäten sind hier eine Möglichkeit, die kürzeste Verbindung zwischen zwei Punkte zu finden.
- **Lichtartige Kurven:** Da die Quadratwurzel bei null nicht differenzierbar ist, funktioniert die obige Rechnung so eigentlich nicht für lichtartige Kurven. Man kann mit einem Trick aber trotzdem auch für lichtartige Kurven die obige Formel herleiten. Dies soll in Aufgabe 6.5 gemacht werden. Bei lichtartigen Geodäten ist die Bogenlänge immer auf einem Sattelpunkt.

6.7   Minimale Kopplung*

Die kovariante Ableitung ∇_μ übernimmt auf Räumen mit Metrik die partielle Ableitung ∂_μ. Auch auf dem Minkowski-Raum benutzt man eigentlich immer die kovariante Ableitung, denn dort stimmt sie mit der partiellen überein! In einem Inertialsystem sind alle Christoffel-Symbole gleich null, sodass $\partial_\mu = \nabla_\mu$ gilt! Wir halten also fest:

> Ein inertialer Beobachter sieht keinen Unterschied zwischen der partiellen Ableitung ∂_μ und der kovarianten Ableitung ∇_μ.

Das gilt wegen des Äquivalenzprinzips nicht nur für inertiale Beobachter in der SRT, sondern auch für die in der ART, also solche Beobachter, deren Weltlinien Geodäten sind, denn auch in deren Koordinatensystemen verschwinden die Christoffelsymbole (bis zur zweiten Ordnung, siehe Kap. 4).

Es gibt in der SRT eine Menge physikalischer Theorien – gerade Quantenfeldtheorien sind häufig auf dem Minkowski-Raum definiert und dort durch Feldgleichungen gegeben, die Bewegungsgleichungen für die Felder darstellen. So ist z. B. die Klein-Gordon-Gleichung für ein ungeladenes Teilchen der Masse m, beschrieben durch ein skalares Feld ϕ:

$$\Box\phi \,=\, \eta^{\mu\nu}\partial_\mu\partial_\nu\phi \,=\, 0 \tag{6.40}$$

Nach den Regeln des Äquivalenzprinzips sollte also auch eine inertiale Beobachterin in der ART die Gleichung (6.40) zur Beschreibung des Feldes ϕ nehmen, zumindest in ihrer unmittelbaren Umgebung. Das ist – in ihrem Koordinatensystem – aber dasselbe wie

$$g^{\mu\nu}\nabla_\mu\nabla_\nu\phi = 0 \tag{6.41}$$

Im Gegensatz zu (6.40) ist (6.41) aber eine Tensorgleichung! Gleichung (6.41) gilt also dann in jedem Koordinatensystem. Nur in einem Inertialsystem hat die Gleichung die Form (6.40).

Mit dieser Erkenntnis folgt also:

Ein Gesetz G, das einen physikalischen Zusammenhang in der SRT durch eine Formel beschreibt, kann zu einem Gesetz G' in der ART gemacht werden, indem man in der entsprechenden Formel die folgenden Ersetzungen vornimmt:

$$\eta_{\mu\nu} \longrightarrow g_{\mu\nu}$$

$$\eta^{\mu\nu} \longrightarrow g^{\mu\nu}$$

$$\partial_\mu \longrightarrow \nabla_\mu$$

Für einen inertialen Beobachter wird das Gesetz G' dann die Form des ursprünglichen Gesetzes G haben, genau wie es das Äquivalenzprinzip verlangt. Diese Ersetzung wird auch **minimale Kopplung** genannt.

6.8 Zusammenfassung

- Eine (nichtdegenerierte) **Metrik** ist ein symmetrisches Tensorfeld $g_{\mu\nu} = g_{\nu\mu}$ der Stufe $(0,2)$. Die **inverse Metrik** ist ein symmetrisches Tensorfeld $g^{\mu\nu}$ der Stufe $(2,0)$, das

$$g^{\mu\nu}g_{\nu\rho} \;=\; \delta^{\mu}_{\rho}, \qquad g_{\mu\nu}g^{\nu\rho} \;=\; \delta^{\rho}_{\mu} \qquad (6.42)$$

  erfüllt.

- Auf Mannigfaltigkeiten mit nichtdegenerierter Metrik definiert man die **Christoffel-Symbole** (6.9)

$$\Gamma^{\mu}_{\nu\rho} \;:=\; \frac{1}{2}g^{\mu\lambda}\left(\frac{\partial g_{\lambda\nu}}{\partial x^{\rho}} + \frac{\partial g_{\lambda\rho}}{\partial x^{\nu}} - \frac{\partial g_{\nu\rho}}{\partial x^{\lambda}}\right) \qquad (6.43)$$

- Auf Mannigfaltigkeiten mit einer Metrik $g_{\mu\nu}$ ersetzt man die normale partielle Ableitung ∂_{μ} durch die **kovariante Ableitung** ∇_{μ}. Die kovariante Ableitung eines Vektorfeldes X^{μ} ist gegeben durch

$$\nabla_{\mu}X^{\nu} \;=\; \partial_{\mu}X^{\nu} + \Gamma^{\nu}_{\mu\rho}X^{\rho}.$$

  Die Formeln für Tensorfelder anderer Stufen (z. B. 1-Formen) sind analog und finden sich in (6.15).

- Die Metrik selbst ist **kovariant konstant**, also

$$\nabla_{\mu}g_{\nu\rho} \;=\; \partial_{\mu}g_{\nu\rho} - \Gamma^{\lambda}_{\mu\nu}g_{\lambda\rho} - \Gamma^{\lambda}_{\mu\rho}g_{\nu\lambda} \;=\; 0$$

- Die kovariante Ableitung eines beliebigen Tensorfeldes T **entlang eines Vektorfeldes** X ist definiert als

$$\nabla_{X}T \;:=\; X^{\mu}\nabla_{\mu}T$$

- Die kovariante Ableitung erfüllt die **Leibnitz-Regel**:

$$\nabla_{X}(T \otimes S) \;=\; (\nabla_{X}T) \otimes S + T \otimes (\nabla_{X}S)$$

  für beliebige Tensorfelder T und S.

■ Ein Tensorfeld T ist **kovariant konstant entlang einer Kurve** $\phi \mapsto$ $x^\mu(\phi)$, wenn für alle ϕ gilt:

$$\nabla_{\dot{x}} T := \dot{x}^\mu \nabla_\mu T = 0$$

Ein solches Tensorfeld nennt man auch **entlang der Kurve parallel transportiert**.

■ Eine Kurve $\phi \mapsto x^\mu(\phi)$ heißt

    raumartig, wenn $g_{\mu\nu} \dfrac{dx^\mu}{d\phi} \dfrac{x^\nu}{d\phi} < 0$

    zeitartig, wenn $g_{\mu\nu} \dfrac{dx^\mu}{d\phi} \dfrac{x^\nu}{d\phi} > 0$

    lichtartig, wenn $g_{\mu\nu} \dfrac{dx^\mu}{d\phi} \dfrac{x^\nu}{d\phi} = 0$

überall auf der Kurve gilt.

■ Die **Bogenlänge** einer zeitartigen Kurve $\phi \mapsto x^\mu(\phi)$ zwischen zwei Punkten ϕ_1 und ϕ_2 ist definiert durch

$$\ell = \int_{\phi_1}^{\phi_2} d\phi \sqrt{g_{\mu\nu} \frac{dx^\mu}{d\phi} \frac{dx^\nu}{d\phi}}$$

Die Bogenlänge einer raumartigen Kurve wird definiert mit einem Minuszeichen unter der Wurzel. Die Bogenlänge für lichtartige Kurven ist null. Die Grenzen im Integral werden immer so gewählt, dass ℓ nie negativ werden kann.

■ Die Bogenlänge wird stationär für solche Kurven, die die Bedingung

$$\ddot{x}^\mu + \Gamma^\mu_{\nu\rho} \dot{x}^\nu \dot{x}^\rho = 0$$

erfüllen. Diese Kurven nennt man **Geodäten**. Zeitartige Geodäten entsprechen den Weltlinien von inertialen Beobachtern, und die Bogenlänge entspricht der verstrichenen Eigenzeit.

6.9   Verweis

Kovariante Ableitung und Tangentialräume: Es gibt einen anschaulichen Grund, weshalb die partielle Ableitung auf allgemeinen Mannigfaltigkeiten nicht mehr funktioniert und durch die kovariante Ableitung ersetzt werden muss: Bei der partiellen Ableitung eines Vektorfeldes $X^\mu(x)$ wird die Differenz der Werte von X^μ an zwei benachbarten Punkten P_1 und P_2 gebildet und durch die Koordinatendistanz zwischen den beiden Punkten geteilt. Das Problem dabei ist: Man subtrahiert eigentlich die Komponenten von zwei Vektoren, die aus zwei Tangentialräumen $T_{P_1}M$ und $T_{P_2}M$ an zwei verschiedenen Punkten stammen. Diese Subtraktion ergibt aber geometrisch keinen Sinn, weil Vektoren aus unterschiedlichen Räumen nicht miteinander addiert (oder subtrahiert) werden dürfen.

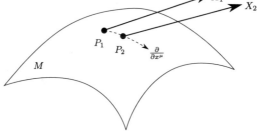

Abb. 6.4 Zwei Vektoren X_1 und X_2 aus Tangentialräumen an verschiedenen Punkten können ohne Zusammenhang nicht verglichen werden.

Man benötigt also eine Identifikation der beiden Tangentialräume, die a priori nicht gegeben ist: Die Frage, ob zwei Vektoren aus verschiedenen Tangentialräumen gleich sind oder nicht, ergibt keinen Sinn. Wenn ihre Komponenten bezüglich eines Koordinatensystems gleich sind, müssen sie das nicht unbedingt bezüglich eines anderen Koordinatensystems sein, da sie sich nach (5.17) mit unterschiedlichen Jacobi-Matrizen, nämlich jeweils an den Punkten P_1 und P_2, transformieren.

Erst durch den Vorgang des Paralleltransports kann man eine Identifikation von Tangentialräumen entlang einer Kurve vornehmen. Und genau das macht die kovariante Ableitung ∇_μ: Sie transportiert erst den einen Vektor aus $T_{P_2}M$ nach $T_{P_1}M$ entlang des Koordinatenvektorfeldes $\frac{\partial}{\partial x^\mu}$ parallel und führt dann die Subtraktion aus. Deswegen sehen die Formeln für Paralleltransport (6.19) und kovariante Ableitung (6.12) einander auch so ähnlich.

→ Zurück zu S. 158

6.10   Aufgaben

Aufgabe 6.1: Zeigen Sie:

$$\nabla_X Y - \nabla_Y X \ = \ [X, Y] \tag{6.44}$$

S. 347 $\longrightarrow$ Tipp   Lösung $\longrightarrow$ S. 406

Aufgabe 6.2: Zeigen Sie: Das innere Produkt zwischen zwei Vektoren X und Y, die entlang einer Kurve parallel transportiert werden, ist konstant entlang der Kurve.

S. 347 $\longrightarrow$ Tipp   Lösung $\longrightarrow$ S. 406

Aufgabe 6.3: Gegeben irgendwelche Symbole $\Gamma^\mu_{\nu\rho}$, $\tilde{\Gamma}^\mu_{\nu\rho}$ und $\hat{\Gamma}^\mu_{\nu\rho}$ in drei Koordinatensystemen x^μ, $\tilde{x}^\mu$ und $\hat{x}^\mu$, die die Formel (6.10) erfüllen für den Wechsel von x zu $\tilde{x}$, sowie zwischen $\tilde{x}$ zu $\hat{x}$. Zeigen Sie: Die $\Gamma^\mu_{\nu\rho}$ und $\hat{\Gamma}^\mu_{\nu\rho}$ erfüllen eine analoge Gleichung für den Koordinatenwechsel zwischen den x und $\hat{x}$.

S. 347 $\longrightarrow$ Tipp   Lösung $\longrightarrow$ S. 406

Aufgabe 6.4: Auf einer Mannigfaltigkeit mit (nichtdegeneriertem) metrischem Tensor $g_{\mu\nu}$ und zugehörigen Christoffel-Symbolen $\Gamma^\mu_{\nu\rho}$ seien weitere Symbole $\mathcal{G}^\mu_{\nu\rho}$ gegeben, die sich wie (6.10) transformieren. Zeigen Sie:

a) Die Differenz

$$T^\mu{}_{\nu\rho} \ := \ \Gamma^\mu_{\nu\rho} - \mathcal{G}^\mu_{\nu\rho} \tag{6.45}$$

definiert die Komponenten eines Tensors.

b) Wir bezeichnen die kovariante Ableitung mit den $\mathcal{G}^\mu_{\nu\rho}$ mit $\nabla^{(\mathcal{G})}$. Zeigen Sie: Wenn $\mathcal{G}^\mu_{\nu\rho} = \mathcal{G}^\mu_{\rho\nu}$ und $\nabla^{(\mathcal{G})}_\mu g_{\nu\rho} = 0$ gilt, dann ist $\Gamma^\mu_{\nu\rho} = \mathcal{G}^\mu_{\nu\rho}$.

S. 347 $\longrightarrow$ Tipp   Lösung $\longrightarrow$ S. 408

Aufgabe 6.5: Gegeben eine Kurve $\lambda \mapsto x^\mu(\lambda)$, für die die Größe

$$\int d\lambda \left(g_{\mu\nu} \frac{dx^\mu}{d\lambda} \frac{dx^\nu}{d\lambda} \right)$$

stationär wird. Dann erfüllt die Kurve die Geodätengleichung.

S. 348 $\longrightarrow$ Tipp   Lösung $\longrightarrow$ S. 409

Aufgabe 6.6: Im zweidimensionalen hyperbolischen Raum betrachten wir die Koordinaten (a, b) und (x, y), wie auf Seite 156. Eine Metrik sei gegeben durch

$$ds^2 = \frac{da^2 + db^2}{b^2}$$

Berechnen Sie die Form der Metrik in (x, y)-Koordinaten.

S. 348 $\longrightarrow$ Tipp   Lösung $\longrightarrow$ S. 410

Aufgabe 6.7: Gegeben seien Mannigfaltigkeit und Metrik aus Aufgabe 6.6.

a) Berechnen Sie die Länge des Kreises $x^2 + y^2 = r^2 < 1$.

b) Berechnen Sie das Ergebnis des Paralleltransports des Vektors mit Komponenten $X^x = 0$, $X^y = 1$ entlang des Kreises aus a), beginnend vom Punkt $x = r$, $y = 0$.

S. 348 $\longrightarrow$ Tipp   Lösung $\longrightarrow$ S. 411

Aufgabe 6.8: Wir betrachten die Sphäre S^2. Auf der Sphäre (ohne Nord- und Südpol) definieren wir den sogenannten *loxodromischen Zusammenhang* wie folgt: Ein mit diesem Zusammenhang parallel transportierter Vektor hat konstante Länge und konstanten Winkel zum Nordpol.

a) Berechnen Sie die Komponenten $^{(L)}\Gamma^\mu_{\nu\rho}$ in Kugelkoordinaten ($x^1 = \theta$, $x^2 = \phi$.

b) Ist dieser Zusammenhang metrisch? Ist er torsionsfrei?

c) Eine *loxodromische Geodäte* ist eine Kurve, die die Geodätengleichung bezüglich $^{(L)}\Gamma^\mu_{\nu\rho}$ erfüllt. Berechnen Sie eine loxodromische Geodäte, die auf dem Äquator startet und deren Geschwindigkeitsvektor zum Äquator den Winkel χ hat.

S. 348 $\longrightarrow$ Tipp   Lösung $\longrightarrow$ S. 413

7 Krümmung

Übersicht

7.1   Der Riemannsche Krümmungstensor

Auf Räumen mit Metrik muss man die partielle Ableitung ∂_μ durch die kovariante Ableitung ∇_μ ersetzen, weil nur die kovariante Ableitung von Tensorfeldern wieder ein Tensorfeld ist.

Die kovariante Ableitung besitzt viele schöne Eigenschaften der partiellen Ableitung: Linearität, Leibnitz-Regel etc. Aber eine wichtige Regel erfüllt sie nicht: Die kovarianten Ableitungen kommutieren nicht unbedingt untereinander! Betrachten wir zwei Richtungen μ and ν, und ein Vektorfeld X mit Komponenten X^ρ. Dann gilt

$$[\nabla_\mu, \nabla_\nu] X^\rho \;=\; \nabla_\mu \left(\nabla_\nu X^\rho \right) - \nabla_\nu \left(\nabla_\mu X^\rho \right)$$

$$=\; \nabla_\mu \left(\partial_\nu X^\rho + \Gamma^\rho_{\nu\lambda} X^\lambda \right) - (\mu \leftrightarrow \nu)$$

Um dies zu berechnen, betrachten wir zuerst einen der beiden Terme und ziehen dann im Anschluss einen entsprechenden Ausdruck ab, bei dem wir μ und ν vertauscht haben. Dabei müssen wir aufpassen, dass wir nicht einfach blind die Linearität anwenden, ansonsten erhalten wir Ausdrücke wie $\nabla_\mu(\partial_\nu X^\rho)$ und

© Springer-Verlag GmbH Deutschland, ein Teil von Springer Nature 2022

B. Bahr, *Tutorium Allgemeine Relativitätstheorie*,

https://doi.org/10.1007/978-3-662-63419-6_7

$(\nabla_\mu \Gamma^\rho_{\nu\lambda})X^\rho$, die nicht definiert sind: Die kovariante Ableitung eines Vektorfeldes kann man nur auf Tensoren anwenden, und die partielle Ableitung und die Christoffel-Symbole definieren keine Tensoren.

Stattdessen erinnern wir uns, dass die Kombination $\nabla_\nu X^\rho$ ein Tensor der Stufe $(1,1)$ ist, und benutzen die entsprechende Formel aus (6.14), also:

$$\nabla_\mu T^\rho{}_\nu = \partial_\mu T^\rho{}_\nu + \Gamma^\rho_{\mu\sigma} T^\sigma{}_\nu - \Gamma^\sigma_{\mu\nu} T^\rho{}_\sigma$$

Wir erhalten:

$$\begin{aligned}
\nabla_\mu \left(\partial_\nu X^\rho + \Gamma^\rho_{\nu\lambda} X^\lambda\right) &= \partial_\mu \left(\partial_\nu X^\rho + \Gamma^\rho_{\nu\lambda} X^\lambda\right) + \Gamma^\rho_{\mu\sigma}\left(\partial_\nu X^\sigma + \Gamma^\sigma_{\nu\lambda} X^\lambda\right) \\
&\quad - \Gamma^\sigma_{\mu\nu}\left(\partial_\sigma X^\rho + \Gamma^\rho_{\sigma\lambda} X^\lambda\right) \\
&= \partial_\mu\partial_\nu X^\rho + \left(\partial_\mu\Gamma^\rho_{\nu\lambda}\right) X^\lambda + \Gamma^\rho_{\nu\lambda}\partial_\mu X^\lambda \\
&\quad + \Gamma^\rho_{\mu\sigma}\partial_\nu X^\sigma + \Gamma^\rho_{\mu\sigma}\Gamma^\sigma_{\nu\lambda} X^\lambda \\
&\quad - \Gamma^\sigma_{\mu\nu}\partial_\sigma X^\rho - \Gamma^\sigma_{\mu\nu}\Gamma^\rho_{\sigma\lambda} X^\lambda
\end{aligned}$$

Jetzt ziehen wir einen Ausdruck ab, der fast genauso aussieht, abgesehen davon, dass μ und ν die Plätze getauscht haben. Damit verschwinden alle Ausdrücke, die symmetrisch in μ und ν sind, und wir erhalten:

$$\begin{aligned}
[\nabla_\mu, \nabla_\nu]X^\rho &= \left(\partial_\mu\Gamma^\rho_{\nu\lambda}\right) X^\lambda - \left(\partial_\nu\Gamma^\rho_{\mu\lambda}\right) X^\lambda \\
&\quad + \Gamma^\rho_{\mu\sigma}\Gamma^\sigma_{\nu\lambda} X^\lambda - \Gamma^\rho_{\nu\sigma}\Gamma^\sigma_{\mu\lambda} X^\lambda
\end{aligned}$$

Hierbei stellen wir etwas Interessantes fest: Der obige Ausdruck enthält nur noch Terme ohne Ableitungen von X^ρ! Der Kommutator von zwei partiellen Ableitungen eines Vektorfeldes X ist also linear in X^ρ. Er erhält aber noch Ableitungen von Christoffel-Symbolen.

Der Kommutator von zwei partielle Ableitungen, angewandt auf ein Vektorfeld mit Komponenten X^ρ, ist gegeben durch

$$[\nabla_\mu, \nabla_\nu]X^\rho = R^\rho{}_{\lambda\mu\nu} X^\lambda \tag{7.1}$$

mit

$$R^\rho{}_{\lambda\mu\nu} := \partial_\mu\Gamma^\rho_{\nu\lambda} - \partial_\nu\Gamma^\rho_{\mu\lambda} + \Gamma^\rho_{\mu\sigma}\Gamma^\sigma_{\nu\lambda} - \Gamma^\rho_{\nu\sigma}\Gamma^\sigma_{\mu\lambda} \tag{7.2}$$

Der Ausdruck in (7.2) heißt **Riemannscher Krümmungstensor** (RKT).

Der Ausdruck (7.2) besteht aus lauter Summanden, die selbst keine Tensoren sind, denn sie enthalten ja die Christoffel-Symbole. Aber die Kombination von ihnen muss ein Tensor sein,

> Vorzeichenkonventionen: S. 193 $\aleph_0$

denn die kovariante Ableitung produziert ja Tensoren, also auch der Kommutator, der die Differenz von zwei solchen Tensoren ist.

7.2   Symmetrien des Riemannschen Krümmungstensors

Der Riemannsche Krümmungstensor (wir nennen ihn im Folgenden RKT) hat einige sehr nützliche Symmetrien bezüglich der Indizes. Am besten erkennt man diese, wenn man den ersten Index nach unten zieht und so einen Tensor des Typs $(0,4)$ betrachtet:

$$R_{\mu\nu\rho\sigma} := g_{\mu\lambda} R^{\lambda}{}_{\nu\rho\sigma} \tag{7.3}$$

Wir werden den Tensor des Typs $(0,4)$ in (7.3) *auch* Riemannschen Krümmungstensor (RKT) nennen. Das ist leider eine sprachliche Ungenauigkeit, die sich eingebürgert hat.

Durch direktes Nachrechnen (was in Aufgabe 7.1 gemacht werden soll) kann man herleiten, dass gilt:

$$R_{\mu\nu\rho\sigma} = \frac{1}{2}\left(g_{\mu\sigma,\nu\rho} - g_{\mu\rho,\nu\sigma} + g_{\rho\nu,\mu\sigma} - g_{\sigma\nu,\mu\rho}\right) + g_{\lambda\tau}\left(\Gamma^{\tau}_{\mu\sigma}\Gamma^{\lambda}_{\rho\nu} - \Gamma^{\tau}_{\mu\rho}\Gamma^{\lambda}_{\sigma\nu}\right) \tag{7.4}$$

Aus (7.4) folgen einige wichtige Eigenschaften des RKT. Die Christoffel-Symbole und die Metrik sind nämlich symmetrisch:

$$g_{\mu\nu} = g_{\nu\mu}, \qquad \Gamma^{\tau}_{\mu\nu} = \Gamma^{\tau}_{\nu\mu}$$

und außerdem vertauschen auch die zweifachen partiellen Ableitungen:

$$g_{\mu\nu,\sigma\tau} = g_{\nu\mu,\sigma\tau} = g_{\mu\nu,\tau\sigma}$$

Aus all diesen Eigenschaften lässt sich Folgendes ablesen:

Der RKT $R_{\mu\nu\sigma\tau}$ hat folgende Symmetrien:

$$R_{\nu\mu\sigma\tau} = -R_{\mu\nu\sigma\tau} \tag{7.5}$$

$$R_{\mu\nu\tau\sigma} = -R_{\mu\nu\sigma\tau} \tag{7.6}$$

$$R_{\sigma\tau\mu\nu} = R_{\mu\nu\sigma\tau} \tag{7.7}$$

Er ist also **antisymmetrisch** bezüglich der Vertauschung der ersten beiden, sowie der letzten beiden Indizes. Man kann also $R_{\mu\nu\sigma\tau} = R_{[\mu\nu][\sigma\tau]}$ schreiben. Außerdem ist der **symmetrisch** bezüglich der Vertauschung des ersten Indexpaares mit dem letzten Indexpaar.

Es gibt noch einige weitere sehr praktische Identitäten, die hier ohne Beweis präsentiert werden:

Der RKT, der zu einer Metrik $g_{\mu\nu}$ gehört, erfüllt

$$R_{\mu\nu\sigma\rho} + R_{\mu\sigma\rho\nu} + R_{\mu\rho\nu\sigma} = 0 \tag{7.8}$$

$$\nabla_\mu R_{\nu\rho\sigma\tau} + \nabla_\sigma R_{\nu\rho\tau\mu} + \nabla_\tau R_{\nu\rho\mu\sigma} = 0 \tag{7.9}$$

Diese beiden Gleichungen nennt man auch **erste** und **zweite Bianchi-Identität**. Aufgrund der Symmetrien des RKT und mit der Notation der kovarianten Ableitung aus (6.16) kann man dies auch als $R_{\mu[\nu\sigma\rho]} = 0$ und $R_{\nu\rho[\sigma\tau;\mu]} = 0$ schreiben.

7.3 Ricci-Tensor und Ricci-Skalar

Der RKT beschreibt die Nichtvertauschbarkeit der kovarianten Ableitungen, was erst einmal nicht unbedingt einem anschaulichen Krümmungsbegriff entspricht.

In der Tat ist „Krümmung" auch kein klar definierter Begriff, denn es gibt verschiedene Arten von Krümmung, die in verschiedenen Kontexten eine Rolle spielen. Wir werden uns nicht mit allen Varianten von

Gauß und
die Krümmung: S. 193

Krümmung beschäftigen. In diesem Buch behandeln wir nur den RKT und die von ihm abgeleiteten Krümmungsgrößen.

Aus dem RKT kann man zwei weitere wichtige Größen konstruieren, die in der ART eine entscheidende Rolle spielen.

Die Größen

$$R_{\mu\nu} := R^{\rho}{}_{\mu\rho\nu} = g^{\rho\sigma} R_{\rho\mu\sigma\nu} \qquad (7.10)$$

$$R := g^{\mu\nu} R_{\mu\nu} = g^{\mu\nu} g^{\rho\sigma} R_{\rho\mu\sigma\nu} \qquad (7.11)$$

werden **Ricci-Tensor** und **Ricci-Skalar** genannt.

Hierbei ist wichtig, dass für den Ricci-Tensor der erste und der dritte Index mit der inversen Metrik kontrahiert werden. Weil der RKT symmetrisch bezüglich der Vertauschung des ersten und letzten Indexpaares und die inverse Metrik ebenfalls symmetrisch ist, ist auch $R_{\mu\nu}$ symmetrisch, also:

$$R_{\nu\mu} = g^{\rho\sigma} R_{\rho\nu\sigma\mu} = g^{\sigma\rho} R_{\sigma\mu\rho\nu} = R_{\mu\nu}$$

Man beachte: Nirgendwo in unseren Definitionen hat die Signatur der Metrik eine Rolle gespielt. Wichtig war nur, dass sie nicht degeneriert ist, damit man die inverse Metrik $g^{\mu\nu}$ zur

Tensorsymbole und Indizes: S. 194 $\aleph_0$

Verfügung hat. Genauso wie die Christoffel-Symbole, existieren auch der RKT sowie der Ricci-Tensor und Ricci-Skalar sowohl für Riemannsche, als auch für Lorentzsche Metriken (und auch für alle nichtdegenerierten Metriken mit anderer Signatur).

Beispiel: Die 2-Sphäre S^2 mit Koordinaten (θ, ϕ) hat die Metrik mit den Komponenten

$$g_{\theta\theta} = 1, \qquad g_{\theta\phi} = g_{\phi\theta} = 0, \qquad g_{\phi\phi} = \sin^2\theta \qquad (7.12)$$

Dies ist eine Riemannsche Metrik. Die einzige partielle Ableitung der metrischen Koeffizienten ist daher

$$g_{\phi\phi,\theta} = 2\sin\theta\cos\theta$$

Die einzigen nicht verschwindenden Christoffel-Symbole sind daher

$$\Gamma^{\theta}_{\phi\phi} = \frac{1}{2}g^{\theta\theta}\left(g_{\theta\phi,\phi} + g_{\theta\phi,\phi} - g_{\phi\phi,\theta}\right) = -\sin\theta\cos\theta$$

$$\Gamma^{\phi}_{\theta\phi} = \Gamma^{\phi}_{\phi\theta} = \frac{1}{2}g^{\phi\phi}\left(g_{\phi\phi,\theta} + g_{\phi\theta,\phi} - g_{\phi\theta,\phi}\right) = \cot\theta$$

Eine Komponente des RKT lässt sich so mit (7.2) berechnen:

$$R^{\phi}_{\ \theta\phi\theta} = \partial_{\phi}\Gamma^{\phi}_{\theta\theta} - \partial_{\theta}\Gamma^{\phi}_{\phi\theta} + \Gamma^{\phi}_{\phi\lambda}\Gamma^{\lambda}_{\theta\theta} - \Gamma^{\phi}_{\theta\lambda}\Gamma^{\lambda}_{\phi\theta}$$

Vorsicht: Hier ist λ ein Index, über den summiert wird, während ϕ und θ feste Indizes sind, über die nicht summiert wird. Die Summe über λ enthält maximal einen nicht verschwindenden Term, und man erhält:

$$R^{\phi}_{\ \theta\phi\theta} = -\partial_{\theta}\Gamma^{\phi}_{\phi\theta} - \Gamma^{\phi}_{\theta\phi}\Gamma^{\phi}_{\phi\theta} = -\frac{\partial}{\partial\theta}\left(\frac{\cos\theta}{\sin\theta}\right) - \frac{\cos^2\theta}{\sin^2\theta}$$

$$= \frac{1}{\sin^2\theta} - \frac{\cos^2\theta}{\sin^2\theta} = 1$$

Herunterziehen des ersten Index' ergibt:

$$R_{\phi\theta\phi\theta} = g_{\phi\lambda}R^{\lambda}_{\ \theta\phi\theta} = g_{\phi\phi}R^{\phi}_{\ \theta\phi\theta} = \sin^2\theta = R_{\theta\phi\theta\phi}$$

Hier haben wir für den letzten Schritt die (Anti-)Symmetrien des RKT benutzt. Damit kann man die Komponenten des Ricci-Tensors berechnen:

$$R_{\phi\phi} = g^{\mu\nu}R_{\mu\phi\nu\phi} = g^{\phi\phi}R_{\phi\phi\phi\phi} + g^{\theta\theta}R_{\theta\phi\theta\phi}$$

$$= \frac{1}{\sin^2\theta}\cdot 0 + 1\cdot\sin^2\theta = \sin^2\theta$$

Dass der Term $R_{\phi\phi\phi\phi}$ verschwindet, folgt aus den Antisymmetrien des RKT in den letzten beiden (oder auch der ersten beiden) Indizes. Genauso berechnet man:

$$R_{\theta\theta} = g^{\mu\nu}R_{\mu\theta\nu\theta} = g^{\phi\phi}R_{\phi\theta\phi\theta} + g^{\theta\theta}R_{\theta\theta\theta\theta}$$

$$= \frac{1}{\sin^2\theta}\sin^2\theta + 1\cdot 0 = 1$$

$$R_{\phi\theta} = g^{\mu\nu}R_{\mu\phi\nu\theta} = g^{\phi\phi}R_{\phi\phi\phi\theta} + g^{\theta\theta}R_{\theta\phi\theta\theta}$$

$$= 0 + 0 = 0$$

Ein Vergleich mit (7.12) ergibt

$$R_{\mu\nu} = g_{\mu\nu} \tag{7.13}$$

und damit:

$$R = g^{\mu\nu}R_{\mu\nu} = g^{\mu\nu}g_{\mu\nu} = 2 \tag{7.14}$$

Auf der 2-Sphäre sind die Metrik und der Ricci-Tensor also identisch. Das ist ein sehr spezieller Fall, im Allgemeinen ist das nicht so. Räume, in denen die Metrik und der Ricci-Tensor zumindest proportional sind, also

$$R_{\mu\nu} = K\,g_{\mu\nu} \tag{7.15}$$

für eine Konstante K erfüllen, nennt man auch Räume mit konstanter Krümmung K. Die 2-Sphäre ist also ein Raum mit konstanter Krümmung $K = 1$.

7.4 Krümmung und Paralleltransport

Der RKT ist auf direkte Art und Weise mit dem Paralleltransport verbunden. Man kann einen Tangentialvektor X auf mehreren verschiedenen Wegen von Punkt A nach Punkt B parallel transportieren.

$$X_A \to X_B$$

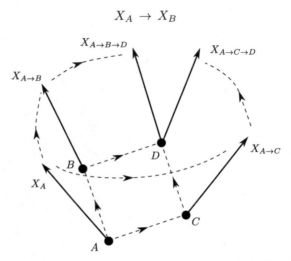

Abb. 7.1 Das Resultat des Paralleltransportes eines Tangentialvektors von A nach B hängt davon ab, ob man über C oder über D geht, falls der RKT nicht verschwindet.

Das Resultat des Paralleltransportes (also der resultierende Tangentialvektor X_B) ist vom genommenen Weg unabhängig, wenn der RKT verschwindet, also

$$R^\mu{}_{\nu\sigma\rho} = 0 \quad \Leftrightarrow \quad X_B \text{ ändert sich bei Deformation des Weges } A \to B \text{ nicht.}$$

Um das zu verdeutlichen, betrachten wir ein winzig kleines Parallelogramm im Koordinatensystem x (Abb. 7.1). Die Eckpunkte des Parallelogramms sind die Punkte A, C, D und B, die die jeweiligen Koordinaten x^μ, $x^\mu + \epsilon Y^\mu$, $x^\mu + \delta Z^\mu$ und $x^\mu + \epsilon Y^\mu + \delta Z^\mu$ haben. Hierbei sind ϵ und δ Parameter, die wir am Ende gegen null gehen lassen wollen.

Im Folgenden betrachten wir einen Vektor X_A bei A, den wir einmal entlang C zu B, und einmal entlang D zu B parallel transportieren. Wir betrachten dann den Unterschied dieser beiden Transporte, zu niedrigster nicht verschwindender Ordnung in ϵ und δ:

$$X_A \xrightarrow{A \to C} X_{A \to C} \xrightarrow{C \to B} X_{A \to C \to B}$$

$$X_A \xrightarrow{A \to D} X_{A \to D} \xrightarrow{D \to B} X_{A \to D \to B}$$

Weil der Weg, entlang dessen wir den Vektor X jeweils parallel transportieren, so kurz ist, können wir das Ergebnis des Paralleltransportes von X_A nach $X_{A \to C}$ durch den ersten Term in der Taylor-Entwicklung ausdrücken:

$$X^\mu_{A \to C} = X^\mu_A + \epsilon \dot{X}^\mu_A + \dots$$

$$= X^\mu_A - \epsilon \Gamma^\mu_{\nu\rho}(x) Y^\nu X^\rho_A + \dots$$

Hierbei wurden alle Terme von quadratischer und höherer Ordnung in ϵ vernachlässigt. Die Christoffel-Symbole sind diejenigen am Punkt A, also bei den Koordinaten x^μ. Genauso gilt:

$$X^\mu_{A \to C \to B} = X^\mu_{A \to C} + \delta \dot{X}^\mu_{A \to C} + \dots$$

$$= X^\mu_{A \to C} - \delta \Gamma^\mu_{\nu\rho}(x + \epsilon Y) Z^\nu X^\rho_{A \to C} + \dots$$

wobei höhere Terme in δ vernachlässigt worden sind, und wir die Christoffel-Symbole wieder am Beginn der Kurve, am Punkt C, nehmen, also bei den Koordinaten $x^\mu + \epsilon Y^\mu$ auswerten. Um dies durch die Christoffel-Symbole bei x^μ auszudrücken, entwickeln wir:

$$\Gamma^\mu_{\nu\rho}(x + \epsilon Y) = \Gamma^\mu_{\nu\rho}(x) + \epsilon \partial_\sigma \Gamma^\mu_{\nu\rho}(x) Y^\sigma$$

Setzen wir diese Ausdrücke zusammen, so ergibt sich:

$$X^\mu_{A \to C \to B} = X^\mu_A - \epsilon \Gamma^\mu_{\nu\rho} Y_\nu X^\rho_A - \delta \Gamma^\mu_{\nu\rho} Z_\nu X^\rho_A$$

$$- \epsilon\delta \, \partial_\sigma \Gamma^\mu_{\nu\rho} Y^\sigma Z^\nu X^\rho_A - \epsilon\delta \, \Gamma^\mu_{\nu\rho} \Gamma^\rho_{\sigma\tau} Z^\nu Y^\sigma X^\tau_A + \dots$$

wobei alle höheren Terme als die quadratischer Ordnung vernachlässigt wurden und alle Christoffel-Symbole bei denselben Koordinaten x^μ ausgewertet werden (deswegen haben wir das (x) weggelassen).

Für den letzten Schritt kann man sich überlegen, dass der Ausdruck für $X^\mu_{A \to D \to B}$ genauso aussieht wie $X^\mu_{A \to C \to B}$, nur dass die Reihenfolge der Wege vertauscht wurde: Mit anderen Worten, $\epsilon \leftrightarrow \delta$ und $Y \leftrightarrow Z$. Damit erhalten wir, nach ein wenig Indexgymnastik:

$$X^\mu_{A \to D \to B} - X^\mu_{A \to C \to B}$$

$$= \epsilon\delta \left(\partial_\sigma \Gamma^\mu_{\nu\rho} - \partial_\nu \Gamma^\mu_{\sigma\rho} + \Gamma^\mu_{\nu\lambda} \Gamma^\lambda_{\sigma\rho} - \Gamma^\mu_{\sigma\lambda} \Gamma^\lambda_{\nu\rho} \right) Y^\sigma Z^\nu X^\rho_A + \dots$$

$$= \epsilon\delta \, R^\mu{}_{\rho\nu\sigma} Y^\sigma Z^\nu X^\rho_A + \dots.$$

Der niedrigste nicht verschwindende Term im Unterschied zwischen
$X^\mu_{A\to D\to B}$ und $X^\mu_{A\to C\to B}$ ist also durch den RKT gegeben. Die
Krümmung sagt somit etwas darüber
aus, inwieweit das Ergebnis eines Par-

Krümmung lokal
und global: S. 194

alleltransportes vom Weg abhängt. Eine Metrik, bei der das Ergebnis gar nicht
vom Weg abhängt, also demnach verschwindenden RKT hat, ist auch nicht gekrümmt.

> Ein Raum mit Metrik, in dem der RKT verschwindet, nennt man auch
> **flach**. In einem solchen Raum ändert sich der Paralleltransport entlang
> eines Weges nicht, wenn man den Weg stetig deformiert.

7.5   Krümmung auf zweidimensionalen Räumen*

Wir haben in unserer Beispielrechnung oben nur eine einzige Komponente des
RKT, nämlich $R_{\phi\theta\phi\theta}$, wirklich berechnet. Die anderen interessanten Komponenten
haben wir im Wesentlichen durch die (Anti-)Symmetrien des RKT hergeleitet.
Das ist eine allgemeine Eigenschaft des RKT in zwei Dimensionen, und zwar egal,
welche Signatur die Metrik hat: Kennt man eine Komponente des RKT, kennt man
alle! Das kann man sich wie folgt überlegen: Mit Koordinaten (x^1, x^2) müssen die
ersten beiden Indizes von $R_{\mu\nu\sigma\tau}$ verschieden sein, also 1 und 2, da wir ja nur zwei
Dimensionen haben. Für die letzten beiden Indizes gilt das auch, deswegen sind
die einzigen nicht verschwindenden Komponenten des RKT

$$R_{1212},\ R_{1221},\ R_{2112},\ R_{2121}.$$

Diese sind aber alle durch die Symmetrien (7.5) – (7.7) miteinander verbunden.
Man sagt auch: In zwei Dimensionen hat der RKT nur eine unabhängige Komponente.

Das ist aber nicht alles: Jedes weitere nichtverschwindende Tensorfeld $T_{\mu\nu\sigma\rho}$
auf einer zweidimensionalen Mannigfaltigkeit, das dieselben Symmetrien (7.5) bis
(7.7) hat, also:

$$T_{\mu\nu\rho\sigma} = T_{\rho\sigma\mu\nu} = -T_{\nu\mu\rho\sigma} = -T_{\mu\nu\sigma\rho} \tag{7.16}$$

hat ebenfalls nur eine unabhängige (dann nichtverschwindende) Komponente. Die
beiden Tensorfelder müssen also proportional zueinander sein:

$$T_{\mu\nu\rho\sigma} = f\,R_{\mu\nu\rho\sigma} \tag{7.17}$$

mit einer Funktion f, die $f = R_{1212}/T_{1212}$ sein muss. Man kann nun direkt nachprüfen, dass

$$T_{\mu\nu\sigma\rho} := g_{\mu\sigma}g_{\nu\rho} - g_{\mu\rho}g_{\nu\sigma} \tag{7.18}$$

genau eben jede Symmetrien (7.16) hat. Es muss also gelten:

$$R_{\mu\nu\rho\sigma} = f\big(g_{\mu\sigma}g_{\nu\rho} - g_{\mu\rho}g_{\nu\sigma}\big) \tag{7.19}$$

Um die Funktion in (7.19) zu finden, berechnen wir den Ricci-Skalar (7.11). Es gilt:

$$\begin{aligned}
R = g^{\mu\rho}g^{\nu\sigma}R_{\mu\nu\rho\sigma} &= f\,g^{\mu\rho}g^{\nu\sigma}\big(g_{\mu\sigma}g_{\nu\rho} - g_{\mu\rho}g_{\nu\sigma}\big) \\
&= f\big(g^{\mu\rho}g_{\mu\sigma}g^{\nu\sigma}g_{\nu\rho} - g^{\mu\rho}g_{\mu\rho}g^{\nu\sigma}g_{\nu\sigma} \\
&= f\big(2 - 4\big) = -2f
\end{aligned}$$

und somit:

Für jede nichtdegenerierte Metrik auf einer zweidimensionalen Mannigfaltigkeit gilt:

$$R_{\mu\nu\rho\sigma} = \frac{R}{2}\big(g_{\mu\rho}g_{\nu\sigma} - g_{\mu\sigma}g_{\nu\rho}\big) \tag{7.20}$$

7.6 Gezeitenkräfte in der ART*

In Kap. 4 haben wir gesehen, dass ein punktförmiger inertialer Beobachter lokal nicht zwischen der ART und der SRT unterscheiden kann. Solange er sich auf einer Geodäte bewegt, gelten für ihn die Gesetze der SRT. Dies gilt allerdings nur genau auf der Geodäte – sobald man sich von ihr entfernt, kann man Abweichungen feststellen, die quadratisch mit der Entfernung zur Geodäte wachsen und proportional zu Komponenten des Krümmungstensors sind.

Während also punktförmige Beobachter keinen Unterschied zur SRT feststellen können, werden ausgedehnte Beobachter spüren, dass verschiedene Punkte in ihnen voneinander weg bzw. aufeinander zu beschleunigt werden. Dies geschieht z. B. mit den Ozeanen auf der Erde, was zu Gezeiten führt. Deswegen nennt man dieses Phänomen auch **Gezeitenkräfte**.

Wir werden nun zeigen, dass der RKT Informationen über diese Gezeitenkräfte enthält. Betrachten wir zwei inertiale Beobachter, beschrieben durch Weltlinien $s \mapsto x_1^{\mu}(s)$ und $\tau \to x_2^{\mu}(\tau)$, mit jeweiligen Eigenzeiten s und τ. Diese beiden Beobachter seien zum Zeitpunkt $s = \tau = 0$ nahe beieinander und relativ in Ruhe.

In der SRT würde dies bedeuten, dass ihre Geschwindigkeitsvektoren

$$X_1^\mu := \frac{dx_1^\mu}{ds}(s=0) = X_A^\mu$$

$$X_2^\mu := \frac{dx_2^\mu}{d\tau}(\tau=0) = X_{A\to C}^\mu$$

parallel sind. In gekrümmten Räumen ist das beste Analogon, dass ihre beiden Geschwindigkeitsvektoren Paralleltransportierte voneinander sind. Prinzipiell müsste man sich hierbei für einen Weg von einem Beobachter zum anderen entscheiden, aber der „direkte" Weg von A nach C im Ruhesystem von O_1 ist hierfür gut genug – näherungsweise ist das sogar eine Geodäte. Die Vektoren X_1 bei A und X_2 bei C in Abb. 7.2 sind also Paralleltransportierte voneinander.

Nun ist die Frage: Ist O_2 bezüglich O_1 nach einer kurzen Zeit Δs immer noch in Ruhe? Sind die beiden Geschwindigkeitsvektoren bei D und B in Bild 7.2 immer noch parallel zueinander? Für kleine Zeiten Δs und kurze Abstände der Geodäten zueinander ist $ABCD$ näherungsweise ein Parallelogramm, genau wie in Abbildung 7.1.

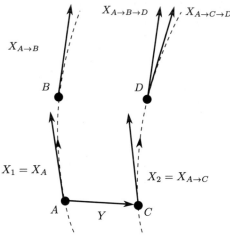

Abb. 7.2 Die relative Beschleunigung zweier benachbarter Geodäten, also die Gezeitenkraft zwischen ihnen, wird ebenfalls durch Komponenten des RKT beschrieben.

Die Beobachter bewegen sich auf Geodäten, ihre Geschwindigkeitsvektoren werden also parallel transportiert. Um die beiden zum späteren Zeitpunkt zu vergleichen müssen wir sie also entlang des Vektors $Z^\mu \approx \Delta s X_A^\mu$ parallel transportieren und die beiden Resultierenden noch zum selben Punkt, sagen wir D. Der relative Geschwindigkeitsvektor ist damit

$$\Delta X^\mu = X_{A\to C\to D}^\mu - X_{A\to B\to D}^\mu \approx R^\mu{}_{\nu\sigma\rho}\Delta s X_1^\nu Y^\sigma X_1^\rho \qquad (7.21)$$

und die relative Beschleunigung

$$a^\mu = \lim_{\Delta s\to 0}\frac{\Delta X^\mu}{\Delta s} = R^\mu{}_{\nu\sigma\rho}X_1^\nu Y^\sigma X_1^\rho. \qquad (7.22)$$

Nahe beieinanderliegende Punkte, die Geodäten folgen, erfahren also eine relative Beschleunigung, die proportional zu den Koeffizienten des RKT sowie zur Entfernung von der Geodäte ist. Dies sind genau die Gezeitenkräfte. Starke Raumkrümmungen können für ausgedehnte Körper also durchaus gefährlich werden: Je größer die Krümmung von Raum und Zeit, desto stärker können Körper auseinandergezerrt bzw. zusammengepresst werden. Das ist insbesondere bei der Frage wichtig, ob man den Fall in ein Schwarzes Loch überlebt (Kap. 10).

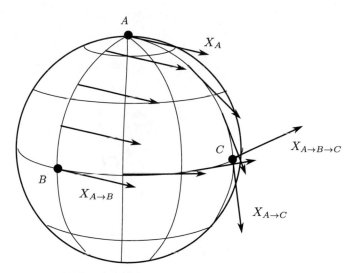

Abb. 7.3 Die Krümmung einer Sphäre erkennt man auch daran, dass der Paralleltransport (in dieser Abbildung von A nach C) davon abhängt, welchen Weg man wählt: $X_{A \to C} \neq X_{A \to B \to C}$!

7.7 Zusammenfassung

■ Der **Riemannsche Krümmungstensor (RKT)** ist definiert durch

$$R^\rho{}_{\lambda\mu\nu} := \partial_\mu \Gamma^\rho_{\nu\lambda} - \partial_\nu \Gamma^\rho_{\mu\lambda} + \Gamma^\rho_{\mu\sigma}\Gamma^\sigma_{\nu\lambda} - \Gamma^\rho_{\nu\sigma}\Gamma^\sigma_{\mu\lambda}$$

■ Ebenfalls RKT genannt wird der Tensor $R_{\mu\nu\rho\sigma} := g_{\mu\lambda}R^\lambda{}_{\nu\rho\sigma}$, bei dem alle Indizes kovariant sind. Dieser hat die folgenden wichtigen **Symmetrien**:

$$R_{\nu\mu\sigma\tau} = -R_{\mu\nu\sigma\tau}$$

$$R_{\mu\nu\tau\sigma} = -R_{\mu\nu\sigma\tau} \qquad (7.23)$$

$$R_{\sigma\tau\mu\nu} = R_{\mu\nu\sigma\tau}$$

■ Zwei weitere wichtige Krümmungsbegriffe sind der **Ricci-Tensor**

$$R_{\mu\nu} := g^{\rho\sigma} R_{\rho\mu\sigma\nu}$$

und der **Ricci-Skalar**

$$R := g^{\mu\nu} R_{\mu\nu}$$

■ Der RKT misst die **Vertauschung der kovarianten Ableitungen**:

$$\left(\nabla_\rho \nabla_\sigma - \nabla_\sigma \nabla_\rho\right) X^\rho = R^\mu{}_{\nu\rho\sigma} X^\nu$$

■ Verschwindet der RKT, so ist das Ergebnis des Parelleltransports entlang eines Weges unabhängig von stetigen Deformationen des Weges. Eine Metrik mit verschwindendem RKT nennt man auch **flach**.

7.8   Verweise

$\boxed{\aleph_0}$ **Konventionen beim RKT:** Leider haben sich im Laufe der Geschichte verschiedene Konventionen für die Vorzeichen der einzelnen Bausteine der ART eingebürgert. Bei der Metrik haben wir das bereits gesehen: Während Teilchenphysiker häufig die $(-,+,+,+)$-Konvention benutzen, findet man in der Literatur zur ART meist die Konvention $(+,-,-,-)$. Die Metriken in diesen beiden Konventionen unterscheiden sich also um das Vorzeichen:

$$g^{(\text{ART})}_{\mu\nu} = -g^{(\text{Teilchenphysik})}_{\mu\nu}$$

Für den RKT gibt es leider auch verschiedene Konventionen bezüglich Vorzeichen und Indexstellung, die sich von Autor zu Autor unterscheiden. Als Beispiele hier einige wichtige Quellen und ihre Vorzeichen (vgl. auch Wald (1984), Fließbach (2016), Misner et al. (2017)):

$$R^{\mu}{}_{\nu\rho\sigma}{}^{(\text{Dieses Buch})} = R^{\mu}{}_{\nu\rho\sigma}{}^{(\text{Wikipedia})}$$

$$= -R^{\mu}{}_{\nu\rho\sigma}{}^{(\text{Fließbach})}$$

$$= R^{\mu}{}_{\nu\rho\sigma}{}^{(\text{Misner, Thorne, Wheeler})}$$

$$= -R_{\rho\sigma\nu}{}^{\mu\,(\text{Wald})}$$

Die verschiedenen Konventionen für den RKT mischen sich manchmal mit den Konventionen für die Metrik, sodass man bei den abgeleiteten Krümmungen wie den Ricci-Tensor und den Ricci-Skalar sehr aufpassen muss, mit welchem Vorzeichen hier hantiert wird.

Das führt auch dazu, dass die Einstein-Gleichungen (siehe Kapitel 8) bei unterschiedlichen Autoren mit unterschiedlichen relativen Vorzeichen der einzelnen Terme auftauchen können. Es bleibt einem leider nichts übrig, als sich jedes Mal anzusehen, welche Vorzeichenkonventionen die Autorin für Metrik und RKT verwendet.

→ Zurück zu S. 181

Gauß und die Krümmung: Obwohl die Geometrie von Mannigfaltigkeiten, und auch der Krümmungstensor im Wesentlichen auf Riemann zurückgehen (der diese Arbeiten Mitte des 19. Jahrhunderts veröffentlicht hat), hatte Gauß (der Riemanns Doktorvater war) sich bereits vorher mit der Krümmung von zweidimensionalen Flächen im dreidimensionalen Raum beschäftigt. Das half ihm bei seiner Arbeit als Landvermesser (z. B. Helmholz et al. (2001)). Er entwickelte Begriffe, die speziell nur für zweidimensionale Flächen eingebettet im $\mathbb{R}^3$ funktionieren. Bei diesen Arbeiten vermischen sich *extrinsische* und *intrinsische* Begriffe. So ist zum Beispiel ein Kreis extrinsisch gekrümmt (weil er in der Ebene eingebettet ist), intrinsisch allerdings nicht (als eindimensionale Mannigfaltigkeit muss der Riemannsche Krümmungstensor verschwinden).

Gauß' herausragende Leistung bestand auch darin zu zeigen, welche der von ihm benutzten Krümmungseigenschaften intrinsisch und welche extrinsisch sind, z. B. in seinem *theorema egregium*. In diesem Buch über ART sind die vierdimensionalen Krümmungen allesamt intrinsisch, d. h. sie hängen nicht davon ab, wie man die vierdimensionale Raumzeit in einen noch höherdimensionalen Raum einbettet.

→ Zurück zu S. 182

$\boxed{\aleph_0}$ **Tensorsymbole und Indizes:** Es gibt zwischen der mathematischen und der physikalischen Literatur einen großen Unterschied, was die Notation von Tensoren angeht. Diesen haben wir bereits erwähnt, aber jetzt, bei den Krümmungsbegriffen, kommen diese beiden Notationen wirklich miteinander in Konflikt:

In der Mathematik unterscheidet man (eigentlich ganz richtig) zwischen dem Tensor und seinen Komponenten. Man schreibt dort also z. B. g für die Metrik, und $g_{\mu\nu}$ für die Komponenten der Metrik bezüglich eines gewissen Koordinatensystems. Die Physiker hingegen schreiben Dinge wie „die Metrik $g_{\mu\nu}$", und es wird im Allgemeinen verstanden, was damit gemeint ist.

Wenn eine Physikerin also „R" schreibt, dann ist klar, dass damit der Ricci-Skalar gemeint ist. Die Mathematikerin hingegen meint damit immer den (abstrakten) RKT, dessen Komponenten $R^\mu{}_{\nu\rho\sigma}$ sind. Die Physiker können also für RKT, Ricci-Tensor und Ricci-Skalar dasselbe Symbol R benutzen und die drei voneinander unterscheiden, indem unterschiedliche Indizes angehängt werden. In der Mathematik geht das nicht, weil es sonst zu Verwirrungen käme: „der Tensor R" könnte sowohl den Riemann- als auch den Ricci-Tensor bezeichnen.

Deswegen benutzen Mathematiker R als Symbol für den RKT, Ric für den Ricci-Tensor (der dann Komponenten $\text{Ric}_{\mu\nu}$ hat), und Scal oder S für den Ricci-Skalar, weil der auch „Skalarkrümmung" genannt wird.

→ Zurück zu S. 183

$\boxed{\aleph_0}$ **Krümmung: lokal oder global?** Einen Raum mit $R^\mu{}_{\nu\rho\sigma} = 0$ nennt man flach, und das Verschwinden des RKT bedeutet, dass sich das Resultat des Paralleltransports entlang eines Weges nicht ändert, wenn der Weg stetig deformiert wird. Allerdings bedeutet das nicht, dass der Paralleltransport völlig unabhängig vom genommenen Weg ist. Es kann nämlich Wege von A nach B geben, die man nicht stetig ineinander deformieren kann – z. B. weil sich zwischen ihnen ein „Loch" in der Mannigfaltigkeit befindet. Dann kann sich der Paralleltransport entlang der beiden Wege durchaus unterscheiden, auch wenn der RKT verschwindet.

Für gewöhnlich meint man mit *flach* in der Tat nur $R^\mu{}_{\nu\rho\sigma} = 0$, manchmal wird dies allerdings auch *lokal flach* genannt, wobei die völlige Unabhängigkeit des Paralleltransportes vom Weg *global flach* genannt wird. Mathematisch sind die Metriken (allgemeiner: Zusammenhänge), die lokal, aber nicht global flach sind, sehr interessant, denn wie viele es davon gibt sagt eine Menge über die Topologie der Mannigfaltigkeit aus. Daher ist dies ein spannendes Gebiet der Mathematik (s. auch Jänich (2008); Hatcher (2019)).

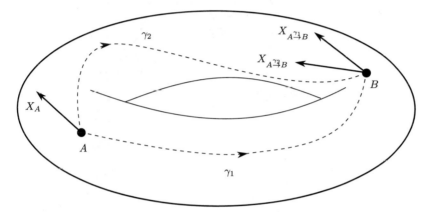

Abb. 7.4 Selbst wenn der RKT verschwindet, kann der Paralleltransport vom Weg abhängen, wenn nämlich die beiden Wege nicht stetig ineinander deformierbar sind.

→ Zurück zu S. 188

7.9   Aufgaben

Aufgabe 7.1: Beweisen Sie Formel (7.4).

S. 349 $\longrightarrow$ Tipp   Lösung $\longrightarrow$ S. 416

Aufgabe 7.2: In Koordinaten ist die Größe $\det g$ definiert als die Determinante der Matrix, die die Komponenten $g_{\mu\nu}$ als Einträge hat. Zeigen Sie: Auf einer zweidimensionalen Mannigfaltigkeit gilt

$$R = \frac{2}{\det g} R_{1212} \qquad (7.24)$$

S. 349 $\longrightarrow$ Tipp   Lösung $\longrightarrow$ S. 417

Aufgabe 7.3: Zeigen Sie für eine zweidimensionale Mannigfaltigkeit mit nicht-degenerierter Metrik: Wenn die Metrik diagonal ist, dann ist es auch der Ricci-Tensor.

S. 349 $\longrightarrow$ Tipp   Lösung $\longrightarrow$ S. 417

Aufgabe 7.4: Berechnen Sie RKT und Gauß-Krümmung K für die Metrik des deSitter-Raumes in $d = 2$:

$$ds^2 = dt^2 - \cosh^2(t)d\phi^2, \qquad -\infty < t < \infty, \; -\pi < \phi < \pi \qquad (7.25)$$

S. 349 $\longrightarrow$ Tipp   Lösung $\longrightarrow$ S. 418

Aufgabe 7.5: Berechnen Sie RKT und Gauß-Krümmung K für den zweidimensionalen hyperbolischen Raum in (a, b)-Koordinaten:

$$ds^2 = \frac{da^2 + db^2}{b^2}, \qquad -\infty < a < \infty, \; 0 < b < \infty \qquad (7.26)$$

S. 349 $\longrightarrow$ Tipp   Lösung $\longrightarrow$ S. 419

Aufgabe 7.6: Gegeben sei ein Tensor mit Komponenten $T_{\mu\nu\sigma\rho}$ mit den Symmetrien

$$T_{\mu\nu\sigma\rho} = T_{\sigma\rho\mu\nu} = -T_{\nu\mu\sigma\rho} \qquad (7.27)$$

Zeigen Sie, dass gilt:

$$T_{\mu[\nu\sigma\rho]} = T_{[\mu\nu\sigma\rho]} \tag{7.28}$$

S. 350 $\longrightarrow$ Tipp   Lösung $\longrightarrow$ S. 420

Aufgabe 7.7: Für Vektorfelder X, Y und Z definierte man das folgende Vektorfeld:

$$R(X,Y)Z := [\nabla_X, \nabla_Y]Z - \nabla_{[X,Y]}Z \tag{7.29}$$

Berechnen Sie die Komponenten von $R(X,Y)Z$ in Abhängigkeit der Komponenten des RKT.

S. 350 $\longrightarrow$ Tipp   Lösung $\longrightarrow$ S. 421

Aufgabe 7.8: Beweisen Sie die erste Bianchiidentität (7.8). Zeigen Sie auch, dass daraus

$$R_{[\mu\nu\sigma\rho]} = 0 \tag{7.30}$$

folgt.

S. 350 $\longrightarrow$ Tipp   Lösung $\longrightarrow$ S. 422

Aufgabe 7.9: Für beliebige Zusammenhänge, also Symbole $\mathcal{G}^{\mu}_{\nu\rho}$, die sich wie (6.10) transformieren, kann man durch (7.2) ebenfalls einen Krümmungstensor definieren. Zeigen Sie: Der Krümmungstensor für den loxodromischen Zusammenhang aus Aufgabe 6.8 verschwindet.

S. 350 $\longrightarrow$ Tipp   Lösung $\longrightarrow$ S. 423

8 Die Einstein-Gleichungen

Übersicht

8.1 Feldgleichungen für die ART

Wir haben in den vorherigen Kapiteln gesehen, dass gekrümmte Räume, genauer gesagt: vierdimensionale Mannigfaltigkeiten mit Lorentz-Metrik, die ideale Beschreibung der relativistischen Gravitation sind. Sie verkörpern auf der einen Seite das physikalische Konzept des Äquivalenzprinzips (Kap. 4), und auf der mathematischen Seite ein sehr ästhetisches Gebiet der Differenzialgeometrie (Kap. 5).

Das zentrale Objekt ist hierbei die Metrik, deren Koeffizienten $g_{\mu\nu}$ die Information über die Krümmung der Raumzeit und damit der Gravitationskraft enthalten. Die nun entscheidende Frage ist: Welche Metrik soll man nehmen? Welche Metrik beschreibt die gravitative Anziehung zwischen, sagen wir einmal, zwei Körpern im Sonnensystem?

Vor genau dieser Frage stand Einstein, als er Anfang des 20. Jahrhunderts die ART entwickelte. Es gibt leider keine automatische Antwort auf diese Frage; man kann die Gleichungen für die Metrik nicht streng von irgendwelchen noch fundamentaleren Prinzipien herleiten. Man muss im Wesentlichen einen Ansatz für die Gleichungen „raten" und dann prüfen, ob die aus diesen Gleichungen berechneten Metriken zu Vorhersagen führen, die mit unseren physikalischen Beobachtungen übereinstimmen.

Die Gleichungen für die Metrik sind aber nicht vollkommen willkürlich. Zum einen kann man sich an anderen physikalischen Theorien orientieren. Zum anderen müssen die resultierenden Lösungen für die Metrik zu Bewegungsgleichungen

© Springer-Verlag GmbH Deutschland, ein Teil von Springer Nature 2022
B. Bahr, *Tutorium Allgemeine Relativitätstheorie*,
https://doi.org/10.1007/978-3-662-63419-6_8

führen, die im nichtrelativistischen Grenzwert dem Newtonschen Gravitationsgesetz entsprechen.

Im Folgenden ein Vergleich von Newtonscher Gravitationstheorie (NGR), Maxwellschem Elektromagnetismus (EM) und Allgemeiner Relativitätstheorie (ART). Die Strukturen der Gleichungen sind allesamt sehr ähnlich:

Theorie	Potenzial	Feld	Bew.-Gl.	Quelle	Feldgleichung
NGR	ϕ	$F_i = -\partial_i \phi$	$\ddot{x}_i = \frac{F_i}{m}$	ρ	$\Delta\phi = 4\pi G_N \rho$
EM	A^μ	$F^{\mu\nu} = \partial^{[\mu} A^{\nu]}$	$\ddot{x}^\mu = -F^\mu{}_\nu \dot{x}^\nu$	j^μ	$\Box A^\mu = 4\pi c^2 j^\mu$
ART	$g_{\mu\nu}$	$\Gamma^\mu_{\nu\rho}$	$\ddot{x}^\mu = -\Gamma^\mu_{\nu\rho} \dot{x}^\mu \dot{x}^\rho$	$T_{\mu\nu}$	??

Suchen wir erst einmal den Vergleich zu anderen physikalischen Theorien, wie z. B. in obiger Tabelle angegeben: Sowohl in der Newtonschen Gravitationstheorie, als auch in der Maxwellschen Elektrodynamik, sind die auf Teilchen wirkenden Kräfte proportional zu **Feldern**, die als erste Ableitung von sogenannten **Potenzialen** erscheinen. Die Gleichungen für diese Potenziale sind partielle Differenzialgleichungen zweiter Ordnung, die die **Quellen** enthalten, also die Massedichte ρ im Falle von Newtons Gravitation, bzw. die elektrische Stromdichte j^μ im Falle der Maxwell-Gleichungen.

Die Bewegungsgleichungen zeigen, dass die Beschleunigung eines Teilchens proportional zur Feldstärke ist. Aus der Form der Geodätengleichung

$$\ddot{x}^\mu + \Gamma^\mu_{\nu\rho} \dot{x}^\nu \dot{x}^\rho = 0 \tag{8.1}$$

erkennt man, dass in der ART die Christoffel-Symbole $\Gamma^\mu_{\nu\rho}$ die Rolle des Feldes einnehmen, in Analogie zum Gravitationskraftfeld in der NGR und dem Feldstärketensor in der EM. Das Feld (manchmal **Feldstärke** genannt) ist immer die erste Ableitung des Potenzials, und damit interpretiert man die Koeffizienten des metrischen Tensors $g_{\mu\nu}$ als Gravitationspotenzial, denn die Christoffel-Symbole enthalten erste Ableitungen der Metrik. Als Quelle muss, in der Analogie zur Newtonschen Gravitation auch, die Massendichte auftauchen. Allerdings ist diese in der Relativitätstheorie, wie wir in Kap. 3 gesehen haben, kein Skalar, sondern taucht als Komponente T^{00} des Energie-Impuls-Tensors auf. In der Tat sollte die gesamte in einem Körper gespeicherte Energie als Quelle des Gravitationsfeldes dienen, und deswegen wird der gesamte Tensor $T_{\mu\nu}$ als Quelle betrachtet. Nicht nur die Masse erzeugt ein Gravitationsfeld, sondern genauso Druck und Impulsstromdichte.

In der Tabelle auf Seite 200 sieht man, dass die Strukturen (klassischer) physikalischer Theorien recht ähnlich sind. Insbesondere sind die Feldgleichungen, also diejenigen Gleichungen die bestimmen, wie das von einer Quelle erzeugte Feld aussieht, immer von der Form

$$
\begin{pmatrix} \text{partieller} \\ \text{Differenzialoperator} \\ \text{2. Ordnung} \end{pmatrix} \begin{pmatrix} \text{Feld} \end{pmatrix} = \begin{pmatrix} \text{Material-} \\ \text{konstante} \end{pmatrix} \begin{pmatrix} \text{Quelle} \end{pmatrix} \qquad (8.2)
$$

Da die Quelle des Gravitationsfeldes in der ART der Energie-Impuls-Tensor $T_{\mu\nu}$ sein soll, und die Gleichung (8.2) eine Tensorgleichung sein muss, können wir also folgenden Ansatz für die Feldgleichungen machen:

Als **Ansatz** für die ART Feldgleichungen setzen wir

$$
G_{\mu\nu} = \kappa \cdot T_{\mu\nu} \qquad (8.3)
$$

wobei $G_{\mu\nu}$ ein symmetrischer $(0,2)$-Tensor sein soll, der aus der Metrik, und deren ersten und zweiten partiellen Ableitungen besteht.

Die Konstante κ muss so angepasst werden, dass im Newtonschen Limes die Feldgleichungen für die Newtonsche Gravitationstheorie herauskommen, also $\Delta\phi = 4\pi G_N \rho$.

Als naiven Lösungsversuch könnte man z. B. in Analogie zum Elektromagnetismus den Wellenoperator $\square := \partial^\mu \partial_\mu$ bemühen und $\square g_{\mu\nu} - c T_{\mu\nu}$ fordern, aber die partiellen Ableitungen transformieren sich nicht wie Tensoren. Daher wäre dies keine Tensorgleichung. Der kovariante Wellenoperator $\sqcup := \nabla_\mu \nabla^\mu$ funktioniert auch nicht, denn die Metrik ist kovariant konstant. *Jede* Metrik erfüllt $\square g_{\mu\nu} = 0$, also gäbe es für (8.3) mit Materie gar keine Lösungen.

Wir müssen uns also etwas Besseres einfallen lassen, und allgemeinere Tensoren $G_{\mu\nu}$ betrachten, die aus der Metrik und deren ersten und zweiten Ableitungen gebildet werden können.

Wir kennen aber schon ein Beispiel für einen solchen Ausdruck: den Riemannschen Krümmungstensor! In der Formel (7.4) hatten wir gesehen, dass

$$
R_{\mu\nu\rho\sigma} = \frac{1}{2}\left(g_{\mu\sigma,\nu\rho} - g_{\mu\rho,\nu\sigma} + g_{\rho\nu,\mu\sigma} - g_{\sigma\nu,\mu\rho}\right) + g_{\lambda\tau}\left(\Gamma^\tau_{\mu\sigma}\Gamma^\lambda_{\rho\nu} - \Gamma^\tau_{\mu\rho}\Gamma^\lambda_{\sigma\nu}\right)
$$

gilt. Der RKT enthält die zweiten Ableitungen der Metrik in linearer Form sowie die ersten Ableitungen in quadratischer Form (als Produkte zweier Christoffel-Symbole, die über (6.9) ja die ersten Ableitungen der Metrik enthalten). Nun muss man aus dem RKT symmetrische Tensoren der Stufe $(0,2)$ bauen, ohne den Grad der Ableitungen der Metrik zu erhöhen: Das geht, indem man mit der Metrik und deren Inversen kontrahiert, denn die Koeffizenten der inversen Metrik an einem

Punkt hängen nur von den Koeffizienten der Metrik an diesem Punkt ab, nicht von den partiellen Ableitungen an diesem Punkt. Da gibt es im Wesentlichen drei Möglichkeiten:

$$R_{\mu\nu} = g^{\sigma\rho} R_{\mu\sigma\nu\rho}$$

$$g_{\mu\nu} R = g_{\mu\nu} g^{\sigma\rho} g^{\lambda\tau} R_{\lambda\rho\sigma\tau} \tag{8.4}$$

$$\Lambda g_{\mu\nu} \quad \text{mit konstantem } \Lambda \in \mathbb{R}$$

Die ersten beiden enthalten wirklich Ableitungen der Koeffizienten von $g_{\mu\nu}$ bis zur zweiten Ordnung, der dritte gar keine Ableitungen – das ist aber erlaubt.

Mehr geht nicht, denn z. B. Terme wie $g_{\mu\nu} R^2$ oder $R R_{\mu\nu}$ enthalten schon Produkte von zweiten Ableitungen miteinander. Und die kann man, über partielle Integration, in bis zu vierte Ableitungen überführen. Die Bewegungsgleichungen hätten also Lösungen, die äquivalent zu einer Theorie mit

> Zweite Ableitungen in physikalischen Theorien: $\aleph_0$
> S. 223

vierten Ableitungen wären, und solche Theorien will man generell ausschließen. Man findet, dass (8.4) die einzigen Terme sind, die in $G_{\mu\nu}$ vorkommen dürfen. Als Ansatz wählen wir also

$$G_{\mu\nu} = \alpha R_{\mu\nu} + \beta g_{\mu\nu} R - \Lambda g_{\mu\nu} \tag{8.5}$$

mit noch zu bestimmenden Konstanten α, β und Λ. Das Minuszeichen vor dem Term mit Λ ist Konvention, die dafür sorgt, dass unser Λ genau der sogenannten kosmologischen Konstante entspricht.

8.2 Herleitung des Einstein-Tensors

Zuallererst überlegen wir uns, dass wir die SRT als Spezialfall der ART weiterhin beibehalten wollen. Falls keine Materie vorhanden ist, die die Raumzeit krümmt (also $T_{\mu\nu} = 0$ ist, was man auch **Vakuum** nennt), soll der Minkowski-Raum, also $g_{\mu\nu} = \eta_{\mu\nu}$, eine Lösung der Gleichungen (8.3) sein. (Wir werden in Kap. 12 noch sehen, dass dies nicht die einzige Vakuumslösung ist.) Für die Minkowski-Metrik verschwindet der RKT, und damit auch die ersten beiden Terme in (8.4). Die Gleichung (8.3) wird damit zu

$$\Lambda \eta_{\mu\nu} = 0 \tag{8.6}$$

und damit:

$$\Lambda = 0 \tag{8.7}$$

Der konstante Term fällt also weg. (Wir werden in Kap. 11 noch sehen, dass dieser Term in der modernen Kosmologie aber durchaus eine Rolle spielt.)

Als Nächstes benutzen wir eine wichtige Eigenschaft des Energie-Impuls-Tensors. Der kann, zumindest für Materie mit einigermaßen sinnvollen physikalischen Eigenschaften, nicht beliebig sein, sondern muss die Kontinuitätsgleichung

$$\nabla_\mu T^{\mu\nu} = 0 \qquad (8.8)$$

erfüllen, was eine Version des Energie- und Impulserhaltungssatzes ist. Dies bedeutet, dass wegen (8.5) generell $\nabla_\mu G^{\mu\nu} = 0$ gelten muss. Einen Tensor, der eine solche Gleichung erfüllt, nennt man auch **divergenzfrei**.

Um zu sehen, was dies bedeutet, schauen wir uns eine wichtige Identität an, die wir hier erst einmal ohne Beweis präsentieren:

Für jede beliebige Metrik erfüllt der daraus berechnete RKT die **zweite Bianchi-Identität**:

$$\nabla_\mu R^\lambda{}_{\nu\sigma\tau} + \nabla_\sigma R^\lambda{}_{\nu\tau\mu} + \nabla_\tau R^\lambda{}_{\nu\mu\sigma} = 0 \qquad (8.9)$$

Kontrahiert man darin die Indizes σ und λ, erhält man die **kontrahierte Bianchi-identität**:

$$\nabla_\mu R_{\nu\tau} + \nabla_\lambda R^\lambda{}_{\nu\tau\mu} - \nabla_\tau R_{\nu\mu} = 0 \qquad (8.10)$$

Multipliziert man (8.10) mit $g^{\nu\tau}g^{\mu\sigma}$, erhält man:

$$g^{\mu\sigma}\nabla_\mu R - \nabla_\lambda R^{\sigma\lambda} - \nabla_\tau R^{\tau\sigma} = 0 \qquad (8.11)$$

Durch Umbenennen von Indizes und Ausnutzung der Symmetrie des Ricci-Tensors und der Metrik folgt:

$$g^{\mu\sigma}\nabla_\mu R = 2\nabla_\mu R^{\mu\sigma} \qquad (8.12)$$

Damit können wir uns die Divergenz von $G^{\mu\nu}$ ansehen. Heben wir die beiden Indizes in (8.5), so erhalten wir mit (8.12) die Gleichung:

$$0 = \nabla_\mu G^{\mu\nu} = \nabla_\mu\left(\alpha R^{\mu\nu} + \beta g^{\mu\nu} R\right) = \left(\frac{\alpha}{2} + \beta\right)\nabla^\nu R \qquad (8.13)$$

Da die kovariante Ableitung von R im Allgemeinen nicht verschwindet, kann dies nur dann erfüllt werden, wenn $\alpha = -2\beta$ gilt. Damit können wir $G^{\mu\nu}$ bereits bis auf einen multiplikativen Faktor bestimmen – und wir absorbieren ihn dann einfach in κ in (8.3). Der so entstandene Tensor spielt eine äußerst wichtige Rolle in der ART. Wenn man alle Indizes nach unten zieht, bezeichnet man ihn als Einstein-Tensor:

Der Tensor

$$G_{\mu\nu} := R_{\mu\nu} - \frac{1}{2}g_{\mu\nu}R \qquad (8.14)$$

heißt **Einstein-Tensor**. Er ist symmetrisch bezüglich der beiden unteren Indizes und divergenzfrei. Er erfüllt also:

$$\nabla_\mu G^{\mu\nu} = 0 \qquad (8.15)$$

Nun fehlt aber immer noch der Vorfaktor in Gleichung (8.3). Den kann man über die Forderung herleiten, dass im nichtrelativistischen Limes die Newtonschen Bewegungsgleichung herauskommen sollen.

8.2.1 Vergleich mit Newton

Für den Vergleich mit der Newtonschen Mechanik sind zwei Gleichungen für uns von Bedeutung:

$$\frac{d^2x^i}{dt^2} = -\frac{\partial\Phi}{\partial x^i} \qquad (8.16)$$

$$\Delta\Phi = 4\pi G_N \rho \qquad (8.17)$$

Hierbei ist Φ das Gravitationspotenzial, das für eine gegebene Massendichte $\rho(\vec{x})$ durch die Poisson-Gleichung (8.17) definiert wird, und Δ der Laplace-Operator. Ein Testteilchen bewegt sich dann in dem Gravitationpotenzial nach dem zweiten Newton'schen Gesetz (8.16).

Versuchen wir einmal, die beiden obigen Gleichungen in den Gleichungen der ART wiederzufinden. Die Bewegungsgleichung eines Testteilchens im Gravitationsfeld kennen wir: Das ist die Geodätengleichung. Anstatt des Gravitationspotenzials taucht in ihr die Metrik auf, das heißt, sie werden wohl etwas miteinander zu tun haben. Die Metrik erfüllt (8.3) mit (8.14). Im Limes erwarten wir also, dass die Geodätengleichung und (8.3) zu den beiden Gleichungen (8.16) und (8.17) werden, also:

$$\frac{d^2x^\mu}{ds^2} + \Gamma^\mu_{\nu\rho}\frac{dx^\nu}{ds}\frac{dx^\rho}{ds} = 0 \quad \Rightarrow \quad \frac{d^2x^i}{dt^2} = -\frac{\partial\Phi}{\partial x^i} \qquad (8.18)$$

$$R_{\mu\nu} - \frac{1}{2}g_{\mu\nu}R = \kappa T_{\mu\nu} \quad \Rightarrow \quad \Delta\Phi = 4\pi G_N \rho. \qquad (8.19)$$

Diese Bedingungen werden uns κ liefern.

Wie genau stellen wir uns diesen nichtrelativistischen Limes vor?

■ Zuerst einmal nehmen wir an, dass sich die Testteilchen nicht allzu schnell bewegen. Ihr Geschwindigkeitsvektor sollte also fast genau in x^0-Richtung zeigen, also

$$\frac{dx^\mu}{ds} \approx \begin{pmatrix} 1 \\ \frac{v^i}{c} \end{pmatrix} \tag{8.20}$$

mit $|v^i/c| \ll 1$.

■ Als Nächstes nehmen wir an, dass das Gravitationsfeld sehr schwach ist. Die Metrik sollte sich also nicht zu sehr von der Minkowski-Metrik unterscheiden:

$$g_{\mu\nu} = \eta_{\mu\nu} + h_{\mu\nu} \tag{8.21}$$

mit $|h_{\mu\nu}| \ll 1$. Damit ist auch die inverse Metrik $g^{\mu\nu} \approx \eta^{\mu\nu}$, bis auf Beiträge, die klein sind.

■ Außerdem betrachten wir nur ein statisches Gravitationsfeld, d. h., dass die metrischen Koeffizienten nicht von der Zeit abhängen sollen. Es muss also gelten:

$$g_{\mu\nu,0} = 0 \tag{8.22}$$

■ Schlussendlich soll das Gravitationsfeld räumlich nicht zu sehr variieren, wir nehmen also auch

$$|g_{\mu\nu,i}| \ll 1 \tag{8.23}$$

an. Damit und mit (8.22) gilt nun übrigens auch:

$$\left|\Gamma^\mu_{\nu\rho}\right| \ll 1 \tag{8.24}$$

■ Letztendlich nehmen wir eine statische Materieverteilung eines idealen Fluids an. Der Energie-Impuls-Tensor (3.59) erhält damit die Form

$$T^{\mu\nu} \approx \begin{pmatrix} \rho c^2 & 0 & 0 & 0 \\ 0 & p & 0 & 0 \\ 0 & 0 & p & 0 \\ 0 & 0 & 0 & p \end{pmatrix}, \tag{8.25}$$

wobei wir ein ruhendes Fluid angenommen haben, also $u^\mu = (1, 0, 0, 0)$, sowie $g_{\mu\nu} \approx \eta_{\mu\nu}$. Bei nichtrelativistischen Fluiden ist zudem die Ruhemassendichte deutlich höher als der Druck, es gilt also $\rho c^2 \gg p$. (Das bedeutet, dass die Lichtgeschwindigkeit sehr groß im Vergleich zur Schallgeschwindigkeit im Medium des idealen Fluids ist.)

Mit den obigen Annahmen berechnen wir nun die Geodätengleichung. Dabei vernachlässigen wir alle Beiträge, die quadratisch und von höherer Ordnung in „kleinen" Ausdrücken sind. Wegen der geringen Geschwindigkeit des Testteilchens gilt $s \approx x^0 = ct$, und damit werden die räumlichen Komponenten der Geodätengleichung zu:

$$\frac{d^2 x^i}{ds^2} = \frac{1}{c^2}\frac{d^2 x^i}{dt^2} = -\Gamma^i_{\mu\nu}\frac{dx^\nu}{ds}\frac{dx^\rho}{ds} \approx -\Gamma^i_{00} \tag{8.26}$$

Das Christoffel-Symbol Γ^i_{00} können wir im Limes berechnen:

$$\Gamma^i_{00} = \frac{1}{2}g^{i\lambda}\left(2g_{\lambda 0,0} - g_{00,\lambda}\right) \approx -\frac{1}{2}\eta^{ij}g_{00,j} = \frac{1}{2}g_{00,i} \tag{8.27}$$

Damit erhalten wir:

$$\frac{d^2 x^i}{dt^2} = -\frac{1}{2}g_{00,i} \tag{8.28}$$

Der Vergleich mit (8.16) zeigt uns, dass

$$\frac{\partial g_{00}}{\partial x^i} = \frac{2}{c^2}\frac{\partial \Phi}{\partial x^i} \tag{8.29}$$

sein muss. Der Fall völlig ohne Gravitation ist $\Phi = 0$ und sollte $g_{\mu\nu} = \eta_{\mu\nu}$ entsprechen, also $g_{00} = 1$. Damit können wir das Newton'sche Gravitationspotenzial durch die 00-Komponente der Metrik ausdrücken, und zwar:

$$g_{00} = 1 + \frac{2\Phi}{c^2} \tag{8.30}$$

Es ist also, wie wir schon vermutet haben: Die Koeffizienten der Metrik haben etwas mit dem Newtonschen Gravitationspotenzial zu tun. Übrigens macht diese Beobachtung die Analogie in der Tabelle auf Seite 200 noch genauer.

Versuchen wir als Nächstes, die Poisson-Gleichung in unserem Limes zu finden. Weil nach (8.25) die Massendichte in der 00-Komponente des Energie-Impuls-Tensors vorkommt, betrachten wir die 00-Komponente von (8.3) genauer. Vor allem brauchen wir dazu G_{00}. Aus $|T_{ij}| \ll T_{00}$ folgt nach (8.3), dass $|G_{ij}| \ll G_{00}$ sein muss. Es gilt also einerseits

$$g^{\mu\nu}G_{\mu\nu} \approx g^{00}G_{00} = g^{00}\left(R_{00} - \frac{1}{2}g_{00}R\right) \approx R_{00} - \frac{1}{2}R \tag{8.31}$$

und andererseits gilt nach Definition:

$$g^{\mu\nu}G_{\mu\nu} = g^{\mu\nu}\left(R_{\mu\nu} - \frac{1}{2}g_{\mu\nu}R\right) = -R \tag{8.32}$$

Aus dem Vergleich dieser beiden Ausdrücke ergibt sich

$$G_{00} = 2R_{00} \tag{8.33}$$

Die Gleichung (8.3) wird also zu

$$R_{00} = \frac{\kappa}{2}\rho c^2. \tag{8.34}$$

Wir müssen also noch R_{00} irgendwie durch Newtonsche Größen ausdrücken, am besten durch das Gravitationspotenzial Φ, um auf einen Vergleich mit (8.17) zu kommen. Dabei hilft uns der RKT (7.2). Es gilt nämlich im Limes:

$$R_{00} = R^i{}_{0i0} = \partial_i\Gamma^i_{00} - \partial_0\Gamma^i_{i0} + \Gamma^i_{i\lambda}\Gamma^\lambda_{00} - \Gamma^i_{0\lambda}\Gamma^\lambda_{i0}$$

$$\approx \partial_i\Gamma^i_{00} = -\frac{1}{2}g^{ij}g_{00,j} \tag{8.35}$$

$$\approx -\frac{1}{c^2}\eta^{ij}\partial_i\partial_j\Phi = \frac{1}{c^2}\Delta\Phi$$

In der Formel für den RKT bleibt nur ein Term übrig, weil er mit der Ableitung nach x^0 wegen (8.22) verschwinden muss und die quadratischen Terme in den Christoffel-Symbolen auch vernachlässigt werden können. Mit (8.35) wird aus $G_{00} = 2R_{00} = \kappa T_{00}$ damit:

$$\frac{1}{c^2}\Delta\Phi = \frac{\kappa}{2}\rho c^2 \tag{8.36}$$

Wenn wir dies mit der Newtonschen Gravitationsgleichung (8.17) vergleichen, dann können wir daraus direkt

$$\kappa = \frac{8\pi G_N}{c^4} \tag{8.37}$$

ablesen. Damit sind wir fertig, und wir stellen fest:

Die Gleichungen für das Gravitationsfeld, das durch Materie mit dem Energie-Impuls-Tensor $T_{\mu\nu}$ erzeugt wird, lauten

$$R_{\mu\nu} - \frac{1}{2}g_{\mu\nu}R = \frac{8\pi G_N}{c^4}T_{\mu\nu} \tag{8.38}$$

Diese werden auch **Einstein-Gleichungen** genannt.

Netterweise haben wir damit auch gleichzeitig gezeigt, dass im nichtrelativistischen Limes, den wir hier betrachtet haben, die 00-Komponente der Einstein-Gleichungen (8.38) zur wohlbekannten Newtonschen Gravitationsgleichung (8.17) wird.

8.3   Das Wirkungsprinzip der ART[*]

Viele physikalische Theorie lassen sich
durch ein Wirkungsprinzip formulieren. Das heißt, es gibt eine **Lagrange-
Dichte** $\mathcal{L}$, also eine skalare Funktion,
die auf lokale Art und Weise von den

> Newtonscher Limes
> der ART: S. 223

Feldvariablen abhängt. Die Bewegungsgleichungen der Theorie erhält man dann
aus der Variation der Feldgleichungen. Die Feldvariablen, bei denen die **Wirkung**,
also das Integral von $\mathcal{L}$ über die Raumzeit, stationär ist, sind genau diejenigen,
die die Bewegungsgleichungen erfüllen.

Genauso eine Wirkung wollen wir nun auch für die Bewegungsgleichungen (8.38)
der ART konstruieren.

8.3.1   Integrale von Funktionen

Wirkungen für Theorien im Minkowski-Raum sind definiert durch Integrale der
Lagrangedichte $\mathcal{L}$ über die Raumzeit. Zum Beispiel hat man für das so genannte
Klein-Gordon-Feld (z. B. Weinberg (2019)):

$$S_{\mathrm{KG}}[\phi] \; = \; \int d^n x \, \mathcal{L}_{\mathrm{KG}}(\phi, \partial_\mu \phi) \tag{8.39}$$

mit der Lagrange-Dichte

$$\mathcal{L}_{\mathrm{KG}}(\phi, \partial_\mu \phi) \; = \; -\frac{1}{2} \left(\eta^{\mu\nu} (\partial_\mu \phi)(\partial_\nu \phi) - \frac{1}{2} m^2 \phi^2 \right) \tag{8.40}$$

Obwohl der Ausdruck (8.39) in einem Koordinatensystem formuliert ist, ergibt
der Ausdruck durchaus Sinn, weil das Integral der (skalaren) Lagrange-Dichte $\mathcal{L}$
über alle x^μ invariant unter Lorentz-Transformationen ist. Auf beliebigen Mannigfaltigkeiten M hingegen ist das Integrieren von skalaren Funktionen gar nicht
so einfach, wenn man erreichen will, dass der Ausdruck invariant unter beliebigen
Koordinatentransformationen ist. Hierfür benötigt man ein Hilfsmittel, das in der
Geometrie eine entscheidende Rolle spielt:

Auf einer n-dimensionalen Mannigfaltigkeit mit Metrik g bezeichnet die **Determinante der Metrik**

$$\det g = \det\{g_{\mu\nu}\}_{\mu,\nu=0}^{n-1} \qquad (8.41)$$

die Determinante derjenigen Matrix, deren Einträge die Koeffizienten der Metrik sind.

Bei Riemannschen Metriken ist diese Determinante immer positiv, denn die Determinante ist ja das Produkt der Eigenwerte einer Matrix, und diese sind alle positiv. Bei Lorentzschen Metriken hingegen gibt es einen positiven Eigenwert und $n - 1$ negative Eigenwerte. Das heißt, $\det g$ ist positiv, falls n ungerade ist, und negativ, wenn n gerade ist.

Für eine skalare Funktion $\mathcal{L} : M \to \mathbb{R}$ ist das Integral von f über M gegeben durch:

$$S = \int_M d^n x \sqrt{|\det g|}\, \mathcal{L} \qquad (8.42)$$

Dieser Ausdruck ist unabhängig vom gewählten Koordinatensystem.

Dass der Ausdruck (8.42) unabhängig von den gewählten Koordinaten ist, sieht man am Transformationsverhalten der Determinante der Metrik: Schreibt man die Jacobi-Matrix

$$J^{\mu}{}_{\nu} = \frac{\partial x^{\mu}}{\partial \tilde{x}^{\nu}} \qquad (8.43)$$

dann gilt nach dem Transformationsgesetz für Metriken (5.40):

$$\det \tilde{g} = \det(J^T g J) = \det(J)^2 \det g \qquad (8.44)$$

Die skalare Funktion $\mathcal{L}$ transformiert sich nur im Argument, deswegen gilt:

$$\mathcal{L}(x) = \tilde{\mathcal{L}}(\tilde{x}) \qquad (8.45)$$

Wegen

$$d^n \tilde{x} = |\det(J^{-1})|\, d^n x \qquad (8.46)$$

ergibt sich dann:

$$\int_M d^n x \sqrt{|\det g|}\, \mathcal{L}(x) = \int_M d^n \tilde{x} \sqrt{|\det \tilde{g}|}\, \tilde{\mathcal{L}}(\tilde{x}) \qquad (8.47)$$

Das zeigt uns, dass das Integral (8.42) vom gewählten Koordinatensystem unabhängig ist. Dabei war es wichtig, dass wir den Faktor $\sqrt{|\det g|}$ im Integral hatten. Zum Integrieren einer Funktion über M braucht man also zwingend immer eine Metrik, ansonsten kann man keinen wohldefinierten Ausdruck für das Integral hinschreiben.

Einen Ausdruck wie $\sqrt{|\det g|}\,\mathcal{L}$ nennt man deshalb auch eine **Dichte**. Allgemeiner ist eine **Tensordichte** immer ein Produkt aus einem Tensor und $\sqrt{|\det g|}$. Tensordichten treten als funktionale Ableitungen von Funktionalen nach Tensorfeldern auf, wie wir gleich sehen werden. Zuerst müssen wir uns aber mit dem Konzept der funktionalen Ableitungen beschäftigen.

8.3.2 Variationsrechnung

Wir müssen an dieser Stelle einen kleinen Einschub vornehmen, um das Konzept der Variationen zu erklären, und wie man damit rechnet. Im Folgenden betrachten wir eine Metrik, die von einem zusätzlichen Parameter ϵ abhängt.

Gegeben sei eine Metrik $g_{\mu\nu}$ auf einer Mannigfaltigkeit M. Eine **Variation** der Metrik $g_{\mu\nu}$ ist eine (unendlich oft differenzierbare) von einem Parameter ϵ abhängige Familie von Metriken $g_{\mu\nu}^{(\epsilon)}$, sodass

$$g_{\mu\nu}^{(\epsilon)}{}_{|\epsilon=0} \; = \; g_{\mu\nu} \tag{8.48}$$

ist. Manchmal wird auch die erste Ableitung bei $\epsilon = 0$, also

$$\delta g_{\mu\nu} \; := \; \frac{dg_{\mu\nu}^{(\epsilon)}}{d\epsilon}\bigg|_{\epsilon=0} \tag{8.49}$$

als Variation bezeichnet.

Für kleine ϵ gilt also

$$g_{\mu\nu}^{(\epsilon)} \; \approx \; g_{\mu\nu} + \epsilon\,\delta g_{\mu\nu}. \tag{8.50}$$

$\delta g_{\mu\nu}$ ist ein symmetrisches Tensorfeld vom Typ $(0,2)$. Es hängt also von den Koordinaten x^μ ab. Im Folgenden schreiben wir das Argument x aber nicht immer dazu, um Platz zu sparen und die Formeln nicht zu sehr zu überfrachten. Man kann sich

$$\epsilon \; \longmapsto \; g_{\mu\nu}^{(\epsilon)} \tag{8.51}$$

auch als Kurve im Raum $\mathcal{G}$ der Metriken vorstellen, mit ϵ als Kurvenparameter (siehe Abb. 8.1). (Nun gut, man kann $\mathcal{G}$ als unendlichdimensionale Mannigfaltigkeit beschreiben – wie gut man sich das wirklich vorstellen kann, ist eine andere Frage.) Man beachte, dass $\delta g_{\mu\nu}$ keinerlei bestimmte Signatur haben muss: Es ist egal, was $\delta g_{\mu\nu}$ ist. Wenn $g_{\mu\nu}$ eine Lorentz-Metrik ist, dann ist auch $g_{\mu\nu}^{(\epsilon)}$ eine, solange man ϵ genügend um den Bereich $\epsilon = 0$ einschränkt.

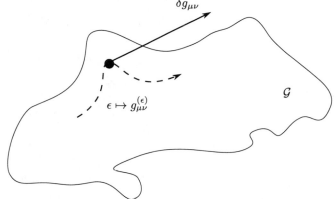

Abb. 8.1 Die Variation der Metrik $\delta g_{\mu\nu} = \frac{dg_{\mu\nu}^{(\epsilon)}}{d\epsilon}\big|_{\epsilon=0}$ kann man als Geschwindigkeitsvektor einer Kurve $\epsilon \mapsto g_{\mu\nu}^{(\epsilon)}$ im Raum aller Metriken $\mathcal{G}$ interpretieren.

Man kann aus der Metrik $g_{\mu\nu}$ viele abgeleitete Größen berechnen, die von dieser Metrik abhängen, z. B. weitere Tensorfelder wie den Ricci-Skalar R, oder aber Zahlen wie das Integral einer Funktion (8.42), das über $\sqrt{|\det g|}$ auch von $g_{\mu\nu}$ abhängt. Wenn sich nun die Metrik mit dem Parameter ϵ ändert, dann tut das auch die abgeleitete Größe.

> Sei $A[g_{\mu\nu}]$ eine abgeleitete Größe, also irgendetwas, was von der Metrik $g_{\mu\nu}$ anhängt. Dann ist **die Variation von A bei $g_{\mu\nu}$** (wenn sie existiert) definiert durch:
>
> $$\delta A := \frac{d}{d\epsilon}\Big|_{\epsilon=0} A[g_{\mu\nu}^{(\epsilon)}] \qquad (8.52)$$

Es handelt sich bei δA sozusagen um den linearen Term in einer Taylor-Entwicklung der Größe $A[g_{\mu\nu}^{(\epsilon)}]$ in ϵ, also

$$A[g_{\mu\nu}^{(\epsilon)}] = A[g_{\mu\nu}] + \epsilon\,\delta A + \dots \qquad (8.53)$$

Die Variation δA hängt von $\delta g_{\mu\nu}$ ab, und oft ist dieser Zusammenhang linear. Die entsprechende lineare Abbildung bekommt einen speziellen Namen:

Sei $A[g_{\mu\nu}]$ eine von einer Metrik abhängige Größe, sodass für jede Variation $\delta g_{\mu\nu}$ die Variation δA existiert. Wenn es dann eine Tensordichte $D^{\mu\nu}$ gibt mit

$$\delta A = \int d^n x \, D^{\mu\nu} \, \delta g_{\mu\nu} \tag{8.54}$$

dann nennt man $D^{\mu\nu}$ die **Funktionalableitung von A nach $g_{\mu\nu}$** und benutzt hierfür das Symbol

$$\frac{\delta A}{\delta g_{\mu\nu}} := D^{\mu\nu} \tag{8.55}$$

An der Form (8.54) erkennt man, dass $\frac{\delta A}{\delta g_{\mu\nu}}$ eine Tensordichte sein muss und kein Tensorfeld, denn ansonsten wäre das Integral gar nicht wohldefiniert.

Übrigens gibt es den Begriff der Funktionalableitung nicht nur für die Metrik: Jede von einem Tensorfeld abhängige Größe kann man nach den obigen Regeln funktional nach dem Tensorfeld ableiten: Ist T ein Tensorfeld der Stufe (r, s) und A eine von T abhängige Größe, dann ist $\frac{\delta A}{\delta T}$ eine Tensordichte vom Typ (s, r), denn sie muss ja mit δT im Integral kontrahiert werden.

8.3.3 Die Wirkung

Die Einstein-Gleichungen können, wie viele physikalische Theorien, durch ein Wirkungsprinzip hergeleitet werden. Die Wirkung S ist ein Funktional des Feldes, also eine Zahl, die vom Feld (und seinen Ableitungen) abhängt, sodass die funktionale Ableitung von S genau für diejenigen Feldkonfigurationen verschwindet, die die Bewegungsgleichungen erfüllen.

Wir betrachten zunächst die Einstein-Gleichungen im Vakuum, also

$$G_{\mu\nu} = R_{\mu\nu} - \frac{1}{2} g_{\mu\nu} R = 0 \tag{8.56}$$

Für eine Metrik mit Koeffizienten $g_{\mu\nu}$ auf einer Mannigfaltigkeit M wird das Funktional

$$S[g_{\mu\nu}] := \int_M d^n x \sqrt{|\det g|}\, R \tag{8.57}$$

genau für die Metriken $g_{\mu\nu}$ stationär, die die Einstein-Gleichungen im Vakuum (8.56) erfüllen:

$$\frac{\delta S}{\delta g_{\mu\nu}} = 0 \quad \Leftrightarrow \quad R_{\mu\nu} - \frac{1}{2} g_{\mu\nu} R = 0$$

Das werden wir im Folgenden beweisen.

Schritt 1: Zuerst einmal ist es für unsere Rechnung deutlich einfacher, wenn wir nicht die Metrik $g_{\mu\nu}$, sondern die inverse Metrik $g^{\mu\nu}$ als Variable betrachten. Das macht für das Endergebnis keinen großen Unterschied, denn da man Metrik und inverse Metrik immer ineinander umrechnen kann, entspricht jede Variation der Metrik $\delta g_{\mu\nu}$ einer Variation der inversen Metrik $\delta g^{\mu\nu}$ durch:

$$\delta g^{\mu\nu} = -g^{\mu\mu'} g^{\nu\nu'} \delta g_{\mu'\nu'} \tag{8.58}$$

Dies soll in Aufgabe 8.1 gezeigt werden. Es gilt also:

$$\frac{\delta S}{\delta g_{\mu\nu}} = 0 \quad \Leftrightarrow \quad \frac{\delta S}{\delta g^{\mu\nu}} = 0 \tag{8.59}$$

Wir betrachten also S als eine Funktion von $g^{\mu\nu}$ und variieren die inverse Metrik

$$g^{\mu\nu\,(\epsilon)} = g^{\mu\nu} + \epsilon\, \delta g^{\mu\nu} + \dots \tag{8.60}$$

mit irgendeinem symmetrischen Tensorfeld $\delta g^{\mu\nu}$. Nun müssen wir $S[g^{\mu\nu\,(\epsilon)}]$ in Potenzen von ϵ entwickeln. Aus dem linearen Term dieser Entwicklung nach ϵ können wir dann die funktionale Ableitung $\delta S/\delta g^{\mu\nu}$ ablesen.

Schritt 2: Das Funktional S enthält den Ricci-Skalar R und die Wurzel der Determinante der Metrik $\sqrt{|\det g|}$. Wir betrachten beide als Funktionen der inversen Metrik (und dessen partieller Ableitungen), und berechnen die Variation (8.60). Wir beginnen mit $\sqrt{|\det g|}$, wobei wir eine Fallunterscheidung nach n gerade und n ungerade vornehmen müssen.

Für eine von einem Parameter ϵ abhängige invertierbare Matrix $M(\epsilon)$ gilt allgemein:

$$\text{Spur}\left(\frac{dM}{d\epsilon} M(\epsilon)^{-1}\right) = \frac{1}{\det(M(\epsilon))} \frac{d\det(M(\epsilon))}{d\epsilon} \tag{8.61}$$

Ersetzen wir in (8.61) nun $M(\epsilon)$ durch die ϵ-abhängige Matrix $M(\epsilon) = g^{-1}(\epsilon)$ mit Komponenten (8.60), so erhalten wir:

$$g_{\mu\nu}^{(\epsilon)} \delta g^{\nu\mu} = \det(g) \frac{d \, \det((g^{(\epsilon)})^{-1})}{d\epsilon} = \det(g) \frac{d}{d\epsilon} \frac{1}{\det(g^{(\epsilon)})}$$

$$= -\frac{1}{\det(g^{(\epsilon)})} \frac{d \, \det(g^{(\epsilon)})}{d\epsilon}$$

Für n gerade ist $\det g^{(\epsilon)} < 0$. Damit erhalten wir:

$$\frac{d\sqrt{-\det g^{(\epsilon)}}}{d\epsilon} = \frac{-1}{2\sqrt{-\det(g^{(\epsilon)})}} \frac{d \, \det(g^{(\epsilon)})}{d\epsilon}$$

$$= -\frac{1}{2} \sqrt{-\det(g^{(\epsilon)})} \, g_{\mu\nu}^{(\epsilon)} \delta g^{\mu\nu}$$

Hierbei haben wir benutzt, dass $\delta g^{\mu\nu} = \delta g^{\nu\mu}$ gilt, denn $g^{\mu\nu}{}^{(\epsilon)}$ muss immer symmetrisch sein.

Genauso zeigt man in ungeradzahligen Dimensionen n, wenn also $\det(g^{(\epsilon)}) > 0$ ist, die Formel:

$$\frac{d\sqrt{\det g^{(\epsilon)}}}{d\epsilon} = -\frac{1}{2} \sqrt{\det(g^{(\epsilon)})} \, g_{\mu\nu}^{(\epsilon)} \delta g^{\mu\nu}$$

Setzen wir nun $\epsilon = 0$, können wie das Resultat für beliebige n zusammenfassen:

> Unter einer Variation $\delta g^{\mu\nu}$ der inversen Metrik beträgt die Variation der Wurzel der Determinante:
>
> $$\delta\sqrt{|\det g|} = -\frac{1}{2}\sqrt{|\det g|} \, g_{\mu\nu} \delta g^{\mu\nu} \qquad (8.62)$$

Das ist auch wichtig, um die partielle Ableitung von $\sqrt{|\det g|}$ zu berechnen. Damit gilt nämlich auch ganz generell:

$$\frac{\partial\sqrt{|\det g|}}{\partial x^\rho} = -\frac{1}{2}\sqrt{|\det g|} \, g_{\mu\nu} g^{\mu\nu}{}_{,\rho} = \frac{1}{2}\sqrt{|\det g|} \, g^{\mu\nu} g_{\mu\nu,\rho} \qquad (8.63)$$

Bei der letzten Umformung haben wir (8.60) benutzt.

Schritt 3: Als Nächstes müssen wir uns die Variation des Ricci-Skalars R nach der inversen Metrik anschauen. Es gilt

$$\delta R = \delta\big(R_{\mu\nu} g^{\mu\nu}\big) = \big(\delta R_{\mu\nu}\big) g^{\mu\nu} + R_{\mu\nu} \delta g^{\mu\nu}. \qquad (8.64)$$

Wir brauchen also die Variation des Ricci-Tensors $R_{\mu\nu}$ nach $g^{\mu\nu}$. Wir benutzen nun, dass es zu jeder Variation $\delta g^{\mu\nu}$ der inversen Metrik ein Vektorfeld V^μ gibt, sodass gilt:

$$g^{\mu\nu}\,\delta R_{\mu\nu} \;=\; \nabla_\mu V^\mu \tag{8.65}$$

mit

$$V^\mu \;=\; g^{\mu\nu}g_{\alpha\beta}\nabla_\nu\big(\delta g^{\alpha\beta}\big) \;-\; \nabla_\nu\big(\delta g^{\mu\nu}\big). \tag{8.66}$$

Für einen Beweis siehe z. B. Wald (1984).

Als Nächstes benutzen wir folgende wichtige Tatsache:

> Für jedes Vektorfeld V^μ auf einer Mannigfaltigkeit mit nichtdegenerierter Lorentz-Metrik gilt:
>
> $$\sqrt{|\det g|}\,\nabla_\mu V^\mu \;=\; \partial_\mu\big(\sqrt{|\det g|}\,V^\mu\big) \tag{8.67}$$

Gleichung (8.67) soll in Aufgabe 8.2 gezeigt werden.

Letzter Schritt: Damit sind wir fast am Ziel, wir müssen nur noch die Gleichungen (8.62), (8.64) und (8.65) zusammensetzen:

> ART mit Rand: S. 224 $\aleph_0$

$$S[g^{\mu\nu} + \epsilon\,\delta g^{\mu\nu}] \;=\; S[g^{\mu\nu}] + \epsilon\int d^n x\,\sqrt{|\det g|}\left(R_{\mu\nu} - \frac{1}{2}g_{\mu\nu}R\right)\delta g^{\mu\nu}$$
$$+ \int d^n x\,\sqrt{|\det g|}\nabla_\mu V^\mu + O(\epsilon^2) \tag{8.68}$$

mit dem Vektorfeld V^μ wie in (8.66). Wegen (8.67) gilt aber mithilfe von partieller Integration:

$$\int d^n x\,\sqrt{|\det g|}\nabla_\mu V^\mu \;=\; \int d^n x\,\partial_\mu\big(\sqrt{|\det g|}\,V^\mu\big) \;=\; 0 \tag{8.69}$$

Das gilt zumindest, wenn M keinen irgendwie gearteten Rand hat. Das wollen wir im Folgenden annehmen, und deswegen kann man den Term mit V^μ weglassen. Schlussendlich erhalten wir also mit (8.68) und (8.69):

$$\frac{\delta S}{\delta g^{\mu\nu}} \;=\; \sqrt{|\det g|}\left(R_{\mu\nu} - \frac{1}{2}g_{\mu\nu}R\right) \;=\; \sqrt{|\det g|}G_{\mu\nu} \tag{8.70}$$

Damit gilt also:

$$\frac{\delta S}{\delta g^{\mu\nu}} \;=\; 0 \qquad \Leftrightarrow \qquad R_{\mu\nu} - \frac{1}{2}g_{\mu\nu}R \;=\; 0 \tag{8.71}$$

Die Metriken, für die das Funktional S stationär wird, sind also genau diejenigen, die die Einstein-Gleichungen im Vakuum erfüllen. Für die Einstein-Gleichungen im Vakuum (also ohne jegliche Materie) können wir also die Wirkung (8.57) nehmen. Um auch die Gleichungen mit Materie (8.38) aus einem Wirkungsprinzip herzuleiten, müssen wir uns zuerst einmal über Theorien der Materiefelder auf allgemeinen Mannigfaltikgeiten mit Metrik unterhalten.

8.3.4 Wirkungsprinzip mit Materie

Im Minkowski-Raum wird die Dynamik von Materiefeldern üblicherweise über Wirkungsfunktionale beschrieben, die man aus entsprechenden Lagrange-Dichten $\mathcal{L}$ durch Integration erhält (z. B. das Skalarfeld, Elektromagnetismus, Eichtheorien). Wir haben bereits kurz das Klein-Gordon-Feld auf dem Minkowski-Raum auf S. 208 angeschnitten.

In Kap. 6.7 haben wir die Methode der minimalen Kopplung beschrieben, um Ausdrücke von der SRT zu Ausdrücken in der ART zu machen, die für inertiale Beobachter wie die ursprünglichen aus der SRT aussehen. Die Methode bestand darin, die Minkowski-Metrik durch die allgemeine Metrik $g_{\mu\nu}$ und die partielle durch die kovariante Ableitung zu ersetzen.

Gegeben sei eine Lagrange-Dichte $\mathcal{L}$, die von Materiefeldern ϕ auf dem Minkowski-Raum und deren partiellen Ableitungen abhängt. Durch minimale Kopplung

$$\mathcal{L} \xrightarrow{\eta \to g,\, \partial \to \nabla} \mathcal{L}^{(\mathrm{mc})} \qquad (8.72)$$

erhalten wir eine Lagrange-Dichte $\mathcal{L}^{(\mathrm{mc})}$ auf M. Die Wirkung für die Materiefelder ϕ auf M ist dann:

$$S^{(\mathrm{mc})}_{\mathrm{Materie}}[\phi, g_{\mu\nu}] = \int_M d^n x \sqrt{|\det g|}\, \mathcal{L}^{(\mathrm{mc})} \qquad (8.73)$$

Durch minimale Kopplung erhält man also eine Lagrange-Dichte $\mathcal{L}^{(\mathrm{mc})}$, die nun von den Feldern (und deren Ableitungen) abhängt, aber plötzlich auch von der Metrik $g_{\mu\nu}$. Wenn man die Metrik als fixiert annimmt und nur nach den Feldern variiert, erhält man Bewegungsgleichungen für die Felder auf M. Ein inertialer Beobachter in seinem lokalen Inertialsystem kann diese Bewegungsgleichungen nicht von den Bewegungsgleichungen unterscheiden, die man durch $\mathcal{L}$ auf dem Minkowski-Raum erhalten würde (weil er wegen des Äquivalenzprinzips $\mathcal{L}$ gar nicht von $\mathcal{L}^{(\mathrm{mc})}$ unterscheiden kann).

Beispiel: Auf dem Minkowski-Raum betrachten wir das **freie skalare Feld** ϕ der Masse m, auch Klein-Gordon-Feld genannt. Dieses besitzt die Lagrange-Dichte

$$\mathcal{L}_{\mathrm{KG}} := -\frac{1}{2}\left(\eta^{\mu\nu}(\partial_\mu\phi)(\partial_\nu\phi) - \frac{1}{2}m^2\phi^2\right) \tag{8.74}$$

und damit die Wirkung

$$S_{\mathrm{KG}}[\phi] = -\frac{1}{2}\int d^n x \left(\eta^{\mu\nu}(\partial_\mu\phi)(\partial_\nu\phi) - m^2\phi^2\right) \tag{8.75}$$

Die Bewegungsgleichung für ϕ, auch Wellen- oder Klein-Gordongleichung genannt, ergibt sich durch Variation von S_{KG} nach dem Feld ϕ, was zu den Euler-Lagrange-Gleichungen führt:

$$\frac{\delta S_{\mathrm{KG}}}{\delta\phi} = \frac{\partial \mathcal{L}_{\mathrm{KG}}}{\partial\phi} - \partial_\mu\frac{\partial \mathcal{L}_{\mathrm{KG}}}{\partial(\partial_\mu\phi)} - \eta^{\mu\nu}\partial_\mu\partial_\nu\phi + m^2\phi = \left(\Box + m^2\right)\phi$$

Der Energie-Impuls-Tensor für das Klein-Gordon-Feld ist durch

$$T_{\mu\nu} = (\partial_\mu\phi)(\partial_\nu\phi) - \frac{1}{2}\eta_{\mu\nu}\left((\partial_\rho\phi)(\partial^\rho\phi) - m^2\phi^2\right) \tag{8.76}$$

gegeben. Um eine Wirkung auf einer beliebigen Lorentzschen Mannigfaltigkeit M zu erhalten, führen wir die minimale Kopplung (8.72) durch, und erhalten:

$$S_{\mathrm{KG}}^{(\mathrm{mc})} = \int_M d^n x \sqrt{|\det g|}\mathcal{L}_{\mathrm{KG}}^{(\mathrm{mc})}$$

$$= -\frac{1}{2}\int_M d^n x \sqrt{|\det g|}\left(g^{\mu\nu}(\nabla_\mu\phi)(\nabla_\nu\phi) - m^2\phi^2\right)$$

Für ein skalares Feld ist nach Definition $\nabla_\mu\phi := \partial_\mu\phi$, sodass wir hier auch weiter die partielle anstelle der kovarianten Ableitung schreiben könnten. Berechnet man die Funktionalableitung von $S_{\mathrm{KG}}^{(\mathrm{mc})}$ nach ϕ, so ergibt sich:

$$\frac{\delta S_{\mathrm{KG}}^{(\mathrm{mc})}}{\delta\phi} = \sqrt{|\det g|}\left(g^{\mu\nu}\nabla_\mu\nabla_\nu + m^2\right)\phi \tag{8.77}$$

Dies verschwindet genau dann, wenn die minimal gekoppelte Wellengleichung erfüllt ist.

Wir haben nun also eine Möglichkeit, per minimaler Kopplung die Wirkung eines Feldes auf dem Minkowski-Rraum auf beliebige Mannigfaltigkeiten zu übertragen, und zwar so, dass ein inertialer Beobachter keinen Unterschied zur ursprünglichen Theorie feststellen kann. Diese neuen Wirkungen kann man nach den Materiefeldern ableiten und erhält so Bewegungsgleichungen. Die Wirkungen hängen aber nun auch von der Metrik ab! Auf jeden Fall deswegen, weil sie Integrale über Dichten sind, und die enthalten ja immer den Term $\sqrt{|\det g|}$, aber, wie im Beispiel vom Klein-Gordon-Feld schon gesehen, auch durch kovariante Ableitungen, Kontraktionen, etc. Man kann die Materiewirkungen also auch funktional nach der Metrik ableiten! Schauen wir uns einmal an, was beim Klein-Gordon-Feld dabei passiert.

Die minimal gekoppelte Wirkung des Klein-Gordon-Feldes ist gegeben durch:

$$S_{\text{KG}}^{(\text{mc})} = -\frac{1}{2} \int_M d^n x \sqrt{|\det g|} \left(g^{\mu\nu}(\partial_\mu \phi)(\partial_\nu \phi) + m^2 \phi^2 \right) \tag{8.78}$$

Bei der Variation von $S_{\text{KG}}^{(\text{mc})}$ nach $g^{\mu\nu}$ ergibt sich:

$$\delta S_{\text{KG}}^{(\text{mc})} =$$

$$-\frac{1}{2} \int_M d^n x \left[\left(\delta \sqrt{|\det g|} \right) \left(g^{\mu\nu}(\partial_\mu \phi)(\partial_\nu \phi) + m^2 \phi^2 \right) \right.$$

$$\left. + \sqrt{-\det g} \left(\delta g^{\mu\nu}(\partial_\mu \phi)(\partial_\nu \phi) \right) \right]$$

$$= -\frac{1}{2} \int_M d^n x \sqrt{|\det g|} \left[(\partial_\mu \phi)(\partial_\nu \phi) - \frac{1}{2} \left(g^{\mu\nu}(\partial_\mu \phi)(\partial_\nu \phi) + m^2 \phi^2 \right) \right] \delta g^{\mu\nu}$$

wobei wir (8.62) benutzt haben. Ersetzen wir nun noch statt $\partial_\mu \phi$ durch $\nabla_\mu \phi$, was ja nichts ändert, weil ϕ ein Skalarfeld ist, erhalten wir:

$$\frac{\delta S_{\text{KG}}^{(\text{mc})}}{\delta g^{\mu\nu}} = -\frac{1}{2} \sqrt{|\det g|} \left[(\nabla_\mu \phi)(\nabla_\nu \phi) - \frac{1}{2} \left(g^{\mu\nu}(\nabla_\mu \phi)(\nabla_\nu \phi) + m^2 \phi^2 \right) \right]$$

Ein Vergleich zeigt: Bis auf einen Faktor ist dies exakt der Ausdruck für den Energie-Impuls-Tensor (8.76) für das Klein-Gordon-Feld, nachdem man die Ersetzungen der minimalen Kopplung vorgenommen hat. Im Falle des Klein-Gordon-Feldes gilt also:

$$T_{\mu\nu}^{(\text{mc})} = \frac{-2}{\sqrt{|\det g|}} \frac{\delta S_{\text{KG}}^{(\text{mc})}}{\delta g^{\mu\nu}} \tag{8.79}$$

Das ist übrigens nicht nur für das Klein-Gordon-Feld so. In der Tat, kann man auf diese Art für beliebige Materietheorien auf Mannigfaltigkeiten einen Energie-Impuls-Tensor definieren.

Für ein Materiefeld auf einer Mannigfaltigkeit M, das durch eine Wirkung S_{Materie} beschrieben wird, bezeichnet

$$T_{\mu\nu} := \frac{-2}{\sqrt{|\det g|}} \frac{\delta S_{\text{Materie}}}{\delta g^{\mu\nu}} \qquad (8.80)$$

den **Hilbert-Energie-Impuls-Tensor**.

Für das Klein-Gordon-Feld auf dem Minkowski-Raum stimmt der Hilbert-Energie-Impuls-Tensor mit dem schon bekannten (8.76) überein. Aber der Tensor (8.80) existiert für alle möglichen anderen Wirkungen für Materiefelder, nicht nur für diejenigen, die durch minimale Kopplung entstanden sind. Für viele Theorien nimmt man deshalb genau (8.80) als Definition des Energie-Impuls-Tensors, und das wollen wir hier auch tun.

Mit der Definition (8.80) und (8.70) können wir damit also eine Wirkung für das gekoppelte System „Gravitation+Materiefeld" hinschreiben:

Wird ein Materiefeld ϕ auf einer Manigfaltigkeit M mit Metrik $g_{\mu\nu}$ durch die Wirkung S_{Materie} beschrieben, dann wird das gekoppelte System aus Gravitation und Materiefeld durch die Wirkung

$$S_{\text{GR+Materie}} := S_{\text{EH}} + S_{\text{Materie}} \qquad (8.81)$$

beschrieben, wobei

$$S_{\text{EH}} := \frac{1}{2\kappa} \int_M d^n x \sqrt{|\det g|}\, R \qquad (8.82)$$

die **Einstein-Hilbert-Wirkung** genannt wird.

Die Metriken, an denen die Variation von $S_{\text{GR+Materie}}$ nach $g^{\mu\nu}$ verschwindet, sind genau diejenigen, für die die Einstein-Gleichungen mit Materie (8.38) gelten. Es gilt nämlich mit (8.70) und (8.80):

$$\frac{\delta S_{\text{GR+Materie}}}{\delta g^{\mu\nu}} = \frac{\delta S_{\text{EH}}}{\delta g^{\mu\nu}} + \frac{\delta S_{\text{Materie}}}{\delta g^{\mu\nu}} = \frac{1}{2}\sqrt{|\det g|}\left(\frac{1}{\kappa}G_{\mu\nu} - T_{\mu\nu}\right)$$

und damit:

$$\frac{\delta S_{\text{GR+Materie}}}{\delta g^{\mu\nu}} = 0 \qquad \Leftrightarrow \qquad G_{\mu\nu} = \kappa T_{\mu\nu} \qquad (8.83)$$

8.3.5   Die kosmologische Konstante

Wir haben aus der Bedingung, dass in Abwesenheit von Materie der Minkowski-Raum eine Lösung sein sollte, hergeleitet, dass die kosmologische Konstante Λ verschwinden muss. Wenn man dies nicht fordert, kann man die kosmologische Konstante auch in den Feldgleichungen beibehalten, und erhält dann:

$$R_{\mu\nu} - \frac{1}{2}g_{\mu\nu}R - \Lambda g_{\mu\nu} = \kappa T_{\mu\nu} \tag{8.84}$$

Die Einstein-Hilbert-Wirkung (8.82) kann ebenfalls angepasst werden:

$$S_{\mathrm{EH}}^{(\Lambda)} = \frac{1}{2\kappa} \int d^4x \sqrt{|\det g|}\,(R + 2\Lambda) \tag{8.85}$$

Dies soll in Aufgabe 8.3 gezeigt werden.

Heutzutage geht man in der Tat davon aus, dass Λ in den Gleichungen, die die Evolution unseres Universums beschreiben, einen sehr kleinen, aber von null verschiedenen Wert hat. Auf großen, kosmologischen Skalen ist das auch nicht verwunderlich, denn wie Messungen zeigen, ist die Raumzeit in der Tat gekrümmt, und damit weit vom Minkowski-Raum entfernt, sogar dort, wo sich keine Materie befindet. Auf kleinen Skalen (sagen wir einmal, im interstellaren Raum, wo es nur sehr wenig Materie gibt, oder im Hochvakuum in Teilchenbeschleunigern auf der Erde) ist die Annahme von $g_{\mu\nu} \approx \eta_{\mu\nu}$ hervorragend erfüllt, allerdings ist dies kein wirklicher Widerspruch, denn obwohl Λ nicht verschwindet, ist der Wert doch so klein, dass es für Experimente auf der Erde praktisch nicht von null zu unterscheiden ist.

Wir werden in Kap. 11 noch mehr über die kosmologische Konstante im Zusammenhang mit der Kosmologie sprechen.

8.3.6   Interpretation der Einstein-Gleichungen

Die Gleichungen (8.38) beschreiben einen Zusammenhang für die Metrik und die Materiefelder. Auf der einen Seite erzeugt das Materiefeld (durch seinen Energie-Impuls-Tensor) eine gekrümmte Metrik. Auf der anderen Seite beeinflusst eine gekrümmte Metrik die Bahnkurve von Materieteilchen (z. B. durch die Geodätengleichung für Testteilchen). John Archibald Wheeler fasste diese Beziehung so zusammen: *„Matter tells space-time how to curve, space-time tells matter how to move.“* Auf diese Art sind Materie und Schwerkraft miteinander verwoben und beeinflussen sich gegenseitig.

Diese Wechselseitigkeit findet auch in anderen Theorien statt, in der ART tritt jedoch noch ein weiterer Effekt auf, der es schwierig macht, Materie und Raumzeitmetrik voneinander zu trennen: Im Energie-Impuls-Tensor $T^{\mu\nu}$ taucht wiederum die Metrik $g_{\mu\nu}$ auf! Das kann man z. B. an der Definition (8.80) sehen. Das bedeutet, dass die reine Angabe des Tensors $T^{\mu\nu}$ nicht besonders hilfreich ist – man kann

z. B. nicht erkennen, wie große Druck und Dichte sind, wenn man nicht auch noch die Metrik $g_{\mu\nu}$ hat! Zur physikalischen Interpretation des Energie-Impuls-Tensors braucht man also schon die Metrik, die man jedoch eigentlich erst durch das Lösen der Einstein-Gleichungen finden will. Anders als bei den anderen Theorien in der Tabelle auf Seite 200, kann man daher in der ART nicht die Quelle vorgeben, und dann nach dem Feld lösen. Vielmehr muss man in der ART die Gleichungen für die Materiefreiheitsgrade und die Metrik *gleichzeitig* lösen. Das macht die Gleichungen (8.38) noch einmal viel komplizierter, wenn Materie zugegen ist.

Zusammenfassung

- Die Quelle der gravitativen Raumkrümmung ist der **Energie-Impuls-Tensor** $T^{\mu\nu}$, der die verschiedenen Energie- und Impulsarten innerhalb von Materie beschreibt. Er erfüllt die **Kontinuitätsgleichung**:

$$\nabla_\mu T^{\mu\nu} = 0$$

- Metrik der Raumzeit $g_{\mu\nu}$ und Energie-Impuls-Tensor sind über die **Einstein-Gleichungen** miteinander verknüpft:

$$R_{\mu\nu} - \frac{1}{2} g_{\mu\nu} R = \kappa T_{\mu\nu}$$

wobei κ durch

$$\kappa := \frac{8\pi G_N}{c^4}$$

definiert und G_N die Newtonsche Gravitationskonstante ist.

- Die Einstein-Gleichungen können durch ein Variationsprinzip definiert werden. Die hierfür benutzte Wirkung

$$S_{\text{EH}} = \frac{1}{2\kappa} \int d^4x \sqrt{|\det g|}\, R$$

wird **Einstein-Hilbert-Wirkung genannt**, und es gilt:

$$\frac{\delta S_{\text{EH}}}{\delta g^{\mu\nu}} = 0 \qquad \Leftrightarrow \qquad R_{\mu\nu} - \frac{1}{2} g_{\mu\nu} R = 0$$

- Wird die Dynamik eines Materiefeldes auf einer Mannigfaltigkeit durch eine Wirkung S_{Materie} beschrieben, bezeichnet

$$T_{\mu\nu} := \frac{-2}{\sqrt{|\det g|}} \frac{\delta S_{\text{Materie}}}{\delta g^{\mu\nu}}$$

den **Hilbert-Energie-Impuls-Tensor**.

- Für das gekoppelte System aus Metrik und Materie benutzt man die Wirkung

$$S_{\text{GR+Materie}} = S_{\text{EH}} + S_{\text{Materie}}$$

deren Variation die Einstein-Gleichungen mit Materie liefert.

8.4 Verweise

$\aleph_0$ **Zweite Ableitungen in der Physik:** In unserer Herleitung für den Ansatz des Einstein-Tensors erlauben wir nur Terme, die zu Bewegungsgleichungen zweiter Ordnung führen. In der Physik bevorzugt man solche Theorien, denn dann führt die Angabe vom Wert und der ersten Ableitung eines Feldes zu einer eindeutigen Lösung (zumindest, wenn die Theorie sonst keinerlei lokale oder Eichsymmetrien enthält). Das entspricht der Vorgabe von Ort und Impuls im Anfangswertproblem.

Daher erscheint die Einschränkung auf Terme, die nur bis zu zweite Ableitungen der Metrik erhalten, natürlich – zumindest, wenn man nur an einer Theorie der Metrik interessiert ist. Man kann nämlich durchaus Theorien mit höheren Ableitungen als Theorien mit Differenzialgleichungen zweiter Ableitungen umschreiben – wenn man neue Variablen einführt. Ein Beispiel ist das Modell von Starobinsky (z. B. Hawking et al. (2001)). Die Wirkung enthält einen Term proportional zu R^2, was eigentlich vierter Ordnung wäre. Allerdings lässt sich dieses Modell umschreiben als das der normalen Relativitätstheorie, gekoppelt an ein skalares Feld ϕ, das *Inflaton* genannt wird. Dieses Modell erfreut sich außerordentlicher Beliebtheit in der modernen Kosmologie.

→ Zurück zu S. 202

Newtonscher Limes der ART: Die Frage, wie man in der ART den „Newtonschen Limes" genau behandelt, ist gar nicht so einfach. In diesem Buch wird ein wenig mit den Händen gewedelt, und die Bewegungsgleichungen werden durch Ausdrücke ersetzt, in denen gewisse Terme als „klein" angesehen und damit vernachlässigt werden.

Das ist alles andere als stringent und mathematisch sauber. Doch das Resultat, die Einstein-Gleichungen (8.38), ist wunderbar geometrisch und liefert über weite Bereiche die richtigen Vorhersagen. Deswegen findet man die Herleitung auch heute noch in Lehrbüchern. Eine saubere Herleitung hingegen ist deutlich komplizierter, gerade wenn man die Frage beantworten möchte, in welchem Sinne Lösungen der ART zu Lösungen der Newtonschen Gravitationstheorie konvergieren bzw. was genau der Limes $c \to \infty$ für Lorentzsche Metriken bedeuten soll. All dies ist immer noch Gegenstand mathematischer Forschung (z. B. Cederbaum (2012)).

Die nur wirklich so halbwegs gerechtfertigte Behandlung des Newtonschen Limes in diesem Buch soll trotzdem als Beispiel dafür herhalten, wie Physik häufig funktioniert: Zu Beginn kann man, was die Details angeht, ruhig auch mal ein Auge zudrücken, wenn man dafür einen interessanten Hinweis auf die Lösung eines Problems bekommt.

→ Zurück zu S. 208

$\boxed{\aleph_0}$ **ART mit Rand:** Oft will man die Einstein-Gleichungen (8.38) mit festen Randdaten lösen, z. B. beim Anfangswertproblem, bei dem Teile der Metrik als Daten zu einem festen „Zeitpunkt" vorgegeben sind. In solchen Fällen muss man Mannigfaltigkeiten mit Rand betrachten, und dort verschwindet der Term (8.69) nicht einfach so. Man muss daher zu der Wirkung (8.82) einen Randterm hinzuaddieren, dessen einzige Aufgabe es ist, bei der Variation einen Term zu liefern, der sich mit (8.69) weghebt. Man benutzt hierbei oft den sogenannten Gibbons-Hawking-York-Term. Hat eine Mannigfaltigkeit M einen kompakten raumartigen Rand ∂M, dann induziert die Metrik g darauf eine Riemannsche Metrik h. Der GHY-Term ist dann durch

$$S_{GHY}[g] = \int_{\partial M} d^{n-1}x \sqrt{h}\, K \qquad (8.86)$$

gegeben, wobei $K = \nabla_\mu n^\mu$ die extrinsische Krümmung ist. Hier ist n^μ das Normalenvektorfeld auf ∂M.

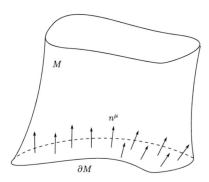

Abb. 8.2 Für den Randterm der Wirkung auf einer Mannigfaltigkeit M mit Rand ∂M benötigt man die extrinsische Krümmung, die sich aus dem Normalenvektorfeld n^μ zu $K = \nabla_\mu n^\mu$ berechnet.

Für nichtkompakte Ränder divergiert der Randterm im Allgemeinen. In diesem Fall muss man den Randterm geschickt regularisieren (. B. Wald (1984)).

→ Zurück zu S. 215

8.5 Aufgaben

Aufgabe 8.1: Beweisen Sie die Relation

$$\delta g^{\mu\nu} = -g^{\mu\alpha}g^{\nu\beta}\delta g_{\alpha\beta} \tag{8.87}$$

S. 350 $\longrightarrow$ Tipp   Lösung $\longrightarrow$ S. 424

Aufgabe 8.2: Beweisen Sie, dass für ein beliebiges Vektorfeld mit Komponenten V^μ auf einer Mannigfaltigkeit mit Lorentz-Metrik $g_{\mu\nu}$ die Relation

$$\sqrt{|\det g|}\nabla_\mu V^\mu = \partial_\mu\left(\sqrt{|\det g|}V^\mu\right) \tag{8.88}$$

gilt.

S. 350 $\longrightarrow$ Tipp   Lösung $\longrightarrow$ S. 424

Aufgabe 8.3: Zeigen Sie, dass die Variation der Wirkung

$$S_{\mathrm{EH},\Lambda} = \frac{1}{2\kappa}\int d^n x\sqrt{|\det g|}\,(R + 2\Lambda) \tag{8.89}$$

genau für die Metriken verschwindet, die die Einstein-Gleichungen im Vakuum mit kosmologischer Konstante Λ erfüllen.

S. 350 $\longrightarrow$ Tipp   Lösung $\longrightarrow$ S. 425

Aufgabe 8.4: Gegeben eine Mannigfaltigkeit M mit $\dim M \neq 2$.

a) Zeigen Sie: Die Einstein-Gleichungen im Vakuum (ohne kosmologische Konstante) sind äquivalent zu $R_{\mu\nu} = 0$.

b) Zeigen Sie: Erfüllt eine Metrik $g_{\mu\nu}$ auf M die Einstein-Gleichungen im Vakuum (ohne kosmologische Konstante), dann verschwindet die Einstein-Hilbert-Wirkung $S_{\mathrm{EH}}[g_{\mu\nu}] = 0$. Gilt das auch umgekehrt?

S. 351 $\longrightarrow$ Tipp   Lösung $\longrightarrow$ S. 426

Aufgabe 8.5: Gegeben eine Mannigfaltigkeit M mit $\dim M = 2$.

a) Zeigen Sie: *Jede* Metrik auf M erfüllt die Einsteingleichungen im Vakuum (ohne kosmologische Konstante).

b) Zeigen Sie: Der Wert der Einstein-Hilbert-Wirkung auf M hängt nicht von der Metrik ab. (Hierfür dürfen Sie annehmen, dass M kompakt ist, also für jede glatte Metrik die Einstein-Hilbert-Wirkung existiert und die Menge der Metriken $\mathcal{G}$ in dem Sinne zusammenhängend ist, dass es zu zwei beliebigen Metriken eine Variation gibt, die bei der einen beginnt und bei der anderen endet.)

c) Berechnen Sie die Einstein-Hilbert-Wirkung für die 2-Sphäre S^2 mit der Standard-Riemannschen Metrik.

d) Zeigen Sie: Es kann auf S^2 keine flache Metrik geben.

S. 351 $\longrightarrow$ Tipp   Lösung $\longrightarrow$ S. 427

9 Symmetrien und Erhaltungssätze

Übersicht

Die Einstein-Gleichungen (8.84) sind extrem komplizierte gekoppelte, nichtlineare, partielle Differenzialgleichungen. Selbst mit numerischen Methoden ist es sehr schwierig, nichttriviale Lösungen zu finden. In einer solchen Situation hat es sich als hilfreich erwiesen, nicht nach beliebigen Metriken zu suchen, die die Einstein-Gleichungen erfüllen, sondern nach solchen, die eine gewisse Symmetrie aufweisen. Diese definiert man mithilfe von Diffeomorphismen.

9.1 Diffeomorphismen*

Zuerst betrachten wir eine Verschiebung auf einer Mannigfaltigkeit M. Weil M, anders als im Minkowski-Raum, keine Symmetrien oder Regelmäßigkeiten aufweisen muss, kann diese Verschiebung ganz wild aussehen. In der Tat lassen wir jegliche Abbildung zwischen Punkten auf der Mannigfaltigkeit zu, die umkehrbar und in beide Richtungen unendlich oft differenzierbar (das nennt man auch „glatt") ist.

© Springer-Verlag GmbH Deutschland, ein Teil von Springer Nature 2022
B. Bahr, *Tutorium Allgemeine Relativitätstheorie*,
https://doi.org/10.1007/978-3-662-63419-6_9

> Eine Abbildung $\xi : M \to N$ von einer Mannigfaltigkeit M zu einer Mannigfaltigkeit N heißt **Diffeomorphismus**, wenn sie unendlich oft differenzierbar, sowie invertierbar, und die Umkehrabbildung $\xi^{-1} : N \to M$ auch unendlich oft differenzierbar ist.

Im Folgenden interessiert uns hauptsächlich der Fall $M = N$. Die Diffeomorphismen von M zu sich selbst bilden eine Gruppe, die man $\mathrm{Diff}(M)$ schreibt.

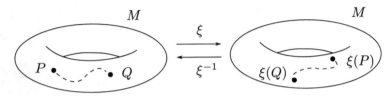

Abb. 9.1 Ein Diffeomorphismus ξ von M in sich selbst bildet jeden Punkt P auf M auf einen anderen (oder denselben) Punkt $\xi(P)$ ab. Diese Abbildung ist eindeutig, umkehrbar, und in beide Richtungen unendlich oft differenzierbar.

Für den Rest dieses Kapitels, wie auch an vielen anderen Stellen dieses Buches, nehmen wir stillschweigend an, dass sowohl Punkte P also auch Punkte $\xi(P)$ in derselben Karte $x : U \to V$ beschrieben werden können. Der Diffeomorphismus ξ (bzw. eine entsprechende Einschränkung) kann dann in Koordinaten ausgedrückt werden als:

$$x^\mu \longmapsto \xi^\mu(x) \tag{9.1}$$

Wenn ein Punkt P die Koordinaten x^μ hat, hat $\xi(P)$ die Koordinaten $\xi^\mu(x)$.

9.1.1 Vorwärtsschieben und Zurückziehen von Tensorfeldern

Man kann eine Abbildung ξ benutzen, um Tensorfelder T auf M zu verschieben. Anschaulich gesehen hat das mit ξ verschobene Tensorfeld $\xi_* T$ bei $\xi(P)$ den Wert, den das ursprüngliche Tensorfeld T bei P hatte.

Am einfachsten ist das mit Funktionen f, also Tensorfeldern der Stufe $(0,0)$. Die verschobene Funktion $\xi_* f$ hat bei $\xi(P)$ den Funktionswert, den f bei P hat. In Koordinaten ausgedrückt:

Sei f eine Funktion, in Koordinaten $x^\mu \mapsto f(x)$ und $\xi : M \to M$ ein Diffeomorphismus. Dann ist die **mit ξ vorwärtsgeschobene Funktion** $\xi_* f$ definiert durch $\xi_* f\big(\xi(x)\big) = f(x)$ für alle x^μ, oder auch:

$$\big(\xi_* f\big)(x) = f\big(\xi^{-1}(x)\big) \tag{9.2}$$

Man kann auch Vektoren mithilfe von Diffeomorphismen vorwärtsschieben. Wenn X_P in Vektor aus dem Tangentialraum $T_P M$ bei P ist, ist $\xi_* X_P$ ein Vektor am Tangentialraum $T_{\xi(P)} M$ bei $\xi(P)$. Wie berechnet man den verschobenen Vektor $\xi_*(X_P)$? Hier gibt es eine Methode, die sich ganz natürlich anbietet: Wir haben in Kap. 5 gesehen, dass jeder Vektor X_P als Geschwindigkeitsvektor einer Kurve durch P auftritt. In Koordinaten wird diese Kurve durch

$$\phi \mapsto x^\mu(\phi) \tag{9.3}$$

beschrieben, wobei $x^\mu(\phi = 0)$ die Koordinaten des Punktes P sind. Dann gilt:

$$X_P^\mu = \left. \frac{dx^\mu}{d\phi} \right|_{\phi=0} \tag{9.4}$$

Jetzt benutzen wir ξ, um aus der Kurve (9.3) eine zu machen, die durch $\xi(P)$ geht, indem wir den Diffeomorphismus dahinter schalten. Die neue Kurve hat also die folgende Form:

$$\phi \mapsto \xi^\mu(x(\phi)) \tag{9.5}$$

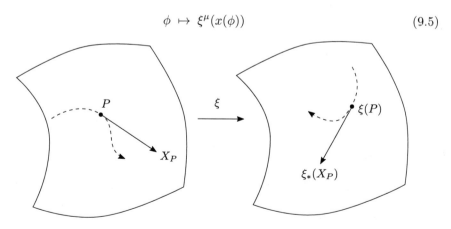

Abb. 9.2 Ein Diffeomorphismus bildet auch Kurven auf Kurven ab, und damit auch einen Tangentialvektor X_P aus $T_P M$ auf einen Tangentialvektor $\xi_*(X_P)$, der aus dem Tangentialraum $T_{\xi(P)} M$ ist.

Die Kurve (9.5) geht bei $\phi = 0$ durch $\xi(P)$, und deren Geschwindigkeitsvektor ist genau derjenige, den wir suchen:

$$\left(\xi_* X_P\right)^\mu = \left.\frac{d\xi(x)^\mu}{d\phi}\right|_{\phi=0} = \left.\frac{\partial \xi^\mu}{\partial x^\nu}\frac{dx^\nu}{d\phi}\right|_{\phi=0} = \frac{\partial \xi^\mu}{\partial x^\nu}X_P^\nu \tag{9.6}$$

Die partiellen Ableitungen $\frac{\partial \xi^\mu}{\partial x^\nu}$ müssen hierbei nach der Kettenregel an der Stelle $x^\mu(\phi = 0)$, also den Koordinaten von P, ausgewertet werden. Da ein Diffeomorphismus aber nicht nur bei P, sondern auf ganz M definiert ist, kann man auf diese Weise nicht nur einzelne Vektoren, sondern gleichzeitig ganze Vektorfelder verschieben.

Für einen Diffeomorhismus $\xi : M \to M$ und ein Vektorfeld X auf M ist das **mit ξ vorwärtsgeschobene Vektorfeld** $\xi_* X$ durch die Komponenten

$$(\xi_* X)^\mu(x) = \frac{\partial \xi^\mu}{\partial x^\nu}\left(\xi^{-1}(x)\right)X^\nu\left(\xi^{-1}(x)\right) \tag{9.7}$$

gegeben. Oder abgekürzt, wenn wir die Argumente der Vektorfelder weglassen: $(\xi_* X)^\mu = \frac{\partial \xi^\mu}{\partial x^\nu}X^\nu$.

Zum Vorwärtsschieben eines Vektorfeldes durch ξ gibt es auch eine spiegelbildliche Vorschrift, die man auf 1-Formen anwenden kann. Für einen Kovektor ω aus $T^*_{\xi(P)}M$ kann man einen Kovektor $\xi^*\omega$ bei P machen. Man beachte: Die Richtung geht hier genau umgekehrt wie beim Vorwärtsschieben, nämlich von $\xi(P)$ nach P. Deshalb ist der Stern $*$ auch oben, anstelle vom unten am ξ. Entsprechend nennt man diesen Vorgang auch nicht Vorwärtsschieben, sondern Zurückziehen.

Um $\xi^*\omega$ zu definieren, nutzt man aus, dass ein Kovektor eindeutig durch seine Eigenschaft als lineare Abbildung

$$\xi^*\omega : T_P M \longrightarrow \mathbb{R} \tag{9.8}$$

auf $T_P M$ definiert ist. Was soll also die Wirkung von (9.8) auf einem Vektor $X \in T_P M$ sein? Um das zu definieren, schieben wir erst den Vektor X mit ξ vorwärts, erhalten so einen Vektor $\xi_* X$ aus $T_{\xi(P)}M$, den wir mit dem Kovektor ω auf eine Zahl abbilden können – und diese ist dann genau unser Ergebnis. Mathematisch ausgedrückt:

$$\left(\xi^*\omega\right)(X) := \omega\left(\xi_* X\right) \tag{9.9}$$

Indem man die Wirkung auf vorwärts geschobene Vektoren ausnutzt, macht man also aus einem Kovektor bei $\xi(P)$ einen bei P. In Komponenten:

$$\left(\xi^*\omega\right)_\mu X^\mu = \omega_\mu\left(\xi_* X\right)^\mu = \omega_\mu\frac{\partial \xi^\mu}{\partial x^\nu}X^\nu \tag{9.10}$$

Hier müssen die partiellen Ableitungen wieder bei x ausgewertet werden. Und wieder kann man das nicht nur für einen Punkt P machen, sondern auf ganz M, und damit ganze 1-Formen verschieben:

Für einen Diffeomorphismus $\xi : M \to M$ und eine 1-Form ω erhält man die **mit ξ zurückgezogene 1-Form $\xi^*\omega$**

$$\left(\xi^*\omega\right)_\mu(x) \;=\; \frac{\partial\xi^\nu}{\partial x^\mu}(x)\omega_\nu(\xi(x)) \tag{9.11}$$

Oder, wenn man die Argumente der 1-Formen weglässt:

$$\left(\xi^*\omega\right)_\mu = \frac{\partial\xi^\nu}{\partial x^\mu}\omega_\nu$$

Da der Diffeomorphismus $\xi : M \to M$ aber invertierbar ist, kann man auch das Vorwärtsschieben von 1-Formen definieren, indem man „Vorwärtsschieben mit ξ" als „Zurückziehen mit ξ^{-1}" definiert. Damit muss gelten:

$$\xi^*\xi_*\omega \;=\; \xi_*\xi^*\omega \;=\; \omega \tag{9.12}$$

Schreiben wir die inverse Abbildung ξ^{-1} als $x^\mu(\xi)$, dann gilt

$$x^\mu\big(\xi(x)\big) \;=\; x^\mu \tag{9.13}$$

und damit durch die Kettenregel:

$$\frac{\partial x^\mu}{\partial x^\rho} \;=\; \frac{\partial x^\mu}{\partial \xi^\nu}\big(\xi(x)\big)\frac{\partial\xi^\nu}{\partial x^\rho}(x) \;=\; \delta^\mu{}_\rho \tag{9.14}$$

Ersetzen wir in (9.11) ω durch $\xi_*\omega$ und benutzen (9.12) und (9.14):

Für einen Diffeomorphismus $\xi : M \to M$ und eine 1-Form ω ist die **mit ξ vorwärtsgeschobene 1-Form $\xi_*\omega$** in Komponenten durch folgenden Ausdruck gegeben:

$$\left(\xi_*\omega\right)_\mu(x) \;=\; \frac{\partial x^\nu}{\partial \xi^\mu}(x)\omega_\nu\big(\xi^{-1}(x)\big) \tag{9.15}$$

Beispiel 1: Als Mannigfaltigkeit M nehmen wir die zweidimensionale Ebene mit kartesischen Koordinaten (x^0, x^1). Wir betrachten als Diffeomorphismus eine Drehung um den Ursprung mit Winkel ϕ. Der Diffeomorphismus wird damit zu:

$$\xi^0(x) \;=\; x^0 \cos\phi + x^1 \sin\phi$$

$$\xi^1(x) \;=\; -x^0 \sin\phi + x^1 \cos\phi$$

Zuerst betrachten wir das Vektorfeld $X = \frac{\partial}{\partial x^1}$ und wollen $\xi_* X$ berechnen. Die Komponenten des Vektorfeldes X lauten:

$$X^0(x) \;=\; 0, \qquad X^1(x) \;=\; 1$$

Die partiellen Ableitungen (9.7) berechnen sich zu:

$$\frac{\partial \xi^0}{\partial x^0} \;=\; \cos\phi, \quad \frac{\partial \xi^0}{\partial x^1} \;=\; \sin\phi$$

$$\frac{\partial \xi^1}{\partial x^0} \;=\; -\sin\phi, \quad \frac{\partial \xi^1}{\partial x^1} \;=\; \cos\phi$$

Mit (9.7) ergibt sich daher:

$$(\xi_* X)^0 \;=\; \frac{\partial \xi^0}{\partial x^0} X^0 + \frac{\partial \xi^0}{\partial x^1} X^1 \;=\; \sin\phi$$

$$(\xi_* X)^1 \;=\; \frac{\partial \xi^1}{\partial x^0} X^0 + \frac{\partial \xi^1}{\partial x^1} X^1 \;=\; \cos\phi$$

Dieses Beispiel war noch recht simpel, da alle Komponenten von den x^μ unabhängig waren, wir uns also nie Gedanken über das Auswerten an der Stelle $\xi^{-1}(x)$ machen mussten. Das ist im folgenden Beispiel anders.

Beispiel 2: Wir betrachten die (eigentlich nur auf $\mathbb{R}^2 \backslash \{0\}$ definierte) 1-Form

$$\omega \;=\; d\phi \;=\; \frac{x^1}{\sqrt{(x^0)^2 + (x^1)^2}} dx^0 - \frac{x^0}{\sqrt{(x^0)^2 + (x^1)^2}} dx^1$$

Die Umkehrabbildung von ξ lässt sich schreiben als:

$$(\xi^{-1}(x))^0 \;=\; x^0 \cos \phi - x^1 \sin \phi$$

$$(\xi^{-1}(x))^1 \;=\; x^0 \sin \phi + x^1 \cos \phi$$

Man prüfe nach, dass dies auch wirklich die Umkehrabbildung zu ξ ist! Die partiellen Ableitungen (9.15) sind dann:

$$\frac{\partial x^0}{\partial \xi^0} \;=\; \cos \phi, \quad \frac{\partial x^0}{\partial \xi^1} \;=\; -\sin \phi$$

$$\frac{\partial x^1}{\partial \xi^0} \;=\; \sin \phi, \quad \frac{\partial x^1}{\partial \xi^1} \;=\; \cos \phi$$

Nun müssen wir aufpassen, da Formel (9.15) verlangt, dass wir die Komponenten ω_μ nicht bei x, sondern bei $\xi^{-1}(x)$ auswerten. Wir erhalten:

$$\omega_0(\xi^{-1}(x)) \;=\; \frac{(\xi^{-1}(x))^1}{\sqrt{((\xi^{-1}(x))^0)^2 + ((\xi^{-1}(x))^1)^2}} \;=\; \frac{x^0 \sin \phi + x^1 \cos \phi}{\sqrt{(x^0)^2 + (x^1)^2}}$$

$$\omega_1(\xi^{-1}(x)) \;=\; \frac{-(\xi^{-1}(x))^0}{\sqrt{((\xi^{-1}(x))^0)^2 + ((\xi^{-1}(x))^1)^2}} \;=\; \frac{-x^0 \cos \phi + x^1 \sin \phi}{\sqrt{(x^0)^2 + (x^1)^2}}$$

Man beachte, dass der Nenner sich nicht ändert, wenn man die x^μ durch die $(\xi^{-1}(x))^\mu$ ersetzt. Denn der Nenner ist gerade gleich der Radialkoordinate r, und die ändert sich nicht bei Drehungen.

Schlussendlich erhalten wir für die vorwärtsgeschobene 1-Form nach (9.15):

$$(\xi_* \omega)_0(x) \;=\; \cos \phi \frac{x^0 \sin \phi + x^1 \cos \phi}{\sqrt{(x^0)^2 + (x^1)^2}} + \sin \phi \frac{-x^0 \cos \phi + x^1 \sin \phi}{\sqrt{(x^0)^2 + (x^1)^2}}$$

$$\;=\; \frac{x^1}{\sqrt{(x^0)^2 + (x^1)^2}}$$

$$(\xi_* \omega)_1(x) \;=\; -\sin \phi \frac{x^0 \sin \phi + x^1 \cos \phi}{\sqrt{(x^0)^2 + (x^1)^2}} + \cos \phi \frac{-x^0 \cos \phi + x^1 \sin \phi}{\sqrt{(x^0)^2 + (x^1)^2}}$$

$$\;=\; -\frac{x^0}{\sqrt{(x^0)^2 + (x^1)^2}}$$

Wir finden also, dass $\xi_* \omega = \omega$ ist! Die 1-Form $d\phi$ ändert sich also nicht unter einer Drehung.

Wenn man aber weiß, wie das Vorwärtsschieben mit 1-Formen und Vektoren funktioniert, dann kann man sich leicht überlegen, wie man ganze Tensoren mit beliebigen Indizes mit ξ vorwärtsschiebt. Für jeden Index fügt man, je nachdem ob er oben oder unten steht, eine Jacobi-Matrix $\frac{\partial \xi^\mu}{\partial x^\nu}$ bzw. eine inverse Jacobi-Matrix $\frac{\partial x^\mu}{\partial \xi^\nu}$ hinzu.

Für einen Diffeomorphismus ξ und ein (r,s)-Tensorfeld T mit Komponenten $T^{\mu_1 \cdots \mu_r}{}_{\nu_1 \cdots \nu_s}$ ist das **mit ξ vorwärtsgeschobene Tensorfeld** $\xi_* \mathbf{T}$ in Komponenten gegeben durch:

$$
\left(\xi_* T\right)^{\mu_1 \cdots \mu_r}{}_{\nu_1 \cdots \nu_s}(x) = \prod_{p=1}^{r} \frac{\partial \xi^{\mu_p}}{\partial x^{\mu'_p}}\left(\xi^{-1}(x)\right) \prod_{k=1}^{s} \frac{\partial x^{\nu'_k}}{\partial \xi^{\nu_k}}(x)
$$

$$
\times T^{\mu'_1 \cdots \mu'_r}{}_{\nu'_1 \cdots \nu'_s}\left(\xi^{-1}(x)\right) \qquad (9.16)
$$

An dieser Stelle sollte auffallen, dass die Formeln (9.7), (9.15) bzw. (9.16) exakt so aussehen wie das Transformationsverhalten von Vektoren, 1-Formen, bzw. allgemeinen Tensoren

Aktive und passive Transformationen: S. 253 $\aleph_0$

unter Koordinatentransformationen! Wenn man in all diesen Formeln ξ durch $\tilde{x}$ ersetzt, bekommt man die Formeln (9.7), (9.15) bzw. (9.16).

Ein Tensorfeld T heißt **invariant unter ξ**, falls

$$
\xi_* T = T \qquad (9.17)
$$

gilt. In diesem Fall nennt man ξ auch eine **Symmetrie** des Tensorfeldes T.

In dem speziellen Fall, in dem es sich beim Tensorfeld um eine Metrik handelt (egal ob Riemann- oder Lorentz-Metrik), erhält die Symmetrie einen besonderen Namen:

Ist ξ eine Symmetrie einer Metrik g, also

$$\xi_* g = g \tag{9.18}$$

gilt, so nennt man ξ auch **Isometrie**.

Einzelne Diffeomorphismen ξ entsprechen diskreten Transformationen, z. B. Spiegelungen, oder Drehungen um 180°. Häufig tauchen in der Physik aber Transformationen auf, die von einem kontinuierlichen Parameter abhängen. Beispiele sind beliebige Drehungen um eine Achse, oder Verschiebungen entlang einer bestimmten Richtung. Diese behandeln wir im folgenden Abschnitt.

9.2 Vektorfelder und Flüsse*

In der Physik betrachtet man nicht nur einzelne Transformationen ξ, sondern ganze Familien von Transformationen $^{(\tau)}\xi$, die von einem kontinuierlichen Parameter τ abhängen.

Ein **Fluss** auf einer Mannigfaltigkeit M ist eine Familie von Diffeomorphismen $^{(\tau)}\xi : M \to M$ mit $\tau \in \mathbb{R}$. Diese Diffeomorhismen müssen die folgenden Bedingungen erfüllen:

$$^{(0)}\xi = \mathrm{id}_M \tag{9.19}$$

$$^{(\tau_1+\tau_2)}\xi = {}^{(\tau_1)}\xi \circ {}^{(\tau_2)}\xi \tag{9.20}$$

In Koordinaten ausgeschrieben:

$$^{(0)}\xi^\mu(x) = x^\mu \tag{9.21}$$

$$^{(\tau_1+\tau_2)}\xi^\mu(x) = {}^{(\tau_1)}\xi^\mu\left({}^{(\tau_2)}\xi(x)\right) \tag{9.22}$$

Außerdem sollen unsere Flüsse immer glatt sein, für jeden Punkt mit Koordinaten x^μ soll also die Abbildung

$$\tau \mapsto {}^{(\tau)}\xi^\mu(x) \tag{9.23}$$

eine glatte Kurve sein.

Hierbei kann man sich z. B. eine kontinuierliche Drehung um einen Punkt mit Winkel τ vorstellen. Der Wert $\tau = 0$ entspricht dabei der „Nichttransformation", also der Identitätsabbildung auf M.

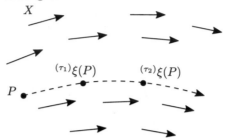

Abb. 9.3 Zu einem Vektorfeld X gehört ein Fluss, also eine Einparametergruppe $^{(\tau)}\xi$ von Diffeomorphismen. Ändert man den Parameter τ, dann „fließt" der Punkt $^{(\tau)}\xi(P)$ das Vektorfeld X entlang.

Anschaulich kann man sich vorstellen, dass die Punkte auf der Mannigfaltigkeit M mit dem Laufen des Parameters τ auf M „entlang fließen". Äquivalent kann man einen Fluss auch durch das dazugehörige Vektorfeld beschreiben. Das ist an jedem Punkt durch den Geschwindigkeitsvektor der Kurve (9.23) definiert.

Das **zu einem Fluss gehörende Vektorfeld** X ist in Koordinaten gegeben durch:

$$X^{\mu}(x) \;=\; \frac{d}{d\tau}\Big|_{\tau=0} \, {}^{(\tau)}\xi^{\mu}(x) \tag{9.24}$$

Umgekehrt kann man für Vektorfelder auch einen Fluss definieren, und zwar immer dann, wenn sie vollständig sind, d. h., wenn ihre Intergralkurven nicht aus M herausführen. Das soll uns an dieser Stelle nicht weiter kümmern – wir gehen im Folgenden einfach davon aus, dass wir, wenn wir von „Vektorfeld" reden, immer ein „vollständiges Vektorfeld" meinen, also eines, zu dem ein Fluss $\tau \to {}^{(\tau)}\xi$ gehört.

Man kann nun ein Tensorfeld mithilfe der Diffeomorphismen $^{(\tau)}\xi$ vorwärts schieben. Anschaulich wandert T das Vektorfeld X entlang, wenn man τ variiert. Dieses erhält einen besonderen Namen:

Sei T ein Tensorfeld und X ein (vollständiges) Vektorfeld, sowie $\tau \mapsto {}^{(\tau)}\xi$ der dazugehörige Fluss. Dann bezeichnet

$$^{(\tau)}T := {}^{(\tau)}\xi_* T \tag{9.25}$$

die **Lie-Verschiebung von T entlang X**. Außerdem nennt man

$$\mathcal{L}_X T := -\left.\frac{d}{d\tau}\right|_{\tau=0} {}^{(\tau)}T = -\left.\frac{d}{d\tau}\right|_{\tau=0} {}^{(\tau)}\xi_* T \tag{9.26}$$

die **Lie-Ableitung von T nach X**. Die Lie-Ableitung $\mathcal{L}_X T$ ist ein Tensorfeld vom selben Typ wie T, z. B. ist $\mathcal{L}_X f$ eine Funktion, $\mathcal{L}_X Y$ ist ein Vektorfeld etc.

Die Lie-Ableitung ist ein äußerst wichtiges Hilfsmittel in der theoretischen Physik, und ganz besonders in der ART, denn mit ihrer Hilfe lassen sich Symmetrien von Tensorfeldern ausdrücken und berechnen. Doch dazu später mehr. Zuerst einmal wollen wir uns ansehen, wie die Lie-Ableitung auf einfachen Tensorfeldern aussieht.

Bevor wir beginnen, stellen wir fest, dass wir zur Berechnung der Lie-Ableitung das Tensorfeld an der Stelle $({}^{(\tau)}\xi^{-1})(x)$ auswerten müssen. Entwickeln wir

$$^{(\tau)}\xi^\mu(x) = x^\mu + \tau X^\mu(x) + O(\tau^2) \tag{9.27}$$

$$({}^{(\tau)}\xi^{-1})^\mu(x) = x^\mu - \tau X^\mu(x) + O(\tau^2) \tag{9.28}$$

Außerdem folgt aus (9.27), dass

$$\left.\frac{\partial^{(\tau)}\xi^\mu}{\partial x^\nu}(x)\right|_{\tau=0} = \frac{\partial^{(0)}\xi^\mu}{\partial x^\nu}(x) = \delta^\mu{}_\nu \tag{9.29}$$

gilt, sowie:

$$\left.\frac{d}{d\tau}\right|_{\tau=0} \frac{\partial^{(\tau)}\xi^\mu}{\partial x^\nu}(x) = \frac{\partial}{\partial x^\nu} \left.\frac{d}{d\tau}\right|_{\tau=0} {}^{(\tau)}\xi^\mu(x) = \frac{\partial X^\mu}{\partial x^\nu}(x) \tag{9.30}$$

Wir beginnen mit einer Funktion f. Nach (9.16) gilt:

$$\left({}^{(\tau)}f\right)(x) = f\left(({}^{(\tau)}\xi)^{-1}(x)\right) \tag{9.31}$$

Mit (9.28) erhalten wir:

$$\left({}^{(\tau)}f\right)(x) = f\left(({}^{(\tau)}\xi)^{-1}(x)\right) = f\left(x - \tau X(x) + O(\tau^2)\right) \tag{9.32}$$

Deswegen gilt, wenn wir den Ausdruck mit f nach τ entwickeln:

$$(\mathcal{L}_X f)(x) \;=\; -\frac{d}{d\tau}\Big|_{\tau=0} f\big(x - \tau X + O(\tau^2)\big)$$

$$=\; -\frac{d}{d\tau}\Big|_{\tau=0}\Big(f(x) - \tau X^\mu(x)\partial_\mu f(x) + O(\tau)\Big) \;=\; X^\mu(x)\partial_\mu f(x)$$

Diesen Ausdruck haben wir in Kap. 5 bereits gesehen! Er entspricht der Wirkung des Vektorfeldes X auf die Funktion f. Wir halten fest:

> Die **Lie-Ableitung einer Funktion** entlang des Vektorfeldes X ist gleich der Wirkung von X auf f, also:
>
> $$\mathcal{L}_X f \;=\; X(f) \tag{9.33}$$

Bevor wir uns Vektorfeldern zuwenden, berechnen wir die Lie-Ableitung einer 1-Form. Hierfür benötigen wir die Ableitung von Ausdrücken wie (9.15) nach τ, ausgewertet bei $\tau = 0$. Insbesondere benötigen wir:

$$-\frac{d}{d\tau}\Big|_{\tau=0}\frac{\partial x^\mu}{\partial^{(\tau)}\xi^\nu}(x) \tag{9.34}$$

Das ist etwas umständlich zu berechnen, aber wir behelfen uns hier mit einem Trick: Wir nehmen den Ausdruck (9.14) und werten ihn nicht an der Stelle x, sondern an der Stelle $\big(^{(\tau)}\xi^{-1}\big)(x)$ aus. Damit erhalten wir:

$$\frac{\partial x^\mu}{\partial^{(\tau)}\xi^\nu}(x)\frac{\partial^{(\tau)}\xi^\nu}{\partial x^\rho}\big((^{(\tau)}\xi)^{-1}(x)\big) \;=\; \delta^\mu{}_\rho \tag{9.35}$$

Das leiten wir nach τ ab und werten das Resultat bei $\tau = 0$ aus. Zuerst die Ableitung nach τ: Die rechte Seite ist konstant und verschwindet, und damit erhalten wir:

$$0 = \left[\frac{d}{d\tau}\frac{\partial x^\mu}{\partial^{(\tau)}\xi^\nu}(x)\right]\frac{\partial^{(\tau)}\xi^\nu}{\partial x^\rho}\big((^{(\tau)}\xi)^{-1}(x)\big) + \frac{\partial x^\mu}{\partial^{(\tau)}\xi^\nu}(x)\frac{d}{d\tau}\left[\frac{\partial^{(\tau)}\xi^\nu}{\partial x^\rho}\big((^{(\tau)}\xi)^{-1}(x)\big)\right]$$

Dieser Ausdruck vereinfacht sich deutlich, wenn man ihn bei $\tau = 0$ auswertet. Zum einen gilt mit (9.28), dass

$$\left[\frac{\partial^{(\tau)}\xi^\nu}{\partial x^\rho}\big((^{(\tau)}\xi)^{-1}(x)\big)\right]\Big|_{\tau=0} \;=\; \frac{\partial^{(0)}\xi^\nu}{\partial x^\rho}(x) \;=\; \frac{\partial x^\nu}{\partial x^\rho}(x) \;=\; \delta^\nu{}_\rho \tag{9.36}$$

sowie

$$\left[\frac{\partial x^\mu}{\partial^{(\tau)}\xi^\nu}(x)\right]\Big|_{\tau=0} \;=\; \frac{\partial x^\mu}{\partial^{(0)}\xi^\nu}(x) \;=\; \frac{\partial x^\mu}{\partial x^\nu}(x) \;=\; \delta^\mu{}_\nu \tag{9.37}$$

gelten, zum anderen folgt aus (9.28):

$$
\frac{d}{d\tau} \left[\frac{\partial^{(\tau)}\xi^\nu}{\partial x^\rho} \left(((\tau)\xi)^{-1}(x) \right) \right] = \frac{d}{d\tau} \left[\frac{\partial^{(\tau)}\xi^\nu}{\partial x^\rho} \left(x - \tau X(x) + O(\tau^2) \right) \right]
$$

$$
= \frac{d}{d\tau} \left[\frac{\partial^{(\tau)}\xi^\nu}{\partial x^\rho}(x) - \tau \frac{\partial^{2(\tau)}\xi^\nu}{\partial x^\rho \partial x^\sigma} X^\sigma + O(\tau^2)) \right]
$$

$$
= \frac{d}{d\tau} \frac{\partial^{(\tau)}\xi^\nu}{\partial x^\rho}(x) - \frac{\partial^{2(\tau)}\xi^\nu}{\partial x^\rho \partial x^\sigma} X^\sigma + O(\tau)
$$

Hierbei haben wir benutzt, dass die Ableitung nach τ von quadratischen Termin in τ Ausdrücke ergeben, die linear in τ sind. Diese verschwinden alle, wenn man sie bei $\tau = 0$ auswertet, und deswegen ergibt sich:

$$
\frac{d}{d\tau}\bigg|_{\tau=0} \left[\frac{\partial^{(\tau)}\xi^\nu}{\partial x^\rho} \left(((\tau)\xi)^{-1}(x) \right) \right] = \frac{d}{d\tau}\bigg|_{\tau=0} \frac{\partial^{(\tau)}\xi^\nu}{\partial x^\rho}(x) + \frac{\partial^{2(0)}\xi^\nu}{\partial x^\rho \partial x^\sigma} X^\sigma
$$

$$
= \frac{\partial X^\nu}{\partial x^\rho}(x) \tag{9.38}
$$

Dabei haben wir

$$
\frac{\partial^{2(0)}\xi^\nu}{\partial x^\rho \partial x^\sigma} = \frac{\partial}{\partial x^\sigma}\left(\frac{\partial^{(0)}\xi^\nu}{\partial x^\rho} \right) = \frac{\partial}{\partial x^\sigma}(\delta^\nu{}_\rho) = 0 \tag{9.39}
$$

benutzt haben. Setzt man dies nun alles zusammen, ergibt sich:

$$
\frac{d}{d\tau}\bigg|_{\tau=0} \frac{\partial x^\mu}{\partial^{(\tau)}\xi^\nu}(x) = \frac{\partial X^\mu}{\partial x^\nu}(x) \tag{9.40}
$$

Geschafft! Damit können wir nun endlich die Lie-Ableitung einer 1-Form berechnen: Wir erhalten nämlich mit der Produktregel:

$$
\left(\frac{d}{d\tau}((\tau)\xi_*\omega)_\mu(x) \right) = \frac{d}{d\tau}\bigg|_{\tau=0} \left(\frac{\partial x^\nu}{\partial^{(\tau)}\xi^\mu}(x) \right) \omega_\nu((\tau)\xi^{-1}(x))\bigg|_{\tau=0}
$$

$$
+ \frac{\partial x^\nu}{\partial^{(\tau)}\xi^\mu}(x) \frac{d}{d\tau}\left(\omega_\nu((\tau)\xi^{-1}(x)) \right)\bigg|_{\tau=0}
$$

$$
= -\frac{\partial X^\nu}{\partial x^\mu}(x)\omega_\nu(x) + \delta^\nu{}_\mu \frac{d}{d\tau}\bigg|_{\tau=0} \omega_\nu(x - \tau X + O(\tau^2))
$$

$$
= -\frac{\partial X^\nu}{\partial x^\mu}(x)\omega_\nu(x) - X^\nu(x)\frac{\partial \omega_\nu}{\partial x^\mu}(x)
$$

Lassen wir überall das Argument weg, erhalten wir die wichtiger Formel:

Die **Lie-Ableitung einer 1-Form** ω entlang eines Vektorfeldes X ist eine 1-Form $\mathcal{L}_X\omega$ mit den Komponenten:

$$(\mathcal{L}_X\omega)_\mu = \frac{\partial X^\nu}{\partial x^\mu}\omega_\nu + X^\nu\frac{\partial\omega_\mu}{\partial x^\nu} \tag{9.41}$$

Als Nächstes berechnen wir die Lie-Ableitung eines Vektorfeldes Y, also:

$$\mathcal{L}_X Y = -\frac{d}{d\tau}\Big|_{\tau=0} {}^{(\tau)}\xi_* Y \tag{9.42}$$

Für ein Vektorfeld könnten wir die Lie-Ableitung ähnlich ausrechnen, aber wir behelfen uns hier mit einem Trick: Für ein Vektorfeld Y und eine 1-Form ω auf M gilt, dass $\omega(Y) = \omega_\mu Y^\mu$ eine skalare Funktion ist. Das Vorwärtsschieben dieser Funktion kann man auch durch das Vorwärtsschieben von Y und ω ausdrücken, d. h. es gilt:

$$ {}^{(\tau)}\Big(\omega_\mu Y^\mu\Big) = (({}^{(\tau)}\omega)_\mu({}^{(\tau)}Y)^\mu \tag{9.43}$$

Die Ableitung nach τ dieses Produktes erfolgt damit nach der Kettenregel, und es gilt:

$$\mathcal{L}_X\big(\omega_\mu Y^\mu\big) = \Big(\mathcal{L}_X\omega\Big)_\mu Y^\mu + \omega_\mu\Big(\mathcal{L}_X Y\Big)^\mu \tag{9.44}$$

Die linke Seite zeigt aber die Lie-Ableitung einer skalaren Funktion, und die kennen wir schon: Mit

$$\mathcal{L}_X\big(\omega_\mu Y^\mu\big) = X^\nu\frac{\partial\big(\omega_\mu Y^\mu\big)}{\partial x^\nu} = X^\nu\frac{\partial\omega_\mu}{\partial x^\nu}Y^\mu + X^\nu\omega_\mu\frac{\partial Y^\mu}{\partial x^\nu} \tag{9.45}$$

und (9.44) erhält man dann:

$$\omega_\mu\Big(\mathcal{L}_X Y\Big)^\mu = \omega_\mu\Big(X^\nu\frac{\partial Y^\mu}{\partial x^\nu} - Y^\nu\frac{\partial X^\mu}{\partial x^\nu}\Big) \tag{9.46}$$

Da dieser Ausdruck für alle 1-Formen ω gelten muss, muss der Ausdruck der rechten Seite in der Klammer gleich der Lie-Ableitung auf der linken Seite sein. Ersterer ist übrigens nichts anderes als der Kommutator zweier Vektorfelder, den wir bereits in Kap. 5 kennengelernt haben!

Damit erhalten wir schlussendlich den folgenden Zusammenhang:

> Die **Lie-Ableitung eines Vektorfeldes** Y entlang eines Vektorfeldes X ist durch den Kommutator gegeben:
>
> $$\mathcal{L}_X Y = [X, Y] \tag{9.47}$$

Jetzt, wo wir einmal die Rechnungen für ein Vektorfeld und eine 1-Form gemacht haben, kann man sich mit vergleichsweise wenig Aufwand herleiten, wie die Formel für die Lie-Ableitung eines allgemeinen Tensorfeldes aussieht. Dafür brauchen wir die Formel für das Vorwärtsschieben eines allgemeinen Tensors, Gleichungen (9.38) und (9.40) sowie die Produktregel. Für die Lie-Ableitung eines allgemeinen Tensorfeldes erhält man:

> **Lie-Ableitung eines Tensorfeldes:** Sei T eine Tensorfeld vom Typ (r, s), z. B. mit Koeffizienten $T^{\mu_1 \cdots \mu_r}{}_{\nu_1 \cdots \nu_s}$ bezüglich eines Koordinatensystems, und X ein Vektorfeld, dann gilt in diesen Koordinaten für die Lie-Ableitung:
>
> $$
> \begin{aligned}
> (\mathcal{L}_X T)^{\mu_1 \cdots \mu_r}{}_{\nu_1 \cdots \nu_s} = {}& X^\lambda \frac{\partial T^{\mu_1 \cdots \mu_r}{}_{\nu_1 \cdots \nu_s}}{\partial x^\lambda} - \frac{\partial X^{\mu_1}}{\partial x^\lambda} T^{\lambda \mu_2 \cdots \mu_r}{}_{\nu_1 \cdots \nu_s} \\
> & - \frac{\partial X^{\mu_2}}{\partial x^\lambda} T^{\mu_1 \lambda \mu_3 \cdots \mu_r}{}_{\nu_1 \cdots \nu_s} \\
> & - \cdots \\
> & + \frac{\partial X^\lambda}{\partial x^{\nu_1}} T^{\mu_1 \cdots \mu_r}{}_{\lambda \nu_2 \cdots \nu_s} + \frac{\partial X^\lambda}{\partial x^{\nu_2}} T^{\prime \mu_1 \cdots \mu_r}{}_{\nu_1 \lambda \nu_3 \cdots \nu_s} \\
> & + \cdots
> \end{aligned} \tag{9.48}
> $$

Übrigens kann man an dieser Stelle noch einmal sehen, dass in der Formel (9.48) für die Lie-Ableitung eines Tensorfeldes das Vektorfeld X eingeht – aber die Formel funktioniert immer, egal ob das Vektorfeld vollständig ist oder nicht. Daher kann man (9.48) auch als die allgemeine Definition der Lie-Ableitung nehmen, ohne sich über Flüsse entlang von X Gedanken zu machen.

9.3 Killing-Vektorfelder*

Jetzt, da wir die Lie-Ableitung als Werkzeug haben, können wir uns über kontinuierliche Symmetrien von Tensoren unterhalten.

Ist ein Tensorfeld invariant unter einem Fluss, gilt also $^{(\tau)}\xi_* T = T$ für alle τ, dann nennt man das dazugehörige Vektorfeld X eine (**kontinuierliche**) **Symmetrie** von T, und es gilt:

$$\mathcal{L}_X T = 0 \qquad (9.49)$$

In der Tat gilt das auch umgekehrt: Ist X eine (kontinuierliche) Symmetrie von T, so ist T invariant unter dem zu X gehörigen Fluss.

Angenommen, das Vektorfeld ist X das Koordinatenvektorfeld zu einem bestimmten x^α. Dann sind die Koeffizienten von $X = \frac{\partial}{\partial x^\alpha}$ konstant, und alle partiellen Ableitungen von X^μ verschwinden. Nach (9.48) gilt dann in diesem Koordinatensystem:

$$(\mathcal{L}_X T)^{\mu_1 \cdots \mu_r}{}_{\nu_1 \cdots \nu_s} = \frac{\partial T^{\mu_1 \cdots \mu_r}{}_{\nu_1 \cdots \nu_s}}{\partial x^\alpha} = 0 \qquad (9.50)$$

In diesem Koordinatensystem hängen die Komponenten des Tensors T also nicht von x^α ab. Anschaulich: Der Tensor verändert sich durch eine Verschiebungen entlang von X nicht. Aber Vorsicht: (9.50) ist keine Tensorgleichung, sie gilt nicht in jedem Koordinatensystem, sondern nur in solchen, in dem X auch einem der Koordinatenvektorfelder entspricht.

Ohne Beweis wollen wir noch eine sehr wichtige Eigenschaft der Lie-Ableitung erwähnen:

Für zwei Vektorfelder Y und Y und ein Tensorfeld T gilt:

$$\mathcal{L}_X \mathcal{L}_Y T - \mathcal{L}_Y \mathcal{L}_X T = \mathcal{L}_{[X,Y]} T \qquad (9.51)$$

Hierbei ist $[X, Y]$ der Kommutator von X und Y, der in Kap. 5 definiert wurde.

Daraus folgt: Wenn die Vektorfelder X und Y Symmetrien des Tensorfeldes T sind, dann ist auch der Kommutator $[X, Y]$ eine Symmetrie von T.

Das ist wirklich extrem wichtig, denn es bedeutet, dass die Symmetrien eines Tensorfeldes eine Lie-Algebra bilden!

Im Folgenden interessieren uns vor allem die Symmetrien der Metrik, also die (kontinuierlichen) Isometrien. Sie erhalten einen speziellen Namen:

Ein Vektorfeld X, das eine Symmetrie für g ist, also

$$\mathcal{L}_X g = 0 \tag{9.52}$$

erfüllt, heißt **Killing-Vektorfeld**, im Folgenden mach mit **KVF** abgekürzt.

KVF geben Richtungen an, in die die Metrik symmetrisch ist. Nach (9.51) bilden die KVF einer Metrik eine Lie-Algebra. Man kann auch zeigen, dass diese Lie-Algebra endlichdimensional sein muss (z. B. Wald (1984)).

Für eine nichtdegenerierte Metrik mit Koeffizienten $g_{\mu\nu}$ wird Gleichung (9.48) zu:

$$(\mathcal{L}_X g)_{\mu\nu} = g_{\mu\rho}X^\rho{}_{,\nu} + g_{\nu\rho}X^\rho{}_{,\mu} + g_{\mu\nu,\rho}X^\rho \tag{9.53}$$

Man kann dies noch umschreiben (dies soll in Aufgabe 9.1 gezeigt werden):

$$(\mathcal{L}_X g)_{\mu\nu} = \nabla_\mu X_\nu + \nabla_\mu X_\nu \tag{9.54}$$

Hierbei ist $X_\mu := g_{\mu\nu}X^\nu$, und ∇_μ ist die in Kap. 6 definierte kovariante Ableitung. Damit erfüllt ein KVF X die so genannte **Killing-Gleichung**

$$: \nabla_\mu X_\nu + \nabla_\nu X_\mu = 0 \tag{9.55}$$

Meistens verwendet man (9.55), um ein KVF zu charakterisieren.

9.4 Metriken mit Symmetrien*

Eine beliebige Metrik $g_{\mu\nu}$ hat im Allgemeinen keine Symmetrien, d. h., es gibt keine KVF. Die Existenz von KVF schränkt die Metriken sehr ein: eine Symmetrie zu besitzen ist etwas Besonderes! Das wird uns sehr helfen, denn im Allgemeinen kann man die Einstein-Gleichungen (8.38) zwar nicht lösen, aber wenn wir zusätzlich noch fordern, dass die Metrik bestimmte Symmetrien hat, also KVF, dann werden wir Beispiele finden.

9.4.1   Stationäre und statische Metriken

Eine der wichtigsten Vereinfachung in der Physik ist die Zeitunabhängigkeit. In der Relativitätstheorie ist zwar „Zeit", wie wir schon gesehen haben, nicht immer klar definiert, aber man kann sich hierbei mit der Sprache der KVF behelfen:

> Eine **stationäre Metrik** g ist eine Metrik, für die ein Killing-Vektorfeld (KVF) X existiert, das überall **zeitartig** ist.

Anschaulich entspricht dies einer zeitartigen Symmetrierichtung der Metrik. Man kann lokal Koordinaten x^μ einführen, sodass die x^0-Richtung X entspricht, also $X = \partial/\partial x^0$ gilt. Das bedeutet, dass die Komponenten von $g_{\mu\nu}$ nicht von x^0, also von der „Zeit", abhängen, die durch das KVF X definiert wird. Es bedeutet aber noch nicht, dass sich „nichts ändert", denn die Komponenten g_{i0} hängen zwar nicht von x^0 ab, müssen aber nicht verschwinden. Anschaulich kann dies z. B. einem rotierenden Stern entsprechen. Wenn wir diesen Fall ausschließen wollen, also eine Metrik beschreiben, in der wirklich alles „still steht", brauchen wir einen stärkeren Begriff von Zeitunabhängigkeit:

> Eine Lorentzsche Metrik $g_{\mu\nu}$ auf einer Mannigfaltigkeit M heißt **statisch**, wenn sie einerseits stationär ist, und wenn es zusätzlich eine dreidimensionale raumartige Fläche $\Sigma \subset M$ gibt, die auf dem zeitartigen KVF X senkrecht steht.

Man kann zeigen, dass man auf einer statischen Metrik besonders nützliche Koordinaten einführen kann, wenn man Koordinaten x^i auf Σ hat und wiederum die Zeitkoordinate x^0 so wählt, dass $X = \partial/\partial x^0$ gilt. Dann nämlich erhält die Metrik die Form

$$ds^2 = A(dx^0)^2 - h_{ij}dx^i dx^j \tag{9.56}$$

Hierbei hängen A und h_{ij} von den x^i, also Komponenten einer skalaren Funktion, sowie einer Riemannschen Metrik h auf Σ ab. Sie hängen aber nicht von der Zeitkoordinate x^0 ab.

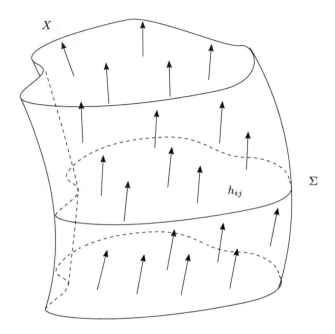

Abb. 9.4 In einer statischen Metrik gibt es eine zum zeitartigen KVF X senkrechte Fläche Σ, die man als „Universum zu einem Zeitpunkt" bezeichnen kann.

9.4.2 Rotationssymmetrische Metriken

Sphärische Symmetrie spielt in der Physik eine ganz besondere Rolle. Punktladungen erzeugen rotationssymmetrische Felder, und selbst das Gravitationsfeld der Erde erfüllt näherungsweise die Rotationssymmetrie. In der ART werden wir vor allem am Gravitationsfeld einer sphärisch symmetrischen Masse interessiert sein, und deswegen brauchen wir diesen Begriff von (dreidimensionaler) Rotationssymmetrie auch hier.

Es gibt im dreidimensionalen Raum drei linear unabhängige Rotationsachsen. Deswegen braucht man auch drei KVF. Sie dürfen aber nicht beliebig sein, sondern müssen gewisse Relationen zueinander haben, die man mit dem Kommutator (5.23) ausdrückt. Diese Relationen stellen sicher, dass die Symmetrien in lokalen Koordinaten wirklich wie Rotationen wirken.

Eine Metrik g heißt **rotationssymmetrisch**, wenn die folgenden Aussagen gelten:

- Es gibt drei Killing-Vektorfelder L_1, L_2 und L_3, die die Lie-Algebra

$$[L_1, L_2] = L_3, \quad [L_3, L_1] = L_2, \quad [L_2, L_3] = L_1 \quad (9.57)$$

  erfüllen.
- Die L_i sind an jedem Punkt raumartig.
- Der **Orbit** eines Punktes P, d. h. die Menge an Punkten P', die man von P aus erreichen kann, indem man nur den Vektorfeldern L_i folgt, bilden eine zweidimensionale Kugelfläche.

Die Flüsse, die von den Killing-Vektorfeldern generiert werden, also die Isometrien, kann man damit als räumliche Drehungen interpretieren. Ein Punkt P kann durch die Flüsse entlang der L_i also auf jeden anderen Punkt der durch P gehenden Kugelschale „gedreht" werden.

Übrigens: Es muss kein „Zentrum" der Rotation geben, also keinen Punkt, der durch alle Rotationen invariant gelassen wird. Im dreidimensionalen Raum der Anschauung $\mathbb{R}^3$ ist das zwar so – hier ist der Ursprung ein Fixpunkt aller Rotationen – aber die obige Definition gilt z. B. auch für die Mannigfaltigkeit $\mathbb{R} \times S^2$, wobei die L_i die Standardrotationsvektorfelder entlang der S_2 sind, deren Flüsse den $\mathbb{R}$-Teil invariant lassen. Hier gibt es nur lauter Kugelschalen, die ineinander rotiert werden, aber die Mannigfaltigkeit hat keinen Fixpunkt der Rotation. Die einzelnen Kugelschalen haben also keinen „Mittelpunkt".

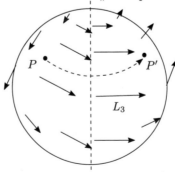

Abb. 9.5 Rotationsvektorfelder sind dadurch gekennzeichnet, dass die Punkte P', die man von P aus durch Folgen der Vektorfelder L_i erreichen kann, alle auf einer Kugelschale liegen. In der Abbildung ist nur L_3 eingezeichnet.

9.4.3 Homogene und isotrope Raumzeiten

Auf großen Längenskalen erscheint unser Universum homogen und isotrop. Homogen bedeutet dabei, dass jeder Punkt gleich aussieht, während isotrop bedeutet, dass an einem Punkt (und wegen der zusätzlichen Homogenität dann auch an jedem Punkt) jede (räumliche) Richtung gleich aussieht. Deswegen sind diese Begriffe auch als Symmetrien in der ART interessant.

Hierbei ist wichtig zu betonen, dass Homogenität und Isotropie Eigenschaften sind, die sich nur auf die räumlichen Dimensionen beziehen, nicht auf die gesamte Raumzeit. Bei Homogenität ginge das vielleicht noch (würde aber auch bedeuten, dass die Raumzeit zu jedem Zeitpunkt gleich aussieht, was ziemlich langweilig wäre, und auch nicht unseren Beobachtungen entspricht). Isotropie geht bei einer Lorentz-Metrik aber sicherlich nicht, denn die Metrik kann raumartige, zeitartige und lichtartige Richtungen wirklich unterscheiden. Es können also sicher nicht alle Richtungen im Tangentialraum gleich sein. Daher bezieht man sich hier nur auf den räumlichen Anteil einer Lorentz-Metrik oder, genauer gesagt, auf Riemannsche Metriken.

Eine Riemannsche Metrik g heißt **homogen**, wenn es zu jedem Paar von Punkten P, P' eine Isometrie xi gibt, sodass

$$\xi(P) \; = \; P' \tag{9.58}$$

gilt. Die Metrik heißt **isotrop am Punkt P** wenn es für zwei Tangentialvektoren X_P und Y_P aus $T_P M$, die dieselbe Länge haben, eine Isometrie ξ gibt mit:

$$\xi(P) \; = \; P \tag{9.59}$$

$$\xi_*(X_P) \; = \; Y_P \tag{9.60}$$

Eine Metrik wird auch einfach nur isotrop genannt, wenn sie an jedem Punkt isotrop ist. Wenn eine Metrik an einem Punkt isotrop und darüber hinaus homogen ist, dann ist sie isotrop.

Die Bedingungen der Homogenität und Isotropie einer Riemannschen Mannigfaltigkeit ist so einschränkend, dass es (und zwar in jeder Dimension) im Wesentlichen nur drei Möglichkeiten für die Metrik gibt. Hier zitieren wir ohne Beweis (z. B. Hopf (1926)):

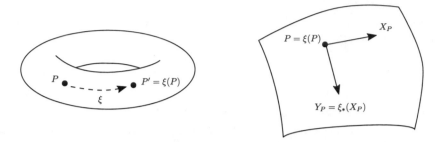

Abb. 9.6 In einer homogenen Mannigfaltigkeit sieht jeder Punkt gleich aus, d. h., zwischen zwei beliebigen Punkten gibt es immer eine Isometrie, die einen auf den anderen abbildet (links). In einer isotropen Mannigfaltigkeit hingegen sieht an einem Punkt P jede Richtung gleich aus, d. h., zwei gleich lange Tangentialvektoren X_P und Y_P können durch eine Isometrie aufeinander abgebildet werden (rechts).

Killing-Hopf-Theorem: Sei Σ eine d-dimensionale Mannigfaltigkeit mit homogener und isotroper Metrik. Dann ist Σ lokal isometrisch zu entweder einer d-dimensionalen Sphäre S^d mit Radius a, dem d-dimensionalen Raum $\mathbb{R}^d$ oder dem d-dimensionalen Hyperboloid H^d mit Radius a.

Hierbei heißt lokal isometrisch, dass es um einen Punkt eine offene Umgebung gibt, die isometrisch auf die offene Umgebung eines Punktes in entweder S^d, $\mathbb{R}^d$ oder H^d abgebildet werden kann. Lokal sehen die Mannigfaltigkeiten also (auch von der Metrik her) gleich aus.

All diese drei Mannigfaltigkeiten sind sogenannte Raumformen: sie sind Räume mit konstanter Schnittkrümmung und spielen (für $d = 3$) in der Kosmologie eine zentrale Rolle, weil unser dreidimensionaler Raum auf großen Abständen näherungsweise homogen und isotrop ist (siehe Kap. 11).

9.5   Erhaltungsgrößen entlang von Geodäten*

Es gibt eine sehr interessante Wechselwirkung von Geodäten und KVF, die wir auch im weiteren Verlauf des Buches behandeln werden. Grundlage ist die folgende Beobachtung:

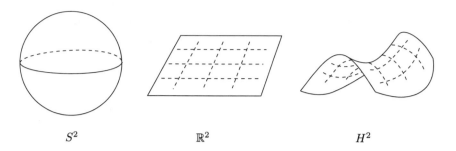

S^2 $\mathbb{R}^2$ H^2

Abb. 9.7 Sphäre, flacher Raum und Hyperboloid sind homogene und isotrope zweidimensionale Mannigfaltigkeiten.

Auf einer Mannigfaltigkeit mit nichtdegenerierter Metrik $g_{\mu\nu}$ sei $\phi \mapsto x^\mu(\phi)$ eine Geodäte, also eine Lösung der Gleichung (6.39). Weiterhin sei X ein KVF, dann gilt: Das Skalarprodukt $\langle X, \dot{x} \rangle$ ist konstant entlang der Geodäten. Diese Größe wird auch **Erhaltungsgröße** genannt. In Formeln gilt also:

$$\frac{d}{d\phi}\left(g_{\mu\nu}X^\mu\dot{x}^\nu\right) = 0 \qquad (9.61)$$

Hierbei werden die Metrik und das KVF bei $x(\phi)$ ausgewertet.

Beweisen kann man dies durch explizites Nachrechnen: Es gilt nämlich:

$$\frac{d}{d\phi}\left(g_{\mu\nu}X^\mu\dot{x}^\nu\right) = \frac{dg_{\mu\nu}(x(\phi))}{d\phi}X^\mu\dot{x}^\nu + g_{\mu\nu}\frac{dX^\mu(x(\phi))}{d\phi}\dot{x}^\nu + g_{\mu\nu}X^\mu\ddot{x}^\nu$$

$$= g_{\mu\nu,\rho}\dot{x}^\rho X^\mu\dot{x}^\nu + g_{\mu\nu}X^\mu{}_{,\rho}\dot{x}^\rho\dot{x}^\nu - g_{\mu\nu}X^\mu\Gamma^\nu_{\alpha\beta}\dot{x}^\alpha\dot{x}^\beta$$

Hierbei werden alle Größen bei $x(\phi)$ und $\dot{x}$ bei ϕ ausgewertet. Außerdem haben wir die Kettenregel sowie die Definition der Geodäten (6.39) benutzt. Durch

$$g_{\mu\nu}\Gamma^\nu_{\alpha,\beta} = \frac{1}{2}\left(g_{\mu\alpha,\beta} + g_{\mu\beta,\alpha} - g_{\alpha\beta,\mu}\right) \qquad (9.62)$$

und geschicktes Umbenennen der Indizes lässt sich dieser Ausdruck vereinfachen zu:

$$\frac{d}{d\phi}\left(g_{\mu\nu}X^\mu\dot{x}^\nu\right) = \left(\frac{1}{2}g_{\mu\nu,\rho}X^\mu + g_{\mu\nu}X^\mu{}_{,\rho} - \frac{1}{2}g_{\mu\rho,\nu}X^\mu + \frac{1}{2}g_{\nu\rho,\mu}X^\mu\right)\dot{x}^\nu\dot{x}^\rho$$

Nennen wir den Ausdruck in den Klammern

$$T_{\nu\rho} := \frac{1}{2}g_{\mu\nu,\rho}X^\mu + g_{\mu\nu}X^\mu{}_{,\rho} - \frac{1}{2}g_{\mu\rho,\nu}X^\mu + \frac{1}{2}g_{\nu\rho,\mu}X^\mu$$

dann kann man den Trick der Symmetrisierung anwenden, denn weil $\dot{x}^\nu \dot{x}^\rho$ symmetrisch in den Indizes ν und ρ ist, gilt:

$$T_{\nu\rho}\dot{x}^\nu \dot{x}^\rho \;=\; T_{(\nu\rho)}\dot{x}^\nu \dot{x}^\rho \;=\; \frac{1}{2}(T_{\nu\rho} + T_{\rho\nu})\dot{x}^\nu \dot{x}^\rho$$

Durch direktes Nachrechnen ergibt sich aber:

$$T_{(\nu\rho)} \;=\; g_{\nu\rho,\mu}X^\mu + g_{\mu\nu}X^\mu{}_{,\rho} + g_{\mu\rho}X^\mu{}_{,\nu} \;=\; (\mathcal{L}_X g)_{\mu\nu} \tag{9.63}$$

Abschließend erhalten wir also:

$$\frac{d}{d\phi}\left(g_{\mu\nu}X^\mu \dot{x}^\nu\right) \;=\; (\mathcal{L}_X g)_{\nu\rho}\dot{x}^\nu \dot{x}^\rho \;=\; 0, \tag{9.64}$$

weil X ein KVF ist, also $\mathcal{L}_X g = 0$ gilt. Damit ist die Aussage bewiesen.

9.6 Zusammenfassung*

- Ein **Diffeomorphismus** (von einer Mannigfaltigkeit in sich selbst) ist eine invertierbare Abbildung $\xi : M \to M$, sodass sowohl ξ als auch die Umkehrung ξ^{-1} unendlich oft differenzierbar sind.

- Man kann Tensoren jeglicher Art mit Diffeomorphismen **vorwärtsschieben**. Es gilt z. B. in Koordinaten:

$$\xi_* f = f \circ \xi^{-1} \qquad \text{für Funktionen } f$$

$$(\xi_* X)^\mu = \frac{\partial \xi^\mu}{\partial x^\nu} X^\nu \qquad \text{für Vektoren } X$$

$$(\xi_* \omega)_\mu = \frac{\partial x^\nu}{\partial \xi^\mu} \omega_\nu \qquad \text{für 1-Formen } \omega$$

$$\vdots$$

- Eine Einparametergruppe $^{(\tau)}\xi$ von Diffeomorphismen nennt man auch einen **Fluss** auf M. Zu jedem Fluss gehört ein Vektorfeld

$$X^\mu = \frac{d}{d\tau}\Big|_{\tau=0} {}^{(\tau)}\xi^\mu$$

- Die **Lie-Ableitung** eines Tensorfeldes T entlang eines Vektorfeldes X ist gegeben durch

$$\mathcal{L}_X T = -\frac{d}{d\tau}\Big|_{\tau=0} {}^{(\tau)}\xi_* T$$

Es gilt z. B.:

$$\mathcal{L}_X f = X(f)$$

$$\mathcal{L}_X Y = [X, Y]$$

sowie die Produktregel:

$$\mathcal{L}_X(S \otimes T) = (\mathcal{L}_X S) \otimes T + S \otimes (\mathcal{L}_X T)$$

- Ist ein Tensorfeld T invariant unter einem Diffeomorphismus ξ, gilt also

$$\xi_* T \;=\; T, \tag{9.65}$$

so nennt man ξ eine **Symmetrie** von T. Ist T invariant unter einem ganzen Fluss, wenn also

$$\mathcal{L}_X T \;=\; 0 \tag{9.66}$$

gilt, dann nennt man X eine Symmetrie von T.

- Die Symmetrie einer Metrik g nennt man auch **Isometrie**. Ist X eine Isometrie von g, wenn also

$$\mathcal{L}_X g \;=\; 0 \tag{9.67}$$

gilt, dann heißt X auch **Killing-Vektorfeld**, was mit **KVF** abgekürzt wird.

- Sind X und Y Killing-Vektorfelder, so ist der Kommutator $[X, Y]$ auch eines. Die Killing-Vektorfelder bilden also eine **Lie-Algebra**.

- Ist $\phi \mapsto x^\mu(\phi)$ eine Geodäte, und X^μ ein Killing-Vektorfeld, so gibt es einen **Erhaltungssatz**: Das Skalarprodukt von X und dem Geschwindigkeitsvektor der Geodäte ist konstant entlang der Geodäte, es gilt also

$$\frac{d}{d\phi}\left(g_{\mu\nu} \frac{dx^\mu}{d\phi} X^\nu \right) \;=\; 0 \tag{9.68}$$

für alle ϕ.

9.7 Verweis*

$\boxed{\aleph_0}$ **Aktive und passive Transformationen:** Dass Diffeomorphismen und Koordinatentransformationen einander so ähnlich sind, ist kein Zufall. Sie sind in der Tat miteinander verwandt! In der physikalischen Literatur werden Koordinatentransformationen auch als *passive Transformationen* und Diffeomorphismen als *aktive Transformationen* bezeichnet.

Die Namen rühren daher, dass sich bei einem Diffeomorphismus wirklich etwas ändert: Die Tensorfelder T und $\xi_* T$ sind wirklich unterschiedliche Tensorfelder, ausgedrückt im selben Koordinatensystem. Unter einer Koordinatentransformation hingegen betrachtet man dasselbe Tensorfeld T, beschreibt es aber anders.

Wenn man auch lokale Diffeomorphismen zulässt, also solche, die nur Teile von M auf andere Teile von M abbilden, dann gibt es wirklich kaum noch einen Unterschied zwischen den beiden, zumindest in den expliziten Formeln nicht, denn da muss man (lokale) Diffeomorphismen in Koordinaten beschreiben, und man kann philosophisch kaum noch unterscheiden, ob man gerade eine Koordinatentransformation betrachtet, oder einen lokalen Diffeomorphismus in Koordinaten hinschreibt.

Diese Ähnlichkeit ist stark mit dem Phänomen der Diffeomorphismeninvarianz verknüpft: Alle Formeln, die wir haben, sind wahr, egal in welchem Koordinatensystem wir arbeiten. Weil das bedeutet, dass jede physikalische Aussage über ein Tensorfeld T auch für $\xi_* T$ gelten muss, folgt daraus: Wenn eine Metrik g die Einstein-Gleichungen erfüllt, dann tut es auch $\xi_* g$ für jedes ξ! Vor allem kann man ξ in einem kleinen Bereich von der Identitätsabbildung verschieden sein lassen. Die so lokal transformierte Metrik ist von der ursprünglichen nur in dem kleinen Bereich verschieden.

→ Zurück zu S. 234

9.8 Aufgaben*

Aufgabe 9.1:

a) Zeigen Sie:

$$\mathcal{L}_X g_{\mu\nu} = \nabla_\mu X_\nu + \nabla_\nu X_\mu \tag{9.69}$$

b) Ein Vektorfeld X heißt *konformes Killing-Vektorfeld*, wenn es eine Funktion φ auf M gibt, sodass die Gleichung

$$\mathcal{L}_X g_{\mu\nu} = \varphi g_{\mu\nu} \tag{9.70}$$

gilt. Zeigen Sie: Ist dim $M = n$, dann gilt für ein konformes Vektorfeld:

$$\varphi = \frac{2}{n}\nabla_\lambda X^\lambda \tag{9.71}$$

c) Zeigen Sie ebenfalls:

$$\nabla_{(\mu} X_{\nu)} - \frac{1}{n} g_{\mu\nu}\nabla_\lambda X^\lambda = 0 \tag{9.72}$$

S. 352 $\longrightarrow$ Tipp   Lösung $\longrightarrow$ S. 429

Aufgabe 9.2: Zeigen Sie

$$\mathcal{L}_X\big(S \otimes T\big) = \big(\mathcal{L}_X S\big) \otimes T + S \otimes \big(\mathcal{L}_X T\big) \tag{9.73}$$

für beliebige Vektorfelder X, und Tensoren T, S.

S. 352 $\longrightarrow$ Tipp   Lösung $\longrightarrow$ S. 430

Aufgabe 9.3: Diese Aufgabe behandelt den Kommutator der Lie-Ableitung

$$[\mathcal{L}_X, \mathcal{L}_Y]T := \mathcal{L}_X\big(\mathcal{L}_Y T\big) - \mathcal{L}_Y\big(\mathcal{L}_X T\big) \tag{9.74}$$

a) Zeigen Sie

$$[\mathcal{L}_X, \mathcal{L}_Y]f = \mathcal{L}_{[X,Y]}f \tag{9.75}$$

für beliebige Vektorfelder X, Y und Funktionen f.

b) Zeigen Sie

$$[\mathcal{L}_X, \mathcal{L}_Y]Z = \mathcal{L}_{[X,Y]}Z \tag{9.76}$$

für beliebige Vektorfelder X, Y, Z.

c) Zeigen Sie

$$[\mathcal{L}_X, \mathcal{L}_Y]\omega = \mathcal{L}_{[X,Y]}\omega \tag{9.77}$$

für beliebige Vektorfelder X, Y und 1-Formen ω.

d) Zeigen Sie, dass $[\mathcal{L}_X, \mathcal{L}_Y]T = \mathcal{L}_{[X,Y]}T$ für beliebige Vektorfelder X, Y und Tensorfelder T gilt. Hierfür dürfen Sie annehmen, dass sich T als Tensorprodukt von Funktionen, Vektorfeldern und 1-Formen schreiben lässt.

S. 352 $\longrightarrow$ Tipp   Lösung $\longrightarrow$ S. 430

Aufgabe 9.4: Wir betrachten den Minkowski-Raum $M = \mathbb{R}^{1,3}$ und darauf den Fluss $^{(\tau)}\xi$, der (in einem Inertialsystem; Kap. 3) wie folgt definiert ist:

$$^{(\tau)}\xi^\mu(x) = \Lambda(\tau)^\mu{}_\nu x^\nu \tag{9.78}$$

wobei $\Lambda(\tau)$ der Boost in die x^1-Richtung mit Rapidität $\theta = \tau$ ist.

a) Zeigen Sie: $^{(\tau)}\xi$ ist eine Isometrie.
b) Berechnen Sie das dazugehörige Killing-Vektorfeld X.

S. 352 $\longrightarrow$ Tipp   Lösung $\longrightarrow$ S. 432

Aufgabe 9.5: Im Raum $M = \mathbb{R}^3$ mit der Standardmetrik und Koordinaten x^i, $i = 1, 2, 3$, betrachte den Fluss

$$\tau \longmapsto {}^{(\tau)}\xi_{\vec{n}} \tag{9.79}$$

wobei $^{(\tau)}\xi_{\vec{n}}$ einer Drehung um den Einheitsvektor $\vec{n}$ mit Winkel τ ist.

a) Zeigen Sie, dass $^{(\tau)}\xi_{\vec{n}}$ eine Isometrie ist.
b) Berechnen Sie die zugehörigen Killing-Vektorfelder.
c) Für die Einheitsvektoren $\vec{e}_i$ sei L_i das Killing-Vektorfeld zur Isometrie mit $\vec{n} = \vec{e}_i$, mit $i = 1, 2, 3$. Zeigen Sie:

$$[L_1, L_2] = -L_3, \quad [L_2, L_3] = -L_1, \quad [L_3, L_1] = -L_2 \tag{9.80}$$

d) Berechnen Sie die L_i in Kugelkoordinaten r, θ, ϕ.
e) Zeigen Sie: An jedem Punkt in $\mathbb{R}^3$ sind die drei Vektorfelder L_1, L_2, L_3 linear abhängig.

S. 352 $\longrightarrow$ Tipp   Lösung $\longrightarrow$ S. 433

Teil III

Anwendungen

10 Die Schwarzschild-Metrik

Übersicht

Eine der wichtigsten Anwendungen der Gravitationstheorie war schon immer die Himmelsmechanik. Selbst Newton, dem der Sage nach die Idee zu seiner Beschreibung der Schwerkraft kam, als ihm ein Apfel auf den Kopf fiel, fand die Flugbahn von Äpfeln deutlich weniger interessant als die der Planeten und Monde im Sonnensystem.

10.1 Das Äußere einer kugelsymmetrischen Masseverteilung

Wir wollen auch die Himmelsmechanik mithilfe der Einsteinschen Feldgleichungen beschreiben. Vor allem interessiert uns dabei ein besonderer Fall: die statische, kugelsymmetrische Masse. Dabei denken wir natürlich an einen Stern oder einen Planeten und fragen uns, wie die Metrik außerhalb dieses Sterns aussieht. Die Metrik im Inneren des Sternes betrachten wir hier allerdings nicht im Detail, denn für die Bewegung der Planeten um den Stern ist dieser Teil relativ uninteressant. Außerdem müsste man hierfür die Einstein-Gleichungen mit Materie lösen, was noch etwas komplizierter ist, und von den Eigenschaften der Sternenmaterie abhängt. Wir interessieren uns also hier nur für die Vakuumslösung außerhalb des Sternes.

© Springer-Verlag GmbH Deutschland, ein Teil von Springer Nature 2022
B. Bahr, *Tutorium Allgemeine Relativitätstheorie*,
https://doi.org/10.1007/978-3-662-63419-6_10

Weil der Stern selbst statisch und kugelsymmetrisch ist, erwarten wir, dass das auch für die Metrik gilt.

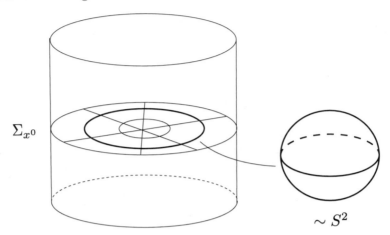

Abb. 10.1 Eine statische Raumzeit zerblättert in viele einzelne Hyperflächen Σ_{x^0}, die alle exakt gleich aussehen. Wenn zusätzlich Rotationssymmetrie herrscht, zerblättert jedes einzelne Σ_{x^0} in Kugelschalen, die alle isomorph zu S^2 sind.

Eine statische Metrik hat ein zeitartiges Killing-Vektorfeld X, und wir wählen die $x^0 = ct$-Koordinate so, dass $X = \partial_0$ ist. Wir benutzen auch die in Abschn. 9.4.1 erwähnte Tatsache, dass die Hyperflächen Σ_{x^0} mit $x^0 = $ const raumartig sind, und senkrecht auf ∂_0 stehen. Ein Σ_{x^0} kann man sich also wie „das Universum zum Zeitpunkt x^0" vorstellen.

Damit sieht die Metrik schon einmal wie folgt aus:

$$ds^2 = A(dx^0)^2 - h_{ij}dx^i dx^j \tag{10.1}$$

Hier kann A von den räumlichen Koordinaten (x^1, x^2, x^3) abhängen, nicht aber von x^0. Den raumartigen Teil kann man noch weiter einschränken, weil wir ja Kugelsymmetrie fordern. Diese kann man ebenso mit raumartigen Killing-Vektorfeldern formulieren, die den räumlichen Rotationen entsprechen (Abschn. 9.4.2). Anschaulich bedeutet hier Rotationssymmetrie, dass jedes Σ_{x^0} in Kugelschalen zerlegt werden kann (siehe Abbildung 10.1). Jede der Kugelschalen wird durch Rotationen in sich selbst überführt, und die induzierte Metrik auf jeder Schale wird bei einer solchen Rotation invariant gelassen. Damit muss diese induzierte Metrik im Wesentlichen ein Vielfaches der Standardmetrik $d\theta^2 + \sin^2\theta d\phi^2$ auf der Sphäre S^2 sein.

Das suggeriert, dass wir als räumliche Koordinaten (r, θ, ϕ) nehmen sollten. Dabei sind θ und ϕ ganz analog zu den Kugelkoordinaten im „normalen" dreidimensionalen Raum. Die Koordinate r soll zwischen den verschiedenen Kugelschalen unterscheiden, d. h., jede Kugelschale (zum Zeitpunkt x^0) kann durch $r = $ const beschrieben werden, für verschiedene Werte von const. Wir haben bei der Festlegung von r eine gewisse Freiheit, die wir auf folgende Art und Weise fixieren: Wir legen fest, dass die Kugelschale, die $r = r_0$ entspricht, den Flächeninhalt $Ar = 4\pi r_0^2$ hat. Das heißt, die Koordinate r beschreibt nicht den Abstand zu irgendeinem Zentrum, sondern den Flächeninhalt der entsprechenden Kugelschale. Da wir nicht mehr im euklidischen Raum sind, müssen diese beiden nicht mehr auf die gewohnte Art und Weise zusammenhängen.

Damit kann man zeigen, dass die Metrik (10.1) von der Form

$$ds^2 = A(r)\,(dx^0)^2 - B(r)\,dr^2 - r^2\big(d\theta^2 + \sin^2\theta\,d\phi^2\big) \tag{10.2}$$

sein muss. Dabei sind die Funktionen $A(r)$ und $B(r)$ bisher noch unbekannt. Wir werden sie allerdings mithilfe der Einstein-Gleichungen genauer bestimmen können.

Zuerst berechnen wir die Christoffel-Symbole für die Metrik (10.2). Die einzigen nichtverschwindenden Symbole sind (nachrechnen!):

$$\Gamma^0_{0r} = \Gamma^0_{r0} = \frac{A'}{2A}, \qquad \Gamma^r_{00} = \frac{A'}{2B} \qquad \Gamma^r_{rr} = \frac{B'}{2B}, \tag{10.3}$$

$$\Gamma^\theta_{\theta r} = \Gamma^\theta_{r\theta} = \frac{1}{r}, \qquad \Gamma^r_{\theta\theta} = -\frac{r}{B}, \qquad \Gamma^r_{\phi\phi} = -\sin^2\theta\,\frac{r}{B} \tag{10.4}$$

$$\Gamma^\phi_{r\phi} = \Gamma^\phi_{\phi r} = \frac{1}{r}, \; \Gamma^\phi_{\phi\theta} = \Gamma^\phi_{\theta\phi} = \cot\theta, \; \Gamma^\theta_{\phi\phi} = -\sin\theta\cos\theta \tag{10.5}$$

Die Vakuum-Einstein-Gleichungen lassen sich zu $R_{\mu\nu} = 0$ zusammenfassen. Für die Metriken der Form (10.2) gilt zum Glück, dass der Ricci-Tensor nur Einträge auf der Diagonale hat. Wir müssen uns also nur mit R_{00}, R_{rr}, $R_{\theta\theta}$ und $R_{\phi\phi}$ befassen. Nach einer etwas länglichen Rechnung erhält man:

$$R_{00} = -\frac{A''}{2B} + \frac{A'}{4B}\left(\frac{A'}{A} + \frac{B'}{B}\right) - \frac{A'}{rB} \tag{10.6}$$

$$R_{rr} = \frac{A''}{2A} - \frac{A'}{4A}\left(\frac{A'}{A} + \frac{B'}{B}\right) - \frac{B'}{rB} \tag{10.7}$$

$$R_{\theta\theta} = -1 + \frac{r}{2B}\left(\frac{A'}{A} - \frac{B'}{B}\right) + \frac{1}{B} \tag{10.8}$$

$$R_{\phi\phi} = \sin^2\theta\,R_{\theta\theta} \tag{10.9}$$

Gleichung (10.9) zeigt uns, dass aus $R_{\theta\theta} = 0$ sofort $R_{\phi\phi} = 0$ folgt. Wir haben also effektiv nur noch drei Gleichungen zu lösen. Aus (10.6) und (10.7) folgt:

$$0 = \frac{R_{00}}{A} + \frac{R_{rr}}{B} = -\frac{1}{rB}\left(\frac{A'}{A} + \frac{B'}{B}\right)$$

Mit anderen Worten gilt also:

$$\frac{A'}{A} + \frac{B'}{B} = 0 \quad \Leftrightarrow \quad \frac{d}{dr}\ln(AB) = 0$$

Weil der natürliche Logarithmus aber eine streng monoton steigende Funktion ist, ist er nur konstant, wenn auch sein Argument konstant ist. Daraus folgt, dass das Produkt AB bereits konstant bezüglich r sein muss.

Wir erwarten von unserer Metrik, dass sie das Äußere eines Sterns (oder einer anderen kugelsymmetrischen Massenverteilung) beschreibt. Mit anderen Worten, wenn die Koordinate r gegen unendlich strebt, wir also Ereignisse „weit draußen" beschreiben, dann erwarten wir, die gravitativen Effekte so gut wie nicht mehr zu spüren. Für $r \to \infty$ sollte also (10.2) gegen die Minkowski-Metrik tendieren. Das würde, natürlich nur für $r \to \infty$, bedeuten, dass $A = B = 1$ gelten muss, insbesondere also $AB = 1$. Dann gilt $AB = 1$ aber auch für alle anderen Werte von r, und wir erhalten:

$$A(r) = \frac{1}{B(r)} \tag{10.10}$$

Setzt man dies in (10.8) ein, so ergibt sich:

$$0 = -1 + rA' + A \qquad \Leftrightarrow \qquad \frac{d}{dr}(rA) = 1$$

Das kann man mit einer Integrationskonstante integrieren, die wir $-r_S$ nennen. Wir erhalten damit

$$rA = r - r_S$$

oder auch:

$$A(r) = 1 - \frac{r_S}{r}$$

Das können wir mit (10.10) zur endgültigen Form der Metrik zusammenfassen, die einen besonderen Namen erhält.

Eine statische und rotationssymmetrische Metrik, die die Einstein-Gleichung erfüllt, ist von der Form

$$ds^2 = c^2 \left(1 - \frac{r_S}{r}\right) dt^2 - \left(1 - \frac{r_S}{r}\right)^{-1} dr^2 - r^2 \, d\Omega^2 \tag{10.11}$$

mit der Kugelmetrik $d\Omega^2 := d\theta^2 + \sin^2\theta \, d\phi^2$. Diese Metrik wird **Schwarzschild-Metrik** genannt. Die Schwarzschild-Metrik enthält nur einen freien Parameter, nämlich r_S. Dies ist der sogenannte **Schwarzschild-Radius**.

Wie schon angedeutet, ist dies eine Vakuumslösung, d. h., sie erfüllt die Einstein-Gleichungen ohne Materie. Damit können wir davon ausgehen, dass diese Metrik die Geometrie der Raumzeit außerhalb einer rotationssymmetrischen Materieverteilung beschreibt, z. B. eines Sterns. Die Metrik (10.11) gilt dann nur für $r > R$, wobei R die Radialkoordinate der Oberfläche des Sterns ist. Im Inneren der Materie, also für $r < R$ wird die Metrik sicherlich nicht die Form (10.11) haben, sondern die Einstein-Gleichungen mit Materie (8.38) erfüllen.

10.2   Bedeutung des Schwarzschild-Radius

Die Bedeutung der Winkelkoordinaten θ, ϕ ist identisch mit der aus dem euklidischen Raum. Weit weg vom Zentrum (also für große $r \gg r_S$) haben auch r und $t = x^0/c$ die vertrauten Interpretationen.

Für große r geht die Metrik (10.11) in die Minkowski-Metrik, ausgedrückt in Kugelkoordinaten, über. Es gilt:

$$ds^2 \overset{r \to \infty}{\longrightarrow} c^2 dt^2 - dr^2 - r^2 d\Omega^2 \qquad (10.12)$$

Man sagt, die Schwarzschild-Metrik sei **asymptotisch flach**.

Für $r = r_S$ divergiert der Koeffizient g_{rr}, und für $r < r_S$ wird r zu einer zeitartigen Koordinate! Was auch immer bei $r \leq r_S$ geschieht, die Metrik (10.11) geht an dieser Stelle kaputt. Im Folgenden werden wir daher erst einmal ausschließlich den Bereich $r > r_S$ betrachten.

Ein **stationärer Beobachter** in der Schwarzschild-Metrik ist einer, auf dessen Weltlinie die r-, die θ- und die ϕ-Koordinaten konstant sind. Die mit Eigenzeit parametrisierte Weltlinie hat dann die Form

$$x^0(s) = s \left(1 - \frac{r_S}{r_0}\right)^{-\frac{1}{2}}$$

$$r(s) = r_0, \ \theta(s) = \theta_0, \ \phi(s) = \phi_0 \qquad (10.13)$$

mit konstanten r_0, θ_0, ϕ_0. Ein stationärer Beobachter hat also einen Geschwindigkeitsvektor proportional zum zeitartigen Killing-Vektorfeld $\frac{\partial}{\partial x^0}$.

Die Weltlinie des stationären Beobachters ist also nur in der x^0-Komponente von s abhängig, und damit sie per Eigenzeit parametrisiert ist, muss gelten:

$$1 = g_{\mu\nu} \frac{dx^\mu}{ds} \frac{dx^\nu}{ds} = c^2 \left(1 - \frac{r_s}{r}\right) \left(\frac{dt}{ds}\right)^2 \tag{10.14}$$

Löst man dies nach dt/ds auf und integriert, erhält man:

$$t(s) = \frac{1}{\sqrt{1 - r_S/r}} \frac{s}{c} + t_0 \tag{10.15}$$

Man kann sich vorstellen, dass ein stationärer Beobachter einen konstanten Abstand zum Zentrum der Rotationssymmetrie einhält. Wir weisen allerdings noch einmal darauf hin: Die r-Koordinate gibt *nicht ganz* den Abstand zu irgendeinem Zentrum an, auch wenn das Formelzeichen „r" das vermuten lässt (dazu mehr in Aufgabe 10.7)!

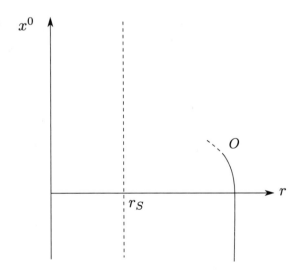

Abb. 10.2 Die Weltlinie eines Beobachters O, der bis zum Zeitpunkt $x^0 = 0$ stationär ist, und dann beginnt einer Geodäte zu folgen. Die Lösung der Bewegungsgleichung für kleine s zeigt, dass sich die r-Koordinate verringert, er also beginnt, auf das „Zentrum" zu fallen. Die Geodäte wird in Aufgabe 10.7 behandelt.

Ein stationärer Beobachter bewegt sich *nicht* auf einer Geodäte. Das ist ganz anschaulich, denn die Metrik (10.11) soll ja z. B. das Äußere eines Sternes beschreiben, und der würde den Beobachter ja zu sich hinziehen. Um einen konstanten Abstand zu behalten, muss der Beobachter also ständig vom Zentrum weg beschleunigen. Was passiert, wenn der Beobachter plötzlich aufhört, zu beschleunigen, und sich ganz dem Gravitationsfeld hingibt? Die Vermutung liegt nahe, dass er beginnt, auf die Zentralmasse zuzufallen.

Stellen wir uns also einen stationären Beobachter „weit draußen" vor, der die ganze Zeit einen konstanten Abstand zum Zentrum des Sterns hält und plötzlich aufhört zu beschleunigen und beginnt, einer Geodäte zu folgen. Weil der Beobachter eine große r-Koordinate hat, ist $t \approx s/c$, und so entspricht $c^2 d^2 r/ds^2$ ungefähr der Beschleunigung auf das Zentrum hin. Die r-Koordinate der Geodätengleichung, für den Moment in dem der Beobachter beginnt zu fallen, lautet:

$$0 = \frac{dr^2}{ds^2} + \Gamma^r_{\mu\nu} \frac{dx^\mu}{ds} \frac{dx^\nu}{ds} = \frac{dr^2}{ds^2} + \Gamma^r_{00} \left(\frac{dx^0}{ds}\right)^2 \approx \Gamma^r_{00} \qquad (10.16)$$

Dies gilt, da zu diesem Zeitpunkt der Geschwindigkeitsvektor ungefähr $dx^\mu/ds \approx (1/c, 0, 0, 0)^T$ lautet. Setzen wir den Ausdruck für das Christoffel-Symbol ein, und berücksichtigen $c\frac{dr}{ds} \approx \frac{dr}{dt}$, so erhalten wir:

$$\frac{d^2 r}{dt^2} = -\frac{r_S c^2}{2r^2} \qquad (10.17)$$

In der Tat beginnt der Beobachter also, sich auf das Zentrum zuzubewegen. Die Beschleunigung (im Newtonschen Sinne), die er erfährt, ist auch umgekehrt proportional zum Quadrat des Abstands, wie man es von Newton kennt. Die Bahnkurve sieht, für kleine s, also aus wie in Bild 10.2. Das ist beruhigend, denn weit draußen, wo die Raumkrümmung schwach ist, erwarten wir ja, dass Newtons Gravitationsgesetz näherungsweise erfüllt ist.

Ein Vergleich mit dem Gravitationsgesetz von Newton ergibt dann den folgenden Zusammenhang:

Der Schwarzschild-Radius r_S der Schwarzschild-Metrik ist über

$$r_S = \frac{2G_N M}{c^2} \qquad (10.18)$$

proportional zur **Gesamtmasse** M des Zentralkörperss, der das Gravitationsfeld erzeugt. Hierbei ist G_N die Newtonsche Gravitationskonstante.

Dieser Zusammenhang ist übrigens völlig konsistent mit unserer Herleitung (8.30) des Zusammenhangs zwischen dem Newtonschen Gravitationspotenzial und dem Koeffizienten g_{00} der Metrik im Falle des Newtonschen Limes.

Setzen wir Zahlenwerte ein, z. B. $G_N = 6{,}674 \cdot 10^{-11} \frac{\mathrm{m}^3}{\mathrm{kgs}^2}$ und $c = 3 \cdot 10^8 \frac{\mathrm{m}}{\mathrm{s}}$, sowie für die Sonnenmasse $M_\odot = 1{,}99 \cdot 10^{30}\mathrm{kg}$, so erhalten wir für den Schwarzschild-Radius der Sonne:

$$r_{S,\odot} = 2{,}95 \,\mathrm{km} \qquad (10.19)$$

Die Metrik (10.11) kann nur für $r > r_S$ gültig sein, weil für $r \leq r_S$ Koeffizienten von $g_{\mu\nu}$ divergieren.

Im Falle der Sonne funktioniert die Formel für die Metrik also, solange r größer als etwa 3 km ist. Die Metrik ist aber eine Lösung der Vakuumgleichungen, beschreibt also das Äußere eines

> Kruskalkoordinaten: ℵ₀
> S. 280

Sterns. Also ist sie sowieso nur für Werte von r gültig, die jenseits des eigentlichen Sonnenradius $R_\odot \approx 695000$ km liegen. Für kleinere Werte $r \leq R_\odot$ muss die Schwarzschild-Metrik sowieso durch eine Lösung der Gleichungen mit Materie ersetzt werden (die deutlich komplizierter ist und von den Materialeigenschaften der Sternmaterie abhängen wird). Anders ausgedrückt: Der Schwarzschild-Radius befindet sich tief im Inneren der Sonne. Wir sind also auf der sicheren Seite! In der Tat ist die innere Metrik nie divergent, sodass die gesamte Metrik regulär ist. Das ist für die meisten stellaren Körper, wie Sterne, Planeten und dergleichen der Fall.

Es gibt aber auch Objekte, deren gesamte Masse derart stark konzentriert ist, dass ihre gesamte Masse auf einen Bereich zusammengequetscht wird, der kleiner als der Schwarzschild-Radius des Objekts ist. In diesem Fall wird im gesamten Bereich $r > r_S$ die Metrik durch die Schwarzschild-Metrik (10.11) beschrieben. Bei $r = r_S$ hört das Koordinatensystem auf, und die Koeffizienten der Metrik divergieren dort. Das zeitartige Killing-Vektorfeld $\frac{\partial}{\partial x^0}$ wird genau bei $r = r_S$ lichtartig, für $r < r_S$ raumartig.

> Ein Objekt, dessen Gesamtmasse sich im Bereich $r < r_S$ befindet, nennt man ein **Schwarzes Loch**. Die Grenze $r = r_S$ nennt man den **Ereignishorizont**.

Dieser Name kommt daher, dass der Schwarzschild-Radius eine Grenze darstellt, die, einmal überschritten, nicht wieder in umgekehrter Richtung überquert werden kann. Wir werden dies noch genauer in Abschn. 10.4 über die Bewegung im Schwerefeld eines Schwarzen Loches sehen, aber anschaulich kann man sich das wie folgt überlegen: Betrachtet man einen stationären Beobachter mit $r = r_S$, dann ist der Geschwindigkeitsvektor dieser Kurve lichtartig.

Man muss sich also mit Lichtgeschwindigkeit bewegen, um einen konstanten Abstand $r = r_S$ zu halten! Anders ausgedrückt: Die Gravitationskraft ist an diesem Punkt bereits so

> Hawkingstrahlung: S. 280 ℵ₀

stark, dass Licht dem Schwarzen Loch gerade nicht mehr entkommen kann. Und innerhalb des Schwarzen Loches, also anschaulich $r < r_S$, ist die Anziehungskraft dann noch stärker, sodass dann auch ein Lichtstrahl dem gravitativen Sog nicht mehr entkommt. Ein Schwarzes Loch kann also nicht leuchten – daher der Name.

10.3   Rotverschiebung im Gravitationspotenzial

Betrachten wir zunächst zwei stationäre Beobachter, O_1 und O_2, die jeweils konstante r-Koordinaten r_1 und r_2 haben. Wir gehen davon aus dass für beide Beobachter $r_i > r_S$ gilt. Die jeweiligen Winkelkoordinaten seien auch konstant, sind aber irrelevant (müssen also auch nicht gleich sein). Nennen wir die jeweiligen Weltlinien der Form (10.13) $s_i \mapsto x_i^\mu(s_i)$, $i = 1, 2$, wobei s_1 und s_2 jeweils die Eigenzeit der beiden ist.

Beobachter O_1 sendet ein Lichtsignal zu Beobachter O_2. Wir nehmen an, dass sich eine zukunftsgerichtete, lichtartige Geodäte $\lambda \mapsto x_L^\mu(\lambda) = \left(x_L^0(\lambda), r_L(\lambda), \theta_L(\lambda), \phi_L(\lambda)\right)$ von einem Punkt auf der Weltlinie von O_1 zu irgendeinem Punkt auf der von O_2 gibt. Sei also λ_1 der Kurvenparameter, an dem die Geodäte bei O_1 starte, und $\lambda_2 > \lambda_1$ der, bei dem sie bei O_2 ende.

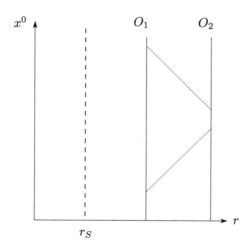

Abb. 10.3 Zwei stationäre Beobachter O_1 und O_2 senden sich Lichtsignale. Je näher der Ursprung des Signals an $r = r_S$ im Vergleich zum Empfänger ist, desto rotverschobener erscheint es.

Man kann sich die Geodäte als die Weltlinie eines Photons vorstellen. Wir benutzen die Parametrisierung $\lambda \mapsto x_L^\mu(\lambda)$ aus Kap. 3.1.5. Damit misst ein Beobachter, dessen Weltlinie $s \mapsto x^\mu(s)$ die des Photons kreuzt und am Schnittpunkt die Vierergeschwindigkeit $U^\mu = dx^\mu/ds$ hat, die folgende Frequenz:

$$\omega = g_{\mu\nu}U^\mu \frac{dx_L^\nu}{d\lambda} \tag{10.20}$$

Siehe hierzu auch Aufgabe 10.7. Die beiden Beobachter O_1 und O_2 messen damit jeweils die Frequenzen:

$$\omega_i = g_{\mu\nu}\frac{dx_i^\mu}{ds_i}\frac{dx_L^\nu}{d\lambda}\bigg|_{\lambda=\lambda_i} = \sqrt{1-\frac{r_S}{r_i}}\frac{dx_L^0}{d\lambda}\bigg|_{\lambda=\lambda_i}, \quad i=1,2 \tag{10.21}$$

Gleichzeitig ist die Schwarzschild-Metrik aber auch stationär, das heißt, es gibt ein zeitartiges Killing-Vektorfeld X, das in unserem Fall einfach $X = \partial_0$ ist. Aus Kap. 9.5 wissen wir, dass das Skalarprodukt zwischen X und dem Geschwindigkeitsvektor der Geodäte x_L konstant entlang der gesamten Kurve ist. In Formeln ausgedrückt heißt das

$$g_{\mu\nu}X^\mu\frac{dx_L^\nu}{d\lambda} = g_{0\nu}\frac{dx_L^\nu}{d\lambda} = \left(1-\frac{r_S}{r_L(\lambda)}\right)\frac{dx_L^0}{d\lambda} = \text{const} \tag{10.22}$$

Der Ausdruck hängt also nicht von λ ab. Vor allem bedeutet das, dass

$$\left(1-\frac{r_S}{r_L(\lambda)}\right)\frac{dx_L^0}{d\lambda}\bigg|_{\lambda=\lambda_1} = \left(1-\frac{r_S}{r_L(\lambda)}\right)\frac{dx_L^0}{d\lambda}\bigg|_{\lambda=\lambda_2} \tag{10.23}$$

ist. Erinnern wir uns, dass der Lichtstrahl jeweils für $\lambda = \lambda_i$ bei Beobachter O_i ist, wobei $i = 1,2$ sein kann. Das heißt, dass $r_L(\lambda_i) = r_i$ für $i = 1,2$ ist. Mit (10.21) und (10.23) ergibt sich damit:

$$\sqrt{1-\frac{r_S}{r_1}}\omega_1 = \sqrt{1-\frac{r_S}{r_2}}\omega_2 \tag{10.24}$$

Oder auch:

$$\frac{\omega_2}{\omega_1} = \sqrt{\frac{1-\frac{r_S}{r_1}}{1-\frac{r_S}{r_2}}} \tag{10.25}$$

Wenn man sich die Formel (10.25) etwas genauer ansieht, dann stellt man fest, dass aus $r_1 < r_2$ folgt und dass die gemessenen Frequenzen $\omega_2 < \omega_1$ erfüllen. Sendet der Beobachter, der sich näher am Schwarzen Loch befindet, ein Lichtsignal aus, so nimmt ein weiter entfernter Beobachter dieses also rotverschoben wahr. Im Grenzfall eines stationären Beobachters sehr nahe der Grenze $r_1 \gtrsim r_S$ geht ω_2/ω_1 gegen null.

Lichtfrequenzen sagen ja auch immer etwas darüber aus, wie schnell die Zeit verstreicht. Es sieht für Beobachter O_2 also so aus, als würde die Zeit für Beobachter O_1 deutlich langsamer verlaufen. Im Grenzfall eines stationären Beobachters direkt bei $r_i \gtrsim r_S$ sieht es sogar so aus, als würde die Zeit für diesen so gut wie stehen bleiben.

In der Nähe von $r = r_S$ scheint also etwas Merkwürdiges zu passieren: Die Zeit dort scheint (für einen externen stationären Beobachter) langsamer abzulaufen. Bei $r = r_S$ scheint die Zeit ganz stehen zu bleiben. Dies entspricht der Tatsache, dass sich, wie schon erwähnt, ein stationärer Beobachter bei $r = r_S$ mit Lichtgeschwindigkeit bewegen muss. Damit wird $ds^2 = 0$; für diesen Beobachter vergeht also keine Zeit.

10.4 Bewegung im rotationssymmetrischen Schwerefeld

Beschäftigen wir uns ein wenig genauer mit der Bewegung um das Schwarze Loch. Dabei wollen wir sowohl massive als auch masselose Teilchen zulassen. Damit kann man z. B. sowohl Bahnkurven von Satelliten um einen zentralen Körper als auch die Lichtablenkung an massiven Sternen beschreiben. Beides sind wichtige Anwendungsgebiete der ART, die auch historisch zu ihrer Verifikation benutzt wurden.

Die jeweiligen Weltlinien erfüllen beide die Geodätengleichung (6.39):

$$\frac{d^2 x^\mu}{d\lambda^2} + \Gamma^\mu{}_{\nu\rho} \frac{dx^\nu}{d\lambda} \frac{dx^\rho}{d\lambda} = 0 \tag{10.26}$$

Der Unterschied zwischen ihnen ist die Normierung: Weltlinien von masselosen Teilchen sind lichtartig, während massebehaftete Teilchen zeitartige Weltlinien haben. Wir fassen diese beiden Fälle mithilfe eines neuen Parameters, der oft ϵ genannt wird, zusammen:

$$g_{\mu\nu} \frac{dx^\mu}{d\lambda} \frac{dx^\nu}{d\lambda} = \epsilon = \begin{cases} 1, & \text{falls } m > 0, \\ 0, & \text{falls } m = 0 \end{cases}$$

Die Weltlinien die wir betrachten sind also mit λ parametrisiert. Im Falle von massebehafteten Teilchen gilt $\lambda = s$, der Parameter stimmt also mit der Eigenzeit überein. Im Falle von masselosen Teilchen ist λ der Parameter der Parametrisierung, die sicherstellt, dass der Geschwindigkeitsvektor der Weltlinie gleich dem Wellenvektor des Photons ist (Abschn. 3.1.5).

Im Folgenden soll die Ableitung nach λ immer mit einem Punkt bezeichnet werden, also $\dot{x}^0 = \frac{dx^0}{d\lambda}$, $\dot{r} = \frac{dr}{d\lambda}$ etc.

Zuerst können wir uns die Situation etwas vereinfachen: Aufgrund der Rotationssymmetrie können wir die Bahnkurve so legen, dass zu Beginn, also $\lambda = 0$, sowohl $\theta(0) = \frac{\pi}{2}$ als auch $\dot{\theta}(0) = 0$ ist. Betrachten wir (10.26) für $\mu = 2$, also die θ-Koordinate, gilt dann mithilfe von (10.3) bis (10.5):

$$\ddot{\theta} = -\frac{2}{r} \dot{r} \dot{\theta} + \sin\theta \cos\theta \, (\dot{\phi})^2$$

Man sieht, dass dieser Teil der Geodätengleichung durch

$$\theta(\lambda) \;=\; \frac{\pi}{2} \;=\; \text{const} \tag{10.27}$$

erfüllt werden kann. Die gesamte Bahnkurve findet also in der $\theta = \pi/2$-Ebene statt. Das ist eine Folge der Anfangsbedingungen und des Drehimpulserhaltungssatzes, der aufgrund der Rotationssymmetrie beim Schwarzen Loch genauso gilt wie in der klassischen Mechanik. Mit dieser Wahl werden die verbleibenden Komponenten der Geodätengleichung, also für $\mu = 0, 1, 3$, mit (10.3) bis (10.5) zu (selbst nachrechnen!):

$$\ddot{x}^0 \;=\; -\frac{A'}{A}\dot{x}^0\dot{r} \tag{10.28}$$

$$\ddot{r} \;=\; -\frac{A'}{2B}(\dot{x}^0)^2 - \frac{B'}{2B}\dot{r}^2 + \frac{r}{B}\dot{\theta}^2 + \frac{r\sin^2\theta}{B}\dot{\phi}^2 \tag{10.29}$$

$$\ddot{\phi} \;=\; -\frac{2}{r}\dot{r}\,\dot{\phi} \tag{10.30}$$

Gleichung (10.30) kann man auch als

$$\frac{1}{r^2}\frac{d}{d\lambda}\left(r^2\,\dot{\phi}\right) \;=\; 0$$

schreiben. Mit anderen Worten, die Größe

$$\ell := r^2\,\dot{\phi} \;=\; \text{const} \tag{10.31}$$

ist eine Erhaltungsgröße. Dies erinnert, bis auf einen Faktor c, an den Drehimpuls L aus der Newtonschen Mechanik. Für große $r \gg r_S$ gilt auch in der Tat $\ell \approx L/c$. Je näher man dem Ereignishorizont allerdings kommt, desto größer wird die Abweichung zwischen den beiden.

Da wir Geodäten in einer statischen Metrik betrachten, haben wir noch eine weitere Erhaltungsgröße, die man häufig F nennt. Sie ist gegeben durch das innere Produkt aus dem Geschwindigkeitsvektor $\dot{x}^\mu(\lambda)$ und dem Killing-Vektorfeld $X = \partial_0$ (Abschn. 9.4.1). Sie ist:

$$F := g_{\mu\nu}\dot{x}^\mu X^\nu \;=\; \left(1 - \frac{r_S}{r(\lambda)}\right)\dot{x}^0(\lambda) \;=\; \text{const} \tag{10.32}$$

Man kann zeigen, dass dies äquivalent zur Geodätengleichung für $\mu = 0$ ist, also zu (10.28). Das sollen Sie in Aufgabe 10.1 tun.

Die vierte und letzte Geodätengleichung (10.29) schreiben wir nun mithilfe der Erhaltungsgrößen F und ℓ um:

$$\frac{d^2r}{d\lambda^2} \;=\; -\frac{F^2A'}{2A} - \frac{B'}{2B}\left(\frac{dr}{d\lambda}\right)^2 + \frac{\ell^2}{Br^3}$$

Multipliziert man dies mit $2B\frac{dr}{d\lambda}$, so kann man dies als

$$\frac{d}{d\lambda}\left[B\left(\frac{dr}{d\lambda}\right)^2 + \frac{\ell^2}{r^2} - \frac{F^2}{A}\right] = 0$$

schreiben. In der Tat ist der Ausdruck in der eckigen Klammer nichts anderes als die Normierung der Bahnkurve, also:

$$B\left(\frac{dr}{d\lambda}\right)^2 + \frac{\ell^2}{r^2} - \frac{F^2}{A} = -\epsilon = \text{const}$$

Das kann man in

$$\left(\frac{dr}{d\lambda}\right)^2 = F^2 - \frac{\ell^2}{Br^2} - \frac{\epsilon}{B} \tag{10.33}$$

umschreiben. Damit haben wir alle Bewegungsgleichungen zumindest einmal verwendet. Um eine Lösung zu bestimmen, geht man wie folgt vor: Zuerst liest man aus den Anfangsbedingungen die Erhaltungsgrößen F und ℓ ab. Dann muss man die Gleichung (10.33) integrieren – das ist die Hauptschwierigkeit und wird im Allgemeinen nicht geschlossen möglich sein. Hat man jedoch eine Lösung $r(\lambda)$, z. B. numerisch, dann kann man durch Integration von (10.31) $\phi(\lambda)$ und durch Integration von (10.32) die Größe $x^0(\lambda)$ erhalten. Mit (10.27) hat man so die gesamte Bahnkurve.

Man kann aber auch qualitative Aussagen über die Lösungen treffen. Schreiben wir $\dot{r}$ anstelle von $dr/d\lambda$, kann man die Gleichung für r in eine sehr praktische Form bringen:

Die r-Koordinate einer Geodäte in der Schwarzschild-Metrik erfüllt die folgende Gleichung:

$$\frac{\dot{r}^2}{2} + V_{\text{eff}}(r) = E = \text{const} \tag{10.34}$$

Dabei ist das **effektive Potenzial** gegeben durch

$$V_{\text{eff}}(r) = -\frac{r_S}{2r}\epsilon + \frac{\ell^2}{2r^2} - \frac{\ell^2 r_S}{2r^3} \tag{10.35}$$

und die **effektive Energie** E durch:

$$E := \frac{F^2 - \epsilon}{2} \tag{10.36}$$

Gleichung (10.34) beschreibt die klassische eindimensionale Bewegung eines Teilchens der Masse m mit Position r in einem Potenzial (10.35) und Gesamtenergie E. Daher der Name „effektives Potenzial". Doch Vorsicht: Es handelt sich bei E nicht unbedingt um die Energie des Teilchens. Dieser Begriff wurde nur gewählt, um die Ähnlichkeit von (10.34) mit der eindimensionalen Bewegung deutlich zu machen.

Die Lösungen einer solchen Bewegungsgleichung haben wohlbekannte Eigenschaften, die man zumindest qualitativ gut beschreiben kann: Die Bewegung findet in einem r-Bereich statt, in dem $V_{\text{eff}} \geq E$ ist. Gibt es z. B. ein Minimum von V_{eff}, und E befindet sich nur leicht darüber, so führt das System eine oszillierende Bewegung um dieses Minimum herum aus.

10.4.1   Der massive Fall: $\epsilon = 1$

Eine Gleichung wie (10.34) tritt übrigens auch auf, wenn man das Keplerproblem aus der Newtonschen Mechanik in Kugelkoordinaten behandelt. In jenem Fall hat das effektive Potenzial eine sehr ähnliche Form. Für den Fall eines massiven Teilchens ($\epsilon = 1$) treten die ersten beiden Terme in (10.35) ebenfalls auf. Wir erkennen den Term der attraktiven Newtonschen Schwerkraft $\sim 1/r$ sowie den abstoßenden Term $\sim 1/r^2$, der die Drehimpulsbarriere darstellt, wieder. Für große r dominieren diese beiden Terme gegenüber dem dritten, der proportional zu $1/r^3$ ist und im Keplerproblem nicht auftritt. Dies ist ein attraktiver, relativistischer Term, der für kleine r dominiert und dafür sorgt, dass sich nichts, was dem Zentrum nahe genug kommt, davon wieder lösen kann.

Exemplarisch für einen festen Wert von ℓ ist der Verlauf von $V_{\text{eff}}(r)$ in Abb. 10.4 dargestellt und darüber, gestrichelt, das entsprechende effektive Potenzial aus der Newtonschen Mechanik. Anders als dort gibt es im relativistischen Fall ein Maximum V_{max}.

Im Newtonschen Fall gibt es im Wesentlichen zwei Fälle: den der gebundenen (Ellipsen) und der ungebundenen (Parabeln und Hyperbeln) Bewegung. Beim schwarzen Loch gibt es dagegen drei Fälle:

1. Der gebundene Fall: $E < 0$ und $r \geq r_{\text{max}}$. Dies sind Bahnen ähnlich den Keplerellipsen, auf denen ein Objekt eine periodische Bewegung um das Schwarze Loch herum ausführt.

2. Der ungebundene Fall: $0 < E < V_{\text{max}}$ und $r \geq r_{\text{max}}$. Dies sind Bahnen ähnlich den Streubahnen, bei denen ein Objekt aus dem Unendlichen kommt, leicht abgelenkt wird, und wieder ins Unendliche verschwindet.

3. Der singuläre Fall: $E > V_{\text{max}}$ oder $r < r_{\text{max}}$. Diese Bahnen treten nur im relativistischen Fall auf. Die einzigen, die physikalisch relevant sind, sind diejenigen, die im Unendlichen beginnen und deren Energie groß genug ist, die Drehim-

pulsbarriere zu durchbrechen. Die Bahnen kommen dem Schwarzen Loch dabei so nahe, dass sie verschlungen werden.

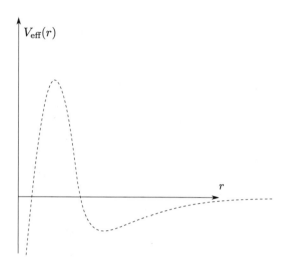

Abb. 10.4 Effektives Potenzial für $m \neq 0$. Für große r ähnelt dies dem effektiven Potenzial in der Newtonschen Mechanik. Für kleine r kann man jedoch die Drehimpulsbarriere überwinden, und ins Zentrum fallen.

10.4.2 Der masselose Fall: $\epsilon = 0$

Die Trajektorie für $m = 0$, also $\epsilon = 0$, sieht deutlich anders aus als in der Newtonschen Physik. Hier haben wir:

$$V_{\text{eff}}(r) = \frac{\ell^2}{2r^2} - \frac{\ell^2 r_S}{2r^3} \tag{10.37}$$

Es fällt sofort auf, dass der Term mit dem attraktiven Newton-Potenzial $\sim -1/r$ fehlt. In der Relativitätstheorie verhält sich Licht also wirklich ganz anders als in der Newtonschen Theorie, denn auch in der Newtonschen Theorie der Gravitation werden Lichtteilchen – obwohl sie masselos sind – von der Gravitation beeinflusst.

Sehen wir uns den Verlauf für ein ℓ in Abb. 10.5 an, dann erkennen wir: Es gibt keine gebundenen Bahnen, weil das effektive Potenzial keine lokalen Minima hat. Es gibt nur Streubahnen und solche, die im Schwarzen Loch enden.

Nun, das ist nicht ganz korrekt: Da das Potenzial ein Maximum hat, kann es dort eine geschlossene Kreisbahn um das Schwarze Loch geben. Diese ist jedoch instabil: Eine winzige Störung würde bewirken, dass der Lichtstrahl entweder in die Unendlichkeit entkommt oder in das Schwarze Loch fällt.

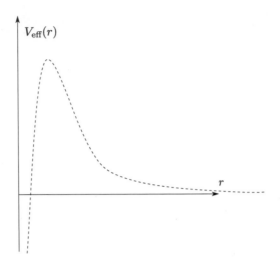

Abb. 10.5 Effektives Potenzial für $m = 0$. Es gibt ein lokales Maximum, also eine Kreisbahn, sogar für Licht. Weil es ein Maximum ist und kein Minimum, ist diese Kreisbahn allerdings instabil.

10.4.3 Lichtstreuung

Das effektive Potenzial (10.35) sieht für den masselosen Fall $\epsilon = 0$ wirklich ganz anders aus als für den massiven Fall $\epsilon = 1$. In der Newtonschen Theorie würde nicht nur der relativistische Term $\sim r^{-3}$ fehlen, für Lichtteilchen wäre der Term $\sim 1/r$ trotzdem vorhanden. Im Newtonschen Gravitationspotenzial fallen nämlich alle Objekte gleich schnell, egal welche Masse sie haben. In der Einsteinschen Gravitationstheorie fallen auch alle Objekte gleich schnell, unabhängig von ihrer Masse, *es sei denn, sie sind masselos*. Wenn sie masselos sind, dann sehen sie das $1/r$-Potenzial nicht, sondern nur den relativistischen Teil sowie die Drehimpulsbarriere.

Betrachten wir zunächst die Bahnkurve eines Streuprozesses. Hier interessiert uns im Wesentlichen der Zusammenhang von r und ϕ. Aus (10.33) folgt:

$$\frac{d\phi}{dr} = \frac{d\phi}{d\lambda}\left(\frac{dr}{d\lambda}\right)^{-1} = \frac{\ell}{r^2}\frac{1}{\sqrt{F^2 - \ell^2/(r^2 B) - \epsilon/B}} \tag{10.38}$$

Integriert man dies einmal (und benutzt $A = B^{-1}$), so erhält man:

$$\phi(r_2) - \phi(r_1) = \int_{r_1}^{r_2} dr\,\frac{1}{r^2}\frac{\sqrt{B(r)}}{\sqrt{\frac{F^2}{A(r)\ell^2} - \frac{1}{r^2} - \frac{\epsilon}{\ell^2}}} \tag{10.39}$$

Dieses Integral ist leider in den allermeisten Fällen nicht geschlossen lösbar. Für den Fall, dass $r_S/r \gg 1$ ist, lässt es sich allerdings auswerten.

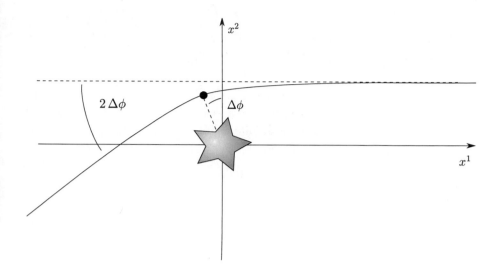

Abb. 10.6 An einem Stern wird ein Lichtteilchen gestreut, das aus der Unendlichkeit (von rechts) kommt, und in die Unendlichkeit (nach unten links) fliegt. Der schwarze Punkt zeigt den Ort der größten Annäherung des Lichtteilchens an den Stern.

Wir betrachten hier den Streufall mit Licht. Wir nehmen also an, dass ein masseloses Teilchen aus der Unendlichkeit ($r_1 = \infty$, $\phi(r_1) = 0$) herankommt, sich der zentralen Masse bis auf $r_2 = r_{\min}$ nähert und dann wieder in der Unendlichkeit verschwindet. Den Ablenkwinkel haben wir hier $2\Delta\phi$ genannt. In Abb. 10.6 kann man erkennen, dass der Winkel, bei dem $r = r_{\min}$ gilt, genau bei $\frac{\pi}{2} + \Delta\phi$ liegt. Es gilt also $r(\pi/2 + \Delta\phi) = r_{\min}$. Anders ausgedrückt:

$$\phi(r_{\min}) = \frac{\pi}{2} + \Delta\phi \tag{10.40}$$

Zuerst stellen wir einmal fest, dass der Punkt $r = r_{\min}$ derjenige ist, bei dem

$$\frac{dr}{d\phi} = 0 \tag{10.41}$$

gelten muss. Damit muss also der Kehrwert von (10.38) verschwinden. Mit $\epsilon = 0$ (da wir ja Licht betrachten) gilt dann:

$$\frac{F^2}{A(r_{\min})\ell^2} - \frac{1}{r_{\min}^2} = 0 \tag{10.42}$$

Oder auch:

$$\frac{F^2}{\ell^2} = \frac{A(r_{\min})}{r_{\min}^2} \tag{10.43}$$

Hiermit, und mit $\epsilon = 0$, wird der Integrand von (10.39) zu:

$$\frac{1}{r^2}\frac{\sqrt{B(r)}}{\sqrt{\frac{F^2}{A(r)\ell^2} - \frac{1}{r^2} - \frac{\epsilon}{\ell^2}}} = \frac{1}{r}\frac{\sqrt{B(r)}}{\sqrt{\frac{r^2 A(r_{\min})}{r_{\min}^2 A(r)} - 1}} \tag{10.44}$$

Der Ablenkwinkel wird dann zu:

$$\Delta\phi + \frac{\pi}{2} = \phi(r_{\min}) - \phi(\infty) = \int_{\infty}^{r_{\min}} dr \, \frac{1}{r} \, \frac{\sqrt{B(r)}}{\sqrt{\frac{r^2 A(r_{\min})}{r_{\min}^2 A(r)} - 1}} \tag{10.45}$$

Das ist immer noch kompliziert, und im Allgemeinen kann man das Integral nicht berechnen. Wir nehmen allerdings zusätzlich an, dass $r_S/r_{\min} \ll 1$ ist, also dass das Lichtteilchen dem Schwarzschild-Radius nicht besonders nahe kommt. Das ist bei handelsüblichen Sternen wie unserer Sonne (wo sich der Schwarzschild-Radius ja weit im Inneren befindet) recht gut erfüllt:

$$\sqrt{B(r)} = \frac{1}{\sqrt{1 - \frac{r_S}{r}}} = 1 + \frac{r_S}{2r} + \dots \tag{10.46}$$

Außerdem gilt:

$$\frac{r^2}{r_{\min}^2} \frac{A(r_{\min})}{A(r)} - 1 = \frac{r^2}{r_{\min}^2} \frac{1 - \frac{r_S}{r_{\min}}}{1 - \frac{r_S}{r}} - 1$$

$$= \frac{r^2}{r_{\min}^2} \left(1 - \frac{r_S}{r_{\min}} + \frac{r_S}{r} \right) - 1 + \dots$$

$$= \left(\frac{r^2}{r_{\min}^2} - 1 \right) \left(1 - \frac{r r_S}{r_{\min}(r + r_{\min})} \right) + \dots$$

Damit erhalten wir:

$$\Delta\phi \approx \int_{\infty}^{r_{\min}} dr \, \frac{r_{\min}}{r} \, \frac{1 + r_S/(2r)}{\sqrt{(r^2 - r_{\min}^2)\left(1 - \frac{r r_S}{r_{\min}(r + r_{\min})}\right)}} \tag{10.47}$$

Der erste Term unter der Wurzel nimmt im Integrationsbereich alle Werte von 0 bis ∞ an. Der zweite hingegen ist immer nahe bei 1, weswegen wir ihn mithilfe von $1/\sqrt{1+x} \approx 1 - x/2$ für $|x| \ll 1$ entwickeln können. Damit erhalten wir, wieder nur Terme erster Ordnung in r_S/r und $r_S/r_{\min}$ berücksichtigend,

$$\Delta\phi + \frac{\pi}{2} \approx \int_{r_{\min}}^{\infty} \frac{dr}{\sqrt{r^2 - r_{\min}^2}} \frac{r_{\min}}{r} \left(1 + \frac{r_S}{2r} + \frac{r r_S}{2 r_{\min}(r + r_{\min})} \right) \tag{10.48}$$

Dieses Integral kann man nun in der Tat lösen, und man erhält

$$\Delta\phi + \frac{\pi}{2} = \frac{\pi}{2} + \frac{r_S}{2 r_{\min}} + \frac{r_S}{2 r_{\min}} \tag{10.49}$$

oder auch:

$$\Delta\phi = \frac{r_S}{r_{\min}} \tag{10.50}$$

Für die Sonne ergibt sich dabei für einen Lichtstrahl, der knapp an der Oberfläche entlang abgeleitet wird, mit den Werten $r_S^{\odot} = 2,97$ km, und $r_{\min}^{\odot} = 695500$ km, für den gesamten Ablenkwinkel:

$$2\Delta\phi^{\odot} = \frac{2 r_S^{\odot}}{r_{\min}^{\odot}} = 0,00000854 = 1,76 \text{ Bogensekunden}$$

Dieser Wert unterscheidet sich vom von der Newtonschen Gravitationstheorie vorhergesagten Wert um einen Faktor von 2. Dies ist wirklich signifikant und mit den Mitteln, die Anfang des 20. Jahrhunderts zur Verfügung

Sir Arthur Eddington: S. 281

standen, bereits nachzuweisen. Und in der Tat war dies auch der erste wirklich weithin anerkannte Nachweis, dass die ART die Newtonsche Gravitationstheorie abzulösen hatte.

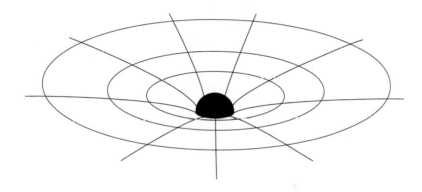

10.5 Zusammenfassung

- Die Metrik einer statischen, rotationssymmetrischen Raumzeit ist die **Schwarzschild-Metrik**:

$$ds^2 = c^2 \left(1 - \frac{r_S}{r}\right) dt^2 - \left(1 - \frac{r_S}{r}\right)^{-1} dr^2 - r^2 \left(d\theta^2 + \sin^2\theta\, d\phi^2\right)$$

- Hier sind θ und ϕ die üblichen Kugelkoordinaten. Die Koordinate r ist so definiert, dass die Kugelschale mit Koordinate r die Fläche $A = 4\pi r^2$ besitzt. Da der Raum gekrümmt ist, ist r aber nicht unbedingt dasselbe wie der Abstand zu irgendeinem Zentrum! Für große $r \gg r_S$ entspricht r aber wieder der bekannten Radialkoordinate.

- Die Konstante r_S wird **Schwarzschild-Radius** genannt und entspricht der Zentralmasse M über $r_S = 2G_N M/c^2$, mit der Newtoschen Gravitationskonstante $G_N = 6,6,7 \cdot 10^{-11} \mathrm{m}^3/\mathrm{kgs}^2$.

- Die Grenze $r = r_S$ wird **Ereignishorizont** genannt. Die Schwarzschild-Metrik ist nur für $r > r_S$ definiert.

- Falls die Metrik für alle $r > r_S$ der Schwarzschild-Metrik entspricht, also die gesamte Masse hinter dem Schwarzschild-Radius liegt, spricht man von einem **Schwarzen Loch**. Für Sterne, die einen Radius $R > r_S$ haben, entspricht die Metrik für $r \geq R$ der Schwarzschild-Metrik, aber für $r < R$ wird sie durch eine andere Metrik ersetzt, die die Raumzeit im inneren des Sterns beschreibt und eine Lösung der Einstein-Gleichungen mit Materie ist.

- Ein stationärer Beobachter, der also eine konstante r-Koordinate $r = r_0$ besitzt, muss ständig vom Zentrum weg beschleunigen. Für diesen läuft die Zeit, im Vergleich zu einem weit entfernten statischen Beobachter, um den Faktor $\sqrt{1 - r_S/r_0}$ langsamer ab.

- Aus diesem Grund sind die gemessenen Frequenzen ω_1, ω_2 von Licht, gemessen von zwei stationären Beobachtern, die konstante r-Koordinaten von r_1 und r_2 haben, miteinander über

$$\frac{\omega_2}{\omega_1} = \sqrt{\frac{1 - \frac{r_S}{r_1}}{1 - \frac{r_S}{r_2}}}$$

  verknüpft. Je näher eine Lichtquelle am Ereignishorizont ist, desto rotverschobener erscheint sie.

- Ein in das Schwarze Loch fallender Beobachter erreicht den Ereignishorizont in endlicher Eigenzeit, während es für einen weit entfernten statischen Beobachter scheint, als würde er den Ereignishorizont nie erreichen.

- Für die Bewegung in der Schwarzschild-Metrik (mit Kurvenparameter λ) gibt es zwei Konstanten der Bewegung F und ℓ, die sehr grob der Energie und dem Drehimpuls entsprechen:

$$F = \left(1 - \frac{r_S}{r}\right) \dot{x}^0, \qquad \ell = r^2 \dot{\phi} \tag{10.51}$$

  Hierbei entspricht der Punkt der Ableitung nach dem affinen Kurvenparameter.

- Der Radialteil der Bewegung in der Schwarzschild-Metrik wird durch die Gleichung

$$\frac{\dot{r}}{2} + V_{\text{eff}}(r) = E \tag{10.52}$$

  beschrieben, wobei $E = \frac{1}{2}(F^2 - \epsilon)$ eine Konstante der Bewegung ist und das **effektive Potenzial** durch

$$V_{\text{eff}}(r) = -\frac{r_S}{2r}\epsilon + \frac{\ell^2}{2r^2} - \frac{\ell^2 r_S}{2r^3} \tag{10.53}$$

  beschrieben wird, wobei $\epsilon = 1$ für massive und $\epsilon = 0$ für masselose Teilchen eingesetzt werden muss.

10.6   Verweise

Hawking-Strahlung: Klassisch gesehen kann nichts von jenseits des Er-
$\aleph_0$ eignishorizontes entkommen. In der Quantenphysik hingegen ist dies nicht
mehr ganz der Fall: Untersucht man z. B. das skalare Quantenfeld auf der
Schwarzschild-Metrik, so ergibt sich, dass ein Schwarzes Loch eine ganz schwache
Strahlung von sich gibt, dessen Profil für einen unendlich fernen stationären Beobachter genau der eines Schwarzen Körpers der so genannten *Hawking-Temperatur*

$$T_H = \frac{\hbar c^3}{8\pi G_N k_B M} \tag{10.54}$$

entspricht (z. B. Jacobson and Parentani (2007)). Die Ursache dieser Strahlung
ist die Wechselwirkung zwischen den Quantenfluktuationen des Feldes und dem
Ereignishorizont. Anschaulich kann man sich vorstellen, dass in der Nähe des Ho-
rizontes ein virtuelles Teilchen-Antiteilchen-Paar entsteht, wobei eines der beiden
im Schwarzen Loch verschwindet und das andere in die Unendlichkeit entkommt.
Dort kann es als Hawking-Strahlung detektiert werden. Weil dieses Teilchen schlussendlich von einem virtuellen zu einem realen Teilchen wird und insgesamt die
Masseerhaltung gelten muss, ist nach diesem Prozess die Masse M des Schwarzen Loches leicht geringer geworden. Auf diese Weise, so vermutet man, können
besonders kleine Schwarze Löcher (mit geringem M, also großem T_H) schlussendlich verdampfen. Der genaue Vorgang ist jedoch nur sehr wenig verstanden, da
eine vollständige Beschreibung eine konsistente Theorie der Quantengravitation
benötigen würde. Eine solche Theorie ist leider immer noch nicht bekannt, obwohl
es hierfür einige aussichtsreiche Kandidaten gibt (z. B. Oriti (2009)).

→ Zurück zu S. 266

Kruskal-Koordinaten: Die   Schwarzschild-Koordinaten x^0, r, θ, ϕ
$\aleph_0$ überdecken nur den Bereich $r > r_S$. An der Grenze $r = r_S$ werden Komponenten des metrischen Tensors (10.11) unendlich, bilden also Singularitäten
aus. Allerdings ist dieser Ereignishorizont eine *Koordinatensigularität*. Das bedeutet, dass dieser Ort, sowie das Innere des Schwarzen Loches keine wirklichen
physikalischen Unendlichkeiten aufweisen, sondern dass die Metrik an dieser Stelle nur aufgrund der Wahl des Koordinatensystems divergiert. Die ist analog zur
Singularität bei $\theta = 0, \pi$ oder $\phi = -\pi, \pi$, wo die Metrik ebenfalls nicht definiert
ist – aber dies ist eine Konsequenz der Wahl der Koordinaten θ, ϕ und nicht, weil
dort irgendwelche physikalischen Unendlichkeiten auftreten würden.

In der Tat gibt es für das Schwarze Loch andere Koordinaten, die einen größeren
Bereich der Raumzeit überdecken, in denen die Metrik am Ereignishorizont nicht
divergiert. Ein oft benutztes Beispiel sind die sogenannten *Kruskal-Koordinaten*.

Diese werden oft mit T, X, θ, ϕ bezeichnet, und letztere stimmen mit den Winkeln der Schwarzschild-Koordinaten überein. Die Umrechnung von T, X in x^0, r erfolgt über:

$$\left(\frac{r}{r_S} - 1\right) e^{-r/r_S} \;=\; T^2 - X^2 \tag{10.55}$$

$$\frac{x^0}{r_S} \;=\; \arctan\frac{T}{X} \tag{10.56}$$

Die Metrik in Kruskal-Koordinaten lautet:

$$ds^2 \;=\; \frac{4r_S^3}{r} e^{-r/r_S}\left(dT^2 - dX^2\right) - r(T,X)^2\left(d\theta^2 + \sin^2\theta d\phi^2\right) \tag{10.57}$$

Hier ist $r(T, X)$ implizit über (10.55) gegeben. Der Ereignishorizont $r(T, X) = r_S$ liegt bei $X^2 = T^2$, und die Metrik (10.57) ist dort regulär. Eine echte physikalische Singularität hingegen befindet sich bei $r(T, X) = 0$, was man z. B. am Wert des sogenannten Kretschmann-Skalars

$$R^{\mu\nu\sigma\rho} R_{\mu\nu\sigma\rho} \;=\; \frac{12 r_S^2}{r(T,X)^6} \tag{10.58}$$

erkennen kann, der in der Tat bei $r(T, X) = 0$ divergiert. Die Metrik (10.57) hat die besondere Eigenschaft, dass in der (T, X)-Ebene Linien mit Steigung ± 1 Lichtstrahlen entsprechen. Dies sieht man daran, dass (10.57) bis auf eine von T und X abhängige Funktion der Minkowski-Metrik $dT^2 - dX^2$ entspricht. Man sagt auch, die Kruskal-Metrik und die Minkowski-Metrik sind zueinander *konform äquivalent*.

Region I entspricht dabei dem Bereich außerhalb des Schwarzen Loches. Die Linie $r = r_S$, also der Schwarzschild-Radius, entspricht $T = \pm X$. Region II ist das Innere des Schwarzschild-Radius, und darin ist $T^2 - X^2 = 1$ die physikalische Singularität bei $r = 0$. Eine Weltlinie, die Region II betritt, kann sie nie wieder verlassen, da sie sich dafür schneller als das Licht bewegen müsste, und trifft nach endlicher Zeit auf diese Singularität. Region III ist das genaue Gegenteil von Region II – ein sogenanntes *Weißes Loch* –, welches jede Weltlinie in endlicher Zeit verlassen muss. Region IV schlussendlich ist ein weiteres Universum, das jedoch von Region I kausal getrennt ist (für mehr Informationen zum Thema s. Misner et al. (2017)).

→ Zurück zu S. 266

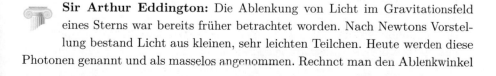 **Sir Arthur Eddington:** Die Ablenkung von Licht im Gravitationsfeld eines Sterns war bereits früher betrachtet worden. Nach Newtons Vorstellung bestand Licht aus kleinen, sehr leichten Teilchen. Heute werden diese Photonen genannt und als masselos angenommen. Rechnet man den Ablenkwinkel

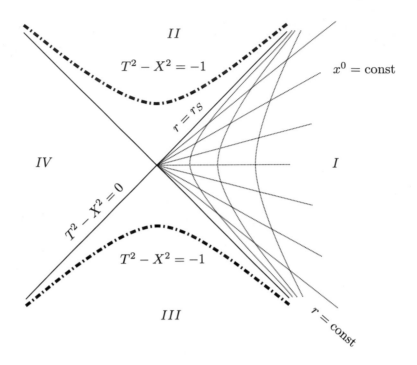

Abb. 10.7 Die gesamte Raumzeit eines Schwarzen Loches in der (T, X)-Ebene. Jeder Punkt steht für eine 2-Sphäre. Die Raumzeit besteht aus vier Regionen: Region I (unser Universum) mit $X > |T|$, Region II (Schwarzes Loch) mit $T > |X|$, Region III (Weißes Loch) mit $T < -|X|$ und Region IV mit $X < -|T|$. Letztere ist ein eigenständiges, von unserem kausal getrenntes Universum.

eines Photons, das gerade die Sonnenoberfläche streift, mithilfe der Newtonschen Gravitationstheorie aus, so ergibt sich $\theta \approx 0,87''$, also weniger als eine Bogensekunde. Zum Vergleich: Der Durchmesser des Mondes am Firmament ist konstant 31 Bogenminuten, also etwa das 133-Fache. Der Wert aus der Newtonschen Theorie ist damit nur halb so groß wie der von der ART vorhergesagte, nämlich $\theta \approx 1,74''$. Mit den Mitteln, die zu Zeiten Einsteins zur Verfügung standen, war es durchaus im Bereich des Möglichen, solch eine Ablenkung zu messen und so zu entscheiden, wer recht hatte.

Es dauerte allerdings noch etwas, bis dieses Experiment wirklich durchgeführt wurde, und zwar von Sir Arthur Eddington. Man musste noch eine totale Sonnenfinsternis an Land (und gutes Wetter sowie das Ende des Ersten Weltkrieges) abwarten, weswegen sich dieses Experiment bis 1919 hinzog. Die Messungen ergaben in der Tat einen Wert von $\theta = 1,98'' \pm 0,16''$, bestätigten also Einsteins Theorie.

Auch wenn an den ursprünglichen Ergebnissen berechtigte Kritik existiert, was deren Sorgfalt und Genauigkeit angeht, so machte dieses Resultat Einstein doch über Nacht zum Superstar. Der Wert der ART wurde außerdem in den folgenden Jahrzehnten durch immer genauere Messungen bestätigt, weswegen heute kein Zweifel mehr daran besteht, dass die ART, und nicht die Newtonsche Gravitationstheorie, die Lichtablenkung an schweren Objekten korrekt beschreibt. Eine schöne Zusammenfassung der Geschichte findet sich bei Coles (2001).

→ Zurück zu S. 277

10.7 Aufgaben

Aufgabe 10.1: Zeigen Sie, dass Gleichung (10.32) äquivalent zur 0-Komponente der Geodätengleichung ist.

S. 353 $\longrightarrow$ Tipp   Lösung $\longrightarrow$ S. 436

Aufgabe 10.2:

a) Zeigen Sie, dass es eine zeitartige Geodäte eines Beobachters gibt, die eine Kreisbewegung (also eine Bewegung mit mit konstantem Radius $r = r_0$ und konstanter Winkelgeschwindigkeit $\omega = d\phi/ds$) um das Schwarze Loch herum gibt.

b) Zeigen Sie, dass es auch eine lichtartige Geodäte gibt, die eine Kreisbewegung um das schwarze Loch beschreibt.

c) Welche Bedingungen müssen die Radien r bei **a)** und **b)** jeweils erfüllen?

d) Benutzen Sie die effektive Bewegungsgleichung, um zu entscheiden, wann die Bahnen bei a) und b) stabil bzw. instabil sind.

S. 353 $\longrightarrow$ Tipp   Lösung $\longrightarrow$ S. 436

Aufgabe 10.3:

a) Bestimmen Sie die verstreichende Eigenzeit Δs während eines Umlaufs eines (nicht notwendigerweise inertialen) Beobachters, der sich auf einer Kreisbahn um ein Schwarzes Loch mit Radius R und Umlaufzeit Δx^0 bewegt.

b) Berechnen Sie den Unterschied $\Delta s_1 - \Delta s_2$ zwischen einem Beobachter auf dem Erdboden (eine Umdrehung in 24 h) und einem GPS-Satelliten (der ist frei fallend und bewegt sich so, dass er die Erde genau zweimal umrundet, während die Erde sich einmal dreht).

S. 353 $\longrightarrow$ Tipp   Lösung $\longrightarrow$ S. 439

Aufgabe 10.4: Wir betrachten einen (nicht rotierenden) Stern mit Radius (d. h. Radialkoordinate) R.

a) Ein Lichtstrahl mit Frequenz ω verlässt die Oberfläche des Sterns. Wie groß ist die Frequenz ω', die ein weit entfernter stationärer Beobachter misst?

b) Die Sternenmaterie sei inkompressibel mit konstantem Druck ρ_0. Man kann zeigen, dass in diesem Fall der Druck für $0 \le r \le R$ gegeben ist durch:

$$p(r) \;=\; \rho_0 c^2 \frac{\sqrt{1 - \frac{r_S r^2}{R^3}} - \sqrt{1 - \frac{r_S}{R}}}{3\sqrt{1 - \frac{r_S}{R}} - \sqrt{1 - \frac{r_S r^2}{R^3}}} \tag{10.59}$$

Zeigen Sie, dass der Druck bei $r = 0$ divergiert, sobald R/r_S unter einen gewissen Wert sinkt. (Hinweis: Für Sterne ist die Radialkoordinate r für alle Werte $r \in [0, \infty)$ definiert.)

c) Was ist die maximale Rotverschiebung $z = \omega/\omega' - 1$, die der unendlich ferne Beobachter messen kann?

S. 353 $\longrightarrow$ Tipp   Lösung $\longrightarrow$ S. 441

Aufgabe 10.5: Gegeben zwei stationäre Beobachter bei $r_1 > r_S$ und $r_2 > r_1$ (die beiden haben dieselben Winkelkoordinaten).

a) Wie lang ist die raumartige Kurve $x^0 =$const, die die beiden Beobachter verbindet? Sie dürfen hier das Integral

$$\int \frac{dr}{\sqrt{1 - \frac{r_S}{r}}} = r\sqrt{1 - \frac{r_S}{r}} + r_S \operatorname{artanh}\sqrt{1 - \frac{r_S}{r}} + C \qquad (10.60)$$

verwenden.

b) Beide Beobachter haben Spiegel, und senden einen Lichtstrahl zwischen einander immer hin- und her. Wie viel Eigenzeit vergeht für die beiden jeweils zwischen Aussenden und Empfangen des Lichtstrahls?

c) Das Resultat aus b) kann man verwenden, um einen Abstand zwischen den beiden Beobachtern zu definieren (indem man die verstrichene Zeit zwischen zwei Lichtsignalen durch $2c$ teilt). Wie weit ist der Ereignishorizont von Beobachter 2 entfernt, wenn man diesen Abstandsbegriff zugrundelegt? Ist dieser Wert größer oder kleiner als der, den man mit dem Abstandsbegriff aus a) erhält?

S. 353 $\longrightarrow$ Tipp   Lösung $\longrightarrow$ S. 441

Aufgabe 10.6: Ein Beobachter startet in großer Entfernung $d \approx \infty$ vom Schwarzen Loch mit Stoßparameter b und Dreiergeschwindigkeit v (gemessen mit der Minkowski-Metrik, siehe Abb. 10.8).

Abb. 10.8 Fall in Richtung des Schwarzen Loches mit Stoßparameter b. Hier ist $dx^1/dt = -v$.

a) Zeigen Sie, dass der Beobachter auf jeden Fall ins Schwarze Loch fällt, wenn gilt:

$$\frac{b^2 v^2}{c^2} < \sqrt{3}\, r_S \left(1 - \frac{v^2}{c^2}\right)$$

b) Ersetzen Sie den Beobachter durch ein Lichtteilchen mit $v = c$ und demselben Stoßparameter b. Zeigen Sie: Das Lichtteilchen fällt genau dann ins schwarze Loch, wenn gilt:

$$b < \sqrt{3}\, r_S$$

S. 354 $\longrightarrow$ Tipp   Lösung $\longrightarrow$ S. 443

Aufgabe 10.7: Ein frei fallender Beobachter starte bei $r = r_0$ in Ruhe relativ zum Schwarzen Loch.

a) Zeigen Sie, dass die Bewegungsgleichung des Beobachters

$$\frac{\dot{r}^2}{2} = \frac{r_S}{2r} - \frac{r_S}{2r_0} \tag{10.61}$$

erfüllt.

b) Berechnen Sie die Eigenzeit, die verstreicht, bis der Beobachter den Ereignishorizont erreicht. Sie dürfen das Integral

$$\int \frac{dr}{\sqrt{\frac{1}{r} - \frac{1}{r_0}}} = -(r_0)^{\frac{3}{2}} \arctan \sqrt{\frac{r_0}{r} - 1} - r r_0 \sqrt{\frac{1}{r} - \frac{1}{r_0}} + C \tag{10.62}$$

verwenden.

c) Berechnen Sie, wie viel Eigenzeit vergeht, bis der Beobachter bei der Singularität bei $r = 0$ ankommt. Sie dürfen davon ausgehen, dass (10.61) entlang der gesamten Weltlinie gültig ist.

S. 354 $\longrightarrow$ Tipp   Lösung $\longrightarrow$ S. 445

11 Kosmologie

11.1 Das Universum beobachten

Seit je her haben Menschen zu den Sternen hinaufgeblickt und sich gefragt, wie viele es davon wohl geben möge. Die älteste heute erhaltene Darstellung von Himmelskörpern ist die **Himmelsscheibe von Nebra** (um 2000 v. Chr.) aus der Frühbronzezeit, doch bereits von den Maya, den Chinesen und mesopotamischen Hochkulturen ist bekannt, dass sie Himmelsereignisse aufzeichneten und vorhersagen versuchten.

Die moderne Astronomie nimmt erst im 17. Jahrhundert richtig Fahrt auf, als die Technik des Linsenschleifens es erlaubt, verlässliche und genaue Fernrohre und Teleskope zu erzeugen. Mit immer besseren Beobachtungsmethoden sowie einem zunehmend guten Verständnis der Vorgänge im Inneren der Sterne, gerade zu Beginn des 20. Jahrhunderts, konnten das Universum und die darin enthaltene Materie immer besser gemessen werden.

Dabei ergibt sich heute ein Bild, das die Grundlage für die moderne Kosmologie, d. h. die Beschreibung des Universums mithilfe der Allgemeinen Relativitätstheorie, ist:

> Kosmologische Beobachtungen legen nahe, dass die Materie im Universum **homogen** und **isotrop** verteilt ist. Das Universum **expandiert** mit der Zeit.

Diese Expansion wurde zuerst von Edwin Hubble 1925 (z. B. Harry Nussbaumer (2015)) konsequent nachgewiesen, indem er zeigte, dass sich – im Mittel – Galaxien von unserer Milchstraße wegbewegen, und zwar umso schneller, je weiter entfernt sie sind. Dies lässt sich nicht mit Eigenbewegungen der Sterne erklären, sondern nur damit, dass sich der Raum selbst ausdehnt – genauer: dass sich der räumliche Anteil der Metrik im Laufe der Zeit ändert.

Homogen bedeutet, dass es keinen im Raum ausgezeichneten Punkt gibt, und Isotropie, dass es keine ausgezeichnete Richtung gibt (Abschn. 9.4.3). Die Homogenität und Isotropie der Materie gelten natürlich nur näherungsweise und über sehr große Entfernungen. Man nimmt an, dass sich auch die Metrik selbst auf diesen Skalen näherungsweise durch die Ausdehnung eines homogenen und isotropen dreidimensionalen Raumes beschreiben lässt. Mit diesem Ansatz lässt sich die Form der Metrik herleiten, die das Universum und dessen Evolution beschreibt. Das werden wir im Folgenden tun.

11.1.1 FRW-Metrik

Wenn eine Beobachterin in der Raumzeit das dreidimensionale Universum – also auch die Materie darin – als isotrop wahrnimmt, dann gilt das für sie und nur für sie: jede andere Beobachterin, die sich relativ zu ihr bewegt, würde einen Fahrtwind wahrnehmen. Es gilt also:

> In der Raumzeit kann es den isotropen Raum also nur in Bezug auf bestimmte Beobachter geben, die **isotrope Beobachter** oder auch **mitbewegte Beobachter** genannt werden.

Um die Raumzeit zu beschreiben, in der der Raum (homogen und) isotrop ist, muss man also eine Familie von isotropen Beobachtern annehmen, die durch ein zeitartiges Vektorfeld $X = \frac{\partial}{\partial t}$ gegeben sind, wobei deren Eigenzeit $x^0 = t$ dabei gleich als Zeitkoordinate genommen wird- (Es hat sich eingebürgert, in der Kosmologie $c = 1$ zu setzen.) Die räumlichen dreidimensionalen Flächen, die das homogene und isotrope Universum beschreiben, müssen senkrecht auf den Geschwindigkeitsvektoren $\frac{\partial}{\partial t}$ stehen, denn wenn ihre Projektion auf den Raum irgendein nicht verschwindender Vektor wäre, würde dieser eine Richtung auszeichnen.

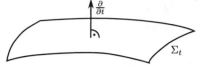

Abb. 11.1 Der Geschwindigkeitsvektor eines isotropen Beobachters muss zu jedem Zeitpunkt t senkrecht auf der räumlichen Hyperfläche Σ_t stehen, sonst würde er eine Richtung in Σ_t auszeichnen.

Wir machen also folgenden Ansatz für die Raumzeit: die Mannigfaltigkeit M lässt sich als

$$M \simeq I \times \Sigma \qquad (11.1)$$

schreiben. Dabei ist $I \subset \mathbb{R}$ ein Intervall, das die Zeit darstellt, für die wir die Eigenzeit der isotropen Beobachter als Koordinate nehmen. (An dieser Stelle lassen wir offen, ob es sich um ein endliches oder unendliches Intervall handelt. Ob die Zeit endlich ist oder das Universum unendlich lange existiert, hängt auch davon ab, wie viel Materie darin vorhanden ist, wie wir später noch sehen werden.) Alle Punkte in M, die dieselbe t-Koordinate haben, also das „Universum zum Zeitpunkt t", bezeichnen wir mit Σ_t.

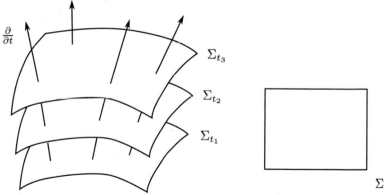

Abb. 11.2 Die Raumzeit zerblättert, ähnlich wie bei einer statischen Metrik. Im Gegensatz zum statischen Fall hat der Raum Σ_t zu verschiedenen Zeiten t eine unterschiedliche räumliche Metrik.

Die Metrik muss daher die Form

$$ds^2 = A\,dt^2 - h_{ij}dx^i dx^j \qquad (11.2)$$

haben, wobei A wegen der Homogenität nicht vom Ort, sondern nur von der Zeit t anhängen darf. Die Riemannsche Metrik h_{ij} beschreibt den homogenen und isotropen Raum, die Metrik kann also von t abhängen. Es gibt keine gemischten $dt dx^i$-Terme, weil die Geschwindigkeitsvektoren der isotropen Beobachter senkrecht auf den Hyperflächen Σ_t stehen.

Die isotropen Beobachter in der Metrik (11.2) haben Weltlinien von der Form $x^i = \text{const}$. Damit kann $A = 1$ gewählt werden, und die x^i werden daher auch **mitbewegte Koordinaten** genannt.

In Abschn. 9.4.3 haben wir gesehen, dass die Bedingung der Homogenität und Isotropie die Gestalt der Metrik h_{ij} auf Σ stark festlegt: Zumindest lokal gibt es im Wesentlichen nur drei Möglichkeiten: $\Sigma \sim S^3, \mathbb{R}^3$ oder H^3. Die Metriken haben folgende explizite Form:

$$S^3 : \qquad ds^2_{S^3} \;=\; d\psi^2 + \sin^2\psi \left(d\theta^2 + \sin^2\theta d\phi^2 \right)$$

$$\mathbb{R}^3 : \qquad ds^2_{\mathbb{R}^3} \;=\; dr^2 + r^2 \left(d\theta^2 + \sin^2\theta d\phi^2 \right) \qquad (11.3)$$

$$H^3 : \qquad ds^2_{H^3} \;=\; d\psi^2 + \sinh^2\psi \left(d\theta^2 + \sin^2\theta d\phi^2 \right)$$

Dabei war die „Größe" dieser Räume, also z. B. der Radius der Kugel S^3, noch nicht festgelegt. Diesen hatten wir durch den Vorfaktor a bezeichnet, und im Falle der Raumzeit kann er sich mit der Zeit ändern, darf also von t abhängen.

Man kann die drei Metriken (11.3) in eine einheitliche Form bringen, indem man im Falle der Sphäre die Koordinatentransformation $\sin\psi = r$ durchführt, was zu $dr^2 = (1 - r^2) d\psi^2$ führt. Beim hyperbolischen Raum führt man auch eine Koordinate r ein, über $r = \sinh\psi$, was zu $dr^2 = (1 + r^2) d\psi$ führt. Damit kann man die Metrik der Raumzeit (11.2) in einheitlicher Form schreiben:

Eine homogene und isotrope Raumzeit hat eine Metrik der Form:

$$ds^2 \;=\; dt^2 - a(t)^2 \left(\frac{dr^2}{1 - kr^2} + r^2(d\theta^2 + \sin^2\theta d\phi^2) \right) \qquad (11.4)$$

Die Funktion $a(t)$ wird **Skalenfaktor** genannt, und der Parameter $k = 1, 0, -1$ bestimmt, ob das Universum die Form einer Kugelschale, des flachen Raumes oder des hyperbolischen Raumes hat. Die Metrik (11.4) wird **Friedmann-Lemaître-Robertson-Walker-Metrik**, oder kurz **FRW-Metrik** genannt.

Die drei Möglichkeiten $k = 0$, $k = 1$ und $k = -1$ werden für gewöhnlich auch flaches, geschlossenes bzw. offenes Universum genannt. Die Σ_t sehen also alle wirklich gleich aus, bis auf dass die Metrik auf ihnen mit einem t-abhängigen Faktor $a(t)$ skaliert. Man kann sich dies so vorstellen, dass das Universum z. B. (im Fall $k = 1$) die Form einer dreidimensionalen Kugel hat, die sich ausdehnt wenn $a(t)$ wächst, oder schrumpft, wenn $a(t)$ geringer wird.

Es ist bemerkenswert, dass wir durch grundlegende Annahmen bereits die sehr spezifische Form (11.4) ableiten konnten. Wir haben noch gar nicht darüber nachgedacht, welche Form der Materie wir im Universum annehmen, oder die Einstein-Gleichungen benutzt. Das wollen wir in der Tat erst einmal hintenanstellen und uns einige allgemeine Eigenschaften der FRW-Metriken anschauen.

11.2 FRW-Gleichungen

Alle bisherigen Aussagen gelten für jegliche Metrik der Form (11.4) und somit für beliebige k und $a(t)$. Nun wollen wir uns aber einmal genauer mit der Dynamik des Universums beschäftigen.

Dafür müssen wir die Einstein-Gleichungen (8.38) lösen, uns also Gedanken über den Materieinhalt machen. Da die mikroskopischen Eigenschaften der Materie in diesem Zusammenhang kaum von Belang sind, behandeln wir die Materie als ideales Fluid, mit einem Energie-Impuls-Tensor von

$$T_{\mu\nu} \;=\; \rho\, U_\mu U_\nu \,+\, P(g_{\mu\nu} - U_\mu U_\nu) \tag{11.5}$$

mit Dichte ρ, Druck P und Vierergeschwindigkeitsvektor $U^\mu = g^{\mu\nu} U_\nu$. Auf großen Längenskalen ist die Materie (und auch jegliche Strahlung, die man in diesem Kontext auch zur Materie zählt) homogen und isotrop über das Universum verteilt. Daher hängen die Größen ρ, P und U^μ nicht von den räumlichen Koordinaten, sondern nur von t ab. Weiterhin ist die Materie wegen der Isotropie in Ruhe, die einzelnen Fluidteilchen (also z. B. die Galaxien) sind selbst isotrope Beobachter. Deswegen setzen wir $U = \frac{\partial}{\partial t}$, bzw. $U^0 - 1$, $U^i = 0$.

Betrachten wir die Einstein-Gleichungen mit dieser Materie einmal für $k = 0$. In diesem Fall gilt $\Sigma \sim \mathbb{R}^3$, wir können als mitbewegte Koordinaten also kartesische Koordinaten x, y, z benutzen. Die Metrik hat damit die Form:

$$ds^2 \;=\; dt^2 \,-\, a(t)^2 \Big(dx^2 + dy^2 + dz^2\Big)$$

Die einzigen nicht verschwindenden Christoffel-Symbole (6.9) dieser Metrik sind:

$$\Gamma^t_{xx} \;=\; \frac{1}{2} g^{tt}\big(g_{tx,x} + g_{xt,x} - g_{xx,t}\big) \;=\; a\dot{a} \;=\; \Gamma^t_{yy} \;=\; \Gamma^t_{zz}$$

$$\Gamma^x_{tx} \;=\; \Gamma^x_{xt} \;=\; \frac{1}{2} g^{xx}\big(g_{xx,t} + g_{tx,x} - g_{tx,x}\big) \;=\; \frac{\dot{a}}{a} \;=\; \Gamma^y_{ty} \;=\; \Gamma^y_{yt} \;=\; \Gamma^z_{tz} \;=\; \Gamma^z_{zt}$$

Hierbei haben wir wieder die in der ART übliche Abkürzung für die partielle Ableitung benutzt, z. B. $g_{xx,t} = \frac{\partial g_{xx}}{\partial t}$.

Man sieht, dass die Christoffel-Symbole sich nicht ändern, wenn man in den Indizes z. B. x durch y ersetzt. Das entspricht einer Drehung in der xy-Ebene, und weil die Metrik isotrop ist, ist das eine Symmetrie. Daher sind die Christoffel-Symbole invariant unter Permutation der räumlichen Indizes (weswegen man z. B. die Rechnung in der letzten Zeile auch nur einmal durchführen muss).

Mit den obigen Christoffel-Symbolen kann man die nicht verschwindenden Elemente des Riemannschen Krümmungstensors (RKT) berechnen:

$$
\begin{aligned}
R^t{}_{xtx} &= \partial_x \Gamma^t_{xx} - \partial_t \Gamma^x_{xt} + \Gamma^x_{x\lambda}\Gamma^\lambda_{tt} - \Gamma^x_{t\lambda}\Gamma^\lambda_{xt} \\
&= 0 - \partial_t \frac{\dot{a}}{a} + 0 - \Gamma^x_{tx}\Gamma^x_{xt} \\
&= -\left(\frac{\ddot{a}}{a} - \frac{\dot{a}^2}{a^2}\right) - \frac{\dot{a}^2}{a^2} = -\frac{\ddot{a}}{a}
\end{aligned}
\tag{11.6}
$$

$$
\begin{aligned}
R^y{}_{xyx} &= \partial_y \Gamma^y_{xx} - \partial_x \Gamma^y_{yx} + \Gamma^y_{y\lambda}\Gamma^\lambda_{xx} - \Gamma^y_{x\lambda}\Gamma^\lambda_{yx} \\
&= 0 - 0 + \Gamma^y_{yt}\Gamma^t_{xx} - 0 \\
&= \dot{a}^2
\end{aligned}
\tag{11.7}
$$

Alle anderen Komponenten ergeben sich entweder aus Permutation der x, y, z (z. B. ist auch $R^z{}_{yzy} = \dot{a}^2$) oder aus Anwenden der Symmetrien des RKT (7.4). So ist z. B.:

$$
\begin{aligned}
R^t{}_{xtx} &= g^{t\lambda} R_{\lambda xtx} = g^{tt} R_{txtx} = g^{tt} R_{xtxt} = g^{tt} g_{x\lambda} R^\lambda{}_{txt} \\
&= g^{tt} g_{xx} R^x{}_{txt} = 1 \cdot (-a^2)\left(-\frac{\ddot{a}}{a}\right) = \ddot{a}a
\end{aligned}
$$

Hierbei haben wir ausgenutzt, dass die Metrik und auch die inverse Metrik diagonal sind.

In Aufgabe 11.1 soll gezeigt werden, dass der Ricci-Tensor diagonal ist. Das benutzen wir jetzt, und betrachten die folgenden Diagonalkomponenten:

$$
\begin{aligned}
R_{tt} &= R^\lambda{}_{t\lambda t} = R^t{}_{ttt} + R^x{}_{txt} + R^y{}_{tyt} + R^z{}_{tzt} \\
&= 0 - \frac{\ddot{a}}{a} - \frac{\ddot{a}}{a} - \frac{\ddot{a}}{a} = -3\frac{\ddot{a}}{a} \\
R_{xx} &= R^\lambda{}_{x\lambda x} = R^t{}_{xtx} + R^x{}_{xxx} + R^y{}_{xyx} + R^z{}_{xzx} \\
&= \ddot{a}a + 0 + \dot{a}^2 + \dot{a}^2 = \ddot{a}a + 2\dot{a}^2
\end{aligned}
$$

Und wieder können wir uns die Berechnung von R_{yy} und R_{zz} sparen, die wegen der Isotropie gleich R_{xx} sein müssen. Der Ricci-Skalar ist gleich:

$$
\begin{aligned}
R &= g^{\mu\nu} R_{\mu\nu} = g^{tt} R_{tt} + g^{xx} R_{xx} + g^{yy} R_{yy} + g^{zz} R_{zz} \\
&= 1 \cdot \left(-3\frac{\ddot{a}}{a}\right) + 3\left(\frac{1}{-a^2}\right)(\ddot{a}a + 2\dot{a}^2) \\
&= -6\left(\frac{\ddot{a}}{a} + \frac{\dot{a}^2}{a^2}\right)
\end{aligned}
$$

Jetzt können wir die Einstein-Gleichungen (8.84) aufstellen, der Vollständigkeit halber gleich die Version der Einstein-Gleichungen mit kosmologischer Konstante. Wegen der Isotropie spielen nur die tt- und die xx-Komponente des Einstein-Tensors eine Rolle:

$$R_{\mu\nu} - \frac{1}{2}g_{\mu\nu}R - \Lambda g_{\mu\nu} = \kappa T_{\mu\nu}$$

Mit dem Energie-Impuls-Tensor (11.5) erhalten wir:

$$R_{tt} - \frac{1}{2}g_{tt}R - \Lambda g_{tt} = -3\frac{\ddot{a}}{a} - \frac{-6}{2}\left(\frac{\ddot{a}}{a} + \frac{\dot{a}^2}{a^2}\right) - \Lambda \cdot 1$$

$$= 3\left(\frac{\dot{a}}{a}\right)^2 - \Lambda = \kappa T_{tt} = \kappa\rho$$

$$R_{xx} - \frac{1}{2}g_{xx}R - \Lambda g_{xx} = \ddot{a}a + 2\dot{a}^2 - \frac{1}{2}(-a^2)\left(-6\left(\frac{\ddot{a}}{a} + \frac{\dot{a}^2}{a^2}\right)\right) - (-a^2)\Lambda$$

$$= -2\ddot{a}a - \dot{a}^2 + a^2\Lambda$$

$$= \kappa T_{xx} = -\kappa a^2 P$$

Diese Gleichungen kann man umformen zu (nachrechnen!):

$$3\frac{\ddot{a}}{a} = -\frac{\kappa}{2}(\rho + 3P) + \Lambda$$

$$\left(\frac{\dot{a}}{a}\right)^2 = \frac{\kappa}{3}\rho + \frac{\Lambda}{3}$$

Dies sind die Gleichungen für den Fall $k = 0$. Für allgemeines $k = 0, \pm 1$ lauten die Gleichungen (hier ohne Beweis):

Für homogene und isotrope Metrik (11.4) und Materie (11.5) folgt aus den Einstein-Gleichungen mit kosmologischer Konstante Λ:

$$3\frac{\ddot{a}}{a} = -\frac{\kappa}{2}(\rho + 3P) + \Lambda$$

$$\left(\frac{\dot{a}}{a}\right)^2 = \frac{\kappa}{3}\rho - \frac{k}{a^2} + \frac{\Lambda}{3} \tag{11.8}$$

Diese werden **Friedmann-Gleichungen** oder manchmal auch **Friedmann-Lemaître-Gleichungen** genannt.

11.3   Lösungen der FRW-Gleichungen

11.3.1   Energieerhaltung

Schauen wir uns einmal die Energiebilanz für die Materie an: Wir betrachten ein kleines kugelförmiges Volumen. Der Radius der Kugel sei $R(t) = a(t)R_0$ mit festem R_0. Der Radius sei klein im Vergleich zum Krümmungsradius des Universums, damit ist das Kugelvolumen $V = \frac{4}{3}\pi R^3$. Die Gesamtenergie U, die durch das Materiefeld in diesem Volumen steckt, ist also

$$U = V\rho = \frac{4}{3}\pi R^3 \rho \qquad\qquad (11.9)$$

Zusammen mit den Friedmann-Gleichungen folgt dann:

$$\dot{U} = -4\pi R^2 \dot{R} P : \qquad\qquad (11.10)$$

Das soll in Aufgabe 11.2 gezeigt werden. Die Fläche $A = 4\pi R^2$ ist die Oberfläche des Kugelvolumens, es gilt also

$$\dot{U} + A\dot{R}P = \dot{U} + P\dot{V} = 0 \qquad\qquad (11.11)$$

was man als Energieerhaltung interpretieren kann. Formuliert in der Sprache der Thermodynamik wäre dies $dU = -PdV$, was dem ersten Hauptsatz entspricht, wenn das System keine Arbeit leistet.

11.3.2   Zustandsgleichungen

Um mehr über die Lösungen der Gleichungen (11.8) auszusagen, ist der Zusammenhang zwischen der Dichte ρ und und dem Druck P hilfreich:

> Wir nehmen im Folgenden an, dass die Materie im Universum eine **Zustandsgleichung** erfüllt. Es soll
>
> $$P = w\rho \qquad\qquad (11.12)$$
>
> für eine Konstante w gelten. Zusätzlich nehmen wir an, dass es sich bei der Materie hier um physikalisch sinnvolle Materie handelt, also gilt:
>
> 1. Die Materie hat keinen negativen Druck, also $w \geq 0$.
> 2. Die Schallgeschwindigkeit $v_S = \sqrt{P/\rho}$ in der Materie liegt unter der Lichtgeschwindigkeit, also $w < 1$.

Beispiele hierfür sind:

- $w = 0$: Dieser Fall wird auch „Staub" genannt, denn der Druck P verschwindet, egal bei welcher Dichte ρ. Dies ist ein gutes Modell für die Galaxien, weil sie relativ selten kollidieren und deshalb keinen Druck aufeinander ausüben.
- $w = \frac{1}{3}$: Dieser Fall wird „Strahlung" genannt, denn der Strahlungsdruck elektromagnetischer Wellen ist genau ein Drittel der Energiedichte (z. B. Feuerbacher (2016)).

Teilt man (11.10) durch R_0^3 und schreibt $a^2 \dot{a}$ als $\frac{1}{3}(a^3)\dot{}$, so erhält man:

$$\dot{U}/R_0^3 \;=\; \frac{4}{3}\pi (a^3)\dot{}\,\rho \;+\; \frac{4}{3}\pi a^3\,\dot{\rho} \;=\; -\frac{4}{3}\pi (a^3)\dot{}\,P$$

Das kann mit der Zustandsgleichung (11.12) zu

$$\frac{\dot{\rho}}{\rho} \;=\; -(1+w)\,\frac{(a^3)\dot{}}{a^3} \tag{11.13}$$

umgeformt werden. Daraus folgt direkt:

$$\frac{d}{dt}\ln \rho \;+\; (1+w)\frac{d}{dt}\ln(a^3) \;=\; 0$$

Dies kann man zu

$$\rho\, a^{3(1+w)} \;=\; \text{const} \tag{11.14}$$

integrieren. (Hierbei wurde benutzt, dass der natürliche Logarithmus streng monoton ist, wenn also der $\ln X$ konstant ist, ist auch X konstant.)

Je nach Materieart erhalten wir also z. B.:

$$\text{Staub } (w = 0): \quad \rho \sim a^{-3}$$
$$\text{Strahlung } (w = 1/3): \quad \rho \sim a^{-4} \tag{11.15}$$

Man kann zeigen: Falls man ein Materiegemisch aus Strahlung und Staub hat, müssen die Zusammenhänge (11.15) ebenfalls gelten, und zwar jeweils getrennt für ρ_{Staub} und $\rho_{\text{Strahlung}}$. Die Relationen müssen dann aber für dasselbe $a(t)$ gelten, weswegen man

$$\frac{\rho_{\text{Strahlung}}}{\rho_{\text{Staub}}} \;\sim\; \frac{1}{a} \tag{11.16}$$

folgern kann. In einem sich ausdehnenden Universum kann man also davon ausgehen, dass der Anteil der Strahlung an der Gesamtenergiedichte der Materie schneller abnimmt als der Anteil des Staubs (also der Galaxien).

Falls $\rho_{\text{Strahlung}} \ll \rho_{\text{Staub}}$ ist, nennt man das Universum **materiedomi-niert**, falls jedoch $\rho_{\text{Staub}} \ll \rho_{\text{Strahlung}}$ ist, so nennt man es **strahlungs-dominiert**

Heutzutage kann man messen, dass unser Universum materiedominiert ist (z. B. Bodo Baschek (2015)). In der Tat kann man als sehr gute Näherung anneh-men, dass in unserem Universum $w = 0$ gilt, also $P = 0$. Die Lösungen von (11.8) für $P = 0$ werden auch **Friedmann-Universen** genannt.

11.3.3 Dynamische Gleichungen

Die Friedmann-Gleichungen (11.8) sind gewöhnliche Differenzialgleichungen, deren Lösungen nur von wenigen Parametern abhängen. Diese Parameter haben eine physikalische Interpretation, und können heutzutage sogar gemessen werden. Wir führen die folgenden Größen ein:

Die Größe

$$H := \frac{\dot{a}}{a}$$

wird **Hubble-Parameter** genannt. Die Größen

$$\Omega_M := \frac{\kappa\rho}{3H^2}, \qquad \Omega_\Lambda := \frac{\Lambda}{3H^2}$$

sind die **Materieenergierdichte** und **dunkle Energiedichte**. Der Parameter

$$q := -\frac{\ddot{a}}{aH^2} = -\frac{a\ddot{a}}{\dot{a}^2} \tag{11.17}$$

wird **Beschleunigungsparameter** genannt. All diese Parameter sind dimensionslos, und hängen von der Zeit t ab.

Mithilfe dieser Größen kann man die Friedmann-Gleichungen (11.8) als

$$-3H^2 q = -\frac{3}{2}H^2\Omega_M(1+3w) + \Lambda$$

$$H^2 = H^2\Omega_M - \frac{k}{a^2} + \frac{\Lambda}{3}$$

schreiben. Die beiden Gleichungen lassen sich wie folgt umformen:

$$q = \frac{1}{2}\Omega_M(1+3w) - \Omega_\Lambda \tag{11.18}$$

$$k = H^2 a^2 \Big(\Omega_M + \Omega_\Lambda - 1\Big) \tag{11.19}$$

An diesen Gleichungen kann man sofort verschiedene Dinge ablesen:

1. Aus (11.18) folgt: Wenn die kosmologische Konstante Λ kleiner oder gleich null ist, dann ist (weil $w \geq 0$)) also $q > 0$, und wegen (11.17) ist damit $\ddot{a} < 0$. Die Ausdehnung des Universums würde sich also abbremsen. Im Jahre 1998 wurde allerdings durch die Messung von SNIa-Standardkerzen nachgewiesen, dass sich die Ausdehnung des Universums beschleunigt (z. B. Bodo Baschek (2015))! Es gilt also $q < 0$, also muss $\Lambda > 0$ sein.

2. Aus (11.19) folgt: Die Form des Universums (also der Wert von k) hängt ganz entscheidend von der Frage ab, ob die Summe der Materie- und der dunklen Energiedichte über, unter oder genau bei 1 liegt:

$$k = \left\{ \begin{array}{c} 1 \\ 0 \\ -1 \end{array} \right\} \Leftrightarrow \Omega_M + \Omega_\Lambda \left\{ \begin{array}{c} > 1 \\ = 1 \\ < 1 \end{array} \right\}$$

Durch Messungen am kosmischen Mikrowellenhintegrund (CMB) kann man den Wert von k abschätzen. Innerhalb der Messgenauigkeit findet man, dass $k = 0$ gilt. Die Summe aus den Materiedichten scheint also genau bei der kritischen Dichte von 1 zu liegen.

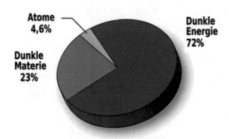

Abb. 11.3 Die Zusammensetzung der Energiedichte im Universum heutzutage beträgt $\Omega_\Lambda \approx 0.72$, $\Omega_M = \Omega_{Bar} + \Omega_D$, wobei $\Omega_{Bar} \approx 0.05$ die Energiedichte der Baryonischen Materie, also z. B. Atome, bezeichnet, und $\Omega_D \approx 0.23$ die Dichte der Dunklen Materie. Innerhalb der Messgenauigkeit gilt $\Omega_M + \Omega_\Lambda = 1$. (NASA)

11.3.4 Singularitäten

Es gibt in der Lösung der Differenzialgleichungen (11.8) verschiedene sogenannte **Singularitäten**. Dies sind Punkte t_S, an denen eine Lösung $a(t)$ „aufhört", also die Differenzialgleichungen (11.8) nicht über diesen Punkt hinaus gelöst werden können. Für gewöhnlich ist der Grund hierfür, dass $a(t_S) = 0$ ist, aber auch wenn $a(t_S)$, $\dot{a}(t_S)$ oder $\ddot{a}(t_S)$ unendlich werden, kann eine Singularität vorliegen.

Es gibt mehrere Typen von Singularitäten (z. B. Wald (1984)), und nicht alle davon sind physikalisch sinnvoll. Einige jedoch spielen eine entscheidende Rolle in der Untersuchung der Dynamik des Universums.

Sehr interessant ist der Fall, wenn der Skalenfaktor a selbst zu null wird. Das Universum wird in dem Moment „unendlich klein". Genauer gesagt haben alle Punkte in Σ keinerlei Entfernung mehr voneinander, denn die Metrik g degeneriert.

Beispiel: Betrachten wir die FRW-Gleichungen für $k = 0$, $\Lambda = 0$ und nehmen ein nur mit Staub gefülltes Universum an, in dem $w = 0$ gilt. Mit (11.14) gilt dann:

$$C := \frac{\kappa \rho a^3}{3} = \text{const}, \qquad \Omega_M = \frac{\kappa \rho}{3H^2} = 1$$

Damit folgt:

$$C = H^2 a^3 = \dot{a}^2 a \tag{11.20}$$

Zur Lösung von Gleichung (11.20) kann man die Variablen trennen, also:

$$a^{\frac{1}{2}} \, da = C^{\frac{1}{2}} \, dt$$

Integriert man dies, so ist bis auf einen konstanten Faktor, den man in eine Verschiebung von t absorbieren kann:

$$a^{\frac{3}{2}} = C^{\frac{1}{2}} t, \tag{11.21}$$

also

$$a = C^{\frac{1}{3}} \, t^{\frac{2}{3}}.$$

Nimmt man $t > 0$ an, dann sieht man, dass bei $t = 0$ eine Singularität vorliegt, denn an dieser Stelle wird $a = 0$. An dieser Stelle sind alle isotropen Beobachter ganz nahe beieinander, und von diesem Moment an fliegen sie alle voneinander weg, das Universum dehnt sich also aus. Dies ist ein Paradebeispiel für einen **Urknall**. In der Tat sind Urknallsingularitäten auch für Modelle mit Strahlung und andere Werte von k und Λ nicht unüblich. Auch in unserem Universum gehen wir davon aus, dass es einen Urknall gegeben hat.

11.4   Das Hubble-Gesetz

Betrachten wir den Abstand zweier isotroper Beobachter O_1 und O_2 in einer FRW-Raumzeit. Das bedeutet, die jeweiligen Weltlinien haben jeweils konstante mitbewegte Koordinaten x^i. Der wirkliche Abstand $d(t)$ zwischen ihnen ist allerdings zeitlich nicht konstant, sondern hängt von t ab.

Der **mitbewegte Abstand** zwischen zwei isotropen Beobachtern O_1 und O_2 zum Zeitpunkt t ist die kürzeste Verbindung zwischen den beiden Beobachtern in Σ_t. Das heißt, es ist die Länge der räumlichen Geodäte

$$\phi \mapsto x^\mu(\phi)$$

in Σ_t, die vom Ort von O_1 zu dem von O_2, jeweils zum Zeitpunkt t, läuft (Abb. 11.4).

Die Verbindung muss übrigens nicht unbedingt eine Geodäte in M sein. Weil für die Kurve die Koordinate $t = x^0$ konstant ist, ist ihre räumliche Länge

$$d(t) \;=\; \int d\phi \sqrt{-g_{\mu\nu}\dot{x}^\mu\dot{x}^\nu} \;=\; \int d\phi \sqrt{h_{ij}\dot{x}^i\dot{x}^j} \;=\; a(t) \underbrace{\int d\phi \sqrt{h_{ij}^0\dot{x}^i\dot{x}^j}}_{=:d_0}$$

Hierbei ist h_{ij}^0 die „unskalierte Metrik", also eine der drei Metriken in (11.3) bzw. der Ausdruck in den Klammern in (11.4). Der Wert d_0 hängt nicht mehr von t ab, und entspricht dem Abstand, den die beiden Beobachter hätten, wenn $a(t) = 1$ wäre. Es ergibt sich also $d(t) = a(t)d_0$ und damit:

Für den Abstand $d(t)$ zweier isotroper Beobachter in einer FRW-Raumzeit gilt:

$$\frac{\dot{d}}{d} = \frac{\dot{a}}{a} = H \tag{11.22}$$

Dies wird als **Hubble-Gesetz** bezeichnet.

Es gilt also $\dot{d} = Hd$. Die Geschwindigkeit, mit der sich der Abstand zweier isotroper Beobachter mit der Zeit ändert, ist also proportional zum Abstand selbst. Das entspricht aber genau unseren Beobachtungen!

Diese Rate, mit der sich zwei isotrope Beobachter voneinander entfernen, darf übrigens nicht mit einer Geschwindigkeit verwechselt werden. Beide Beobachter sind mitbewegt, sie befinden sich also in Ruhe (soweit man

Der heutige Hubble-Parameter: S. 310

das in der Relativitätstheorie sagen kann)! Der Abstand zwischen ihnen wächst, weil sich $a(t)$ ändert (oder schrumpft, wenn $\dot{a} < 0$). Die Rate $\dot{d}$ kann übrigens

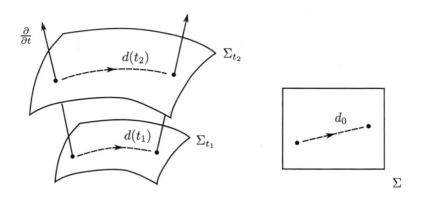

Abb. 11.4 Während der „echte" Abstand $d(t)$ zwischen zwei Galaxien wächst, wenn $a(t)$ wächst, ist der mitbewegte Abstand d_0 konstant.

auch leicht Werte von größer als 1 (also hier Lichtgeschwindigkeit) annehmen, da er proportional mit dem Abstand wächst.

11.5 Lichtausbreitung in FRW-Raumzeiten

Man kann den mitbewegten Abstand zwischen zwei Beobachtern nicht direkt messen. Die Messungen, die wir am Universum durchführen, beruhen auf Lichtsignalen, die uns von anderen isotropen Beobachtern (Galaxien) erreichen, und diese breiten sich entlang von lichtartigen Geodäten in der Raumzeit aus.

Betrachten wir zwei isotrope Beobachter O_1 und O_2, die also beide konstante räumliche Koordinaten haben. Der Beobachter O_1 befinde sich im Ursprung des räumlichen Koordinatensystems $r = 0$ und sende ein Lichtsignal direkt zu O_2.

Zuerst einmal verwenden wir die radiale Koordinate ψ, wie in (11.3), definiert über:

$$r(\psi) = \begin{cases} \sin\psi & \text{für } k = 1 \\ \psi & \text{für } k = 0 \\ \sinh\psi & \text{für } k = -1 \end{cases}$$

Die Geodäte hat die folgende Form:

$$\lambda \longmapsto \big(\psi(\lambda), r(\lambda), \theta(\lambda), \phi(\lambda)\big)$$

Anschaulich kann man sich vorstellen, dass der Lichtstrahl den direkten räumlichen Weg nimmt, dass also der „räumliche Anteil" $\lambda \mapsto \big(\psi(\lambda), \theta(\lambda), \phi(\lambda)\big)$

auf einer Geodäte in Σ läuft, die von den Koordinaten von O_1 zu den Koordinaten von O_2 läuft. In Aufgabe 11.8 werden wir das beweisen. Der Lichtstrahl entfernt sich also radial von O_1, weswegen wir θ und ϕ als konstant betrachten.

Während des Weges durch die Raumzeit verändert sich die Wellenlänge des Lichtes, da sich der Raum, durch den sich der Lichtstrahl bewegt, ausdehnt oder kontrahiert. Wir werden uns dies hier anschaulich überlegen und in Aufgabe 11.8 genauer durchrechnen.

Ignorieren wir $d\theta, d\phi$, die für den radialen Lichtstrahl keine Rolle spielen, so hat die Metrik damit effektiv die folgende Gestalt:

$$ds^2 = dt^2 - a(t)^2 d\psi^2$$

Nehmen wir an, Beobachter O_1 sendet kurz hintereinander zwei Lichtsignale aus, einmal bei t und bei $t_1 + \Delta t_1$. Die beiden Lichtsignale kommen bei O_2 zu den Zeiten t_2 und Δt_2 an. Sie kommen bei derselben ψ-Koordinate an, weswegen gilt:

$$\psi = \int_{t_1}^{t_2} \frac{dt}{a(t)} = \int_{t_1+\Delta t_1}^{t_2+\Delta t_2} \frac{dt}{a(t)} \tag{11.23}$$

Andererseits gilt, falls Δt_1 sehr klein ist, dass auch Δt_2 sehr klein ist und damit ungefähr

$$\int_{t_1+\Delta t_1}^{t_2+\Delta t_2} \frac{dt}{a(t)} \approx \int_{t_1}^{t_2} \frac{dt}{a(t)} + \frac{\Delta t_1}{a(t_1)} - \frac{\Delta t_2}{a(t_2)}$$

und deswegen mit (11.23)

$$\frac{\Delta t_1}{a(t_1)} - \frac{\Delta t_2}{a(t_2)} = 0$$

oder auch

$$\frac{\Delta t_1}{\Delta t_2} = \frac{a(t_1)}{a(t_2)} \tag{11.24}$$

gilt. Nun kann man sich vorstellen, dass die Zeiten t_1 und $t_1 + \Delta t_1$ die Zeitpunkte zweier aufeinanderfolgender Wellenmaxima im selben Lichtstrahl darstellen. Damit gilt:

$$\omega_1 = \frac{\pi}{\Delta t_1}, \qquad \omega_2 = \frac{\pi}{\Delta t_2}$$

Hier sind ω_1 und ω_2 die jeweiligen Frequenzen, die O_1 und O_2 beim Lichtstrahl messen. Damit ändert sich nach (11.24) also die Frequenz des Lichtes.

Ändert sich die Wellenlänge $\lambda = \frac{2\pi}{\omega}$ eines Lichtstrahls von λ_1 auf λ_2, dann ist die **Rotverschiebung** z des Lichtstrahls definiert als:

$$z = \frac{\lambda_2 - \lambda_1}{\lambda_1} = \frac{\omega_1}{\omega_2} - 1 \qquad (11.25)$$

Für die Lichtsignale, die zwischen Galaxien ausgetauscht werden, gilt daher:

$$1 + z = \frac{\omega_1}{\omega_2} = \frac{a(t_2)}{a(t_1)} \qquad (11.26)$$

Dehnt sich das Universum aus, dann gilt $a(t_2) > a(t_1)$ und damit $z > 0$. Das Licht, das uns von anderen Galaxien erreicht, ist also rotverschoben. Das entspricht auch anschaulich dem Dopplereffekt, denn in einem sich ausdehnenden Universum bewegen sich die Signalquellen scheinbar von uns weg.

Die Relation (11.26) wurde hier mit einigen anschaulichen Argumenten und einer Näherung hergeleitet. In Aufgabe 11.8 werden wir die Herleitung genauer machen, und sehen, dass (11.26) auch wirklich exakt gilt.

Für Galaxien, die nicht allzu weit von uns entfernt sind, dehnt sich das Universum nicht signifikant aus, während ein Lichtsignal zwischen ihnen ausgetauscht wird. Es gilt dann für den Abstand $d(t)$ zwischen den beiden Galaxien:

$$t_2 - t_1 \approx d(t_2) \approx d(t_1) \qquad (11.27)$$

(Man bedenke, dass wir $c = 1$ setzen.) Weiterhin gilt:

$$\dot{a}(t_1) \approx \dot{a}(t_2) \approx \frac{a(t_2) - a(t_1)}{t_2 - t_1} \qquad (11.28)$$

und damit für die Rotverschiebung (11.26) des Lichtsignals:

$$z = \frac{a(t_2)}{a(t_1)} - 1 \approx \frac{a(t_2) - a(t_1)}{t_2 - t_1} \frac{d(t_1)}{a(t_1)} \approx \frac{\dot{a}}{a} d = Hd \qquad (11.29)$$

Hier können wir den letzten Ausdruck entweder zur Zeit t_1 oder t_2 (oder irgendeinem Zeitpunkt dazwischen) auswerten. Es folgt:

Für nahe gelegene Galaxien steigt die Rotverschiebung z **linear** mit dem Abstand d:

$$z \approx Hd \qquad (11.30)$$

Die Relation (11.30) wird übrigens häufig benutzt, um die Abstände zu anderen Galaxien zu messen, denn z kann man direkt messen und den Wert von H kann man z. B. aus der Hintergrundstrahlung bestimmen (z. B. Aghanim (2020)).

11.6 Horizonte

An Gleichung (11.22) sieht man, dass sich in einem ausdehnenden Universum Bereiche von uns schneller als das Licht wegbewegen können – nicht weil sie die SRT verletzten würden, sondern weil sich der Raum zwischen uns so stark ausdehnt. Wenn diese Bereiche uns heute ein Lichtsignal aussenden würden, dann könnten wir es sicherlich nie mehr empfangen, falls sich die Expansion des Universums nicht abbremsen würde.

Wir können am Himmel allerdings durchaus Bereiche sehen, die eine Rotverschiebung von $z > 1$ aufweisen. Doch das Licht dort ist losgeschickt worden, als sich das Universum noch nicht so schnell ausgedehnt hat. Gibt es Bereiche, die wir dennoch nicht sehen können? Gibt es Bereiche, die wir nie werden sehen können?

All dies hat mit der Frage der kosmologischen Horizonte zu tun. Genau wie bei den Schwarzen Löchern bezeichnet ein Horizont in der Kosmologie eine Art Grenze, die nicht von gewissen Lichtsignalen überquert werden kann.

Betrachten wir die Lichtausbreitung zwischen zwei isotropen Beobachtern genauer. Wir haben schon gesehen, dass sich Lichtstrahlen entlang von konstantem θ, ϕ ausbreiten, weswegen wir effektiv nur mit der zweidimensionalen Metrik

$$ds^2 = dt^2 - a(t)^2 d\psi^2 \tag{11.31}$$

rechnen können, und zwar unabhängig von k. Als nächstes transformieren wir die Zeitkoordinate.

> Bezügliche eines (willkürlich festgelegten) Zeitpunktes t_0 nennt man den Parameter
>
> $$\eta(t) := \int_{t_0}^{t} \frac{dt'}{a(t')} \tag{11.32}$$
>
> die **konforme Zeit**. Die Verschiebung der Referenzzeit t_0 hat nur eine unwichtige Verschiebung des Punktes $\eta = 0$ zur Folge.

Damit gilt:

$$d\eta \;=\; \frac{1}{a(t)} dt \tag{11.33}$$

Die Metrik bekommt damit die Form:

$$ds^2 \;=\; a(t(\eta))^2 \Big(d\eta^2 \;-\; d\psi^2 \Big) \tag{11.34}$$

Bis auf einen η-abhängigen Faktor ist diese Metrik also ein Vielfaches der (zweidimensionalen) Minkowski-Metrik in (η, ψ)-Koordinaten. Man sagt, sie ist **konform äquivalent** zu ihr. Oft stellt man die Raumzeit in den Koordinaten (η, ψ) dar, denn die Metrik (11.34) in diesen Koordinaten hat dieselben Lichtkegel wie die Minkowski-Metrik! Die Kurven mit $\psi = \eta$ sind lichtartige Kurven (wenn auch nicht unbedingt lichtartige Geodäten). Daher lässt sich in diesen Koordinaten die kausale Struktur des Universums leicht darstellen.

Wir haben gesehen, dass es, je nach Materieinhalt des Universums, einen Urknall gegeben haben kann, also einen Moment t_B, bei dem das Universum begann, oder aber auch einen Moment t_E, bei dem das Universum kollabiert. Ob die konformen Zeiten

$$\eta_B \;\; := \;\; \eta(t_B)$$

$$\eta_E \;\; := \;\; \eta(t_E)$$

existieren (also endlich sind), ist dabei aber jeweils unabhängig davon, ob t_B oder t_E existieren. Dies hängt von der Konvergenz des Integrals (11.32) mit den jeweiligen Grenzen ab.

Die Endlichkeit von η_B und η_E hängen stark mit der Existenz von zwei Horizonten zusammen: dem Teilchenhorizont und dem Ereignishorizont.

11.6.1   Teilchenhorizont

Stellen wir heute astronomische Beobachtungen an, so stellt man fest, dass die Signale von weiter entfernten Sternen und Galaxien immer stärker rotverschoben sind. In der Tat gibt es eine theoretische Grenze, bei der diese Rotverschiebung unendlich wird, die man **Teilchenhorizont** nennt. Signale von jenseits dieser Grenze hatten aufgrund der Ausdehnung des Universums bzw. der großen Distanz noch keine Zeit, bis zu uns zu gelangen.

Die Distanz $d_H(t_0)$ bis zum Teilchenhorizont (Abb. 11.5) bezeichnet die räumliche Entfernung, die ein isotroper Beobachter, der genau auf dem Teilchenhorizont liegt, heute zu uns hat. Es gilt:

$$d_H(t_0) \;=\; a(t_0)\,(\eta(t_0) - \eta(t_B)) \;=\; a(t_0) \int_{t_B}^{t_0} \frac{dt}{a(t)} \tag{11.35}$$

Wenn also $\eta_B = -\infty$ ist, dann ist auch $d_H(t_0) = \infty$. Daraus folgt:

In einer Raumzeit gibt es genau dann einen **Teilchenhorizont**, wenn $\eta_B = \eta(t_B)$ endlich ist.

Natürlich können wir Ereignisse, die genau jetzt in einer Entfernung d stattfinden, nicht sehen: Unsere astronomischen Beobachtungen sind wegen der endlichen Lichtgeschwindigkeit immer ein Blick in die Vergangenheit.

Die Rotverschiebung einer Galaxie, die zum Zeitpunkt t_0 eine Entfernung d hat, kann man aus dem Raumzeitdiagramm 11.5 ablesen: Die mitbewegte Koordinate zum Zeitpunkt t_0 der Galaxie beträgt $\psi = d/a(t_0)$, und die Koordinaten des Ereignisses G, zu dem sie das Lichtsignal zu uns ausgesandt hat, betragen damit:

$$(\eta_G, \psi_G) = (\eta_0 - \psi, \psi) \tag{11.36}$$

Nach (11.26) gilt damit für die Rotverschiebung der Galaxie:

$$z = \frac{a(\eta_0) - a(\eta_G)}{a(\eta_G)} \tag{11.37}$$

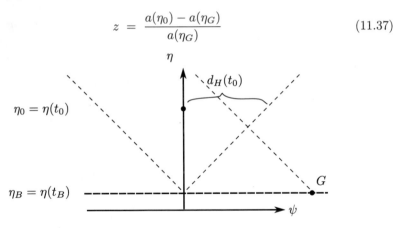

Abb. 11.5 Der räumliche Abstand des Teilchenhorizonts zum Zeitpunkt t_0 beträgt $d_H(t_0)$. Die Galaxie G, die außerhalb dieses Bereichs liegt, hatte seit Beginn des Universums bei $t = t_B$ noch nicht genug Zeit, ein Signal zu uns zu senden.

Die Rotverschiebung von Signalen weit entfernter Galaxien hängt also davon ab, wie sich der Skalenfaktor im Laufe der Entwicklungsgeschichte des Universums verändert hat. Gab es z. B. einen Urknall (wie in unserem

Das Problem
des Horizonts: S. 310

Universum), dann geht der Skalenfaktor $a(\eta) \to 0$ für $\eta \to \eta_B$ und damit $z \to \infty$. Am Teilchenhorizont sind Galaxien also stark rotverschoben. Es gibt jedoch auch Lösungen der FRW-Gleichungen, bei denen die Signale vom Teilchenhorizont blauverschoben sein können (Aufgabe 11.6).

In der Praxis können wir den Teilchenhorizont in unserem Universum übrigens nicht sehen, da es eine weitere Grenze gibt: Das Universum ist erst ab der Rekombination t_{rec} für elektromagnetische Strahlung durchlässig geworden, daher stellt dies die eigentliche Grenze unserer Beobachtungen dar. In der Praxis bedeutet das, dass die am weitesten entfernten Galaxien nicht bei $z = \infty$ liegen, sondern bei $z \approx 1100$ Schluss ist. Die Photonen, die von dieser Grenze kommen, nennt man auch **kosmischen Mikrowellenhintergrund (CMB)**.

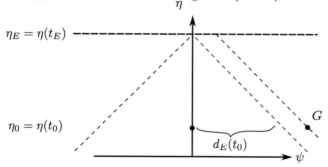

Abb. 11.6 Der Ereignishorizont hat zum Zeitpunkt t_0 einen Abstand $d_E(t_0)$ zu uns. Die Galaxie G liegt außerhalb der entsprechenden Grenze und wird bis zum Ende des Universums (bei $t = t_E$) niemals mit uns in Kontakt treten können.

11.6.2 Ereignishorizont

Ein weiterer interessanter Begriff ist der des **Ereignishorizonts**. Der Ereignishorizont bezeichnet die Entfernung, bei der ein jetzt ausgesandtes Lichtsignal uns trotz der Expansion des Universums gerade noch erreicht. In Abb. 11.6 erkennt man, dass der Ereignishorizont das Gegenstück zum Teilchenhorizont ist:

> Der Ereignishorizont zur konformen Zeit η liegt in einer Entfernung von
>
> $$d_{\text{EH}} = a(\eta)\big(\eta_E - \eta\big). \tag{11.38}$$
>
> In einer Raumzeit gibt es also genau dann einen **Ereignishorizont**, wenn $\eta_E = \eta(t_E)$ endlich ist.

Ähnlich wie beim Schwarzen Loch (Kap. 10) bezeichnet der Ereignishorizont in der Kosmologie eine Grenze, von jenseits dieser uns niemals Lichtsignale erreichen können. Anders als dort verändert sich der Ereignishorizont mit der Zeit aber nicht nur, er hängt auch vom Beobachter ab.

11.7 Zusammenfassung

- In der Kosmologie nimmt man an, dass das Universum bezüglich einer Familie von Beobachtern **homogen** und **isotrop** ist. Die Raumzeit M hat die Gestalt $M \simeq I \times \Sigma$, wobei I ein Intervall ist. Es gibt drei Möglichkeiten für Σ, die im **Krümmungsparameter** k codiert werden.

$$\Sigma = S^3 \qquad k = 1$$
$$\Sigma = \mathbb{R}^3 \quad \Leftrightarrow \quad k = 0$$
$$\Sigma = H^3 \qquad k = -1$$

- In den Koordinaten t, r, θ und ϕ hat eine homogene und isotrope Metrik folgende Form:

$$ds^2 = dt^2 - a(t)^2 \left(\frac{dr^2}{1 - kr^2} + r^2 \left(d\theta^2 + \sin^2\theta\, d\phi^2 \right) \right) \qquad (11.39)$$

Dies wird **Friedmann-Robertson-Walker-Metrik** genannt. Die Funktion $a(t)$ heißt **Skalenfaktor**.

- Für eine homogene und isotrope Raumzeit, die von einem idealen Fluid mit Energiedichte $\rho(t)$ und Druck $P(t)$ gefüllt ist, nehmen die Einstein-Gleichungen die Form

$$3\frac{\ddot{a}}{a} = -\frac{\kappa}{2}\left(\rho + 3P\right) + \Lambda \qquad (11.40)$$

$$\left(\frac{\dot{a}}{a}\right)^2 = \frac{\kappa}{3}\rho - \frac{k}{a^2} + \frac{\Lambda}{3} \qquad (11.41)$$

an. Diese Gleichungen nennt man **Friedmann-Gleichungen**.

- Oft nimmt man für das ideale Fluid eine **Zustandsgleichung** an. Ein häufig gewähltes Beispiel ist

$$\rho = wP \qquad (11.42)$$

mit einer Konstanten $0 \leq w < 1$. Beispiele sind $w = 0$ (Staub) oder $w = 1/3$ (Strahlung).

- Materie erfüllt die **Energieerhaltung**:

$$\rho\, a^{3(1+w)} = \text{const} \qquad (11.43)$$

- Die Größe $H := \frac{\dot{a}}{a}$ wird **Hubble-Parameter** genannt. Die Größen

$$\Omega_M := \frac{\kappa \rho}{3H^2}, \qquad \Omega_\Lambda := \frac{\Lambda}{3H^2} \tag{11.44}$$

sind die **Materieenergierdichte** und **dunkle Energiedichte**. Der Parameter

$$q := -\frac{\ddot{a}}{aH^2} = -\frac{a\ddot{a}}{\dot{a}^2} \tag{11.45}$$

wird **Beschleunigungsparameter** genannt.

- Für den **mitbewegten Abstand** d zweier isotroper Beobachter zueinander gilt das **Hubble-Gesetz**:

$$\dot{d} = Hd \tag{11.46}$$

- Verändert sich die Frequenz eines Lichtstrahls von ω_1 zu ω_2, so beträgt die **Rotverschiebung**:

$$z = \frac{\omega_1 - \omega_2}{\omega_1} \tag{11.47}$$

Ein Lichtsignal zwischen zwei isotropen Beobachtern, das zu t_1 ausgesandt und zu t_2 empfangen wird, erfährt eine Rotverschiebung von:

$$1 + z = \frac{a(t_2)}{a(t_1)}. \tag{11.48}$$

- Die **konforme Zeit** ist definiert als:

$$\eta(t) = \int_{t_0}^{t} \frac{dt'}{a(t')} \tag{11.49}$$

Mit der Koordinate ψ, definiert durch

$$r = \begin{cases} \sin\psi, & \text{falls } k = 1 \\ \psi, & \text{falls } k = 0 \\ \sinh\psi, & \text{falls } k = -1 \end{cases} \tag{11.50}$$

kann man den (t, r)-Teil der FRW-Metrik wie folgt schreiben:

$$ds^2 = a(\eta)^2 \left(d\eta^2 - d\psi^2 \right) \tag{11.51}$$

Diese Metrik ist **konform äquivalent** zur zweidimensionalen Minkowski-Metrik.

11.8   Verweise

Der heutige Hubble-Parameter: Der genaue Wert des Hubble-Parameters ist heute ein Thema großer Diskussion im Feld der Kosmologie.

Zum Zeitpunkt des Schreibens dieses Buches (2021) liegt der Mittelwert aller Messungen von H in etwa bei $H \approx 73$ km/(s · Mpc). Das bedeutet: Zwei Galaxien, die sich 1 Mpc $\approx$ 3,26 Millionen Lichtjahre voneinander entfernt befinden, entfernen sich mit einer Geschwindigkeit von rund 72 km/s voneinander. Diese Geschwindigkeit steigt proportional mit dem Abstand, zwei Galaxien im Abstand von 2 Mpc entfernen sich also mit 146 km/s voneinander, usw. Das ist dabei nur ein gemittelter Wert, der auf große Entfernungen zu genaueren Ergebnisse führt. Auf kürzeren Distanzen hingegen überwiegt die Eigenbewegung der Galaxien, die in Wahrheit nämlich nicht ganz isotrope Beobachter sind. Zum Beispiel ist die uns nächste Galaxie, der Andromedanebel, etwa 0,78 Mpc von uns entfernt, bewegt sich allerdings gar nicht von uns weg: Die Zentren der beiden Galaxien Andromedanebel und Milchstraße kommen sich pro Sekunde um etwa 114 km näher!

Die genaue Messung des Hubble-Parameters gestaltet sich relativ schwierig, vor allem, da sich in jüngerer Zeit eine gewisse Spannung abzeichnet. Messungen, die auf Rotverschiebungen beruhen, liefern einen Wert, der in etwa um $H \approx 73$ km/(s · Mpc) liegt, während Methoden, die auf Messungen am kosmischen Mikrowellenhintergrund beruhen, um einen Wert von etwa $H \approx 68$ km/(s · Mpc) pendeln. In den letzten Jahren sind beide Methoden immer genauer geworden, sodass die Fehlerbalken beider Werte so klein sind, dass der jeweilige andere Wert nicht mehr darin liegt. Einige Forscher haben gefolgert, dass etwas ganz Grundlegendes in der Kosmologie noch nicht verstanden wurde. Wie sich diese Diskussion entwickeln wird und welches der wirkliche Wert des Hubble-Parameters ist, wird sich wohl erst noch zeigen müssen (für eine genauere Diskussion s. Guth (1997)).

→ Zurück zu S. 300

Das Problem des Horizonts: Der Teilchenhorizont befindet sich heute in einer Entfernung von etwa 46 Milliarden Lichtjahren oder 14,3 Gpc.

Galaxien, die hinter diesem Horizont liegen, hatten seit dem Urknall keine Möglichkeit, mit uns physikalisch in irgendeiner Art und Weise zu interagieren. Wenn wir in verschiedene Richtungen im Himmel schauen, empfangen wir Licht von Galaxien, für die das auch gilt, die also so weit voneinander entfernt sind, dass sie jeweils hinter dem Teilchenhorizont der anderen liegen.

Interessanterweise kann man aber feststellen, dass sich die physikalischen Eigenschaften der Materie am Standort dieser Galaxien extrem ähnlich sind. Dies gilt von der Dichte der Baryonischen und Dunklen Materie, bis hin zu den Temperaturfluktuationen der Hintergrundstrahlung. Sie sind im thermodynamischen Gleichgewicht. Das ist schwierig zu erklären, denn wenn die beiden Regionen des Universums noch nie miteinander in Kontakt waren, also keinerlei Austausch zwischen ihnen stattgefunden haben kann, wieso sind sie dann im Gleichgewicht?

Ein relativ erfolgreicher Erklärungsversuch ist der der Inflation. Hierbei ist die initiale Ausdehnung des Universums kurz nach dem Urknall zuerst langsamer als von der ART vorhergesagt, und zwar langsam genug, dass die verschiedenen Bereiche des Universums sich austauschen können. Um etwa 10^{-35}s nach dem Urknall begann dann eine Phase extrem starker Ausdehnung, die dafür sorgte, dass die Expansion sich an die heutige Rate wieder anpassen kann. In dieser Phase der extremen Ausdehnung, die nicht mehr als 10^{-30}s gedauert haben kann, muss sich das Universum mindestens um den Faktor 10^{26} ausgedehnt haben!

Inflation erklärt die heutigen Beobachtungen ausgezeichnet. Es ist allerdings unklar, was sie genau verursacht haben kann. Ein hypothetisches Materiefeld (dessen Elementarteilchen auch *Inflaton* genannt werden) wäre eine Erklärung, auch wenn man dann gut erklären muss, warum von diesem Feld heute nichts mehr zu spüren ist. Obwohl sehr erfolgreich, ist die Inflation ein immer noch nicht gut verstandenes und sehr hypothetisches Gebiet der Kosmologie (für mehr Details s. Guth (1997)).

→ Zurück zu S. 306

Aufgaben

Aufgabe 11.1: Zeigen Sie, ausgehend von den Elementen des RKT (11.6), (11.6), dass der Ricci-Tensor diagonal ist.

S. 354 $\longrightarrow$ Tipp   Lösung $\longrightarrow$ S. 447

Aufgabe 11.2: Zeigen Sie ausgehend von (11.9)

$$U = V\rho = \frac{4}{3}\pi R^3 \rho \tag{11.52}$$

und den Friedmann-Gleichungen, dass (11.10) gilt, also:

$$\dot{U} = -4\pi R^2 \dot{R} P \tag{11.53}$$

S. 354 $\longrightarrow$ Tipp   Lösung $\longrightarrow$ S. 447

Aufgabe 11.3: Einstein nahm zu Beginn an, dass der Skalenfaktor des Universum zeitlich konstant sei.

a) Zeigen Sie, dass es eine Lösung der FRW-Gleichung mit $\dot{a} = 0$ gibt. Was sind die Werte von Λ und k?

b) Nehmen Sie an, das Universum ist mit Staub ($w = 0$) der Dichte

$$\rho = 4,7 \cdot 10^{-27} \,\mathrm{kg\,m^{-3}} \tag{11.54}$$

erfüllt. Wie groß ist dann a?

S. 354 $\longrightarrow$ Tipp   Lösung $\longrightarrow$ S. 448

Aufgabe 11.4: Eine Kosmologie habe einen Urknall bei t_B, und es gelte $a(t) \sim (t - t_B)^\alpha$ for $t \approx> t_B$. Was sind die Bedingungen an α, damit das Universum einen Teilchenhorizont hat?

S. 355 $\longrightarrow$ Tipp   Lösung $\longrightarrow$ S. 448

Aufgabe 11.5: In dieser Aufgabe betrachten wir die Lösungen der FRW-Gleichungen ohne Materie und $\Lambda = 0$.

a) Lösen sie die FRW-Gleichungen ohne Materie und $\Lambda = 0$. Welche Möglichkeiten ergeben sich für k?

b) Zeigen Sie, dass die Wahl des zeitartigen Vektorfeldes $X = \frac{\partial}{\partial x^0}$ im Minkowski-Raum zu einer Lösung mit $k = 0$ führt.

S. 355 $\longrightarrow$ Tipp   Lösung $\longrightarrow$ S. 449

Aufgabe 11.6: In dieser Aufgabe geht es um den deSitter-Raum.

a) Zeigen Sie, dass der Skalenfaktor

$$a(t) \;=\; e^{Ht} \tag{11.55}$$

mit einer Konstante H die Vakuums-Friedmann-Gleichungen erfüllt. Was sind die Werte von k und Λ?

b) Gibt es für diese Metrik einen Teilchenhorizont? Wenn ja, was ist die Rotverschiebung dort?

c) Zeigen Sie, dass der Skalenfaktor

$$a(t) \;=\; \frac{1}{H}\cosh(Ht) \tag{11.56}$$

mit einer Konstante H die Vakuums-Friedmann-Gleichungen erfüllt. Was sind die Werte von k und Λ?

d) Gibt es für diese Metrik einen Teilchenhorizont? Wenn ja, was ist die Rotverschiebung dort?

S. 355 $\longrightarrow$ Tipp   Lösung $\longrightarrow$ S. 450

Aufgabe 11.7: In dieser Aufgabe geht es um den deSitter-Raum und seine verschiedenen Darstellungen. Auf $\mathbb{R}^{1,n}$ seien inertiale Koordinaten x^{μ}, $\mu = 0, 1, \ldots, n$ gegeben. Die Metrik ist dann:

$$ds^2_{\mathbb{R}^{1,n}} \;=\; (dx^0)^2 - \sum_{i=1}^{n}(dx^i)^2 \;=\; \eta_{\mu\nu}dx^{\mu}dx^{\nu} \tag{11.57}$$

Der n-dimensionale deSitter-Raum dS_n ist als Untermannigfaltigkeit vom $n+1$-dimensionalen Minkowski-Raum $\mathbb{R}^{1,n}$

$$dS_n \;:=\; \left\{ x^{\mu} \;\middle|\; (x^0)^2 - \sum_{i=1}^{n}(x^i)^2 \;=\; \frac{1}{H^2} \right\} \subset \mathbb{R}^{1,n} \tag{11.58}$$

mit einer Konstante H definiert. Die Metrik ds^2_n auf dS_n ist durch die Einbettung (11.58) gegeben. Das bedeutet: Hat man Koordinaten y^i, $i = 1, \ldots, n$ auf dS_n, dann ist die Metrik auf dS_n in diesen Koordinaten gegeben durch:

$$ds^2_{dS_n} \;=\; \eta_{\mu\nu}\frac{\partial x^{\mu}}{\partial y^i}\frac{\partial x^{\nu}}{\partial y^j}dy^i\,dy^j \tag{11.59}$$

Im Folgenden arbeiten wir mit $n = 4$.

a) Gegeben seien die Koordinaten (t, x, y, z) auf dS_4, die Punkte auf dS_n mit Minkowski-Koordinaten x^{μ}:

$$x^0 \;=\; \frac{1}{H}\sinh(Ht) + \frac{Hr^2}{2}e^{Ht}$$

$$x^1 \;=\; \frac{1}{H}\cosh(Ht) - \frac{Hr^2}{2}e^{Ht} \tag{11.60}$$

$$x^2 \;=\; e^{Ht}x, \quad x^3 \;=\; e^{Ht}y, \quad x^4 \;=\; e^{Ht}z$$

mit $r^2 = x^2 + y^2 + z^2$. Zeigen Sie, dass die Metrik dS_4 die Gestalt einer FRW-Metrik mit $k = 0$, $\Lambda = 3H^2$ ist.

b) Gegeben seien Koordinaten $(\tau, \psi, \theta, \phi)$ auf dS_4 mit:

$$x^0 = \frac{1}{H}\sinh(H\tau),$$

$$x^1 = \frac{1}{H}\cosh(H\tau)\sin\psi\sin\theta\cos\phi$$

$$x^2 = \frac{1}{H}\cosh(H\tau)\sin\psi\sin\theta\sin\phi \qquad (11.61)$$

$$x^3 = \frac{1}{H}\cosh(H\tau)\sin\psi\cos\theta$$

$$x^4 = \frac{1}{H}\cosh(H\tau)\cos\psi$$

Zeigen Sie, dass die Metrik dS_4 die Gestalt einer FRW-Metrik mit $k = 1$, $\Lambda = 3H^2$ ist.

S. 355 $\longrightarrow$ Tipp   Lösung $\longrightarrow$ S. 451

Aufgabe 11.8: In dieser Aufgabe betrachten wir die Lichtausbreitung in FRW-Raumzeiten genauer. Gegeben eine FRW-Raumzeit M mit der Metrik

$$g_{\mu\nu}dx^\mu dx^\nu = dt^2 - a(t)^2\, h_{ij}dx^i dx^j$$

mit x^i Koordinaten auf Σ und h_{ij} der Riemannschen Metrik auf Σ.

a) Zeigen Sie: Wenn $\lambda \mapsto x^\mu(\lambda)$ eine lichtartige Geodäte in M ist, dann ist die „auf Σ projizierte Kurve", gegeben durch:

$$\lambda \mapsto x^i(\lambda) \qquad (11.62)$$

Dies letzten $n-1$ Komponenten der ursprünglichen Geodäte definieren also eine Kurve auf Σ, die zu einer Geodäte bezüglich der Metrik h_{ij} umparameterisiert werden kann.

b) Die Räume maximaler Symmetrie Σ haben die Eigenschaft, dass es zu jeder Geodäte ein Killing-Vektorfeld mit Komponenten X^i gibt, sodass der Geschwindigkeitsvektor der Geodäten gleich X ist. Da dieser konstante Länge hat, kann man hier X so wählen, dass die Länge von X entlang der Kurve konstant gleich eins ist.

Zeigen Sie: Wenn X^i die Komponenten eines KVF auf Σ (mit Länge 1) sind, dann sind Y^μ mit

$$Y^0 = 0, \qquad Y^i = a(t)X^i$$

Komponenten eines KVF auf M.

c) Gegeben seien zwei isotrope Beobachter O_1 und O_2, deren Weltlinien $s_1 \mapsto x_1^\mu(s_1)$, $s_2 \mapsto x_2^\mu(s_2)$ die lichtartige Geodäte bei t_1 bzw. t_2 schneiden. Die von den jeweiligen Beobachtern gemessenen Frequenzen sind, wie in Aufgabe 3.8 dargestellt, dargestellt, gegeben durch:

$$\omega_1 = g_{\mu\nu}\frac{dx_1^\mu}{ds_1}\frac{dx^\nu}{d\lambda}, \qquad \omega_2 = g_{\mu\nu}\frac{dx_2^\mu}{ds_2}\frac{dx^\nu}{d\lambda} \tag{11.63}$$

Benutzen Sie das Vektorfeld Y, um zu zeigen, dass

$$\frac{\omega_2}{\omega_1} = \frac{a(t_1)}{a(t_2)} \tag{11.64}$$

gilt.

S. 355 $\longrightarrow$ Tipp   Lösung $\longrightarrow$ S. 453

12 Gravitationswellen

Übersicht

12.1 Lineare Näherung

Eine Methode, um komplizierte Gleichungen zu lösen, ist die der linearen Näherung. Dabei schaut man sich eine bekannte Lösung an und sucht nach Lösungen, die sich „in der Nähe" dieser Lösung befinden, z. B. im Sinne einer Taylor-Reihenentwicklung.

Wir wollen dies im Folgenden mit der Minkowski-Raumlösung tun. Die Mannigfaltigkeit, die wir betrachten, ist $\mathcal{M} \simeq \mathbb{R}^{1,3}$, und die Metrik $g_{\mu\nu}$ darauf soll nahe bei der Minkowski-Metrik sein. Wir schreiben:

$$g_{\mu\nu} = \eta_{\mu\nu} + h_{\mu\nu}, \qquad \text{mit } |h_{\mu\nu}| \ll 1 \qquad (12.1)$$

Die Gleichung (12.1) sagt also aus, dass sich die Komponenten des metrischen Tensors von dem der Minkowski-Metrik nur um die Terme $h_{\mu\nu}$ unterscheiden, und sie sollen sehr klein sein. Anstelle von Lösungen für $g_{\mu\nu}$ suchen wir nun Lösungen für $h_{\mu\nu}$ mit der Näherung, dass alle Terme, die quadratisch oder höherer Ordnung in den Komponenten $h_{\mu\nu}$ sind, vernachlässigt werden können.

Schauen wir uns die zu (12.1) inverse Metrik an. Wegen (12.1) kann man davon ausgehen, dass auch die inverse Metrik $g^{\mu\nu}$ sich nur wenig von der inversen Minkowski-Metrik $\eta^{\mu\nu}$ unterscheidet. Wir machen also den folgenden Ansatz:

$$g^{\mu\nu} = \eta^{\mu\nu} + k^{\mu\nu} \qquad \text{mit } |k^{\mu\nu}| \ll 1 \qquad (12.2)$$

© Springer-Verlag GmbH Deutschland, ein Teil von Springer Nature 2022
B. Bahr, *Tutorium Allgemeine Relativitätstheorie*,
https://doi.org/10.1007/978-3-662-63419-6_12

Es muss gelten:

$$\delta^{\mu}{}_{\nu} = g^{\mu\sigma}g_{\sigma\nu} = \left(\eta^{\mu\sigma} + k^{\mu\sigma}\right)\left(\eta_{\sigma\nu} + h_{\sigma\nu}\right)$$

$$= \underbrace{\eta^{\mu\sigma}\eta_{\sigma\nu}}_{=\delta^{\mu}{}_{\nu}} + k^{\mu\sigma}\eta_{\sigma\nu} + \eta^{\mu\sigma}h_{\sigma\nu} + \underbrace{k^{\mu\sigma}h_{\sigma\nu}}_{\approx 0}$$

Den letzten Term vernachlässigen wir, weil er das Produkt zweier kleiner Größen ist, und damit noch mal viel kleiner als die Terme linear in $h_{\mu\nu}$. Multiplizieren wir noch mit der inversen Metrik und benennen die Indizes um, erhalten wir:

$$k^{\mu\nu} = -\eta^{\mu\sigma}h_{\sigma\tau}\eta^{\tau\nu} \tag{12.3}$$

Damit erhalten wir die erste wichtige Erkenntnis:

Die zu $\eta_{\mu\nu} + h_{\mu\nu}$ inverse Metrik ist, in linearer Näherung, gegeben durch:

$$g^{\mu\nu} = \eta^{\mu\nu} - \eta^{\mu\sigma}h_{\sigma\tau}\eta^{\tau\nu} = \eta^{\mu\nu} - h^{\mu\nu} \tag{12.4}$$

Hierbei ist

$$h^{\mu\nu} = \eta^{\mu\rho}\eta^{\nu\sigma}h_{\rho\sigma}$$

die Metrik, bei der beide Indizes mit der Minkowski-Metrik nach oben gezogen worden sind.

12.2   Koordinatentransformationen

Wenn man genau hinschaut, fällt auf, dass (12.1) ganz sicher nicht in jedem Koordinatensystem gelten kann. Koordinatentransformationen können einzelne Komponenten von Tensoren fast beliebig ändern, wir müssen uns also im Folgenden auf Koordinatentransformationen beschränken, die (12.1) nicht ändern. Das gilt sicherlich für solche Transformationen, die selber „nahe an der Identität" sind, also Transformationen wie:

$$x^{\mu} \longrightarrow \tilde{x}^{\mu} = x^{\mu} + \epsilon^{\mu}(x), \qquad |\epsilon^{\mu}(x)| \ll 1 \tag{12.5}$$

Berechnen wir, wie sich die Metrik (12.1) unter einer Transformation (12.5) verändert. Wir können uns das Leben dabei einfacher machen, indem wir zuerst die Änderung von $k^{\mu\nu}$ berechnen.

Die inverse Metrik transformiert sich wie folgt:

$$\tilde{g}^{\mu\nu} = \frac{\partial \tilde{x}^\mu}{\partial x^\sigma} \frac{\partial \tilde{x}^\nu}{\partial x^\tau} g^{\sigma\tau} \overset{(12.5)}{=} \left(\delta^\mu{}_\sigma + \frac{\partial \epsilon^\mu}{\partial x^\sigma} \right) \left(\delta^\nu{}_\tau + \frac{\partial \epsilon^\nu}{\partial x^\tau} \right) (\eta^{\sigma\tau} - h^{\sigma\tau})$$

$$= \eta^{\mu\nu} - h^{\mu\nu} + \underbrace{\eta^{\mu\tau} \frac{\partial \epsilon^\nu}{\partial x^\tau} + \eta^{\nu\sigma} \frac{\partial \epsilon^\mu}{\partial x^\sigma}}_{=: \, -\tilde{h}^{\mu\nu}}$$

Hierbei haben wir alle Terme weggelassen, die Produkte aus zwei oder mehr kleinen Größen beinhalten.

Wir erhalten also folgendes Transformationsverhalten:

$$h^{\mu\nu} \longrightarrow \tilde{h}^{\mu\nu} = h^{\mu\nu} - \eta^{\mu\tau} \frac{\partial \epsilon^\nu}{\partial x^\tau} - \eta^{\nu\sigma} \frac{\partial \epsilon^\mu}{\partial x^\sigma}$$

Wenn wir nun die Indizes wieder nach unten ziehen, um $h_{\mu\nu}$ zu erhalten, ergibt dies das Transformationsverhalten:

Unter einer Koordinatentransformation (12.5) ändert sich die lineare Metrik $h_{\mu\nu}$ gemäß

$$h_{\mu\nu} \longmapsto \tilde{h}_{\mu\nu} = h_{\mu\nu} - \frac{\partial \epsilon_\nu}{\partial x^\mu} - \frac{\partial \epsilon_\mu}{\partial x^\nu} \tag{12.6}$$

Hier haben wir $\epsilon_\mu := \eta_{\mu\sigma} \epsilon^\sigma$ definiert.

Eigentlich bezeichnet (12.6) dieselbe Metrik in zwei verschiedenen Koordinatensystemen. Andererseits kann man die beiden Seiten der letzten Gleichung auch als zwei verschiedene Metriken in demselben Koordinatensystem auffassen. In Kap. 9 haben wird das bereits als **Eichtransformation** kennengelernt. Wir können also eine linearisierte Metrik durch ein beliebiges (kleines) Vektorfeld ϵ^μ eichtransformieren.

Ähnlichkeiten zur Störungsrechnung: S. 333 ℵ₀

Diese Eichtransformationen treten hier ganz analog zu den Eichtransformationen in der Elektrodynamik auf. Genauso wie dort deuten sie hier darauf hin, dass die Lösungen für die Bewegungsgleichungen nicht eindeutig sind. Anders als dort haben die Eichtransformationen in der Relativitätstheorie etwas damit zu tun, dass wir unser Koordinatensystem frei wählen können. Ja, wir müssen es sogar, wegen des Prinzips der allgemeinen Kovarianz.

12.3   Lineare Feldgleichungen

Mit diesem Wissen bewaffnet machen wir uns nun daran, die Einstein-Gleichungen in linearisierter Form herzuleiten. Wenn wir in der linearisierten Näherung arbeiten, ergeben sich folgende Regeln:

1. Alle Größen, die uns interessieren, sind von der linearisierten Metrik $h_{\mu\nu}$ abgeleitet. Weil die $h_{\mu\nu}$ klein sind, sind auch die von diesen abgeleiteten Größen, wie $\Gamma^{\mu}_{\nu\rho}$, $R_{\mu\nu\sigma\rho}$, $R_{\mu\nu}$, R etc. klein.

2. Die Indizes von diesen Größen kann man hoch- und herunterziehen, indem man die Minkowski-Metrik benutzt, z. B.:

$$R^{\mu}{}_{\nu} = g^{\mu\rho} R_{\rho\nu} = \big(\eta^{\mu\rho} - h^{\mu\rho}\big) R_{\rho\nu} = \eta^{\mu\rho} R_{\rho\nu} - \underbrace{h^{\mu\rho} R_{\rho\nu}}_{\approx 0} \approx \eta^{\mu\rho} R_{\rho\nu}$$

3. Weil die Christoffel-Symbole ebenfalls klein sind, kann man bei allen relevanten Ausdrücken die kovariante Ableitung durch die partielle Ableitung ersetzen, z. B.:

$$\nabla_{\mu} \epsilon^{\nu} = \partial_{\mu} \epsilon^{\nu} + \underbrace{\Gamma^{\mu}_{\nu\rho} \epsilon^{\rho}}_{\approx 0} \approx \partial_{\mu} \epsilon^{\nu}$$

Um uns noch ein wenig Schreibarbeit zu sparen, verwenden wir in diesem Kapitel die folgende Schreibweise:

Eine partielle Ableitung kürzen wir mit einem Komma ab, also z. B.:

$$h_{\mu\nu,\rho} := \frac{\partial h_{\mu\nu}}{\partial x^{\rho}} \qquad R_{\mu\nu,\sigma\rho} := \frac{\partial^2 R_{\mu\nu}}{\partial x^{\sigma} \partial x^{\rho}}$$

Weil wir im linearisierten Fall und daher kovariante und partielle Ableitungen dasselbe sind, ist die so entstehende Größe ein Tensor. Man kann den Index hinter dem Komma also mit der Minkowski-Metrik hoch- und herunterziehen, z. B.:

$$R_{\mu\nu}{}^{,\rho} := \eta^{\rho\sigma} R_{\mu\nu,\sigma} \qquad h_{\mu\nu,\sigma}{}^{\rho} := \eta^{\rho\lambda} h_{\mu\nu,\sigma\lambda}$$

Wichtig: Das geht mit den partiellen Ableitungen nur in diesem Kapitel, wenn wir linearisierte Näherungen betrachten! Allgemein darf man dies in der Relativitätstheorie nicht machen.

Nun können wir uns an die Arbeit machen. Wir beginnen mit der Formel (7.4) für den Riemannschen Krümmungstensor. In der linearen Näherung ergibt sich:

> Ähnlichkeiten zur Quantenfeldtheorie: S. 333 $\aleph_0$

$$R_{\mu\nu\sigma\rho} = \frac{1}{2}\left(h_{\mu\rho,\nu\sigma} - h_{\mu\sigma,\nu\rho} + h_{\nu\sigma,\mu\rho} - h_{\rho\nu,\sigma\mu}\right) \tag{12.7}$$

Hierbei haben wir in der Formel Ableitungen der $g_{\mu\nu}$ durch Ableitungen von $h_{\mu\nu}$ ersetzt und alle Terme, die Produkte von Christoffel-Symbolen enthalten, vernachlässigt. Mit (12.7) erhält man den Ricci-Tensor und Ricci-Skalar durch Kontraktion mit der inversen Minkowski-Metrik:

$$R_{\nu\rho} = \eta^{\mu\sigma}R_{\mu\nu\sigma\rho} = \frac{1}{2}\left(h^{\mu}{}_{\rho,\nu\mu} - h^{\mu}{}_{\mu,\nu\rho} + h^{\mu}{}_{\nu,\mu\rho} - \Box h_{\nu\rho}\right) \tag{12.8}$$

$$R = \eta^{\nu\rho}R_{\nu\rho} = h_{\mu\nu}{}^{,\mu\nu} - \Box(h^{\mu}{}_{\mu}) \tag{12.9}$$

Die „Box" ist hierbei der d'Alembert-Operator, auch Wellenoperator genannt, gegeben durch:

$$\Box X := \eta_{\mu\nu}\frac{\partial^2 X}{\partial x^\mu \partial x^\nu} = X_{,\mu}{}^{\mu}$$

Wir sind zuerst an Vakuumslösungen interessiert, und die Einstein-Gleichungen in diesem Fall lauten $R_{\mu\nu} = 0$. Mit (12.8) sehen diese Gleichungen aber noch etwas kompliziert aus. An dieser Stelle machen wir uns nun die Eichtransformationen (12.6) zunutze.

Betrachten wir den Ausdruck der Form

$$D_\nu := h^{\mu}{}_{\nu,\mu} - \frac{1}{2}h^{\mu}{}_{\mu,\nu} \tag{12.10}$$

Unter einer Eichtransformation (12.6) ändern dich die beiden Teile dieses Ausdrucks wie folgt:

$$h^{\mu}{}_{\nu,\mu} \longrightarrow \tilde{h}^{\mu}{}_{\nu,\mu} = h^{\mu}{}_{\nu,\mu} - \epsilon^{\mu}{}_{,\nu\mu} - \Box\epsilon_\nu$$

$$h^{\mu}{}_{\mu,\nu} \longrightarrow \tilde{h}^{\mu}{}_{\mu,\nu} = h^{\mu}{}_{\mu,\nu} - 2\epsilon^{\mu}{}_{,\mu\nu}$$

Das bedeutet, dass sich der Ausdruck (12.10) wie folgt transformiert:

$$\tilde{D}_\nu = \tilde{h}^{\mu}{}_{\nu,\mu} - \frac{1}{2}\tilde{h}^{\mu}{}_{\mu,\nu} = D_\nu - \Box\epsilon_\nu$$

Das ist eine wichtige Erkenntnis, denn es bedeutet, dass wir den Term D_ν durch $\Box \epsilon_\nu$ ändern können. Und wir haben völlig freie Wahl, mit welchem ϵ^μ wir Eichtransformationen durchführen wollen. Das hilft uns aber nun sehr weiter, denn es stellt sich heraus, dass man jedes Kovektorfeld als $\Box$ eines anderen Kovektoreldes schreiben kann! Mathematisch gesprochen hat

$$\Box \epsilon_\nu = X_\nu$$

für ein gegebenes X_ν immer eine Lösung für ϵ_ν. Wegen der Linearität von $\Box$ ist diese Lösung immer klein, wenn nur X_ν klein ist.

Damit können wir bei *jeder* Metrik $h_{\mu\nu}$ eine Eichtransformation finden, sodass $\tilde{D}_\nu = 0$ gilt. Gegeben sei ein beliebiges $h_{\mu\nu}$, dann müssen wir die Gleichung

$$\Box \epsilon_\nu = D_\nu = h^\mu{}_{\nu,\mu} - \frac{1}{2} h^\mu{}_{\mu,\nu} \tag{12.11}$$

lösen. Eine solche Lösung für ϵ_ν existiert, und das daraus durch Hochziehen des Index entstehende ϵ^μ nehmen wir als Eichtransformation. Für das transformierte Feld gilt dann:

$$\tilde{D}_\nu = D_\nu - \Box \epsilon_\nu = D_\nu - D_\nu = 0$$

Die Metriken, für die $D_\nu = 0$ gilt, spielen in der Lösungstheorie der linearisierten Einsteingleichungen eine besondere Rolle.

Eine linearisierte Metrik $h_{\mu\nu}$ für die

$$0 = D_\nu = h^\mu{}_{\nu,\mu} - \frac{1}{2} h^\mu{}_{\mu,\nu} \tag{12.12}$$

gilt, erfüllt die **De-Donder-Eichung**. Man kann jede linearisierte Metrik durch Eichtransformation in eine überführen, die die De-Donder-Eichung erfüllt.

Metriken, die durch Eichtransformationen ineinander überführt werden können, gelten als physikalisch äquivalent, da sie dieselbe Metrik in leicht anderen Koordinatensystemen beschreiben. Wir können uns in unserer Suche nach Lösungen für die Einstein-Gleichungen im Vakuum also auf solche linearisierten Metriken beschränken, die die De-Donder-Eichung erfüllen.

Die linearisierte Einstein-Gleichung wird für solche Metriken aber deutlich einfacher! Es gilt nämlich, wenn wir $D_\nu = 0$ annehmen:

$$
\begin{aligned}
R_{\nu\rho} &= \frac{1}{2}\left(h^\mu{}_{\rho,\nu\mu} - h^\mu{}_{\mu,\nu\rho} + h^\mu{}_{\nu,\mu\rho} - \Box h_{\nu\rho} \right) \\
&= \frac{1}{2}\left(\underbrace{D_{\nu,\rho} + D_{\rho,\nu}}_{=0,\ \text{da}\ D_\nu=0}, - \Box h_{\nu\rho} \right) \\
&= -\frac{1}{2}\Box h_{\nu\rho}
\end{aligned}
$$

Damit gilt:

> Die linearisierten Einstein-Gleichungen im Vakuum $R_{\mu\nu} = 0$ sind, wenn die Metrik die De-Donder-Eichung erfüllt, äquivalent zu:
>
> $$\Box h_{\mu\nu} = 0 \qquad (12.13)$$
>
> Die linearisierte Metrik erfüllt damit die **Wellengleichung**.

Die Wellengleichung (12.13) tritt in ähnlicher Form auch z. B. in der Elektrodynamik auf. Dort sucht man ein Vektorpotenzial A^μ, das in der Lorentz-Eichung $A^\mu{}_{,\mu} = 0$ ebenfalls $\Box A^\mu = 0$ erfüllt.

Es gibt hier zwei Unterschiede: Erstens hat das gesuchte Feld $h_{\mu\nu}$ nicht einen Index, sondern zwei Indizes, und wegen der komplizierteren Eichbedingung werden die Lösungen eine leicht andere Form haben. Zweitens handelt es sich bei der Wellengleichung in der Elektrodynamik um eine exakte Gleichung, während sie in der ART nur eine lineare Näherung ist. Anschaulich: Elektromagnetische Wellen beschreiben den gesamten (Vakuums-)Lösungsraum der Maxwell-Gleichungen, während Gravitationswellen nur den lokalen Lösungsraum der Einstein-Gleichungen in der Nähe der Minkowski-Raumlösung darstellen.

12.4 Die Lösung der Wellengleichung

Wir wollen nun die Wellengleichung (12.13) lösen. Prinzipiell kennt man die Form der Lösungen der Wellengleichungen. Wir machen daher folgenden Ansatz:

$$
h_{\mu\nu}(x) = e_{\mu\nu}\exp\left(i(\omega t - \vec{k}\cdot\vec{x}) \right) \qquad (12.14)
$$

Mit dem Vierervektor

$$k^\mu = \begin{pmatrix} \omega/c \\ k^1 \\ k^2 \\ k^3 \end{pmatrix} \tag{12.15}$$

kann man die Welle auch als

$$h_{\mu\nu}(x) = e_{\mu\nu} \exp\left(i k_\rho x^\rho\right) \tag{12.16}$$

schreiben. Der Vorfaktor $e_{\mu\nu}$ ist hier eine räumlich und zeitlich konstante Amplitude.

Ein Hinweis: Die hier angegebene Welle nimmt komplexe Werte an, was für eine Metrik natürlich keinen Sinn ergibt. Aber das ist nicht weiter schlimm, denn die Wellengleichung (12.13) ist reell linear, und deswegen kann man erst Lösungen im Komplexen suchen, die meist einfacher hinzuschreiben sind, und am Ende einfach den Realteil der Lösung nehmen.

Zuerst einmal stellen wir fest, dass aus der Wellengleichung direkt

$$0 = \Box h_{\mu\nu} = \eta^{\sigma\tau} \frac{\partial}{\partial x^\sigma} \frac{\partial}{\partial x^\tau} e_{\mu\nu} \exp\left(i k_\mu x^\mu\right) = (i^2 \eta^{\sigma\tau} k_\sigma k_\tau) h_{\mu\nu} = -k^\sigma k_\sigma h_{\mu\nu}$$

folgt. Dies muss identisch verschwinden, also ist entweder $e_{\mu\nu} = 0$, was nicht so besonders interessant wäre, oder aber:

$$k^\sigma k_\sigma = 0 \tag{12.17}$$

Der Wellenvektor k^μ ist also lichtartig. Die Welle breitet sich daher mit Lichtgeschwindigkeit aus.

Als Nächstes betrachten wir die De-Donder-Eichbedingung, um etwas über die Amplitude $e_{\mu\nu}$ herauszufinden. Aus (12.12) folgt:

$$0 = D_\mu = h^\mu{}_{\nu,\mu} - \frac{1}{2} h^\mu{}_{\mu,\nu} = k_\mu e^\mu{}_\nu - k_\nu e^\mu{}_\mu \tag{12.18}$$

Hierbei haben wir $e^\mu{}_\nu := \eta^{\mu\rho} e_{\rho\nu}$ definiert. Die Gleichung (12.18) setzt den Wellenvektor k^μ und die Amplitude $e_{\mu\nu}$ zueinander in Beziehung. Um besser zu verstehen, was (12.18) genau bedeutet, legen wir unser Koordinatensystem so, dass die Welle sich in die x^3-Richtung bewegt, also:

$$k^\mu = \begin{pmatrix} k \\ 0 \\ 0 \\ k \end{pmatrix}, \qquad k = \frac{\omega}{c} > 0 \tag{12.19}$$

Die vier Gleichungen (12.18) für $\nu = 0, 1, 2, 3$ werden damit (nachdem man durch k geteilt hat) zu:

$$2(e_{00} + e_{30}) \;=\; e_{00} - e_{11} - e_{22} - e_{33} \tag{12.20}$$

$$2(e_{01} + e_{31}) \;=\; 0 \tag{12.21}$$

$$2(e_{02} + e_{32}) \;=\; 0 \tag{12.22}$$

$$2(e_{03} + e_{33}) \;=\; -e_{00} + e_{11} + e_{22} + e_{33} \tag{12.23}$$

Eine Metrik muss symmetrisch sein, also hat die Matrix $e_{\mu\nu} = e_{\nu\mu}$ zehn unabhängige Einträge. Die obigen Gleichungen (12.20) bis (12.23) sind vier unabhängige Bedingungen, damit bleiben sechs unabhängige Einträge. Wir erhalten z. B.:

$$e_{01} \;=\; -e_{31}, \qquad e_{02} \;=\; -e_{32}$$

Bildet man einmal die Summe und einmal die Differenz der beiden Gleichungen (12.20) und (12.23), erhält man die Bedingungen (nachrechnen!):

$$e_{30} \;=\; \frac{e_{00} + e_{33}}{2}, \qquad e_{11} \;=\; -e_{22}$$

Die sechs unabhängigen Komponenten der Matrix $e_{\mu\nu}$ sind damit z. B. e_{00}, e_{11}, e_{33}, e_{12}, e_{13} und e_{23}. Die restlichen kann man aus den obigen Gleichungen ableiten.

Wir sind aber noch nicht ganz fertig: Wir können nämlich immer noch weitere Eichtransformationen vornehmen, und zwar solche, die die De-Donder-Eichung (12.12) nicht zerstören. Mit (12.11) sind das genau die Eichtransformationen ϵ^μ, die $\Box \epsilon^\mu = 0$ erfüllen, also ebenfalls die Wellengleichung. Der Ansatz

$$\epsilon_\mu(x) \;=\; \delta_\mu \exp\left(i k_\rho x^\rho\right) \tag{12.24}$$

erfüllt $\Box \epsilon^\mu = 0$, wenn wir den Wellenvektor k^μ genau wie in (12.19) wählen. Der Vorfaktor δ^μ ist damit beliebig, und unter einer Eichtransformation mit (12.24) gilt mit (12.6), dass sich die Matrix $e_{\mu\nu}$ wie folgt verändert:

$$e_{\mu\nu} \;\longrightarrow\; \tilde{e}_{\mu\nu} \;=\; e_{\mu\nu} - i k_\mu \delta_\nu - i k_\nu \delta_\mu \tag{12.25}$$

Noch einmal zur Erinnerung: Keine Sorge, dass hier komplexe Funktionen auftauchen, auch die Parameter δ_μ der Eichtransformationen dürfen wir hier komplex wählen. Wir erhalten für die Transformation unserer sechs unabhängigen Parameter:

$$
\begin{aligned}
\tilde{e}_{00} &= e_{00} + 2ik\delta_0 \\[1ex]
\tilde{e}_{11} &= e_{11} \\[1ex]
\tilde{e}_{33} &= e_{33} - 2ik\delta_3 \\[1ex]
\tilde{e}_{12} &= e_{12} \\[1ex]
\tilde{e}_{13} &= e_{13} - ik\delta_1 \\[1ex]
\tilde{e}_{23} &= e_{23} - ik\delta_2
\end{aligned}
\tag{12.26}
$$

An (12.26) kann man sehen, dass durch geeignete Eichtransformation mit den richtigen (komplexen) δ_μ alle Matrixeinträge außer der (11)-Komponente und der (12)-Komponente zu null transformiert werden können.

Damit sind nur noch zwei unabhängige Komponenten übrig, die man in der Tat frei wählen kann. Wir geben ihnen die folgenden Bezeichnungen:

$$
\begin{aligned}
e_\times &:= e_{12} = e_{21} \\[1ex]
e_+ &:= e_{11} = -e_{22}.
\end{aligned}
$$

Damit gilt also:

Die Lösung der linearisierten Einstein-Gleichungen im Vakuum, die die Form einer sich in x^3-Richtung ausbreitenden **Gravitationswelle** hat, besteht in der Metrik

$$
h_{\mu\nu}(x) = \left(e_\times h_{\mu\nu}^{(\times)} + e_+ h_{\mu\nu}^{(+)} \right) \exp\left(i(\omega t - kx^3) \right)
\tag{12.27}
$$

mit $\omega = ck$ und folgenden 4×4-Matrizen:

$$
h^{(+)} = \begin{pmatrix} 0 & 0 & 0 & 0 \\ 0 & 1 & 0 & 0 \\ 0 & 0 & -1 & 0 \\ 0 & 0 & 0 & 0 \end{pmatrix}, \qquad
h^{(\times)} = \begin{pmatrix} 0 & 0 & 0 & 0 \\ 0 & 0 & 1 & 0 \\ 0 & 1 & 0 & 0 \\ 0 & 0 & 0 & 0 \end{pmatrix}
\tag{12.28}
$$

Die beiden Faktoren e_+ und $_\times$ heißen **Plus-** und **Kreuzpolarisation** der Gravitationswelle.

Die Form (12.27) beschreibt eine Gravitationswelle, die sich in die x^3-Richtung ausbreitet. Wellen, die sich in andere Richtungen ausbreiten, erhält man durch eine Drehung des Koordinatensystems (Aufgabe 12.1).

12.5 Gravitationswellen anschaulich

In diesem Abschnitt wollen wir uns ansehen, was die Plus- und Kreuzpolarisierungen anschaulich bedeuten. Zuerst betrachten wir einen inertialen Beobachter im Minkowski-Raum, der sich bezüglich unseres Koordinatensystem in Ruhe befindet. Dieser wird beschrieben durch die Weltlinie

$$x(s) = \begin{pmatrix} s \\ x^1 \\ x^2 \\ x^3 \end{pmatrix} \tag{12.29}$$

mit festen Ortskoordinaten x^i, $i = 1, 2, 3$. Jetzt schalten wir die Gravitationswelle an. Das heißt, wir ersetzen die Minkowski-Metrik durch (12.1), mit der linearen Metrik $h_{\mu\nu}$ gegeben durch (12.27). Um zu prüfen, ob die Weltlinie (12.29) immer noch einen inertialen Beobachter beschreibt, setzen wir die Weltlinie in die Geodätengleichung (6.9) ein. Wir erhalten:

$$0 = \ddot{x}^\mu + \Gamma^\mu_{\nu\rho} \dot{x}^\nu \dot{x}^\rho = \Gamma^\mu_{00} \tag{12.30}$$

da die $\dot{x}^i = 0$ für $i = 1, 2, 3$ und $\ddot{x}^\mu = 0$ für $\mu = 0, 1, 2, 3$ sind. Die Christoffel-Symbole Γ^μ_{00} ergeben sich mit (6.9) und (12.27) zu:

$$\Gamma^\mu_{00} = \frac{1}{2} \eta^{\mu\lambda} \left(h_{\lambda 0,0} + h_{\lambda 0,0} - h_{00,\lambda} \right) = 0 \tag{12.31}$$

Damit erfüllt (12.29) auch die Geodätengleichung für die Metrik mit der Gravitationswelle! Die Weltlinie ist also dieselbe, egal ob mit oder ohne Gravitationswelle. Es erscheint also erst einmal, als würde die Welle keinen Einfluss auf einen inertialen Beobachter ausüben.

Das ist jedoch nicht ganz richtig: Die Welle übt zwar keine Beschleunigung auf einen inertialen Beobachter mit Weltlinie (12.29) aus. Auf andere inertiale Beobachter, die sich z. B. quer zur Welle bewegen, jedoch durchaus (Aufgabe 12.3).

Aber auch Beobachter wie (12.29) können den Einfluss der Gravitationswelle spüren, und zwar durch Abstandsmessungen zu benachbarten Beobachtern!

Um uns dies zu veranschaulichen, betrachten wir einen inertialen Beobachter O im Ursprung des Koordinatensystems sowie eine Menge an weiteren inertialen Beobachtern, die ringförmig in der $x^3 = 0$-Ebene um O herum angeordnet sind (Abb. 12.1). All diese Beobachter bewegen sich auf Geodäten mit konstanten räumlichen Koordinaten. Sie erscheinen also in Ruhe. In der Tat ist der Abstand eines Punktes auf diesem Ring zu O aber nicht zeitlich konstant. Der Punkt O_φ auf dem Ring unter dem Winkel φ hat zu O einen Abstand von

$$d(O, O_\varphi)^2 \approx g_{\mu\nu} \Delta x^\mu \Delta x^\nu$$

mit dem räumlichen Verbindungsvektor

$$\Delta x = \begin{pmatrix} 0 \\ R\cos\varphi \\ R\sin\varphi \\ 0 \end{pmatrix}$$

Als Metrik benutzen wir den Realteil der Gravitationswelle (12.27), also:

$$g_{\mu\nu} = \eta_{\mu\nu} + \left(e_\times h_{\mu\nu}^{(\times)} + e_+ h_{\mu\nu}^{(+)}\right)\cos(\omega t - kx^3)$$

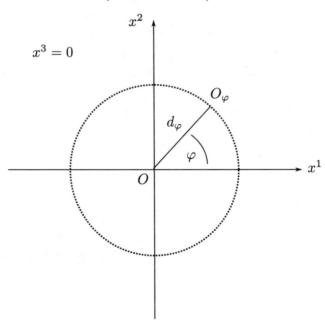

Abb. 12.1 Ringförmige Anordnung von Punkten um den Ursprung in der (x^1, x^2)-Ebene. Alle Punkte befinden sich in Ruhe, sind also inertiale Beobachter.

Wir schauen uns die $x^3 = 0$-Ebene an, und damit erhalten wir:

$$d(O, O_\varphi)^2 \approx -R^2 + R^2 e_+\left(\cos^2\varphi - \sin^2\varphi\right)\cos(\omega t)$$

$$+2R^2 e_\times \cos\varphi \sin\varphi \cos(\omega t)$$

$$= -R^2\left(1 - \left(e_+\cos(2\varphi) + e_\times\sin(2\varphi)\right)\cos(\omega t)\right)$$

Das Abstandsquadrat ist hier negativ, da O und O_φ räumlich zueinander liegen. Um den wirklichen räumlichen Abstand zu erhalten, nehmen wir die Wurzel aus dem negativen des Minkowski-Abstands. Wir erinnern uns dass die Komponenten von $h_{\mu\nu}$ sehr viel kleiner als 1 sein sollen, also $e_\times, e_+ \ll 1$, und damit können wir die Taylor-Reienentwicklung der Wurzel $\sqrt{1+x} \approx 1+x/2$ benutzen. Das Resultat für den räumlichen Abstand d_φ ist damit:

$$d_\varphi = \sqrt{-d(O,O_\varphi)^2} \approx R\left(1 - \frac{e_+ \cos(2\varphi) + e_\times \sin(2\varphi)}{2}\cos(\omega t)\right)$$

Obwohl die Punkte auf dem Ring also konstante räumliche Koordinaten haben, ändert sich der Abstand zum Mittelpunkt des Rings mit der Zeit.

Führen wir eine Koordinatentransformation $(x^1, x^2) \to (y^1, y^2)$ in der (x^1, x^2)-Ebene durch, sodass ihr tatsächlicher Abstand dem euklidischen Abstand in dieser Ebene entspricht, dann ergibt sich für eine Welle mit $e_\times = 0$ und mit $e_+ = 0$, d. h. eine rein pluspolarisierte und eine rein kreuzpolarisierte Welle, Abb. 12.2. Die Punkte scheinen also auf einer Art mit einer Frequenz ω oszillierenden Ellipse zu liegen. Der Abstand zum Nullpunkt O ändert sich also wellenartig. Anhand der Abbildung kann man nun auch erahnen, woher die Begriffe „kreuz-" und „pluspolarisiert" kommen.

Dabei ist es wichtig zu verstehen, dass die Punkte nicht bewegt werden, die Welle beschleunigt sie also nicht. Stattdessen wird die Raumzeit zwischen ihnen rhythmisch so gezerrt und gestreckt, dass sich die Abstände zwischen ihnen mit der Frequenz ω ändern.

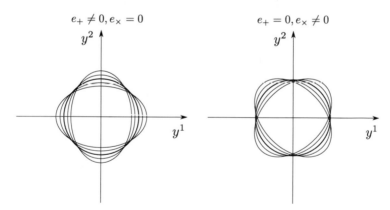

Abb. 12.2 Eine plus- und eine kreuzpolarisierte Welle, die sich in die x^3-Richtung, also auf den Betrachter, zubewegen, verändern die Abstände der Punkte auf dem Kreis in Abb. 12.1 zum Ursprung, sodass sie auf einer oszillierenden Ellipse liegen. Man kann erahnen, dass eine Drehung in der (x^1, x^2)-Ebene die beiden Polarisationen ineinander überführt (Aufgabe 12.1). Mehr anschauliche Darstellungen finden sich auf der Seite vom Max-Planck Institut für Gravitationsphysik: https://www.einstein-online.info/category/einstein-fuer-einsteiger/gravitationswellen-einstein-fuer-einsteiger/

12.5.1   Gravitationswellenastronomie

Zu den bekanntesten Quellen von Gravitationswellen im Universum gehören sich umkreisende Doppelsternsysteme, besonders dann, wenn die Sterne schnell und schwer sind (wie z. B. bei zwei sich umkreisenden Schwarzen Löchern).

Der bekannteste indirekte Nachweis von Gravitationswellen erfolgte durch Messungen am Pulsar PSR1913+16. Hier umkreist ein Pulsar einen Neutronenstern, und diese Bewegung sorgt für eine kontinuierliche Abstrahlung von Gravitationswellen.

Einstein und die Gravitationswellen: S. 334

Dadurch verliert das Doppelsternsystem mehr und mehr Energie. Als Folge nähern sich die beiden einander mehr und mehr an, was zu einer Verkürzung der Umlaufbahn und einer Erhöhung der Umlauffrequenz führt. Diese Frequenz kann man messen, da der Neutronenstern den Pulsar bei jedem Umlauf kurz verdeckt. Die Frequenzzunahme entspricht exakt dem von der ART vorhergesagten Wert. Für diesen indirekten Nachweis von Gravitationswellen wurde im Jahre 1993 der Nobelpreis für Physik an Russell A. Hulse und Joseph H. Taylor Jr. vergeben.

Der erste direkte Nachweis wurde im Jahre 2015 geführt. Die durch zwei kollidierende Schwarze Löcher erzeugte Gravitationswelle wurde gemessen, indem die durch sie erzeugte relative Längenverzerrung in einem Michelson-Interferometer nachgewiesen wurde. Die relative Amplitude betrug etwa $\frac{\Delta d}{d} \sim 10^{-21}$. Das heißt, die Welle sorgte dafür, dass der Durchmesser der Erde für einen Moment um die Größe eines Atomkerns schwankte! Dass diese Variation gemessen werden konnte, ist einer extrem genauen und ausgeklügelten Messmethode zu verdanken, über die man auf https://www.ligo.org/ mehr finden kann.

Für den direkten Nachweis wurde 2017 der Nobelpreis für Physik an Rainer Weiss, Barry Barish und Kip Thorne vergeben. Er eröffnete ein neues Zeitalter der Astronomie. Heutzutage werden neue Gravitationswellensignale im Wochenrhythmus gemessen, und damit steht zum ersten Mal eine andere Signalquelle als elektromagnetische Wellen zur Verfügung. Wer weiß, welche fantastischen neuen Erkenntnisse diese über das Universum liefern werden?

12.6 Zusammenfassung

- In der **linearen Näherung** der Relativitätstheorie expandiert man die Metrik um einen Hintergrund (meist die Minkowski-Metrik):

$$g_{\mu\nu} = \eta_{\mu\nu} + h_{\mu\nu}, \qquad |h_{\mu\nu}| \ll 1$$

  Die Störung $h_{\mu\nu}$ wird auch **linearisierte Metrik** genannt.

- Indizes in der linearisierten Näherung werden mit der (inversen) Minkowski-Metrik herauf- und heruntergezogen, anstelle mit $g_{\mu\nu}$.

- Die **inverse Metrik** ist gegeben durch:

$$g^{\mu\nu} = \eta^{\mu\nu} - \eta^{\mu\sigma} h_{\sigma\tau} \eta^{\tau\nu} = \eta^{\mu\nu} - h^{\mu\nu}$$

- In der linearisierten Näherung wird oft die Abkürzung

$$X_{,\mu} := \frac{\partial X}{\partial x^\mu}$$

  für die partielle Ableitung benutzt. Dabei kann X die Komponente eines beliebigen Tensors sein (also selber Indizes besitzen).

- Die Koordinatentransformationen, die die Linearisierung nicht stören, haben die Form (mit beliebigen, kleinen $\epsilon^\mu(x)$):

$$x^\mu \to \tilde{x}^\mu(x) = x^\mu + \epsilon^\mu(x)$$

- Da die ART invariant unter Koordinatentransformationen sind, kann man an den Metriken **Eichtransformationen** durchführen. Sie nehmen die Form

$$h_{\mu\nu} \to \tilde{h}_{\mu\nu} = h_{\mu\nu} - \epsilon_{\mu,\nu} - \epsilon_{\nu,\mu}$$

  an. Die Metriken $h_{\mu\nu}$ und $\tilde{h}_{\mu\nu}$ sind physikalisch äquivalent.

- Jede linearisierte Metrik $h_{\mu\nu}$ kann durch Eichtransformation in eine Form gebracht werden, die die **De-Donder-Eichbedingung**

$$h^\mu{}_{\nu,\mu} - \frac{1}{2} h^\mu{}_{\mu,\nu} \overset{!}{=} 0 \qquad (12.32)$$

  erfüllt.

- Unter der Annahme von (12.32) nehmen die linearisierten Einsteingleichungen im Vakuum die Form

$$\Box h_{\mu\nu} = 0 \qquad (12.33)$$

an. Dies ist die Wellengleichung, und die Lösungen dieser Gleichungen nennt man **Gravitationswellen**.

- Eine Lösung für (12.33) ist gegeben durch eine Gravitationswelle, die sich in die x^3-Richtung ausbreitet. Deren Form ist

$$h_{\mu\nu}(x) = \left(e_\times h_{\mu\nu}^{(\times)} + e_+ h_{\mu\nu}^{(+)}\right) \exp\left(i(\omega t - k x^3)\right) \qquad (12.34)$$

mit $\omega = ck$ und den 4×4-Matrizen

$$h^{(+)} = \begin{pmatrix} 0 & 0 & 0 & 0 \\ 0 & 1 & 0 & 0 \\ 0 & 0 & -1 & 0 \\ 0 & 0 & 0 & 0 \end{pmatrix}, \qquad h^{(\times)} = \begin{pmatrix} 0 & 0 & 0 & 0 \\ 0 & 0 & 1 & 0 \\ 0 & 1 & 0 & 0 \\ 0 & 0 & 0 & 0 \end{pmatrix} \qquad (12.35)$$

gegeben, für beliebige Amplituden $e_+, e_\times$, Phasenverschiebung ϕ und Wellenzahl k. Alle anderen Lösungen zu (12.33) entstehen aus diesen durch durch Anwendung von Lorentz-Transformationen, Eichtransformationen oder durch lineare Superposition solcher Lösungen.

- Die beiden Amplituden e_+, $e_\times$ heißen **Polarisationen**. Eine Welle hat demnach eine Plus- und eine Kreuzpolarisation, die durch Drehung ineinander überführt werden können (Aufgabe 12.2).

12.7 Verweise

$\boxed{\aleph_0}$ **Ähnlichkeiten zur Störungsrechnung:** Wenn man genau hinschaut, dann erkennt man die Gleichungen der Störungsrechnungen aus Kap. 8 wieder. Dort wurde eine lineare Störung $g_{\mu\nu} + \epsilon\Delta g_{\mu\nu}$ vorgenommen, und es wurden die linearen Terme einer Entwicklung nach ϵ betrachtet. Für den Fall $g_{\mu\nu} = \eta_{\mu\nu}$ erhält man, wenn man $\epsilon\delta g_{\mu\nu} =: h_{\mu\nu}$ definiert, dieselbe Theorie. Insbesondere ist die Änderung (12.6) nichts anderes als

$$\tilde{h} = h + \mathcal{L}_\epsilon h$$

für das Vektorfeld ϵ^μ aus (12.5), wenn die kovarianten Ableitungen durch partielle ersetzt werden, was in der linearen Näherung um die Minkowski-Metrik erlaubt ist.

Die Formeln aus Kap. 8 sind allgemeiner als die, die wir in diesem Kapitel benutzen, denn die lineare Näherung um den Minkowski-Raum ist ein Spezialfall der linearen Näherung um eine beliebige Metrik $g_{\mu\nu}$. In diesem Spezialfall können wir noch so einige Dinge mehr aussagen, vor allem können wir die Bewegungsgleichungen lösen. Daher benutzen wir eine etwas andere Notation als dort, die mehr mit der traditionellen Notation der Gravitationswellenastronomie übereinstimmt.

→ Zurück zu S. 319

$\boxed{\aleph_0}$ **Ähnlichkeiten zur Quantenfeldtheorie:** In der linearen Näherung (12.1) wird die ART im Wesentlichen eine Theorie des Feldes $h_{\mu\nu}$, das auf dem Minkowski-Raum lebt und gewisse Eichtransformationen (12.26) zulässt. Formal wird dies damit zu einer Feldtheorie, die große Ähnlichkeiten mit anderen Eichfeldtheorien hat, wie z. B. dem Elektromagnetismus. Es sieht sogar so aus, als sei sie invariant unter Lorentz-Transformationen.

Diese Ähnlichkeit hat dazu geführt, dass die Quantisierung der Relativitätstheorie versucht wurde, indem dieselben Methoden verwendet wurden, die auch bei anderen Quantenfeldtheorien erfolgreich waren. Doch die daraus entstehende Quantenfeldtheorie hat große fundamentale Probleme, wie sich herausstellte (z. B. Carroll (2004)), die sie als physikalische Theorie unbrauchbar machten.

Und in der Tat ist linearisierte Gravitation auch nicht immer eine gute Approximation zur ART, z. B. in der Nähe von Schwarzen Löchern oder gar bei der Beschreibung des Universums selbst. Das merkt man schon daran, dass die Approximationsbedingung in (12.1) nicht invariant unter allen Lorentz-Transformationen sein kann. Die Probleme reichen aber insofern noch weiter, als dass Störung um die Minkowski-Metrik herum das Prinzip der allgemeinen Kovarianz verletzt, weil hier eine besondere Hintergrundmetrik ausgezeichnet wird. Diese gibt es in der ART eigentlich nicht, in der *a priori* alle Metriken gleichberechtigt sein sollten. So sind moderne Herangehensweisen an die Quantisierung der ART darauf bedacht, die Quantisierung hintergrundunabhängig durchzuführen. Die resultierenden Theorien haben relativ wenig mit den weithin bekannten Quantenfeldtheorien auf dem Minkowski-Raum gemein, weswegen viele der dort bekannten Methoden nicht direkt anwendbar sind. Für eine weitere Lektüre dieses spannende Thema betreffend s. Thiemann (2019).

→ Zurück zu S. 321

Einstein und die Gravitationswellen: Die Geschichte der Gravitationswellen in der ART ist ziemlich wechselhaft. Im Jahre 1936 reichten Albert Einstein und Natan Rosen einen Artikel beim Journal Physical Review ein mit dem Titel „Do gravitational waves exist?" Die beiden kamen zu dem Schluss, dass die Antwort auf die Frage „nein" lauten müsste. Ein Gutachter entdeckte jedoch einen Fehler in den Berechnungen der beiden, und sandte ihnen eine korrigierte Fassung zu, die das Argument für die Nichtexistenz von Gravitationswellen entkräftete. Einstein soll sehr ungehalten darüber gewesen sein, dass sein Artikel vor der Veröffentlichung von einem Gutachter geprüft worden war. Dies war eine Praxis, die der damals weltberühmte Physiker nicht gewohnt war. Die Frage blieb zumindest offen, und Einstein erkannte an, dass die Frage nicht geklärt war.

Es sollte eine Weile dauern, bis eindeutig geklärt werden konnte, dass Gravitationswellen wirklich existieren. Das Problem hat mit den Eichtransformationen (12.6) zu tun. Es ist einfach, die Eichtransformation einer Metrik zu berechnen. Es ist aber extrem schwierig zu testen, ob eine Gleichung wie (12.6) für gegebene $h_{\mu\nu}$ und $\tilde{h}_{\mu\mu}$ eine Lösung für ϵ^μ haben. Es ist also schwierig herauszufinden, ob zwei gegebene Metriken physikalisch äquivalent sind oder nicht. Wer sagt einem also, dass die Lösung (12.27) nicht äquivalent zur Minkowski-Metrik ist? Die praktischen Diskussionen damals entspannten sich um die Frage danach, wie man ein vernünftiges Experiment zur Messung von Gravitationswellen designen und ob die Messung nicht ein Artefakt eines falsch gewählten Koordinatensystems sein konnte.

in der Tat bemerkte erst im Jahre 1956 der polnische Physiker Erik Pirani die Bedeutung des Riemannschen Krümmungstensors für die Gezeitenkräfte und damit die koordinatenunabhängige relative Beschleunigung.

Eine Zusammenfassung der Geschichte findet sich in Cervantes-Cota et al. (2016).

→ Zurück zu S. 330

12.8 Aufgaben

Aufgabe 12.1 Gegeben ein Gravitationswelle der Form (12.34). Berechnen Sie die Form nach einer Koordinatentransformation der Koordinaten $x^\mu \equiv (t,x,y,z)$, und zwar:

a) einer Drehung in der (x,z)-Ebene um $\pi/2$
b) einer Drehung in der (x,y)-Ebene um einen Winkel θ
c) einem Boost in z-Richtung mit Rapidität η

S. 356 $\longrightarrow$ Tipp   Lösung $\longrightarrow$ S. 456

Aufgabe 12.2 Ausgehend von 12.1b:

a) Unter welchem Winkel wird eine kreuzpolarisierte Welle zu einer pluspolarisierten Welle?
b) Man sagt, eine Welle habe Spin n, wenn der kleinste Winkel, unter dem die Welle in sich selbst überführt wird, $\theta = \frac{2\pi}{n}$ ist. Welchen Spin hat eine Gravitationswelle?

S. 356 $\longrightarrow$ Tipp   Lösung $\longrightarrow$ S. 458

Aufgabe 12.3 Eine Beobachterin bewegt sich in x-Richtung mit der Geschwindigkeit v. Welche Kräfte wirken auf sie, wenn sie eine sich in z-Richtung bewegende kreuzpolarisierte Gravitationswelle durchquert? Man nehme hier an, dass die Welle reell ist, also durch den Realteil von (12.34) gegeben ist.

S. 356 $\longrightarrow$ Tipp   Lösung $\longrightarrow$ S. 459

Aufgabe 12.4 Zeigen Sie:

a) Die De-Donder-Eichbedingung (12.32) in der linearisierten Theorie ist äquivalent zu:

$$\Gamma^\rho := g^{\mu\nu}\Gamma^\rho_{\mu\nu} = 0$$

b) In der nichtlinearisierten ART ist die Bedingung $\Gamma^\rho = 0$ äquivalent zu $\Box x^\mu = 0$, also alle Koordinatenfunktionen erfüllen die Wellengleichung.

Fun fact: Funktionen f mit $\Box f = 0$ heißen auch „harmonische Funktionen". Die deDonder Eichbedingung wird deswegen auch „harmonische Eichung" genannt.

S. 356 $\longrightarrow$ Tipp   Lösung $\longrightarrow$ S. 460

13 Tipps zu den Aufgaben

Übersicht

13.1 Tipps zu Aufgaben Kapitel 1

Zu Aufgabe 1.1: Wir gehen davon aus, dass $0 < t_0 < T$ ist, denn der Wurf findet ja statt, während sich die beiden innerhalb des Loopings befinden. Außerdem ist die Position des Gegenstandes zum Zeitpunkt $t = t_0$ genau bei $z^i = 0$, man kann also nach (1.10) davon ausgehen, dass keinerlei Eulerkraft auftritt. Die Zentrifugalkraft haben wir bereits im Beispiel berechnet, es bleibt also nur noch herauszufinden, wie groß die Komponenten der Corioliskraft sind.

S. 35 ⟵ Aufgabe   Lösung ⟶ S. 359

© Springer-Verlag GmbH Deutschland, ein Teil von Springer Nature 2022
B. Bahr, *Tutorium Allgemeine Relativitätstheorie*,
https://doi.org/10.1007/978-3-662-63419-6_13

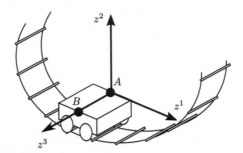

Abb. 13.1 Während der Fahrt durch den Looping wirft A ein Objekt mit Geschwindigkeit w in die z^3-Richtung, zu ihrem Sitznachbarn B.

Zu Aufgabe 1.2: Zuerst sollte man ein festes Inertialsystem wählen, das einem die Arbeit erleichtert, z. B. sodass das Karussell in der (x^1, x^2)-Ebene liegt und um die x^3-Achse rotiert. Zum Zeitpunkte $t = 0$ sitzt A genau auf dem Punkt mit Koordinaten $x^1 = r$, $x^2 = x^3 = 0$, während B die ganze Zeit bei $x^i = 0$ sitzt (und sich nur um sich selbst dreht). Mit dieser Information muss man zuerst überlegen, wie die Umrechnungen von x^i-Koordinaten im Ruhesystem von A, bzw. von x^i-Koordinaten im Ruhesystem von B aussehen. Das ist schon die halbe Miete.

S. 35 ⟵ Aufgabe   Lösung ⟶ S. 361

Zu Aufgabe 1.3: Zuallererst stellen wir fest, dass es sich um ein rotationssymmetrisches Problem handelt – wir können also ohne Einschränkung festlegen, dass $\phi = 0$ gilt. Als Nächstes muss man sich das Koordinatensystem, das fest an einem

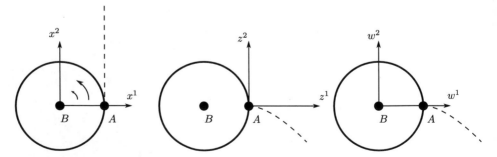

Abb. 13.2 Ein sich drehendes Karussell aus der Sicht eines Beobachters am Boden (links), des Beobachters A auf dem Rand des Karussells (Mitte) und des Beobachters B in der Mitte (rechts).

Ort O auf der Erdoberfläche angeheftet ist, beschaffen. Genauer gesagt: die Umrechnung von externen inertialen Koordinaten x^i in die von O, also z^i.

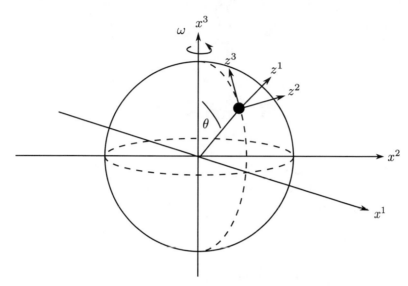

Abb. 13.3 Ein sich auf der Erdoberfläche mitbewegender Punkt erfährt Scheinkräfte, die in seinem Koordinatensystem mit Koordinaten z^i zu berechnen sind.

Am einfachsten wird die Aufgabe, wenn man die z^i so legt, dass eine Richtung, z. B. die z^1-Richtung, immer senkrecht nach oben von der Erdoberfläche, und eine andere Richtung, z. B. z^3, immer nach Norden weist. Dann wird vor allem die Zerlegung der Corioliskraft in die Anteile tangential und senkrecht zur Oberfläche ganz einfach, genauso wie die Darstellung des Geschwindigkeitsvektors $\dot{z}^i$.

S. 35 ⟵ Aufgabe   Lösung ⟶ S. 363

Zu Aufgabe 1.4: Weil die beiden Beobachter nicht rotieren, sind die Umrechnungen der jeweiligen Koordinatensysteme von der Form her recht einfach. Auch wenn die genauen Flugbahnen der beiden Beobachter nicht bekannt sind, erfüllen sie doch einfache Bewegungsgleichungen. Benutzen Sie diese sowie die Umrechnung der beiden Koordinatensysteme ineinander, um zu zeigen, dass die Flugbahn $z^i(t)$ des einen im Koordinatensystem des anderen die Gleichung $\ddot{z}^i(t) = 0$ erfüllt.

S. 35 ⟵ Aufgabe   Lösung ⟶ S. 366

Zu Aufgabe 1.5: Die s^i werden auch *Schwerpunktskoordinaten* genannt und r^i die *Relativkoordinaten*. Die Bewegungsgleichungen der Bahnkurven kann man direkt aus dem zweiten Newtonschen Gesetz und dem Gravitationsgesetz ableiten. Daraus kann man die Bewegungsgleichungen für $s^i(t)$ und $r^i(t)$ direkt ablesen.

S. 36 ⟵ Aufgabe   Lösung ⟶ S. 367

13.2 Tipps zu Aufgaben Kapitel 2

Zu Aufgabe 2.1: Hier reicht es, die Formel für die Zeitdilatation (2.9) zu benutzen, wofür man die Geschwindigkeit v des Flugzeugs kennen muss. Weil die Geschwindigkeit des Flugzeugs so klein ist im Vergleich zu c, ist es in dieser Aufgabe in Ordnung, nur bis zur ersten Ordnung in v^2/c^2 zu rechnen.

S. 60 ⟵ Aufgabe   Lösung ⟶ S. 368

Zu Aufgabe 2.2: Die Umrechnung zwischen den beiden Koordinatensystemen funktioniert mithilfe der Lorentz-Transformation (2.7). Um die Geschwindigkeit und die Richtung des Lichtstrahls bei b) und c) zu berechnen, lohnt es sich, die räumliche Geschwindigkeit $\vec{w}$ des Lichtstrahls im System von $\tilde{O}$ zu betrachten.

$$\vec{w} = \left(\tilde{w}^1, \tilde{w}^2, \tilde{w}^3\right) = c\left(\frac{d\tilde{x}^1}{d\tilde{x}^0}, \frac{d\tilde{x}^2}{d\tilde{x}^0}, \frac{d\tilde{x}^3}{d\tilde{x}^0}\right).$$

S. 60 ⟵ Aufgabe   Lösung ⟶ S. 368

Zu Aufgabe 2.3: Man kann hier annehmen, dass die beiden Personen inertiale Beobachter sind. Zeichnen Sie ein Raumzeitdiagramm im erdfesten System, und tragen Sie die Weltlinien der Personen und die Weltlinie der Andromedagalaxie ein. Der Ursprung $x^\mu = \tilde{x}^\mu = 0$ ist das Ereignis, bei dem sich die beiden Beobachter treffen. Wo befinden sich die Punkte, die alle dieselbe x^0-Koordinate, bzw. dieselbe $\tilde{x}^0$-Koordinate haben? Wo schneiden diese Punktmengen jeweils die Weltlinie der Andromedagalaxie?

S. 60 ⟵ Aufgabe   Lösung ⟶ S. 370

Zu Aufgabe 2.4: Die Myonen zerfallen stetig, während sie durch die Atmosphäre fliegen, nach dem Gesetz

$$N(t) = N_0 \exp(-t/\tau)$$

mit der Lebensdauer τ (Vorsicht: nicht die Halbwertszeit!). Wegen der Zeitdilatation zerfallen sie aber (aus der Sicht der Erde) deutlich langsamer. Sinn der Aufgabe ist es, anhand der beiden Myonenflussraten auszurechnen, um wie viel die Zeit für die Myonen wegen der Zeitdilatation langsamer läuft, und daraus die Geschwindigkeit zurück zu berechnen.

S. 60 ⟵ Aufgabe $\qquad$ Lösung ⟶ S. 372

13.3 Tipps zu Aufgaben Kapitel 3

Zu Aufgabe 3.1: Benutzen Sie hier die Definition von Herauf- und Herunterziehen. Sie müssen dabei bei der Benennung der Indizes aufpassen, dass die Regeln auf S. 86 nicht verletzt werden.

S. 97 ⟵ Aufgabe $\qquad$ Lösung ⟶ S. 373

Zu Aufgabe 3.2: Diese Aufgabe lässt sich direkt ausrechnen, wenn man die Definitionen (3.55) und (3.56) benutzt.

S. 97 ⟵ Aufgabe $\qquad$ Lösung ⟶ S. 374

Zu Aufgabe 3.3: Die Existenz ist nicht so schwer zu zeigen. Als Beispiel funktioniert hier die (Anti-)Symmetrisierung von $T_{\mu\nu}$. Die Eindeutigkeit zu zeigen, ist der schwerere Teil. Nehmen Sie an, Sie haben eine Zerlegung von $T_{\mu\nu}$ wie in der Aufgabe, und wenden Sie die Symmetrisierung noch einmal darauf an. Verwenden Sie dann die Formeln aus Aufgabe 3.2.

S. 97 ⟵ Aufgabe $\qquad$ Lösung ⟶ S. 374

Zu Aufgabe 3.4: Die Schwierigkeit der Aufgabe besteht eigentlich nur darin, zu verstehen, was die fürchterlich aussehende Formel bedeutet. Danach reicht es, die Definition für total antisymmetrische Tensoren zu verwenden.

S. 97 ⟵ Aufgabe $\qquad$ Lösung ⟶ S. 375

Zu Aufgabe 3.5: Hier muss geprüft werden, ob sich die $\omega_\mu(x)$ bei einem Koordinatenwechsel richtig transformieren. Damit ist gemeint: Nimmt man dieselbe

Funktion f in einem anderen Koordinatensystem und formt die partiellen Ableitungen

$$\tilde{\omega}_\mu(\tilde{x}) = \frac{\partial}{\partial \tilde{x}} f(\tilde{x}),$$

erhält man andere Komponenten. Hängen die $\omega_\mu(x)$ und $\tilde{\omega}_\mu(\tilde{x})$ so miteinander zusammen, wie man es von 1-Formen erwarten würde?

S. 97 ⟵ Aufgabe   Lösung ⟶ S. 375

Zu Aufgabe 3.6: Für a) muss man zeigen, dass beide Kurven immer dieselbe Bedingung aus Seite 69 erfüllen, also die Minkowskinormquadrate der jeweiligen Geschwindigkeitsvektoren dasselbe Vorzeichen haben.

Für b) muss man die Substitutionsregel anwenden.

Um c) zu lösen, kann man direkt Formel (3.13) anwenden. Es geht aber auch schneller und mit weniger Rechenaufwand, wenn man das Resultat aus b) benutzt und eine geschickte Umparametrisierung wählt.

S. 98 ⟵ Aufgabe   Lösung ⟶ S. 376

Zu Aufgabe 3.7: Könnte man die Kurve aus Aufgabe 3.6 c) so modifizieren, dass sie lichtartig würde?

S. 98 ⟵ Aufgabe   Lösung ⟶ S. 377

Zu Aufgabe 3.8: Um a) zu zeigen, reicht es, eine Differenzialgleichung für die Umparameterisierung $\lambda(\tilde{\lambda}$ aufzustellen und deren Lösungen zu bestimmen. Man bedenke dabei, O mit beiden Parameterisierungen jeweils dieselbe Frequenz misst. Für b) sollte man den Geschwindigkeitsvektor von O benutzen. Kann man aus diesem und dem Geschwindigkeitsvektor des Lichtstrahls einen Lorentz-Skalar formen, der gleich ω ist? Für c) muss man sich überlegen, welche Frequenz $\tilde{O}$ misst. Dafür kann man das Resultat von b) benutzen.

S. 98 ⟵ Aufgabe   Lösung ⟶ S. 378

Zu Aufgabe 3.9: Am schwierigsten ist hier eindeutig e). Um e) zu zeigen, ist es sinnvoll, Lorentz-Matrizen in der Form

$$\lambda = \begin{pmatrix} \Lambda^0{}_0 & \vec{M}^T \\ \vec{N} & R \end{pmatrix}$$

mit Dreiervektoren $\vec{N}$, $\vec{M}$ und 3×3-Matrix R zu schreiben. Aus der Eigenschaft der Lorentz-Matrizen, die in der Aufgabe gegeben ist, kann man dann Beziehungen zwischen $\Lambda^0{}_0$, $\vec{N}$ und $\vec{M}$ herleiten. Mit der Cauchy-Schwarz-Ungleichung lässt sich das Resultat herleiten.

S. 99 $\longleftarrow$ Aufgabe   Lösung $\longrightarrow$ S. 379

Zu Aufgabe 3.10: Bei c) braucht man die explizite Gestalt der Lorentz-Matrix, die $\vec{e}_1$ um $\vec{e}_3$ nach $\vec{e}_2$ dreht. Um diese zu bekommen, kann man sich erinnern: Die Spalten einer Matrix sind die Bilder der Einheitsvektoren!

Zu d) ist es sinnvoll, zuerst zu beweisen, dass jeder Boost symmetrisch sein muss.

S. 99 $\longleftarrow$ Aufgabe   Lösung $\longrightarrow$ S. 382

13.4   Tipps zu Aufgaben Kapitel 4

Zu Aufgabe 4.1: Setzen Sie die Ausdrücke (4.14) für $g_{\mu\nu}$ und (4.33) für $g^{\nu\rho}$ ein und benutzen Sie hierbei die Kettenregel. Denken Sie hierbei daran, dass Sie eventuell die Indizes umbenennen müssen, sodass kein Index mehr als zweimal vorkommt und die richtigen Indizes miteinander kontrahiert werden.

S. 119 $\longleftarrow$ Aufgabe   Lösung $\longrightarrow$ S. 384

Zu Aufgabe 4.2: Es ist im Kasten auf Seite 112 bereits angegeben, welche Ausdrücke eingesetzt werden müssen. Die Schwierigkeit besteht darin, dass wirklich alle Teile der Formel – auch $\cosh^2(x^0)$ – in den ξ^μ ausgedrückt werden müssen. Beweisen Sie zunächst die Gleichung

$$\frac{1 + \sinh^2(\xi^0)\cos^2(\xi^1)}{\cos^2(\xi^1)\cosh^2(\xi^0)} = 1 + \tan^2(\xi^1)\mathrm{sech}^2(\xi^0),$$

indem Sie $1 + \sinh^2(\xi^0)\cos^2(\xi^1)$ mithilfe von trigonometrischen Identitäten umformen und dann durch $\cos^2(\xi^1)\cosh^2(\xi^0)$ teilen. Diese Identität wird Ihnen in Ihren Rechnungen helfen.

S. 119 $\longleftarrow$ Aufgabe   Lösung $\longrightarrow$ S. 385

Zu Aufgabe 4.3: Für diese Aufgaben müssen Sie zuerst die inverse Metrik berechnen, und dann die Formel (**??**) benutzen, also ordentlich partielle Ableitungen berechnen. Benutzen Sie die Tatsache, dass die Christoffel-Symbole symmetrisch bezüglich der unteren beiden Indizes sind, um sich ein wenig Arbeit zu sparen. Sowohl in ξ^μ- als auch in x^μ- Koordinaten wird es nur drei von null verschiedene

Christoffel-Symbole geben (zwei, wenn Sie die Symmetrie berücksichtigen).

S. 119 ⟵ Aufgabe   Lösung ⟶ S. 386

Zu Aufgabe 4.4: In dieser Aufgabe geht es darum, zuerst einmal explizit in x^μ-Koordinaten nachzurechnen, dass wirklich die Gleichung (4.34) erfüllt ist. Dabei müssen die Christoffel-Symbole (die Sie in Aufgabe 4.3 berechnet haben) auf der Weltlinie ausgewertet werden.

Hilfreich ist es, wenn Sie zuerst folgende Gleichung beweisen:

$$1 + \sinh^2(\tau)\cosh^2(\theta) = \cosh^2(\tau) + \sinh^2(\tau)\sinh^2(\theta)$$

Für den zweiten Teil der Aufgabe muss die Weltlinie $x^\mu(\tau)$ in ξ^μ-Koordinaten ausgedrückt werden. Der Ausdruck sieht vielleicht zuerst etwas wild aus, kann aber mithilfe von trigonometrischen Identitäten deutlich vereinfacht werden.

S. 119 ⟵ Aufgabe   Lösung ⟶ S. 388

Zu Aufgabe 4.5: Generell reicht es, in dieser Aufgabe die Koordinaten x^0, y^0, x^1, y^1 zu betrachten, die anderen sind nicht interessant. Um den Koordinatenwechsel $(x^0, x^1) \to (y^0, y^1)$ umzukehren, leiten Sie einen Ausdruck für $\frac{x^0}{x^1}$ her, und setzen ihn dann in die Formel für y^1 ein. Zur Vereinfachung benutzen Sie Additionstheoreme für hyperbolische trigonometrische Funktionen.

Für d) reichen einfache geometrische Überlegungen. Teil e) hingegen ist anspruchsvoller. Hier muss der Schnittpunkt des Lichtstrahls mit der Bahnkurve von R bestimmt werden. Explizit muss man diesen aber nicht ausrechnen, nur die Bedingung für den Schnittpunkt, um das Skalarprodukt des Geschwindigkeitsvektors von R mit dem des Lichtstrahls zu berechnen (siehe Aufgabe 3.8.

S. 120 ⟵ Aufgabe   Lösung ⟶ S. 391

13.5　Tipps zu Aufgaben Kapitel 5

Zu Aufgabe 5.1: Bei dieser Aufgabe kann man sich gut am zweidimensionalen Fall orientieren (S. 128).

S. 149 ⟵ Aufgabe　　　　　　　　　　　　　　　Lösung ⟶ S. 393

Zu Aufgabe 5.2: Es gibt viele Methoden, diese Aufgabe zu zeigen. Eine Möglichkeit besteht darin, ein Vektorfeld in zwei verschiedenen Koordinatensystemen in seine Komponenten zu zerlegen.

$$X = X^\mu \frac{\partial}{\partial x^\mu} = \tilde{X}^\mu \frac{\partial}{\partial \tilde{x}^\mu}$$

und die Formel (5.17) für die Transformation der Komponenten zu verwenden.

S. 149 ⟵ Aufgabe　　　　　　　　　　　　　　　Lösung ⟶ S. 394

Zu Aufgabe 5.3: Der Koordinatenwechsel ist auf S. 128 angegeben. Benutzen Sie die Formel aus Aufgabe 5.2. Achten Sie darauf, dass die Ergebnisse in den Koordinaten x_N^1, x_N^2 ausgedrückt werden, also keine θ und ϕ darin vorkommen.

S. 149 ⟵ Aufgabe　　　　　　　　　　　　　　　Lösung ⟶ S. 394

Zu Aufgabe 5.4: Es ist nicht schwer, den Kommutator (5.23) zu berechnen und als Vektorfeld, z. B. $[C_n, C_m] = f_{nm}(\phi)\frac{\partial}{\partial \phi}$ mit einer Funktion $f_{nm}(\phi)$, darzustellen. Die Herausforderung besteht darin, die Funktion $f_{nm}(\phi)$ wieder als Linearkombination von $\cos(n'\phi)$ und $\sin(m'\phi)$ zu schreiben, evtl. von verschiedenen m', n'. Am ehesten helfen hier Additionstheoreme, also z. B. :

$$\sin(\alpha + \beta) = \sin(\alpha)\cos(\beta) + \sin(\beta)\cos(\alpha)$$

$$\cos(\alpha + \beta) = \cos(\alpha)\cos(\beta) - \sin(\beta)\sin(\alpha)$$

S. 149 ⟵ Aufgabe　　　　　　　　　　　　　　　Lösung ⟶ S. 396

Zu Aufgabe 5.5: Diese Aufgabe kann man durch direktes Nachrechnen lösen. Benutzen Sie hierfür die Formel (5.23) für den Kommutator. Am besten rechnet man zuerst den Ausdruck für $[X, [Y, Z]]$ aus und tauscht dann X, Y, Z durch.

S. 149 ⟵ Aufgabe　　　　　　　　　　　　　　　Lösung ⟶ S. 397

Zu Aufgabe 5.6: Für a) muss man zeigen, dass die rechte Seite von (5.54) dieselbe 1-Form ergibt, unabhängig davon, ob man die Koordinaten x^μ oder die Koordinaten $\tilde{x}^\mu$ benutzt.

Für b) muss man sich an die Kettenregel und den Hauptsatz der Differenzial- und Integralrechnung erinnern.

Um c) zu beweisen, betrachte man das Kurvenintegral von ω entlang eines Kreises um den Ursprung. Was kommt dabei heraus? Was würde man nach (5.56) erwarten?

S. 149 ⟵ Aufgabe   Lösung ⟶ S. 398

Aufgabe 5.7: Es handelt sich bei allen Komponenten um das Kronecker-Delta, nur die Indexstellung ist anders. Damit sind das drei völlig verschiedene Tensoren, was man in Kugelkoordinaten auch wirklich sieht. Diese Aufgabe erfordert die konsequente Anwendung der Formeln für die Transformation von Tensorkomponenten (5.40).

S. 150 ⟵ Aufgabe   Lösung ⟶ S. 399

Zu Aufgabe 5.8: Für a) ist die allgemeine Formel für die Inverse einer 2×2-Matrix hilfreich. Bei b) gibt es mehr als eine Lösung. Hier hilft es, sich klarzumachen, dass man jede komplexe Zahl in Real- und Imaginärteil zerlegen kann. Für c) muss man $(A + B)^\dagger = A^\dagger + B^\dagger$ und $(AB)^\dagger = B^\dagger A^\dagger$ benutzen. Außerdem ist es hilfreich zu wissen (oder sogar zu beweisen, wenn man Zeit und Lust hat), dass $\det(\exp(A)) = \exp(\operatorname{tr}(A))$ gilt und dass $\exp(A)\exp(B) = \exp(A + B)$ für zwei Matrizen A, B mit $AB = BA$ gilt. Bei d) hilft es, sich erst einmal zu überlegen, was $(ix^I \sigma_I)^2$ ist. Was folgt daraus für $(ix^I \sigma_I)$? Außerdem sollte man hierfür die Taylor-Reihen für $\sin(x)$ und $\cos(x)$ kennen und benutzen. Teil e) ist am besten schrittweise zu lösen. Jeder Punkt in $SU(2)$ entspricht laut b) einem Punkt auf S^3. Teil d) sagt einem, welchem. Welche Koordinaten (x_N^1, x_N^2, x_N^3) dieser Punkt hat, das sagt einem Aufgabe 5.1.

S. 150 ⟵ Aufgabe   Lösung ⟶ S. 401

13.6 Tipps zu Aufgaben Kapitel 6

Zu Aufgabe 6.1: Diese Aufgabe ist nicht schwer, solange man sich an die Symmetrieeigenschaften der Christoffel-Symbole erinnert.

S. 177 ⟵ Aufgabe   Lösung ⟶ S. 406

Zu Aufgabe 6.2: Dies kann man direkt ausrechnen, indem man mithilfe der Produktregel die Ableitung von $g_{\mu\nu}X^\mu Y^\nu$ nach dem Kurvenparameter hinschreibt und dann die Bedingungen für den Paralleltransport einsetzt.

S. 177 ⟵ Aufgabe   Lösung ⟶ S. 406

Zu Aufgabe 6.3: Im Klartext: Gegeben seien die beiden folgenden Formeln:

$$\tilde{\Gamma}^\mu_{\nu\rho} = \frac{\partial \tilde{x}^\mu}{\partial x^\alpha}\frac{\partial x^\beta}{\partial \tilde{x}^\nu}\frac{\partial x^\gamma}{\partial \tilde{x}^\rho}\Gamma^\alpha_{\beta\gamma} + \frac{\partial^2 x^\sigma}{\partial \tilde{x}^\rho \partial \tilde{x}^\nu}\frac{\partial \tilde{x}^\mu}{\partial x^\sigma} \tag{13.1}$$

$$\hat{\Gamma}^\delta_{\epsilon\eta} = \frac{\partial \hat{x}^\delta}{\partial \tilde{x}^\mu}\frac{\partial \tilde{x}^\nu}{\partial \hat{x}^\epsilon}\frac{\partial \tilde{x}^\rho}{\partial \hat{x}^\eta}\tilde{\Gamma}^\mu_{\nu\rho} + \frac{\partial^2 \tilde{x}^\lambda}{\partial \hat{x}^\eta \partial \hat{x}^\epsilon}\frac{\partial \hat{x}^\delta}{\partial \tilde{x}^\lambda} \tag{13.2}$$

Zu zeigen ist dann:

$$\hat{\Gamma}^\delta_{\epsilon\eta} = \frac{\partial \hat{x}^\delta}{\partial x^\alpha}\frac{\partial x^\beta}{\partial \hat{x}^\epsilon}\frac{\partial x^\gamma}{\partial \hat{x}^\eta}\Gamma^\alpha_{\beta\gamma} + \frac{\partial^2 x^\tau}{\partial \hat{x}^\eta \partial \hat{x}^\epsilon}\frac{\partial \hat{x}^\delta}{\partial x^\tau} \tag{13.3}$$

Die Rechnung hier ist etwas aufwendiger. Setzen Sie (13.1) in (13.2) ein und benutzen Sie Kettenregel und Produktregel. Vorsicht: Wenn man einen Ausdruck wie

$$\frac{\partial}{\partial x^\mu}\frac{\partial \hat{x}^\nu}{\partial \tilde{x}^\rho} \tag{13.4}$$

erhält, dann muss man die partielle Ableitung nach den x^μ erst durch partielle Ableitungen nach $\tilde{x}^\sigma$ ausdrücken, bevor man weiterrechnen kann!

S. 177 ⟵ Aufgabe   Lösung ⟶ S. 406

Zu Aufgabe 6.4: Bei a) ist zu zeigen, dass die $\tilde{T}^\mu_{\nu\rho}$ und $T^\alpha_{\beta\gamma}$ sich wie Komponenten eines $(1,2)$-Tensors zueinander verhalten, also nach Formel (5.40). Bei b) erlaubt es die Bedingung $\nabla^{(\mathcal{G})}_\nu g_{\rho\rho} = 0$, die partielle Ableitung der Metrik durch die $\mathcal{G}^\mu_{\nu\rho}$ auszudrücken. Setzen Sie dies in die Formel für die $\Gamma^\mu_{\nu\rho}$ ein.

S. 177 ⟵ Aufgabe   Lösung ⟶ S. 408

Zu Aufgabe 6.5: Orientieren Sie sich an der Rechnung in Kap. 6.6.

S. 178 ⟵ Aufgabe   Lösung ⟶ S. 409

Zu Aufgabe 6.6: Für diese Aufgabe muss man Formel (5.40) für $(0,2)$-Tensoren anwenden, wofür man insgesamt vier partielle Ableitungen braucht.

S. 178 ⟵ Aufgabe   Lösung ⟶ S. 410

Zu Aufgabe 6.7: Die Länge des Kreises entspricht der Bogenlänge (6.2). Da es sich hier um eine Riemannsche Metrik handelt, die positive definit ist, muss das positive Vorzeichen gewählt werden. Die Gleichungen zum Paralleltransport sind letztendlich einfache Differenzialgleichungen, deren Lösung man bereits im Beispiel ab S. 165 gesehen hat.

S. 178 ⟵ Aufgabe   Lösung ⟶ S. 411

Zu Aufgabe 6.8: Diese Aufgabe ist etwas aufwendiger. Bei a) gilt es, die Komponenten $^{(L)}\Gamma^{\mu}_{\nu\rho}$ zu finden. Definieren Sie sich hierfür die beiden Vektoren e_θ und e_ϕ, die in Richtung von wachsendem θ bzw. ϕ zeigen, senkrecht aufeinander stehen und beide die Länge 1 haben. Wenn ein Vektor konstanten Winkel zum Nordpol hat, was bedeutet dies für die Skalarprodukte des Vektors mit e_θ und e_ϕ?

Diese Bedingungen müssen beim Paralleltransport mit dem loxodromischen Zusammenhang erfüllt sein. Schreiben Sie die Paralleltransportgleichungen hin, einmal entlang eines Breitenkreises und einmal entlang eines Meridians. Suchen Sie Symbole $^{(L)}\Gamma^{\mu}_{\nu\rho}$, sodass die Paralleltransportgleichungen zu den obigen Bedingungen werden. Hinweis: Am Ende wird es nur ein einziges nicht verschwindendes Symbol geben!

Sobald man die $^{(L)}\Gamma^{\mu}_{\nu\rho}$ hat, kann man b) direkt prüfen.

Für c) muss man zwei gekoppelte einfache Differenzialgleichungen für $\theta(\lambda), \phi(\lambda)$ lösen. Die Differenzialgleichung für $\theta(\lambda)$ ist am einfachsten, lösen Sie sie zuerst. Die Differenzialgleichung für $\phi(\lambda)$ kann man danach z. B. mit einem Separationsansatz lösen.

S. 178 ⟵ Aufgabe   Lösung ⟶ S. 413

13.7   Tipps zu Aufgaben Kapitel 7

Zu Aufgabe 7.1: Beginnen Sie mit Formel (7.2) und ziehen Sie den ersten Index herunter. Dann ist es hilfreich, die Terme, die Ableitungen von Christoffel-Symbolen enthalten, durch Rückwärtsanwenden der Produktregel in Ableitungen von Produkten von Metrik und Christoffel-Symbolen und Ableitungen der Metrik umzuschreiben. Die erste Ableitung der Metrik kann man dann durch die Bedingung (6.28) umschreiben.

S. 196 ⟵ Aufgabe   Lösung ⟶ S. 416

Zu Aufgabe 7.2: Dies ist ganz leicht, wenn man sich an (7.20) sowie die explizite Formel für die Determinante erinnert.

S. 196 ⟵ Aufgabe   Lösung ⟶ S. 418

Aufgabe 7.3: Schreiben Sie den Ricci-Tensor also Kontraktion des RKT mit der inversen Metrik und überlegen Sie sich, welche Terme auf jeden Fall verschwinden müssen, wenn man den Nichtdiagonalterm von $R_{\mu\nu}$ berechnet (in $d = 2$ gibt es bei einer symmetrischen Matrix nur einen Nichtdiagonalterm).

S. 196 ⟵ Aufgabe   Lösung ⟶ S. 417

Zu Aufgabe 7.4: Um sich ein bisschen Arbeit zu sparen, lohnt es sich, sich zu überlegen, welche Ableitungen von metrischen Koeffizienten sicher verschwinden und welche nicht unbedingt und in welchen Christoffel-Symbolen die auftauchen.

Weiterhin sind wir in $d = 2$, es muss also nur eine einzige Komponente des RKT direkt ausgerechnet werden. Alle anderen sind entweder null oder lassen sich durch die Symmetrien (7.27) herleiten.

S. 196 ⟵ Aufgabe   Lösung ⟶ S. 418

Zu Aufgabe 7.5: Für Diese Aufgabe gelten dieselben Hinweise wir für Aufgabe 7.4.

S. 196 ⟵ Aufgabe   Lösung ⟶ S. 419

Zu Aufgabe 7.6: Dies kann man direkt ausrechnen. Zum Beispiel kann man $T_{[\mu\nu\sigma\rho]}$ ganz ausschreiben, und die angegebenen Symmetrien benutzen, um μ in jedem Ausdruck an die erste Stelle zu bringen. Dann geht es nur noch darum, die Terme richtig zusammenzufassen.

S. 196 $\longleftarrow$ Aufgabe Lösung $\longrightarrow$ S. 420

Aufgabe 7.7: Dies kann man direkt in Komponenten ausrechnen. Benutzen Sie hierfür die Formel (5.23) für den Kommutator zweier Vektorfelder.

S. 197 $\longleftarrow$ Aufgabe Lösung $\longrightarrow$ S. 421

Zu Aufgabe 7.8: Dies kann man direkt ausrechnen. Wenn man aber die Definitionen von Aufgabe 7.7 benutzt, dann kann man mit Formel (6.44) aus Aufgabe 6.1 den Ausdruck (7.8) auf die Jacobi-Identität zurückführen.

S. 197 $\longleftarrow$ Aufgabe Lösung $\longrightarrow$ S. 422

Zu Aufgabe 7.9: Dies kann und soll man direkt ausrechnen. Bei dieser Aufgabe ist aber Vorsicht angebracht: Nicht alle Symmetrien (7.23) müssen unbedingt gelten, da es sich hierbei nicht um den Levi-Civita-Zusammenhang einer Metrik handelt!

S. 197 $\longleftarrow$ Aufgabe Lösung $\longrightarrow$ S. 423

13.8 Tipps zu Aufgaben Kapitel 8

Zu Aufgabe 8.1: Benutzen Sie die Tatsache, dass die inverse Metrik $g^{\mu\nu\,(\epsilon)}$ zu $g^{(\epsilon)}_{\mu\nu}$ invers ist, und zwar für jedes ϵ.

S. 225 $\longleftarrow$ Aufgabe Lösung $\longrightarrow$ S. 424

Zu Aufgabe 8.2: Dies kann man direkt ausrechnen. Verwenden Sie hierzu die Produktregel und die Tatsache, dass $\partial_\mu \sqrt{|\det g|}$ bekannt ist (Gleichung 8.63).

S. 225 $\longleftarrow$ Aufgabe Lösung $\longrightarrow$ S. 424

Zu Aufgabe 8.3: Schreiben Sie $S_{\text{EH},\Lambda}$ als Summe von S_{EH} und einem anderen Ausdruck. Die Variation der Einstein-Hilbert Wirkung S_{EH} wurde bereits in

(8.70) berechnet. Die Variation des zweiten Terms kann man mit Hilfe von (8.62) berechnen.

S. 225 ⟵ Aufgabe   Lösung ⟶ S. 425

Zu Aufgabe 8.4: Bei a) ist es wichtig, beide Richtungen zu zeigen. Eine ist leicht, für die andere kontrahieren Sie die Einstein-Gleichungen mit der inversen Metrik. Für Teil b) benutzen Sie die Ergebnisse aus Teil a). Um die Frage nach der Umkehrung zu beantworten: Wenn das Integral über eine Funktion verschwindet, muss dann die Funktion schon verschwinden?

S. 225 ⟵ Aufgabe   Lösung ⟶ S. 426

Zu Aufgabe 8.5: Für a): In $n = 2$ Dimensionen kann man die Formel für den RKT (7.20) benutzen. Berechnen Sie daraus den Ricci-Tensor.

Für b): Wählen Sie zwei beliebige Metriken und verbinden Sie sie mit einer Variation. Zeigen Sie, dass gilt: Wenn die Einstein-Gleichungen für alle Metriken erfüllt sind, dann kann sich der Wert der Einstein-Hilbert-Wirkung entlang der Variation nicht ändern.

Für c): Hier arbeiten wir plötzlich mit Riemannschen Metriken, aber alles, was in Kap. 8 für Lorentz-Metriken gezeigt wurde, gilt auch für Riemann-Metriken – und hier muss man noch nicht einmal auf das Vorzeichen von $\det g$ achten, das ist nämlich für Riemann-Metriken immer größer null (es ist also $|\det g| = \det g$. Benutzen Sie die Metrik (7.12).

Für d) überlegen Sie sich, was der Wert der Einstein-Hilbert-Wirkung für eine flache Metrik sein muss.

S. 225 ⟵ Aufgabe   Lösung ⟶ S. 427

13.9   Tipps zu Aufgaben Kapitel 9

Zu Aufgabe 9.1: Für Teil a) berechnen Sie die linke Seite von (9.69) direkt mithilfe von (9.48) für $(0,2)$-Tensoren, und dann die linke Seite mit der expliziten Form für die Christoffel-Symbole (6.9). Achten Sie darauf, dass sich die Indizes von X unten befinden! Für b) nehmen Sie die Spur über die Ausdrücke. Teil c) benutzt diese dann direkt.

S. 254 ⟵ Aufgabe   Lösung ⟶ S. 429

Zu Aufgabe 9.2: Zeigen Sie zuerst, dass für einen Diffeomorphismus ξ $\xi_*(S \otimes T) = (\xi_* S) \otimes (\xi_* T)$ gilt. Der Rest folgt dann aus der Definition der Lie-Ableitung (9.26).

S. 254 ⟵ Aufgabe   Lösung ⟶ S. 430

Zu Aufgabe 9.3: Die Teile a) und b) lassen sich direkt mit Hilfe der Definition des Kommutators (5.23) und der Jacobi-Identität (Aufgabe 5.5) ausrechnen. Teil c) kann man aus (9.48) direkt ausrechnen, aber eleganter geht es, indem Sie Formel (9.73) anwenden, mit $S = \omega$, $T = Z$ für eine 1-Form ω und ein Vektorfeld Z, und anschließend die Spur über $\omega \otimes Z$ nehmen. Teil d) geht dann fast genauso.

S. 254 ⟵ Aufgabe   Lösung ⟶ S. 430

Zu Aufgabe 9.4: Benutzen Sie die Formel für den Boost aus Aufgabe 3.10, und berechnen Sie die Komponenten des Vektorfeldes explizit.

S. 255 ⟵ Aufgabe   Lösung ⟶ S. 432

Zu Aufgabe 9.5: Teile a) und b) gehen sehr ähnlich zu Aufgabe 9.4. Teil c) folgt dann direkt. Teil d) ist länger, aber mit den Methoden von Kapitel 5 nicht schwer. Für Teil e) benutzen Sie die Form aus d), indem Sie benutzen, dass drei Vektoren in einem zweidimensionalen Raum immer linear abhängig sind.

S. 255 ⟵ Aufgabe   Lösung ⟶ S. 433

13.10 Tipps zu Aufgaben Kapitel 10

Zu Aufgabe 10.1: Leiten Sie hierfür Gleichung (10.32) einmal nach dem Kurvenparameter ab, und benutzen Sie die explizite Form der Christoffel-Symbole.

S. 284 ⟵ Aufgabe   Lösung ⟶ S. 436

Zu Aufgabe 10.2: Benutzen Sie hierfür nicht die Gleichung (10.34) und die Erhaltungsgrößen, sondern machen Sie einen expliziten Ansatz für eine Kreisbahn in der $\theta = \frac{\pi}{2}$-Ebene mit konstanter Winkelgeschwindigkeit und setzen Sie diese direkt in die Geodätengleichungen ein. Für a) und b) Benutzen Sie zusätzlich die jeweilige Norm des Geschwindigkeitsvektors als zusätzliche Bedingung. Dies führt zu Aussagen über die möglichen Werte von r, die in c) gefragt wurden.

Teil d) ist etwas aufwendiger, und hier muss man wieder die explizite Form von V_{eff} aus (10.35) benutzen. Es gilt herauszufinden, ob die in a) und b) berechneten Kreisbahnen auf einem lokalen Maximum (instabil) oder Minimum (stabil) von V_{eff} liegen.

S. 284 ⟵ Aufgabe   Lösung ⟶ S. 436

Zu Aufgabe 10.3: Machen Sie bei Teil a) denselben Ansatz wie bei Aufgabe 10.2, aber benutzen Sie die Geodätengleichung nicht. Damit erhalten Sie eine Formel für Δs, die von R und Δx^0 abhängt. Für Teil b) müssen Sie die expliziten Zahlen für einen Beobachter auf der Erde und einen GPS-Satelliten einsetzen, die man aus Wikipedia erhält (oder mit Aufgabe 10.2 ausrechnen kann). Es empfiehlt sich, die Formel aus a) zu entwickeln.

S. 284 ⟵ Aufgabe   Lösung ⟶ S. 439

Zu Aufgabe 10.4: Teil a) kann man direkt mit (10.25) lösen. Teil b) ist ebenfalls direkt aus Formel (10.59) zu zeigen. Das Ergebnis, das man hier gewinnt, muss man für c) benutzen.

S. 284 ⟵ Aufgabe   Lösung ⟶ S. 441

Zu Aufgabe 10.5: Für a) benutzen Sie Formel (6.2) für die Länge einer raumartigen Kurve. Die können Sie übrigens gerne mit r selbst parametrisieren. Für b) stellen Sie die Gleichung für eine lichtartige Kurve zwischen den beiden Beobachtern auf. Diese können Sie gerne mit x^0 parametrisieren. Trennen Sie die Variablen, und berechnen Sie erst den Unterschied Δx^0 zwischen dem Aussenden und Empfangen des Lichtstrahls. Rechnen Sie Δx^0 dann jeweils in Δs für die beiden Beobachter um. Für d) ist es sinnvoll, Beobachter 1 in Richtung des Horizonts zu schicken, also den Limes $r_1 \to r_S$ zu betrachten.

S. 285 ⟵ Aufgabe Lösung ⟶ S. 441

Zu Aufgabe 10.6: Aus (10.34) sieht man, dass $E - V_{\text{eff}}$ immer größer null sein muss. Die Bereiche, in denen diese Bedingung verletzt sind, sind also verboten. Da $V_{\text{eff}} \to -\infty$ für $r \to 0$ ist, läuft die Kurve also genau dann in die Singularität, wenn $E - V_{\text{eff}}$ nirgends kleiner null wird. Für a) zeigen Sie zuerst, dass $E > 0$ ist, und stellen Sie dann die Bedingung auf, dass V_{eff} immer kleiner null bleibt. Für b) kann man die Bedingung $E - V_{\text{eff}} > 0$ direkt lösen.

S. 285 ⟵ Aufgabe Lösung ⟶ S. 443

Zu Aufgabe 10.7: Teil a) folgt direkt aus (10.34), wenn man aus den gegebenen Anfangsbedingungen E und ℓ errechnet. Für die Teile b) und c) trennen Sie die Variablen von (10.61) und lösen das Integral mit der angegebenen Formel.

S. 286 ⟵ Aufgabe Lösung ⟶ S. 445

13.11 Tipps zu Aufgaben Kapitel 11

Zu Aufgabe 11.1: Gehen Sie von der Formel für den Ricci-Tensor aus und überlegen Sie sich, ob es einen nicht verschwindenden Beitrag zu $R_{\mu\nu}$ geben kann, wenn $\mu \neq \nu$ ist.

S. 312 ⟵ Aufgabe Lösung ⟶ S. 447

Zu Aufgabe 11.2: Für diese Aufgabe ist es hilfreich, zuerst $\dot{U}$ zu berechnen, wofür man die zeitliche Ableitung von ρ benötigt. Dies ergibt einen recht komplizierten Ausdruck, in dem kein Λ mehr vorkommt, man P aber nur schwerlich wiedererkennt. An diesem Punkt ist es am besten, wenn man mit Hilfe der Friedmann-Gleichungen einen Ausdruck für P herleitet, der ebenfalls kein Λ mehr enthält.

S. 312 ⟵ Aufgabe Lösung ⟶ S. 447

Zu Aufgabe 11.3: Wenn man für alle t $\dot{a} = 0$ setzt, dann muss auch $\ddot{a} = 0$ sein. Mit dieser Information werden die FRW-Gleichungen zu einem Zusammenhang zwischen Λ, k, ρ und P, wobei die letzteren beiden von der Zeit auch unabhängig sein sollen. Zusammen mit $P = 0$ kann man aus ρ direkt die anderen Größen bestimmen.

S. 312 ⟵ Aufgabe   Lösung ⟶ S. 448

Zu Aufgabe 11.4: Ob es einen Teilchenhorizont gibt oder nicht, hängt davon ab, ob das Integral (11.32) für $t \to t_B$ existiert. Das wiederum hängt vom Parameter α ab.

S. 312 ⟵ Aufgabe   Lösung ⟶ S. 448

Zu Aufgabe 11.5a: Ohne Materie und mit $\Lambda = 0$ werden die FRW-Gleichungen zu sehr simplen Differenzialgleichungen für $a(t)$, deren Lösungen sich mit einem linearen Ansatz bestimmen lassen.
Zu b: Die Wahl des Vektorfeldes bedeutet im Wesentlichen $t = x^0$. Damit ist die Minkowski-Metrik eine FRW-Metrik. Welche?

S. 312 ⟵ Aufgabe   Lösung ⟶ S. 449

Zu Aufgabe 11.6: Teil a) kann man direkt durch Einsetzen in die FRW-Gleichungen (11.8) lösen. In Teil b) geht es darum zu testen, ob das Integral (11.32) endlich ist oder nicht, wenn t_0 so klein wie möglich wird. Dafür muss man sich überlegen, für welche t der Skalenfaktor überhaupt definiert ist (Antwort: beliebig kleine und beliebig große). Teile c) und d) funktionieren analog, nur mit anderem $a(t)$.

S. 313 ⟵ Aufgabe   Lösung ⟶ S. 450

Zu Aufgabe 11.7: Sowohl die Parametrisierung (11.60) als auch (11.61) decken jeweils unterschiedliche Teile des deSitter-Raumes ab und definieren Koordinaten darauf: zum einen (t, x, y, z) und zum anderen $(\tau, \psi, \theta, \phi)$. Mit der Formel (11.59) kann man jeweils die Metrik $ds^2_{dS_4}$ in diesen beiden Koordinaten berechnen. Dafür muss man viele partielle Ableitungen berechnen, und in (11.59) einsetzen (wobei die Indizes μ, ν dort von 0 bis 4 laufen, da der deSitter-Raum dS_4 hier als Teilmenge vom fünfdimensionalen Minkowski-Raum definiert ist).

S. 313 ⟵ Aufgabe   Lösung ⟶ S. 451

Zu Aufgabe 11.8 a: Starten Sie mit einer Geodäte $\lambda \mapsto x^\mu(\lambda)$ und ignorieren Sie die x^0-Komponente. Da die x^i, $i = 1, 2, 3$ Koordinaten auf Σ sind, kann man diese Komponenten als eine Weltlinie auf Σ interpretieren. Dies ist keine Geodäte bezüglich der Metrik k_{ij} auf Σ, aber man kann sie so umparametrisieren, dass sie eine ist. Es gilt, diese Umparametrisierung zu finden, wobei man sie nicht explizit kennen muss, sondern einfach als die Lösung einer gewissen Differenzialgleichung definieren kann.

Zu b: Starten Sie mit einem KVF auf Σ, also Komponenten X^i, die (9.55) für die Metrik h_{ij} erfüllen. Zeigen Sie dann, dass die Y^μ die Gleichung für ein KVF bezüglich der Metrik $g_{\mu\nu}$ erfüllen.

Zu c: Hier gilt es, die Ergebnisse aus a) und b) zu kombinieren. Damit hat man nämlich gezeigt, dass man den Geschwindigkeitsvektor der lichtartigen Geodäte zerlegen kann, in einen Anteil der proportional zu $\partial/\partial t$ ist, und einen, der proportional zum KVF mit Komponenten Y^μ ist. Was weiß man über die jeweiligen Proportionalitätsfaktoren? Benutzen Sie hierbei (9.64) für das Vektorfeld Y^μ sowie die Tatsache, dass die Geodäte lichtartig ist.

S. 314 $\longleftarrow$ Aufgabe Lösung $\longrightarrow$ S. 453

13.12 Tipps zu Aufgaben Kapitel 12

Zu Aufgabe 12.1: Benutzen Sie hierfür Formel (5.41) für die Veränderung einer Metrik unter Koordinatentransformationen.

S. 335 $\longleftarrow$ Aufgabe Lösung $\longrightarrow$ S. 456

Zu Aufgabe 12.2: Für Teil a) erinnern Sie sich daran, dass eine kreuzpolarisierte Welle eine Welle ist, in der $e_+ = 0$ ist. Mit diesem Hinweis kann man die Lösung aus Aufgabe 12.1b direkt ablesen.

S. 335 $\longleftarrow$ Aufgabe Lösung $\longrightarrow$ S. 458

Zu Aufgabe 12.3: Beschreiben Sie erst die Weltlinie der Beobachterin in der Minkowski-Metrik und modellieren Sie den Effekt der Gravitationswelle durch eine kleine Störung der Weltlinie. Dann geht es darum, die Geodätengleichung zu bemühen. Dafür muss man die relevanten Christoffel-Symbole in linearer Näherung berechnen.

S. 335 $\longleftarrow$ Aufgabe Lösung $\longrightarrow$ S. 459

Zu Aufgabe 12.4: In Teil a) geht es darum, Γ^ρ in linearer Näherung zu berechnen. In Teil b) darf man die lineare Näherung nicht mehr benutzen, sondern muss mit „voller Metrik" $g_{\mu\nu}$ rechnen. Berechnen Sie hierfür zunächst $\Box\phi = g^{\mu\nu}\nabla_\mu\nabla_\mu\phi$ für eine skalare Funktion ϕ. Danach setzen Sie $\phi = x^\mu$ für ein bestimmtes μ. Der Ausdruck $\Box x^\mu$ ist trotz des Index eine skalare Gleichung!

S. 335 $\longleftarrow$ Aufgabe   Lösung $\longrightarrow$ S. 460

14 Lösungen zu den Aufgaben

Übersicht

14.1   Lösungen der Aufgaben Kapitel 1

Zu Aufgabe 1.1: In dem Moment, in dem das Objekt geworfen wird, befindet es sich bei $z^i = 0$. Die Komponenten des Geschwindigkeitsvektors sind

$$\dot{z}^1 = 0, \quad \dot{z}^2 = 0, \quad \dot{z}^3 = w. \tag{14.1}$$

Die Zentrifugalkraft muss nicht berechnet werden, denn wir haben sie bereits im Beispiel auf S. 28 hergeleitet, und zwar

$$F_Z^1 = F_Z^3 = 0, \quad F_Z^2 = -\frac{v^2}{r} \tag{14.2}$$

Die Eulerkraft verschwindet, weil zum Zeitpunkt $t = t_0$ noch $z^i = 0$ gilt. Also bleibt noch die Corioliskraft (1.11). Um deren Komponenten zu berechnen, benötigen wir noch die Inverse und die Ableitung der Rotationsmatrix. Sie hängt über den Winkel θ von der Zeit t ab, denn es gilt

$$\theta(t) = 2\pi\frac{t}{T} = \frac{tv}{r}.$$

Die Inverse und Ableitung von R an der Stelle $t = t_0$ erhalten wir als

$$R^{-1}(t_0) = \begin{pmatrix} \cos\theta_0 & \sin\theta_0 & 0 \\ -\sin\theta_0 & \cos\theta_0 & 0 \\ 0 & 0 & 1 \end{pmatrix}, \qquad \dot{R}(t_0) = \frac{v}{r}\begin{pmatrix} -\sin\theta_0 & -\cos\theta_0 & 0 \\ \cos\theta_0 & -\sin\theta_0 & 0 \\ 0 & 0 & 0 \end{pmatrix}$$

mit $\theta_0 = \theta(t_0) = t_0 v/r$. Die Komponenten der Corioliskraft zur Zeit $t = t_0$ berechnen sich damit zu:

$$\begin{aligned}
F_C^1 &= -2(R^{-1})^1{}_i\dot{R}^i{}_j\dot{z}^j \\
&= -2\Big[(R^{-1})^1{}_1\dot{R}^1{}_3\dot{z}^3 + (R^{-1})^1{}_2\dot{R}^2{}_3\dot{z}^3 + (R^{-1})^1{}_3\dot{R}^3{}_3\dot{z}^3\Big] \\
&= 2\frac{v}{r}\Big[\cos\theta_0 \cdot 0 + \sin\theta_0 \cdot 0 + 0 \cdot 0\Big]w \\
&= 0 \\
F_C^2 &= -2(R^{-1})^2{}_i\dot{R}^i{}_j\dot{z}^j \\
&= -2\Big[(R^{-1})^2{}_1\dot{R}^1{}_3\dot{z}^3 + (R^{-1})^2{}_2\dot{R}^2{}_3\dot{z}^3 + (R^{-1})^2{}_3\dot{R}^3{}_3\dot{z}^3\Big] \\
&= -2\frac{wv}{r}\Big[(-\sin\theta_0) \cdot 0 + \cos\theta_0 \cdot 0 + 0 \cdot 0\Big] \\
&= 0
\end{aligned}$$

$$\begin{aligned}
F_C^3 &= -2(R^{-1})^3{}_i\dot{R}^i{}_j\dot{z}^j \\
&= -2\Big[(R^{-1})^3{}_1\dot{R}^1{}_3\dot{z}^3 + (R^{-1})^3{}_2\dot{R}^2{}_3\dot{z}^3 + (R^{-1})^3{}_3\dot{R}^3{}_3\dot{z}^3\Big] \\
&= 0 + 0 + 0 = 0
\end{aligned}$$

Die Komponenten der Corioliskraft verschwinden also. Dies ist eine allgemeine Tatsache: Das Objekt wird nämlich parallel zur Rotationsachse geworfen, und deswegen ist bereits $\dot{R}^j{}_k \dot{z}^k = 0$ für alle j, also verschwindet auch die Corioliskraft. Es wirkt somit nur eine Zentrifugalkraft bei diesem Wurf.

S. 35 ⟵ Aufgabe S. 337 ⟵ Tipp

Zu Aufgabe 1.2: Das erdfeste Koordinatensystem in welchem das Karussell rotiert, habe die Koordinaten x^i. Die Koordinaten von A seien z^i, und die von B seien w^i. Die x^3-Richtung, die z^3-Richtung und die w^3-Richtung seien alle identisch, es gelte also $x^3 = z^3 = w^3$. Das heißt, wir müssen uns jeweils nur um die beiden ersten Koordinaten kümmern (Abb. 13.2).

Die Bahnkurve von A ist

$$x_A^1(t) = r\cos(\omega t), \qquad x_A^2(t) = r\sin(\omega t), \qquad x_A^3(t) = 0,$$

wohingegen die Bahnkurve von B einfach $x_B^i(t) = 0$ ist, weil B ja immer im Zentrum des Karussells sitzen bleibt. Beide rotieren aber um die x^3-Achse mit der Rotationsfrequenz ω. Für die Koordinatenumrechnungen gilt also:

$$x^i = R^i{}_j z^j + x_A^i$$

$$x^i = R^i{}_j w^j$$

mit der Rotationsmatrix (und ihrer inversen Matrix)

$$R = \begin{pmatrix} \cos(\omega t) & -\sin(\omega t) & 0 \\ \sin(\omega t) & \cos(\omega t) & 0 \\ 0 & 0 & 1 \end{pmatrix} \quad R^{-1} = \begin{pmatrix} \cos(\omega t) & \sin(\omega t) & 0 \\ -\sin(\omega t) & \cos(\omega t) & 0 \\ 0 & 0 & 1 \end{pmatrix} \quad (14.3)$$

Zum Zeitpunkt $t = 0$ lässt A einen Gegenstand los. Er befindet sich im Ursprung des Koordinatensystems von A und ist in dem Moment noch in Ruhe, es gilt also $z^i = 0$ und $\dot{z}^i = 0$. Die einzelnen Scheinbeschleunigungen errechnen sich deswegen zu:

$$a_E^i = -(R^{-1})^i{}_j \ddot{R}^j{}_k z^k = 0$$

$$a_C^i = -2(R^{-1})^i{}_j R^j{}_k \dot{z}^k = 0$$

$$a_Z^i = -(R^{-1})^i{}_j \ddot{x}_A^j$$

Nur die Zentrifugalbeschleunigung ist von null verschieden. Die Beschleunigung der Bahnkurve von A errechnet sich zu

$$\ddot{x}_A^i = -r\omega^2 \cos(\omega t), \qquad \ddot{x}_A^2 = -r\omega^2 \sin(\omega t), \qquad \ddot{x}_A^3 = 0,$$

und es gilt:

$$a_Z^1 = -\left[(R^{-1})^1{}_1\ddot{x}_A^1 + (R^{-1})^1{}_2\ddot{x}_A^2\right]$$

$$= r\omega^2\left[\cos^2(\omega t) + \sin^2(\omega t)\right]$$

$$= r\omega^2$$

$$a_Z^2 = -\left[(R^{-1})^2{}_1\ddot{x}_A^1 + (R^{-1})^2{}_2\ddot{x}_A^2\right]$$

$$= r\omega^2\left[-\sin(\omega t)\cos(\omega t) + \cos(\omega t)\sin(\omega t)\right]$$

$$= 0$$

Dies ist nicht weiter verwunderlich; es stimmt mit dem Ergebnis aus Aufgabe 1.1 überein: Auf einer Kreisbahn spürt man eine nach außen (in diesem Fall in z^1-Richtung) wirkende Zentrifugalbeschleunigung.

Berechnen wir nun die Scheinbeschleunigungen, die B wahrnimmt. Weil sich A im Ruhesystem von B konstant am Punkt $w^1 = r$, $w^2 = w^3 = 0$ aufhält, hat der Gegenstand im Moment des Loslassens keine Geschwindigkeit, es gilt also $\dot{w}^i = 0$. Auch hier verschwindet die Coriolisbeschleunigung. Die Bahnkurve von B ist $x_B^i = 0$, somit auch $\ddot{x}_B^i = 0$, es herrscht also auch keine Zentrifugalbeschleunigung. Mit

$$\ddot{R} = -\omega^2 \begin{pmatrix} \cos(\omega t) & -\sin(\omega t) & 0 \\ \sin(\omega t) & \cos(\omega t) & 0 \\ 0 & 0 & 0 \end{pmatrix}$$

errechnet sich die Eulerbeschleunigung zu:

$$a_E^1 = -\left[(R^{-1})^1{}_1\ddot{R}^1{}_1w^1 + (R^{-1})^1{}_2\ddot{R}^2{}_1w^1\right]$$

$$= r\omega^2\left[\cos^2(\omega t) + \sin^2(\omega t)\right]$$

$$= r\omega^2$$

$$a_E^2 = -\left[(R^{-1})^2{}_1\ddot{R}^1{}_1w^1 + (R^{-1})^2{}_2\ddot{R}^2{}_1w^1\right]$$

$$= r\omega^2\left[-\sin(\omega t)\cos(\omega t) + \cos(\omega t)\sin(\omega t)\right]$$

$$= 0$$

A und B nehmen also dieselbe Scheinkraft wahr, nur sieht die Zerlegung in Euler-, Coriolis- und Zentrifugalbeschleunigung jeweils unterschiedlich aus.

S. 35 ⟵ Aufgabe   S. 337 ⟵ Tipp

Zu Aufgabe 1.3: Die Kreisfrequenz der Erde sei ω, der Radius des Planeten sei r und die Breitenkoordinate des Punktes sei θ. Die inertialen Koordinaten x^i seien im Erdmittelpunkt fixiert, die Koordinaten z^i des Punktes auf der Erdoberfläche liegen wie in Abb. 13.3. Die Bahnkurve und die Umrechnung der Koordinatensysteme ineinander kann man dann sehr praktisch mithilfe der folgenden Drehmatrizen ausdrücken:

$$L = \begin{pmatrix} -\sin\theta & 0 & -\cos\theta \\ 0 & 1 & 0 \\ \cos\theta & 0 & -\sin\theta \end{pmatrix} \quad M(t) = \begin{pmatrix} \cos\omega t & -\sin\omega t & 0 \\ \sin\omega t & \cos\omega t & 0 \\ 0 & 0 & 1 \end{pmatrix} \quad (14.4)$$

Die Matrix L beschreibt eine Drehung um die 2-Achse, von der 1- in die 3-Richtung, um den Winkel $\pi/2 - \theta$. Die Matrix M beschreibt eine Drehung um die 3-Achse, um den Winkel ωt.

Die Bahnkurve des Ortes auf der Erdoberfläche ist dann, in vektorieller Schreibweise:

$$\vec{x}_Z = r M(t) \cdot L \cdot \vec{e}_1, \tag{14.5}$$

wobei $\vec{e}_1$ der Vektor der Länge 1 ist, der in die 1-Richtung zeigt. In Komponentenschreibweise lautet dies:

$$x_Z^i = r M(t)^i{}_j L^j{}_1 \tag{14.6}$$

Die Rotationsmatrix, die die x^i- in die z^i-Koordinaten überführt, ist gegeben durch $R(t) = M(t) \cdot L$, also

$$R(t)^i{}_j = M(t)^i{}_k L^k{}_j \tag{14.7}$$

Für die zweite Ableitung von x_Z^i benötigen wir die zweite Ableitung von $M(t)$. Sie errechnet sich zu

$$\ddot{M}(t) = -\omega^2 \begin{pmatrix} \cos\omega t & -\sin\omega t & 0 \\ \sin\omega t & \cos\omega t & 0 \\ 0 & 0 & 0 \end{pmatrix}. \tag{14.8}$$

Für die inverse Matrix $R^{-1} = (L^{-1})(M(t)^{-1})$ benötigen wir noch

$$L^{-1} = \begin{pmatrix} -\sin\theta & 0 & \cos\theta \\ 0 & 1 & 0 \\ -\cos\theta & 0 & -\sin\theta \end{pmatrix} \quad M(t)^{-1} = \begin{pmatrix} \cos\omega t & \sin\omega t & 0 \\ -\sin\omega t & \cos\omega t & 0 \\ 0 & 0 & 1 \end{pmatrix} \quad (14.9)$$

Für uns wird außerdem die folgende Matrix hilfreich sein:

$$T := M(t)^{-1}\ddot{M}(t) = -\omega^2 \begin{pmatrix} 1 & 0 & 0 \\ 0 & 1 & 0 \\ 0 & 0 & 0 \end{pmatrix} \tag{14.10}$$

Damit können wir bereits die Zentrifugalkraft ausrechnen. Wegen der Eigenschaften der trigonometrischen Funktionen gilt nämlich

$$\ddot{x}^i_Z = r\ddot{M}(t)^i{}_j L^j{}_1 = -r\omega^2 M(t)^i{}_j L^j{}_1 \tag{14.11}$$

Damit sind die Komponenten der Zentrifugalbeschleunigung

$$a^i_Z = -(R^{-1})^i{}_j \ddot{x}^j_Z = -r(L^{-1})^i{}_k (M(t)^{-1})^k{}_j \ddot{M}(t)^j{}_l L^l{}_1$$

$$= r\omega^2 (L^{-1})^i{}_k T^k{}_l L^l{}_1$$

Die einzigen nicht verschwindenden Einträge der Matrix T sind $T^1{}_1 = T^2{}_2 = 1$. Damit erhalten wir für die einzelnen Komponenten der Zentrifugalbeschleunigung:

$$a^1_Z = r\omega^2 \left[(L^{-1})^1{}_1 L^1{}_1 + (L^{-1})^1{}_2 L^2{}_1 \right] = r\omega^2 \sin^2\theta$$

$$a^2_Z = r\omega^2 \left[(L^{-1})^2{}_1 L^1{}_1 + (L^{-1})^2{}_2 L^2{}_1 \right] = 0$$

$$a^3_Z = r\omega^2 \left[(L^{-1})^3{}_1 L^1{}_1 + (L^{-1})^3{}_2 L^2{}_1 \right] = -r\omega^2 \sin\theta\cos\theta$$

Die Zentrifugalbeschleunigung lässt sich also als

$$\vec{a}_Z = r\omega^2 \sin\theta\,\vec{e}_\theta \tag{14.12}$$

schreiben, wobei der Vektor $\vec{e}_\theta$ der Einheitsvektor ist, der von der Position von O senkrecht von der Drehachse weg zeigt.

Als Nächstes berechnen wir die Komponenten der Coriolisbeschleunigung a^i_C. Dafür benötigen wir die Komponenten $\dot{z}^i$ des Geschwindigkeitsvektors des Luftteilchens. Es bewegt sich unter einem Winkel χ zur z^3-Richtung, wir schreiben also

$$\dot{z}^1 = 0, \; \dot{z}^2 = v\sin\chi, \; \dot{z}^3 = v\cos\chi. \tag{14.13}$$

Für uns hilfreich ist noch die folgende Matrix:

$$S := M^{-1}\dot{M} = \omega \begin{pmatrix} 0 & -1 & 0 \\ 1 & 0 & 0 \\ 0 & 0 & 0 \end{pmatrix}$$

Weiterhin berechnen wir bereits

$$U := L^{-1} \cdot M^{-1} \cdot \dot{M} \cdot L = L^{-1} \cdot S \cdot L = \omega \begin{pmatrix} 0 & \sin\theta & 0 \\ -\sin\theta & 0 & -\cos\theta \\ 0 & \cos\theta & 0 \end{pmatrix}$$

Damit ergeben sich die Komponenten der Coriolisbeschleunigung zu

$$a_C^i = -2(R^{-1})^i{}_j \dot{R}^j{}_k \dot{z}^k = -2(L^{-1})^i{}_k M^k{}_l \dot{M}^l{}_n L^n{}_j \dot{z}^j$$

$$= -2U^i{}_j \dot{z}^j$$

Es gilt also:

$$a_C^1 = -2\left[U^1{}_2 \dot{z}^2\right] = -2\omega v(-\sin\theta)\sin\chi$$

$$a_C^2 = -2\left[U^2{}_1 \dot{z}^1 + U^2{}_3 \dot{z}^3\right] = -2\omega v(-\cos\theta)\cos\chi$$

$$s_C^3 = -2\left[U^3{}_2 \dot{z}^2\right] = -2\omega v\cos\theta\sin\chi$$

Die tangentiale Komponente der Coriolisbeschleunigung $\vec{a}_{C,\|}$ erhält man, indem man die 1-Komponente zu null setzt. (Wir hatten uns das Koordinatensystem ja genau so gewählt, dass die z^1-Richtung genau die ist, die senkrecht von der Erdoberfläche weg zeigt.) Es gilt also

$$\vec{a}_{C,\|} = 2v\omega\cos\theta \begin{pmatrix} 0 \\ \cos\chi \\ -\sin\chi \end{pmatrix} = 2v\omega\cos\theta\, \vec{e}_\chi \tag{14.14}$$

Der Vektor $\vec{e}_\chi$ hat dabei die Länge 1 und steht senkrecht auf dem Geschwindigkeitsvektor des Luftteilchens, und zwar, in Flugrichtung, nach *rechts* zeigend (siehe Abb. 14.1).

Die Coriolisbeschleunigung ist proportional zu $\cos\theta$. Auf der Nordhalbkugel gilt $0 \leq \theta \leq \frac{\pi}{2}$, also $\cos\theta \geq 0$. Auf der Nordhalbkugel zeigt die Coriolisbeschleunigung also in der Tat in Flugrichtung gesehen nach rechts. Auf der Südhalbkugel gilt hingegen $\frac{\pi}{2} \leq \theta \leq \pi$, also $\cos\theta \leq 0$. Auf der Südhalbkugel erhält die Coriolisbeschleunigung also noch ein zusätzliches Minuszeichen, und damit zeigt sie, in Flugrichtung, nach links.

Wieso haben wir nur die tangentiale, aber nicht die normale Komponente betrachtet? Weil für die Beschleunigung in die Richtung senkrecht zur Erdoberfläche hauptsächlich die Schwerkraft bzw. der Luftdruckgradient eine Rolle spielt. Der normale Anteil der Coriolisbeschleunigung ist im Vergleich zu diesen beiden verschwindend gering. In tangentialer Ebene hingegen führt ein Teilchen häufig eine (näherungsweise) freie Bewegung aus, sodass die Ablenkung nach rechts bzw. links eines fliegenden Luftteilchens z. B. für die Wirbelbildung von großen Stürmen von entscheidender Bedeutung ist.

S. 35 ⟵ Aufgabe   S. 338 ⟵ Tipp

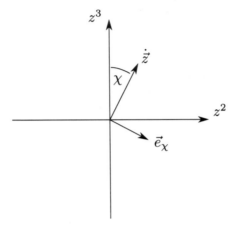

Abb. 14.1 Die Komponente der Corioliskraft, die tangential zur Erdoberfläche liegt, zeigt in Richtung des Vektors $\vec{e}_\chi$, senkrecht zur Flugrichtung des Luftteilchens.

Zu Aufgabe 1.4: Die inertialen Koordinaten seien x^i, die Flugbahn des ersten Beobachters sei $x^i_{(1)}(t)$, die des anderen sei $x^i_{(2)}(t)$. Die Koordinaten des ersten Beobachters seien z^i. Nach (1.3) und weil die Rotationsmatrix $R^i{}_j(t) = \delta^i{}_j$ ist, lautet die Transformation von inertialen auf Beobachterkoordinaten

$$z^i = x^i - x^i_{(1)}(t) \tag{14.15}$$

Da keine Rotation stattfindet, ist die Koordinatentransformation eine reine (zeitabhängige) Verschiebung. Will man die Flugbahn des zweiten Beobachters im Koordinatensystem des ersten ausdrücken, so muss man dessen Flugbahn $x^i_{(2)}(t)$ im inertialen System auf die z^i-Koordinaten per (14.15) umrechnen, also

$$z^i(t) = x^i_{(2)}(t) - x^i_{(1)}(t) \tag{14.16}$$

Die Flugbahnen folgen dem (räumlich konstanten) Kraftfeld, es gilt also für beide Flugbahnen nach dem zweiten Newtonschen Gesetz (1.4)

$$\ddot{x}^i_{(1)} = \ddot{x}^i_{(2)} = F^i/m_{\mathrm{I}}$$

Mit (14.16) gilt dann

$$\ddot{z}^i(t) = \ddot{x}^i_{(2)} - \ddot{x}^i_{(1)} = F^i/m_{\mathrm{I}} - F^i/m_{\mathrm{I}} = 0$$

Der erste Beobachter nimmt den zweiten also als gleichmäßig gleichförmig bewegt wahr.

S. 35 ⟵ Aufgabe   S. 339 ⟵ Tipp

Zu Aufgabe 1.5: Zum Zeitpunkt t ist der Einheitsvektor, der von Körper A zu Körper B zeigt, gegeben durch

$$e^i = \frac{x^i_B(t) - x^i_A(t)}{r} = \frac{r^i}{r}$$

mit

$$r = \sqrt{(r^1)^2 + (r^2)^2 + (r^3)^2}$$

Aus dem zweiten Newtonschen Gesetz und dem Gravitationsgesetz folgt dann

$$\ddot{x}^i_A = \frac{r^i}{r^3} G_N m_B = -\frac{F^i}{m_A}, \qquad \ddot{x}^i_B = \frac{r^i}{r^3} G_N m_A = -\frac{F^i}{m_B},$$

wobei F^i die Komponenten der Kraft sind, die die beiden Körper aufeinander ausüben. Also gilt schon einmal für die Schwerpunktskoordinaten:

$$\ddot{s}^i = m_A \ddot{x}^i_A + m_B \ddot{x}^i_B = -\frac{r^i}{r^3} G_N m_A m_B + \frac{r^i}{r^3} G_N m_A m_B = 0$$

Der Schwerpunkt bewegt sich also kräftefrei. Für die Relativkoordinaten r^i gilt hingegen

$$\ddot{r}^i = \ddot{x}^i_B - \ddot{x}^i_A = F^i \left(\tfrac{1}{m_A} + \tfrac{1}{m_B} \right) \tag{14.17}$$

Definiert man die reduzierte Masse μ so, dass

$$\frac{1}{\mu} = \frac{1}{m_A} + \frac{1}{m_B} \qquad \Leftrightarrow \qquad \mu = \frac{m_A m_B}{m_A + m_B}$$

gilt, erhalten wir

$$\mu \ddot{r}^i = F^i = G_N \frac{m_A m_B}{r^2} e^i = G_N \frac{\mu M}{r^2} e^i$$

Dies ist durch

$$M = \frac{m_A m_B}{\mu} = m_A + m_B$$

erfüllt.

S. 36 ⟵ Aufgabe   S. 340 ⟵ Tipp

14.2 Lösungen der Aufgaben Kapitel 2

Zu Aufgabe 2.1: Zuerst brauchen wir die Geschwindigkeit des Flugzeugs. Sie ist auf dem Hin- und Rückweg gleich groß (was wegen der Erddrehung übrigens nicht realistisch ist). Es gilt:

$$v = \frac{\Delta s}{\Delta t} = \frac{6130000\text{m}}{7,5 \cdot 3600\text{s}} \approx 227 \frac{\text{m}}{\text{s}} \tag{14.18}$$

Während der insgesamt 15 Flugstunden vergehen bei der Uhr auf dem Boden $T_1 = 15$h, für die Uhr im Flugzeug allerdings wegen der Zeitdilatation $T_2 = 15\text{h}/\gamma$. Die Zeitdifferenz beträgt:

$$\Delta T = T_1 - T_2 = 15\text{h} \cdot \left(1 - \frac{1}{\gamma}\right) \tag{14.19}$$

Als Nächstes wollen wir den Faktor γ der Zeitdilatation berechnen. Wenn man die Zahlen in einen Taschenrechner auf dem Handy eintippt, spuckt der oft fälschlicherweise $\gamma = 1$ und damit $\Delta T = 0$ aus, weil die Geschwindigkeit des Flugzeugs so klein im Vergleich zu c ist und Handys es nicht gewohnt sind, auf so viele Nachkommastellen achten zu müssen. Was hier weiterhilft, sind die Taylor-Entwicklungen der Wurzelfunktion:

$$\sqrt{1 - x} \approx 1 - \frac{x}{2} + \dots$$

Damit können wir die Näherung machen:

$$1 - \frac{1}{\gamma} = 1 - \sqrt{1 - \frac{v^2}{c^2}} \approx \frac{v^2}{2c^2}$$

Damit erhalten wir für den Zeitunterschied:

$$\Delta T \approx 15\text{h} \cdot \frac{(227\text{m/s})^2}{2(3 \cdot 10^8\text{m/s})^2} \approx 1,55 \cdot 10^{-8}\text{s}$$

also etwa 15,5 Nanosekunden.

S. 60 ⟵ Aufgabe   S. 340 ⟵ Tipp

Zu Aufgabe 2.2: Wir führen die folgenden Abkürzungen ein:

$$\beta_v = \frac{v}{c}, \quad \beta_w = \frac{w}{c}, \quad \gamma_v = \frac{1}{\sqrt{1 - \frac{v^2}{c^2}}}, \quad \gamma_w = \frac{1}{\sqrt{1 - \frac{w^2}{c^2}}}$$

Die Umrechnung zwischen den beiden Koordinatensystemen läuft über

$$\begin{aligned} \tilde{x}^0 &= \gamma_v x^0 + \beta_v \gamma_v x^1 \\ \tilde{x}^1 &= \gamma_v \beta_v x^0 + \gamma_v x^1 \\ \tilde{x}^2 &= x^2 \\ \tilde{x}^3 &= x^3 \end{aligned} \tag{14.20}$$

Zu a: Die Weltlinie des Steins im Koordinatensystem von O:

$$x^\mu(s) \;=\; \begin{pmatrix} \gamma_w \\ 0 \\ \gamma_w \beta_w \\ 0 \end{pmatrix} s$$

Mit der Umrechnung (14.20) ergibt sich:

$$\tilde{x}^\mu(s) \;=\; \begin{pmatrix} \gamma_v \gamma_w \\ \gamma_v \gamma_w \beta_v \\ \gamma_w \beta_w \\ 0 \end{pmatrix} s$$

Betrachten wir den Vektor der räumlichen Geschwindigkeit im System von $\tilde{O}$:

$$\vec{\tilde{w}} \;=\; c\left(\frac{d\tilde{x}^1}{d\tilde{x}^0}, \frac{d\tilde{x}^2}{d\tilde{x}^0}, \frac{d\tilde{x}^3}{d\tilde{x}^0} \right) \;=\; \left(c\beta_v, \frac{c\beta_w}{\gamma_v}, 0 \right) \;=\; \left(v, w\sqrt{1 - \frac{v^2}{c^2}}, 0 \right)$$

Die Länge dieses Vektors ergibt die Geschwindigkeit des Steins im System von $\tilde{O}$:

$$\tilde{w} \;=\; \sqrt{v^2 + w^2 - \frac{v^2 w^2}{c^2}}$$

In der klassischen Mechanik hätte sich hier mit der Galilei-Transformation nur $\tilde{w} = \sqrt{v^2 + w^2}$ ergeben.

Zu b: Die Weltlinie des Lichtstrahls im System von O:

$$x^\mu(\lambda) \;=\; \begin{pmatrix} \omega \\ 0 \\ \omega \\ 0 \end{pmatrix} \lambda$$

Hinweis: Die Weltlinie ist hier gleich so parametrisiert, dass der Geschwindigkeitsvektor $k^\mu = dx^\mu/d\lambda$ dem Wellenvektor mit Frequenz ω entspricht.

Umrechnen in das System von $\tilde{O}$ mithilfe von (14.20) ergibt:

$$\tilde{x}^\mu(\lambda) \;=\; \begin{pmatrix} \gamma_v \omega \\ \gamma_v \beta_v \omega \\ \omega \\ 0 \end{pmatrix} \lambda$$

Der räumliche Geschwindigkeitsvektor ergibt sich zu:

$$\vec{\tilde{w}} = c\left(\frac{d\tilde{x}^1}{d\tilde{x}^0}, \frac{d\tilde{x}^2}{d\tilde{x}^0}, \frac{d\tilde{x}^3}{d\tilde{x}^0}\right) = \left(c\beta_v, \frac{c}{\gamma_v}, 0\right) = \left(v, \sqrt{c^2 - v^2}, 0\right) \quad (14.21)$$

Dessen Länge gibt die von $\tilde{O}$ gemessene Geschwindigkeit des Lichtstrahls:

$$\tilde{w} = \sqrt{v^2 + (c^2 - v^2)} = c$$

Der Lichtstrahl bewegt sich also auch im System von $\tilde{O}$ mit Lichtgeschwindigkeit.
Zu c: Berechnen wir den Winkel zwischen dem Vektor (14.21) und der x^1-Achse:

$$\cos\alpha = \frac{\vec{\tilde{w}} \cdot \hat{e}_1}{\|\vec{\tilde{w}}\| \, \|\hat{e}_1\|} = \frac{1}{c}\tilde{w}^1 = \frac{v}{c}$$

Hier ist $\hat{e}_1$ der räumliche Einheitsvektor in x^1-Richtung. Damit $\alpha = \frac{\pi}{4}$ ist, muss $\cos\alpha = \frac{1}{\sqrt{2}}$ sein, also

$$v = \frac{c}{\sqrt{2}}.$$

Das entspricht in etwa 71% der Lichtgeschwindigkeit.

S. 60 ⟵ Aufgabe   S. 340 ⟵ Tipp

Zu Aufgabe 2.3: Die beiden Personen seien inertiale Beobachter O und $\tilde{O}$, jeweils mit Koordinaten x^μ und $\tilde{x}^\mu$. Die Straße habe Koordinaten y^μ.

Wir betrachten erst einmal nur O: Die Umrechnung zwischen den y^μ- und den x^μ-Koordinaten ist gegeben durch

$$y^0 = \gamma x^0 + \beta\gamma x^1,$$
$$y^1 = \gamma\beta x^0 + \gamma x^1$$

mit $\beta = 1\mathrm{ms}^{-1}/c$ (der relativen Geschwindigkeit von O und Straße) und $\gamma = \sqrt{1 - \beta^2}$. Wir ignorieren im Folgenden die x^2 und die x^3-Richtungen.
Die Weltlinie von O erfüllt $x^0(s) = s$, $x^1(s) = 0$, und ist deswegen im System der Straße gegeben durch

$$y^0(s) = \gamma s, \qquad y^1(s) = \beta\gamma s. \qquad (14.22)$$

Die Punktmenge $x^0 = 0$ bezeichnet alle Ereignisse, deren x^0-Koordinate verschwindet, also alle, die aus Sicht von O zur selben Zeit stattfinden wie der Ursprung, wenn O und $\tilde{O}$ sich treffen.
Betrachtet man nur die 0- und die 1-Richtung, ist diese Punktmenge eine Gerade, und man kann diese durch

$$x^0(\phi) = 0, \qquad x^1(\phi) = \phi$$

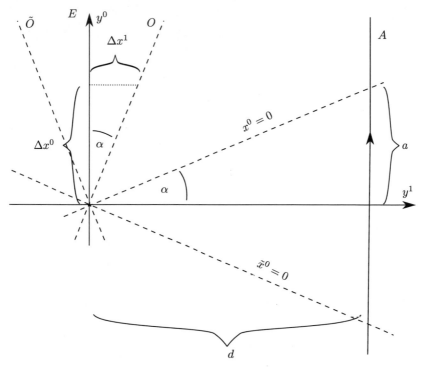

Abb. 14.2 Das Koordinatensystem der Erde E, zusammen mit den Weltlinien von O und $\tilde{O}$, sowie der Andromedagalaxie A. Die Geschwindigkeit von O relativ zur Straße ergibt sich aus dem Steigungsdreieck mit Δx^0 und Δx^1. Die Ebenen der Gleichzeitigkeit $x^0 = 0$ und $\tilde{x}^0 = 0$ für O und $\tilde{O}$ sind ebenfalls eingezeichnet.

parametrisieren. Im Koordinatensystem der Straße lautet die Geradengleichung

$$y^0(\phi) \;=\; \beta\gamma\phi, \qquad y^1(\phi) \;=\; \gamma\phi. \tag{14.23}$$

Man sieht, dass die beiden Geraden (14.22) und (14.23) durch Vertauschung von y^0 und y^1 ineinander übergehen. Man erhält die eine, wenn man sie an der $y^0 = y^1$-Diagonale spiegelt. Daher haben sie jeweils denselben Winkel α zur y^0- und y^1-Koordinatenachse. Dargestellt ist das in Abb. 14.2.

Der Schnittpunkt zwischen der Weltlinie der Andromedagalaxie A und der ($x^0 = 0$)-Linie hat eine Entfernung von a zur ($y^0 = 0$) Linie. Diesen Abstand wollen wir bestimmen.

Die inverse Steigung der Weltlinie beträgt

$$\tan\alpha \;=\; \frac{\Delta x^1}{\Delta x^0} \;=\; \beta,$$

die Steigung des Dreiecks, das die Weltlinie von A als Seite hat, ist

$$\tan\alpha \;=\; \frac{a}{d}.$$

Damit ergibt sich:

$$a = \beta d = \frac{v}{c}d.$$

Setzen wir Zahlenwerte ein, erhalten wir

$$a \approx 7{,}884 \cdot 10^{13} \text{ m}.$$

Die $y^0 = ct$-Koordinate muss noch in Zeit umgerechnet werden, womit sich

$$t = \frac{a}{c} \approx 3{,}04 \text{ Tage}$$

ergibt. Aus Symmetriegründen gilt Ähnliches für $\tilde{O}$, und die Zeit zwischen den beiden verdoppelt sich.

Die beiden Ereignisse „Jetzt im Andromedanebel für O" und „Jetzt im Andromedanebel für $\tilde{O}$" liegen also etwa 6,08 Tage auseinander.

S. 60 $\longleftarrow$ Aufgabe   S. 340 $\longleftarrow$ Tipp

Zu Aufgabe 2.4: Größen im Bezugssystem der Erde haben Striche, die im System der Myonen keine.

Betrachten wir ein Myon. Die Strecke, die das Myon zwischen beiden Messstationen zurücklegt, beträgt $\Delta s' = 10$ km, die Zeit $\Delta t'$. Das Myon erscheint der Erde gegenüber langsamer zu laufen (Zeitdilatation), deswegen gilt

$$\Delta t = \Delta t'\sqrt{1 - \frac{v^2}{c^2}}.$$

Das Zerfallsgesetz im System der Myonen lautet

$$N(t) = N_0\, e^{-\frac{t}{\tau}}$$

mit $\tau = T_{1/2}/\ln 2 = 2{,}2\mu$s. Das Zerfallsgesetz gibt an, wie viele Myonen $N(t)$ nach einer Zeit t, ausgehend von einer Grundmenge N_0, noch vorhanden sind. Das überträgt sich auch auf die Myonenflussraten, und deswegen gilt mit der Rate $N_1 = 335$ und $N_2 = 200$

$$\frac{N_2}{N_1} = e^{-\frac{\Delta t}{\tau}} \tag{14.24}$$

Die Myonen bewegen sich mit der Geschwindigkeit v, und es gilt

$$v = \frac{\Delta s}{\Delta t} = \frac{\Delta s'}{\Delta t'}$$

denn die relative Geschwindigkeit von Myon und Erde ist in beiden Systemen identisch.

Damit haben wir alle Bausteine zusammen. Es gilt:

$$\Delta t \;=\; \frac{\Delta s}{v} \;=\; \frac{\Delta s'}{v}\sqrt{1 - \frac{v^2}{c^2}} \;=\; \frac{\Delta s'}{c}\sqrt{\frac{c^2}{v^2} - 1} \qquad (14.25)$$

Lösen wir (14.24) nach Δt auf, erhalten wir:

$$\Delta t \;=\; \tau \, \ln\!\left(\frac{N_1}{N_2}\right)$$

Gleichsetzen mit (14.25) und Auflösen nach v/c ergibt

$$\frac{v}{c} \;=\; \left(1 + \frac{c}{\Delta s'}\tau \ln\!\left(\frac{N_1}{N_2}\right)\right)^{-\frac{1}{2}}$$

$$\approx\; 0{,}99942$$

Die Myonen bewegen sich also mit 99,942 % der Lichtgeschwindigkeit.

S. 60 ⟵ Aufgabe   S. 340 ⟵ Tipp

14.3   Lösungen der Aufgaben Kapitel 3

Zu Aufgabe 3.1: Den Tensor, den man erhält, wenn der erste Index nach oben gezogen wurde, nennen wir S, mit Komponenten $S^{\mu_1}{}_{\mu_2\cdots\mu_n}$. Mit der Definition des Heraufziehens gilt:

$$S^{\mu_1}{}_{\mu_2\cdots\mu_n} \;=\; \eta^{\mu_1\nu}\,T_{\nu\nu_2\cdots\mu_n} \qquad (14.26)$$

Hierbei ist ν der freie Index, über den nach der Einsteinschen Summenkonvention summiert wird. Ziehen wir den ersten Index des Tensors S wieder herunter, erhalten wir den Tensor U mit Komponenten $U_{\mu_1\mu_2\cdots\mu_n}$, definiert durch

$$U_{\mu_1\mu_2\cdots\mu_n} \;=\; \eta_{\mu_1\nu}S^{\nu}{}_{\mu_2\cdots\mu_n} \qquad (14.27)$$

Wenn wir zeigen wollen, dass die Tensoren T und U gleich sind, reicht es zu zeigen, dass ihre Komponenten gleich sind. Mit (14.26) und (14.27) haben wir:

$$U_{\mu_1\mu_2\cdots\mu_n} \;=\; \eta_{\mu_1\nu}S^{\nu}{}_{\mu_2\cdots\mu_n} \;=\; \eta_{\mu_1\nu}\eta^{\nu\rho}T_{\rho\mu_2\cdots\mu_n}$$

$$=\; \delta_{\mu_1}{}^{\rho}T_{\rho\mu_2\cdots\mu_n} \;=\; T_{\mu_1\mu_2\cdots\mu_n}$$

Damit sind die beiden Tensoren gleich.

S. 97 ←— Aufgabe   S. 341 ←— Tipp

Zu Aufgabe 3.2: Zuerst einmal halten wir fest:

$$T_{(\nu\mu)} \;=\; \frac{1}{2}\left(T_{\nu\mu} + T_{\nu\mu}\right) \;=\; T_{(\mu\nu)} \tag{14.28}$$

$$T_{[\nu\mu]} \;=\; \frac{1}{2}\left(T_{\nu\mu} - T_{\nu\mu}\right) \;=\; -T_{[\mu\nu]} \tag{14.29}$$

Damit erhalten wir:

$$T_{((\mu\nu))} \;=\; \frac{1}{2}\left(T_{(\mu\nu)} + T_{(\nu\mu)}\right) \;\overset{(14.28)}{=}\; T_{(\mu\nu)}$$

$$T_{[[\mu\nu]]} = \frac{1}{2}\left(T_{[\mu\nu]} - T_{[\nu\mu]}\right) \overset{(14.29)}{=} T_{[\mu\nu]} \qquad T_{([\mu\nu])} = \frac{1}{2}\left(T_{(\mu\nu)} + T_{[\nu\mu]}\right) \overset{(14.29)}{=} 0$$

$$T_{[(\mu\nu)]} \;=\; \frac{1}{2}\left(T_{(\mu\nu)} - T_{(\nu\mu)}\right) \;\overset{(14.28)}{=}\; 0$$

S. 97 ←— Aufgabe   S. 341 ←— Tipp

Zu Aufgabe 3.3: Zuerst zeigen wir, dass es A und S gibt, die die Bedingungen erfüllen. Für einen Tensor T mit Komponenten $T_{\mu\nu}$ definierten wir die Tensoren S und A wie folgt:

$$S_{\mu\nu} := T_{(\mu\nu)} \qquad A_{\mu\nu} := T_{[\mu\nu]}$$

mit den Klammern aus (3.55) und (3.56). Nach Definition ist S symmetrisch und A antisymmetrisch. Und es gilt:

$$S_{\mu\nu} + A_{\mu\nu} = \frac{1}{2}\left(T_{\mu\nu} + T_{\nu\mu}\right) + \frac{1}{2}\left(T_{\mu\nu} - T_{\nu\mu}\right) = \frac{1}{2}T_{\mu\nu} + \frac{1}{2}T_{\mu\nu} = T_{\mu\nu}$$

Als Nächstes müssen wir noch zeigen, dass A und S eindeutig sind. Nehmen wir also an, es gibt irgendwelche Tensoren $\tilde{S}$ und $\tilde{A}$, die die Bedingungen ebenfalls erfüllen. Das heißt, $\tilde{S}_{\mu\nu} = \tilde{S}_{\nu\mu}$ und $\tilde{A}_{\mu\nu} = -\tilde{A}_{\nu\mu}$ und $T_{\mu\nu} = \tilde{A}_{\mu\nu} + \tilde{S}_{\mu\nu}$. Dann folgt daraus:

$$S_{\mu\nu} + A_{\mu\nu} \;=\; \tilde{S}_{\mu\nu} + \tilde{A}_{\mu\nu} \tag{14.30}$$

Nehmen wir den symmetrischen Teil der Gleichung (14.30), also

$$S_{(\mu\nu)} + A_{(\mu\nu)} \;=\; \tilde{S}_{(\mu\nu)} + \tilde{A}_{(\mu\nu)}$$

dann folgt mit $S_{\mu\nu} = S_{(\mu\nu)}$ und $A_{\mu\nu} = A_{[\mu\nu]}$ und ähnlichen Aussagen für die Tensoren $\tilde{S}$ und $\tilde{A}$

$$S_{\mu\nu} + A_{([\mu\nu])} \;=\; \tilde{S}_{\mu\nu} + \tilde{A}_{([\mu\nu])}$$

Aus Aufgabe 3.2 wissen wir aber, dass $A_{([\mu\nu])} = 0 = \tilde{A}_{([\mu\nu])}$ gilt und damit

$$S_{\mu\nu} = \tilde{S}_{\mu\nu}.$$

Ähnlich zeigt man $A_{\mu\nu} = \tilde{A}_{\mu\nu}$, indem man den antisymmetrischen Teil von Gleichung (14.30) nimmt. Damit sind die Tensoren eindeutig.

S. 97 ⟵ Aufgabe $\qquad\qquad$ S. 341 ⟵ Tipp

Zu Aufgabe 3.4: Die Notation bedeutet, dass nur die beiden Indizes μ_k und μ_l symmetrisiert werden. Nach der Definition (3.55) gilt:

$$A_{\mu_1 \cdots \mu_{k-1} (\mu_k | \mu_{k+1} \cdots \mu_{l-1} | \mu_l) \mu_{l+1} \cdots \mu_n}$$

$$= \frac{1}{2} \left(A_{\mu_1 \cdots \mu_{k-1} \mu_k \mu_{k+1} \cdots \mu_{l-1} \mu_l \mu_{l+1} \cdots \mu_n} + A_{\mu_1 \cdots \mu_{k-1} \mu_l \mu_{k+1} \cdots \mu_{l-1} \mu_k \mu_{l+1} \cdots \mu_n} \right)$$

Wegen der Antisymmetrie des Tensors gilt aber, dass der Tensor unter Vertauschung zweier Indizes das Vorzeichen wechselt, also:

$$A_{\mu_1 \cdots \mu_{k-1} \mu_k \mu_{k+1} \cdots \mu_{l-1} \mu_l \mu_{l+1} \cdots \mu_n} = -A_{\mu_1 \cdots \mu_{k-1} \mu_l \mu_{k+1} \cdots \mu_{l-1} \mu_k \mu_{l+1} \cdots \mu_n}$$

Damit gilt:

$$A_{\mu_1 \cdots \mu_{k-1} \mu_k \mu_{k+1} \cdots \mu_{l-1} \mu_l \mu_{l+1} \cdots \mu_n} + A_{\mu_1 \cdots \mu_{k-1} \mu_l \mu_{k+1} \cdots \mu_{l-1} \mu_k \mu_{l+1} \cdots \mu_n}$$

$$= A_{\mu_1 \cdots \mu_{k-1} \mu_k \mu_{k+1} \cdots \mu_{l-1} \mu_l \mu_{l+1} \cdots \mu_n} - A_{\mu_1 \cdots \mu_{k-1} \mu_k \mu_{k+1} \cdots \mu_{l-1} \mu_l \mu_{l+1} \cdots \mu_n} = 0$$

S. 97 ⟵ Aufgabe $\qquad\qquad$ S. 341 ⟵ Tipp

Zu Aufgabe 3.5: Um zu zeigen, dass die $\omega_\mu(x)$ ein Kovektorfeld sind, muss das Transformationsverhalten (3.37) bewiesen werden.

In einem anderen Koordinatensystem $\tilde{x}^\mu(x) = \Lambda^\mu{}_\nu x^\nu + a^\mu$ ist die Funktion f gegeben durch $\tilde{f}$ mit

$$\tilde{f}(\tilde{x}) = f(x(\tilde{x}))$$

mit der inversen Transformation

$$x^\mu(\tilde{x}) = (\Lambda^{-1})^\mu{}_\nu (\tilde{x}^\nu - a^\nu) \tag{14.31}$$

In diesem Koordinatensystem gilt für die partiellen Ableitungen der Funktion:

$$\tilde{\omega}_\mu(\tilde{x}) = \frac{\partial}{\partial \tilde{x}^\mu} \tilde{f}(\tilde{x})$$

Mithilfe der Kettenregel und (14.31) folgt dann:

$$\frac{\partial}{\partial \tilde{x}^\mu} \tilde{f}(\tilde{x}) = \frac{\partial}{\partial \tilde{x}^\mu} f(x(\tilde{x})) = \frac{\partial x^\nu}{\partial \tilde{x}^\nu} \frac{\partial f}{\partial x^\nu}(x(\tilde{x})) = (\Lambda^{-1})^\nu{}_\mu \omega_\nu(x(\tilde{x}))$$

Das ist aber genau das Transformationsverhalten von Kovektorfeldern.

S. 97 ⟵ Aufgabe   S. 341 ⟵ Tipp

Zu Aufgabe 3.6: Zuerst halten wir fest, dass wegen der eindeutigen Umkehrbarkeit von $\phi \mapsto \psi(\phi)$ die Ableitungen

$$\frac{d\phi}{d\psi} = \left(\frac{d\psi}{d\phi}\right)^{-1} \neq 0$$

ungleich null sind.

Zu a: Die Kurve $\psi \mapsto x^\mu(\psi)$ ist zeitartig/raumartig/lichtartig, je nachdem ob die Größe

$$\eta_{\mu\nu}\frac{dx^\mu}{d\psi}\frac{dx^\nu}{d\psi}$$

größer / kleiner / gleich null für alle ψ ist. Es gilt nun mit der Kettenregel:

$$\eta_{\mu\nu}\frac{dx^\mu}{d\psi}\frac{dx^\nu}{d\psi} = \eta_{\mu\nu}\frac{dx^\mu}{d\phi}\frac{d\phi}{d\psi}\frac{dx^\nu}{d\phi}\frac{d\phi}{d\psi} = \eta_{\mu\nu}\frac{dx^\mu}{d\phi}\frac{dx^\nu}{d\phi}\underbrace{\left(\frac{d\phi}{d\psi}\right)^2}_{>0}$$

Es haben damit beide Ausdrücke $\eta_{\mu\nu}\frac{dx^\mu}{d\psi}\frac{dx^\nu}{d\psi}$ und $\eta_{\mu\nu}\frac{dx^\mu}{d\phi}\frac{dx^\nu}{d\phi}$ dasselbe Vorzeichen, bzw. einer ist genau dann null, wenn der andere auch null ist. Beide Kurven sind also vom selben Typ.

Zu b: Es ist zu zeigen:

$$\int_{\phi_a}^{\phi_b} d\phi\sqrt{\eta_{\mu\nu}\frac{dx^\mu}{d\phi}\frac{dx^\nu}{d\phi}} \overset{?}{=} \int_{\psi_a}^{\psi_b} d\psi\sqrt{\eta_{\mu\nu}\frac{dx^\mu}{d\psi}\frac{dx^\nu}{d\psi}}$$

mit $\psi_a = \psi(\phi_a)$ und $\psi_b = \psi(\phi_b)$. Da $\frac{d\psi}{d\phi} > 0$ muss $\psi_b \geq \psi_a$ sein. Mit der Ketten- und Substitutionsregel gilt dann:

$$\int_{\psi_a}^{\psi_b} d\psi\sqrt{\eta_{\mu\nu}\frac{dx^\mu}{d\psi}\frac{dx^\nu}{d\psi}} = \int_{\psi_a}^{\psi_b} d\psi\sqrt{\eta_{\mu\nu}\frac{dx^\mu}{d\phi}\frac{dx^\nu}{d\phi}\left(\frac{d\phi}{d\psi}\right)^2}$$

$$= \int_{\psi_a}^{\psi_b} d\psi\frac{d\phi}{d\psi}\sqrt{\eta_{\mu\nu}\frac{dx^\mu}{d\phi}\frac{dx^\nu}{d\phi}} = \int_{\phi_a}^{\phi_b} d\phi\underbrace{\frac{d\phi}{d\psi}\frac{d\psi}{d\phi}}_{=1}\sqrt{\eta_{\mu\nu}\frac{dx^\mu}{d\phi}\frac{dx^\nu}{d\phi}}$$

$$= \int_{\phi_a}^{\phi_b} d\phi\sqrt{\eta_{\mu\nu}\frac{dx^\mu}{d\phi}\frac{dx^\nu}{d\phi}}$$

Damit sind die verstreichenden Eigenzeiten gleich. Die Eigenzeit entlang einer Kurve hängt nicht von der Parametrisierung der Kurve ab!

Zu c: Man kann dieses Integral direkt ausrechnen. Schneller geht es jedoch, wenn wir das Ergebnis aus b) benutzen und die Substitution

$$\psi = \pi - \arccos\phi \quad\Leftrightarrow\quad \phi = \cos(\pi - \psi) = -\cos\psi$$

anwenden. Für die Grenzen gilt:

$$\phi_a = -1,\ \phi_b = 1 \quad\Leftrightarrow\quad \psi_a = 0,\ \psi_b = \pi$$

Mit der neuen Parametrisierung lautet die Kurve:

$$x^0(\psi) = 2\psi,\ x^1(\psi) = -\cos\psi,\ x^2(\psi) = \sin\psi,\ x^3(\psi) = 0$$

Die Ableitung nach ψ beträgt damit:

$$\frac{dx^0}{d\psi} = 2,\ \frac{dx^1}{d\psi} = \sin\psi,\ \frac{dx^2}{d\psi} = \cos\psi,\ \frac{dx^3}{d\psi} = 0$$

Die verstreichende Eigenzeit ist also:

$$\int_{\psi_a}^{\psi_b} d\psi \sqrt{\eta_{\mu\nu}\frac{dx^\mu}{d\psi}\frac{dx^\nu}{d\psi}}$$

$$= \int_{\psi_a}^{\psi_b} d\psi \sqrt{\left(\frac{dx^0}{d\psi}\right)^2 - \left(\frac{dx^1}{d\psi}\right)^2 - \left(\frac{dx^2}{d\psi}\right)^2 - \left(\frac{dx^3}{d\psi}\right)^2}$$

$$= \int_0^\pi d\psi \sqrt{4 - \sin^2\psi - \cos^2\psi} = \int_0^\pi d\psi \sqrt{3} = \sqrt{3}\pi$$

S. 98 ⟵ Aufgabe　　　　　　　　　　　　　　　S. 342 ⟵ Tipp

Zu Aufgabe 3.7: Nicht jede lichtartige Kurve ist eine gerade Linie. Inspiration kann man sich von Aufgabe 3.6c suchen: Das ist eine zeitartige Kurve, die sich wie eine Spirale windet. Durch Anpassen des Vorfaktors 2 von x^0 kann man diese Kurve lichtartig machen:

$$x^0(\lambda) = \lambda,\ x^1(\lambda) = \sin\lambda,\ x^2(\lambda) = \cos\lambda,\ x^3(\lambda) = 0$$

Diese Kurve ist sicher keine gerade Linie und erfüllt

$$\eta_{\mu\nu}\frac{dx^\mu}{d\lambda}\frac{dx^\nu}{d\lambda} = \left(\frac{dx^0}{d\lambda}\right)^2 - \left(\frac{dx^1}{d\lambda}\right)^2 - \left(\frac{dx^2}{d\lambda}\right)^2 - \left(\frac{dx^3}{d\lambda}\right)^2$$

$$= 1^2 - (\cos\lambda)^2 - (-\sin\lambda)^2 - 0^2 = 0$$

Die Kurve ist also lichtartig und damit ein Gegenbeispiel.

S. 98 ⟵ Aufgabe   S. 342 ⟵ Tipp

Zu Aufgabe 3.8: Wir halten fest:

$$\frac{dx_L^\mu}{d\tilde\lambda} = \frac{d\lambda}{d\tilde\lambda}\frac{dx_L^\mu}{d\lambda} \tag{14.32}$$

$$\frac{d^2x_L^\mu}{d\tilde\lambda^2} = \frac{d}{d\tilde\lambda}\left(\frac{d\lambda}{d\tilde\lambda}\frac{dx_L^\mu}{d\lambda}\right) = \frac{d^2\lambda}{d\tilde\lambda^2}\frac{dx_L^\mu}{d\lambda} + \frac{d\lambda}{d\tilde\lambda}\frac{d^2x_L^\mu}{d\lambda^2} \tag{14.33}$$

Zu a: Aus $\frac{d^2x_L^\mu}{d\lambda^2} = \frac{d^2x_L^\mu}{d\tilde\lambda^2} = 0$ folgt mit (14.33):

$$\frac{d^2\lambda}{d\tilde\lambda^2}\frac{dx_L^\mu}{d\lambda} = 0 \qquad \text{für alle } \mu$$

Der Geschwindigkeitsvektor des Lichtstrahls ist aber nicht null, es muss also $\frac{d^2\lambda}{d\tilde\lambda^2} = 0$ sein. Mit anderen Worten:

$$\lambda = a\tilde\lambda + b$$

mit Konstanten $a \neq 0$, b. Wenn beide Parametrisierungen zur selben Frequenz führen, gilt mit (14.32)

$$\omega = c\frac{dx^0}{d\lambda} = c\frac{dx^0}{d\tilde\lambda} = c\frac{d\lambda}{d\tilde\lambda}\frac{dx^0}{d\lambda}$$

Es folgt:

$$1 = \frac{d\lambda}{d\tilde\lambda} = a$$

Damit sind λ und $\tilde\lambda$ gleich bis auf eine konstante Verschiebung b.

Zu b: Es sei $s \mapsto x_O^\mu(s)$ die Weltlinie des Beobachters, im Koordinatensystem von O also

$$x_O^\mu(s) = \begin{pmatrix} s \\ 0 \\ 0 \\ 0 \end{pmatrix}$$

Damit gilt

$$\omega = c\frac{dx^0}{d\lambda} = c\eta_{\mu\nu}\frac{dx_O^\mu}{ds}\frac{dx^\nu}{d\lambda} \tag{14.34}$$

wie man leicht nachprüft. Der Ausdruck (14.34) ist invariant unter Lorentz-Transformationen. Dies ist eine allgemeine Aussage: Ein Beobachter misst als Frequenz eines Lichtstrahls immer das Skalarprodukt des eigenen Geschwindigkeitsvektors mit dem des Lichtstrahls, multipliziert mit c.

Zu c: Nehmen wir an, dass sich Lichtstrahl und $\tilde{O}$ in die x^1-Richtung bewegen. Die Weltlinien der beiden sind dann

$$
x^\mu(\lambda) = \begin{pmatrix} \frac{\omega}{c}\lambda \\ \frac{\omega}{c}\lambda \\ 0 \\ 0 \end{pmatrix}, \qquad x^\mu_{\tilde{O}}(s) = \begin{pmatrix} \gamma s \\ \beta\gamma \\ 0 \\ 0 \end{pmatrix} \tag{14.35}
$$

mit $\beta = v/c$ und $\gamma = 1/\sqrt{1-\beta^2}$. Um zu erfahren, welche Frequenz $\tilde{O}$ beim Lichtstrahl misst, könnten wir ins System von $\tilde{O}$ wechseln und dort die 0-Komponenten des Geschwindigkeitsvektors des Lichtstrahls berechnen. Einfacher geht es aber mit b): Beobachter $\tilde{O}$ misst die Frequenz $\omega_{\tilde{O}}$, und diese ist gegeben durch das Skalarprodukt der Geschwindigkeitsvektoren (das wir in jedem Koordinatensystem ausrechnen können):

$$
\begin{aligned}
\omega_{\tilde{O}} &= c\,\eta_{\mu\nu}\frac{dx^\mu_{\tilde{O}}}{ds}\frac{dx^\nu}{d\lambda} = c\left(\frac{\omega}{c}\gamma - \frac{\omega}{c}\gamma\beta\right) \\
&= \omega\,\gamma\,(1-\beta) = \omega\,\frac{1-\beta}{\sqrt{1-\beta^2}} = \omega\sqrt{\frac{1-\beta}{1+\beta}}
\end{aligned}
$$

Damit haben wir den relativistischen Dopplereffekt hergeleitet.

S. 98 ⟵ Aufgabe   S. 342 ⟵ Tipp

Zu Aufgabe 3.9: Wir benutzen in dieser Aufgabe die Matrixschreibweise.

Zu a: Gegeben seien zwei 4×4-Matrizen Λ_1 und Λ_2 mit $\Lambda_i^T \eta \Lambda_i = \eta$ für $i = 1, 2$. Nennen wir das Produkt

$$
\Lambda_3 := \Lambda_1 \Lambda_2
$$

dann gilt:

$$
\Lambda_3^T \eta \Lambda_3 = (\Lambda_1\Lambda_2)^T \eta (\Lambda_1\Lambda_2) = \Lambda_2^T \underbrace{\Lambda_1^T \eta \Lambda_1}_{=\eta} \Lambda_2 = \Lambda_2^T \eta \Lambda_2 = \eta
$$

Also ist auch das Produkt $\Lambda_3 = \Lambda_1\Lambda_2$ eine LT.

Zu b: Sei Λ eine LT. Dann multiplizieren wir $\Lambda^T \eta \Lambda = \eta$ von rechts mit Λ^{-1} und von links mit $(\Lambda^T)^{-1} = (\Lambda^{-1})^T$. Damit erhalten wir:

$$
(\Lambda^T)^{-1}\Lambda^T \eta \Lambda\Lambda^{-1} = (\Lambda^{-1})^T \eta \Lambda^{-1}
$$

Die linke Seite ist aber wieder gleich der Matrix η. Also erfüllt auch Λ^{-1} die Bedingungen für LT.

Zu c: Bilden wir die Determinante auf beiden Seiten der Gleichung für LT, erhalten wir:

$$\det(\Lambda^T \eta \Lambda) = \det(\eta)$$

Wegen $\det(AB) = \det(A)\det(B)$ und $\det(A^T) = \det(A)$ wird die rechte Seite zu:

$$\det(\eta) = \det(\Lambda^T)\det(\eta)\det(\Lambda) = \det(\Lambda)^2 \det(\eta)$$

Und wegen $\det(\eta) = -1$ gilt deswegen

$$\det(\Lambda)^2 = 1$$

oder auch $\det(\Lambda) = \pm 1$.

Zu d: Es reicht zu zeigen, dass das Produkt zweier spezieller LT wieder eine spezielle LT ist, sowie dass das Inverse einer speziellen LT wieder eine spezielle LT ist.

Seien Λ_1 und Λ_2 spezielle LT, dann gilt

$$\det(\Lambda_1 \Lambda_2) = \det(\Lambda_1)\det(\Lambda_2) = 1 \cdot 1 = 1$$

Also ist auch das Produkt $\Lambda_1 \Lambda_2$ eine spezielle LT. Ebenso gilt

$$\det(\Lambda^{-1}) = \frac{1}{\det(\Lambda)} = \frac{1}{1} = 1$$

Damit ist auch das Inverse wieder speziell. Somit formen die speziellen LT eine Untergruppe.

Zu e: Schreiben wir die LT Λ als

$$\Lambda = \begin{pmatrix} \Lambda^0{}_0 & \vec{M}^T \\ \vec{N} & R \end{pmatrix}$$

mit Dreiervektoren $\vec{M}$ und $\vec{M}$ und einer 3×3-Matrix R, von denen wir noch nicht mehr wissen. Schreiben wir dann die Bedingungen für LT aus, erhalten wir:

$$\begin{pmatrix} \Lambda^0{}_0 & \vec{N}^T \\ \vec{M} & R^T \end{pmatrix} \begin{pmatrix} 1 & \vec{0}^T \\ \vec{0} & -\mathbb{1}_{3\times 3} \end{pmatrix} \begin{pmatrix} \Lambda^0{}_0 & \vec{M}^T \\ \vec{N} & R \end{pmatrix} = \begin{pmatrix} 1 & \vec{0}^T \\ \vec{0} & -\mathbb{1}_{3\times 3} \end{pmatrix}$$

Betrachten wir nur die 00-Komponente dieser Matrixgleichung und multiplizieren wir dies aus, erhalten wir:

$$(\Lambda^0{}_0)^2 - \underbrace{\vec{N}^T \vec{N}}_{=\|\vec{N}\|^2} = 1$$

Mit anderen Worten:

$$(\Lambda^0{}_0)^2 = 1 + \|\vec{N}\|^2 \geq 1$$

weil die Norm des Dreiervektors $\vec{N}$ nicht negativ sein kann. Zieht man daraus die Wurzel, zeigt sich, dass bei jeder LT die 00-Komponente entweder ≥ 1 oder ≤ -1 ist. Die orthochronen LT sind diejenigen mit $\Lambda^0{}_0 \geq 1$.

Als Nächstes brauchen wir die Matrixform von Λ^{-1}. Dafür multiplizieren wir die Bedingung für LT mit Λ^{-1} von rechts und $\eta^{-1} = \eta$ von links. Das ergibt

$$\Lambda^{-1} = \eta \Lambda^T \eta = \begin{pmatrix} \Lambda^0{}_0 & -\vec{N}^T \\ -\vec{M} & R^T \end{pmatrix}$$

Daraus lesen wir sofort ab: Wenn Λ orthochron ist, dann ist es auch Λ^{-1}. Außerdem ist Λ^{-1} ja ebenfalls eine LT, für sie gilt also auch Gleichung (3.31), nur mit $\vec{N}$ ersetzt durch $-\vec{M}$. Somit gilt auch

$$(\Lambda^0{}_0)^2 = 1 + \|\vec{M}\|^2 \geq 1$$

Schauen wir uns nun das Produkt zweier LT $\Lambda_{(1)}$ und $\Lambda_{(2)}$ an. Schreiben wir sie als Matrizen:

$$\Lambda_{(1)} = \begin{pmatrix} \Lambda^0_{(1)0} & \vec{M}^T_{(1)} \\ \vec{N}_{(1)} & R_{(1)} \end{pmatrix} \qquad \Lambda_{(2)} = \begin{pmatrix} \Lambda^0_{(2)0} & \vec{M}^T_{(2)} \\ \vec{N}_{(2)} & R_{(2)} \end{pmatrix}$$

Für das Produkt der beiden gilt also:

$$\Lambda_{(3)} = \Lambda_{(1)} \Lambda_{(2)} = \begin{pmatrix} \Lambda^0_{(1)0} \Lambda^0_{(2)0} + \vec{M}^T_{(1)} \vec{N}_{(2)} & \cdots \\ \cdots & \cdots \end{pmatrix}$$

Mit anderen Worten:

$$\Lambda^0_{(3)0} = \Lambda^0_{(1)0} \Lambda^0_{(2)0} + \vec{M}^T_{(1)} \vec{N}_{(2)}$$

Weil $\Lambda_{(1)}$ und $\Lambda_{(2)}$ orthochron sind, wissen wir, dass

$$\Lambda^0_{(1)0} \Lambda^0_{(2)0} \geq 1$$

ist. Der Term $\vec{M}^T_{(1)} \vec{N}_{(2)}$ kann negativ, positiv oder null sein, die 00-Komponente von $\Lambda_{(3)}$ kann man also nach unten abschätzen:

$$\Lambda^0_{(3)0} \geq \Lambda^0_{(1)0} \Lambda^0_{(2)0} - \|\vec{M}^T_{(1)} \vec{N}_{(2)}\|$$

Wir wissen aber wegen der Cauchy-Schwarz-Ungleichung:

$$\|\vec{M}^T_{(1)} \vec{N}_{(2)}\| \leq \|\vec{M}^T_{(1)}\| \, \|\vec{N}^T_{(2)}\|$$

$$= \sqrt{(\Lambda^0_{(1)0})^2 - 1} \sqrt{(\Lambda^0_{(2)0})^2 - 1} < \Lambda^0_{(1)0} \Lambda^0_{(2)0}$$

Also gilt

$$\Lambda^0_{(3)0} > 0$$

Die 00-Komponente ist also positiv. Damit kann sie nicht kleiner als –1 sein, sondern es bleibt nur, dass sie größer als +1 ist. Also ist auch das Produkt $\Lambda_{(3)}$ orthochron.

S. 99 $\longleftarrow$ Aufgabe   S. 342 $\longleftarrow$ Tipp

Zu Aufgabe 3.10: Teil a) zeigen wir durch direkte Rechnung und Anwendung von hyperbolischen Additionsstheoremen:

$$\Lambda(\psi_1)\Lambda(\psi_2) = \begin{pmatrix} \gamma_1 & -\beta_1\gamma_1 & 0 & 0 \\ -\beta_1\gamma_1 & \gamma_1 & 0 & 0 \\ 0 & 0 & 1 & 0 \\ 0 & 0 & 0 & 1 \end{pmatrix} \begin{pmatrix} \gamma_2 & -\beta_2\gamma_2 & 0 & 0 \\ -\beta_2\gamma_2 & \gamma_2 & 0 & 0 \\ 0 & 0 & 1 & 0 \\ 0 & 0 & 0 & 1 \end{pmatrix}$$

$$= \begin{pmatrix} \cosh\psi_1 & -\sinh\psi_1 & 0 & 0 \\ -\sinh\psi_1 & \cosh\psi_1 & 0 & 0 \\ 0 & 0 & 1 & 0 \\ 0 & 0 & 0 & 1 \end{pmatrix} \begin{pmatrix} \cosh\psi_2 & -\sinh\psi_2 & 0 & 0 \\ -\sinh\psi_2 & \cosh\psi_2 & 0 & 0 \\ 0 & 0 & 1 & 0 \\ 0 & 0 & 0 & 1 \end{pmatrix}$$

$$= \begin{pmatrix} \cosh\psi_1\cosh\psi_2 & -\sinh\psi_2\cosh\psi_1 & 0 & 0 \\ +\sinh\psi_1\sinh\psi_2 & -\sinh\psi_1\cosh\psi_2 & & \\ -\sinh\psi_2\cosh\psi_1 & \cosh\psi_1\cosh\psi_2+ & 0 & 0 \\ -\sinh\psi_1\cosh\psi_2 & \sinh\psi_1\sinh\psi_2 & & \\ 0 & 0 & 1 & 0 \\ 0 & 0 & 0 & 1 \end{pmatrix}$$

$$= \begin{pmatrix} \cosh(\psi_1+\psi_2) & -\sinh(\psi_1+\psi_2) & 0 & 0 \\ -\sinh(\psi_1+\psi_2) & \cosh(\psi_1+\psi_2) & 0 & 0 \\ 0 & 0 & 1 & 0 \\ 0 & 0 & 0 & 1 \end{pmatrix} = \Lambda(\psi_1+\psi_2)$$

Zu b: Hierfür reicht zu zeigen, dass

$$\Lambda_{\vec{n}}^T \Lambda_{\vec{n}} = \mathbb{1}_{4\times 4}$$

gilt. Durch Nachrechnen erhält man:

$$\Lambda_{\vec{n}}^T \Lambda_{\vec{n}} = \begin{pmatrix} 1 & \vec{0}^T \\ \vec{0} & R(\vec{n}) \end{pmatrix}^T \begin{pmatrix} 1 & \vec{0}^T \\ \vec{0} & R(\vec{n}) \end{pmatrix} = \begin{pmatrix} 1 & \vec{0}^T \\ \vec{0} & R(\vec{n})^T \end{pmatrix} \begin{pmatrix} 1 & \vec{0}^T \\ \vec{0} & R(\vec{n}) \end{pmatrix}$$

$$= \begin{pmatrix} 1 & \vec{0}^T \\ \vec{0} & R(\vec{n})^T R(\vec{n}) \end{pmatrix} = \begin{pmatrix} 1 & \vec{0}^T \\ \vec{0} & \mathbb{1}_{3\times 3} \end{pmatrix} = \mathbb{1}_{4\times 4}$$

Hierbei haben wir die Eigenschaft $R^T = R^{-1}$ der orthogonalen Matrizen benutzt.
Zu c: Zuerst müssen wir die Rotationsmatrix $R(\vec{e}_2)$ bestimmen. Dies kann man
z. B. tun, indem man sich vergegenwärtigt, dass die Spalten einer Matrix die Bilder
der Einheitsvektoren sind. Es handelt sich um eine Drehung in der $(1,2)$-Ebene
um $\pi/2$, die $\vec{e}_1$ in $\vec{e}_2$ dreht. Die Matrix muss also

$$R(\vec{e}_2)\,\vec{e}_1 = \vec{e}_2$$

$$R(\vec{e}_2)\,\vec{e}_2 = -\vec{e}_1$$

$$R(\vec{e}_2)\,\vec{e}_3 = \vec{e}_3$$

erfüllen. Daraus kann man die Matrixgestalt ablesen:

$$R(\vec{e}_2) = \begin{pmatrix} 0 & -1 & 0 \\ 1 & 0 & 0 \\ 0 & 0 & 1 \end{pmatrix}$$

Durch direktes Ausrechnen erhält man dann für den Boost in x^2-Richtung mit
Rapidität ψ:

$$\Lambda_{\vec{e}_2}(\psi) = \Lambda_{\vec{e}_2} \Lambda(\psi) \Lambda_{\vec{e}_2}^{-1} = \Lambda_{\vec{e}_2} \Lambda(\psi) \Lambda_{\vec{e}_2}^T$$

$$= \begin{pmatrix} 1 & 0 & 0 & 0 \\ 0 & 0 & -1 & 0 \\ 0 & 1 & 0 & 0 \\ 0 & 0 & 0 & 1 \end{pmatrix} \begin{pmatrix} \cosh\psi & -\sinh\psi & 0 & 0 \\ -\sinh\psi & \cosh\psi & 0 & 0 \\ 0 & 0 & 1 & 0 \\ 0 & 0 & 0 & 1 \end{pmatrix} \begin{pmatrix} 1 & 0 & 0 & 0 \\ 0 & 0 & 1 & 0 \\ 0 & -1 & 0 & 0 \\ 0 & 0 & 0 & 1 \end{pmatrix}$$

$$= \begin{pmatrix} \cosh\psi & 0 & -\sinh\psi & 0 \\ 0 & 1 & 0 & 0 \\ -\sinh\psi & 0 & \cosh\psi & 0 \\ 0 & 0 & 0 & 1 \end{pmatrix}$$

Zu d: Zuerst machen wir die Beobachtung, dass jeder Boost, also jede Matrix von
der Form (3.77), symmetrisch ist:

$$\Lambda_{\vec{n}}(\psi)^T = \left(\Lambda_{\vec{n}} \, \Lambda(\psi) \, \underbrace{\Lambda_{\vec{n}}^{-1}}_{=\Lambda_{\vec{n}}^T} \right)^T = \Lambda_{\vec{n}} \, \Lambda(\psi)^T \, \Lambda_{\vec{n}}^T \tag{14.36}$$

Man kann aber direkt ablesen, dass $\Lambda(\psi)$ symmetrisch ist, und damit gilt $\Lambda_{\vec{n}}(\psi)^T = \Lambda_{\vec{n}}(\psi)$. Jeder Boost ist also symmetrisch. Durch direktes Nachrechnen kann man aber zeigen, dass

$$\Lambda(\psi)\Lambda_{\vec{e}_2}(\psi) \neq \left(\Lambda(\psi)\Lambda_{\vec{e}_2}{}'(\psi)\right)^T \tag{14.37}$$

Das Produkt aus zwei Boosts ist also nicht unbedingt wieder ein Boost.

S. 99 $\longleftarrow$ Aufgabe $\qquad\qquad$ S. 343 $\longleftarrow$ Tipp

14.4 Lösungen der Aufgaben Kapitel 4

Zu Aufgabe 4.1: Wir nehmen an, dass es einen inertialen Beobachter gibt, in dessen Ruhesystem (gegeben durch Koordinaten ξ^μ) Metrik und inverse Metrik die Form $\eta_{\mu\nu}$ bzw. $\eta^{\mu\nu}$ haben. Bezüglich anderer Koordinaten sind Metrik und inverse Metrik dann durch (4.14) und (4.33) gegeben, also

$$g_{\mu\nu} = \eta_{\rho\sigma}\frac{\partial\xi^\rho}{\partial x^\mu}\frac{\partial\xi^\sigma}{\partial x^\nu}, \qquad g^{\mu\nu} = \frac{\partial x^\mu}{\partial\xi^\rho}\frac{\partial x^\nu}{\partial\xi^\sigma}\eta^{\rho\sigma} \tag{14.38}$$

Um zu prüfen, ob diese wirklich zueinander inverse Matrizen beschreiben, benennen wir zunächst die Indizes um und setzen dann ein:

$$g_{\mu\nu}g^{\nu\rho} = \eta_{\sigma\tau}\frac{\partial\xi^\sigma}{\partial x^\mu}\frac{\partial\xi^\tau}{\partial x^\nu}\frac{\partial x^\nu}{\partial\xi^\alpha}\frac{\partial x^\rho}{\partial\xi^\beta}\eta^{\alpha\beta} \tag{14.39}$$

Nun nutzen wir die Kettenregel, bzw. die Tatsache, dass die partiellen Ableitungen zueinander inverse Matrizen definieren, also

$$\frac{\partial\xi^\tau}{\partial x^\nu}\frac{\partial x^\nu}{\partial\xi^\alpha} = \delta^\tau_\alpha, \qquad \frac{\partial\xi^\sigma}{\partial x^\mu}\frac{\partial x^\rho}{\partial\xi^\sigma} = \delta^\rho_\mu \tag{14.40}$$

Damit ergibt sich

$$\begin{aligned}
g_{\mu\nu}g^{\nu\rho} &= \eta_{\sigma\tau}\frac{\partial\xi^\sigma}{\partial x^\mu}\delta^\tau_\alpha\frac{\partial x^\rho}{\partial\xi^\beta}\eta^{\alpha\beta} = \eta_{\sigma\tau}\frac{\partial\xi^\sigma}{\partial x^\mu}\frac{\partial x^\rho}{\partial\xi^\beta}\eta^{\tau\beta}\\
&= \delta^\beta_\sigma\frac{\partial\xi^\sigma}{\partial x^\mu}\frac{\partial x^\rho}{\partial\xi^\beta} = \frac{\partial\xi^\sigma}{\partial x^\mu}\frac{\partial x^\rho}{\partial\xi^\sigma} = \delta^\rho_\mu
\end{aligned}$$

Die zweite Identität beweist man analog.

S. 119 ⟵ Aufgabe   S. 343 ⟵ Tipp

Zu Aufgabe 4.2: Wir formen zunächst (4.26) um:

$$\cosh^2(x^0) \;=\; 1 + \sinh^2(x^0) \;=\; 1 + \sinh^2(\xi^0)\cos^2(\xi^1)$$

$$=\; \cos^2(\xi^1) + \sin^2(\xi^1) + \sinh^2(\xi^0)\cos^2(\xi^1) \qquad (14.41)$$

$$=\; \cos^2(\xi^1)\cosh^2(\xi^0) + \sin^2(\xi^1)$$

Teilt man beide Seiten durch $\cos^2(\xi^1)\cosh^2(\xi^0)$, dann erhält man auch

$$\frac{1 + \sinh^2(\xi^0)\cos^2(\xi^1)}{\cos^2(\xi^1)\cosh^2(\xi^0)} \;=\; 1 + \tan^2(\xi^1)\mathrm{sech}^2(\xi^0) \qquad (14.42)$$

Mit diesen beiden Identitäten und den partiellen Ableitungen auf Seite 112 errechnet man jetzt:

$$\tilde{g}_{00} \;=\; \frac{\partial x^\mu}{\partial \xi^0}\frac{\partial x^\nu}{\partial \xi^0}g_{\mu\nu} \;=\; \left(\frac{\partial x^0}{\partial \xi^0}\right) - \cosh^2(x^0)\left(\frac{\partial x^1}{\partial \xi^0}\right)$$

$$=\; \frac{\cos^2(\xi^1)\cosh^2(\xi^0)}{1 + \cos^2(\xi^1)\sinh^2(\xi^0)}$$

$$\quad -\left(\cos^2(\xi^1)\cosh^2(\xi^0) + \sin^2(\xi^1)\right)\frac{\tan^2(\xi^1)\sinh^2(\xi^0)}{\left(\cosh^2(\xi^0) + \tan^2(\xi^1)\right)^2}$$

$$=\; \frac{\cos^2(\xi^1)\cosh^2(\xi^0)}{1 + \cos^2(\xi^1)\sinh^2(\xi^0)} - \frac{\sinh^2(\xi^0)\cos^2(\xi^1)\sin^2(\xi^1)}{1 + \cos^2(\xi^1)\sinh^2(\xi^0)}$$

$$=\; \frac{\cos^2(\xi^1) + \cos^2(\xi^1)\cosh^2(\xi^0) - \sinh^2(\xi^0)\cos^2(\xi^1)(1 - \cos^2(\xi^1))}{1 + \cos^2(\xi^1)\sinh^2(\xi^0)}$$

$$=\; \cos^2(\xi^1)$$

$$\tilde{g}_{01} \;=\; \tilde{g}_{10} \;=\; \frac{\partial x^0}{\partial \xi^0}\frac{\partial x^0}{\partial \xi^1} - \cosh^2(x^0)\frac{\partial x^1}{\partial \xi^0}\frac{\partial x^1}{\partial \xi^1}$$

$$=\; \frac{-\sin(\xi^1)\sinh(\xi^0)\cos(\xi^1)\cosh(\xi^0)}{1 + \cos^2(\xi^1)\sinh^2(\xi^0)}$$

$$\quad -\left(\cos^2(\xi^1)\cosh^2(\xi^0) + \sin^2(\xi^1)\right)\frac{-\tan(\xi^1)\cosh(\xi^0)\sinh(\xi^0)}{\left(\cosh^2(\xi^0) + \tan^2(\xi^1)\right)^2}\frac{1}{\cos^2(\xi^1)}$$

$$=\; \frac{-\sin(\xi^1)\sinh(\xi^0)\cos(\xi^1)\cosh(\xi^0)}{1 + \cos^2(\xi^1)\sinh^2(\xi^0)} + \frac{\sin(\xi^1)\sinh(\xi^0)\cos(\xi^1)\cosh(\xi^0)}{1 + \cos^2(\xi^1)\sinh^2(\xi^0)}$$

$$=\; 0$$

$$\tilde{g}_{11} = \left(\frac{\partial x^0}{\partial \xi^1}\right) - \cosh^2(x^0)\left(\frac{\partial x^1}{\partial \xi^1}\right) = \frac{\sin^2(\xi^1)\sinh^2(\xi^0)}{1 + \cos^2(\xi^1)\sinh^2(\xi^0)}$$

$$- \left(\cos^2(\xi^1)\cosh^2(\xi^0) + \sin^2(\xi^1)\right)\frac{1}{\cos^4(\xi^1)}\frac{\cosh^2(\xi^0)}{\left(\cosh^2(\xi^0) + \tan^2(\xi^1)\right)^2}$$

$$= \frac{\sin^2(\xi^1)\sinh^2(\xi^0) - \cosh^2(\xi^0)}{1 + \cos^2(\xi^1)\sinh^2(\xi^0)}$$

$$= \frac{\sinh^2(\xi^0) - \cos^2(\xi^1)\sinh^2(\xi^0) - \cosh^2(\xi^0)}{1 + \cos^2(\xi^1)\sinh^2(\xi^0)} = -1$$

S. 119 ⟵ Aufgabe   S. 343 ⟵ Tipp

Zu Aufgabe 4.3: Zuerst berechnen wir die Christoffel-Symbole in den x^μ-Koordinaten. Hierfür benutzen wir $g_{00} = 1$, $g_{01} = g_{10} = 0$ und $g_{11} = -\cosh^2(x^0)$. Zuerst benötigen wir die inverse Metrik. Weil die Metrik $g_{\mu\nu}$ diagonal ist, kann man diese erhalten, indem man die Kehrwerte der Diagonaleinträge nimmt. Es gilt also:

$$g^{00} = 1, \quad g^{10} = g^{01} = 0, \quad g^{11} = \text{sech}^2(x^0) \tag{14.43}$$

Setzen wir dies in die Formel (4.31) für μ, ν, $\rho = 0, 1$ ein, erhalten wir:

$$\Gamma^0_{00} = \frac{1}{2}g^{0\lambda}\left(\frac{\partial g_{\lambda 0}}{\partial x^0} + \frac{\partial g_{\lambda 0}}{\partial x^0} - \frac{\partial g_{00}}{\partial x^\lambda}\right) = \frac{1}{2}g^{00}\left(\frac{\partial g_{00}}{\partial x^0} + \frac{\partial g_{00}}{\partial x^0} - \frac{\partial g_{00}}{\partial x^0}\right) = 0$$

$$\Gamma^1_{00} = \frac{1}{2}g^{1\lambda}\left(\frac{\partial g_{\lambda 0}}{\partial x^0} + \frac{\partial g_{\lambda 0}}{\partial x^0} - \frac{\partial g_{00}}{\partial x^\lambda}\right) = \frac{1}{2}g^{11}\left(\frac{\partial g_{10}}{\partial x^0} + \frac{\partial g_{10}}{\partial x^0} - \frac{\partial g_{00}}{\partial x^1}\right) = 0$$

$$\Gamma^1_{10} = \frac{1}{2}g^{1\lambda}\left(\frac{\partial g_{\lambda 1}}{\partial x^0} + \frac{\partial g_{\lambda 0}}{\partial x^1} - \frac{\partial g_{10}}{\partial x^\lambda}\right) = \frac{1}{2}g^{11}\left(\frac{\partial g_{11}}{\partial x^0} + \frac{\partial g_{10}}{\partial x^1} - \frac{\partial g_{10}}{\partial x^1}\right) =$$

$$= \frac{1}{2}\frac{1}{\cosh^2(x^0)}\,2\sinh(x^0)\cosh(x^0) = \tanh(x^0) = \Gamma^1_{01}$$

$$\Gamma^0_{10} = \frac{1}{2}g^{0\lambda}\left(\frac{\partial g_{\lambda 1}}{\partial x^0} + \frac{\partial g_{\lambda 0}}{\partial x^1} - \frac{\partial g_{10}}{\partial x^\lambda}\right) = \frac{1}{2}g^{00}\left(\frac{\partial g_{01}}{\partial x^0} + \frac{\partial g_{00}}{\partial x^1} - \frac{\partial g_{10}}{\partial x^0}\right) = 0$$

$$\Gamma^0_{11} = \frac{1}{2}g^{0\lambda}\left(\frac{\partial g_{\lambda 1}}{\partial x^1} + \frac{\partial g_{\lambda 1}}{\partial x^1} - \frac{\partial g_{11}}{\partial x^\lambda}\right) = \frac{1}{2}g^{00}\left(\frac{\partial g_{01}}{\partial x^1} + \frac{\partial g_{01}}{\partial x^1} - \frac{\partial g_{11}}{\partial x^0}\right)$$

$$= \frac{1}{2}(-1)\left(-2\sinh(x^0)\cosh(x^0)\right) = \sinh(x^0)\cosh(x^0)$$

$$\Gamma^1_{11} = \frac{1}{2}g^{1\lambda}\left(\frac{\partial g_{\lambda 1}}{\partial x^1} + \frac{\partial g_{\lambda 1}}{\partial x^1} - \frac{\partial g_{11}}{\partial x^\lambda}\right) = \frac{1}{2}g^{11}\left(\frac{\partial g_{11}}{\partial x^1} + \frac{\partial g_{11}}{\partial x^1} - \frac{\partial g_{11}}{\partial x^1}\right) = 0$$

Als Nächstes berechnen wir die Christoffel-Symbole $\tilde{\Gamma}^\mu_{\nu\rho}$ im Ruhesystem. Dafür benutzen wir die Metrik

$$\tilde{g}_{00} = \cos^2(\xi^1), \quad \tilde{g}_{01} = \tilde{g}_{10} = 0, \quad \tilde{g}_{11} = -1 \tag{14.44}$$

sowie die sich daraus ergebende inverse Metrik

$$\tilde{g}^{00} = \frac{1}{\cos^2(\xi^1)}, \quad \tilde{g}^{01} = \tilde{g}_{10} = 0, \quad \tilde{g}^{11} = -1 \tag{14.45}$$

Es ergibt sich:

$$\tilde{\Gamma}^0_{00} = \frac{1}{2}\tilde{g}^{0\lambda}\left(\frac{\partial\tilde{g}_{\lambda 0}}{\partial\xi^0} + \frac{\partial\tilde{g}_{\lambda 0}}{\partial\xi^0} - \frac{\partial\tilde{g}_{00}}{\partial\xi^\lambda}\right) = \frac{1}{2}\tilde{g}^{00}\left(\frac{\partial\tilde{g}_{00}}{\partial\xi^0} + \frac{\partial\tilde{g}_{00}}{\partial\xi^0} - \frac{\partial\tilde{g}_{00}}{\partial\xi^0}\right) = 0$$

$$\tilde{\Gamma}^1_{00} = \frac{1}{2}\tilde{g}^{1\lambda}\left(\frac{\partial\tilde{g}_{\lambda 0}}{\partial\xi^0} + \frac{\partial\tilde{g}_{\lambda 0}}{\partial\xi^0} - \frac{\partial\tilde{g}_{00}}{\partial\xi^\lambda}\right) = \frac{1}{2}\tilde{g}^{11}\left(\frac{\partial\tilde{g}_{10}}{\partial\xi^0} + \frac{\partial\tilde{g}_{10}}{\partial\xi^0} - \frac{\partial\tilde{g}_{00}}{\partial\xi^1}\right)$$

$$= \frac{1}{2}(-1)\big(2\sin(\xi^1)\cos(\xi^1)\big) = -\sin(\xi^1)\cos(\xi^1)$$

$$\tilde{\Gamma}^1_{10} = \frac{1}{2}\tilde{g}^{1\lambda}\left(\frac{\partial\tilde{g}_{\lambda 1}}{\partial\xi^0} + \frac{\partial\tilde{g}_{\lambda 0}}{\partial\xi^1} - \frac{\partial\tilde{g}_{10}}{\partial\xi^\lambda}\right) = \frac{1}{2}\tilde{g}^{11}\left(\frac{\partial\tilde{g}_{11}}{\partial\xi^0} + \frac{\partial\tilde{g}_{10}}{\partial\xi^1} - \frac{\partial\tilde{g}_{10}}{\partial\xi^1}\right) = 0$$

$$\tilde{\Gamma}^0_{10} = \frac{1}{2}\tilde{g}^{0\lambda}\left(\frac{\partial\tilde{g}_{\lambda 1}}{\partial\xi^0} + \frac{\partial\tilde{g}_{\lambda 0}}{\partial\xi^1} - \frac{\partial\tilde{g}_{10}}{\partial\xi^\lambda}\right) = \frac{1}{2}\tilde{g}^{00}\left(\frac{\partial\tilde{g}_{01}}{\partial\xi^0} + \frac{\partial\tilde{g}_{00}}{\partial\xi^1} - \frac{\partial\tilde{g}_{10}}{\partial\xi^0}\right)$$

$$= \frac{1}{2}\frac{1}{\cos^2(\xi^1)}\big(-2\cos(\xi^1)\sin(\xi^1)\big) = -\tan(\xi^1) = \Gamma^0_{01}$$

$$\tilde{\Gamma}^0_{11} = \frac{1}{2}\tilde{g}^{0\lambda}\left(\frac{\partial\tilde{g}_{\lambda 1}}{\partial\xi^1} + \frac{\partial\tilde{g}_{\lambda 1}}{\partial\xi^1} - \frac{\partial\tilde{g}_{11}}{\partial\xi^\lambda}\right) = \frac{1}{2}\tilde{g}^{00}\left(\frac{\partial\tilde{g}_{01}}{\partial\xi^1} + \frac{\partial\tilde{g}_{01}}{\partial\xi^1} - \frac{\partial\tilde{g}_{11}}{\partial\xi^0}\right) = 0$$

$$\tilde{\Gamma}^1_{11} = \frac{1}{2}\tilde{g}^{1\lambda}\left(\frac{\partial\tilde{g}_{\lambda 1}}{\partial\xi^1} + \frac{\partial\tilde{g}_{\lambda 1}}{\partial\xi^1} - \frac{\partial\tilde{g}_{11}}{\partial\xi^\lambda}\right) = \frac{1}{2}\tilde{g}^{11}\left(\frac{\partial\tilde{g}_{11}}{\partial\xi^1} + \frac{\partial\tilde{g}_{11}}{\partial\xi^1} - \frac{\partial\tilde{g}_{11}}{\partial\xi^0}\right) = 0$$

Hierbei kann man sich die Symmetrie der Christoffel-Symbole $\Gamma^\mu_{\nu\rho} = \Gamma^\mu_{\rho\nu}$ zunutze machen, um sich den Arbeitsaufwand etwas zu verringern. Das bedeutet, dass wir effektiv nur sechs anstatt acht Christoffel-Symbole explizit berechnen müssen.

Zu guter Letzt zeigen wir, dass die Weltlinie

$$x^0(s) = s, \quad x^1(s) = 0 \tag{14.46}$$

auch wirklich die Bewegungsgleichung erfüllt. Das kann man direkt nachrechnen. Dafür benutzen wir, dass Γ^0_{11} und Γ^1_{01} die einzigen potenziell nicht verschwindenden Christoffel-Symbole sind. Setzen wir (14.46) in die Bewegungsgleichung ein, erhalten wir für die $\mu = 0$-Komponente und die $\mu = 1$-Komponente der Bewegungsgleichungen:

$$\frac{d^2x^0}{ds^2} + \Gamma^0_{\nu\rho}\frac{dx^\nu}{ds}\frac{dx^\rho}{ds} = = 0 + \Gamma^0_{11}\underbrace{\left(\frac{dx^1}{ds}\right)^2}_{=0} = 0 \tag{14.47}$$

$$\frac{d^2x^1}{ds^2} + \Gamma^1_{\nu\rho}\frac{dx^\nu}{ds}\frac{dx^\rho}{ds} = 0 + 2\Gamma^1_{01}\frac{dx^0}{ds}\underbrace{\frac{dx^1}{ds}}_{=0} = 0 \tag{14.48}$$

Beide sind null, also sind die Bewegungsgleichungen erfüllt. Es handelt sich um die Weltlinie eines inertialen Beobachters.

S. 119 ⟵ Aufgabe   S. 343 ⟵ Tipp

Zu Aufgabe 4.4: Zuerst berechnen wir in den x^μ-Koordinaten die ersten und zweiten Ableitungen der Weltlinie:

$$\frac{dx^0_{(\theta)}}{d\tau} = \frac{\cosh(\theta)\cosh(\tau)}{\sqrt{1 + \sinh^2(\tau)\cosh^2(\theta)}}, \quad \frac{dx^1_{(\theta)}}{d\tau} = \frac{\sinh(\theta)}{\sinh^2(\tau)\sinh^2(\theta) + \cosh^2(\tau)}$$

$$\frac{d^2 x^0_{(\theta)}}{d\tau^2} = -\frac{\cosh(\theta)\sinh^2(\theta)\sinh(\tau)}{\left(1 + \sinh^2(\tau)\cosh^2(\theta)\right)^{\frac{3}{2}}}$$

$$\frac{d^2 x^1_{(\theta)}}{d\tau^2} = -2\frac{\sinh(\theta)\cosh^2(\theta)\sinh(\tau)\cosh(\tau)}{\left(\sinh^2(\tau)\sinh^2(\theta) + \cosh^2(\tau)\right)^2}$$

Als Nächstes werten wir die (einzigen nicht verschwindenden) Christoffel-Symbole auf der Weltlinie, also in Abhängigkeit von τ, aus:

$$\Gamma^0_{11}(x^\mu_{(\theta)}) = \sinh\left(x^0_{(\theta)}\right)\cosh\left(x^0_{(\theta)}\right) = \sinh\left(x^0_{(\theta)}\right)\sqrt{1 + \sinh^2\left(x^0_{(\theta)}\right)}$$

$$= \cosh(\theta)\sinh(\tau)\sqrt{1 + \cosh^2(\theta)\sinh^2(\tau)}$$

$$\Gamma^1_{01}(x^\mu_{(\theta)}) = \frac{\sinh\left(x^0_{(\theta)}\right)}{\cosh\left(x^0_{(\theta)}\right)} = \frac{\sinh\left(x^0_{(\theta)}\right)}{\sqrt{1 + \sinh^2\left(x^0_{(\theta)}\right)}} = \frac{\cosh(\theta)\sinh(\tau)}{\sqrt{1 + \cosh^2(\theta)\sinh^2(\tau)}}$$

Wir verwenden noch die folgende nützliche Identität:

$$1 + \sinh^2(\tau)\cosh^2(\theta) = 1 + \sinh^2(\tau)\left(1 + \sinh^2(\theta)\right)$$

$$= \cosh^2(\tau) + \sinh^2(\tau)\sinh^2(\theta) \tag{14.49}$$

Jetzt können wir loslegen. Zuerst betrachten die linke Seite von (4.34) für $\mu = 0$.

$$\frac{d^2 x^0_{(\theta)}}{d\tau^2} + \Gamma^0_{\nu\rho} \frac{dx^\nu_{(\theta)}}{d\tau} \frac{dx^\rho_{(\theta)}}{d\tau} = \frac{d^2 x^0_{(\theta)}}{d\tau^2} + \Gamma^0_{11} \left(\frac{dx^1_{(\theta)}}{d\tau} \right)^2$$

$$= -\frac{\cosh(\theta) \sinh^2(\theta) \sinh(\tau)}{\left(1 + \sinh^2(\tau) \cosh^2(\theta) \right)^{\frac{3}{2}}}$$

$$+ \frac{\cosh(\theta) \sinh(\tau) \sqrt{1 + \cosh^2(\theta) \sinh^2(\tau)} \sinh^2(\theta)}{\left(\sinh^2(\tau) \sinh^2(\theta) + \cosh^2(\tau) \right)^2}$$

$$= -\frac{\cosh(\theta) \sinh^2(\theta) \sinh(\tau)}{\left(1 + \sinh^2(\tau) \cosh^2(\theta) \right)^{\frac{3}{2}}} + \frac{\cosh(\theta) \sinh^2(\theta) \sinh(\tau)}{\left(1 + \sinh^2(\tau) \cosh^2(\theta) \right)^{\frac{3}{2}}}$$

$$= 0$$

Hierbei haben wir (14.49) benutzt. Als Nächstes betrachten wir $\mu = 1$:

$$\frac{d^2 x^1_{(\theta)}}{d\tau^2} + \Gamma^1_{\nu\rho} \frac{dx^\nu_{(\theta)}}{d\tau} \frac{dx^\rho_{(\theta)}}{d\tau} = \frac{d^2 x^1_{(\theta)}}{d\tau^2} + 2\Gamma^1_{01} \frac{dx^0_{(\theta)}}{d\tau} \frac{dx^1_{(\theta)}}{d\tau}$$

$$= -2 \frac{\sinh(\theta) \cosh^2(\theta) \sinh(\tau) \cosh(\tau)}{\left(\sinh^2(\tau) \sinh^2(\theta) + \cosh^2(\tau) \right)^2} + 2 \left(\frac{\cosh(\theta) \sinh(\tau)}{\sqrt{1 + \cosh^2(\theta) \sinh^2(\tau)}} \right.$$

$$\left. \times \frac{\cosh(\theta) \cosh(\tau)}{\sqrt{1 + \sinh^2(\tau) \cosh^2(\theta)}} \frac{\sinh(\theta)}{\sinh^2(\tau) \sinh^2(\theta) + \cosh^2(\tau)} \right)$$

$$= -2 \frac{\sinh(\theta) \cosh^2(\theta) \sinh(\tau) \cosh(\tau)}{\left(\sinh^2(\tau) \sinh^2(\theta) + \cosh^2(\tau) \right)^2} + 2 \frac{\sinh(\theta) \cosh^2(\theta) \sinh(\tau) \cosh(\tau)}{\left(\sinh^2(\tau) \sinh^2(\theta) + \cosh^2(\tau) \right)^2}$$

$$= 0$$

Auch hierbei haben wir (14.49) benutzt. Der Faktor 2, der in der ersten Zeile vor dem Christoffel-Symbol auftaucht, kommt daher, dass man in der Summe über ν und ρ einen Beitrag von Γ^1_{01} und einen von Γ^1_{10} erhält. Wegen der Symmetrie der Christoffel-Symbole bezüglich der unteren beiden Indizes tragen die beiden Terme dasselbe bei, und deswegen kann man sie zu einem Term zusammenfassen.

Die Weltlinie $x^\mu_{(\theta)}(\tau)$ erfüllt also die Bewegungsgleichung (4.34) für alle μ, und damit handelte es sich um die Weltlinie eines frei fallenden Beobachters.

Als Nächstes rechnen wir die Weltlinie in ξ^μ-Koordinaten um. Hierbei benutzen wir die explizite Form der Weltlinie in x^μ-Koordinaten und berechnen zuerst:

$$\tanh(x^0_{(\theta)}) = \frac{\sinh(x^0_{(\theta)})}{\sqrt{1 + \sinh^2(x^0_{(\theta)})}} = \frac{\cosh(\theta)\sinh(\tau)}{\sqrt{1 + \cosh^2(\theta)\sinh^2(\tau)}}$$

$$\cos^2(x^1_{(\theta)}) = \frac{1}{1 + \tan^2(x^1_{(\theta)})} = \frac{1}{1 + \sinh^2(\theta)\tanh^2(\tau)}$$

$$= \frac{\cosh^2(\tau)}{\cosh^2(\tau) + \sinh^2(\theta)\sinh^2(\tau)} = \frac{\cosh^2(\tau)}{1 + \cosh^2(\theta)\sinh^2(\tau)}$$

$$\cosh(x^0_{(\theta)}) = \sqrt{1 + \sinh^2(x^0_{(\theta)})} = \sqrt{1 + \cosh^2(\theta)\sinh^2(\tau)}$$

$$\sin^2(x^1_{(\theta)}) = 1 - \cos^2(x^1_{(\theta)}) = 1 - \frac{\cosh^2(\tau)}{1 + \cosh^2(\theta)\sinh^2(\tau)}$$

$$= \frac{1 + \sinh^2(\tau)\cosh^2(\theta) - \cosh^2(\theta)}{1 + \cosh^2(\theta)\sinh^2(\tau)} = \frac{\sinh^2(\tau)\sinh^2(\theta)}{1 + \cosh^2(\theta)\sinh^2(\tau)}$$

Das setzen wir in die Umrechnung (4.24) ein und erhalten:

$$\xi^0_{(\theta)}(\tau) = \operatorname{artanh}\left[\frac{\tanh(x^0_{(\theta)})}{\cos(x^1_{(\theta)})}\right] = \operatorname{artanh}\left[\cosh(\theta)\sinh(\tau)\right]$$

$$\xi^1_{(\theta)}(\tau) = \arcsin\left[\sin(x^1_{(\theta)})\cosh(x^0_{(\theta)})\right] = \arcsin\left[\sinh(\theta)\sinh(\tau)\right] \tag{14.50}$$

In der Nähe der Weltlinie des ersten inertialen Beobachters gilt $\xi^1 \approx 0$. Der zweite frei fallende Beobachter passiert den ersten genau bei $\tau = 0$, denn genau dann gilt $\xi^1 = 0$. Wir entwickeln die Weltlinie (14.50) des zweiten frei fallenden Beobachters also für kleine τ und erhalten:

$$\xi^0_{(\theta)}(\tau) = \cosh(\theta)\,\tau + O(\tau^3)$$

$$\xi^1_{(\theta)}(\tau) = \sinh(\theta)\,\tau + O(\tau^3)$$

Vernachlässigt man die Terme kubischer und höherer Ordnungen, so beschreibt dies eine Gerade mit der Steigung $\tanh(\theta)$, genauer gesagt die Weltlinie eines inertialen Beobachters mit Rapidität θ. Das passt exakt mit dem Äquivalenzprinzip zusammen: Beide Beobachter bewegen sich nach der Bewegungsgleichung (4.34), folgen also komplizierten Bahnen im gekrümmten Raum.

Wenn sie sich beide allerdings begegnen, nehmen sie sich gegenseitig als inertiale Beobachter in der SRT wahr.

S. 119 ⟵ Aufgabe   S. 344 ⟵ Tipp

Zu Aufgabe 4.5: Für diese Aufgabe ignorieren wir x^2, y^2, x^3, y^3.

Zu a: Für die Bahnkurve des Beobachters in (y^0, y^1)-Koordinaten setzen wir (4.35) in (4.36) ein:

$$y^0(s) \;=\; \frac{1}{a}\operatorname{arctanh}\frac{x^0(s)}{x^1(s)} \;=\; \frac{1}{a}\operatorname{arctanh}\frac{\sinh(as)}{\cosh(as)} \;=\; \frac{1}{a}\,as \;=\; s$$

$$y^1(s) \;=\; \sqrt{(x^1(s))^2 - (x^0(s))^2} - \frac{1}{a} \;=\; \sqrt{\frac{\cosh^2(as)}{a^2} - \frac{\sinh^2(as)}{a^2}} - \frac{1}{a}$$

$$\;=\; \frac{1}{a} - \frac{1}{a} \;=\; 0$$

Zu b: Zuerst stellen wir die Gleichung für y^0 in (4.36) um:

$$\frac{x^0}{x^1} \;=\; \tanh(ay^0) \tag{14.51}$$

Dies setzen wir in die Formel für y^1 ein:

$$y^1 + \frac{1}{a} \;=\; \sqrt{(x^1)^2 - (x^0)^2} \;=\; x^1\sqrt{1 - \left(\frac{x^0}{x^1}\right)^2}$$

$$\;=\; x^1\sqrt{1 - \tanh^2(ay^0)} \;=\; \frac{x^1}{\cosh(ay^0)}$$

Dies ergibt:

$$x^1 \;=\; \left(y^1 + \frac{1}{a}\right)\cosh(ay^0) \tag{14.52}$$

Setzen wir nun noch (14.52) in (14.51) ein, erhalten wir den Ausdruck für x^0:

$$x^0 \;=\; x^1\tanh(ay^0) \;=\; \left(y^1 + \frac{1}{a}\right)\sinh(ay^0)$$

Zu c: Weil die x^μ die inertialen Koordinaten sind, und die y^μ die nicht inertialen, gilt:

$$g_{\mu\nu} \;=\; \frac{\partial x^\alpha}{\partial y^\mu}\frac{\partial x^\beta}{\partial y^\nu}\eta_{\alpha\beta}$$

Wir müssen nun vier partielle Ableitungen berechnen:

$$\frac{\partial x^0}{\partial y^0} \;=\; (ay^1 + 1)\cosh(ay^0), \qquad \frac{\partial x^0}{\partial y^1} \;=\; \sinh(ay^0)$$

$$\frac{\partial x^1}{\partial y^0} \;=\; (ay^1 + 1)\sinh(ay^0), \qquad \frac{\partial x^1}{\partial y^1} \;=\; \cosh(ay^0)$$

Die (interessanten) Komponenten der Metrik ergeben sich damit zu:

$$
\begin{aligned}
g_{00} &= \left(\frac{\partial x^0}{\partial y^0}\right)^2 - \left(\frac{\partial x^1}{\partial y^0}\right)^2 \\
&= \left((ay^1+1)\cosh(ay^0)\right)^2 - \left((ay^1+1)\sinh(ay^0)\right)^2 = (1+ay^1)^2 \\
g_{01} &= \frac{\partial x^0}{\partial y^0}\frac{\partial x^0}{\partial y^1} - \frac{\partial x^1}{\partial y^0}\frac{\partial x^1}{\partial y^1} \\
&= (ay^1+1)\cosh(ay^0)\sinh(ay^0) - (ay^1+1)\sinh(ay^0)\cosh(ay^0) = 0 \\
g_{11} &= \left(\frac{\partial x^0}{\partial y^1}\right)^2 - \left(\frac{\partial x^1}{\partial y^1}\right)^2 \\
&= \left(\sinh(ay^0)\right)^2 - \left(\cosh(ay^0)\right)^2 = -1
\end{aligned}
$$

Wegen der Symmetrie gilt $g_{01} = g_{10}$.

Zu d: Die Weltlinie eines Lichtstrahls mit Frequenz ω (bzgl. der x^μ-Koordinaten, siehe Aufgabe 3.8) der bei $x^1 = d$ ausgesandt wird, lautet:

$$
x_L^\mu(\lambda) = \begin{pmatrix} x_L^0(\lambda) \\ x_L^1(\lambda) \end{pmatrix} = \begin{pmatrix} \omega\lambda \\ \omega\lambda + d \end{pmatrix}
\tag{14.53}
$$

Sei $d \leq 0$, dann gilt für alle $\lambda \geq 0$:

$$
|x_L^0(\lambda)| \geq x_L^1(\lambda)
\tag{14.54}
$$

Auf der anderen Seite gilt für die Weltlinie (4.35) $x^\mu(s)$ des Beobachters:

$$
|x^0(s)| < x^1(s)
\tag{14.55}
$$

Die Gleichungen (14.54) und (14.55) können nicht gleichzeitig erfüllt sein, die Gleichung

$$
x_L^\mu(\lambda) = x^\mu(s)
$$

hat somit keine Lösung. Die Weltlinien schneiden sich also nicht. Für $0 < d \leq 1/a$ aber schon, denn die Kurve $x^\mu(s)$ kommt beliebig dicht an die Diagonale $x^0 = x^1$ heran. Die Kurve (14.53) hat jedoch einen endlichen Abstand von dieser Diagonalen.

Zu e: Sei nun $0 < d < 1/a$: Für den Schnittpunkt gilt

$$
\begin{pmatrix} \omega\lambda_0 \\ \omega\lambda_0 + d \end{pmatrix} = \frac{1}{a} \begin{pmatrix} \sinh(as_0) \\ \cosh(as_0) \end{pmatrix}
\tag{14.56}
$$

wenn die Kurvenparameter des Schnittpunktes λ_0 bzw. s_0 lauten.

Nach Aufgabe 3.8 ist die vom Beobachter gemessene Frequenz $\tilde{\omega}$ des Lichtstrahls gleich dem inneren Produkt von seinem Geschwindigkeitsvektor und dem des Lichtstrahls beim Schnittpunkt. Es gilt also:

$$\tilde{\omega} = \eta_{\mu\nu} \frac{dx_L^\mu}{d\lambda}(\lambda_0) \frac{dx^\nu}{ds}(s_0) \tag{14.57}$$

Mit

$$\frac{dx_L^\mu}{d\lambda} = \begin{pmatrix} \omega \\ \omega \end{pmatrix}, \qquad \frac{dx^\mu}{ds} = \begin{pmatrix} \cosh(as) \\ \sinh(as) \end{pmatrix} \tag{14.58}$$

erhalten wir

$$\tilde{\omega} = \frac{dx_L^0}{d\lambda}\frac{dx^0}{ds} - \frac{dx_L^1}{d\lambda}\frac{dx^1}{ds} = \omega\Big(\cosh(as_0) - \sinh(as_0)\Big)$$

Mit (14.56) ergibt dies:

$$\tilde{\omega} = \Big(a(\omega\lambda_0 + d) - a\omega\lambda_0\Big) = \omega a d$$

Wegen $d \le 1/a$ ist $\tilde{\omega} \le \omega$, das Licht erscheint also rotverschoben, weil sich der Beobachter von der Quelle wegbewegt. Für $d \to 0$ geht $\tilde{\omega} \to 0$. Wird der Lichtstrahl exakt von $d = 0$ ausgesandt, erreicht er den Beobachter nie. Dieser Punkt wird auch *Rindler-Horizont* genannt. Er hat große Ähnlichkeit mit dem Ereignishorizont beim Schwarzen Loch (siehe Kap. 10).

S. 120 ⟵ Aufgabe   S. 344 ⟵ Tipp

14.5 Lösungen der Aufgaben Kapitel 5

Zu Aufgabe 5.1: Die Mannigfaltigkeit S^3 ist dreidimensional. In Analogie zur 2-Sphäre S^2 ordnen wir einem Punkt $P \neq N$ auf der 3-Sphäre S^3 die Koordinaten x_N^1, x_N^2, x_N^3 zu, welches die Werte von x, y, z der $\mathbb{R}^4$-Koordinaten des Schnittpunktes einer Gerade durch N und P mit der $w = 0$-Ebene sind.

Bezeichnen wir einen Punkt $P \neq N$ auf der Sphäre mit (x, y, z, w). Eine Gerade durch den Nordpol N und P ist durch die Geradengleichung

$$\vec{r}(\lambda) = \begin{pmatrix} 0 \\ 0 \\ 0 \\ 1 \end{pmatrix} + \begin{pmatrix} x \\ y \\ z \\ 1 - w \end{pmatrix} \lambda \tag{14.59}$$

gegeben. Der Schnittpunkt mit der $w = 0$-Ebene erfüllt

$$1 + (1 - w)\lambda = 0 \tag{14.60}$$

Damit gilt $\lambda = 1/(1 - w)$, also

$$x_N^1 = \frac{x}{1 - w}, \quad x_N^2 = \frac{y}{1 - w}, \quad x_N^3 = \frac{z}{1 - w}$$

Ganz analog ergibt sich für den Südpol S, also den Punkt mit $w = -1$:

$$x_S^1 = \frac{x}{1 + w}, \quad x_S^2 = \frac{y}{1 + w}, \quad x_S^3 = \frac{z}{1 + w}$$

S. 149 ⟵ Aufgabe   S. 345 ⟵ Tipp

Zu Aufgabe 5.2: Betrachten wir zwei Koordinatensysteme x^μ und $\tilde{x}^\mu$. Nennen wir das Koordinatenvektorfeld

$$X = \frac{\partial}{\partial x^\mu} \tag{14.61}$$

In den x^μ-Koordinaten sind dessen Komponenten:

$$X^\nu = \begin{cases} 1 & \nu = \mu \\ 0 & \nu \neq \mu \end{cases} \tag{14.62}$$

Gleichzeitig gilt auch die Zerlegung

$$X = \tilde{X}^\rho \frac{\partial}{\partial \tilde{x}^\rho} \tag{14.63}$$

Nach (5.17) gilt:

$$\tilde{X}^\rho = \frac{\partial \tilde{x}^\rho}{\partial x^\nu} X^\nu = \frac{\partial \tilde{x}^\rho}{\partial x^\nu} \delta^\nu{}_\mu = \frac{\partial \tilde{x}^\rho}{\partial x^\mu} \tag{14.64}$$

Mit (14.63) folgt dann

$$\frac{\partial}{\partial x^\mu} = \frac{\partial \tilde{x}^\rho}{\partial x^\mu} \frac{\partial}{\partial \tilde{x}^\rho} \tag{14.65}$$

S. 149 ⟵ Aufgabe   S. 345 ⟵ Tipp

Zu Aufgabe 5.3: Wir wollen Formel (5.51) aus Aufgabe 02 benutzen mit den Koordinaten

$$x^1 = \theta, \qquad x^2 = \phi$$

$$\tilde{x}^1 = x_N^1, \qquad \tilde{x}^2 = x_N^2$$

Ausgeschrieben wird Formel (5.51) zu:

$$\frac{\partial}{\partial \theta} = \frac{\partial x_N^1}{\partial \theta} \frac{\partial}{\partial x_N^1} + \frac{\partial x_N^2}{\partial \theta} \frac{\partial}{\partial x_N^2}$$

$$\frac{\partial}{\partial \phi} = \frac{\partial x_N^1}{\partial \phi} \frac{\partial}{\partial x_N^1} + \frac{\partial x_N^2}{\partial \phi} \frac{\partial}{\partial x_N^2}$$

(14.66)

Um die nötigen partiellen Ableitungen zu berechnen, betrachten wir:

$$x_N^1 = \frac{x}{1-z} = \frac{\cos\phi\sin\theta}{1-\cos\theta}$$

$$x_N^2 = \frac{y}{1-z} = \frac{\sin\phi\sin\theta}{1-\cos\theta}$$

Die (x, y, z)-Werte in Abhängigkeit der x_N^1, x_N^2 sind ebenfalls hilfreich:

$$x = \frac{2x_N^1}{\|x_N\|^2 + 1}, \qquad y = \frac{2x_N^2}{\|x_N\|^2 + 1}, \qquad z = \frac{\|x_N\|^2 - 1}{\|x_N\|^2 + 1}$$

Dabei benutzen wir wieder die Abkürzung

$$\|x_N\|^2 = (x_N^1)^2 + (x_N^2)^2$$

Ebenso praktisch ist:

$$\sin\theta = \sqrt{1 - \cos^2\theta} = \sqrt{1 - z^2} = \sqrt{x^2 + y^2} = \frac{2\|x_N\|^2}{\|x_N\|^2 + 1}$$

Als partielle Ableitungen ergeben sich:

$$\frac{\partial x_N^1}{\partial \theta} = -\frac{\cos\phi}{1-\cos\theta} = -\frac{1}{\sin\theta}x_N^1 = -\frac{\|x_N\|^2 + 1}{2}\frac{x_N^1}{\|x_N\|}$$

$$\frac{\partial x_N^1}{\partial \phi} = -\frac{\sin\phi\sin\theta}{1-\cos\theta} = -x_N^2$$

$$\frac{\partial x_N^2}{\partial \theta} = -\frac{\sin\phi}{1-\cos\theta} = -\frac{1}{\sin\theta}x_N^2 = -\frac{\|x_N\|^2 + 1}{2}\frac{x_N^2}{\|x_N\|}$$

$$\frac{\partial x_N^2}{\partial \phi} = \frac{\cos\phi\sin\theta}{1-\cos\theta} = x_N^1$$

Damit haben wir alle partiellen Ableitungen berechnet und in den x_N^1, x_N^2-Koordinaten ausgedrückt. Mit (14.66) erhalten wir:

$$\frac{\partial}{\partial\theta} \;=\; -\frac{\|x_N\|^2 + 1}{2\|x_N\|}\left(x_N^1\frac{\partial}{\partial x_N^1} + x_N^2\frac{\partial}{\partial x_N^2}\right)$$

$$\frac{\partial}{\partial\phi} \;=\; -x_N^2\frac{\partial}{\partial x_N^1} + x_N^1\frac{\partial}{\partial x_N^2}$$

S. 149 ⟵ Aufgabe   S. 345 ⟵ Tipp

Zu Aufgabe 5.4: Da es sich hierbei um eine eindimensionale Mannigfaltigkeit handelt, hat der Index nur einen Wert. Man kann ihn also weglassen und die Koordinaten ϕ nennen. Nach (5.23) ist die Komponente vom Kommutator von C_n und C_m dann:

$$[C_n, C_m] \;=\; C_{nm}\frac{\partial}{\partial\phi}$$

mit

$$C_{nm} \;:=\; \frac{\partial(\cos(n\phi))}{\partial\phi}\cos(n\phi) \;-\; \frac{\partial(\cos(m\phi))}{\partial\phi}\cos(m\phi)$$

$$=\; -n\sin(n\phi)\cos(m\phi) \;+\; m\sin(m\phi)\cos(n\phi)$$

Das sieht aber nicht wie die Komponenten der C_n oder S_n aus. Um sie darin umzuschreiben, benutzen wir die Additionstheoreme:

$$\sin(\alpha + \beta) \;=\; \sin(\alpha)\cos(\beta) \;+\; \sin(\beta)\cos(\alpha)$$

$$\cos(\alpha + \beta) \;=\; \cos(\alpha)\cos(\beta) \;-\; \sin(\alpha)\sin(\beta)$$

Damit ergibt sich:

$$\sin(\alpha)\cos(\beta) \;=\; \frac{1}{2}\left(\sin(\alpha + \beta) + \sin(\alpha - \beta)\right)$$

Den Koeffizienten C_{nm} kann man damit wie folgt umschreiben:

$$C_{nm} \;=\; -\frac{n}{2}\Big[\sin((n + m)\phi) \;+\; \sin((n - m)\phi)\Big]$$

$$+\frac{m}{2}\Big[\sin((n + m)\phi) \;+\; \sin((m - n)\phi)\Big]$$

$$=\; \frac{m - n}{2}\sin((n + m)\phi) \;+\; \frac{n + m}{2}\sin((m - n)\phi)$$

Und damit:

$$[C_n, C_m] \;=\; \frac{m - n}{2}S_{n+m} \;+\; \frac{n + m}{2}S_{m-n}$$

Die anderen Kommutatoren berechnen sich ganz analog durch Anwenden der Additionstheoreme:

$$[S_n, S_m] \;=\; \frac{m-n}{2} S_{n+m} \;+\; \frac{n+m}{2} S_{n-m}$$

$$[S_n, C_m] \;=\; \frac{m-n}{2} C_{n+m} \;-\; \frac{n+m}{2} C_{n-m}$$

S. 149 ⟵ Aufgabe   S. 345 ⟵ Tipp

Zu Aufgabe 5.5: Zuerst benutzen wir Formel (5.23), um $[X,[Y,Z]]$ zu berechnen:

$$
\begin{aligned}
[X,[Y,Z]]^\mu \;=\;& X^\nu \partial_\nu [Y,Z]^\mu - [Y,Z]^\nu \partial_\nu X^\mu \\[4pt]
=\;& X^\nu \partial_\nu \big(Y^\rho \partial_\rho Z^\mu - Z^\rho \partial_\rho Y^\mu\big) - \big(Y^\rho \partial_\rho Z^\nu - Z^\rho \partial_\rho Y^\nu\big)\partial_\nu X^\mu \\[4pt]
=\;& X^\nu(\partial_\nu Y^\rho)(\partial_\rho Z^\mu) + X^\nu Y^\rho(\partial_\nu \partial_\rho Z^\mu) \\[4pt]
& -X^\nu(\partial_\nu Z^\rho)(\partial_\rho Y^\mu) - X^\nu Z^\rho(\partial_\nu \partial_\rho Y^\mu) \\[4pt]
& -Y^\rho(\partial_\rho Z^\nu)(\partial_\nu X^\mu) + Z^\rho(\partial_\rho Y^\nu)(\partial_\nu X^\mu)
\end{aligned}
$$

Wenn man in diesem Ausdruck (X,Y,Z) einmal und zweimal zyklisch permutiert und die beiden so entstehenden Ausdrücke zu dem obigen hinzuaddiert, dann heben sich alle Terme weg. Das kann man natürlich ausführlich hinschreiben, was ziemlich viel Platz verbraucht.

Es bietet sich an, hier folgende Abkürzungen einzuführen:

$$X^\nu(\partial_\nu Z^\rho)(\partial_\rho Y^\mu) \quad \to \quad [XZY]$$

$$X^\nu Z^\rho(\partial_\nu \partial_\rho Y^\mu) \quad \to \quad (XZ)Y$$

Dies sind die beiden einzigen Sorten von Ausdrücken, die vorkommen. Man sollte noch aufpassen, denn bei $[XZY]$ kommt es wirklich auf die Reihenfolge der Vektorfelder an, während $(XZ)Y = (ZX)Y$ gilt, wegen der Vertauschbarkeit der zweiten Ableitungen.

Mit diesen Abkürzungen ergibt sich:

$$
\begin{aligned}
[Y,[Z,X]]^\mu \;=\;& [XYZ] + (XY)Z - [XZY] - (XZ)Y \qquad (14.67)\\
& -[YZX] + [ZYX]
\end{aligned}
$$

Daraus kann man einfach ablesen:

$$
\begin{aligned}
[Y,[Z,X]]^\mu \;=\;& [YZX] + (YZ)X - [YXZ] - (YX)Z \qquad (14.68)\\
& -[ZXY] + [XZY]
\end{aligned}
$$

$$
\begin{aligned}
[Z,[X,Y]]^\mu \;=\;& [ZXY] + (ZX)Y - [ZYX] - (ZY)X \qquad (14.69)\\
& -[XYZ] + [YXZ]
\end{aligned}
$$

Jetzt lässt sich leichter ablesen, dass sich in der Summe der drei Ausdrücke (14.67), (14.68) und (14.69) alle Terme wegheben.

S. 149 ⟵ Aufgabe S. 345 ⟵ Tipp

Zu Aufgabe 5.6: Wir schreiben:

$$\omega_\mu := \frac{\partial f}{\partial x^\mu}$$

Zu a: In anderen Koordinaten $\tilde{x}^\mu$ lauten diese Koeffizienten mithilfe der Kettenregel:

$$\tilde{\omega}_\mu = \frac{\partial f}{\partial \tilde{x}^\mu} = \frac{\partial x^\nu}{\partial \tilde{x}^\mu}\frac{\partial f}{\partial x^\nu} = \frac{\partial x^\nu}{\partial \tilde{x}^\mu}\omega_\nu$$

Damit ist der Zusammenhang zwischen ω_μ und $\tilde{\omega}_\mu$ genau (5.33), also der zwischen Komponenten von 1-Formen in verschiedenen Koordinatensystemen. Die Gleichung (5.54) legt also eine wohldefinierte 1-Form df fest.

Zu b: Die Formel für das Wegintegral (5.37) ergibt:

$$\int_\gamma df = \int_a^b dt\, \omega_\mu \frac{dx^\mu}{dt} = \int_a^b dt\, \frac{\partial f}{\partial x^\mu}\frac{dx^\mu}{dt}$$

$$= \int_a^b dt\, \frac{d}{dt}f(x(t)) = f(x(b)) - f(x(a))$$

Zu c: Wir wählen hier den Weg

$$x^1(t) = \cos(t), \quad x^2(t) = \sin(t) \tag{14.70}$$

mit $0 \le t \le 2\pi$, also einen kreisförmigen Weg um den Ursprung. Damit ergibt das Wegintegral von ω:

$$\int_\gamma \omega = \int_0^{2\pi} dt\left(\omega_1 \frac{dx^1}{dt} + \omega_2 \frac{dx^2}{dt}\right)$$

$$= \int_0^{2\pi} dt\left(\frac{\sin t(-\sin t)}{\sqrt{\cos^2(t)+\sin^2(t)}} - \frac{\cos t(\cos t)}{\sqrt{\cos^2(t)+\sin^2(t)}}\right)$$

$$= \int_0^{2\pi} dt\,(-1) = -2\pi \neq 0$$

Das Kurvenintegral ergibt also nicht null. Das müsste es aber, falls $\omega = df$ für irgendein f wäre, denn der Weg (14.70) startet und endet am selben Punkt $x(0) = x(2\pi)$. Also kann ω nicht von der Form df sein.

S. 149 ⟵ Aufgabe   S. 345 ⟵ Tipp

Zu Aufgabe 5.7: Für den Tensor mit Indizes $\delta^\mu{}_\nu$ gilt:

$$\tilde{\delta}^\mu{}_\nu = \frac{\partial \tilde{x}^\mu}{\partial x^\alpha} \frac{\partial x^\beta}{\partial \tilde{x}^\nu} \delta^\alpha{}_\beta = \frac{\partial \tilde{x}^\mu}{\partial x^\alpha} \frac{\partial x^\alpha}{\partial \tilde{x}^\nu} = \delta^\mu{}_\nu$$

Ist in einem Koordinatensystem ein $(1,1)$-Tensor also durch das Kronekcer-Delta gegeben, dann sind die Komponenten bezüglich *aller* Koordinaten das Kronecker-Delta.

Für die beiden Folgenden Tensoren $\delta_{\mu\nu}$ und $\delta^{\mu\nu}$ gilt das hingegen nicht mehr. Um uns Schreibarbeit zu sparen, benutzen wir für den Rest der Aufgabe folgende Notation:

$$x := x^1, \quad y := x^2, \quad z := x^3$$

$$r := \tilde{x}^1, \quad \theta := \tilde{x}^2, \quad \phi := \tilde{x}^3$$

Weiterhin nummerieren wir die Indizes anstelle mit $1, 2, 3$ mit den Namen der dazugehörigen Variablen. In kartesischen Koordinaten heißen die Komponenten also $\delta_{xx}, \delta_{xy}, \ldots$ und in Kugelkoordinaten $\delta_{rr}, \delta_{r\theta}, \ldots$

Zuerst brauchen wir die Koordinatenwechsel zwischen (x, y, z) und (r, θ, ϕ):

$$
\begin{aligned}
x &= r \sin\theta \cos\phi & r &= \sqrt{x^2 + y^2 + z^2} \\
y &= r \sin\theta \sin\phi & \theta &= \arccos \frac{z}{\sqrt{x^2 + y^2 + z^2}} \\
z &= r \cos\theta & \phi &= \arctan \frac{y}{x}
\end{aligned}
$$

Wir beginnen mit dem Tensor, der in kartesischen Koordinaten die Komponenten δ_{ij} hat. Es gilt also $\delta_{xx} = \delta_{yy} = \delta_{zz} = 1$, und alle anderen verschwinden. Die Komponenten dieses Tensors in Kugelkoordinaten lauten mit Formel (5.40):

$$\delta_{rr} = \left(\frac{\partial x}{\partial r}\right)^2 + \left(\frac{\partial y}{\partial r}\right)^2 + \left(\frac{\partial z}{\partial r}\right)^2 = 1$$

$$\delta_{r\theta} = \frac{\partial x}{\partial r}\frac{\partial x}{\partial \theta} + \frac{\partial y}{\partial r}\frac{\partial y}{\partial \theta} + \frac{\partial z}{\partial r}\frac{\partial z}{\partial \theta}$$

$$= r\left[(\cos\phi)^2 \sin\theta\cos\theta + (\sin\phi)^2\sin\theta\cos\theta + \cos\theta(-\sin\theta)\right] = 0$$

$$\delta_{r\phi} = \frac{\partial x}{\partial r}\frac{\partial x}{\partial \phi} + \frac{\partial y}{\partial r}\frac{\partial y}{\partial \phi} + \frac{\partial z}{\partial r}\frac{\partial z}{\partial \phi}$$

$$= r\left[(\sin\theta)^2 \cos\phi(-\sin\phi) + (\sin\theta)^2 \sin\phi\cos\phi + 0\right] = 0$$

$$\delta_{\theta\theta} = \left(\frac{\partial x}{\partial \theta}\right)^2 + \left(\frac{\partial x}{\partial \theta}\right)^2 + \left(\frac{\partial x}{\partial \theta}\right)^2$$

$$= r^2\left[(\cos\theta\cos\phi)^2 + (\cos\theta\sin\phi)^2 + (-\sin\theta)^2\right] = r^2$$

$$\delta_{\theta\phi} = \frac{\partial x}{\partial \theta}\frac{\partial x}{\partial \phi} + \frac{\partial x}{\partial \theta}\frac{\partial x}{\partial \phi} + \frac{\partial x}{\partial \theta}\frac{\partial x}{\partial \phi}$$

$$= r^2\left[\cos\theta\cos\phi\sin\theta(-\sin\phi) + \cos\theta\sin\phi\sin\theta\cos\phi + 0\right] = 0$$

$$\delta_{\phi\phi} = \left(\frac{\partial x}{\partial \phi}\right)^2 + \left(\frac{\partial x}{\partial \phi}\right)^2 + \left(\frac{\partial x}{\partial \phi}\right)^2$$

$$= r^2\left[(-\sin\theta\sin\phi)^2 + (\sin\theta\cos\phi)^2 + 0\right] = r^2(\sin\theta)^2$$

Als Letztes berechnen wir die Komponenten des $(2,0)$-Tensors:

$$\delta^{rr} = \left(\frac{\partial r}{\partial x}\right)^2 + \left(\frac{\partial r}{\partial y}\right)^2 + \left(\frac{\partial r}{\partial z}\right)^2 = \left(\frac{x}{r}\right)^2 + \left(\frac{y}{r}\right)^2 + \left(\frac{z}{r}\right)^2 = 1$$

$$\delta^{r\theta} = \frac{\partial r}{\partial x}\frac{\partial \theta}{\partial x} + \frac{\partial r}{\partial y}\frac{\partial \theta}{\partial y} + \frac{\partial r}{\partial z}\frac{\partial \theta}{\partial z} = \frac{x}{r}\frac{r}{\sqrt{x^2+y^2}}\frac{zx}{r^3}$$

$$+ \frac{y}{r}\frac{r}{\sqrt{x^2+y^2}}\frac{zy}{r^3} - \frac{z}{r}\frac{r}{\sqrt{x^2+y^2}}\left(\frac{1}{r} - \frac{z^2}{r^3}\right) = 0$$

$$\delta^{r\phi} = \frac{\partial r}{\partial x}\frac{\partial \phi}{\partial x} + \frac{\partial r}{\partial y}\frac{\partial \phi}{\partial y} + \frac{\partial r}{\partial z}\frac{\partial \phi}{\partial z}$$

$$= \frac{x}{r}\left(-\frac{y}{x^2+y^2}\right) + \frac{y}{r}\left(\frac{x}{x^2+y^2}\right) + 0 = 0$$

$$\delta^{\theta\theta} = \left(\frac{\partial \theta}{\partial x}\right)^2 + \left(\frac{\partial \theta}{\partial y}\right)^2 + \left(\frac{\partial \theta}{\partial z}\right)^2$$

$$= \frac{1}{r^4(x^2+y^2)}\left(z^2x^2 + z^2y^2 + (r^2-z^2)^2\right) = \frac{1}{r^2}$$

$$\delta^{\theta\phi} = \frac{\partial \theta}{\partial x}\frac{\partial \phi}{\partial x} + \frac{\partial \theta}{\partial y}\frac{\partial \phi}{\partial y} + \frac{\partial \theta}{\partial z}\frac{\partial \phi}{\partial z}$$

$$= \frac{zx}{r^2\sqrt{x^2+x^2}}\left(-\frac{y}{x^2+y^2}\right) + \frac{zy}{r^2\sqrt{x^2+x^2}}\left(x\frac{x}{x^2+y^2}\right) + 0 = 0$$

$$\delta^{\phi\phi} = \left(-\frac{y}{x^2+y^2}\right)^2 + \left(\frac{x}{x^2+y^2}\right)^2 + 0$$

$$= \frac{1}{x^2+y^2} = \frac{1}{r^2(\sin\theta)^2}$$

Es ist übrigens kein Zufall, dass die Einträge des $(2,0)$-Tensors die inversen der Komponenten des $(0,2)$-Tensors sind. Die Tensoren sind invers zueinander, und als Matrizen haben sie nur Diagonaleinträge. Eine Diagonalmatrix kann man aber einfach invertieren, indem man die Diagonalelemente invertiert. Mehr dazu in Kap. 6.

S. 150 ⟵ Aufgabe   S. 346 ⟵ Tipp

Zu Aufgabe 5.8: Diese Aufgabe ist etwas länger.
Zu a: Für eine 2×2-Matrix gibt es eine allgemeine Formel für das Inverse:

$$\begin{pmatrix} \alpha & \beta \\ \gamma & \delta \end{pmatrix}^{-1} = \frac{1}{\alpha\delta - \beta\gamma}\begin{pmatrix} \delta & -\beta \\ -\gamma & \alpha \end{pmatrix} \tag{14.71}$$

Sei

$$u = \begin{pmatrix} \alpha & \beta \\ \gamma & \delta \end{pmatrix} \tag{14.72}$$

eine Matrix aus $SU(2)$, dann gilt:

$$\det u = \alpha\delta - \beta\gamma = 1 \tag{14.73}$$

und damit

$$u^{-1} = \begin{pmatrix} \delta & -\beta \\ -\gamma & \alpha \end{pmatrix}, \qquad u^\dagger = \begin{pmatrix} \overline{\alpha} & \overline{\gamma} \\ \overline{\beta} & \overline{\delta} \end{pmatrix}$$

Vergleichen wir die beiden Matrizen, ergibt sich:

$$\delta = \overline{\alpha}, \qquad \gamma = -\overline{\beta}$$

Daraus folgt die Form (5.59). Umgekehrt gilt für jede Matrix der Form (5.59):

$$\begin{pmatrix} \alpha & \beta \\ -\overline{\beta} & \overline{\alpha} \end{pmatrix}^\dagger \begin{pmatrix} \alpha & \beta \\ -\overline{\beta} & \overline{\alpha} \end{pmatrix} = \begin{pmatrix} \overline{\alpha} & -\beta \\ \overline{\beta} & \alpha \end{pmatrix} \begin{pmatrix} \alpha & \beta \\ -\overline{\beta} & \overline{\alpha} \end{pmatrix}$$

$$= \begin{pmatrix} |\alpha|^2 + |\beta|^2 & 0 \\ 0 & |\alpha|^2 + |\beta|^2 \end{pmatrix} = \begin{pmatrix} 1 & 0 \\ 0 & 1 \end{pmatrix}$$

Das hermitesch Konjugierte ist also wirklich das Inverse. Außerdem gilt:

$$\det \begin{pmatrix} \alpha & \beta \\ -\overline{\beta} & \overline{\alpha} \end{pmatrix} = |\alpha|^2 + |\beta|^2 = 1$$

Eine Matrix der Form (5.59) ist also in $SU(2)$.

Zu b: Zerlegen wir α und β in Real- und Imaginärteil:

$$\alpha = w + iz$$

$$\beta = y + ix$$

Dann gilt:

$$\det u = |\alpha|^2 + |\beta|^2 = x^2 + y^2 + z^2 + w^2 = 1 \tag{14.74}$$

Eine $SU(2)$-Matrix kann also durch reelle Zahlen (x, y, z, w) mit (14.74) beschrieben werden. Nach Aufgabe 5.1 sind das genau die Punkte auf der S^3. Wir schreiben daher die Abbildung

$$\Phi : SU(2) \longrightarrow S^3 \tag{14.75}$$

mit

$$\Phi \begin{pmatrix} \alpha & \beta \\ -\overline{\beta} & \overline{\alpha} \end{pmatrix} = \begin{pmatrix} \operatorname{Im} \beta \\ \operatorname{Re} \beta \\ \operatorname{Im} \alpha \\ \operatorname{Re} \alpha \end{pmatrix} \tag{14.76}$$

Das Inverse ist:

$$\Phi^{-1} \begin{pmatrix} x \\ y \\ z \\ w \end{pmatrix} = \begin{pmatrix} w + iz & y + ix \\ -y + ix & w - iz \end{pmatrix}$$

An der expliziten Form der Abbildungen erkennt man, dass der Nordpol auf den Punkt mit $w = 1$ abgebildet wird. Man hätte hier auch andere Variablennamen nehmen können (z. B. x und y vertauschen oder x und z).

Zu c: Sei $u = \exp(X)$ mit $X = -X^\dagger$. Dann gilt übrigens auch $X^\dagger = -X$. Und damit:

$$u^\dagger = \left(\sum_{n=0}^\infty \frac{X^n}{n!} \right)^\dagger = \sum_{n=0}^\infty \frac{(X^\dagger)^n}{n!} = \sum_{n=0}^\infty \frac{(-X)^n}{n!} = \exp(-X)$$

Nun müssen wir noch zeigen, dass $\exp(-X)$ auch wirklich das Inverse von $\exp(X)$ ist. Das funktioniert genauso wie bei der Exponentialfunktion mit normalen Zahlen:

$$\exp(X) \exp(-X) = \left(\sum_{n=0}^\infty \frac{X^n}{n!} \right) \left(\sum_{m=0}^\infty \frac{X^m}{m!} \right) = \sum_{n,m=0}^\infty \frac{X^n (-X)^m}{n! m!}$$

$$= 1\!\!1 + \sum_{k=1}^\infty \left(\sum_{n+m=k} \frac{(-1)^m X^{n+m}}{n! m!} \right)$$

$$= 1\!\!1 + \sum_{k=1}^\infty \frac{X^k}{k!} \left(\sum_{m=0}^k \frac{k!}{(k-m)! m!} (-1)^m \right)$$

Der letzte Term sieht wild aus, aber mit der binomischen Formel

$$(a + b)^k = \sum_{m=0}^k \frac{k!}{(k-m)! m!} a^{k-m} b^m$$

für $a = 1$ und $b = -1$ erhalten wir:

$$\sum_{m=0}^k \frac{k!}{(k-m)! m!} (-1)^m = (1 - 1)^k = 0$$

da $k \geq 1$. Also gilt $uu^\dagger = \mathbb{1}$, und somit $u^\dagger = u^{-1}$. Als Nächstes benutzen wir die Identität

$$\det \exp(X) = \exp(\mathrm{tr}(X))$$

und erhalten:

$$\det(\exp(X)) = \exp(\mathrm{tr}(X)) = \exp(0) = 1 \tag{14.77}$$

Also ist $\exp(X)$ eine Matrix aus $SU(2)$, wenn $X^\dagger = -X$ und $\mathrm{tr}(X) = 0$.

Zu d: Zuerst berechnen wir das Quadrat von $x^I\sigma_I$:

$$(x^I\sigma_I)^2 = \begin{pmatrix} x^3 & x^1 + ix^2 \\ x^1 - ix^2 & -x^3 \end{pmatrix} \begin{pmatrix} x^3 & x^1 + ix^2 \\ x^1 - ix^2 & -x^3 \end{pmatrix} = \begin{pmatrix} |x|^2 & 0 \\ 0 & |x|^2 \end{pmatrix}$$

mit $|x|^2 = (x^1)^2 + (x^2)^2 + (x^3)^2$. Das ist also ein Vielfaches der Einheitsmatrix, und damit gilt:

$$(x^I\sigma_I)^{2k} = |x|^{2k}\mathbb{1}_{2\times 2}$$

$$(x^I\sigma_I)^{2k+1} = |x|^{2k}(x^I\sigma_I)$$

Damit können wir das Exponential von $ix^I\sigma_I$ direkt ausrechnen:

$$\exp(ix^I\sigma_I) = \sum_{n=0}^{\infty} \frac{(ix^I\sigma_I)^n}{n!} = \sum_{k=0}^{\infty} \frac{(ix^I\sigma_I)^{2k}}{(2k)!} + \sum_{k=0}^{\infty} \frac{(ix^I\sigma_I)^{2k+1}}{(2k+1)!}$$

$$= \left(\sum_{k=0}^{\infty} \frac{(-1)^k |x|^{2k})^{2k}}{(2k)!} \right) \mathbb{1}_{2\times 2} + i \left(\sum_{k=0}^{\infty} \frac{(-1)^k |x|^{2k}}{(2k+1)!} \right) (x^I\sigma_I)$$

$$= \cos(|x|)\mathbb{1}_{2\times 2} + i\frac{\sin(|x|)}{|x|}(x^I\sigma_I)$$

Zu e: Wir schreiben die Abbildung des Kartenwechsels in mehreren Schritten. Zuerst betrachten wir einen Vektor (x^1, x^2, x^3) und bilden ihn mit exp auf ein $SU(2)$-Element ab:

$$(x^1, x^2, x^3) \mapsto \exp(ix^I\sigma_I) = \cos(|x|)\mathbb{1}_{2\times 2} + i\frac{\sin(|x|)}{|x|}(x^I\sigma_I)$$

$$= \begin{pmatrix} \cos|x| + i\frac{\sin|x|}{|x|}x^3 & \frac{\sin|x|}{|x|}(x^2 + ix^1) \\ \frac{\sin|x|}{|x|}(-x^2 + ix^1) & \cos|x| - i\frac{\sin|x|}{|x|}x^3 \end{pmatrix}$$

Damit erhalten wir eine 2×2-Matrix aus $SU(2)$, die wir mit Φ aus b) auf einen Vierervektor in S^3 abbilden. Mit (14.76) wird dies zu:

$$(x^1, x^2, x^3) \mapsto \begin{pmatrix} \sin|x|\, x^1/|x| \\ \sin|x|\, x^2/|x| \\ \sin|x|\, x^3/|x| \\ \cos|x| \end{pmatrix}$$

Mit der Kartenabbildung aus Aufgabe 5.1 bilden wir diesen wieder auf die Koordinaten der stereografischen Projektion ab. Damit sowie mit $\sin(\theta)/(1-\cos(\theta)) = \cot(\theta/2)$ ergibt sich:

$$x_N^1 = \frac{x^1}{|x|} \cot \frac{|x|}{2}$$

$$x_N^2 = \frac{x^2}{|x|} \cot \frac{|x|}{2}$$

$$x_N^2 = \frac{x^3}{|x|} \cot \frac{|x|}{2}$$

Für die Umkehrung stellen wir zunächst fest:

$$|x_N|^2 = (x_N^1)^2 + (x_N^2)^2 + (x_N^3)^3 = \left(\cot \frac{|x|}{2}\right)^2$$

Mit anderen Worten:

$$|x_N| = \cot \frac{|x|}{2} \qquad \Leftrightarrow \qquad |x| = 2\mathrm{arccot}|x_N|$$

Damit ergibt sich:

$$x^1 = \frac{2\mathrm{arccot}|x_N|}{|x_N|} x_N^1$$

$$x^2 = \frac{2\mathrm{arccot}|x_N|}{|x_N|} x_N^2$$

$$x^3 = \frac{2\mathrm{arccot}|x_N|}{|x_N|} x_N^3$$

S. 150 ⟵ Aufgabe
S. 346 ⟵ Tipp

14.6   Lösungen der Aufgaben Kapitel 6

Zu Aufgabe 6.1: Durch direktes Nachrechnen mit Definition zeigt man für die μ-te Komponente der linken Seite von (6.44):

$$
(\nabla_X Y)^\mu - (\nabla_Y X)^\mu \;=\; X^\nu \frac{\partial Y^\mu}{\partial x^\nu} + \Gamma^\mu_{\nu\rho} X^\nu Y^\rho - \left(Y^\nu \frac{\partial X^\mu}{\partial x^\nu} + \Gamma^\mu_{\nu\rho} Y^\nu X^\rho \right)
$$

$$
=\; \underbrace{X^\nu \frac{\partial Y^\mu}{\partial x^\nu} - Y^\nu \frac{\partial X^\mu}{\partial x^\nu}}_{=[X,Y]^\mu} + X^\nu Y^\rho (\Gamma^\mu_{\nu\rho} - \Gamma^\mu_{\rho\nu})
$$

Die Christoffel-Symbole sind aber symmetrisch bezüglich der unteren beiden Indizes, also verschwindet der Term in der Klammer. Damit folgt das Ergebnis.

S. 177 ←— Aufgabe   S. 347 ←— Tipp

Zu Aufgabe 6.2: Wir betrachten eine Kurve

$$
\phi \;\longmapsto\; x^\mu(\phi)
$$

und zwei Lösungen $X^\mu(\phi)$, $Y^\mu(\phi)$ der Paralleltransportgleichungen entlang dieser Kurve:

$$
0 \;=\; \frac{dX^\mu}{d\phi} + \Gamma^\mu_{\nu\rho} \frac{dx^\nu}{d\phi} X^\rho, \qquad 0 \;=\; \frac{dY^\mu}{d\phi} + \Gamma^\mu_{\nu\rho} \frac{dx^\nu}{d\phi} Y^\rho
$$

Das Skalarprodukt zwischen X und Y ändert sich entlang der Kurve wie folgt:

$$
\frac{d}{d\phi}\left(g_{\mu\nu} X^\mu Y^\nu \right) \;=\; \frac{dg_{\mu\nu}(x(\phi))}{d\phi} X^\mu Y^\nu + g_{\mu\nu} \frac{dX^\mu}{d\phi} Y^\nu + g_{\mu\nu} X^\mu \frac{dY^\nu}{d\phi}
$$

$$
=\; \frac{\partial g_{\mu\nu}}{\partial x^\rho} \frac{dx^\rho}{d\phi} X^\mu Y^\nu - g_{\mu\nu} \Gamma^\mu_{\rho\lambda} \frac{dx^\rho}{d\phi} X^\lambda Y^\nu - g_{\mu\nu} X^\mu \Gamma^\nu_{\rho\lambda} \frac{dx^\rho}{d\phi} Y^\lambda
$$

$$
=\; \left(\frac{\partial g_{\mu\nu}}{\partial x^\rho} - g_{\mu\lambda} \Gamma^\lambda_{\rho\nu} - g_{\lambda\nu} \Gamma^\lambda_{\rho\mu} \right) \frac{dx^\rho}{d\phi} X^\mu Y^\nu
$$

$$
=\; (\nabla_\rho g_{\mu\nu}) \frac{dx^\rho}{d\phi} X^\mu Y^\nu
$$

$$
=\; 0
$$

Das Skalarprodukt ist damit entlang der Kurve konstant.

S. 177 ←— Aufgabe   S. 347 ←— Tipp

Zu Aufgabe 6.3: Gegeben sind die beiden Gleichungen:

$$\tilde{\Gamma}^{\mu}_{\nu\rho} = \frac{\partial \tilde{x}^{\mu}}{\partial x^{\alpha}} \frac{\partial x^{\beta}}{\partial \tilde{x}^{\nu}} \frac{\partial x^{\gamma}}{\partial \tilde{x}^{\rho}} \Gamma^{\alpha}_{\beta\gamma} + \frac{\partial^{2} x^{\sigma}}{\partial \tilde{x}^{\rho} \partial \tilde{x}^{\nu}} \frac{\partial \tilde{x}^{\mu}}{\partial x^{\sigma}} \tag{14.78}$$

$$\hat{\Gamma}^{\delta}_{\epsilon\eta} = \frac{\partial \hat{x}^{\delta}}{\partial \tilde{x}^{\mu}} \frac{\partial \tilde{x}^{\nu}}{\partial \hat{x}^{\epsilon}} \frac{\partial \tilde{x}^{\rho}}{\partial \hat{x}^{\eta}} \tilde{\Gamma}^{\mu}_{\nu\rho} + \frac{\partial^{2} \tilde{x}^{\lambda}}{\partial \hat{x}^{\eta} \partial \hat{x}^{\epsilon}} \frac{\partial \hat{x}^{\delta}}{\partial \tilde{x}^{\lambda}} \tag{14.79}$$

Setzen wir (14.78) in (14.79) ein, erhalten wir:

$$\hat{\Gamma}^{\delta}_{\epsilon\eta} = \frac{\partial \hat{x}^{\delta}}{\partial \tilde{x}^{\mu}} \frac{\partial \tilde{x}^{\nu}}{\partial \hat{x}^{\epsilon}} \frac{\partial \tilde{x}^{\rho}}{\partial \hat{x}^{\eta}} \left(\frac{\partial \tilde{x}^{\mu}}{\partial x^{\alpha}} \frac{\partial x^{\beta}}{\partial \tilde{x}^{\nu}} \frac{\partial x^{\gamma}}{\partial \tilde{x}^{\rho}} \Gamma^{\alpha}_{\beta\gamma} + \frac{\partial^{2} x^{\sigma}}{\partial \tilde{x}^{\rho} \partial \tilde{x}^{\nu}} \frac{\partial \tilde{x}^{\mu}}{\partial x^{\sigma}} \right) + \frac{\partial^{2} \tilde{x}^{\lambda}}{\partial \hat{x}^{\eta} \partial \hat{x}^{\epsilon}} \frac{\partial \hat{x}^{\delta}}{\partial \tilde{x}^{\lambda}}$$

Nach dem Ausklammern erhält man drei Terme. Schauen wir sie uns der Reihe nach an. Für den ersten haben wir mit der Kettenregel:

$$\frac{\partial \hat{x}^{\delta}}{\partial \tilde{x}^{\mu}} \frac{\partial \tilde{x}^{\nu}}{\partial \hat{x}^{\epsilon}} \frac{\partial \tilde{x}^{\rho}}{\partial \hat{x}^{\eta}} \frac{\partial \tilde{x}^{\mu}}{\partial x^{\alpha}} \frac{\partial x^{\beta}}{\partial \tilde{x}^{\nu}} \frac{\partial x^{\gamma}}{\partial \tilde{x}^{\rho}} \Gamma^{\alpha}_{\beta\gamma} = \frac{\partial \hat{x}^{\delta}}{\partial x^{\alpha}} \frac{\partial x^{\beta}}{\partial \hat{x}^{\epsilon}} \frac{\partial x^{\gamma}}{\partial \hat{x}^{\eta}} \Gamma^{\alpha}_{\beta\gamma}$$

Der zweite und dritte Term zusammen enthalten keine Christoffel-Symbole. Sie lauten:

$$\frac{\partial \hat{x}^{\delta}}{\partial \tilde{x}^{\mu}} \frac{\partial \tilde{x}^{\nu}}{\partial \hat{x}^{\epsilon}} \frac{\partial \tilde{x}^{\rho}}{\partial \hat{x}^{\eta}} \frac{\partial^{2} x^{\sigma}}{\partial \tilde{x}^{\rho} \partial \tilde{x}^{\nu}} \frac{\partial \tilde{x}^{\mu}}{\partial x^{\sigma}} + \frac{\partial^{2} \tilde{x}^{\lambda}}{\partial \hat{x}^{\eta} \partial \hat{x}^{\epsilon}} \frac{\partial \hat{x}^{\delta}}{\partial \tilde{x}^{\lambda}} \tag{14.80}$$

Um zu zeigen, dass die $\hat{\Gamma}^{\delta}_{\epsilon\eta}$ und $\Gamma^{\alpha}_{\beta\gamma}$ sich mit einer analogen Formel wie (6.10) transformieren, müssen wir zeigen, dass der Ausdruck in (14.80) gleich

$$\frac{\partial^{2} x^{\tau}}{\partial \hat{x}^{\eta} \partial \hat{x}^{\epsilon}} \frac{\partial \hat{x}^{\delta}}{\partial x^{\tau}} \tag{14.81}$$

ist. Das funktioniert leichter, wenn man von (14.81) aus startet und Produkt- und Kettenregel anwendet:

$$\frac{\partial^{2} x^{\tau}}{\partial \hat{x}^{\eta} \partial \hat{x}^{\epsilon}} = \frac{\partial}{\partial \hat{x}^{\eta}} \left(\frac{\partial x^{\tau}}{\partial \hat{x}^{\epsilon}} \right) = \frac{\partial}{\partial \hat{x}^{\eta}} \left(\frac{\partial x^{\tau}}{\partial \tilde{x}^{\sigma}} \frac{\partial \tilde{x}^{\sigma}}{\partial \hat{x}^{\epsilon}} \right)$$

$$= \frac{\partial \tilde{x}^{\sigma}}{\partial \hat{x}^{\epsilon}} \frac{\partial}{\partial \hat{x}^{\eta}} \left(\frac{\partial x^{\tau}}{\partial \tilde{x}^{\sigma}} \right) + \frac{\partial x^{\tau}}{\partial \tilde{x}^{\sigma}} \frac{\partial^{2} \tilde{x}^{\sigma}}{\partial \hat{x}^{\eta} \partial \hat{x}^{\epsilon}} \tag{14.82}$$

Den ersten Term müssen wir noch umschreiben, indem wir die Ableitung nach den $\hat{x}$ als Ableitungen nach den $\tilde{x}$ ausdrücken, weil der Ausdruck in der Klammer von den $\tilde{x}$ abhängt:

$$\frac{\partial}{\partial \hat{x}^{\eta}} \left(\frac{\partial x^{\tau}}{\partial \tilde{x}^{\sigma}} \right) = \frac{\partial \tilde{x}^{\nu}}{\partial \hat{x}^{\eta}} \frac{\partial}{\partial \tilde{x}^{\nu}} \left(\frac{\partial x^{\tau}}{\partial \tilde{x}^{\sigma}} \right) = \frac{\partial \tilde{x}^{\nu}}{\partial \hat{x}^{\eta}} \frac{\partial^{2} x^{\tau}}{\partial \tilde{x}^{\sigma} \partial \tilde{x}^{\nu}}$$

Zusammen mit (14.82) ergibt das dann:

$$\frac{\partial^{2} x^{\tau}}{\partial \hat{x}^{\eta} \partial \hat{x}^{\epsilon}} \frac{\partial \hat{x}^{\delta}}{\partial x^{\tau}} = \frac{\partial \hat{x}^{\delta}}{\partial x^{\tau}} \frac{\partial \tilde{x}^{\sigma}}{\partial \hat{x}^{\epsilon}} \frac{\partial \tilde{x}^{\nu}}{\partial \hat{x}^{\eta}} \frac{\partial^{2} x^{\tau}}{\partial \tilde{x}^{\sigma} \partial \tilde{x}^{\nu}} + \frac{\partial \hat{x}^{\delta}}{\partial x^{\tau}} \frac{\partial x^{\tau}}{\partial \tilde{x}^{\sigma}} \frac{\partial^{2} \tilde{x}^{\sigma}}{\partial \hat{x}^{\eta} \partial \hat{x}^{\epsilon}}$$

Mit

$$
\frac{\partial \hat{x}^\delta}{\partial x^\tau} = \frac{\partial \hat{x}^\delta}{\partial \tilde{x}^\mu} \frac{\partial \tilde{x}^\mu}{\partial x^\tau}, \qquad \frac{\partial \hat{x}^\delta}{\partial x^\tau} \frac{\partial x^\tau}{\partial \tilde{x}^\sigma} = \frac{\partial \hat{x}^\delta}{\partial \tilde{x}^\sigma}
$$

erhalten wir, dass die Ausdrücke (14.80) und (14.81) gleich sind. Damit gilt:

$$
\hat{\Gamma}^\delta_{\epsilon\eta} = \frac{\partial \hat{x}^\delta}{\partial x^\alpha} \frac{\partial x^\beta}{\partial \hat{x}^\epsilon} \frac{\partial x^\gamma}{\partial \hat{x}^\eta} \Gamma^\alpha_{\beta\gamma} + \frac{\partial^2 x^\tau}{\partial \hat{x}^\eta \partial \hat{x}^\epsilon} \frac{\partial \hat{x}^\delta}{\partial x^\tau} \tag{14.83}
$$

Das wollten wir zeigen.

S. 177 ⟵ Aufgabe   S. 347 ⟵ Tipp

Zu Aufgabe 6.4: Das Transformationsverhalten der $\mathcal{G}^\mu_{\nu\rho}$ ist wie folgt:

$$
\tilde{\mathcal{G}}^\mu_{\nu\rho} = \frac{\partial \tilde{x}^\mu}{\partial x^\alpha} \frac{\partial x^\beta}{\partial \tilde{x}^\nu} \frac{\partial x^\gamma}{\partial \tilde{x}^\rho} \mathcal{G}^\alpha_{\beta\gamma} + \frac{\partial^2 x^\sigma}{\partial \tilde{x}^\rho \partial \tilde{x}^\nu} \frac{\partial \tilde{x}^\mu}{\partial x^\sigma} \tag{14.84}
$$

Zu a: Die Differenz der Christoffel-Symbole und der $\tilde{\mathcal{G}}$ transformiert sich dann:

$$
\begin{aligned}
\tilde{T}^\mu{}_{\nu\rho} &= \tilde{\Gamma}^\mu_{\nu\rho} - \tilde{\mathcal{G}}^\mu_{\nu\rho} \\[2mm]
&= \frac{\partial \tilde{x}^\mu}{\partial x^\alpha} \frac{\partial x^\beta}{\partial \tilde{x}^\nu} \frac{\partial x^\gamma}{\partial \tilde{x}^\rho} \Gamma^\alpha_{\beta\gamma} + \frac{\partial^2 x^\sigma}{\partial \tilde{x}^\rho \partial \tilde{x}^\nu} \frac{\partial \tilde{x}^\mu}{\partial x^\sigma} \\[2mm]
&\quad - \left(\frac{\partial \tilde{x}^\mu}{\partial x^\alpha} \frac{\partial x^\beta}{\partial \tilde{x}^\nu} \frac{\partial x^\gamma}{\partial \tilde{x}^\rho} \mathcal{G}^\alpha_{\beta\gamma} + \frac{\partial^2 x^\sigma}{\partial \tilde{x}^\rho \partial \tilde{x}^\nu} \frac{\partial \tilde{x}^\mu}{\partial x^\sigma} \right) \\[2mm]
&= \frac{\partial \tilde{x}^\mu}{\partial x^\alpha} \frac{\partial x^\beta}{\partial \tilde{x}^\nu} \frac{\partial x^\gamma}{\partial \tilde{x}^\rho} \left(\Gamma^\alpha_{\beta\gamma} - \mathcal{G}^\alpha_{\beta\gamma} \right) \\[2mm]
&= \frac{\partial \tilde{x}^\mu}{\partial x^\alpha} \frac{\partial x^\beta}{\partial \tilde{x}^\nu} \frac{\partial x^\gamma}{\partial \tilde{x}^\rho} T^\alpha{}_{\beta\gamma}
\end{aligned}
$$

Das ist aber genau das Transformationsverhalten (5.40) für einen $(1, 2)$-Tensor, also definiert die Differenz (6.45) der Symbole die Komponenten eines Tensors.
Zu b: Die neue kovariante Ableitung eines $(0, 2)$-Tensorfeldes ist die Formel (6.15), in der die Christoffel-Symbole $\Gamma^\mu_{\nu\rho}$ durch $\mathcal{G}^\mu_{\nu\rho}$ ersetzt werden, also:

$$
\nabla^{(\mathcal{G})}_\mu g_{\nu\rho} = \frac{\partial g_{\nu\rho}}{\partial x^\mu} - \mathcal{G}^\gamma_{\mu\nu} g_{\gamma\rho} - \mathcal{G}^\gamma_{\mu\rho} g_{\nu\gamma}
$$

Wenn dieser Ausdruck verschwinden soll, gilt also:

$$
\frac{\partial g_{\nu\rho}}{\partial x^\mu} = \mathcal{G}^\gamma_{\mu\nu} g_{\gamma\rho} + \mathcal{G}^\gamma_{\mu\rho} g_{\nu\gamma} \tag{14.85}
$$

In der Formel für die Christoffel-Symbole (6.9) tauchen drei partielle Ableitungen der Metrik auf. Schreiben wir sie mithilfe von (14.85) um, ergibt sich:

$$\frac{\partial g_{\lambda\nu}}{\partial x^\rho} = \mathcal{G}^\gamma_{\rho\lambda} g_{\gamma\nu} + \mathcal{G}^\gamma_{\rho\nu} g_{\gamma\lambda}$$

$$\frac{\partial g_{\lambda\rho}}{\partial x^\nu} = \mathcal{G}^\gamma_{\nu\lambda} g_{\gamma\rho} + \mathcal{G}^\gamma_{\nu\rho} g_{\gamma\lambda}$$

$$\frac{\partial g_{\nu\rho}}{\partial x^\lambda} = \mathcal{G}^\gamma_{\lambda\nu} g_{\gamma\rho} + \mathcal{G}^\gamma_{\lambda\rho} g_{\nu\gamma}$$

Eingesetzt in die Formel für die Christoffel-Symbole und durch Ausnutzen der Symmetrie der Metrik $g_{\mu\nu} = g_{\nu\mu}$ ergibt sich:

$$
\begin{aligned}
\Gamma^\mu_{\nu\rho} &= \frac{1}{2} g^{\mu\lambda} \left(\frac{\partial g_{\lambda\nu}}{\partial x^\rho} + \frac{\partial g_{\lambda\rho}}{\partial x^\nu} - \frac{\partial g_{\nu\rho}}{\partial x^\lambda} \right) \\
&= \frac{1}{2} g^{\mu\lambda} \left(\mathcal{G}^\gamma_{\rho\lambda} g_{\gamma\nu} + \mathcal{G}^\gamma_{\rho\nu} g_{\gamma\lambda} + \mathcal{G}^\gamma_{\nu\lambda} g_{\gamma\rho} \right. \\
&\qquad \left. + \mathcal{G}^\gamma_{\nu\rho} g_{\gamma\lambda} - \mathcal{G}^\gamma_{\lambda\nu} g_{\gamma\rho} - \mathcal{G}^\gamma_{\lambda\rho} g_{\nu\gamma} \right) \\
&= \frac{1}{2} g^{\mu\lambda} g_{\nu\gamma} \left(\mathcal{G}^\gamma_{\rho\lambda} - \mathcal{G}^\gamma_{\lambda\rho} \right) + \frac{1}{2} g^{\mu\lambda} g_{\rho\gamma} \left(\mathcal{G}^\gamma_{\nu\lambda} - \mathcal{G}^\gamma_{\lambda\nu} \right) \\
&\qquad + \frac{1}{2} g^{\mu\lambda} g_{\lambda\gamma} \left(\mathcal{G}^\gamma_{\rho\nu} + \mathcal{G}^\gamma_{\nu\rho} \right)
\end{aligned}
$$

Benutzt man nun die Symmetrie der $\mathcal{G}$ und $g^{\mu\lambda} g_{\lambda\gamma} = \delta^\mu_\gamma$, folgt:

$$\Gamma^\mu_{\nu\rho} = 0 + 0 + \frac{1}{2} \left(\mathcal{G}^\mu_{\rho\nu} + \mathcal{G}^\mu_{\nu\rho} \right) = \mathcal{G}^\mu_{\nu\rho}$$

S. 177 ←— Aufgabe　　　　　　　　　　　　　　　　S. 347 ←— Tipp

Aufgabe 6.5: Analog zur Rechnung in Kap. 6.6 bezeichnen wir die mit Parameter ϵ gestörte Kurve durch

$$y^\mu(\lambda) = x^\mu(\lambda) + \epsilon\, \delta x^\mu(\lambda)$$

Die Wirkung entlang der Kurve zwischen zwei Punkten ist gegeben durch

$$S[y] = \int_a^b d\lambda \left(g_{\mu\nu}(y(\lambda)) \frac{dy^\mu}{d\lambda}(\lambda) \frac{dy^\nu}{d\lambda}(\lambda) \right)$$

Entwickeln wir die einzelnen Bestandteile der Wirkung in ϵ bis zum Term erster Ordnung, ergibt sich:

$$g_{\mu\nu}(y(\lambda)) = g_{\mu\nu}(x(\lambda)) + \epsilon \frac{\partial g_{\mu\nu}}{\partial x^\sigma}(x(\lambda)) \delta x^\sigma(\lambda) + \dots$$

$$\frac{dy^\nu}{d\lambda}(\lambda) = \frac{dx^\nu}{d\lambda}(\lambda) + \epsilon \frac{d\,\delta x^\mu}{d\lambda}(\lambda)$$

Damit ist der lineare Term von $S_\epsilon[y]$:

$$S[y] = S[x] + \epsilon \int_a^b d\lambda \left(\frac{\partial g_{\mu\nu}}{\partial x^\sigma} \delta x^\sigma + g_{\mu\nu} \frac{d\,\delta x^\nu}{d\lambda} \frac{dx^\nu}{d\lambda} + g_{\mu\nu} \frac{dx^\mu}{d\lambda} \frac{d\,\delta x^\nu}{d\lambda} \right) + \dots$$

Dabei werden die Metrik und deren Ableitungen an der Stelle $x(\lambda)$ ausgewertet. Nutzt man nun die Symmetrie $g_{\mu\nu} = g_{\nu\mu}$ aus, erhält man genau den Ausdruck (6.35), abgesehen davon, dass der Kurvenparameter λ anstelle von s genannt wird. Das Verschwinden des linearen Terms führt also genau auf dieselbe Bedingung

$$\frac{d^2 x^\mu}{d\lambda^2} + \Gamma^\mu_{\nu\rho} \frac{dx^\mu}{d\lambda} \frac{dx^\nu}{d\lambda} = 0$$

Und dies ist genau die Geodätengleichung.

S. 178 ← Aufgabe   S. 348 ← Tipp

Aufgabe 6.6: Die partiellen Ableitungen der Koordinatenwechsel (6.5) sind:

$$\frac{\partial a}{\partial x} = 2\frac{(y-1)^2 - x^2}{\left((y-1)^2 + x^2\right)^2} = \frac{\partial b}{\partial y}$$

$$\frac{\partial a}{\partial y} = -4\frac{x(y-1)}{\left((y-1)^2 + x^2\right)^2} = -\frac{\partial b}{\partial x} \tag{14.86}$$

Für die Komponenten der Metrik in (x,y)-Koordinaten ergibt sich dann:

$$g_{xx} = \left(\frac{\partial a}{\partial x}\right)^2 \frac{1}{b^2} + \left(\frac{\partial b}{\partial x}\right)^2 \frac{1}{b^2}$$

$$= \left[4\frac{(y-1)^4 - 2x(y-1)^2 x^2 + x^4}{\left((y-1)^2 + x^2\right)^4}\right.$$

$$\left. + \frac{16x^2(y-1)^2}{\left((y-1)^2 + x^2\right)^4}\right] \frac{(x^2 + (y-1)^2)^2}{(1 - x^2 - y^2)^2}$$

$$= 4\frac{(y-1)^4 + 2x(y-1)^2 x^2 + x^4}{(x^2 + (y-1)^2)^2(1 - x^2 - y^2)^2} = \frac{4}{(1 - x^2 - y^2)^2}$$

$$g_{xy} = \frac{\partial a}{\partial x}\frac{\partial a}{\partial y}\frac{1}{b^2} + \frac{\partial b}{\partial x}\frac{\partial b}{\partial y}\frac{1}{b^2}$$

$$\overset{(14.86)}{=} \left(\frac{\partial a}{\partial x}\frac{\partial a}{\partial y} - \frac{\partial a}{\partial x}\frac{\partial a}{\partial y}\right)\frac{1}{b^2} = 0$$

Weil die Metrik in jedem Koordinatensystem symmetrisch ist, gilt $g_{yx} = g_{xy} = 0$. Außerdem gilt wegen (14.86):

$$g_{yy} = \left(\frac{\partial a}{\partial y}\right)^2 \frac{1}{b^2} + \left(\frac{\partial b}{\partial y}\right)^2 \frac{1}{b^2} = \left(-\frac{\partial b}{\partial x}\right)^2 \frac{1}{b^2} + \left(\frac{\partial a}{\partial x}\right)^2 \frac{1}{b^2} = g_{xx}$$

Die Metrik ergibt sich damit zu:

$$ds^2 = 4\frac{dx^2 + dy^2}{(1 - x^2 - y^2)^2}$$

S. 178 ⟵ Aufgabe   S. 348 ⟵ Tipp

Aufgabe 6.7: Wir parametrisieren die Kurven mit Parameter $0 < \phi < 2\pi$:

$$x(\phi) = r\cos(\phi), \qquad y(\phi) = r\sin(\phi) \tag{14.87}$$

Zu a: Der Radius r muss $r < 1$ sein, da $x^2 + y^2 < 1$ gilt. Die Länge der Kurve wird durch das Wegintegral berechnet:

$$\ell[x] = \int_0^{2\pi} d\phi \sqrt{g_{xx}\left(\frac{dx}{d\phi}\right)^2 + g_{yy}\left(\frac{dy}{d\phi}\right)^2} \tag{14.88}$$

$$= \int_0^{2\pi} d\phi \sqrt{\frac{4}{(1 - r^2\cos^2(\phi) - r^2\sin^2(\phi))^2}(\cos^2(\phi) + \sin^2(\phi))} \tag{14.89}$$

$$= \frac{4\pi}{(1 - r^2)} \tag{14.90}$$

Zu b: Zuerst berechnen wir die Christoffel-Symbole zur Metrik (14.88). Dafür berechnen wir zunächst die inverse Metrik. Da die Metrik als Matrix diagonal ist, ist die inverse Metrik ebenfalls diagonal:

$$g^{xx} = g^{yy} = \frac{(1 - x^2 - y^2)^2}{4}, \qquad g^{xy} = g^{yx} = 0$$

Damit kann man berechnen:

$$\Gamma^x_{xx} = \frac{1}{2}g^{x\lambda}\left(\frac{\partial g_{\lambda x}}{\partial x} + \frac{\partial g_{\lambda x}}{\partial x} - \frac{\partial g_{xx}}{\partial x^\lambda}\right) = \frac{1}{2}g^{xx}\frac{\partial g_{xx}}{\partial x}$$

$$= \frac{1}{2}\frac{(1 - x^2 - y^2)^2}{4}\left(-2\frac{4}{(1 - x^2 - y^2)^3}(-2x)\right) = \frac{2x}{1 - x^2 - y^2}$$

$$\Gamma^x_{yy} = \frac{1}{2}g^{x\lambda}\left(\frac{\partial g_{\lambda y}}{\partial y} + \frac{\partial g_{\lambda y}}{\partial y} - \frac{\partial g_{yy}}{\partial x^\lambda}\right) = -\frac{1}{2}g^{xx}\frac{\partial g_{yy}}{\partial x}$$

$$= -\frac{2x}{1 - x^2 - y^2}$$

$$\Gamma^x_{xy} = \frac{1}{2}g^{x\lambda}\left(\frac{\partial g_{\lambda y}}{\partial x} + \frac{\partial g_{\lambda x}}{\partial y} - \frac{\partial g_{xy}}{\partial x^\lambda}\right) = \frac{1}{2}g^{xx}\frac{\partial g_{xx}}{\partial y}$$

$$= \frac{2y}{1 - x^2 - y^2} = \Gamma^x_{yx}$$

Weiterhin stellen wir fest, dass die Metrik symmetrisch ist unter der Vertauschung von x und y. Also haben die Christoffel-Symbole dieselbe Symmetrie. Damit liest man direkt ab:

$$\Gamma^y_{yy} = \frac{2y}{1 - x^2 - y^2}$$

$$\Gamma^y_{xx} = -\frac{2y}{1 - x^2 - y^2}$$

$$\Gamma^y_{xy} = \frac{2x}{1 - x^2 - y^2}$$

Die Paralleltransportgleichung (6.19) für die beiden Komponenten X^x und X^y entlang der Kurve (14.87) lauten dann:

$$0 = \frac{dX^x}{d\phi} + \Gamma^x_{xx}\frac{dx}{d\phi}X^x + \Gamma^x_{xy}\frac{dx}{d\phi}X^y + \Gamma^x_{yx}\frac{dy}{d\phi}X^x + \Gamma^x_{yy}\frac{dy}{d\phi}X^y$$

$$= \frac{dX^x}{d\phi} + \frac{2r\cos(\phi)}{1 - r^2}(-r\sin(\phi))X^x + \frac{2r\sin(\phi)}{1 - r^2}(-r\sin(\phi))X^y$$

$$+ \frac{2r\sin(\phi)}{1 - r^2}(r\cos(\phi))X^x - \frac{2r\cos(\phi)}{1 - r^2}(r\cos(\phi))X^y$$

$$= \frac{dX^x}{d\phi} - \frac{2r^2}{1 - r^2}X^y$$

Ebenso berechnet man:

$$0 = \frac{dX^y}{d\phi} + \frac{2r^2}{1 - r^2}X^x$$

Die beiden Gleichungen

$$\frac{dX^x}{d\phi} = \omega X^y \tag{14.91}$$

$$\frac{dX^y}{d\phi} = -\omega X^x \tag{14.92}$$

mit $\omega = \frac{2r^2}{1-r^2}$ kann man nun genauso wie die des harmonischen Oszillators lösen (S. 166). Setzt man die beiden Gleichungen ineinander ein, sind die Lösungen

$$X^x(\phi) = A\cos(\omega t) + B\sin(\omega t)$$

$$X^y(\phi) = C\cos(\omega t) + D\sin(\omega t)$$

und mit den Anfangsbedingungen $X^x(\phi = 0) = 1$, $X^y(\phi = 0) = 0$ ergibt sich:

$$X^x(\phi) = \cos(\omega t), \qquad X^y(\phi) = \sin(\omega t)$$

Nach dem Paralleltransport um den Kreis ist der Vektor bei $\phi = 2\pi$. Er hat dann die Form

$$X^x = \cos\left(\frac{2\pi r^2}{1-r^2}\right), \qquad X^y = \sin\left(\frac{2\pi r^2}{1-r^2}\right)$$

S. 178 ⟵ Aufgabe   S. 348 ⟵ Tipp

Zu Aufgabe 6.8: Bezeichnen wir mit e_θ und e_ϕ die Vektoren in θ- und ϕ-Richtung, jeweils mit Länge 1, also:

$$e_\theta = \frac{\partial}{\partial\theta}$$

$$e_\phi = \frac{1}{\sin\theta}\frac{\partial}{\partial\phi} \tag{14.93}$$

Wenn die Länge des Vektors $X^\mu \equiv (X^\theta, X^\phi)$ und sein Winkel zum Nordpol, also sein Winkel zum Vektor $\frac{\partial}{\partial\theta}$ konstant bleiben muss, dann müssen entlang der Kurve die beiden Größen

$$\langle e_\theta, X\rangle - X^\theta$$

$$\langle e_\phi, X\rangle = \sin\theta X^\phi \tag{14.94}$$

konstant sein.

Zu a: Betrachten wir eine beliebige Kurve $(\theta(\lambda), \phi(\lambda))$, parametrisiert durch λ. Wenn die Größen (14.94) entlang der Kurve konstant sind, bedeutet das:

$$0 = \frac{d}{d\lambda}\langle e_\theta, X\rangle = \dot{X}^\theta$$

$$0 = \frac{d}{d\lambda}\langle e_\phi, X\rangle = \sin\theta\,\dot{X}^\phi + \cos\theta\, X^\phi\dot\theta \tag{14.95}$$

Wir müssen nun Christoffel-Symbole $^{(L)}\Gamma^\mu_{\nu\rho}$ finden, sodass deren Gleichungen für Paralleltransport zu den Bedingungen (14.95) werden. Sie lauten:

$$0 = \dot{X}^\theta + {}^{(L)}\Gamma^\theta_{\theta\theta}\dot\theta X^\theta + {}^{(L)}\Gamma^\theta_{\theta\phi}\dot\phi X^\theta + {}^{(L)}\Gamma^\theta_{\theta\phi}\dot\theta X^\phi + {}^{(L)}\Gamma^\theta_{\phi\phi}\dot\phi X^\phi$$

$$0 = \dot{X}^\phi + {}^{(L)}\Gamma^\phi_{\theta\theta}\dot\theta X^\theta + {}^{(L)}\Gamma^\phi_{\phi\theta}\dot\phi X^\theta + {}^{(L)}\Gamma^\phi_{\theta\phi}\dot\theta X^\phi + {}^{(L)}\Gamma^\phi_{\phi\phi}\dot\phi X^\phi \tag{14.96}$$

Betrachten wir zuerst Paralleltransport entlang eines Breitenkreises, also $\dot\theta = 0$, $\dot\phi = 1$. Die Bedingungen (14.95) werden auf dieser Kurve zu

$$\dot{X}^\theta = 0$$

$$\sin\theta\dot{X}^\phi = 0 \quad\Rightarrow\quad \dot{X}^\phi = 0$$

Die Gleichungen (14.96) haben dann folgende Gestalt:

$$0 = {}^{(L)}\Gamma^\theta_{\phi\theta}X^\theta + {}^{(L)}\Gamma^\theta_{\phi\phi}X^\phi$$

$$0 = {}^{(L)}\Gamma^\phi_{\phi\theta}X^\theta + {}^{(L)}\Gamma^\phi_{\phi\phi}X^\phi$$

Die Christoffel-Symbole dürfen nicht von den X^θ, X^ϕ abhängen, im Gegenteil müssen beliebige Vektoren parallel transportierbar sein. Das ist nur zu erfüllen, wenn

$$^{(L)}\Gamma^\theta_{\phi\theta} = {}^{(L)}\Gamma^\theta_{\phi\phi} = {}^{(L)}\Gamma^\phi_{\phi\theta} = {}^{(L)}\Gamma^\phi_{\phi\phi} = 0$$

gilt. Es muss also schon einmal eine ganze Reihe Christoffel-Symbole verschwinden, aber nicht alle, wie wir nun sehen werden: Betrachten wir Paralleltransport bezüglich einer Kurve entlang eines Meridians ($\dot\theta = 1$, $\dot\phi = 0$). Die Bedingungen (14.95) werden dann zu:

$$\dot{X}^\theta = 0$$

$$\sin\theta\, \dot{X}^\phi - \cos\theta\, X^\phi = 0 \quad\Rightarrow\quad \dot{X}^\phi = -\cot\theta\, X^\phi$$

Die Gleichungen für Paralleltransport werden damit zu:

$$0 = {}^{(L)}\Gamma^\theta_{\theta\theta}X^\theta + {}^{(L)}\Gamma^\theta_{\theta\phi}X^\phi \tag{14.97}$$

$$0 = -\cot\theta\, X^\phi + {}^{(L)}\Gamma^\phi_{\theta\theta}X^\theta + {}^{(L)}\Gamma^\phi_{\theta\phi}X^\phi \tag{14.98}$$

Das hingegen kann nur für alle Vektoren der Fall sein, wenn

$$^{(L)}\Gamma^\theta_{\theta\theta} = {}^{(L)}\Gamma^\theta_{\theta\phi} = {}^{(L)}\Gamma^\phi_{\theta\theta} = 0$$

$$^{(L)}\Gamma^\phi_{\theta\phi} = \cot\theta$$

gilt. Es müssen also alle Christoffel-Symbole verschwinden, bis auf $^{(L)}\Gamma^\phi_{\theta\phi}$. Setzt man dies in die allgemeine Geodätengleichung (14.96) ein, dann erhält man die Bedingungen (14.95) wieder.

Zu b: Da $^{(L)}\Gamma^\phi_{\phi\theta} = 0$, aber $^{(L)}\Gamma^\phi_{\theta\phi} = \cot\theta$, sind die Christoffel-Symbole nicht symmetrisch. Also ist der loxodromische Zusammenhang nicht torsionsfrei.

Nach Voraussetzung bleibt die Norm eines parallel transportierten Vektors erhalten, der Zusammenhang ist also metrisch. Dies kann man auch direkt nachrechnen, indem man die Komponenten von $^{(L)}\nabla_\mu g_{\nu\rho}$ explizit ausschreibt:

$$^{(L)}\nabla_\mu g_{\nu\rho} = \partial_\mu g_{\nu\rho} - {}^{(L)}\Gamma^\lambda_{\mu\nu}g_{\lambda\rho} - {}^{(L)}\Gamma^\lambda_{\mu\rho}g_{\nu\lambda} \tag{14.99}$$

Man muss nicht alle acht Kombinationen μ, ν, $\rho = \{\theta, \phi\}$ direkt hinschreiben. Die Hälfte davon, nämlich alle mit $\mu = \phi$, verschwinden schon deshalb, weil die Metrik in sphärischen Koordinaten nicht von ϕ abhängt, und es kein nicht verschwindendes Christoffel-Symbol mit ϕ als erstem unteren Index gibt. Dass die restlichen vier verschwinden kann man direkt ausrechnen:

$$^{(L)}\nabla_\theta g_{\theta\theta} = \partial_\theta g_{\theta\theta} - {}^{(L)}\Gamma^\lambda_{\theta\theta}g_{\lambda\theta} - {}^{(L)}\Gamma^\lambda_{\theta\theta}g_{\theta\lambda} = 0$$

$$^{(L)}\nabla_\theta g_{\phi\theta} = {}^{(L)}\nabla_\theta g_{\theta\phi} = \partial_\theta g_{\theta\phi} - {}^{(L)}\Gamma^\lambda_{\theta\theta}g_{\lambda\phi} - {}^{(L)}\Gamma^\lambda_{\theta\phi}g_{\theta\lambda}$$

$$= 0 - 0 - {}^{(L)}\Gamma^\phi_{\theta\phi}g_{\theta\phi} = 0$$

$$^{(L)}\nabla_\theta g_{\phi\phi} = \partial_\theta g_{\phi\phi} - {}^{(L)}\Gamma^\lambda_{\theta\phi}g_{\lambda\phi} - {}^{(L)}\Gamma^\lambda_{\theta\phi}g_{\phi\lambda}$$

$$= \partial_\theta g_{\phi\phi} - {}^{(L)}\Gamma^\phi_{\theta\phi}g_{\phi\phi} - {}^{(L)}\Gamma^\phi_{\theta\phi}g_{\phi\phi}$$

$$= 2\sin\theta\cos\theta - \cot\theta\sin^2\theta - \cot\theta\sin^2\theta = 0$$

Damit verschwinden alle Komponenten von $^{(L)}\nabla_\mu g_{\nu\rho}$, der loxodromische Zusammenhang ist also metrisch.

Zu c: Die Geodätengleichungen bezüglich des loxodromischen Zusammenhanges lauten:

$$\ddot{x}^\mu + {}^{(L)}\Gamma^\mu_{\nu\rho}\dot{x}^\nu\dot{x}^\rho = 0 \tag{14.100}$$

Ausgeschrieben für eine Kurve $\theta(\lambda), \phi(\lambda)$:

$$0 = \ddot{\theta}$$

$$0 = \ddot{\phi} - (\cot\theta)\dot{\theta}\dot{\phi}$$

Da $\ddot{\theta} = 0$ ist, gilt $\theta(\lambda) = A\lambda + B$. Durch Umparametrisieren können wir $A = 1$, $B = \frac{\pi}{2}$ setzen, also $\theta(\lambda) = \lambda + \frac{\pi}{2}$. Bei $\lambda = 0$ startet die Geodäte dann genau bei $\theta = \frac{\pi}{2}$, also auf dem Äquator.

Die Gleichung für $\phi(\lambda)$ lautet dann:

$$0 = \ddot{\phi} - \cot\left(\lambda + \frac{\pi}{2}\right)\dot{\phi} = \ddot{\phi} + \tan\left(\lambda + \frac{\pi}{2}\right)\dot{\phi} = \cos\lambda\frac{d}{d\lambda}\left(\frac{1}{\cos\lambda}\dot{\phi}\right)$$

Also muss der Ausdruck in der Klammer konstant entlang der Geodäte sein, also

$$\dot{\phi} = C\cos\lambda \tag{14.101}$$

für eine Konstante C. Damit folgt

$$\phi(\lambda) = C\sin\lambda + D$$

Die Konstanten ergeben sich aus der Anfangsbedingung, dass bei $\lambda = 0$ die Kurve auf dem Äquator $\theta = \frac{\pi}{2}, \phi = 0$ sitzt, woraus $D = 0$ folgt. Der Winkel des Geschwindigkeitsvektors zum Äquator soll χ betragen, also:

$$\cos\chi = \frac{\langle\dot{x}, e_\phi\rangle}{\sqrt{\langle\dot{x}, \dot{x}\rangle\langle e_\phi, e_\phi\rangle}}$$

Hierbei ist e_ϕ der Vektor in ϕ-Richtung mit Länge 1, gegeben durch (14.93). Man berechnet bei $\lambda = 0$:

$$\langle \dot{x}, \dot{x} \rangle = g_{\mu\nu} \dot{x}^\mu \dot{x}^\nu = \dot{\theta}^2 + \left(\sin^2 \frac{\pi}{2} \right) \dot{\phi}^2 = 1 + C^2 \cos^2(0) = 1 + C^2$$

$$\langle \dot{x}, e_\phi \rangle = \dot{\theta} \cdot 0 + \left(\sin^2 \frac{\pi}{2} \right) \dot{\phi} \cdot 1 = C$$

Das heißt:

$$\cos \chi = \frac{C}{\sqrt{1 + C^2}} \quad \Rightarrow \quad C = \cot \chi$$

Die Geodäte lautet also

$$\theta(\lambda) = \lambda + \frac{\pi}{2}, \qquad \phi(\lambda) = \cot \chi \, \sin \lambda$$

Weil $0 < \theta < \pi$ ist, läuft die Geodäte nur für $-\frac{\pi}{2} < \lambda < \frac{\pi}{2}$. Dann läuft sie in Nord- bzw. Südpol hinein, und dort ist der loxodromische Zusammenhang nicht mehr definiert, es ist also unbestimmt, wie die Kurve dann weiterläuft.

Übrigens wird für $\chi = 0$, also eine Geodäte die parallel zum Äquator startet, $C = \infty$. Diesen Fall müssen wir somit noch einmal gesondert betrachten. In diesem Fall ist $\theta = \lambda$ nicht möglich, da θ entlang der gesamten Geodäte konstant bleibt. Man prüft aber durch direktes Nachrechnen, dass die Kurve, die den Äquator entlang läuft, also

$$\theta(\lambda) = \frac{\pi}{2}, \qquad \phi(\lambda) = \lambda$$

die Geodätengleichung (14.100) ebenfalls erfüllt, und zwar für die Anfangsbedingung $\chi = 0$.

S. 178 $\longleftarrow$ Aufgabe   S. 348 $\longleftarrow$ Tipp

14.7   Lösungen der Aufgaben Kapitel 7

Zu Aufgabe 7.1: Wir beginnen mit Formel (7.2) für den RKT:

$$R^\tau{}_{\nu\sigma\rho} = \partial_\sigma \Gamma^\tau_{\rho\nu} - \partial_\rho \Gamma^\tau_{\sigma\nu} + \Gamma^\tau_{\sigma\lambda} \Gamma^\lambda_{\rho\nu} - \Gamma^\tau_{\rho\lambda} \Gamma^\lambda_{\sigma\nu}$$

Zieht man den ersten Index herunter, erhält man:

$$R_{\mu\nu\sigma\rho} = g_{\mu\tau} R^\tau{}_{\nu\sigma\rho} = g_{\mu\tau} \left(\partial_\sigma \Gamma^\tau_{\rho\nu} - \partial_\rho \Gamma^\tau_{\sigma\nu} + \Gamma^\tau_{\sigma\lambda} \Gamma^\lambda_{\rho\nu} - \Gamma^\tau_{\rho\lambda} \Gamma^\lambda_{\sigma\nu} \right)$$

$$(14.102)$$

Betrachten wir den ersten Term in der ausmultiplizierten Summe und benutzen die Produktregel rückwärts:

$$g_{\mu\tau} \partial_\sigma \Gamma^\tau_{\rho\nu} = \partial_\sigma \left(g_{\mu\tau} \Gamma^\tau_{\rho\nu} \right) - g_{\mu\tau,\sigma} \Gamma^\tau_{\rho\nu} \qquad (14.103)$$

Mit der Formel (6.9) für die Christoffel-Symbole folgt:

$$g_{\mu\tau}\Gamma^{\tau}_{\rho\nu} = \frac{1}{2}\Big(g_{\mu\rho,\nu} + g_{\mu\nu,\rho} - g_{\rho\nu,\mu}\Big) \tag{14.104}$$

und aus der Metrizität des Zusammenhangs (6.28) folgt:

$$g_{\mu\tau,\sigma} = g_{\mu\alpha}\Gamma^{\alpha}_{\sigma\tau} + g_{\tau\alpha}\Gamma^{\alpha}_{\sigma\mu} \tag{14.105}$$

Setzen wir (14.104) und (14.105) in (14.103) ein, erhalten wir:

$$g_{\mu\tau}\partial_{\sigma}\Gamma^{\tau}_{\rho\nu} = \partial_{\sigma}\frac{1}{2}\Big(g_{\mu\rho,\nu} + g_{\mu\nu,\rho} - g_{\rho\nu,\mu}\Big) - \Big(g_{\mu\alpha}\Gamma^{\alpha}_{\sigma\tau} + g_{\tau\alpha}\Gamma^{\alpha}_{\sigma\mu}\Big)\Gamma^{\tau}_{\rho\nu}$$

$$= \frac{1}{2}\Big(g_{\mu\rho,\nu\sigma} + g_{\mu\nu,\rho\sigma} - g_{\rho\nu,\mu\sigma}\Big) - g_{\mu\alpha}\Gamma^{\alpha}_{\sigma\tau}\Gamma^{\tau}_{\rho\nu} + g_{\tau\alpha}\Gamma^{\alpha}_{\sigma\mu}\Gamma^{\tau}_{\rho\nu}$$

Der zweite Term in der ausmultiplizierten Summe (14.102) sieht fast genauso aus wie der erste, nur hat er ein Minuszeichen, und die Indizes ρ und σ sind vertauscht. Also gilt das auch für das Ergebnis, und wir können einfach ablesen:

$$g_{\mu\tau}\partial_{\rho}\Gamma^{\tau}_{\sigma\nu} = \frac{1}{2}\Big(g_{\mu\sigma,\nu\rho} + g_{\mu\nu,\sigma\rho} - g_{\sigma\nu,\mu\rho}\Big) - g_{\mu\alpha}\Gamma^{\alpha}_{\rho\tau}\Gamma^{\tau}_{\sigma\nu} + g_{\tau\alpha}\Gamma^{\alpha}_{\rho\mu}\Gamma^{\tau}_{\sigma\nu}$$

Weil partielle Ableitungen vertauschen, also $g_{\mu\nu,\sigma\rho} = g_{\mu\nu,\rho\sigma}$ ist, gilt:

$$g_{\mu\tau}\partial_{\sigma}\Gamma^{\tau}_{\rho\nu} - g_{\mu\tau}\partial_{\rho}\Gamma^{\tau}_{\sigma\nu} = \frac{1}{2}\Big(g_{\mu\rho,\nu\sigma} - g_{\rho\nu,\mu\sigma} + g_{\sigma\nu,\mu\rho} - g_{\mu\sigma,\nu\rho}\Big)$$

$$- g_{\mu\alpha}\Gamma^{\alpha}_{\sigma\tau}\Gamma^{\tau}_{\rho\nu} + g_{\tau\alpha}\Gamma^{\alpha}_{\sigma\mu}\Gamma^{\tau}_{\rho\nu} + g_{\mu\alpha}\Gamma^{\alpha}_{\rho\tau}\Gamma^{\tau}_{\sigma\nu} - g_{\tau\alpha}\Gamma^{\alpha}_{\rho\mu}\Gamma^{\tau}_{\sigma\nu}$$

Benennen wir in der zweiten Zeile noch Dummyindizes um, und zwar $\tau \to \lambda$, $\alpha \to \tau$, erhalten wir das Resultat:

$$R_{\mu\nu\sigma\rho} = \frac{1}{2}\Big(g_{\mu\rho,\nu\sigma} - g_{\rho\nu,\mu\sigma} + g_{\sigma\nu,\mu\rho} - g_{\mu\sigma,\nu\rho}\Big) + g_{\lambda\tau}\Gamma^{\tau}_{\sigma\mu}\Gamma^{\lambda}_{\rho\nu} - g_{\lambda\tau}\Gamma^{\tau}_{\rho\mu}\Gamma^{\lambda}_{\sigma\nu}$$

S. 196 ⟵ Aufgabe   S. 349 ⟵ Tipp

Aufgabe 7.2: Wir starten von Formel (7.20) und setzen $\mu = \rho = 1$, $\nu = \sigma = 2$ ein. Damit haben wir:

$$R_{1212} = \frac{R}{2}\Big(g_{11}g_{22} - g_{12}g_{21}\Big)$$

$$= \frac{R}{2}\det g$$

Auflösen nach R_{1212} liefert das gewünschte Resultat.

S. 196 ⟵ Aufgabe   S. 349 ⟵ Tipp

Aufgabe 7.3: Es gilt:

$$R_{\mu\nu} \;=\; g^{\alpha\beta} R_{\alpha\mu\beta\nu} \tag{14.106}$$

Wegen der Symmetrien (7.23) und $d = 2$ sind nur diejenigen Komponenten vom RKT ungleich null, für die $\alpha \neq \mu$ und $\beta \neq \nu$ gilt. Wenn die Metrik diagonal ist, dann ist es auch die inverse Metrik, mit $g^{\mu\mu} = \frac{1}{g_{\mu\nu}}$. In der Summe (14.106) ist die inverse Metrik also null, es sei denn $\alpha = \beta$.

Wenn $\mu \neq \nu$ ist, dann gibt der RKT also nur dann potenziell nicht verschwindende Beiträge zur Summe, wenn $\alpha \neq \beta$ ist, da es für die Indizes nur zwei Möglichkeiten gibt. Dann ist aber die inverse Metrik gleich null, und $R_{\mu\nu} = 0$. Der Ricci-Tensor muss also diagonal sein.

S. 196 $\longleftarrow$ Aufgabe   S. 349 $\longleftarrow$ Tipp

Zu Aufgabe 7.4: Wie schon früher nummerieren wir die Komponenten nicht mit Zahlen durch, sondern mit den Namen der Koordinaten $x^0 = t$, $x^1 = \phi$. Wir schreiben also $g_{t\phi}$ statt g_{01}, etc. Die Metrik hat die Komponenten

$$g_{tt} \;=\; 1, \quad g_{t\phi} \;=\; 0, \quad g_{\phi\phi} \;=\; -\cosh^2(t)$$

und die inverse Metrik hat folgende Komponenten:

$$g^{tt} \;=\; 1, \quad g^{t\phi} \;=\; 0, \quad g^{\phi\phi} \;=\; -\frac{1}{\cosh^2(t)}$$

Als Nächstes berechnen wir die Christoffel-Symbole. Die einzige nicht verschwindende partielle Ableitung ist:

$$\frac{\partial g_{\phi\phi}}{\partial t} \;=\; -2\sinh(t)\cosh(t)$$

Die einzigen Christoffel-Symbole, in denen diese vorkommen, sind:

$$\Gamma^t_{\phi\phi} \;=\; \frac{1}{2} g^{t\lambda} \left(\frac{\partial g_{\lambda\phi}}{\partial\phi} + \frac{\partial g_{\lambda\phi}}{\partial\phi} - \frac{\partial g_{\phi\phi}}{\partial x^\lambda} \right)$$

$$= \frac{1}{2} g^{tt} \left(0 + 0 - \frac{\partial g_{\phi\phi}}{\partial t} \right) \;=\; \sinh(t)\cosh(t)$$

$$\Gamma^\phi_{t\phi} \;=\; \Gamma^\phi_{\phi t} \;=\; \frac{1}{2} g^{\phi\lambda} \left(\frac{\partial g_{\lambda\phi}}{\partial t} + \frac{\partial g_{\lambda t}}{\partial\phi} - \frac{\partial g_{t\phi}}{\partial x^\lambda} \right)$$

$$= \frac{1}{2} g^{\phi\phi} \left(\frac{\partial g_{\phi\phi}}{\partial t} + 0 - 0 \right) \;=\; \tanh t$$

Da wir in $d = 2$ Dimensionen sind, brauchen wir nur eine einzige Komponente des RKT zu berechnen. Alle anderen sind entweder null, oder gehen aus dieser einen durch Indexpermutation und die Symmetrien (7.23) hervor. Die Komponente ist:

$$R_{t\phi t\phi} \;=\; g_{t\lambda} R^\lambda{}_{\phi t\phi} \;=\; g_{tt} R^t{}_{\phi t\phi} \;=\; R^t{}_{\phi t\phi} \tag{14.107}$$

Die Komponente ergibt sich mit (7.2) zu

$$
\begin{aligned}
R^t{}_{\phi t\phi} &= \partial_t \Gamma^t_{\phi\phi} - \partial_\phi \Gamma^t_{t\phi} + \Gamma^t_{t\lambda}\Gamma^\lambda_{\phi\phi} - \Gamma^t_{\phi\lambda}\Gamma^\lambda_{t\phi} \\
&= \partial_t \big(\sinh(t)\cosh(t) \big) - 0 + 0 - \Gamma^t_{\phi\phi}\Gamma^\phi_{t\phi} \\
&= \cosh^2(t) + \sinh^2(t) - \sinh(t)\cosh(t)\tanh(t) \\
&= \cosh^2(t)
\end{aligned}
$$

Daraus folgt die Komponente

$$
R^\phi{}_{t\phi t} = g^{\phi\lambda}R_{\lambda t\phi t} = g^{\phi\phi}R_{\phi t\phi t} = g^{\phi\phi}R_{t\phi t\phi} = \frac{-1}{\cosh^2(t)}\cosh^2 t = -1
$$

Zum Ricci-Tensor: Die Metrik ist diagonal, wegen Aufgabe 7.3 ist es der Ricci-Tensor also auch: $R_{t\phi} = R_{\phi t} = 0$. Die beiden restlichen Komponenten sind:

$$
R_{tt} = g^{\mu\nu}R_{\mu t\nu t} = g^{tt}R_{tttt} + g^{\phi\phi}R_{\phi t\phi t} = 0 + (-1) = -1
$$

$$
R_{\phi\phi} = g^{\mu\nu}R_{\mu\phi\nu\phi} = g^{tt}R_{t\phi t\phi} + g^{\phi\phi}R_{\phi\phi\phi\phi} = \cosh^2(t)
$$

Damit folgt also $R_{\mu\nu} = -g_{\mu\nu}$. Der Ricci-Skalar ist dann

$$
R = g^{\mu\nu}R_{\mu\nu} = -g^{\mu\nu}g_{\mu\nu} = -2
$$

S. 196 ⟵ Aufgabe   S. 349 ⟵ Tipp

Zu Aufgabe 7.5: Wie schon in Aufgabe 7.4 benutzen wir die Variablennamen a und b als Indizes. Die Metrik ist diagonal mit

$$
\begin{aligned}
g_{aa} &= g_{bb} = \frac{1}{b^2}, & g_{ab} &= g_{ba} = 0 \\
g^{aa} &= g^{bb} = b^2, & g^{ab} &= g^{ba} = 0
\end{aligned}
\tag{14.108}
$$

Die beiden einzigen partiellen Ableitungen, die nicht verschwinden, sind:

$$
g_{aa,b} = g_{bb,b} = -\frac{2}{b^3}
$$

Die einzigen nicht verschwindenden Christoffel-Symbole sind daher:

$$\Gamma^a_{ab} = \frac{1}{2}g^{a\lambda}\Big(g_{a\lambda,b} + g_{\lambda b,a} - g_{ab,\lambda}\Big) = \frac{1}{2}g^{aa}\Big(g_{aa,b} + g_{ab,a} - g_{ab,a}\Big)$$

$$= \frac{1}{2}b^2\left(-\frac{2}{b^3} + 0 + 0\right) = -\frac{1}{b}$$

$$\Gamma^b_{aa} = \frac{1}{2}g^{b\lambda}\Big(g_{a\lambda,a} + g_{\lambda a,a} - g_{aa,\lambda}\Big) = \frac{1}{2}g^{bb}\Big(g_{ab,a} + g_{ba,a} - g_{aa,b}\Big)$$

$$= \frac{1}{2}b^2\left(0 + 0 + \frac{2}{b^3}\right) = \frac{1}{b}$$

$$\Gamma^b_{bb} = \frac{1}{2}g^{b\lambda}\Big(g_{b\lambda,b} + g_{\lambda b,b} - g_{bb,\lambda}\Big) = \frac{1}{2}g^{bb}\Big(g_{bb,b} + g_{bb,b} - g_{bb,b}\Big)$$

$$= \frac{1}{2}b^2\left(-\frac{2}{b^3} - \frac{2}{b^3} + \frac{2}{b^3}\right) = -\frac{1}{b}$$

Eine Komponente des RKT ist:

$$R^a{}_{bab} = \partial_a\Gamma^a_{bb} - \partial_b\Gamma^a_{ab} + \Gamma^a_{a\lambda}\Gamma^\lambda_{bb} - \Gamma^a_{b\lambda}\Gamma^\lambda_{ab}$$

$$= 0 - \frac{\partial}{\partial b}\left(-\frac{1}{b}\right) + \Gamma^a_{ab}\Gamma^b_{bb} - \Gamma^a_{ba}\Gamma^a_{ab}$$

$$= -\frac{1}{b^2} + \frac{1}{b^2} - \frac{1}{b^2} = -\frac{1}{b^2}$$

Aus dieser Komponente lassen sich alle anderen durch Indizes hoch- und herunterziehen sowie durch Ausnutzen der Symmetrien (7.23) berechnen:

$$R^b{}_{aba} = g^{b\lambda}R_{\lambda aba} = g^{bb}R_{baba} = g^{bb}R_{abab} = g^{bb}g_{a\lambda}R^\lambda{}_{bab}$$

$$= g^{bb}g_{aa}R^a{}_{bab} = R^a{}_{bab}$$

Die Metrik ist diagonal, und wegen Aufgabe 7.3 ist es auch der Ricci-Tensor, also $R_{ab} = R_{ba} = 0$. Die beiden noch verbleibenden Komponenten von $R_{\mu\nu}$ sind daher:

$$R_{aa} = R^a{}_{aaa} + R^b{}_{aba} = -\frac{1}{b^2}$$

$$R_{bb} = R^b{}_{bab} + R^b{}_{bbb} = -\frac{1}{b^2}$$

Ein Vergleich mit (14.108) zeigt also $R_{\mu\nu} = -g_{\mu\nu}$. Der Ricci-Skalar ist damit:

$$R = g^{\mu\nu}R_{\mu\nu} = -g^{\mu\nu}g_{\mu\nu} = -2$$

S. 196 ⟵ Aufgabe S. 349 ⟵ Tipp

Aufgabe 7.6: Wegen der Antisymmetrie der letzten beiden Indizes gilt:

$$T_{\mu[\nu\sigma\rho]} = \frac{1}{6}\Big(T_{\mu\nu\sigma\rho} + T_{\mu\sigma\rho\nu} + T_{\mu\rho\nu\sigma} - T_{\mu\nu\rho\sigma} - T_{\mu\sigma\nu\rho} - T_{\mu\rho\sigma\nu}\Big)$$

$$= \frac{1}{3}\Big(T_{\mu\nu\sigma\rho} + T_{\mu\sigma\rho\nu} + T_{\mu\rho\nu\sigma}\Big) \tag{14.109}$$

Weiterhin gilt wegen der Symmetrien (7.27):

$$T_{\mu\nu\sigma\rho} = \frac{1}{8}\Big(T_{\mu\nu\sigma\rho} - T_{\mu\nu\rho\sigma} - T_{\nu\mu\sigma\rho} + T_{\nu\mu\rho\sigma} + T_{\sigma\rho\mu\nu} - T_{\sigma\rho\nu\mu} - T_{\rho\sigma\mu\nu} + T_{\rho\sigma\nu\mu}\Big)$$

Diese Gleichung gilt ebenso, wenn man alle Indizes darin umbenennt. Man kann sie also auf jeden der drei Terme in (14.109) anwenden, wenn man die entsprechenden Indexbezeichnungen anpasst. Tut man das, erhält man:

$$T_{\mu[\nu\sigma\rho]} =$$

$$\frac{1}{24}\Big(T_{\mu\nu\sigma\rho} - T_{\mu\nu\rho\sigma} - T_{\nu\mu\sigma\rho} + T_{\nu\mu\rho\sigma} + T_{\sigma\rho\mu\nu} - T_{\sigma\rho\nu\mu} - T_{\rho\sigma\mu\nu} + T_{\rho\sigma\nu\mu}$$

$$+T_{\mu\sigma\rho\nu} - T_{\mu\sigma\nu\rho} - T_{\sigma\mu\rho\nu} + T_{\sigma\mu\nu\rho} + T_{\rho\nu\mu\sigma} - T_{\rho\nu\sigma\mu} - T_{\nu\rho\mu\sigma} + T_{\nu\rho\sigma\mu}$$

$$+T_{\mu\rho\nu\sigma} - T_{\mu\rho\sigma\nu} - T_{\rho\mu\nu\sigma} + T_{\rho\mu\sigma\nu} + T_{\nu\sigma\mu\rho} - T_{\nu\sigma\rho\mu} - T_{\sigma\nu\mu\rho} + T_{\sigma\nu\rho\mu}\Big)$$

Dies sind aber genau alle Permutationen der vier Indizes μ, ν, σ, ρ, und das Vorzeichen entspricht genau dem Signum der Permutation. Also ist dies mit (3.56) genau der Ausdruck $T_{[\mu\nu\sigma\rho]}$.

S. 196 ⟵ Aufgabe   S. 350 ⟵ Tipp

Aufgabe 7.7: Wir benutzen (6.13) und schreiben:

$$\big(R(X,Y)Z\big)^{\mu} = X^{\nu}\partial_{\nu}(\nabla_Y Z)^{\mu} + \Gamma^{\mu}_{\nu\alpha}(\nabla_Y Z)^{\alpha}X^{\nu}$$

$$- Y^{\nu}\partial_{\nu}(\nabla_X Z)^{\mu} - \Gamma^{\mu}_{\nu\alpha}(\nabla_X Z)^{\alpha}Y^{\nu}$$

$$- Z^{\nu}\partial_{\nu}\big(X^{\alpha}\partial_{\alpha}Y^{\mu} - Y^{\alpha}\partial_{\alpha}X^{\mu}\big) - \Gamma^{\mu}_{\nu\sigma}\big(X^{\alpha}\partial_{\alpha}Y^{\sigma} - Y^{\alpha}\partial_{\alpha}X^{\sigma}\big)Z^{\nu}$$

$$= X^{\nu}\partial_{\nu}\big(Y^{\sigma}\partial_{\sigma}Z^{\mu} + \Gamma^{\mu}_{\sigma\rho}Z^{\rho}Y^{\sigma}\big) + \Gamma^{\mu}_{\nu\alpha}\big(Y^{\sigma}\partial_{\sigma}Z^{\alpha} + \Gamma^{\alpha}_{\sigma\rho}Z^{\rho}Y^{\sigma}\big)X^{\nu}$$

$$- (X \leftrightarrow Y)$$

$$- Z^{\nu}\partial_{\nu}\big(X^{\alpha}\partial_{\alpha}Y^{\mu} - Y^{\alpha}\partial_{\alpha}X^{\mu}\big) - \Gamma^{\mu}_{\nu\sigma}\big(X^{\alpha}\partial_{\alpha}Y^{\sigma} - Y^{\alpha}\partial_{\alpha}X^{\sigma}\big)Z^{\nu}$$

Wenden wir hierauf die Produktregel an und lösen alle Klammern auf, kann man
sehen, dass alle Terme, die Ableitungen der Vektorfelder X, Y und/oder Z beinhalten, sich gegenseitig aufheben. Es verbleibt:

$$
\begin{aligned}
\left(R(X,Y)Z\right)^{\mu} &= \partial_{\nu}\Gamma^{\mu}_{\sigma\rho}X^{\nu}Z^{\rho}Y^{\sigma} - \partial_{\nu}\Gamma^{\mu}_{\sigma\rho}Y^{\nu}Z^{\rho}X^{\sigma} \\
&\quad +\Gamma^{\mu}_{\nu\alpha}\Gamma^{\alpha}_{\sigma\rho}X^{\nu}Y^{\sigma}Z^{\rho} - \Gamma^{\mu}_{\nu\alpha}\Gamma^{\alpha}_{\sigma\rho}Y^{\nu}X^{\sigma}Z^{\rho} \\
&= \left(\partial_{\nu}\Gamma^{\mu}_{\sigma\rho} - \partial_{\sigma}\Gamma^{\mu}_{\nu\rho} + \Gamma^{\mu}_{\nu\alpha}\Gamma^{\alpha}_{\sigma\rho} - \Gamma^{\mu}_{\sigma\alpha}\Gamma^{\alpha}_{\nu\rho}\right)X^{\nu}Y^{\sigma}Z^{\rho} \\
&= R^{\mu}{}_{\rho\nu\sigma}X^{\nu}Y^{\sigma}Z^{\rho}
\end{aligned}
$$

Umbenennen der Indizes ergibt:

$$
\left(R(X,Y)Z\right)^{\mu} = R^{\mu}{}_{\nu\sigma\rho}Z^{\nu}X^{\sigma}Y^{\rho}
$$

S. 197 $\longleftarrow$ Aufgabe   S. 350 $\longleftarrow$ Tipp

Zu Aufgabe 7.8: Dies kann man durch direktes Nachrechnen und Einsetzen
der Definition (7.4) zeigen. Es geht jedoch auch etwas eleganter, indem man von
Formel (7.29) aus Aufgabe 7.7 startet:

$$
\begin{aligned}
&\left(R(X,Y)Z + R(Y,Z)X + R(Z,X)Y\right)^{\mu} \\
&= R^{\mu}{}_{\nu\sigma\rho}\left(X^{\sigma}Y^{\rho}Z^{\nu} + Y^{\sigma}Z^{\rho}X^{\nu} + Z^{\sigma}X^{\rho}Y^{\nu}\right) \\
&= \left(R^{\mu}{}_{\nu\sigma\rho} + R^{\mu}{}_{\sigma\rho\nu} + R^{\mu}{}_{\rho\nu\sigma}\right)X^{\sigma}Y^{\rho}Z^{\nu}
\end{aligned}
$$

Wenn dies für alle X, Y, Z und alle μ verschwindet, ist das gleichbedeutend mit:

$$
R^{\mu}{}_{\nu\sigma\rho} + R^{\mu}{}_{\sigma\rho\nu} + R^{\mu}{}_{\rho\nu\sigma} = 0
$$

Zieht man den ersten Index herunter und benutzt die Antisymmetrie in den letzten
beiden Indizes, so ist dies gleichbedeutend mit:

$$
\begin{aligned}
0 &= R_{\mu\nu\sigma\rho} + R_{\mu\sigma\rho\nu} + R_{\mu\rho\nu\sigma} \\
&= \frac{1}{2}\left(R_{\mu\nu\sigma\rho} + R_{\mu\sigma\rho\nu} + R_{\mu\rho\nu\sigma} - R_{\mu\nu\rho\sigma} - R_{\mu\sigma\nu\rho} - R_{\mu\rho\sigma\nu}\right) \\
&= 3\,R_{\mu[\nu\sigma\rho]}
\end{aligned}
$$

Das ist genau die erste Bianchi-Identität, und wir haben nun gezeigt, dass sie
äquivalent zu

$$
R(X,Y)Z + R(Y,Z)X + R(Z,X)Y = 0 \tag{14.110}
$$

ist. Um (14.110) zu zeigen, benutzen wir Formel (7.29):

$$R(X,Y)Z \; + \; R(Y,Z)X \; + \; R(Z,X)Y$$

$$= \; (\nabla_X\nabla_Y - \nabla_Y\nabla_X)Z \; - \; \nabla_{[X,Y]}Z + (\nabla_Y\nabla_Z - \nabla_Z\nabla_Y)X$$

$$- \nabla_{[Y,Z]}X + (\nabla_Z\nabla_X - \nabla_X\nabla_Z)Y \; - \; \nabla_{[Z,X]}Y$$

$$= \; \nabla_X\Big(\nabla_Y Z - \nabla_Z Y\Big) - \nabla_{[Y,Z]}X \; + \; \nabla_Y\Big(\nabla_Z X - \nabla_X Z\Big)$$

$$- \nabla_{[Z,X]}Y \; + \; \nabla_Z\Big(\nabla_X Y - \nabla_Y X\Big) - \nabla_{[X,Y]}Z$$

Nun wenden wir zweimal die Formel (6.44) an und erhalten:

$$R(X,Y)Z \; + \; R(Y,Z)X \; + \; R(Z,X)Y$$

$$= \; \nabla_X[Y,Z] \; - \; \nabla_{[Y,Z]}X \; + \; \nabla_Y[Z,X] \; - \; \nabla_{[Z,X]}Y$$

$$+ \; \nabla_Z[X,Y] \; - \; \nabla_{[X,Y]}Z$$

$$= \; [X,[Y,Z]] \; + \; [Y,[Z,X]] \; + \; [Z,[X,Y]]$$

Dies verschwindet aber immer, und zwar aufgrund der Jacobi-Identität für den Kommutator (Aufgabe 5.5). Damit haben wir:

$$R_{\mu[\nu\sigma\rho]} \; = \; 0$$

gezeigt. Mit Aufgabe 7.6 folgt dann $R_{[\mu\nu\sigma\rho]} = 0$.

S. 197 ⟵ Aufgabe   S. 350 ⟵ Tipp

Aufgabe 7.9: Die einzige Komponente des loxodromischen Zusammenhangs, die nicht verschwindet, ist:

$$\mathcal{G}^{\phi}_{\theta\phi} \; = \; \cot\theta$$

Wir befinden uns zwar in $d = 2$, aber da wir es hier nicht unbedingt mit dem Levi-Civita-Zusammenhang zu tun haben, gelten nicht unbedingt alle Symmetrien (7.23). Es könnte also prinzipiell mehr als eine unabhängige Komponente geben. Der loxodromische Krümmungstensor ist definiert als:

$$\mathcal{R}^{\mu}{}_{\nu\sigma\rho} \; = \; \partial_\sigma\mathcal{G}^{\mu}_{\rho\nu} - \partial_\rho\mathcal{G}^{\mu}_{\sigma\nu} + \mathcal{G}^{\mu}_{\sigma\lambda}\mathcal{G}^{\lambda}_{\rho\nu} - \mathcal{G}^{\mu}_{\rho\lambda}\mathcal{G}^{\lambda}_{\sigma\nu} \qquad (14.111)$$

Per Konstruktion ist der Krümmungstensor antisymmetrisch in σ und ρ. Es reicht also, $\sigma = \theta$, $\rho = \phi$ zu berechnen. Weiterhin sind alle loxodromischen Christoffel-Symbole mit θ als oberem Index gleich null, wegen der Formel (14.111) also auch alle $\mathcal{R}^\theta_{\nu\sigma\rho}$. Somit haben wir insgesamt zwei Komponenten zu berechnen:

$$R^\phi{}_{\phi\theta\phi} = \partial_\theta \mathcal{G}^\phi_{\phi\phi} - \partial_\phi \mathcal{G}^\phi_{\theta\phi} + \mathcal{G}^\phi_{\theta\lambda}\mathcal{G}^\lambda_{\phi\phi} - \mathcal{G}^\phi_{\phi\lambda}\mathcal{G}^\lambda_{\theta\phi}$$

$$= 0 - \partial_\phi \cot\theta + 0 - 0 = 0$$

$$R^\phi{}_{\theta\theta\phi} = \partial_\theta \mathcal{G}^\phi_{\phi\theta} - \partial_\phi \mathcal{G}^\phi_{\theta\theta} + \mathcal{G}^\phi_{\theta\lambda}\mathcal{G}^\lambda_{\phi\theta} - \mathcal{G}^\phi_{\phi\lambda}\mathcal{G}^\lambda_{\theta\theta}$$

$$= 0 - 0 + 0 - 0 = 0$$

(Merke: $\mathcal{G}^\phi_{\theta\phi} = \cot\theta$. aber $\mathcal{G}^\phi_{\phi\theta} = 0$.) Der loxodromische Zusammenhang ist also flach. Das passt zur ursprünglichen Definition (Abschnitt 7.4), aus der folgt, dass das Ergebnis des Paralleltransportes unabhängig vom gewählten Weg ist.

S. 197 $\longleftarrow$ Aufgabe   S. 350 $\longleftarrow$ Tipp

14.8   Lösungen der Aufgaben Kapitel 8

Zu Aufgabe 8.1: Betrachten wir eine von einem Parameter ϵ abhängige Metrik $g^{(\epsilon)}_{\mu\nu}$. Die dazu jeweils inverse Metrik sei $g^{\mu\nu\,(\epsilon)}$. Dann ist:

$$\delta g^{\mu\nu} = \frac{dg^{\mu\nu,(\epsilon)}}{d\epsilon}\Big|_{\epsilon=0}$$

Weiterhin gilt: $g^{\mu\nu\,(\epsilon)} g^{(\epsilon)}_{\nu\rho} = \delta^\mu{}_\rho$, was unabhängig von ϵ ist, und damit haben wir:

$$0 = \frac{d}{d\epsilon}\left(g^{\mu\nu\,(\epsilon)} g^{(\epsilon)}_{\nu\rho}\right) = \frac{dg^{\mu\nu,(\epsilon)}}{d\epsilon} g^{(\epsilon)}_{\nu\rho} + g^{\mu\nu\,(\epsilon)}\frac{dg^{(\epsilon)}_{\nu\rho}}{d\epsilon}$$

Setzen wir $\epsilon = 0$ ein, ergibt dies mit (8.48) und (8.49):

$$0 = \delta g^{\mu\nu}\, g_{\nu\rho} + g^{\mu\nu}\, \delta g_{\nu\rho}$$

Multipliziert man dies mit $g^{\rho\sigma}$ und summiert über σ, folgt:

$$0 = \delta g^{\mu\sigma} + g^{\mu\nu} g^{\rho\sigma}\delta g_{\nu\rho}$$

Umstellen und Indexumbenennen liefert dann das gewünschte Ergebnis.

S. 225 $\longleftarrow$ Aufgabe   S. 350 $\longleftarrow$ Tipp

Zu Aufgabe 8.2: Zuerst benutzen wir (8.63) und wenden die Produktregel auf die rechte Seite von (8.88) an:

$$
\begin{aligned}
\partial_\mu\big(\sqrt{|\det g|}\,V^\mu\big) &= \Big(\partial_\mu\sqrt{|\det g|}\Big)\,V^\mu + \sqrt{|\det g|}\,\partial_\mu V^\mu \\[2mm]
&= \sqrt{|\det g|}\,\partial_\mu V^\mu + \frac{1}{2}\sqrt{|\det g|}\,g^{\alpha\beta}g_{\alpha\beta,\mu}\,V^\mu \\[2mm]
&= \sqrt{|\det g|}\left(\partial_\mu V^\mu + \frac{1}{2}g^{\alpha\beta}g_{\alpha\beta,\mu}\,V^\mu\right)
\end{aligned}
$$

Damit dieser Ausdruck gleich der linken Seite von (8.88) ist, müssen wir zeigen, dass der Ausdruck in der Klammer gleich $\nabla_\mu V^\mu$ ist. Dies ist:

$$
\nabla_\mu V^\mu = \partial_\mu V^\mu + \Gamma^\mu_{\mu\lambda}V^\lambda
$$

und das mit sich selbst kontrahierte Christoffel-Symbol ergibt:

$$
\begin{aligned}
\Gamma^\mu_{\mu\lambda} &= \frac{1}{2}g^{\mu\rho}\big(g_{\rho\mu,\lambda} + g_{\rho\lambda,\mu} - g_{\mu\lambda,\rho}\big) \\[2mm]
&= \frac{1}{2}g^{\mu\rho}g_{\mu\rho,\lambda} + \frac{1}{2}g^{\mu\rho}\big(g_{\rho\lambda,\mu} - g_{\mu\lambda,\rho}\big) \\[2mm]
&= \frac{1}{2}g^{\mu\rho}g_{\mu\rho,\lambda}
\end{aligned}
$$

Im letzten Schritt haben wir benutzt, dass der Ausdruck in den Klammern antisymmetrisch in ρ und μ ist, die inverse Metrik aber symmetrisch. Die Kontraktion eines symmetrischen und eines antisymmetrischen Ausdruckes verschwindet aber. Umbenennen der Indizes ergibt dann:

$$
\nabla_\mu V^\mu = \partial_\mu V^\mu + \frac{1}{2}g^{\alpha\beta}g_{\alpha\beta,\mu}\,V^\mu
$$

und damit sind wir fertig.

S. 225 ⟵ Aufgabe   S. 350 ⟵ Tipp

Zu Aufgabe 8.3: Wir schreiben (8.89) als:

$$
S_{\mathrm{EH},\Lambda} = S_{\mathrm{EH}} + \frac{1}{\kappa}\int d^n x\,\sqrt{|\det g|}\,\Lambda
$$

Die Variation der Einstein-Hilbert-Wirkung ohne Λ kennen wir schon:

$$\delta S_{\text{EH},\Lambda} = \delta S_{\text{EH}} + \frac{1}{\kappa} \int d^n x\, \Lambda \delta \sqrt{|\det g|}$$

$$= \frac{1}{2\kappa} \int d^n x \sqrt{|\det g|} \left(R_{\mu\nu} - \frac{1}{2} R g_{\mu\nu} \right) \delta g^{\mu\nu}$$

$$+ \frac{1}{\kappa} \int d^n x\, \Lambda \left(-\frac{1}{2} \sqrt{|\det g|} g_{\mu\nu} \delta g^{\mu\nu} \right)$$

$$= \frac{1}{2\kappa} \int d^n x \sqrt{|\det g|} \left(R_{\mu\nu} - \frac{1}{2} R g_{\mu\nu} - \Lambda g_{\mu\nu} \right) \delta g^{\mu\nu}$$

Hier haben wir (8.62) benutzt. Es ist also:

$$\frac{\delta S_{\text{EH},\Lambda}}{\delta g^{\mu\nu}} = \frac{1}{2\kappa} \sqrt{|\det g|} \left(R_{\mu\nu} - \frac{1}{2} R g_{\mu\nu} - \Lambda g_{\mu\nu} \right)$$

Das verschwindet genau dann, wenn die Einstein-Gleichungen im Vakuum mit kosmologischer Konstante (8.84) erfüllt sind.

S. 225 $\longleftarrow$ Aufgabe   S. 350 $\longleftarrow$ Tipp

Zu Aufgabe 8.4: In dieser Aufgabe ist die Dimension $\dim M = n \neq 2$.

Zu a: Wir müssen zeigen, dass beide Richtungen

$$R_{\mu\nu} - \frac{1}{2} g_{\mu\nu} R = 0 \quad \Rightarrow \quad R_{\mu\nu} = 0 \tag{14.112}$$

$$R_{\mu\nu} = 0 \quad \Rightarrow \quad R_{\mu\nu} - \frac{1}{2} g_{\mu\nu} R = 0 \tag{14.113}$$

wahr sind. Dabei ist (14.113) nicht schwer: Aus $R_{\mu\nu} = 0$ folgt $R = g^{\mu\nu} R_{\mu\nu} = 0$, also auch (14.113). Für die andere Richtung kontrahieren wir die Einstein-Gleichungen mit der inversen Metrik:

$$0 = R_{\mu\nu} - \frac{1}{2} g_{\mu\nu} R$$

$$\Rightarrow \quad 0 = g^{\mu\nu} \left(R_{\mu\nu} - \frac{1}{2} g_{\mu\nu} R \right)$$

$$= g^{\mu\nu} R_{\mu\nu} - \frac{1}{2} g^{\mu\nu} g_{\mu\nu} R = R - \frac{n}{2} R$$

$$= \frac{2-n}{2} R$$

Hier haben wir

$$g^{\mu\nu} g_{\mu\nu} = \delta^\mu_{\ \mu} = n$$

benutzt. Aus den Einstein-Gleichungen folgt also, dass $(2 - n)R/2 = 0$ ist. Da $n \neq 2$ ist, können wir durch $(2 - n)/2$ teilen, es gilt also auch $R = 0$. Wenn aber sowohl die Einstein-Gleichungen im Vakuum $R_{\mu\nu} - \frac{1}{2}g_{\mu\nu}R = 0$, als auch $R = 0$ gelten, dann auch $R_{\mu\nu} = 0$.

Zu b: Wir haben eben gezeigt, dass aus den Einstein-Gleichungen $R = 0$ folgt. Also ist auch

$$S_{EH} = \int d^n x \sqrt{|\det g|}\, R = \int d^n x \sqrt{|\det g|} \cdot 0 = 0$$

Die Einstein-Hilbert-Wirkung verschwindet also auf Lösungen der Einsteinglei-chungen. Umgekehrt gilt das aber nicht: Es könnte z. B. $S_{EH} = 0$ sein, weil auf einigen Bereichen $R > 0$ und auf anderen $R < 0$ sein könnte, die sich im Integral gerade wegheben.

Aber selbst wenn $R = 0$ überall, dann folgt daraus noch nicht, dass auch $R_{\mu\nu} = 0$ ist. Nur weil die Spur einer Matrix verschwindet, heißt das nicht, dass die Matrix null ist.

S. 225 ⟵ Aufgabe   S. 351 ⟵ Tipp

Zu Aufgabe 8.5: Jetzt ist $\dim M = n = 2$.

Zu a: Wir starten von der Formel (7.20) für den RKT einer Metrik auf einer zweidimensionalen Mannigfaltigkeit. Daraus berechnen wir den Ricci-Tensor:

$$
\begin{aligned}
R_{\mu\nu} &= g^{\alpha\beta} R_{\mu\alpha\nu\beta} \\[1ex]
&= g^{\alpha\beta} \frac{R}{2}\left(g_{\mu\nu}g_{\alpha\beta} - g_{\mu\alpha}g_{\beta\nu}\right) \\[1ex]
&= \frac{R}{2}\left(2g_{\mu\nu} - g_{\mu\nu}\right) = \frac{1}{2}Rg_{\mu\nu}
\end{aligned}
$$

Daraus liest man sofort ab:

$$R_{\mu\nu} - \frac{1}{2}Rg_{\mu\nu} = 0$$

Zu b: Das ist eine mehr oder weniger direkte Konsequenz aus der Tatsache, dass jede Metrik auf M die Einstein-Gleichungen erfüllt. Formal zeigen wir durch Wi-derspruch: Gegeben zwei Metriken $^{(1)}g_{\mu\nu}$ und $^{(2)}g_{\mu\nu}$. Wir dürfen nach Vorausset-zung annehmen, dass es einen Weg

$$\epsilon \longmapsto g_{\mu\nu}^{(\epsilon)} \tag{14.114}$$

in der Menge aller Metriken gibt, der $^{(1)}g_{\mu\nu}$ und $^{(2)}g_{\mu\nu}$ miteinander verbindet, also:

$$
\begin{aligned}
g_{\mu\nu}^{(\epsilon=0)} &= {}^{(1)}g_{\mu\nu} \\[1ex]
g_{\mu\nu}^{(\epsilon=1)} &= {}^{(2)}g_{\mu\nu}
\end{aligned}
$$

Angenommen, $S_{\mathrm{EH}}[^{(1)}g_{\mu\nu}]$ und $^{(2)}g_{\mu\nu}$ sind nicht gleich. Dann hat die (glatte) Abbildung

$$\epsilon \longmapsto S_{\mathrm{EH}}[g_{\mu\nu}^{(\epsilon)}]$$

irgendwo eine nicht verschwindende Ableitung. Sei dies bei einer Metrik $g_{\mu\nu} = g_{\mu\nu}^{(\epsilon_0)}$ für ein bestimmtes ϵ_0. Durch Verschiebung des Parameters $\epsilon \to \epsilon - \epsilon_0$ wird (14.114) zu einer Variation der Metrik $g_{\mu\nu}$. Die Ableitung der Wirkung ist dann

$$0 \neq \frac{d}{d\epsilon} S_{\mathrm{EH}}[g_{\mu\nu}^{(\epsilon)}]\Big|_{\epsilon=0} = \delta S_{\mathrm{EH}}[g_{\mu\nu}] = 0 \qquad (14.115)$$

nach (8.83) mit $T_{\mu\nu} = 0$, weil die Metrik $g_{\mu\nu}$ die Einstein-Gleichungen erfüllt, also ein Widerspruch, und $S_{\mathrm{EH}}[^{(1)}g_{\mu\nu}] = {}^{(2)}g_{\mu\nu}$. Da die Metriken beliebig waren, ist der Wert $\delta S_{\mathrm{EH}}[g_{\mu\nu}]$ unabhängig von der Metrik $g_{\mu\nu}$.

Zu c: Das tun wir direkt in Koordinaten θ, ϕ (S. 184). Die Metrik ist:

$$g_{\theta\theta} = 1, \quad g_{\theta\phi} = g_{\phi\theta} = 0, \quad g_{\phi\phi} = \sin^2 \theta$$

Damit ist

$$\sqrt{|\det g|} = \sqrt{|\det g|} = \sqrt{g_{\theta\theta}g_{\phi\phi} - g_{\theta\phi}g_{\phi\theta}} = \sin\theta \qquad (14.116)$$

Wir haben $R = 2$ bereits auf S. 185 berechnet. Damit ergibt sich:

$$\begin{aligned} 2\kappa S_{\mathrm{EH}} &= \int d^n x \sqrt{|\det g|} R = \int_0^\pi d\theta \int_{-\pi}^\pi d\phi\, 2\sin\theta \\ &= 8\pi \end{aligned}$$

Daraus folgt:

$$S_{\mathrm{EH}} = \frac{4\pi}{\kappa}$$

Zu d: Aus c) und b) wissen wir, dass die Einstein-Hilbert-Wirkung über die 2-Sphäre integriert immer gleich $\frac{4\pi}{\kappa} > 0$ ist, also positiv sein muss (weil $\kappa > 0$), egal für welche Metrik. Gäbe es eine flache Metrik, gälte für die $R = 0$ überall (weil schon der RKT verschwindet), und das Integral würde verschwinden. Da wir gezeigt haben, dass das Integral nie verschwindet, kann es keine flache Metrik geben.

S. 225 ⟵ Aufgabe   S. 351 ⟵ Tipp

14.9 Lösungen der Aufgaben Kapitel 9

Zu Aufgabe 9.1a: Wir beginnen mit der Formel (9.53) für die Lie-Ableitung einer Metrik, welche der Spezialfall von (9.48) für $(0,2)$-Tensoren ist:

$$(\mathcal{L}_X g)_{\mu\nu} = X^\lambda \partial_\lambda g_{\mu\nu} + g_{\lambda\nu}\partial_\mu X^\lambda + g_{\mu\lambda}\partial_\nu X^\lambda \tag{14.117}$$

Dann schreiben wir den Ausdruck auf der rechten Seite von (9.69) um, indem wir die Christoffelsymbole (6.9) in der kovarianten Ableitung einsetzen. Wir beginnen mit $\nabla_\nu X_\nu$, wobei man bedenken muss, dass $X_\lambda = g_{\lambda\sigma}X^\sigma$ die Komponenten einer 1-Form bezeichnet:

$$
\begin{aligned}
\nabla_\mu X_\nu &= \partial_\mu X_\lambda - \Gamma^\lambda_{\mu\nu}X_\lambda \\[2mm]
&= \partial_\mu\left(g_{\nu\lambda}X^\lambda\right) - \frac{1}{2}g^{\lambda\sigma}\left(\partial_\nu g_{\sigma\mu} + \partial_\mu g_{\sigma\nu} - \partial_\sigma g_{\mu\nu}\right)X_\lambda \\[2mm]
&= X^\lambda\partial_\mu g_{\nu\lambda} + g_{\nu\lambda}\partial_\mu X^\lambda - \frac{1}{2}X^\lambda\left(\partial_\nu g_{\lambda\mu} + \partial_\mu g_{\lambda\nu} - \partial_\lambda g_{\mu\nu}\right) \\[2mm]
&= g_{\nu\lambda}\partial_\mu X^\lambda + \frac{1}{2}X^\lambda\partial_\lambda g_{\mu\nu} + \frac{1}{2}X^\lambda\left(\partial_\mu g_{\nu\lambda} - \partial_\nu g_{\mu\lambda}\right)
\end{aligned}
$$

Den Ausdruck für $\nabla_\nu X_\mu$ erhalten wir, indem wir in obigem Ausdruck μ und ν vertauschen. Der Ausdruck in der Klammer in der letzten Zeile ist antisymmetrisch in μ und ν und fällt dabei weg:

$$\nabla_\mu X_\nu + \nabla_\nu X_\mu = g_{\nu\lambda}\partial_\mu X^\lambda + \frac{1}{2}X^\lambda\partial_\lambda g_{\mu\nu} + g_{\mu\lambda}\partial_\nu X^\lambda + \frac{1}{2}X^\lambda\partial_\lambda g_{\nu\mu}$$

Wegen der Symmetrie von $g_{\mu\nu}$ ist dies derselbe Ausdruck wie (14.117).

Zu b: Gegeben ein konformes Killing-Vektorfeld:

$$\nabla_\mu X_\nu + \nabla_\nu X_\mu = \varphi\, g_{\mu\nu} \tag{14.118}$$

Hierbei haben wir den Ausdruck (9.69) aus a) für die Lie-Ableitung benutzt. Nehmen wir die Spur (kontrahieren also mit der inversen Metrik), erhalten wir:

$$g^{\mu\nu}\left(\nabla_\mu X_\nu + \nabla_\nu X_\mu\right) = \varphi g^{\mu\nu}g_{\mu\nu} \tag{14.119}$$

Aus der Symmetrie der inversen Metrik folgt:

$$g^{\mu\nu}\nabla_\mu X_\nu = g^{\mu\nu}\nabla_\nu X_\mu = \nabla_\mu X^\mu \tag{14.120}$$

Setzen wir dies und $g^{\mu\nu}g_{\mu\nu} = n$ in (14.119) ein, erhalten wir das gewünschte Resultat.

Zu c: Benutzen wir die Symmetrisierung (3.55), ergibt sich mit (9.71)

$$\nabla_{(\mu}X_{\nu)} = \frac{1}{2}\left(\nabla_\mu X_\nu + \nabla_\nu X_\mu\right) = \frac{1}{2}\varphi g_{\mu\nu} = \frac{1}{n}\nabla_\lambda X^\lambda g_{\mu\nu} \tag{14.121}$$

Bringen wir alle Terme auf dieselbe Seite, ergibt sich (9.72).

S. 254 ⟵ Aufgabe   S. 352 ⟵ Tipp

Zu Aufgabe 9.2: Wir arbeiten in Koordinaten. Man kann diese Aufgabe durch das Benutzen der expliziten Formel (9.48) lösen. Noch schneller geht es jedoch mit der Definition der Lie-Ableitung (9.26).

Sei $U = S \otimes T$. Die Komponenten von U sind das Produkt der Komponenten von S und T, also:

$$U^{\mu_1 \cdots \nu \cdots}_{\sigma \cdots \rho \cdots}(x) = S^{\mu \cdots}_{\sigma \cdots}(x) \, T^{\nu \cdots}_{\rho \cdots}(x) \tag{14.122}$$

An Formel (9.16) sieht man dann sofort, dass für einen Diffeomorphismus ξ gilt:

$$(\xi_* U)^{\mu_1 \cdots \nu \cdots}_{\sigma \cdots \rho \cdots}(x) = (\xi_* S)^{\mu \cdots}_{\sigma \cdots}(x)(\xi_* T)^{\nu \cdots}_{\rho \cdots}(x) \tag{14.123}$$

Oder kurz:

$$\xi_*(S \otimes T) = (\xi_* S) \otimes (\xi_* T) \tag{14.124}$$

Sei nun $^{(\tau)}\xi$ ein Fluss und X das dazugehörige Vektorfeld. Aus der Definition der Lie-Ableitung (9.26) folgt dann mithilfe der Produktregel:

$$
\begin{aligned}
\mathcal{L}_X(S \otimes T) &= -\frac{d}{d\tau}\Big|_{\tau=0} {}^{(\tau)}\xi_*(S \otimes T) = -\frac{d}{d\tau}\Big|_{\tau=0} \left({}^{(\tau)}\xi_* S \right) \otimes \left({}^{(\tau)}\xi_* T \right) \\[2mm]
&= -\left[\left(\frac{d}{d\tau} {}^{(\tau)}\xi_* S \right) \otimes \left({}^{(\tau)}\xi_* T \right) + \left({}^{(\tau)}\xi_* S \right) \otimes \left(\frac{d}{d\tau} {}^{(\tau)}\xi_* T \right) \right]\Big|_{\tau=0} \\[2mm]
&= (\mathcal{L}_X S) \otimes T + S \otimes (\mathcal{L}_X T)
\end{aligned}
$$

Dabei wurde $^{(\tau=0)}\xi_* T = T$ benutzt, ebenso wie für S. Dies war zu zeigen.

S. 254 ⟵ Aufgabe   S. 352 ⟵ Tipp

Zu Aufgabe 9.3: Zu a: Mit $\mathcal{L}_X f = X(f)$ und der Definition (5.23) des Kommutators gilt:

$$
\begin{aligned}
[\mathcal{L}_X, \mathcal{L}_Y]f &= \mathcal{L}_X(\mathcal{L}_Y f) - \mathcal{L}_Y(\mathcal{L}_X f) = X\big(Y(f)\big) - Y\big(X(f)\big) \\[2mm]
&= [X,Y]f = \mathcal{L}_{[X,Y]} f
\end{aligned}
$$

Zu b: Dies folgt mithilfe der Jacobi-Identität (5.53) und (9.47):

$$
\begin{aligned}
[\mathcal{L}_X, \mathcal{L}_Y]Z &= \mathcal{L}_X(\mathcal{L}_Y Z) - \mathcal{L}_Y(\mathcal{L}_X Z) = \mathcal{L}_X[Y,Z] - \mathcal{L}_Y[X,Z] \\[2mm]
&= [X,[Y,Z]] - [Y,[X,Z]] = [X,[Y,Z]] + [Y,[Z,X]] \\[2mm]
&= -[Z,[X,Y]] = [[X,Y],Z] = \mathcal{L}_{[X,Y]} Z
\end{aligned}
$$

Zu c: Seien X, Y, Z Vektorfelder und ω eine 1-Form. Wir betrachten den Tensor $\omega \otimes Z$ mit Komponenten:

$$(\omega \otimes Z)_\mu{}^\nu = \omega_\mu Z^\nu$$

Aus Aufgabe 9.2 folgt:

$$
\begin{aligned}
[\mathcal{L}_X, \mathcal{L}_Y](\omega \otimes Z) &= \mathcal{L}_X\Big[(\mathcal{L}_X) \otimes Z + \omega \otimes (\mathcal{L}_Y Z)\Big] - (X \leftrightarrow Y) \\
&= (\mathcal{L}_X \mathcal{L}_Y \omega) \otimes Z + (\mathcal{L}_Y) \otimes (\mathcal{L}_X Z) \\
&\quad + (\mathcal{L}_X) \otimes (\mathcal{L}_Y Z) + \omega \otimes (\mathcal{L}_X \mathcal{L}_Y Z) - (X \leftrightarrow Y) \\
&= \Big((\mathcal{L}_X \mathcal{L}_Y - \mathcal{L}_Y \mathcal{L}_X)\omega\Big) \otimes Z + \omega \otimes \Big((\mathcal{L}_X \mathcal{L}_Y - \mathcal{L}_Y \mathcal{L}_X)Z\Big) \\
&= \Big([\mathcal{L}_X, \mathcal{L}_Y]\omega\Big) \otimes Z + \omega \otimes \Big([\mathcal{L}_X, \mathcal{L}_Y]Z\Big)
\end{aligned}
$$

Dies ist eine Gleichung zwischen $(1,1)$-Tensoren. Von diesem kontrahieren wir nun die freien Indizes. Die Summe über die Indizes dürfen wir an den Lie-Ableitungen vorbeiziehen, da sie linear sind. Daraus folgt:

$$[\mathcal{L}_X, \mathcal{L}_Y]\big(\omega_\mu Z^\mu\big) = \Big([\mathcal{L}_X, \mathcal{L}_Y]\omega\Big)_\mu Z^\mu + \omega_\mu \Big([\mathcal{L}_X, \mathcal{L}_Y]Z\Big)^\mu \tag{14.125}$$

Aus a) und der Produktregel wissen wir, dass

$$
\begin{aligned}
[\mathcal{L}_X, \mathcal{L}_Y]\big(\omega_\mu Z^\mu\big) &= \mathcal{L}_{[X,Y]}\big(\omega_\mu Z^\mu\big) \\
&= \big(\mathcal{L}_{[X,Y]}\omega\big)_\mu Z^\mu + \omega_\mu \big(\mathcal{L}_{[X,Y]}Z\big)^\mu \tag{14.126}
\end{aligned}
$$

ist, weil $\omega_\mu Z^\mu$ eine skalare Funktion ist. Aus b) wissen wir, dass

$$[\mathcal{L}_X, \mathcal{L}_Y]Z = \mathcal{L}_{[X,Y]}Z \tag{14.127}$$

ist. Setzen wir (14.126) und (14.127) in (14.125) ein und formen um, ergibt sich:

$$\big(\mathcal{L}_{[X,Y]}\omega\big)_\mu Z^\mu = \Big([\mathcal{L}_X, \mathcal{L}_Y]\omega\Big)_\mu Z^\mu \tag{14.128}$$

Dieser Ausdruck muss für alle Vektorfelder Z stimmen, also muss gelten:

$$\mathcal{L}_{[X,Y]}\omega = [\mathcal{L}_X, \mathcal{L}_Y]\omega \tag{14.129}$$

Und dies ist genau das, was wir zeigen wollten.

Zu d: Wir gehen hier induktiv vor. Gehen wir davon aus, dass $T = U \otimes V$ mit zwei Tensoren U und V ist und wir schon gezeigt haben, dass für alle X, Y

$$
\begin{aligned}
[\mathcal{L}_X, \mathcal{L}_Y]U &= \mathcal{L}_{[X,Y]}U \\
[\mathcal{L}_X, \mathcal{L}_Y]V &= \mathcal{L}_{[X,Y]}V
\end{aligned}
$$

gilt. Dann haben wir, ähnlich wie schon in c):

$$[\mathcal{L}_X, \mathcal{L}_Y]T \; = \; [\mathcal{L}_X, \mathcal{L}_Y](U \otimes V) \; = \; \mathcal{L}_{[X,Y]}(U \otimes V) \; = \; \mathcal{L}_{[X,Y]}T \quad (14.130)$$

Da wir gezeigt haben, dass $[\mathcal{L}_X, \mathcal{L}_Y]U = \mathcal{L}_{[X,Y]}U$ gilt, wann immer U entweder eine Funktion f, ein Vektorfeld X oder eine 1-Form ω ist, gilt das damit auch für beliebige Tensorprodukte aus diesen (und wegen der Linearität dann übrigens für alle Tensoren).

S. 254 ⟵ Aufgabe   S. 352 ⟵ Tipp

Zu Aufgabe 9.4: Die Bedingungen (9.19) und (9.20)) sind alle erfüllt, d. h., $^{(\tau)}\xi$ bezeichnet wirklich einen Fluss.

Zu a: Hierfür müssen wir die Bedingung $\xi_* g = g$ testen, mit der Minkowskimetrik $g_{\mu\nu} = \eta_{\mu\nu}$. Nach Formel (9.16) gilt:

$$(\xi_* \eta)_{\mu\nu}(x) \; = \; \frac{\partial x^\alpha}{\partial^{(\tau)}\xi^\mu}(x)\frac{\partial x^\beta}{\partial^{(\tau)}\xi^\nu}(x)\eta_{\alpha\beta} \quad (14.131)$$

Merke: die Minkowski-Metrik hängt nicht vom Ort ab. Es gilt:

$$x^\mu \; = \; (\Lambda^{-1}(\tau))^\mu{}_\nu \, {}^{(\tau)}\xi^\nu \quad (14.132)$$

Die partiellen Ableitungen sind also:

$$\frac{\partial x^\alpha}{\partial^{(\tau)}\xi^\mu} \; = \; (\Lambda^{-1}(\tau))^\alpha{}_\mu \quad (14.133)$$

Einsetzen in (14.131) liefert dann:

$$(\xi_* \eta)_{\mu\nu}(x) \; = \; (\Lambda^{-1}(\tau))^\alpha{}_\mu (\Lambda^{-1}(\tau))^\beta{}_\nu \eta_{\alpha\beta} \; = \; \eta_{\mu\nu} \quad (14.134)$$

und zwar unabhängig von τ, denn jede $\Lambda^{-1}(\tau)$ ist eine Lorentz-Matrix, und $\eta_{\mu\nu}$ erfüllt (3.30) für jede Lorentz-Matrix.

Zu b: Mit der Formel für das Vektorfeld (9.24) und der Formel für einen Boost in x^1-Richtung mit Rapidität τ (Aufgabe 3.10)

$$\Lambda(\tau) \; = \; \begin{pmatrix} \cosh(\tau) & -\sinh(\tau) & 0 & 0 \\ -\sinh(\tau) & \cosh(\tau) & 0 & 0 \\ 0 & 0 & 1 & 0 \\ 0 & 0 & 0 & 1 \end{pmatrix}$$

ergibt sich (in Vektorschreibweise):

$$X(x) = -\frac{d}{d\tau}\Big|_{\tau=0} \begin{pmatrix} \cosh(\tau) & -\sinh(\tau) & 0 & 0 \\ -\sinh(\tau) & \cosh(\tau) & 0 & 0 \\ 0 & 0 & 1 & 0 \\ 0 & 0 & 0 & 1 \end{pmatrix} \begin{pmatrix} x^0 \\ x^1 \\ x^2 \\ x^3 \end{pmatrix}$$

$$= -\begin{pmatrix} 0 & -1 & 0 & 0 \\ -1 & 0 & 0 & 0 \\ 0 & 0 & 0 & 0 \\ 0 & 0 & 0 & 0 \end{pmatrix} \begin{pmatrix} x^0 \\ x^1 \\ x^2 \\ x^3 \end{pmatrix} = \begin{pmatrix} x^1 \\ x^0 \\ 0 \\ 0 \end{pmatrix}$$

Oder auch:

$$X^0(x) = x^1, \qquad X^1(x) = x^0, \qquad X^2 = X^3 = 0 \qquad (14.135)$$

Man kann übrigens auch direkt nachprüfen, dass (14.135) die Bedingung für ein Killing-Vektorfeld erfüllt (was eine alternative Lösung für a) darstellt).

S. 255 ⟵ Aufgabe   S. 352 ⟵ Tipp

Zu Aufgabe 9.5: Wir betrachten den folgenden Fluss:

$$^{(\tau)}\xi^i = R^i{}_j(\tau)x^j \qquad (14.136)$$

Die Drehmatrix $R(\tau)$ um den Vektor $\vec{n} = (n^1, n^2, n^3)$ mit Drehwinkel τ ist:

$$R_{\vec{n}}(\tau)^i{}_j = n^i n_j (1 - \cos\tau) + \delta^i{}_j \cos\tau - \epsilon^i{}_{jk} n^k \sin\tau \qquad (14.137)$$

wobei die Indizes $i, j, k = 1, 2, 3$ mit dem Kronecker-Delta:

$$\delta_{ij} = \delta^{ij} = \begin{cases} 1, & \text{falls } i = j, \\ 0, & \text{falls } i \neq j. \end{cases}$$

hoch- und heruntergezogen werden.

Zu a: Genau wie in Aufgabe 9.4 lösen wir nach x^μ auf:

$$x^i = (R^{-1})^i{}_j \xi^j$$

Dabei hängen sowohl R^{-1} also auch ξ^j von τ ab. Die Metrik in $\mathbb{R}^3$ ist durch $g_{ij} = \delta_{ij}$ mit $i, j = 1, 2, 3$ gegeben. Die mit dem Fluss vorwärtsgeschobene Metrik ist also:

$$(\xi_*\delta)_{ij} = (R^{-1})^r{}_i (R^{-1})^s{}_j \delta_{rs} = (R^{-1})_{si} (R^{-1})^s{}_j$$

Die Matrix R^{-1} ist orthogonal für jedes τ, d. h., sie erfüllt:

$$(R^{-1})^T R^{-1} = 1\!\!1_{3\times3}$$

In Komponenten ausgeschrieben ist das:

$$(R^{-1})_{si}(R^{-1})^s{}_j = \delta_{ij}$$

Der Fluss (14.136) ist also eine Isometrie.
Zu b: Nach Formel (9.24) gilt:

$$X^i_{\vec{n}}(x) = \frac{d}{d\tau}\Big|_{\tau=0} R(\tau)^i{}_j x^j$$

$$= \left(0 - \epsilon^i{}_{jk}n^k\right)x^j = \epsilon^i{}_{jk}n^j x^k$$

Damit ergibt sich das Vektorfeld (in Dreiervektorenschreibweise) zu:

$$\vec{X}_{\vec{n}}(\vec{x}) = \vec{n} \times \vec{x} \tag{14.138}$$

Zu c: Die Vektorfelder sind:

$$L_j(x)^i = X^i_{\vec{e}_j}(x) = \epsilon^i{}_{jk}x^k \tag{14.139}$$

Daraus folgt:

$$\frac{\partial L^i_j}{\partial x^k} = \epsilon^i{}_{jk}$$

Mit der Formel für den Kommutator von Vektorfeldern (5.23) gilt dann:

$$[L_i, L_j]^m = L^n_i \partial_n L^m_j - L^n_j \partial_n L^m_i$$

$$= \epsilon^n{}_{si}x^s\,\epsilon^m{}_{nj} - \epsilon^n{}_{sj}x^s\,\epsilon^m{}_{ni}$$

Mit einer Standardidentität für den Epsilontensor:

$$\epsilon^n{}_{si}\epsilon^m{}_{nj} = \delta^m{}_i\delta_{sj} - \delta_{ij}\delta^m{}_s$$

Hierbei haben wir auf die Indexstellung geachtet, obwohl dies in $\mathbb{R}^3$ nicht wichtig ist, da Indizes mit dem Kronecker-Delta hoch- und heruntergezogen werden. Dies ergibt:

$$[L_i, L_j]^m = \delta^m{}_i x_j - \delta^m{}_j x_i$$

Also z. B.:

$$[L_1, L_2] = x^2\frac{\partial}{\partial x^1} - x^1\frac{\partial}{\partial x^2} = -L_3$$

sowie alle zyklischen Permutationen davon.

Zu d: Der Koordinatenwechsel zwischen kartesischen $x^i = (x, y, z)$ und Kugelkoordinaten $\tilde{x}^i = (r, \theta, \phi)$ lautet:

$$\tilde{x}^1 = r = \sqrt{x^2 + y^2 + z^2} \qquad\qquad x^1 = x = r \cos\phi \sin\theta$$

$$\tilde{x}^2 = \theta = \arccos \frac{z}{\sqrt{x^2 + y^2 + z^2}} \qquad\qquad x^2 = y = r \sin\phi \sin\theta$$

$$\tilde{x}^3 = \phi = \arctan \frac{y}{x} \qquad\qquad x^3 = z = r \cos\theta$$

Seien $\tilde{L}^i_k$ die Komponenten von L_k in Kugelkoordinaten, also

$$\tilde{L}^m_k = \frac{\partial \tilde{x}^m}{\partial x_j} L^j_k = \frac{\partial \tilde{x}^m}{\partial x_j} \epsilon^j_{\ kl} x^l$$

Woraus sich alle partiellen Ableitungen berechnen lassen. Damit können wir nacheinander $\tilde{L}^m_1$, $\tilde{L}^m_2$ und $\tilde{L}^m_3$ berechnen:

$$\tilde{L}^1_1 = \frac{\partial \tilde{x}^1}{\partial x^3} x^2 - \frac{\partial \tilde{x}^1}{\partial x^2} x^3 = \frac{\partial r}{\partial x} y - \frac{\partial r}{\partial y} x = \frac{x}{r} y - \frac{y}{r} x = 0$$

$$\tilde{L}^2_1 = \frac{\partial \tilde{x}^2}{\partial x^3} x^2 - \frac{\partial \tilde{x}^2}{\partial x^2} x^3 = \frac{\partial \theta}{\partial z} y - \frac{\partial \theta}{\partial y} z = = -\sin\phi$$

$$\tilde{L}^3_1 = \frac{\partial \tilde{x}^3}{\partial x^3} x^2 - \frac{\partial \tilde{x}^3}{\partial x^2} x^3 = \frac{\partial \phi}{\partial z} y - \frac{\partial \phi}{\partial y} z = -\cot\theta \cos\phi$$

$$\tilde{L}^1_2 = \frac{\partial \tilde{x}^1}{\partial x^1} x^3 - \frac{\partial \tilde{x}^1}{\partial x^3} x^1 = \frac{x}{r} z - \frac{z}{r} x = 0$$

$$\tilde{L}^2_2 = \frac{\partial \tilde{x}^2}{\partial x^1} x^3 - \frac{\partial \tilde{x}^2}{\partial x^3} x^1 = \frac{\partial \theta}{\partial x} z - \frac{\partial \theta}{\partial z} x = \cos\phi$$

$$\tilde{L}^3_2 = \frac{\partial \tilde{x}^3}{\partial x^1} x^3 - \frac{\partial \tilde{x}^3}{\partial x^3} x^1 = \frac{\partial \phi}{\partial x} z - \frac{\partial \phi}{\partial z} x = -\cot\theta \sin\phi$$

$$\tilde{L}^1_3 = \frac{\partial \tilde{x}^1}{\partial x^2} x^1 - \frac{\partial \tilde{x}^1}{\partial x^1} x^2 = 0$$

$$\tilde{L}^2_3 = \frac{\partial \tilde{x}^2}{\partial x^2} x^1 - \frac{\partial \tilde{x}^2}{\partial x^1} x^2 = \frac{\partial \theta}{\partial y} x - \frac{\partial \theta}{\partial x} y = 0$$

$$\tilde{L}^3_3 = \frac{\partial \tilde{x}^3}{\partial x^2} x^1 - \frac{\partial \tilde{x}^3}{\partial x^1} x^2 = \frac{\partial \phi}{\partial y} x - \frac{\partial \phi}{\partial x} y = \smash{\v{g}} \frac{x}{x^2 + y^2} x - \frac{-y}{x^2 + y^2} y = 1$$

Zusammengefasst:

$$L_1 = -\sin\phi\frac{\partial}{\partial\theta} - \cot\theta\cos\phi\frac{\partial}{\partial\phi}$$

$$L_2 = \cos\phi\frac{\partial}{\partial\theta} - \cot\theta\sin\phi\frac{\partial}{\partial\phi} \qquad (14.140)$$

$$L_3 = \frac{\partial}{\partial\phi}$$

Zu e: Aus (14.140) sieht man, dass keines der L_i eine $\frac{\partial}{\partial r}$-Komponente hat. An jedem Punkt liegen die drei Vektorfelder L_i, $i = 1, 2, 3$ also im zweidimensionalen Raum, der durch $\frac{\partial}{\partial\theta}$ und $\frac{\partial}{\partial\phi}$ aufgespannt wird. Drei Vektoren in einem zweidimensionalen Raum sind aber immer linear abhängig.

S. 255 ⟵ Aufgabe   S. 352 ⟵ Tipp

14.10   Lösungen der Aufgaben Kapitel 10

Zu Aufgabe 10.1: Die 0-Komponente der Geodätengleichung ist:

$$
\begin{aligned}
0 &= \frac{d^2x^0}{d\lambda^2} + \Gamma^0_{\mu\nu}\frac{dx^\mu}{d\lambda}\frac{dx^\nu}{d\lambda} \\
&= \frac{d^2x^0}{d\lambda^2} + 2\Gamma^0_{0r}\frac{dx^0}{d\lambda}\frac{dr}{d\lambda} = \frac{A'}{A}\frac{dx^0}{d\lambda}\frac{dr}{d\lambda} \\
&= \frac{1}{A}\frac{d}{d\lambda}\left(A\frac{dx^0}{d\lambda}\right) = \frac{F'}{A}
\end{aligned}
$$

Die 0-Komponente der Geodätengleichung ist also, bis auf einen Faktor von $1/A$, gleich der Ableitung der Größe F entlang der Geodäte. Da A im Bereich der erlaubten Koordinaten nie verschwindet, ist die Gleichung äquivalent zur Konstanz von F.

S. 284 ⟵ Aufgabe   S. 353 ⟵ Tipp

Zu Aufgabe 10.2: Wir bezeichnen den Kurvenparameter wieder mit λ, wobei wir uns offen lassen, ob es sich hierbei um eine zeitartige oder lichtartige Geodäte handelt. Für eine Kreisbewegung machen wir folgenden Ansatz:

$$
\begin{aligned}
x^0(\lambda) &= \alpha\lambda, \quad r(\lambda) = r_0 \\
\phi(\lambda) &= \omega s, \quad \theta(\lambda) = \frac{\pi}{2}
\end{aligned}
\qquad (14.141)
$$

Hierbei sind α, r_0 und ω Konstanten. Der Wert von θ ergibt sich aus der Tatsache, dass die Bewegung ganz in der Äquatorialebene stattfindet. Die Geodätengleichungen (10.28) bis (10.30) nehmen für $\dot{\theta} = \dot{r} = 0$ folgende Form an:

$$0 = 0$$

$$0 = -\frac{A'}{2B}\alpha^2 + \frac{r_2}{B}\omega^2$$

$$0 = 0$$

Die Geodätengleichung für r lässt sich umformen zu:

$$\alpha^2 = 2\frac{r_0^3}{r_S}\omega^2 \qquad (14.142)$$

Zu a: Für eine zeitartige Geodäte gilt:

$$1 = g_{\mu\nu}\dot{x}^\mu\dot{x}^\nu = A\dot{x}^2 - r^2\dot{\phi}^2$$

$$= \left(1 - \frac{r_S}{r_0}\right)\alpha^2 - r_0^2\omega^2$$

Setzt man dies in (14.142) ein, ergibt sich:

$$2\left(1 - \frac{r_S}{r_0}\right)\frac{r_0^3}{r_S}\omega^2 - r_0^2\omega^2 = 1$$

Dies lässt sich zu

$$\omega^2 = \frac{r_S}{2r_0^3}\frac{1}{1 - (3r_S)/(2r_0)} \qquad (14.143)$$

umformen. Für $r \gg r_S$ wird dies zu

$$\omega^2 \approx \frac{r_S}{2r_0^3} = \frac{G_N m}{r_0^3} \qquad (14.144)$$

was dem dritten Keplerschen Gesetz entspricht. Den Radius $r = r_0$ kann man also frei wählen, der Rest der Geodäte ist dann aber festgelegt, wie auch in der klassischen Mechanik.

Zu b: Für eine lichtartige Geodäte gilt:

$$0 = \left(1 - \frac{r_S}{r_0}\right)\alpha^2 - r_0^2\omega^2 \qquad (14.145)$$

Mit (14.142) ergibt sich:

$$2\left(1 - \frac{r_S}{r_0}\right)\frac{r_0^3}{r_S}\omega^2 = r_0^2\omega^2$$

Hieraus lässt sich ω herauskürzen, und man erhält

$$2\frac{r_0^3}{r_S} - 2r_0^2 = r_0^2$$

bzw.:

$$r_0 = \frac{3}{2}r_S \qquad (14.146)$$

Dann kann man ω frei wählen, und mithilfe von (14.142) ergibt sich α, was die Geodätengleichung erfüllt, solange (14.146) gilt.

Zu c: Für lichtartige Geodäten haben wir in b) bereits (14.146) gezeigt. Der Radius ist also genau auf einen bestimmten Wert festgelegt. Dieser Radius bezeichnet den Abstand, auf dem ein Lichtteilchen genau auf einer Kreisbahn das Schwarze Loch umrunden kann. Dieser Abstand wird auch Radius der *Photonensphäre* genannt (nicht zu verwechseln mit der *Photosphäre*!).

Für zeitartige Geodäten gilt (14.143). Da ω^2 nicht negativ (oder unendlich) werden darf, muss die Bedingung

$$r_0 > \frac{3}{2}r_S \qquad (14.147)$$

gelten. Kreisbahnen für massebehaftete Teilchen kann es also nur auf Radien geben, die größer sind als die Photonensphäre.

Zu d: Die Stabilität bzw. Instabilität der Bahn ergibt sich aus dem Verhalten von $V_{\text{eff}}(r)$ bei $r = r_0$. Betrachten wir zuerst den masselosen Fall, also $\epsilon = 0$. Dann gilt:

$$V_{\text{eff}}' = -\frac{\ell^2}{r^3} + 3\frac{\ell^2 r_S}{2r^4} = \frac{\ell^2}{r^3}\left(-1 + \frac{3r_S}{2r}\right)$$

Setzt man hier $r = r_0 = \frac{3}{2}r_S$ ein, so verschwindet die erste Ableitung. Aus Abb. (10.5) wissen wir, dass es nur einen einzigen kritischen Punkt im Graphen von V_{eff} gibt. Das Teilchen sitzt also auf dem Maximum von V_{eff}, und damit ist die Kreisbahn des Lichtteilchens instabil.

Als Nächstes betrachten wir $\epsilon = 1$, also den Fall einer zeitartigen Geodäte. Die erste Ableitung von V_{eff} ist:

$$\begin{aligned}
V_{\text{eff}}' &= \frac{r_S}{2r^2} - \frac{\ell^2}{r^3} + 3\frac{\ell^2 r_S}{2r^4} \\
&= \frac{r_S}{2r^2} + \frac{\ell^2}{r^3}\left(-1 + \frac{3r_S}{2r}\right)
\end{aligned} \qquad (14.148)$$

Hierfür brauchen wir noch den Wert des Drehimpulses ℓ, der sich mit (10.31) und (14.141) zu

$$\ell = r_0^2 \omega$$

ergibt. Mit (14.143) haben wir also:

$$\ell^2 = \frac{r_0 r_S}{2} \frac{1}{1 - \frac{3r_S}{2r_0}} \qquad (14.149)$$

Setzen wir dies in (14.148) ein, erhalten wir:

$$V'_{\text{eff}}(r_0) = \frac{r_S}{2r_0^2} + \frac{r_0 r_S}{2r_0^3} \frac{1}{1 - \frac{3r_S}{2r_0}} \left(-1 + \frac{3r_S}{2r_0} \right) = 0$$

Die Kreisbahn verläuft also auf dem Maximum oder Minimum von V_{eff}. Um zu entscheiden, auf welchem von beiden, berechnen wir die zweite Ableitung:

$$V''_{\text{eff}}(r) = -\frac{r_S}{r^3} + 3\frac{\ell^2}{r^4} - 6\frac{\ell^2 r_S}{r^5}$$

Setzen wir $r = r_0$ und (14.149) ein, erhalten wir

$$V''_{\text{eff}}(r_0) = -\frac{r_S}{r_0^3} + \frac{3}{r_0^4} \left(\frac{r_0 r_S}{2} \frac{1}{1 - \frac{3r_S}{2r_0}} \right) - \frac{6r_S}{r_0^5} \left(\frac{r_0 r_S}{2} \frac{1}{1 - \frac{3r_S}{2r_0}} \right)$$

$$= \frac{r_S}{r_0^3} \frac{r_0 - 3r_S}{2r_0 - 3r_S}$$

Das Vorzeichen von $V''_{\text{eff}}(r_0)$ hängt also davon ab, ob r_0 größer oder kleiner als $3r_S$ ist (der Nenner des Ausdrucks ist wegen (14.147) immer positiv). Im ersten Fall ist die Kreisbahn instabil (und sie befindet sich auf dem Maximum in Abb. 10.4); im zweiten ist sie stabil, und r_0 liegt auf dem Minimum.

S. 284 ⟵ Aufgabe   S. 353 ⟵ Tipp

Zu Aufgabe 10.3a: Betrachten wir erst einen Beobachter, der sich auf einer Kreisbahn mir Radius R und Umlaufzeit Δx^0 befindet. Hierbei ist wichtig, daran zu denken, dass es sich nicht unbedingt um eine Geodäte handeln muss!

Die durch Eigenzeit parametrisierte Kurve hat folgende Form:

$$x^0(s) = \alpha s, \qquad r(s) = R$$

$$\phi(s) = \omega s, \qquad \theta(s) = \frac{\pi}{2}$$

Handelt es sich um einen frei fallenden Beobachter, gilt zusätzlich der Zusammenhang (14.142) zwischen den Konstanten α und ω. Das nehmen wir jedoch erst einmal nicht an, sondern benutzen die Tatsache, dass die Kurve mit Eigenzeit normiert ist:

$$1 = g_{\mu\nu} \dot{x}^\mu \dot{x}^\nu = \left(1 - \frac{r_S}{R} \right) \alpha^2 - R^2 \omega^2 \qquad (14.150)$$

Wenn die Umlaufzeit Δx^0 beträgt, bedeutet das, dass der Wert von ϕ einmal von 0 auf 2π steigt, also gilt:

$$2\pi = \Delta\phi = \omega\Delta s = \omega\frac{\Delta x^0}{\alpha} \quad \Rightarrow \quad \omega = \frac{2\pi\alpha}{\Delta x^0}$$

Durch Einsetzen in (14.150) folgt:

$$\left(1 - \frac{r_S}{R}\right)\ \alpha^2 - R^2\frac{4\pi^2\alpha^2}{(\Delta x^0)^2} = 1$$

$$\Rightarrow \quad \alpha = \frac{1}{\sqrt{1 - \frac{r_S}{R} - \frac{4\pi^2 R^2}{(\Delta x^0)^2}}}$$

Und damit ist die gesamte verstrichene Eigenzeit:

$$\Delta s = \frac{\Delta x^0}{\alpha} = \Delta x^0\sqrt{1 - \frac{r_S}{R} - \frac{4\pi^2 R^2}{(\Delta x^0)^2}} \tag{14.151}$$

Zu b: Die Werte für eine Person auf der Erde lauten:

$$R_1 = R_E \approx 6371 \text{ km}, \quad \Delta x_1^0 \approx 24 \text{ h} \cdot c \tag{14.152}$$

(Man denke hier daran, dass x^0 die Dimension einer Länge hat, also Zeit mal Lichtgeschwindigkeit). Die Werte für den Satelliten sind:

$$R_2 \approx 26571 \text{ km}, \quad \Delta x_2^0 = \frac{\Delta x_1^0}{2} \approx 12 \text{ h} \cdot c \tag{14.153}$$

Den Wert von R_2 kann man aus dem Zusammenhang (14.144) berechnen, da sich der Satellit auf einer Geodäte befindet (oder einfach auf Wikipedia nachschauen). Der Schwarzschild-Radius der Erde beträgt:

$$r_S \approx 8{,}89 \text{ mm}$$

Da $R_i \gg r_S$ und die Geschwindigkeit klein im Vergleich zur Lichtgeschwindigkeit ist, kann man die Wurzel in (14.151) mithilfe von

$$\sqrt{1 + x} \approx 1 + \frac{x}{2} \quad \text{für } x \ll 1$$

entwickeln:

$$\Delta s \approx \Delta x^0\left(1 - \frac{r_S}{2R} - \frac{2\pi^2 R^2}{(\Delta x^0)^2}\right) \tag{14.154}$$

Und damit beträgt der Unterschied zwischen Erdbeobachter und Satellit (mit $\Delta x^0 = \Delta x_1^0 = 2\Delta x_2^0$):

$$\Delta s_1 - \Delta s_2 \approx \frac{\Delta x^0 r_S}{2}\left(\frac{1}{R_1} - \frac{1}{R_2}\right) + \frac{2\pi^2}{\Delta x^0}\left(R_1^2 - 4R_2^2\right)$$

$$= 13317 \text{ m} - 2118 \text{ m} = 11198 \text{ m}$$

Sowohl x^0 als auch s haben die Dimension einer Länge. Um diese in wirkliche Zeit umzurechnen, muss man durch die Lichtgeschwindigkeit teilen:

$$\frac{\Delta s}{c} \approx 45{,}7\,\mu s - 7{,}1\,\mu s = 38{,}6\,\mu s$$

Zwischen den Atomuhren an Bord eines GPS-Satelliten und einer Person auf dem Erdboden besteht also ein Zeitunterschied von 38 μs pro Tag. Dies ist in der Tat ziemlich signifikant, wenn es um die Genauigkeit des GPS geht!

S. 284 ←— Aufgabe   S. 353 ←— Tipp

Zu Aufgabe 10.4a: Wir starten von der Formel (10.25). Die Radiuskoordinate r_1 ist gleich $r_1 = R$. Ein sich weit draußen befindender stationärer Beobachter hat näherungsweise $r_2 \approx \infty$ als Radialkoordinate. Damit ergibt sich

$$\omega' = \omega \sqrt{\frac{1 - \frac{r_S}{r_1}}{1 - \frac{r_S}{r_2}}} = \sqrt{1 - \frac{r_S}{R}} \approx \omega \left(1 - \frac{r_S}{2R}\right)$$

Zu b: Der Druck divergiert, wenn der Nenner des Ausdrucks (10.59) verschwindet. Das bedeutet, der Druck bei $r = 0$ ist endlich, solange gilt:

$$3\sqrt{1 - \frac{r_S}{R}} - 1 > 0$$

Auflösen nach R ergibt:

$$\frac{R}{r_S} > \frac{9}{8}$$

Sobald R unter $R_{\mathrm{Grenz}} = \frac{9}{8} r_S$ sinkt, wird der Stern instabil und kollabiert. (In der Realität geschieht das bereits vorher, da selbst Kernmaterie nicht inkompressibel ist) **Zu c:** In a) haben wir ω' berechnet. Je kleiner R ist, desto größer ist z. Mit der Grenze aus b) bedeutet dies:

$$z_{\mathrm{Grenz}} = \frac{\omega}{\omega'} - 1 = \frac{1}{\sqrt{1 - \frac{r_S}{R_{\mathrm{Grenz}}}}} - 1 = \frac{1}{\sqrt{1 - \frac{r_S}{\frac{9}{8} r_S}}} - 1 = 2$$

Die Rotverschiebung (durch das Schwerefeld des Sterns) kann also nie mehr als $z = 2$ betragen.

S. 284 ←— Aufgabe   S. 353 ←— Tipp

Zu Aufgabe 10.5a: Wir können die Kurve mit der Radialkoordinate r parametrisieren. Die Länge des Geschwindigkeitsvektors ist damit:

$$\langle x', x' \rangle = -g_{rr}(r')^2 = -\frac{1}{1 - \frac{r_S}{r}}$$

Der Strich bezeichnet hier die Ableitung nach r. Die Länge der raumartigen Kurve ist

$$L \;=\; \int_{r_1}^{r_2} \sqrt{-\langle x', x' \rangle}\, dr \;=\; \int_{r_1}^{r_2} \frac{dr}{\sqrt{1 - \frac{r_S}{r}}}$$

$$=\; d(r_2) - d(r_1)$$

mit:

$$d(r) \;:=\; r\sqrt{1 - \frac{r_S}{r}} + r_S \operatorname{artanh}\sqrt{1 - \frac{r_S}{r}} \qquad (14.155)$$

Dabei haben wir (10.60) benutzt.

Zu b: Hierfür betrachten wir die Geodätengleichung eines Lichtstrahls, der von Beobachter 1 zu Beobachter 2 gesandt wird. Mit (10.34) (oder der Tatsache, dass es sich um eine lichtartige Kurve handelt) erhalten wir:

$$\frac{dr}{dx^0} \;=\; 1 - \frac{r_S}{r}$$

Trennen der Variablen ergibt:

$$dx^0 \;=\; \frac{dr}{1 - \frac{r_S}{r}}$$

Integrieren resultiert dann in:

$$\Delta x^0 \;=\; \int_{r_1}^{r_2} \frac{dr}{1 - \frac{r_S}{r}}$$

Mit der Stammfunktion

$$\int \frac{dr}{1 - \frac{r_S}{r}} \;=\; r_S \ln\left(r - r_S\right) + r + C$$

erhält man:

$$\Delta x^0 \;=\; r_2 - r_1 + r_S \ln \frac{r_2 - r_S}{r_1 - r_S}$$

Nun ist Δx^0 der Unterschied zwischen den beiden x^0-Koordinaten der Ereignisse „Beobachter 1 sendet Lichtstrahl aus" und „Beobachter 2 empfängt den Lichtstrahl". Der Unterschied zwischen einmal Aussenden und wieder Empfangen für denselben Beobachter ist aufgrund der Symmetrie der doppelte Wert. Um die jeweilige Eigenzeit zu erhalten, bemerken wir, dass für einen stationären Beobachter bei Radialkoordinate r gilt:

$$\frac{dx^0}{ds} \;=\; \sqrt{1 - \frac{r_S}{r}}$$

Das Verstreichen der Eigenzeit und der Variable x^0 unterscheidet sich also um den Faktor $\sqrt{1 - \frac{r_S}{r}}$. Damit erhalten wir:

$$\Delta s_1 \;=\; \frac{2}{\sqrt{1 - \frac{r_S}{r_1}}}\left(r_2 - r_1 + r_S \ln\frac{r_2 - r_S}{r_1 - r_S}\right)$$

$$\Delta s_2 \;=\; \frac{2}{\sqrt{1 - \frac{r_S}{r_2}}}\left(r_2 - r_1 + r_S \ln\frac{r_2 - r_S}{r_1 - r_S}\right) \;=\; \sqrt{\frac{1 - \frac{r_S}{r_1}}{1 - \frac{r_S}{r_2}}}\,\Delta s_1$$

Zu c: Wir können die entsprechenden Abstände berechnen, indem wir den Grenzwert $r_1 \to r_S$ nehmen. Aus (14.155) und $d(r_S) = 0$ erhalten wir

$$d_{\text{EH,a}} \;=\; \lim_{r_1 \to r_S} \;=\; d(r_2) \;=\; r_2\sqrt{1 - \frac{r_S}{r_2}} + r_S \operatorname{artanh}\sqrt{1 - \frac{r_S}{r_2}}$$

und:

$$d_{\text{EH,b}} \;=\; \lim_{r_1 \to r_S} \frac{\Delta s_2}{2c} \;=\; \infty$$

Die folgt aus $\lim_{x \to \infty} \ln(x) = \infty$. Mit dem „Lichtlaufzeitabstand" gemessen ist der Ereignishorizont also unendlich weit von einem stationären Beobachter entfernt, was nicht verwundern sollte, denn ein Lichtstrahl, der beliebig nahe am Ereignishorizont startet, kann wegen der Anziehungskraft beliebig lange (gemessen in x^0) brauchen, um von dort zu entkommen.

S. 285 ⟵ Aufgabe   S. 353 ⟵ Tipp

Zu Aufgabe 10.6a: Zuerst müssen wir aus den Anfangsbedingungen den Wert für ℓ ablesen, um das effektive Potenzial zu bestimmen.

Da wir uns weit weg vom Schwarzen Loch befinden, können wir in kartesischen Koordinaten

$$x^1 \;=\; r\cos\phi$$

$$x^2 \;=\; r\sin\phi$$

arbeiten. Die Gleichheit gilt nur im Limes $r \gg r_S$, da hier die Metrik nahezu flach wird. In diesen Koordinaten werden die Anfangsbedingungen zu

$$x^1 \;=\; d \qquad \frac{dx^1}{dx^0} \;=\; -\frac{v}{c}$$

$$x^2 \;=\; b \qquad \frac{dx^2}{dx^0} \;=\; 0$$

Umgekehrt gilt $r^2 = d^2 + b^2 \approx d^2$ und:

$$\phi = \arctan \frac{x^2}{x^1}$$

Zu Beginn, also $s = 0$, können wir annehmen, dass es sich um einen inertialen Beobachter im Minkowski-Raum handelt. Es gilt also:

$$\frac{dx^0}{ds} = \frac{1}{\sqrt{1 - \frac{v^2}{c^2}}}$$

Daraus folgt

$$\dot\phi = \frac{d\phi}{ds} = \frac{dx^0}{ds}\frac{d}{dx^0}\arctan\frac{x^2}{x^1} = \frac{1}{\sqrt{1 - \frac{v^2}{c^2}}}\frac{1}{1 + \left(\frac{x^2}{x^1}\right)^2}\left(\frac{-x^2}{(x^1)^2}\right)\frac{dx^1}{dx^0}$$

$$= \frac{1}{\sqrt{1 - \frac{v^2}{c^2}}}\frac{bv}{c(d^2 + b^2)} = \frac{1}{\sqrt{1 - \frac{v^2}{c^2}}}\frac{bv}{cr^2}$$

und damit:

$$\ell = r^2\dot\phi = \frac{1}{\sqrt{1 - \frac{v^2}{c^2}}}\frac{bv}{c} \tag{14.156}$$

Um die Energie E zu berechnen, nehmen wir

$$F = \sqrt{1 - \frac{r_S}{r}}\frac{dx^0}{ds} \approx \frac{dx^0}{ds} = \frac{1}{\sqrt{1 - \frac{v^2}{c^2}}}$$

und erhalten für $\epsilon = 1$ mit (10.34) bis (10.36):

$$E = \frac{F^2 - 1}{2} = \frac{1}{\sqrt{1 - \frac{v^2}{c^2}}}\frac{v^2}{2c^2}$$

Dieser Wert ist auf jeden Fall positiv.

Betrachten wir als Nächstes den Verlauf von V_{eff} (10.35). Für $r \to 0$ geht die Funktion auf jeden Fall gegen ∞. Für $r \to \infty$ dominiert der $-r_S/2r$-Term, hier ist V_{eff} also ebenfalls negativ. Das Teilchen fällt nur dann nicht in die Singularität, wenn sich zwischen $r \approx \infty$ und $r = 0$ ein Potenzialberg auftut, der mindestens so hoch ist wie E. Da $E > 0$ ist, fällt das Teilchen also auf jeden Fall in die Singularität, wenn V_{eff} niemals positiv wird. Um die Bedingung hierfür zu erhalten, berechnen wir die Bedingung für Nulldurchgänge der Funktion V_{eff}:

$$V_{\text{eff}} = \qquad \Leftrightarrow \qquad -\frac{r_S}{2r} + \frac{\ell^2}{2r^2} - \frac{\ell^2 r_S}{2r^3} = 0$$

$$\Leftrightarrow \qquad r^2 - \frac{\ell^2}{r_S}r + \ell^2 = 0$$

$$\Leftrightarrow \qquad r_\pm = \frac{\ell^2}{2r_S} \pm \sqrt{\frac{\ell^4}{4r_S^2} - \ell^2}$$

Das hat genau dann keine (reelle) Lösungen, wenn der Ausdruck unter der Wurzel negativ wird, also:

$$\ell < 2r_S$$

Mit (14.156) ergibt sich die gesuchte Bedingung.

Zu b: Hat der Lichtstrahl den Wellenvektor k und Kurvenparameter λ, dann gilt bei $\lambda = 0$:

$$\frac{dx^1}{d\lambda} = -k, \qquad \frac{dx^0}{d\lambda} = k$$

Mit einer Rechnung ähnlich wie bei a) erhält man dann:

$$\ell = kb, \qquad F = k \quad \Rightarrow E = \frac{k^2}{2}$$

Der Lichtstrahl fällt genau dann in das Schwarze Loch, wenn das Maximum von V_{eff} kleiner $E = k^2/2$ ist. In Aufgabe 10.2 haben wir gezeigt, dass das Maximum bei $r = \frac{3}{2}r_S$ liegt, was man durch Ableiten von

$$V_{\text{eff}} = \frac{\ell^2}{2r^2} - \frac{\ell^2 r_S}{2r^3}$$

für $\epsilon = 0$ bestätigen kann. Der Wert von V_{eff} bei $r = \frac{3}{2}r_S$ ist:

$$V_{\text{eff,max}} = \frac{k^2 b^2}{\frac{9}{2}r_S^2} - \frac{k^2 b^2 r_S}{\frac{27}{4}r_S^3} = \frac{2}{27}\frac{k^2 b^2}{r_S^2}$$

Die Bedingung, dass dies kleiner als $E = \frac{k^2}{2}$ ist, führt zu:

$$\frac{2}{27}\frac{k^2 b^2}{r_S^2} < \frac{k^2}{2} \qquad \Leftrightarrow \qquad b < \sqrt{\frac{27}{4}}r_S = \frac{3\sqrt{3}}{2}r_S$$

S. 285 ⟵ Aufgabe S. 354 ⟵ Tipp

Zu Aufgabe 10.7a: Beginnen wir mit der Bewegungsgleichung (10.34) mit $\epsilon = 1$. Zuerst müssen wir aus den Anfangsbedingungen F bzw. E und ℓ ablesen. Weil sich der Beobachter zu Beginn in Ruhe befindet, ist $\dot{\phi} = 0$ und deswegen $\ell = 0$. Aus $\dot{\theta}(s = 0) = \dot{r}(s = 0) = 0$ folgt, aus der Normierung des Geschwindigkeitsvektors:

$$1 = g_{\mu\nu}\dot{x}^\mu \dot{x}^\nu = \left(1 - \frac{r_S}{r_0}\right)(\dot{x}^0)^2 \tag{14.157}$$

Daher ist

$$F^2 = \left(1 - \frac{r_S}{r_0}\right)^2 (\dot{x}^0)^2 = \left(1 - \frac{r_S}{r_0}\right)$$

und deswegen:

$$E = \frac{F^2 - 1}{2} = -\frac{r_S}{2r_0}$$

Zusammen mit $\ell = 0$ folgt damit aus (10.34)

$$\frac{\dot{r}^2}{2} = \frac{r_S}{2r} - \frac{r_S}{2r_0} \tag{14.158}$$

Zu b: Da sich der Beobachter auf das Schwarze Loch zubewegt, ist $\dot{r} < 0$ entlang der Weltlinie. Ziehen wir die Wurzel aus (14.158), erhalten wir daher:

$$\frac{dr}{ds} = -\sqrt{r_S}\sqrt{\frac{1}{r} - \frac{1}{r_0}} \tag{14.159}$$

Trennen der Variablen ergibt:

$$ds = -\frac{1}{\sqrt{r_S}} \frac{dr'}{\sqrt{\frac{1}{r'} - \frac{1}{r_0}}}$$

Integriert man dies mit den Randbedingungen $s(r_0) = 0$, dann erhält man mit (10.62)

$$s(r) = -\frac{1}{\sqrt{r_S}} \int_{r_0}^{r} \frac{dr}{\sqrt{\frac{1}{r} - \frac{1}{r_0}}}$$

$$= \sqrt{\frac{r_0}{r_S}} \left(r_0 \arctan\sqrt{\frac{r_0}{r} - 1} + r\sqrt{\frac{r_0}{r} - 1} \right) :$$

Setzt man nun $r = r_S$, so ergibt sich:

$$s(r_S) = \sqrt{\frac{r_0}{r_S}} \left(r_0 \arctan\sqrt{\frac{r_0}{r_S} - 1} + r_S\sqrt{\frac{r_0}{r_S} - 1} \right) \tag{14.160}$$

Zu c: Wir können die Formel (10.61) entlang der gesamten Weltlinie annehmen. Daher können wir die Formel (14.160) für $s(r)$ direkt übernehmen. Es gelten folgende Grenzwerte:

$$\lim_{r \to 0} r\sqrt{\frac{r_0}{r} - 1} = 0$$

$$\lim_{r \to 0} \arctan\sqrt{\frac{r_0}{r} - 1} = \lim_{x \to \infty} \arctan x = \frac{\pi}{2}$$

Damit ergibt sich:

$$\lim_{r \to 0} s(r) = \frac{\pi}{2} r_0 \sqrt{\frac{r_0}{r_S}}$$

S. 286 ⟵ Aufgabe   S. 354 ⟵ Tipp

14.11   Lösungen der Aufgaben Kapitel 11

Zu Aufgabe 11.1: Im Falle $k = 0$ sind die einzigen nicht verschwindenden Einträge des RKT

$$R^x{}_{yxy}, \ R^t{}_{xtx} \tag{14.161}$$

sowie alle Einträge, die aus Permutation von x, y, z oder der Anwendung der Symmetrien (7.5) bis (7.7) ergeben. Das bedeutet: Im Symbol $R^\mu{}_{\nu\sigma\rho}$ ist, falls $\mu = \sigma$ ist, die Komponente nur dann ungleich null, falls auch $\nu = \rho$ gilt. Da

$$R_{\nu\rho} = R^\mu{}_{\nu\mu\rho} \tag{14.162}$$

gilt, verschwinden alle Einträge von $R_{\nu\rho}$ für $\nu \neq \rho$. $R_{\mu\nu}$ ist also diagonal.

S. 312 ⟵ Aufgabe   S. 354 ⟵ Tipp

Zu Aufgabe 11.2: Leiten wir (11.9) nach t ab, erhalten wir mit $R = R_0 a$:

$$\dot{U} = \frac{4}{3}\pi R_0^3 \left(3a^2\dot{a}\rho + a^3\dot{\rho}\right)$$

Die zeitliche Ableitung der Dichte ρ ergibt sich aus (11.8):

$$\rho = \frac{3}{\kappa}\left(\left(\frac{\dot{a}}{a}\right)^2 + \frac{k}{a^2} - \frac{\Lambda}{3}\right)$$

$$\Rightarrow \dot{\rho} = \frac{3}{\kappa}\left(-2\frac{k\dot{a}}{a^3} + 2\left(\frac{\dot{a}}{a}\right)\frac{\ddot{a}a - \dot{a}^2}{a^2}\right)$$

Zusammengesetzt ergibt dies:

$$\dot{U} = 4\pi R_0^3\left(\rho a^2\dot{a} - 2\frac{k\dot{a}}{\kappa} + \frac{2}{\kappa}\dot{a}a^2\left(\frac{\ddot{a}a - \dot{a}^2}{a^2}\right)\right) \tag{14.163}$$

Dies vergleichen wir mit P. Dafür stellen wir die erste FRW (11.8) nach P um:

$$P = \frac{2\Lambda}{3\kappa} - \frac{\rho}{3} - \frac{2\ddot{a}}{\kappa a}$$

Ersetzen wir $\Lambda/3$ aus der zweiten Friedmann-Gleichung (11.8), ergibt dies:

$$P = -\rho + \frac{2k}{\kappa a^2} + \frac{2}{\kappa}\left(\frac{\dot{a}^2 - \ddot{a}}{a^2}\right)$$

Der Vergleich mit (14.163) liefert also

$$\dot{U} \;=\; -4\pi R_0^3 \dot{a} a^2 P \;=\; -4\pi R^2 \dot{R} P$$

S. 312 ←— Aufgabe   S. 354 ←— Tipp

Zu Aufgabe 11.3: In einem statischen Universum hängt keine Größe mehr von der Zeit ab, auch ρ und P nicht.

Zu a: Aus $\dot{a}(t) = 0$ für alle t folgt auch $\ddot{a}(t) = 0$, und damit aus der ersten Friedmann-Gleichung (11.8), dass

$$\Lambda \;=\; \frac{\kappa}{2}(\rho + 3P) \;\geq\; 0$$

gilt, weil physikalische Materie immer $\rho > 0$ und $P \geq 0$ erfüllt ($\rho = 0$ wäre Vakuum in diesem Fall, was wir hier nicht annehmen wollen). Aus der zweiten Friedmann-Gleichung folgt damit:

$$\frac{k}{a^2} \;=\; \frac{\kappa}{3}\rho + \frac{\Lambda}{3} \;=\; \frac{\kappa}{3}\rho + \frac{\kappa}{6}(\rho + 3P) \;=\; \frac{\kappa}{2}(\rho + P) \;>\; 0$$

Weil k aber nur die Werte 0 oder ± 1 annehmen kann, muss $k = 1$ sein, also:

$$a^2 \;=\; \frac{2}{\kappa(\rho + P)}$$

Das Universum muss also geschlossen sein, und die Größe des Universums hängt direkt vom Materieinhalt ab.

Zu b: Setzen wir $P = 0$, dann gilt:

$$a \;=\; \frac{1}{\sqrt{\Lambda}}$$

Mit numerischen Werte für ρ und κ

$$\rho \;=\; 4,7 \cdot 10^{-27} \ \mathrm{kg\,m^{-3}}$$

$$\kappa \;=\; \frac{8\pi G_N}{3c^2} \;=\; 6,22 \cdot 10^{-27} \ \mathrm{m\,kg^{-1}}$$

erhalten wir:

$$a \;=\; \sqrt{\frac{2}{\kappa\rho}} \;=\; 2,615 \cdot 10^{26} \ \mathrm{m} \;\approx\; 27,64 \ \mathrm{Mrd\,ly}$$

$$\Lambda \;=\; \frac{1}{a^2} \;=\; 1,462 \cdot 10^{-53} \ \mathrm{m^{-2}}$$

S. 312 ←— Aufgabe   S. 354 ←— Tipp

Zu Aufgabe 11.4: Es gibt einen Teilchenhorizont genau dann, wenn die konforme Zeit η_B endlich (also $> -\infty$) ist. Für das Integral (11.32) ist dabei nur die direkte Umgebung von $t \gtrsim t_B$ von Belang, es geht also um die Frage, ob gilt:

$$\eta_B = \int_{t_0}^{t_B} \frac{dt'}{a(t')} = -\int_{t_B}^{t_0} \frac{dt'}{a(t')} \sim -\int_{t_B}^{t_0} \frac{dt'}{(t' - t_B)^\alpha} = -\int_0^{t_0 + t_B} \frac{dt'}{(t')^\alpha}$$

Dieses Integral ist genau dann endlich, wenn $\alpha < 1$ ist.

S. 312 $\longleftarrow$ Aufgabe $\qquad\qquad$ S. 355 $\longleftarrow$ Tipp

Zu Aufgabe 11.5: Während der gesamten Aufgabe setzen wir $\Lambda = 0$ und $\rho = P = 0$.

Zu a: Die FRW-Gleichungen (11.8) werden zu:

$$3\frac{\ddot{a}}{a} = 0 \tag{14.164}$$

$$\left(\frac{\dot{a}}{a}\right)^2 = -\frac{k}{a^2} \tag{14.165}$$

Aus (14.164) folgt $\ddot{a} = 0$, also

$$a(t) = At + B$$

für Konstanten A und B. Es gibt hier zwei Fälle: $A = 0$ führt zu $a(t) = B$, also zu konstantem Skalenfaktor. Das führt mit (14.165) zu

$$k = -\dot{a}^2 = -A^2 \tag{14.166}$$

und somit $k = 0$, also einem flachen Universum. Im Fall $A \neq 0$ gilt mit (14.166), dass $k = -A^2 < 0$ ist. Und weil k nur die Werte 0 oder ± 1 annehmen kann, muss $k = -1$ sein, also $A = \pm 1$. In der Tat sind die beiden Vorzeichen von A durch die Koordinatentransformation $t \to t$, $x \to -x$, $y \to -y$, $z \to -z$ ineinander überführbar.

Zu b: Die Lösung $a(t) = B$ (wir nehmen hier $B \neq 0$ an, da $B = 0$ einer degenerierten Metrik entspricht) kann man durch die Variablentransformation $t \to t$, $x \to B^{-1}x$, $y \to B^{-1}y$, $z \to B^{-1}z$ in die Minkowski-Metrik überführen. In der Tat ist damit:

$$ds^2 = dt^2 - dx^2 - dy^2 - dz^2$$

Dies entspricht der Minkowski-Metrik, also z. B.:

$$t = x^0, \; x = x^1, \; y = x^2, \; z = x^3$$

Dabei ist das zeitartige Vektorfeld $X = \frac{\partial}{\partial t}$, das zur Zerblätterung der Raumzeit genommen wird:

$$X = \frac{\partial}{\partial t} = \frac{\partial}{\partial x^0}$$

S. 312 ⟵ Aufgabe   S. 355 ⟵ Tipp

Zu Aufgabe 11.6a: Die Vakuums-Friedmanngleichungen lauten:

$$\frac{3}{a}\ddot{a} = \Lambda \tag{14.167}$$

$$\left(\frac{\dot{a}}{a}\right)^2 = -\frac{k}{a^2} + \frac{\Lambda}{3} \tag{14.168}$$

Mit

$$\dot{a} = Ha, \qquad \ddot{a} = H^2 a$$

werden diese zu:

$$3H^2 = \Lambda$$

$$H^2 = -\frac{k}{a^2} + H^2$$

Das ist erfüllt, wenn

$$\Lambda = 3H^2$$

$$k = 0$$

Zu b: Die Metrik ist für beliebige Werte von t definiert, also ist die Frage, ob zur Zeit t_0 ein Teilchenhorizont bei $t = -\infty$ existiert, gleichbedeutend mit der Frage, ob $\eta_B = \eta(-\infty)$ endlich ist. Mit (11.32) gilt:

$$\eta_B = a(t_0) \int_{-\infty}^{t_0} dt\, e^{-Ht} = \infty$$

Das Minuszeichen rührt hier daher, dass die Grenzen vertauscht wurden. Es gibt also keinen Teilchenhorizont.

Zu c: Es gilt:

$$\dot{a} = \sinh(Ht), \qquad \ddot{a} = H\cosh(Ht)$$

Eingesetzt in die Vakuums-Friedmanngleichungen (14.167), (14.168) ergibt dies:

$$3H^2 = \Lambda$$

$$H^2\big(\tanh(Ht)\big)^2 = -\frac{kH^2}{\big(\cosh(Ht)\big)^2} + H^2$$

Wegen $\tanh^2(x) + 1 = \frac{1}{\cosh^2(x)}$ folgt daraus:

$$\Lambda = 3H^2$$
$$k = -1$$

Zu d: Wieder existiert die Metrik für alle Werte von t. Der Wert von η_B ist nun:

$$\eta_B = a(t_0)H \int_{-\infty}^{t_0} \frac{dt}{\cosh Ht} = a(t_0) \int_{-\infty}^{Ht_0} \frac{dy}{\cosh y} = 2a(t_0)\arctan(e^y)\Big|_{-\infty}^{Ht_0}$$
$$= 2a(t_0)\arctan(Ht_0) < \infty$$

Es gibt also einen Teilchenhorizont. Um die Rotverschiebung am Horizont zu berechnen, betrachten wir (11.37) mit $\eta_G \to \eta_B$. Wir können hier auch mit der Zeit t rechnen, also:

$$z_{\mathrm{TH}} = \lim_{t_G \to -\infty} \frac{a(t_0) - a(t_G)}{a(t_G)} = -1 \qquad (14.169)$$

Hier wurde $\lim_{t \to -\infty} a(t) = \infty$ benutzt. Das Licht, das einen Beobachter vom Teilchenhorizont erreicht, ist also blauverschoben, da $z < 0$ ist.

S. 313 ⟵ Aufgabe   S. 355 ⟵ Tipp

Zu Aufgabe 11.7a: Mit den partiellen Ableitungen

$$\frac{\partial x^0}{\partial t} - \cosh(Ht) + \frac{H^2 r^2}{2}e^{Ht}, \qquad \frac{\partial x^1}{\partial t} = \sinh(Ht) - \frac{H^2 r^2}{2}e^{Ht}$$

$$\frac{\partial x^2}{\partial t} = He^{Ht}x, \qquad \frac{\partial x^3}{\partial t} = He^{Ht}y, \qquad \frac{\partial x^4}{\partial t} = He^{Ht}z$$

sowie mit $\partial r/\partial x = x/r$:

$$\frac{\partial x^0}{\partial x} = Hxe^{Ht}, \qquad \frac{\partial x^1}{\partial x} = -Hxe^{Ht},$$

$$\frac{\partial x^2}{\partial x} = e^{Ht}, \qquad \frac{\partial x^3}{\partial x} = \frac{\partial x^4}{\partial x} = 0$$

und analogen Formeln für y und z erhält man mit (11.59):

$$g_{tt} = \left(\frac{\partial x^0}{\partial t}\right)^2 - \left(\frac{\partial x^1}{\partial t}\right)^2 - \left(\frac{\partial x^2}{\partial t}\right)^2 - \left(\frac{\partial x^3}{\partial t}\right)^2 - \left(\frac{\partial x^4}{\partial t}\right)^2$$

$$= \cosh^2(Ht) - \sinh^2(Ht) + H^2 e^{Ht} r^2 \big(\cosh(Ht) + \sinh(Ht)\big)$$
$$- H^2 e^{2Ht}(x^2 + y^2 + z^2) = 1$$

Weiterhin gilt:

$$g_{xx} = \left(\frac{\partial x^0}{\partial x}\right)^2 - \left(\frac{\partial x^1}{\partial x}\right)^2 - \left(\frac{\partial x^2}{\partial x}\right)^2 - \left(\frac{\partial x^3}{\partial x}\right)^2 - \left(\frac{\partial x^4}{\partial x}\right)^2$$

$$= H^2 x^2 e^{2Ht} - H^2 x^2 e^{2Ht} - e^{2Ht} - 0 - 0 = -e^{2Ht}$$

$$g_{tx} = \frac{\partial x^0}{\partial t}\frac{\partial x^0}{\partial x} - \frac{\partial x^1}{\partial t}\frac{\partial x^1}{\partial x} - \frac{\partial x^2}{\partial t}\frac{\partial x^2}{\partial x} - \frac{\partial x^3}{\partial t}\frac{\partial x^3}{\partial x} - \frac{\partial x^4}{\partial t}\frac{\partial x^4}{\partial x}$$

$$= \left(\cosh(Ht) + \frac{H^2 r^2}{2}e^{Ht}\right) H x e^{Ht}$$

$$- \left(\sinh(Ht) - \frac{H^2 r^2}{2}e^{Ht}\right)(-H x e^{Ht})$$

$$- H e^{Ht} x e^{Ht} - 0 - 0$$

$$= 0$$

$$g_{xy} = \frac{\partial x^0}{\partial x}\frac{\partial x^0}{\partial y} - \frac{\partial x^1}{\partial x}\frac{\partial x^1}{\partial y} - \frac{\partial x^2}{\partial x}\frac{\partial x^2}{\partial y} - \frac{\partial x^3}{\partial x}\frac{\partial x^3}{\partial y} - \frac{\partial x^4}{\partial x}\frac{\partial x^4}{\partial y}$$

$$= H^2 x y e^{2Ht} - (-xH)(-yH)e^{2Ht} - 0 - 0 - - 0$$

$$= 0$$

Die Ausdrücke, die durch Permutation von x, y, z hervorgehen, errechnen sich ganz analog. Damit erhalten wir für die Metrik:

$$ds^2_{dS_4} = dt^2 - e^{2Ht}(dx^2 + dy^2 + dz^2) \tag{14.170}$$

Dies entspricht nach (11.3) einer flachen FRW-Metrik mit $a(t) = e^{Ht}$. Nach Aufgabe 11.6 wissen wir, dass diese die FRW-Gleichungen erfüllt mit $\Lambda = 3H^2$, $k = 0$.
Zu b: Die Rechnungen in Teil b) sind nicht schwer, aber langwierig. Wir rechnen exemplarisch nur einige partielle Ableitungen und Komponenten der Metrik aus. Es gilt z. B.:

$$\frac{\partial x^0}{\partial \tau} = \cosh(H\tau), \qquad \frac{\partial x^i}{\partial \tau} = H\tanh(H\tau)\,x^i$$

Mit

$$\sum_{i=1}^{4}(x^i)^2 = \frac{1}{H^2}\cosh^2(H^\tau)$$

erhalten wir:

$$g_{tt} = \left(\frac{\partial x^0}{\partial \tau}\right)^2 - \sum_{i=1}^{4} \left(\frac{\partial x^i}{\partial \tau}\right)^2$$

$$= \cosh^2(H\tau) - H^2 \tanh^2(H\tau)\frac{1}{H^2}\cosh^2(H^\tau)$$

$$= \cosh^2(H\tau) - \sinh^2(H\tau) = 1$$

Ebenso erhalten wir durch Anwendung von trigonometrischen Identitäten:

$$g_{\psi\psi} = \frac{1}{H^2}\cosh^2(H\tau), \qquad g_{\theta\theta} = \frac{1}{H^2}\cosh^2(H\tau)\sin^2\psi$$

$$g_{\phi\phi} = \frac{1}{H^2}\cosh^2(H\tau)\sin^2\psi\sin^2\theta$$

Außerdem verschwinden alle Elemente des metrischen Tensors, die nicht auf der Diagonalen liegen. Damit ist die Metrik in den Koordinaten $(\tau, \psi, \theta, \phi)$:

$$ds^2_{dS_4} = dt^2 - \frac{1}{H^2}\cosh^2(H\tau)\left(d\psi^2 + \sin^2\psi(d\theta^2 + \sin^2\theta d\phi)^2)\right)$$

Mit (11.3) zeigt dies, dass es sich um eine FRW-Metrik mit $k = 1$ und

$$a(\tau) = \frac{1}{H}\cosh(H\tau)$$

handelt. Es handelt sich also genau um den Skalenfaktor aus Aufgabe 11.6, Teil c). Daher wissen wir, dass dies die FRW-Gleichungen für $k = 1$ und $\Lambda = 3H^2$ erfüllt.

Fun fact: Der Witz dieser Aufgabe ist zu erkennen, dass der deSitter-Raum sowohl als $k = 1$, als auch als $k = 0$-FRW interpretiert werden kann, je nachdem, welche Koordinaten man wählt. Das funktioniert aber nur im Vakuum, also wenn es keine Materie gibt. Die beiden Zeiten t und τ definieren jeweils ganz unterschiedliche Blätterungen (eines Teils) von dS_4. In einer Raumzeit mit Materie wählt man aber immer die Eigenzeit der Materie als Zeitkoordinate, denn sonst würde man das Prinzip der Isotropie verletzen.

S. 313 ⟵ Aufgabe   S. 355 ⟵ Tipp

Zu Aufgabe 11.8: Die Metrik erfüllt $g_{00} = 1$, $g_{0,i} = g_{i0} = 0$, $g_{ij} = -a^2 h_{ij}$ für die Riemannsche Metrik h_{ij}, die nicht von t abhängt. Merke: Die inverse Dreiermetrik und die räumlichen Komponenten der inversen Raumzeit hängen zusammen über

$$g^{ij} = -a^{-2}h^{ij}, \qquad i, j = 1, 2, 3 \tag{14.171}$$

Wir bezeichnen die Christoffel-Symbole der Raumzeitmetrik wie üblich mit $\Gamma^{\mu}{}_{\nu\rho}$. Die Christoffel-Symbole der räumlichen Metrik h_{ij} hingegen bezeichnen wir mit:

$$(3)\Gamma^{i}{}_{jk} = \frac{1}{2}h^{im}\left(\frac{\partial h_{jm}}{\partial x^{k}} + \frac{\partial h_{km}}{\partial x^{j}} - \frac{\partial h_{jk}}{\partial x^{m}}\right) \tag{14.172}$$

Die Christoffel-Symbole der Raumzeit erfüllen, da es sich um eine FRW Metrik handelt:

$$\Gamma^{i}_{00} = \frac{1}{2}g^{i\lambda}\left(2\frac{\partial g_{0\lambda}}{\partial x^{0}} - \frac{\partial g_{00}}{\partial x^{\lambda}}\right) = 0$$

$$\Gamma^{i}_{0j} = \frac{1}{2}g^{i\lambda}\left(\frac{\partial g_{\lambda 0}}{\partial x^{j}} + \frac{\partial g_{\lambda k}}{\partial x^{0}} - \frac{\partial g_{0j}}{\partial x^{\lambda}}\right) = \frac{1}{2}g^{i\lambda}\frac{\partial g_{\lambda k}}{\partial x^{0}} = \frac{1}{2}g^{im}\frac{\partial g_{mk}}{\partial x^{0}}$$

$$= \frac{1}{2}(-a^{-2}h^{im})h_{mk}\left(-2a\frac{da}{dt}\right) = \delta^{i}{}_{j}H$$

$$\Gamma^{i}_{jk} = \frac{1}{2}g^{i\lambda}\left(\frac{\partial g_{\lambda j}}{\partial x^{k}} + \frac{\partial g_{\lambda k}}{\partial x^{j}} - \frac{\partial g_{jk}}{\partial x^{\lambda}}\right) = \frac{1}{2}g^{im}\left(\frac{\partial g_{mj}}{\partial x^{k}} + \frac{\partial g_{mk}}{\partial x^{j}} - \frac{\partial g_{jk}}{\partial x^{m}}\right)$$

$$= \frac{1}{2}h^{im}\left(\frac{\partial h_{mj}}{\partial x^{k}} + \frac{\partial h_{mk}}{\partial x^{j}} - \frac{\partial h_{jk}}{\partial x^{m}}\right) = {}^{(3)}\Gamma^{i}_{jk}$$

Merke: Hier haben wir benutzt, dass die x^{0}-Koordinate gleich t ist, und die Abkürzung $H = \frac{1}{a}\frac{da}{dt}$ benutzt. Wir schreiben dies hier nicht als $\dot{a}/a$, weil der Punkt in dieser Aufgabe die Ableitung nach λ und nicht nach t bedeutet.

Zu a: Wir betrachten eine (lichtartige) Geodäte $\lambda \mapsto x^{\mu}(\lambda)$, die (6.39) erfüllt. Der Punkt bezeichnet wie üblich die Ableitung nach dem Kurvenparameter λ. Die drei räumlichen Komponenten der Geodäte erfüllen damit:

$$\frac{d^{2}x^{i}}{d\lambda^{2}} = -\Gamma^{i}_{\nu\rho}\dot{x}^{\nu}\dot{x}^{\rho} = -2\Gamma^{i}_{0j}\dot{x}^{0}\dot{x}^{j} - {}^{(3)}\Gamma^{i}_{jk}\dot{x}^{j}\dot{x}^{k}$$

$$= -2H\dot{x}^{0}\dot{x}^{i} - {}^{(3)}\Gamma^{i}_{jk}\dot{x}^{j}\dot{x}^{k} \tag{14.173}$$

Dadurch sehen wir, dass die Kurve $\lambda \mapsto x^{i}(\lambda)$ *nicht* die Geodätengleichung für die Metrik h_{ij} erfüllt, und zwar wegen des störenden Terms $-2H\dot{x}^{0}\dot{x}^{i}$. Diesen kann man aber loswerden, indem man die Kurve umparametrisiert.

Wir betrachten die Umparametrisierung $\sigma \mapsto \lambda(\sigma)$ mit

$$x^{i}(\sigma) := x^{i}(\lambda(\sigma)) \tag{14.174}$$

wobei wir im Folgenden mit dem Strich $'$ die Ableitung nach σ bezeichnen. Wir betrachten zuerst die folgende Differenzialgleichung:

$$\lambda'' = 2H\dot{x}^{0}(\lambda')^{2} \tag{14.175}$$

(Merke: Auch H hängt über $a = a(t) = a(x^0(\lambda(\sigma)))$ von σ ab!) Wir müssen die exakte Lösung dieser Gleichung nicht kennen, wir können einfach annehmen, dass sie existiert, denn es handelt sich um eine einfache Differenzialgleichung zweiter Ordnung.

Sei also $\lambda(\sigma)$ die Lösung von (14.175), dann gilt:

$$(x^i)' = \lambda' \dot{x}^i \tag{14.176}$$

und

$$(x^i)'' = \frac{d^2 x^i}{d\sigma^2} = \frac{d}{d\sigma}\frac{dx^i}{d\sigma} = \frac{d}{d\sigma}\left(\lambda'\dot{x}^i\right) = \lambda''\dot{x}^i + (\lambda')^2\ddot{x}^i \tag{14.177}$$

Damit gilt mit (14.173) und (14.177):

$$
\begin{aligned}
(x^i)'' + {}^{(3)}\Gamma^i_{jk}(x^j)'(x^k)' &= \lambda''\dot{x}^i + (\lambda')^2\ddot{x}^i \\
&\quad + (\lambda')^2\left(-2H\dot{x}^0\dot{x}^i - {}^{(3)}\Gamma^i_{jk}\dot{x}^j\dot{x}^k\right) + {}^{(3)}\Gamma^i_{jk}(\lambda')^2\dot{x}^j\dot{x}^k \\
&= \dot{x}^i\left(\lambda'' - 2H\dot{x}^0(\lambda')^2\right) = 0
\end{aligned}
$$

Damit haben wir gezeigt, dass die umparametrisierte projizierte Kurve $\sigma \mapsto x^i(\sigma)$ eine Geodäte bezüglich der räumlichen Metrik h_{ij} ist.

Zu b: Sei X ein KVF auf Σ, und das Vektorfeld Y^μ definiert durch

$$Y^0 = 0, \qquad Y^i = X^i \tag{14.178}$$

In der Raumzeit ist das Vektorfeld Y^μ also unabhängig von t. Betrachten wir die Gleichung (9.53) für Y^μ:

$$g_{\mu\rho}Y^\rho{}_{,\nu} + g_{\nu\rho}Y^\rho{}_{,\mu} + g_{\mu\nu,\rho}Y^\rho = ? \tag{14.179}$$

Hier haben wir wieder die partiellen Ableitungen mit dem Komma abgekürzt. Wir betrachten die verschiedenen Komponenten des Ausdrucks (14.179) für μ, ν, und zeigen nacheinander, dass sie verschwinden:

$$(\mu = \nu = 0): g_{0\rho}Y^\rho{}_{,0} + g_{0\rho}Y^\rho{}_{,0} + g_{00,\rho}Y^\rho = 0$$

$$(\mu = 0, \nu = i): g_{0\rho}Y^\rho{}_{,i} + g_{i\rho}Y^\rho{}_{,0} + g_{0i,\rho}Y^\rho = g_{00}Y^0{}_{,i} + 0 + g_{0i,k}Y^k = 0$$

$$(\mu = 0, \nu = i): g_{i\rho}Y^\rho{}_{,j} + g_{j\rho}Y^\rho{}_{,i} + g_{ij,\rho}Y^\rho = g_{ik}Y^k{}_{,j} + g_{jk}Y^k{}_{,i} + g_{ij,k}Y^k$$

$$= -a^2\left(h_{ik}X^k{}_{,j} + h_{jk}X^k{}_{,i} + h_{ij,k}X^k\right) = 0$$

Hier wurden (14.178) sowie $g_{0i} = 0$, $g_{ij} = -a^2 h_{ij}$ benutzt sowie dass X^k ein Killingvektorfeld für die räumliche Metrik h_{ij} ist.

Zu c: Gegeben sei die lichtartige Geodäte, die den Lichtstrahl von O_1 zu O_2 beschreibt. Aus a) und b) wissen wir, dass die räumliche Komponente des Geschwindigkeitsvektors $k^\mu = dx^\mu/d\lambda$ immer in Richtung des Killing-Vektorfeldes Y^μ zeigt. Wir können k also wie folgt zerlegen:

$$k = \alpha \frac{\partial}{\partial t} + \beta Y$$

Für die (von λ abhängigen) Koeffizienten α und β gilt:

$$0 = g_{\mu\nu} k^\mu k^\nu = \alpha^2 - a^2 \beta^2$$

denn wir haben die Norm von X gleich 1 entlang der Geodäten gewählt. Andererseits wissen wir, dass das innere Produkt eines KVF und des Geschwindigkeitsvektors einer Geodäten konstant entlang der Geodäten ist (Abschn. 9.5), also gilt:

$$g_{\mu\nu} k^\mu Y^\nu \Big|_{\lambda=\lambda_1} = g_{\mu\nu} k^\mu Y^\nu \Big|_{\lambda=\lambda_2} \tag{14.180}$$

Dabei sind λ_1 und λ_2 die entsprechenden Werte des Kurvenparameters λ beim Aussenden und Empfangen des Lichtstrahls. Aus (14.180) folgt dann:

$$-\beta(\lambda_1) a(t_1)^2 = -\beta(\lambda_2) a(t_2)^2 \tag{14.181}$$

Die beiden Beobachter (deren Geschwindigkeitsvektoren beide gleich $\partial/\partial t$ sind) hingegen messen die Frequenzen

$$\omega_1 = g_{0\nu} k^\nu = \alpha(\lambda_1) = \beta(\lambda_1) a(t_1) \tag{14.182}$$

$$\omega_2 = g_{0\nu} k^\nu = \alpha(\lambda_2) = \beta(\lambda_2) a(t_2) \tag{14.183}$$

Mit (14.181) folgt daraus:

$$\frac{\omega_2}{\omega_1} = \frac{\beta(\lambda_2) a(t_2)}{\beta(\lambda_1) a(t_1)} = \frac{a(t_1)}{a(t_2)} \tag{14.184}$$

S. 314 ⟵ Aufgabe   S. 355 ⟵ Tipp

14.12   Lösungen der Aufgaben Kapitel 12

Zu 12.1: Wir benutzen Formel (5.41) für die Transformation eines Tensors unter Koordinatentransformation. Die Koordinatentransformation ist in allen Fällen eine Lorentz-Transformation Λ:

$$h_{\mu\nu}(x) \longrightarrow \tilde{h}_{\mu\nu}(\tilde{x}) = (\Lambda^{-1})^\rho{}_\mu (\Lambda^{-1})^\sigma{}_\nu h_{\rho\sigma}\big((\Lambda^{-1})\tilde{x}\big) \tag{14.185}$$

Zu a: Eine Drehung in der (x, z)-Ebene wird durch eine Rotation (3.33) bewerkstelligt, und zwar:

$$\Lambda = \begin{pmatrix} 1 & 0 & 0 & 0 \\ 0 & 0 & 0 & -1 \\ 0 & 0 & 1 & 0 \\ 0 & 1 & 0 & 0 \end{pmatrix} \tag{14.186}$$

Die Amplituden der Gravitationswelle verändern sich dadurch wie folgt:

$$\tilde{h}_{\mu\nu} = \begin{pmatrix} 1 & 0 & 0 & 0 \\ 0 & 0 & 0 & 1 \\ 0 & 0 & 1 & 0 \\ 0 & -1 & 0 & 0 \end{pmatrix} \begin{pmatrix} 0 & 0 & 0 & 0 \\ 0 & e_+ & e_\times & 0 \\ 0 & e_\times & -e_+ & 0 \\ 0 & 0 & 0 & 0 \end{pmatrix} \begin{pmatrix} 1 & 0 & 0 & 0 \\ 0 & 0 & 0 & -1 \\ 0 & 0 & 1 & 0 \\ 0 & 1 & 0 & 0 \end{pmatrix}$$

$$= \begin{pmatrix} 0 & 0 & 0 & 0 \\ 0 & 0 & 0 & 0 \\ 0 & 0 & -e_+ & e_\times \\ 0 & 0 & e_\times & e_+ \end{pmatrix}$$

Mit $k^\mu = (\omega/c \; 0 \; 0 \; k)^T$ erhalten wir

$$k_\mu (\Lambda^{-1})^\mu{}_\nu \tilde{x}^\rho = \tilde{k}_\mu \tilde{x}^\rho$$

mit $\tilde{k}^\mu = (\omega_c \; -k \; 0 \; 0)$. Die gesamte transformierte Welle lautet also:

$$\tilde{h}_{\mu\nu}(\tilde{x}) = \begin{pmatrix} 0 & 0 & 0 & 0 \\ 0 & 0 & 0 & 0 \\ 0 & 0 & -e_+ & e_\times \\ 0 & 0 & e_\times & e_+ \end{pmatrix} \exp\left(\omega t + k x^1\right)$$

Dies entspricht einer Welle, die sich in negative x-Richtung bewegt.

Zu b: Eine Drehung um die z-Achse mit Winkel θ hat folgende Form:

$$\Lambda = \begin{pmatrix} 1 & 0 & 0 & 0 \\ 0 & \cos\theta & \sin\theta & 0 \\ 0 & -\sin\theta & \cos\theta & 0 \\ 0 & 0 & 0 & 1 \end{pmatrix}$$

Die veränderte Amplitude sieht dann aus wie folgt:

$$\tilde{h}_{\mu\nu} = \begin{pmatrix} 1 & 0 & 0 & 0 \\ 0 & \cos(2\theta)e_+ + \sin(2\theta)e_\times & \cos(2\theta)e_\times + \sin(2\theta)e_+ & 0 \\ 0 & \cos(2\theta)e_\times + \sin(2\theta)e_+ & -\cos(2\theta)e_+ - \sin(2\theta)e_\times & 0 \\ 0 & 0 & 0 & 1 \end{pmatrix}$$

während sich der exponentielle Anteil der Welle nicht ändert, da $\tilde{z} = z$ ist. In diesem Fall ändern sich also nur die Polarisationen der Welle gemäß:

$$e_+ \longrightarrow \tilde{e}_+ = \cos(2\theta)e_+ + \sin(2\theta)e_\times$$

$$e_\times \longrightarrow \tilde{e}_\times = \cos(2\theta)e_\times + \sin(2\theta)e_+$$

(14.187)

Zu c: Ein Boost in z-Richtung hat die Form (z. B. Gleichung (3.32)):

$$\Lambda = \begin{pmatrix} \cosh\eta & 0 & 0 & -\sinh\eta \\ 0 & 1 & 0 & 0 \\ 0 & 0 & 1 & 0 \\ -\sinh\eta & 0 & 0 & \cosh\eta \end{pmatrix}$$

Daher verändert sich die Amplitude nicht, wie man durch explizite Matrixmultiplikation sieht:

$$\tilde{h}_{\mu\nu} = (\Lambda^{-1})^\rho{}_\mu (\Lambda^{-1})^\sigma{}_\nu h_{\rho\sigma} = h_{\mu\nu}$$

Das Argument in der Exponentialfunktion wird mit

$$ct = \cosh\eta\, c\tilde{t} + \sinh\eta\, \tilde{z}$$

$$z = \cosh\eta\, \tilde{z} + \sinh\eta\, c\tilde{t}$$

zu

$$\omega t - kz = \frac{\omega}{c}\left(\cosh\eta\, c\tilde{t} + \sinh\eta\, \tilde{z}\right) - k\left(\cosh\eta\, \tilde{z} + \sinh\eta\, c\tilde{t}\right)$$

$$= \tilde{\omega}\tilde{t} - \tilde{k}\tilde{z}$$

mit

$$\tilde{\omega} = \omega\left(\cosh\eta - \sinh\eta\right) = e^{-\eta}\omega = \sqrt{\frac{1 - v/c}{1 + v/c}}\,\omega$$

und einem entsprechenden Ausdruck für $\tilde{k}$, wobei wir die Dispersionsrelation für Gravitationswellen $\omega = ct$ benutzt haben. Man erkennt hier also einen Dopplereffekt, ähnlich wie in der Elektrodynamik.

S. 335 ⟵ Aufgabe   S. 356 ⟵ Tipp

Zu 12.2: Aus (14.187) kann man die Änderung der Polarisation direkt ablesen.
Zu a: Mit

$$\cos\frac{\pi}{2} = 0, \qquad \sin\frac{\pi}{2} = 1$$

sieht man, dass für $\theta = \frac{\pi}{4}$ gilt:

$$e_+ \longrightarrow \tilde{e}_+ = e_\times$$

$$e_\times \longrightarrow \tilde{e}_\times = e_+$$

Eine kreuzpolarisierte Welle ist eine Welle mit $e_+ = 0$ und eine pluspolarisierte Welle eine Welle mit $e_\times = 0$. Eine Drehung um die z-Achse um 45° überführt also kreuz- in pluspolarisierte Wellen und umgekehrt.

Zu b: An (14.187) erkennt man, dass $\tilde{h}_{\mu\nu} = h_{\mu\nu}$ erst wieder gilt, wenn $\theta = \pi$ ist. Nach einer Drehung um 180° um die Ausbreitungsrichtung ist eine Gravitationswelle also völlig unverändert. Eine Gravitationswelle hat somit Spin 2.

S. 335 ⟵ Aufgabe   S. 356 ⟵ Tipp

Zu 12.3: Gäbe es keine Gravitationswelle, würde sich die Beobachterin auf der Weltlinie

$$x_0^\mu(s) = \begin{pmatrix} \cosh\eta \\ \sinh\eta \\ 0 \\ 0 \end{pmatrix} s \tag{14.188}$$

bewegen. Die Rapidität η hängt mit der Geschwindigkeit v über $\tanh\eta = v/c$ zusammen (siehe Kap. 3).

Wir machen nun einen Ansatz für die Lösung der Geodäte mit Gravitationswelle, der einer kleinen Störung von (14.188) entspricht:

$$x^\mu(s) = x_0^\mu(s) + \chi^\mu(s) \tag{14.189}$$

mit kleinem $\chi^\mu(s)$. Einsetzen in die Geodätengleichung ergibt:

$$\ddot{x}^\mu = \ddot{\chi}^\mu = -\Gamma^\mu_{\nu\rho}\dot{x}^\nu\dot{x}^\rho$$

$$\approx -\Gamma^\mu_{\nu\rho}\dot{x}_0^\nu\dot{x}_0^\rho = -\Gamma^\mu_{00}(\cosh\eta)^2 - 2\Gamma^\mu_{01}\sinh\eta\cosh\eta - \Gamma^\mu_{11}(\sinh\eta)^2$$

Aus (12.31) übernehmen wir das Christoffel-Symbol:

$$\Gamma^\mu_{00} = 0 \tag{14.190}$$

Die beiden anderen berechnen sich in linearer Näherung zu:

$$\Gamma^\mu_{10} = \frac{1}{2}\eta^{\mu\lambda}\big(h_{\lambda 0,1} + h_{\lambda 1,0} - h_{01,\lambda}\big) = \begin{cases} \frac{\omega}{2c}e_+ \sin(\omega t - kz) & \mu = 1 \\ \frac{\omega}{2c}e_\times \sin(\omega t - kz) & \mu = 2 \end{cases}$$

$$\Gamma^\mu_{11} = \frac{1}{2}\eta^{\mu\lambda}\big(2h_{\lambda 1,1} - h_{11,\lambda}\big) = \begin{cases} \frac{\omega}{2c}e_+ \sin(\omega t - kz) & \mu = 0 \\ \frac{k}{2}e_+ \sin(\omega t - kz) & \mu = 3 \end{cases}$$

Die Welle ist kreuzpolarisiert und damit $e_+ = 0$. Die Viererbeschleunigung a^μ, die daher auf die Geodäte wirkt, ist:

$$a^\mu = -\frac{\omega\left(\sinh\eta\right)^2}{c} \begin{pmatrix} 0 \\ 0 \\ e_\times \\ 0 \end{pmatrix} \sin(\omega t - kz) \tag{14.191}$$

Dies entspricht einer oszillierenden Kraft in die y-Richtung.

S. 335 ⟵ Aufgabe   S. 356 ⟵ Tipp

Zu 12.4a: Wir berechnen Γ^ρ in der linearisierten Näherung:

$$\Gamma^\rho = g^{\mu\nu}\Gamma^\rho_{\mu\nu} \approx \frac{1}{2}\eta^{\mu\nu}\eta^{\rho\lambda}\left(h_{\lambda\mu,\nu} + h_{\lambda\nu,\mu} - h_{\mu\nu,\lambda}\right)$$

$$= \frac{1}{2}\left({h^\rho}_\mu{}^{,\mu} + {h^\rho}_\mu{}^{,\mu} - {h^\mu}_\mu{}^{,\rho}\right) = \eta^{\rho\sigma}D_\sigma$$

Damit ist die De-Donder-Eichbedingung äquivalent zu $\Gamma^\rho = 0$.

Zu b: Im Folgenden rechnen wir ausnahmsweise einmal nicht in linearisierter Näherung. Zuerst betrachten wir eine Funktion ϕ und berechnen:

$$\nabla_\mu\nabla_\nu\phi = \nabla_\mu\left(\partial_\nu\phi\right) = \partial_\mu\left(\partial_\nu\phi\right) - \Gamma^\sigma_{\mu\nu}\left(\partial_\sigma\phi\right)$$

Man beachte, dass auch in der nichtlinearisierten Theorie $\partial_\mu\phi$ eine 1-Form ist. Nun betrachten wir für ein festes ρ die Koordinatenfunktion $\phi = x^\rho$ und erhalten:

$$\nabla_\mu\nabla_\nu x^\rho = \partial_\mu\left(\partial_\nu x^\rho\right) - \Gamma^\sigma_{\mu\nu}\left(\partial_\sigma x^\rho\right)$$

$$= 0 - \Gamma^\rho_{\mu\nu} = -\Gamma^\rho_{\mu\nu}$$

Hierbei haben wir $\partial_\mu x^\nu = \delta_\mu{}^\nu$ benutzt. Damit erhalten wir:

$$\Box x^\rho = g^{\mu\nu}\nabla_\mu\nabla_\nu x^\rho = -g^{\mu\nu}\Gamma^\rho_{\mu\nu} = -\Gamma^\rho$$

In der nichtlinearisierten Theorie ist $\Gamma^\rho = 0$ für alle ρ also äquivalent dazu, dass die gewählten Koordinaten harmonisch sind.

S. 335 ⟵ Aufgabe   S. 356 ⟵ Tipp

Literaturverzeichnis

Abbot (2016). Observation of gravitational waves from a binary black hole merger. *Physical Review Letters*, 116(6):061102.

Aghanim (2020). Planck 2018 results. *Astronomy & Astrophysics*, 641:A6.

Bahr, B., Resag, J., and Riebe, K. (2019). *Faszinierende Physik*. Springer-Verlag GmbH.

Barbour, P. H. (1995). *Mach's Principle*. Birkhäuser Boston.

Bodo Baschek, A. U. (2015). *Der neue Kosmos*. Springer Berlin Heidelberg.

Carroll, S. (2004). *Spacetime and geometry : an introduction to general relativity*. Addison Wesley, San Francisco.

Cederbaum, C. (2012). The newtonian limit of geometrostatics.

Cervantes-Cota, J. L., Galindo-Uribarri, S., and Smoot, G. F. (2016). A brief history of gravitational waves. *Universe 2016, 2(3), 22.*

Coles, P. (2001). Einstein, eddington and the 1919 eclipse.

Descartes, R. (2007). *Die Prinzipien der Philosophie*. Meiner Felix Verlag GmbH.

Feuerbacher, B. (2016). *Tutorium Elektrodynamik*. Springer-Verlag GmbH.

Fließbach, T. (2016). *Allgemeine Relativitätstheorie*. Springer-Verlag GmbH.

Frenkel, I. (1988). *Vertex operator algebras and the Monster*. Academic Press, Boston.

Fulton, W. (1991). *Representation theory : a first course*. Springer-Verlag, New York.

Fölsing, A. (2011). *Albert Einstein*. Suhrkamp Verlag AG.

Guth, A. (1997). *The inflationary universe: the quest for a new theory of cosmic origins*. Addison-Wesley Pub, Reading, Mass.

Harry Nussbaumer, L. B. (2015). *Discovering the Expanding Universe*. Cambridge University Press.

Hatcher, A. (2019). *Algebraic Topology*. Cambridge University Press.

Hawking, S. W., Hertog, T., and Reall, H. S. (2001). Trace anomaly driven inflation. *Physical Review D*, 63(8):083504.

Helmholz, A. C., Kittel, C., Knight, W. D., Moyer, B. J., and Ruderman, M. A. (2001). *Mechanik*. Springer Berlin Heidelberg.

Hopf, H. (1926). Zum clifford-kleinschen raumproblem. *Mathematische Annalen*, 95(1):313–339.

Jacobson, T. A. and Parentani, R. (2007). An echo of black holes. *Scientific American sp*, 17(1):12–19.

Jänich, K. (2008). *Topologie*. Springer-Verlag GmbH.

Misner, C. W., Thorne, K. S., and Wheeler, J. A. (2017). *Gravitation*. Princeton Univers. Press.

Oriti, D., editor (2009). *Approaches to Quantum Gravity: Toward a New Understanding of Space, Time and Matter*. CAMBRIDGE.

© Springer-Verlag GmbH Deutschland, ein Teil von Springer Nature 2022
B. Bahr, *Tutorium Allgemeine Relativitätstheorie*,
https://doi.org/10.1007/978-3-662-63419-6

Thiemann, T. (2019). *Modern Canonical Quantum General Relativity*. Cambridge University Press.

Wald, R. M. (1984). *General Relativity*. University of Chicago Pr.

Weinberg, S. (2019). *The Quantum Theory of Fields v1*. Cambridge University Press.

Weyl, H. (2013). *Raum · Zeit · Materie*. Springer-Verlag GmbH.

Wien (1898). Über die fragen, welche die translatorische bewegung des lichtäthers betreffen. *Annalen der Physik (Beilage)*, 301(3):I–XVIII.